Stephanie Bock/Ajo Hinzen/Jens Libbe (Hrsg.)

Nachhaltiges Flächenmanagement – Ein Handbuch für die Praxis

Stephanie Bock, Ajo Hinzen und Jens Libbe (Hrsg.)

Nachhaltiges Flächenmanagement – Ein Handbuch für die Praxis

Ergebnisse aus der REFINA-Forschung

Eine Publikation des Förderschwerpunkts „Forschung für die Reduzierung der Flächeninanspruchnahme und ein nachhaltiges Flächenmanagement" (REFINA) im Rahmen des Programms „Forschung für die Nachhaltigkeit" (FONA) des Bundesministeriums für Bildung und Forschung

Impressum

Herausgeber
Stephanie Bock, Deutsches Institut für Urbanistik gGmbH (Difu), Berlin
Ajo Hinzen, Büro für Kommunal- und Regionalplanung (BKR), Aachen
Jens Libbe, Deutsches Institut für Urbanistik gGmbH (Difu), Berlin

Redaktion
Patrick Diekelmann, Deutsches Institut für Urbanistik gGmbH (Difu), Berlin

Gestaltung und Satz
dezign : johlige werbeagentur, Nauen

Druck und Bindung
Spree Druck Berlin GmbH, Berlin

Fotonachweis
Umschlag: Thomas Preuß: oben; aboutpixel – stormpic, Rainer Sturm: unten; Kapiteleingangsseiten: Thomas Preuß: A, B, E 3, E 5, E 6; Angela Uttke: A 1, C 2, D 2, E 1, E 4, Wegweiser; Stephanie Bock: C, E; Wolf-Christian Strauss: C 1, D 1; Deutsches Institut für Urbanistik gGmbH: D; BKR, Aachen: E 2

ISBN 978-3-88118-489-2

Gedruckt auf chlorfrei gebleichtem Papier.

Bestellung und Versand
Deutsches Institut für Urbanistik gGmbH
Zimmerstraße 13 – 15, D-10969 Berlin
Telefon: +49(0)30/3 90 01-0
E-Mail: verlag@difu.de
Internet: www.difu.de

Bibliografische Information der Deutschen Nationalbibliothek
Die Deutsche Bibliothek verzeichnet diese Publikation in der Deutschen Nationalbibliografie; detaillierte bibliografische Daten sind unter http://dnb.d-nb.de abrufbar.

Inhalt

Vorwort

Seit einigen Jahren wird in Städten und Gemeinden verstärkt der bisher kaum gebremsten Flächeninanspruchnahme entgegengetreten. Zwar werden in Deutschland täglich noch immer rund 100 ha Siedlungs- und Verkehrsfläche neu ausgewiesen, doch die damit verbundenen ökologischen, ökonomischen und sozialen Folgen werden zunehmend wahrgenommen, Handlungsbedarf erkannt und Ansätze zur Umsteuerung erprobt. Innenentwicklung und Nachverdichtung, Aktivierung von Brachen und Einrichtung von Flächenpools, Eigentümeransprache und Flächensparkampagnen – dies sind nur einige der Strategien.
Der bereits in dem Jahr 2008 veröffentlichte Fortschrittsbericht zur Nachhaltigkeitsstrategie der Bundesregierung stellt heraus, dass das Ziel der Nationalen Nachhaltigkeitsstrategie, bis zum Jahr 2020 die Flächeninanspruchnahme für Siedlung und Verkehr auf 30 Hektar pro Tag zu senken, noch erheblicher Anstrengungen bedarf. Für die Lösung des Problems „Flächenverbrauch" gibt es leider keine Patentrezepte. Benötigt werden vielmehr angepasste flexible und zukunftsfähige Konzepte sowie Praxisbeispiele und innovative Instrumente, die es vor allem den Entscheidungsträgern vor Ort erlauben, für die jeweilige Situation die richtige Lösung zu finden.
Einen wichtigen Beitrag dazu leistet die Fördermaßnahme REFINA (Forschung für die Reduzierung der Flächeninanspruchnahme und nachhaltiges Flächenmanagement). Das Bundesministerium für Bildung und Forschung hat für diese umsetzungsorientierte Maßnahme in enger Abstimmung mit dem Bundesministerium für Verkehr, Bau und Stadtentwicklung und dem Bundesministerium für Umwelt, Naturschutz und Reaktorsicherheit von 2006 bis 2011 für 116 Forschungsprojekte, aufgeteilt in 32 Forschungsverbünde und 13 Einzelvorhaben, rund 22 Mio. Euro zur Verfügung gestellt.
Eine besondere Rolle nehmen die rund 90 Kommunen ein, die in REFINA mitwirken. Sie tragen als maßgeblich den Flächenverbrauch beeinflussende Akteure und potenzielle Anwender der Forschungsergebnisse zur Erreichung des Flächenreduktionsziels der Nachhaltigkeitsforschung bei: Einerseits wird Praxiswissen für die Forschung nutzbar gemacht, andererseits wird die Akzeptanz der entwickelten Lösungsvorschläge durch die Praxis erhöht. Die Projekte sind inzwischen weitgehend abgeschlossen.
Die REFINA-Forschung behandelte unterschiedliche Themenschwerpunkte, die projektübergreifend für die REFINA-Beteiligten sowie für die „Flächenakteure" in den Städten und Gemeinden, in den Regionalverbänden, Ingenieur- und Planungsbüros sowie in den Bundes- und Landesressorts von besonderem Interesse sind. Dies sind a) kommunale und regionale Modellkonzepte für innovatives Flächenmanagement, b) Analysen, Methoden und Bewertungsansätze für nachhaltiges Flächenmanagement und c) neue Informations- und Kommunikationsstrukturen.
Im Verlauf der zahlreichen REFINA-Aktivitäten bekamen Ansätze der Kommunikation mit verschiedenen Zielgruppen eine zunehmende Bedeutung. Neben spezifischen Kommunikationsansätzen, die sich an die kommunale Politik oder Verwaltung richten, sind vor allem gezielte Ansprachen von Grundstückseigentümern, privaten Investoren, aber auch von privaten Haushalten, die vor einer Wohnortentscheidung stehen, erfolgversprechend. Wissenschaftliche

Erkenntnisse wurden in Kommunikationsinhalte „übersetzt" und dabei teilweise mit verschiedenen Instrumenten kombiniert, um eine breite Öffentlichkeit anzusprechen und für das Thema zu interessieren. Beispielsweise werden häufig ökonomische Werkzeuge, die eine Abbildung von Kosten und Nutzen der Siedlungsentwicklung oder Mobilität erlauben, integriert, um Bewusstsein für die Folgen des jeweiligen Handelns zu schaffen.
Eine wichtige Aufgabe in REFINA ist jetzt die zielgerichtete Verbreitung und Nutzbarmachung der vielfältigen Produkte und Ergebnisse des Förderschwerpunktes für die Praxis. Das vorliegende Handbuch soll hierzu eine Hilfestellung bieten.
Die breite Umsetzung der entwickelten Ansätze zur nachhaltigen Gestaltung des Lebensumfelds der Bürgerinnen und Bürger kann nur durch Sie als Praktiker vor Ort in den Kommunen und Regionen erfolgen. Dazu wünsche ich Ihnen stellvertretend im Namen aller am Förderschwerpunkt REFINA Beteiligten ein gutes Gelingen.

Dr. Georg Schütte
Staatssekretär im Bundesministerium für Bildung und Forschung

Vorwort

Das Deutsche Institut für Urbanistik (Difu) ist als größtes Stadtforschungsinstitut im deutschsprachigen Raum die Forschungs-, Fortbildungs- und Informationseinrichtung für Städte, Gemeinden, Landkreise, Kommunalverbände und Planungsgemeinschaften. In enger Zusammenarbeit mit der Praxis bearbeiten interdisziplinäre Forschungsgruppen ein umfangreiches Themenspektrum und beschäftigen sich auf wissenschaftlicher Basis mit allen Aufgaben, die Kommunen heute und in Zukunft zu bewältigen haben.

Begleitforschung ebenso wie Forschungsbegleitung hat in diesem Rahmen am Difu seit 20 Jahren Tradition. Dabei decken die Arbeiten des Instituts das gesamte Aufgabenspektrum ab: von der inhaltlichen Strukturierung und Begleitung von Förderprogrammen, der inhaltlichen Vernetzung der beteiligten Forschungsverbünde, der übergreifenden Auswertung und Aufbereitung der Ergebnisse sowie der Entwicklung und Umsetzung umfassender Konzepte des Wissenstransfers. Für das Bundesforschungsministerium war das Difu zum Beispiel im Rahmen der Fördermaßnahmen „Ökologische Forschung in Stadtregionen und Industrielandschaften (Stadtökologie)" und „Stadt 2030" strukturierend und koordinierend tätig.

Seit dem Jahr 2006 knüpft die projektübergreifende Begleitung des BMBF-Förderschwerpunkts REFINA – Forschung für die Reduzierung der Flächeninanspruchnahme und ein nachhaltiges Flächenmanagement nahtlos hieran an. Diese führt das Difu gemeinsam mit BKR Aachen durch. Aufgabe war und ist es, die Kompetenzbündelung im Forschungsfeld durch Vernetzung der beteiligten Verbundprojekte zu unterstützen, die Entwicklung innovativer Lösungsansätze durch die Bearbeitung von Querschnittsthemen zu fördern, zur Schärfung des Problembewusstseins für Flächeninanspruchnahme durch gezielte Öffentlichkeitsarbeit und intensive Einbindung von Multiplikatoren beizutragen und einen Beitrag zur Steigerung der internationalen Konkurrenzfähigkeit durch kontinuierliche Rückkopplung von REFINA durch internationale Fachdiskussionen zu leisten. Hierfür wurden in den vergangenen Jahren zahlreiche Maßnahmen durchgeführt und zielgruppenorientierte Produkte entwickelt.

Mit dem vorliegenden Handbuch ist es gelungen, einen weiteren Meilenstein im Rahmen der projektübergreifenden Begleitung REFINA abzuschließen und zur Vermittlung an Forschung und Praxis beizutragen. Mit diesem Band soll eine Gesamtdarstellung des REFINA-Förderschwerpunkts samt seiner Projekte geleistet werden. Insofern sind nahezu alle REFINA-Projekte durch eigene Beiträge vertreten. Zugleich ist es das Anliegen dieser Veröffentlichung, den Entscheidungsträgern ebenso wie der planenden Verwaltung in Kommunen und Regionen den praktischen Nutzen der REFINA-Forschung nahezubringen. Allen mit dem Thema „Flächennutzung" befassten Akteuren sei daher die Lektüre anempfohlen.

Wir danken allen Autorinnen und Autoren der REFINA-Projekte, die sich mit ihren Beiträgen am Zustandekommen des vorliegenden Handbuchs beteiligt haben.

Klaus J. Beckmann

Univ.-Professor Dr.-Ing. Klaus J. Beckmann
Wissenschaftlicher Direktor und Geschäftsführer des Deutschen Instituts für Urbanistik

Einführung

Arbeitsanleitung für ein nachhaltiges Flächenmanagement, Entscheidungshilfe für Politiker, umfassendes Kompendium für die Planungspraxis, Lehrbuch für angehende Planer und Planerinnen, wissenschaftliche Aufsatzsammlung zu Nachhaltigkeit und Flächennutzung – von allem etwas und dennoch ganz eigenständig. Die vorliegende Veröffentlichung „Nachhaltiges Flächenmanagement – Ein Handbuch für die Praxis" bündelt und systematisiert die Ergebnisse, das Wissen, die entwickelten Instrumente und Ansätze zum nachhaltigen Flächenmanagement sowie die Erfahrungen mit der Erprobung und Umsetzung der Ergebnisse, die im Rahmen des Förderschwerpunkts „Forschung für die Reduzierung der Flächeninanspruchnahme und ein nachhaltiges Flächenmanagement" – kurz: „REFINA" – des Bundesministeriums für Bildung und Forschung (BMBF) erarbeitet wurden.
Gestützt auf vorhandene Forschungsergebnisse und unter Berücksichtigung unterschiedlicher regionaler Rahmenbedingungen erarbeiteten 45 Forschungsvorhaben von 2006 bis 2010 innovative Lösungsansätze und Strategien für eine Reduzierung der Flächeninanspruchnahme und ein nachhaltiges Flächenmanagement. Zudem prüften sie die Umsetzung der Ergebnisse in Demonstrationsvorhaben vor Ort. Mit Bezug auf die flächenpolitischen Mengen- und Qualitätsziele der Nationalen Nachhaltigkeitsstrategie stand die Erarbeitung von Lösungen für einen effizienten Umgang mit Grund und Boden im Mittelpunkt der geförderten Forschungsaktivitäten. Dabei ging es um die Entwicklung räumlicher, rechtlicher, ökonomischer, kommunikativer, organisatorischer oder akteursbezogener Innovationen. Bestehende Instrumente, Strategien und Vorgehensweisen sollten überprüft, modifiziert und standortbezogene, kommunale und regionale Modellvorhaben durchgeführt werden.
Mit der geforderten und geförderten engen Einbindung der kommunalen und regionalen Praxis bot REFINA gute Voraussetzungen für eine erfahrungsgestützte Beschreibung der Ausgangsprobleme und für die Entwicklung praxisorientierter und übertragbarer Lösungsansätze. Dabei wirkten die Vertreter und Vertreterinnen aus Kommunen und Regionen, an die sich die erarbeiteten Ergebnisse auch vorrangig richten sollen, nicht nur aktiv mit. Vielmehr haben sie den Forschungsprozess von Beginn an mitgestaltet. Dieser Dialog mit Akteuren aus Gesellschaft und Praxis stellt eine der besonderen Herausforderungen des Förderschwerpunkts REFINA dar.
Mit der Herausgabe dieses Handbuchs möchten wir eine inhaltliche Klammer des BMBF-Förderschwerpunkts REFINA herstellen. Neben der Dokumentation der inhaltlichen Breite und Tiefe der gesamten Fördermaßnahme soll eine Zusammenschau all dessen angeboten werden, was an guten und auch übertragbaren Ergebnissen vorhanden ist. Gewählt haben wir dafür die Form eines praxisorientierten Handbuchs. Das heißt, es handelt sich weniger um einen wissenschaftlichen Sammelband als vielmehr um eine für anwendungsorientierte Leserinnen und Leser aufbereitete Darstellung zentraler Ergebnisse. Anders als bei wissenschaftlichen Publikationen üblich haben wir deshalb auch aus Gründen der Lesbarkeit auf umfassende Literaturverweise und Fußnoten verzichtet. Stattdessen wird am Ende jedes Beitrages auf weiterführende Literatur verwiesen.

Der Band gliedert sich in fünf zentrale Kapitel.
Kapitel A „Flächenverbrauch: Fakten, Trends und Ursachen" erläutert die allgemeinen Trends und Randbedingungen, die den Flächenverbrauch befördern.
Kapitel B „Reduzierung der Flächeninanspruchnahme und nachhaltiges Flächenmanagement" stellt das Ziel und die vorhandenen Ansätze zur Reduzierung der Flächeninanspruchnahme und damit auch die Zielstellung des Förderschwerpunkts REFINA in den Mittelpunkt.
Kapitel C „Prozesse und Akteure des nachhaltigen Flächenmanagements" stellt Ergebnisse des Förderschwerpunkts zur Initiierung und zum Management von Prozessen des nachhaltigen Flächenmanagements sowie die beteiligten Akteure vor.
Kapitel D „Kommunikation und Fortbildung" bündelt die in REFINA erarbeiteten innovativen Kommunikationsansätze und diskutiert, welche Anforderungen erfüllt sein müssen, um das komplexe Thema Fläche zielgruppenadäquat aufzubereiten. Daraus werden Empfehlungen für die Entwicklung von Kommunikationsstrategien gegeben und Erfahrungen mit Kommunikationsstrukturen und Wissenskampagnen erläutert.
Kapitel E „Instrumente für ein nachhaltiges Flächenmanagement in Kommunen und Regionen" umfasst den „Instrumentenkasten", mit dem möglichst umfassend Beiträge zur Problemlösung angeboten und politisch-administratives Handeln unterstützt werden sollen.
Das Handbuch stellt erfolgreiche und nachahmenswerte Ansätze, Instrumente und Werkzeuge zur Reduzierung der Flächeninanspruchnahme vor. Für die Praxis haben sich dabei vier bisher nur unzureichend bearbeitete Themenfelder als zentral erwiesen: die Kommunikation des Themas „Fläche", die Steuerung nachhaltiger Flächennutzung, verbesserte Boden- und Flächeninformationen sowie die Transparenz der Kosten der Flächeninanspruchnahme.

Stephanie Bock (Difu), *Ajo Hinzen* (BKR Aachen) und *Jens Libbe* (Difu)

A

Flächenverbrauch: Fakten, Trends und Ursachen

Flächenverbrauch: Fakten, Trends und Ursachen

Stephanie Bock, Thomas Preuß

Wie entwickelt sich aktuell die Flächeninanspruchnahme für Siedlungszwecke? Welche Trends sind zu erkennen? Was sind die Ursachen, was sind die Folgen der Flächeninanspruchnahme? Wie wirken sich regionale Unterschiede, wie Schrumpfung oder Wachstum aus? Unterscheidet sich die Entwicklung in Deutschland von der in anderen Staaten Europas?

Aktuelle Flächeninanspruchnahme in Deutschland

Die Ausbreitung von Siedlungsflächen nimmt kein Ende – oder anders ausgedrückt: Die Flächeninanspruchnahme für Siedlungs- und Verkehrszwecke ist in Deutschland – ungeachtet anders lautender Zielsetzungen der Politik – weiterhin hoch, auch wenn in jüngster Zeit die Wachstumsraten etwas zurückgehen. Flächen können im eigentlichen Sinne nicht verbraucht werden, genauer formuliert bezeichnet Flächenverbrauch oder Flächeninanspruchnahme die Umwandlung von überwiegend landwirtschaftlich genutzten Flächen in Siedlungs- und Verkehrsfläche. Siedlungs- und Verkehrsflächen umfassen die Nutzungsarten Gebäude- und Freifläche, Betriebsfläche (ohne Anbaufläche), Erholungsfläche, Verkehrsfläche und Friedhof. Da Fläche eine begrenzte Ressource und nicht vermehrbar ist, treten Konkurrenzen zwischen unterschiedlichen Flächennutzungen auf. Spezifische Nutzungen schränken das Spektrum zukünftiger Nutzungsoptionen erheblich ein.

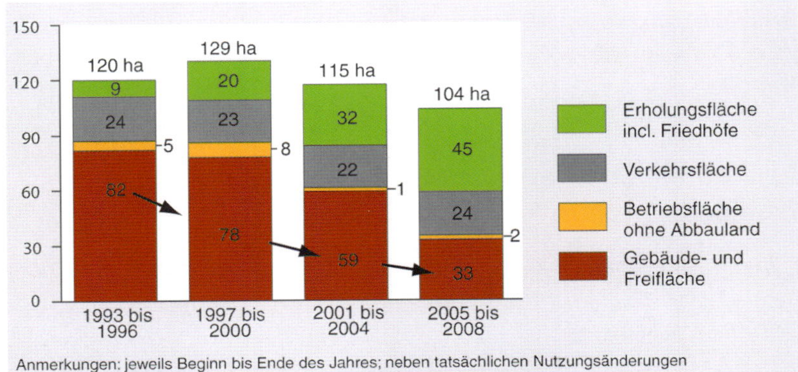

Abbildung 1: Tägliche Veränderung der Siedlungs- und Verkehrsfläche in ha

Quelle: BBSR 2009.

In den Jahren 2005 bis 2008 nahm die Siedlungs- und Verkehrsfläche in Deutschland insgesamt um 3,3 Prozent oder 1.516 Quadratkilometer zu. Das entspricht nach aktuellen Angaben des Statistischen Bundesamtes einem durchschnittlichen Anstieg von 104 Hektar oder etwa 149 Fußballfeldern pro Tag. Betrachtet man nur das Jahr 2008, so betrug die zusätzliche Inanspruchnahme der Siedlungs- und Verkehrsfläche 95 ha pro Tag. Darunter ist der Zuwachs der Erholungsfläche mit 39 ha pro Tag am größten, wobei dies vermutlich weitgehend auf die auf statistischen Umschlüsselungen beruhenden vermeintlich

starken Zunahmen in Brandenburg (+23 Prozent), Mecklenburg-Vorpommern (+18 Prozent) und Sachsen (+8 Prozent) zurückzuführen ist. Diese Ungenauigkeiten verweisen auf die bisherige Uneinheitlichkeit der Datenerfassung, die bis heute zu schwer vergleichbaren Datengrundlagen führt. Die Gebäude- und Freiflächen, deutlich weniger von Umschlüsselungen betroffen als die Erholungsflächen, weisen einen starken Rückgang von 78 ha 1997–2000 auf 33 ha 2005–2008 pro Tag auf. Eine Ursache ist die im Vergleichszeitraum stark rückläufige Bautätigkeit aufgrund demografischer und wirtschaftsstruktureller Veränderungen. Zum Stichtag 31.12.2008 beläuft sich die Siedlungs- und Verkehrsfläche auf 47.137 Quadratkilometer, das sind 13,2 Prozent der Fläche Deutschlands (357.111 Quadratkilometer). 52,2 Prozent nehmen Landwirtschaftsflächen, 30,1 Prozent Waldflächen ein. Im Vergleich zum vorangegangenen Zeitraum 2001–2004, in dem die Flächen-Neuinanspruchnahme für Siedlungs- und Verkehrszwecke noch 115 ha pro Tag betrug, hat sie sich somit verlangsamt.
„Siedlungs- und Verkehrsfläche" ist nicht mit „versiegelter Fläche" gleichzusetzen. Der Anteil der Erholungsflächen an der Siedlungs- und Verkehrsfläche beträgt zum Beispiel derzeit 8 Prozent, dabei handelt es sich insbesondere um Grünanlagen, aber auch um zu weiten Teilen versiegelte Sportflächen. Das bedeutet, dass „Siedlungs- und Verkehrsflächen" etwa zur Hälfte und damit zu einem nicht unerheblichen Anteil aus unbebauter und nicht versiegelter Flächen bestehen. Bislang konnte der Anteil der Bodenversiegelung nur abgeschätzt werden. Im Projekt Flächenbarometer wurde der Status quo der versiegelten Flächen mit Hilfe von Fernerkundungsdaten erstmals flächendeckend und räumlich differenziert erfasst (vgl. Kap. **E 1.4**, Abb. 7).
Nach Bundesländern betrachtet lag der Anteil der Siedlungs- und Verkehrsfläche – wenig erstaunlich – in den Stadtstaaten Berlin (69,9 Prozent), Hamburg (59,5 Prozent) und Bremen (57,2 Prozent) am höchsten. In den übrigen Bundesländern reichte die Spanne des Siedlungs- und Verkehrsflächenanteils von 7,7 Prozent in Mecklenburg-Vorpommern bis 22,2 Prozent in Nordrhein-Westfalen.

Rückgang der Zuwachsraten für Gebäude- und Freiflächen: (k)ein Anlass zur Entwarnung

Ampel für den Indikator Flächeninanspruchnahme steht auf Rot

Der absolute Rückgang des Zuwachses der Gebäude- und Freiflächen von 82 ha pro Tag in den Jahren 1993–1996 auf 59 ha pro Tag in den Jahren 2001–2004 und nunmehr auf 33 ha pro Tag (2005–2008) wird von einigen als Trendwende in der Flächennutzung interpretiert: Dies führt bereits zu ersten Entwarnungen bzw. zur Erwartung, das Problem der Flächeninanspruchnahme werde sich mit Blick in die Zukunft von selbst lösen. So einfach dürfte das Ziel einer Reduzierung der Flächeninanspruchnahme jedoch nicht zu erreichen sein. In dem im November 2008 vorgelegten Fortschrittsbericht zur nationalen Nachhaltigkeitsstrategie der Bundesregierung wird dem Thema „Fläche und Flächenverbrauch" besondere Beachtung geschenkt. Warnend wird darauf verwiesen, dass die Ampel für den Indikator Flächeninanspruchnahme, einem von 21 Indikatoren der Nachhaltigkeitsstrategie, auf Rot steht und dies ein gravierendes Problem auf dem Weg zu einer nachhaltigen Entwicklung darstellt (vgl. RNE 2008).

Zudem lässt sich ein Teil des statistischen Rückgangs des Anstiegs der Gebäude- und Freiflächen mit Umstellungen in der Flächenstatistik begründen. Dies schränkt eine direkte Vergleichbarkeit der Werte ein.

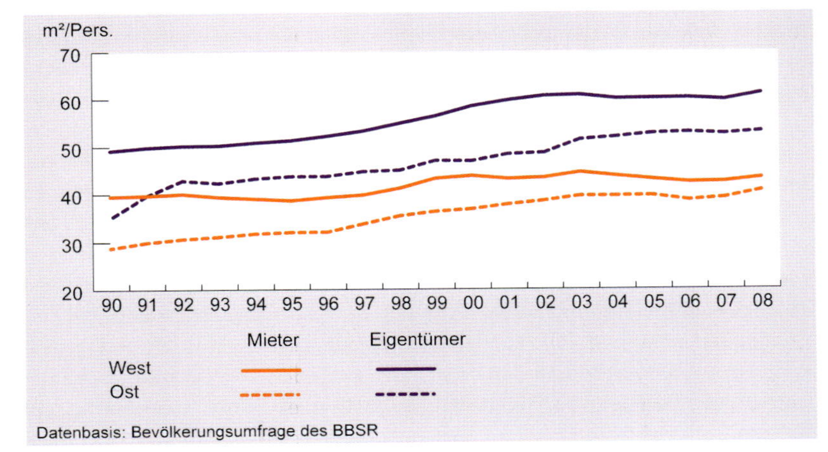

Abbildung 2:
Wohnfläche von Mietern und Eigentümern in West und Ost, 1990 bis 2008

Quelle: BBSR Bonn, 2009.

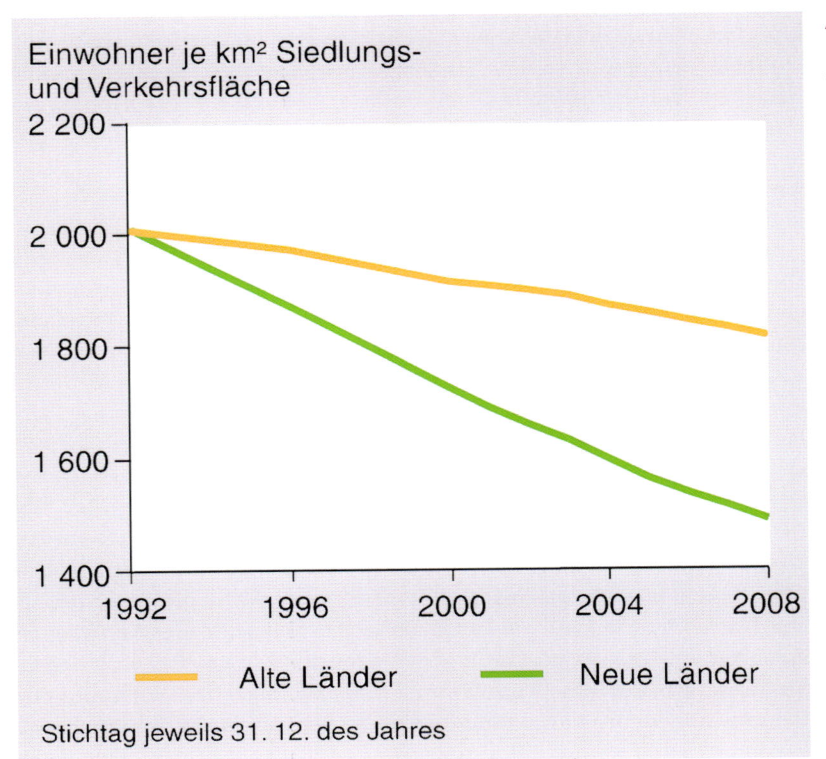

Abbildung 3:
Entwicklung der Siedlungsdichte 1992 bis 2008

Quelle: Laufende Raumbeobachtung des BBSR.
Datengrundlage: Flächenerhebung nach Art der tatsächlichen Nutzung des Bundes und der Länder, BBSR Bonn, 2009.

Gleichwohl korrespondiert die Abschwächung mit einer rückläufigen Entwicklung der Bauinvestitionen, die sich im Zeitraum 2000–2005 preisbereinigt um 18 Prozent verringerte (vgl. Bundesregierung 2008, S. 45 ff.). Die Wohnungsbaufertigstellungen sind bundesweit seit 1995 von 603.000 Wohnungen auf 210.700 Wohnungen im Jahr 2007 gesunken; dies entspricht einem

Rückgang um etwa 65 Prozent. Gleichzeitig stieg jedoch der Anteil der Ein- und Zweifamilienhäuser an den neuen Wohngebäuden von 39,6 Prozent im Jahr 1995 auf 68,0 Prozent im Jahr 2006 (vgl. BBR 2007; Statistisches Bundesamt 2007).

Ebenfalls kein Anlass zur Entwarnung ergibt sich in diesem Zusammenhang aus der weiterhin ungebrochenen Wohnflächenzunahme privater Haushalte; diese erhöhte sich zwischen 1992 und 2004 um 22,1 Prozent (61 ha pro Tag), während die Einwohnerzahl gleichzeitig nur um 1,9 Prozent stieg. Gestiegene Wohnansprüche und die wachsende Anzahl von Ein- und Zweipersonen-Haushalten führten in diesem Zeitraum zu einem Anstieg der Wohnfläche pro Kopf von 36 m^2 auf 42 m^2 (vgl. Bundesregierung 2008). Verursacht wird ein Großteil der Flächeninanspruchnahme somit von Privathaushalten mit ihrem steigenden Bedürfnis nach mehr Wohn- und Erholungsflächen.

Bevölkerungsentwicklung und Flächeninanspruchnahme bewegen sich auseinander

Besonders alarmierend ist dabei, dass sich Bevölkerungsentwicklung und Flächeninanspruchnahme für Wohnzwecke zunehmend auseinander bewegen. In den alten Bundesländern dehnte sich die Siedlungs- und Verkehrsfläche um mehr als das Doppelte aus, während die Bevölkerung nur um rund 30 Prozent und die Zahl der Erwerbstätigen um zehn Prozent zunahmen. Die Folge: ein kontinuierlicher Anstieg der Flächeninanspruchnahme pro Einwohner und ebenso kontinuierlich abnehmende Siedlungsdichten, in Ost stärker als in West. Das heißt, eine immer größere Siedlungsinfrastruktur wird von einer in vielen Regionen schrumpfenden Zahl von Einwohnern genutzt.

Entwicklung der Siedlungsflächen in wachsenden und schrumpfenden Regionen

Unterschiedliche Siedlungsdichten in den Regionen

Die regional sehr unterschiedlich verlaufende Bevölkerungs- und Siedlungsflächenentwicklung führt zu unterschiedlichen Siedlungsdichten in den Regionen. Auch wenn für Deutschland insgesamt ein deutlicher Rückgang der Bevölkerungszahl bis 2050 erwartet wird, gibt es kleinräumige Gewinner- und Verliererregionen. Von den demografischen Veränderungen der Schrumpfung und der zunehmenden Alterung werden die ländlichen und verstädterten Regionen Ostdeutschlands am stärksten betroffen sein. Nur für einzelne Regionen vor allem in West- und Süddeutschland wird von weiterhin steigenden Bevölkerungszahlen ausgegangen. Suburbanisierung und Re-Urbanisierung werden gleichzeitig stattfinden, und auch Schrumpfung und Wachstum vollziehen sich oftmals kleinräumig nebeneinander. Dies hat gleichfalls Folgen für die zukünftige Siedlungsstruktur und die Siedlungsdichten. In wachsenden Regionen ist von einer weiterhin steigenden Nachfrage nach Wohnbauflächen auszugehen. Dort, wo noch Wachstum erwartet wird, wird auch der Druck auf stadtnahe Freiflächen weiter wachsen. Zukünftige Bebauungen neuer Wohn- und Gewerbeflächen werden hier die ohnehin begrenzten Frei- und Erholungsflächen beanspruchen.

Im Unterschied dazu werden in schrumpfenden Regionen die Siedlungsdichten weiter abnehmen. Denn auch hier werden Neubauflächen den vorhandenen Brach- und Konversionsflächen vorgezogen und das Bauen auf der „Grünen Wiese" bleibt Trend, so dass in vielen Städten und Regionen mit stagnierender oder schrumpfender Bevölkerungszahl weiterhin Freiflächen „verbraucht" werden. Nahezu 70 Prozent der Flächeninanspruchnahme finden außerhalb der verdichteten Regionen statt und davon wiederum 70 Prozent in Gemeinden ohne zentralörtliche Funktion. Eine zunehmende Unterauslastung von Infrastrukturen wird gleichzeitig zu steigenden Kosten pro Einwohner führen.

Abbildung 4: Entwicklung der Siedlungsdichte 2004 bis 2020

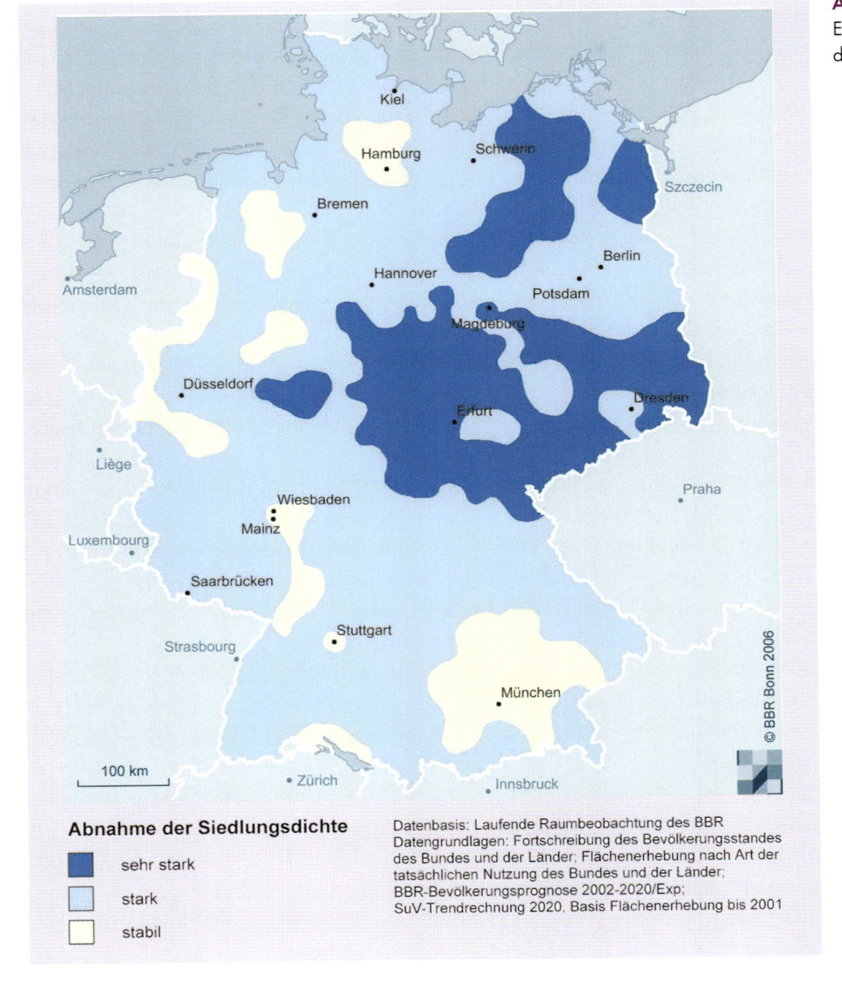

Quelle: BBR 2006.

Aktuelle und zukünftige Entwicklungen des Flächenverbrauchs

- Neue Siedlungsgebiete entstehen vorwiegend in ländlichen Regionen und dort in nicht zentralen Orten und fern vom schienengebundenen Nahverkehr.
- Ein Großteil der neu ausgewiesenen Siedlungsflächen ist nur gering in den Siedlungsbestand integriert. So grenzt nur ein Viertel der neuen Siedlungsflächen direkt an den Siedlungsbestand.
- In den letzten Jahren hat die Einwohnerdichte in den neuen Ländern stark abgenommen, lediglich der Großraum Berlin erfährt im Stadtumland eine erhebliche Verdichtung. In den alten Ländern nimmt die Einwohnerdichte ins-

gesamt weiter zu, allerdings verzeichnen auch das Ruhrgebiet, Nordhessen, Südniedersachsen, Ostbayern und das Saarland zurückgehende Einwohnerdichten.

- Die anhaltende Flächeninanspruchnahme für Siedlungszwecke führte zu wachsender Entdichtung, Zersiedelung und Fragmentierung der Räume.
- Die modellgestützte Projektion der Flächeninanspruchnahme bis zum Jahr 2020 des REFINA-Vorhabens prognostiziert für den Zeitraum 2016 bis 2020 einen Rückgang der täglichen Flächeninanspruchnahme auf 60 ha. Prognostiziert wird bis 2020 dabei ein weiteres Auseinanderfallen der Entwicklung in unterschiedlichen Regionen mit einerseits weiterhin hoher Flächeninanspruchnahme und andererseits Bereichen ohne große Veränderungen (vgl. Kap. **A 1**, Abb. 8).
- Der Anteil der Baulandbrachen wächst weiter. Aktuell wird von einem Brachflächenbestand von mindestens 150.000 ha ausgegangen, etwa 114.000 ha in den alten Ländern und mehr als 36.000 ha in den neuen Bundesländern und Berlin. Das wieder nutzbare Brachflächenpotenzial belief sich nach der BBR-Baulandumfrage im Jahr 2006 auf 63.000 ha. Auch wenn der Anteil der wiedergenutzten Brachen am neu bereitgestellten Gewerbebauland in den vergangenen Jahren erheblich gestiegen ist, übersteigt der Zuwachs an Brachflächen weiterhin ihre Wiedernutzungsrate.
- In vielen Regionen der Bundesrepublik Deutschland herrscht eine relativ große Nachfrage nach Eigenheimen, andererseits stehen in Ortskernen ländlicher Gemeinden ältere Wohn- und Wirtschaftsgebäude leer oder werden nur noch von einzelnen älteren Menschen bewohnt. Die Folge sind Verödung, Entdichtung und Funktionsverluste in Ortszentren bei gleichzeitigem Siedlungswachstum an den Ortsrändern.
- Neue Anforderungen an die Inanspruchnahme von neuen Flächen, aber auch Chancen für die Nutzung von Brachflächen resultieren aus dem Anbau von Biomasse und der Nutzung für Anlagen der regenerativen Energieerzeugung.

Ursachen der Flächeninanspruchnahme

Deutliche regionale Unterschiede der Flächeninanspruchnahme

Die weiterhin steigende Flächeninanspruchnahme lässt sich aus einem Zusammenspiel aus Nachfrage nach Wohn-, Arbeits-, Verkehrs- und Erholungsflächen einerseits und den Angeboten an neuen Flächen andererseits begründen. Untersuchungen zeigen, dass die Flächeninanspruchnahme nicht alleine mit der Nachfrage der Bevölkerung nach neuen Wohngebieten und nach neuen Gewerbeflächen vonseiten der Wirtschaft zu erklären ist (vgl. BMVBS 2009). Die feststellbaren deutlichen regionalen Unterschiede in der Flächeninanspruchnahme lassen sich nur durch ein komplexes Bündel von demografischen, ökonomischen, raum- und siedlungsstrukturellen Variablen erklären. Zwar beeinflussen demografische Faktoren, vor allem die Bevölkerungszahl, die Anzahl der Haushalte, das Wanderungsverhalten, aber auch Wohlstandseffekte, wie die weiterhin steigenden Wohnflächen pro Person und bevorzugte Wohnstandorte, die Höhe des Flächenverbrauchs. Einfluss haben auf den Wunsch nach „Wohnen im Grünen" auch ungelöste innerstädtische Probleme, wie schlechte Luftqualität, Lärmbelastung, unattraktives Wohnumfeld, teure Mieten und Immobilienpreise sowie das schlechte Image einzelner Quartiere.

Eine Ursache für die steigende Flächeninanspruchnahme ist jedoch auch in dem vorhandenen Angebot an Flächen zu sehen. Hier sind vor allem die Angebotsplanungen von Kommunen und Projektentwicklern von Bedeutung, die diese mit stadtentwicklungspolitischen und fiskalischen Interessen begründen. Erwartet wird, dass durch die Bereitstellung von Bauland neue Einwohner und Betriebe gewonnen werden können, die die steuerlichen Einnahmen der Gemeinden erhöhen. Solange sich das kommunale Einnahmensystem in Deutschland stark an den Bevölkerungszahlen der Gemeinden orientiert, sehen sich Kommunen gezwungen, untereinander um neue Einwohner und hier insbesondere um junge Familien zu konkurrieren. Je nach Entwicklungsdynamik (wachsend oder schrumpfend) hoffen viele Gemeinden mit der Ausweisung neuer Bauflächen der Abwanderung bzw. der Abschwächung von Wanderungsgewinnen sowie der Überalterung der Bevölkerung entgegenwirken zu können. Dabei wird oft von recht optimistischen Annahmen zur Zuwanderung von Neu-Einwohnern, daraus resultierenden Steuermehreinnahmen sowie einer raschen Aufsiedlung neuer Baugebiete ausgegangen. Dies führt nur zu einem Teil zu einer hohen Qualität der neu ausgewiesenen Wohngebiete (Qualitätswettbewerb), meist aber zu einer Ausweisung von mehr Flächen als notwendig (Mengenwettbewerb). Der demografische Wandel verschärft diesen Konkurrenzkampf um junge, gut verdienende Einwohner. Diese werden, so die Erwartung, vor allem durch die Ausweisung von Neubaugebieten vorrangig für Ein- und Zweifamilien- sowie Reihenhäuser gewonnen (vgl. Reidenbach u.a. 2007).

Flächenverbrauch umso höher je geringer die Bevölkerungsdichte

Der Flächenverbrauch ist paradoxerweise bundesweit umso höher, je geringer die Bevölkerungsdichte und je schlechter die Erreichbarkeit sind. Kommunen in peripheren suburbanen und ländlichen Räumen weisen einen überproportionalen Flächenverbrauch auf. Auch bei stagnierender oder schrumpfender Entwicklung stagniert die Flächeninanspruchnahme nicht automatisch.

Folgen der Flächeninanspruchnahme

Biologische Vielfalt und Lebensqualität gleichermaßen bedroht

Der verschwenderische Umgang mit Fläche gefährdet in einem dicht besiedelten Land wie Deutschland nicht nur die biologische Vielfalt, sondern auf Dauer auch die Lebensqualität breiter Bevölkerungsschichten. Von besonderer Brisanz sind neben den sozialen und ökologischen Auswirkungen auch die gesamtwirtschaftlichen Folgen der bisherigen Praxis der Flächeninanspruchnahme für Siedlungszwecke.

Ökologische Folgen:

- Boden und Freiflächen sowie deren Funktionen gehen durch Versiegelung verloren.
- Fruchtbare Böden und landwirtschaftliche Flächen für Nahrungsmittelproduktion und regenerative Energien gehen verloren.
- Die Landschaft wird vor allem durch neue Verkehrswege weiter zerteilt. Der Lebensraum von Tieren und Pflanzen wird immer stärker zerschnitten, Wanderkorridore werden unterbrochen, und Tiere mit größeren Aktionsradien verlieren ihren Lebensraum.
- Der Verlust von Biotopen und Arten schreitet voran.

- Das Kleinklima wird zunehmend beeinträchtigt. Bebaute Flächen heizen die bodennahen Luftmassen auf und reduzieren den Luftaustausch und damit regionale Luftbewegungen.
- Versiegelter Boden kann seine Funktion für die Grundwasserneubildung und die Reinigung von Niederschlagswasser nicht mehr erfüllen. Der Wasserhaushalt wird beeinträchtigt, die Hochwassergefahr wächst.
- Siedlungsnahe Erholungslandschaften werden beeinträchtigt oder gehen gar verloren. In der Folge müssen für das Naturerleben immer weitere Strecken zurückgelegt werden.
- Zusätzliche Verkehrsbelastungen entstehen durch längere Wege, somit mehr Lärm und klima- und gesundheitsschädliche Emissionen des Verkehrs.

Soziale und städtebauliche Folgen:

- Der zunehmende Bevölkerungsrückgang in den Ortskernen und die Neubaugebiete an den Ortsrändern führen zu Einwohnerverlusten in gewachsenen Ortsteilen bzw. Stadtzentren.
- Die Konzentration des Einzelhandels auf der Grünen Wiese geht zulasten der Versorgungsangebote in den Zentren.
- Eine Verödung in Innerortslagen durch Leerstände in Wohnen, Gewerbe, Einzelhandel ist die Folge. Soziale Unsicherheiten wachsen.
- Die Wege werden durch zunehmende räumliche Trennung von Wohnen, Arbeiten, Einkaufen, Freizeit immer länger, der Zeitaufwand und die Kosten für die tägliche Mobilität steigen.
- Die Erreichbarkeitsprobleme für bestimmte Bevölkerungsgruppen, z.B. Kinder, ältere Menschen, Haushalte ohne Pkw, nehmen zu.

Ökonomische Folgen:

- Die mittel- und langfristigen Kosten für den Erhalt bzw. die Anpassung und den Betrieb nicht mehr benötigter oder unterausgelasteter Infrastrukturen, z.B. Ver- und Entsorgungsnetze, Öffentlicher Personennahverkehr, Schülerverkehr, Schulen und Kindergärten, steigen.
- Mittel- und langfristige Ausgaben für die Schaffung und den Erhalt zusätzlicher Infrastrukturen für Neubaugebiete werden notwendig.
- Der wachsende Leerstand von Gebäuden und Anlagen erzeugt weitere Kosten.
- Die individuellen Kosten für Unterhalt und Benutzung von einem oder mehreren Pkw steigen ebenfalls.

Literatur

Bundesregierung (Hrsg.) (2008): Fortschrittsbericht 2008 zur nationalen Nachhaltigkeitsstrategie. Für ein nachhaltiges Deutschland, Berlin.

Bundesministerium für Verkehr, Bau und Stadtentwicklung (BMVBS) (Hrsg.) (2009): Einflussfaktoren der Neuinanspruchnahme von Flächen, Forschungen Heft 139, Bonn.

Bundesamt für Bauwesen und Raumordnung (BBR) (2007): Wohnungs- und Immobilienmärkte in Deutschland 2006, Berichte, Bd. 27, Bonn.

Reidenbach, Michael, u.a. (2007): Gewinn oder Verlust für die Gemeindekasse? Fiskalische Wirkungsanalyse von Wohn- und Gewerbegebieten, Berlin (Edition Difu – Stadt Forschung Praxis, Bd. 3)

RNE (Rat für Nachhaltige Entwicklung) (2008): Welche Ampeln stehen auf Rot? Stand der 21 Indikatoren der nationalen Nachhaltigkeitsstrategie – auf der Grundlage des Indikatorenberichts 2006 des Statistischen Bundesamtes. Stellungnahme des Rates für Nachhaltige Entwicklung, Berlin.
Statistisches Bundesamt (2007): Flächenerhebung nach Art der tatsächlichen Nutzung, Wiesbaden.

Exkurs: Boden als Ressource

Neben den Umweltmedien Wasser und Luft kommt dem Boden als nicht vermehrbare natürliche Ressource eine zentrale Bedeutung zu. Boden erfüllt verschiedene Funktionen. Er ist die Grundlage für das Wachstum von Pflanzen, Tiere weiden darauf, Menschen bauen Häuser und Straßen oder graben nach Rohstoffen. Boden filtert Schadstoffe und reinigt das Niederschlags- oder Flusswasser bei der Passage zum Grundwasser, er puffert aber auch Wirkungen ab, die durch Säureeintrag entstehen. Boden kann zwar nicht „verbraucht" werden, doch können bestimmte Nutzungen zu einem Ausschluss oder zu einer Einschränkung zukünftiger Nutzungen führen. Boden befindet sich zudem im Unterschied zu Wasser und Luft oftmals in privatem Besitz, an ihn werden zahlreiche und oftmals miteinander konkurrierende Anforderungen gestellt. Die Abbildung 5 zeigt die Umwidmung vornehmlich landwirtschaftlich genutzter Fläche in Siedlungs- und Verkehrsfläche.

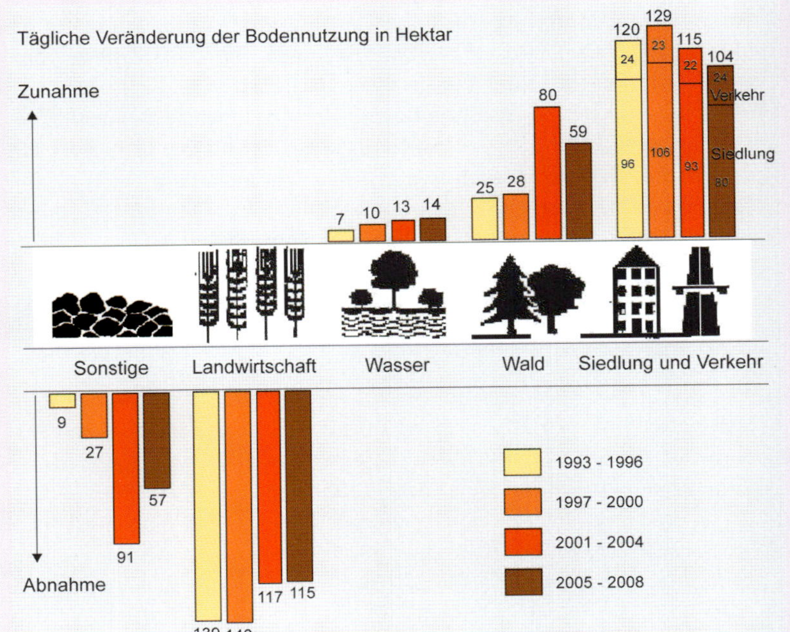

Abbildung 5:
Entwicklung der Siedlungsdichte 1992 bis 2008

Quelle: BBSR Bonn, 2009.

Exkurs: Flächenverbrauch im internationalen Vergleich

Vergleichende Analysen des wachsenden Flächenverbrauchs für Verkehrs- und Siedlungszwecke in Europa sind aufgrund fehlender Vergleichbarkeit der Datengrundlagen nur näherungsweise möglich. Erkennbar ist, dass der Flächenverbrauch im europäischen Vergleich ähnliche Entwicklungen wie in Deutschland nimmt:

- kontinuierliche Zunahme der Siedlungs- und Verkehrsfläche. In vielen Ländern wächst die Siedlungsfläche jährlich um etwa ein bis 1,5 Prozent. Bei einem Anteil der Siedlungs- und Verkehrsflächen an der Gesamtfläche zwischen über 20 Prozent in Belgien und knapp über einem Prozent in Lettland sind 2000 die höchsten Zuwachsraten in den Niederlanden, Finnland und Portugal zu verzeichnen;
- Verlagerung von Nutzungen für Wohnen, Wirtschaft und Gewerbe in das Umland der Kernstädte und Agglomerationen (Suburbanisierung) (vgl. Siener 2004, S. 21);
- und in einem Großteil der Regionen: stärkeres Wachstum der Siedlungs- und Verkehrsflächen im Vergleich zur Bevölkerungszahl sowie Abnahme der Siedlungsdichten (vgl. Meinel/Schubert/Siedentop/Buchroithner 2007);
- eine intensive Flächeninanspruchnahme findet in den Beneluxländern, Deutschland, Norditalien, Spanien und entlang der portugiesischen Atlantikküste statt, aber auch in Griechenland sowie in Teilregionen von England, Frankreich, Polen, Österreich und Ungarn;
- in Teilregionen Belgiens und Deutschlands sowie in einigen Metropolräumen (Paris, Toulouse, Lyon, Madrid, Sevilla, Manchester, Wien, Bukarest, Turin, Rom) konzentriert sich die Flächeninanspruchnahme insbesondere auf das Umland der Kernstädte;
- in Ländern mit einem rapiden Wirtschaftswachstum in den 1990er-Jahren wie Irland, Portugal, Ostdeutschland oder im Raum Madrid sind die Folgen des „urban sprawl" besonders sichtbar;
- entlang der Küstenregionen vollzog sich der Zuwachs der Flächeninanspruchnahme in den 1990er-Jahren etwa um 30 Prozent schneller als in den übrigen Landesteilen, wobei die Küstengebiete Portugals, Irlands und Spaniens die höchsten Zuwachsraten zu verzeichnen hatten;
- insbesondere in Deutschland, Norditalien, Portugal und in Teilen Irlands, Frankreichs und Spaniens war eine hohe Flächeninanspruchnahme in ländlichen Regionen zu verzeichnen;
- während sich in Zentralengland, den Niederlanden und Ostungarn die Siedlungsentwicklung eher in kompakten Strukturen vollzieht, entwickeln sich die Siedlungen in großen Teilen Belgiens, in Südwestdeutschland, Norditalien und Rumänien eher dispers (vgl. European Environment Agency EEA 2006; Fina/Siedentop 2008);
- in Österreich verdoppelte sich die Siedlungs- und Verkehrsfläche zwischen 1950 und 1995, obwohl die Bevölkerungszahl nur geringfügig anstieg. Im Zeitraum 2002 bis 2008 sind die Bau- und Verkehrsflächen stetig gewachsen, wobei das Wachstum sich in diesem Zeitraum von anfangs 20 ha pro Tag auf 10-12 ha pro Tag abgeschwächt hat (vgl. Tötzer/Loibl/Steinnocher 2009);
- innerhalb der vergangenen 30 Jahre erhöhte sich in der Schweiz der Anteil der Siedlungsfläche um über 22 Prozent. Hauptursachen für den hohen Anstieg der Flächeninanspruchnahme in der Schweiz sind die hohe Nachfrage nach Ein- und Zweifamilienhäusern sowie die Erweiterung von Verkehrsflächen;
- betrachtet man den Pro-Kopf-Flächenkonsum der Nachbarländer Deutschland, Österreich und Schweiz, zeigt sich folgender Zusammenhang: In Deutschland stieg die Siedlungs- und Verkehrsfläche pro Kopf von 498 m² zu Beginn der 1990er-Jahre über 553 m² im Jahr 2004 auf 569 m² im Jahr 2007. In Österreich beansprucht aktuell jeder Einwohner im Schnitt 524 m² an Bau- und Verkehrsflächen. In der Schweiz wurden je Einwohner 397 m² Siedlungs- und Verkehrsflächen (1992–1997) in Anspruch genommen (vgl. Dollinger/Dosch/Schultz 2009).

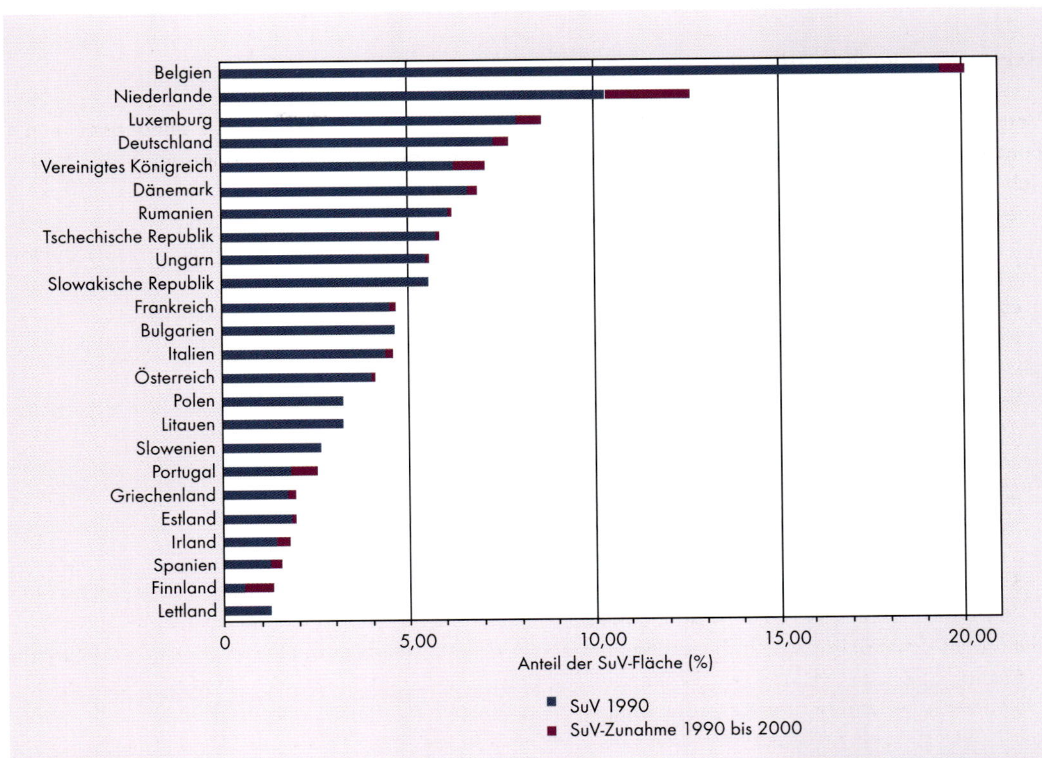

Quelle: Meinel u.a. 2007, S. 653.

Abbildung 6:
Siedlungs- und Verkehrsflächenanteile der Länder 1990 und die Zunahme bis 2000

Literatur

Dollinger, Franz, Fabian Dosch, Barbara Schultz (2009): Fatale Ähnlichkeiten? Siedlungsflächenentwicklung und Steuerungsinstrumente in Österreich, Deutschland und der Schweiz, in: Wissenschaft & Umwelt Interdisziplinär, Themenheft 12 „Verbaute Zukunft?", Wien, S. 104-125.

European Environment Agency EEA (2006): Urban sprawl in Europe. The ignored challenge, Kopenhagen.

Fina, Stefan, und *Stefan Siedentop:* Urban sprawl in Europe – identifying the challenge (2008), in: Manfred Schrenk, Vasily V. Popovich, Dirk Engelke, Pietro Elisei (Hrsg.): REAL CORP 008, 19.–21.5.2008, Conference Proceedings, Wien.

Meinel, Gotthard, Ines Schubert, Stefan Siedentop, Manfred Buchroithner (2007): Europäische Siedlungsstrukturvergleiche auf Basis von CORINE Land Cover – Möglichkeiten und Grenzen, S. 653 (http://www.uni-stuttgart.de/ireus/publikationen/Meinel_etal_2007.pdf).

Siener, Manuela (2004): Organizing Growth? Zum Zusammenhang zwischen regionalen Organisationsstrukturen und Ansätzen zur Steuerung der Siedlungsflächenentwicklung in Großstadtregionen, Berlin.

Tötzer, Tanja, Wolfgang Loibl, Klaus Steinnocher (2009): Flächennutzung in Österreich. Jüngere Vergangenheit und künftige Trends, in: Wissenschaft & Umwelt Interdisziplinär, Themenheft 12 „Verbaute Zukunft?", Wien.

A 1

Blick in die Zukunft: Flächeninanspruchnahme bis 2020

Blick in die Zukunft: Flächeninanspruchnahme bis 2020. Modellgestützte Projektion der Flächeninanspruchnahme in den Kreisen Deutschlands bis zum Jahr 2020

Martin Distelkamp, Frank Hohmann, Christian Lutz, Philip Ulrich, Marc Ingo Wolter

REFINA-Forschungsvorhaben: PANTA RHEI REGIO

Projektleitung: Gesellschaft für Wirtschaftliche Strukturforschung mbH
Projektpartner: Umweltbundesamt; Statistisches Bundesamt; Bundesamt für Bauwesen und Raumordnung; Landesamt für Datenverarbeitung und Statistik NRW; ITAS Forschungszentrum Karlsruhe; Landratsamt Saale-Orla-Kreis; Hochsauerlandkreis; Stadt Duisburg; Wirtschaftsförderung Osnabrück
Modellraum: Deutschland, Saale-Orla-Kreis (TH), Hochsauerlandkreis (NW), Stadt Duisburg (NW), Stadt Osnabrück (NI)
Projetwebsite: www.gws-os.de/refina

Generierung von Zukunftswissen

Im Rahmen von politischen Entscheidungsvorbereitungen oder bei der Begleitung von Planungsprozessen spielen Abschätzungen zur zu erwartenden Entwicklung eine große Rolle. Zur Generierung von Zukunftswissen ist es notwendig die unterschiedlichen Einflüsse auf die Raumentwicklung und ihre Zusammenhänge untereinander zu erfassen und gemeinsam zu betrachten. In einem empirisch fundierten gesamtwirtschaftlichen Modell bietet sich die Möglichkeit, eben jenes stark durch Wechselwirkungen geprägte Phänomen der Siedlungsentwicklung abzubilden. Der Ansatz trägt hierbei der Tatsache Rechnung, dass Siedlungsentwicklung überwiegend von regionalen Entwicklungen geprägt ist. Es gilt also, nicht nur gesamtwirtschaftliche Entwicklungen in der Zukunft räumlich aufzulösen (top-down), sondern vielmehr auch räumliche Entwicklungen in einen deutschlandweiten Kontext zu stellen (bottom-up).

Übersicht 1:
Modellierungsansatz und Einflussfaktoren

Einflussfaktoren auf die Flächeninanspruchnahme in PANTA RHEI REGIO

Ausgangspunkt für die regionalen Flächenmodule ist eine Projektion der Wirtschaftsentwicklung in den Kreisen Deutschlands (Wertschöpfung, Arbeitsmarkt, Einkommen) auf Grundlage des makroökonomischen Modells INFORGE. INFORGE (INterindustry FORcasting GErmany) ist ein nach Sektoren gegliedertes gesamtwirtschaftliches Modell für die Bundesrepublik Deutschland (Zika/Schnur 2009). Es stellt den ökonomischen Kern des Modells PANTA RHEI dar und ist damit auch zentraler Bestandteil des Modells PANTA RHEI REGIO. Weiterer wichtiger Einflussfaktor ist die demografische Entwicklung in den Kreisen, welche exogen aus der Raumordnungsprognose 2025 des BBSR vorgegeben ist (Bundesinstitut für Bau-, Stadt- und Raumforschung 2009).

Das Ziel einer modellgestützten Analyse (mit PANTA RHEI REGIO) ist zum einen eine Projektion der Siedlungsentwicklung für Deutschland und seine Regionen (439 Kreise), zum anderen die Abschätzung von Folgen bzw. Wirkungen unterschiedlicher politischer Maßnahmen bzw. sonstiger Änderungen von Voraussetzungen. Beide Ziele erfordern eine Identifizierung der Einflussgrößen und deren konsequente Verknüpfung.

Der „Blick in die Zukunft" ist immer dann von besonderer Bedeutung, wenn vorausschauende Planung stattfinden soll oder wenn Unsicherheit über die Wirksamkeit unterschiedlicher politischer Maßnahmen besteht. Der Dialog mit den regionalen Akteuren und den bundesweiten Institutionen während des Vorhabens hat gezeigt, dass allgemein ein Bedarf an Entscheidungsgrundlagen vorhanden ist und zunimmt.

Empirisch begründete Entwicklungstendenzen können aufgezeigt werden

Vor diesem Hintergrund zeigen die auf Basis des Modells generierten Projektionen zur zukünftigen Flächeninanspruchnahme empirisch begründete Entwicklungstendenzen auf, die einen fundierten Dialog über zukünftige Herausforderungen auf dem Weg zu einer nachhaltigen Flächennutzung ermöglichen. Bei der Vermittlung regionaler Analyseergebnisse muss jedoch auch immer auf die Grenzen der Aussagekraft des Modells aufmerksam gemacht werden (vgl. Distelkamp u.a. 2009).

Die Verwertung der Erkenntnisse zur zukünftigen Siedlungsentwicklung und dem Modellsystem als solches kann auf unterschiedliche Weise stattfinden. Auf regionaler Ebene können die Akteure aus den Ergebnissen Handlungsbedarf auf unterschiedlichen Feldern ableiten. Den aus den Modellrechnungen ersichtlichen unerwünschten Entwicklungen kann durch spezifische Problemlösungsansätze entgegengewirkt werden. In regionalen Szenarien können Entwicklungskorridore und prägende Einflussfaktoren ermittelt werden. Auf überregionaler Ebene treten übergeordnete Tendenzen, Verteilungsmuster und gesamtwirtschaftliche Effekte in den Vordergrund. Diese Aspekte können in vielfältiger Weise, etwa hinsichtlich der Wirkung politischer Maßnahmen auf Flächenentwicklung und Gesamtwirtschaft, analysiert werden. Der Aspekt der Nachhaltigkeit der Siedlungsentwicklung spielt dabei eine große Rolle. Das bis dato sehr allgemein gehaltene quantitative Flächenziel von 30 ha pro Tag muss dafür sachlich und regional ausdifferenziert werden. Nur so ist die Entwicklung einer Flächennutzungsart in einer bestimmten Region im Sinne der Nachhaltigkeit bewertbar. Als primäre Zielgruppe für Erkenntnisse und Anwendungsmöglichkeiten von PANTA RHEI REGIO in diesem Sinne werden die mit Flächenentwicklungen befassten Fachministerien (Umwelt, Bauen und Verkehr, Wirtschaft) in Bund und Ländern erachtet.

Entwicklungstendenzen der Flächeninanspruchnahme in Deutschland

In einem Referenzszenario werden quantitative Aussagen zur voraussichtlichen Entwicklung der Flächeninanspruchnahme in allen Kreisen Deutschlands bis zum Jahr 2020 gemacht. Diese Projektion kann als Ergebnis unter Status-quo-Bedingungen interpretiert werden. Hierbei wird nach verschiedenen Flächennutzungsarten (z.B. Flächeninanspruchnahme der Wirtschaft und für Wohnzwecke) differenziert. Bestehen für einzelne Flächennutzungsarten und Regionen

A
B
C
C 1
C 2
D
D 1
D 2
E
E 1
E 2
E 3
E 4
E 5
E 6

Nachhaltigkeitsziele, so kann hieraus direkt abgeleitet werden, ob und in welchem Ausmaß Handlungsbedarf entsteht[1].
Die tägliche Flächeninanspruchnahme für Siedlung und Verkehr (SuV) betrug laut Statistik im Zeitraum 2000 bis 2004 etwa 115 ha pro Tag (Deggau 2006). Seitdem hat sie nur leicht abgenommen. Unter Berücksichtigung statistischer Ungenauigkeiten ergibt sich eine Neuinanspruchnahme für Flächen im Zeitraum 2003 bis 2006 von etwa 95 ha pro Tag (Dosch 2008). Welche Entwicklungen lassen sich jedoch für die Zukunft erwarten? Die Ergebnisse der Flächenprojektion im Referenzszenario von PANTA RHEI REGIO zeigen, dass die Zunahme der Siedlungs- und Verkehrsflächen bis 2020 deutlich zurückgeht (vgl. Abb. 7).

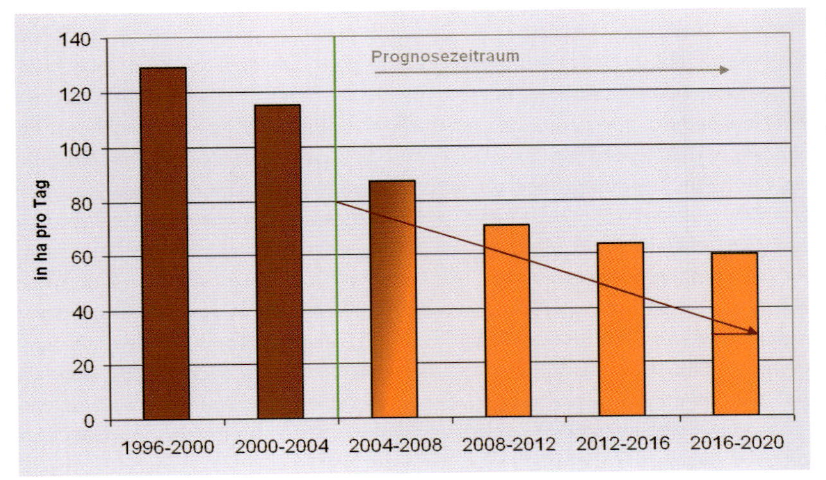

Abbildung 7:
Entwicklung der Flächeninanspruchnahme (Siedlungs- und Verkehrsfläche) bis zum Jahr 2020

Quellen: Statistisches Bundesamt; PANTA RHEI REGIO Referenzszenario 03/2009.

Im Zeitraum 2016 bis 2020 beträgt die tägliche Neuinanspruchnahme demnach etwa 60 ha pro Tag. Der Rückgang wird zum Ende des Prognosezeitraums jedoch schwächer. Aufgrund der anhaltenden Dynamik der Flächenentwicklung und des allgemeinen Rückgangs der Bevölkerungszahl geht die Siedlungsdichte von etwa 1.800 auf etwa 1.630 Einwohner pro km^2 Siedlungs- und Verkehrsfläche zurück. Dies könnte allgemein zu zunehmender Dispersion und Fragmentierung der Siedlungsstruktur führen (Bundesamt für Bauwesen und Raumordnung 2007, S. 70).

Handlungsbedarf in den Regionen bis 2020

Regional unterschiedlicher Handlungsbedarf

Das Ausmaß des Handlungsbedarfs im Hinblick auf die Flächeninanspruchnahme stellt sich jedoch in den Regionen sehr unterschiedlich dar. So geht die Siedlungsdichte in Bayern zwischen 2004 und 2020 um sechs Prozent zurück, während in Sachsen-Anhalt ein Rückgang um 25 Prozent erwartet wird. Nach-

1 Durch die gezielte Änderung von Stellgrößen können mit PANTA RHEI REGIO auch fiskalische Maßnahmen wie beispielsweise die Einführung einer Neubesiedelungsabgabe oder die Einführung eines Systems Handelbarer Flächenausweisungsrechte simuliert werden (vgl. **E 1 A:** Projekt DoRiF). Auch kann geprüft werden, welche Auswirkungen veränderte Vorgaben zum räumlichen Muster der demografischen Entwicklungen hätten.

haltigkeitsziele werden im Folgenden ausschließlich für die Siedlungsflächen Wohnen und Wirtschaft formuliert[2].

Die Projektionen für die zukünftige Flächeninanspruchnahme für diese Flächennutzungen sind regional jedoch sehr unterschiedlich, wie die linke Karte in Abbildung 8 für Raumordnungsregionen zeigt. Die Schwerpunkte der Siedlungsentwicklung verändern sich im Vergleich zu der letzten Dekade in der Zukunft nicht grundlegend. Hohe Flächeninanspruchnahme (rote Regionen in der linken Karte) findet voraussichtlich weiterhin im Nordwesten und im Umland von Hamburg statt. Als Expansionsachsen stellt sich der Bereich Hannover bis Berlin und das mittlere und obere Rheintal dar. Weiterhin bilden die Agglomerationsräume Rhein-Neckar und München Schwerpunkte der Siedlungsexpansion. Vom Oberpfälzer Wald bis zum Weserbergland werden für weite Bereiche keine großen Veränderungen erwartet. Dies gilt auch für viele ländliche Räume nördlich und südöstlich von Berlin. Diese Entwicklungsmuster sind ein Spiegelbild der zu erwartenden wirtschaftlichen Dynamik und Bevölkerungsentwicklung und sind zusätzlich (zu einem geringeren Ausmaß) ein Ergebnis des in der Vergangenheit zu beobachtenden Umgangs mit freier Fläche.

Die Bewertung der Entwicklungen in den einzelnen Regionen bzgl. der Nachhaltigkeit kann in einem nächsten Schritt vorgenommen werden. Dafür müssen für die Regionen angemessene Ziele formuliert werden, etwa mithilfe von Verteilungsschlüsseln für das Gesamtziel. Für die folgende Analyse wurde das Gesamtziel auf Grundlage der Bevölkerungs- und Flächenanteile verteilt (vgl. Henger/Schröter-Schlaack 2008). Die regionalen Entwicklungen, die sich aus den Modellrechnungen ergeben, können nun zu den regionalen Flächenzielen in Bezug gesetzt werden. Es zeigt sich (vgl. rechte Karte in Abb. 8), dass sich dort Anpassungsdruck (rote Regionen in der rechten Karte) andeutet, wo auch die Siedlungsfläche im Basisszenario stark zunimmt. Jedoch ist auch zu erkennen, dass einige relativ expansive Regionen sich mit ihrem Flächenverbrauch annähernd im Rahmen der Vorgaben bewegen. So wird die Flächeninanspruchnahme am Niederrhein durch die Bevölkerungs- und Flächenanteile relativiert. Andere Regionen, deren Flächeninanspruchnahme nicht überdurchschnittlich hoch ist, sind jedoch unter Nachhaltigkeitsaspekten (bzw. mit Blick auf die Bevölkerungs-/Flächenrelation) auffällig. Dazu zählen z.B. Regionen im südlichen Baden-Württemberg und Regionen an der Ostseeküste. Häufig jedoch zählen Regionen mit den größten Nachhaltigkeitslücken auch zu den größten Flächenverbrauchern. Hohe Faktorwerte können jedoch ihren Ursprung sowohl im Ausmaß und der Struktur der Nachfrage als auch im Charakter der derzeitigen kommunalen Flächenpolitik haben. Für eine differenzierte Analyse des Handlungsbedarfs der Regionen sollten überdies weitere Indikatoren, wie etwa Baulandpreise, Topografie, Wirtschaftsstruktur und wirtschaftliche Dynamik, einbezogen werden (vgl. Jakubowsky/Zarth 2003).

2 Die Siedlungsfläche Wohnen und Wirtschaft entspricht der Flächennutzungskategorie „Gebäude- und Freifläche". Bei einer Aufteilung des Flächenziels von 30 ha pro Tag auf die unterschiedlichen Flächennutzungskategorien ergibt sich für die Gebäude- und Freiflächen ein Ziel von etwa 17,4 ha pro Tag in 2020. Zugrunde gelegt wurden dabei die Anteile am Flächenzuwachs in den Jahren 1996 bis 2006. Auch dieses Teilziel würde nach Ergebnissen von Modellrechnungen mit PANTA RHEI REGIO in 2020 mit 33 ha pro Tag deutlich verfehlt.

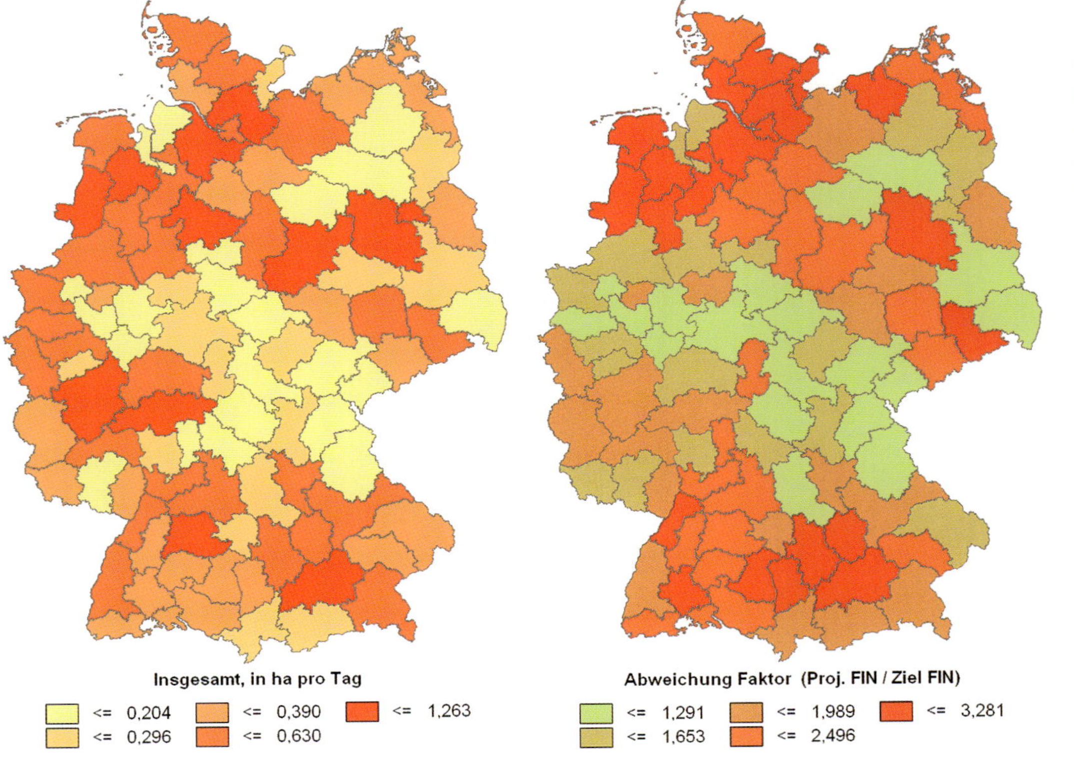

Abbildung 8:
Veränderung der Siedlungsflächen Wohnen und Wirtschaft zwischen 2008 und 2020 (linke Karte) und Verhältnis von projizierter Flächeninanspruchnahme zu nachhaltiger Flächeninanspruchnahme (rechte Karte)

Quelle: PANTA RHEI REGIO Basisszenario 02/2009, Klassenbildung nach Quintilen, Karten erstellt mit Regiograph.

Literatur

Ahlert, Gerd, Uwe Klann, Christian Lutz, Bernd Meyer und *Marc Ingo Wolter* (2004): Abschätzung der Auswirkungen alternativer Bündel ökonomischer Anreizinstrumente zur Reduzierung der Flächeninanspruchnahme – Ziele, Maßnahmen, Wirkungen. Gutachten im Auftrag des Büros für Technikfolgenabschätzung beim Deutschen Bundestag (TAB), Osnabrück.

Bundesamt für Bauwesen und Raumordnung (BBR) (2007): Wohnungs- und Immobilienmärkte in Deutschland 2006, Berichte, Band 27. Bonn.

Bundesinstitut für Bau-, Stadt- und Raumforschung (BBSR) (2009): Raumordnungsprognose 2025/2050, BBSR-Berichte, Band 29, Bonn.

Deggau, Michael (2006): Nutzung der Bodenfläche – Flächenerhebung 2004 nach Art der tatsächlichen Nutzung, Wirtschaft und Statistik, H. 3, Wiesbaden.

Distelkamp, Martin, Frank Hohmann, Christian Lutz, Philip Ulrich, Marc Ingo Wolter (2009): Perspektiven für eine nachhaltige Flächenentwicklung. Ansätze und (erste) Ergebnisse des regionalisierten umweltökonomischen Modells PANTA RHEI, in: Stefan Frerichs, Manfred Lieber, Thomas Preuß (Hrsg.): Flächen- und Standortbewertung für ein nachhaltiges Flächenmanagement. Methoden und Konzepte, Beiträge aus der REFINA-Forschung, Reihe REFINA Band V, Berlin.

Dosch, Fabian (2008): Siedlungsflächenentwicklung und Nutzungskonkurrenzen. Technikfolgenabschätzung – Theorie und Praxis, Nr. 2, Zeitschrift des ITAS im Forschungszentrum Karlsruhe.

Henger, Ralph, und *Christoph Schröter-Schlaack* (2008): Designoptionen für den Handel mit handelbaren Flächenausweisungsrechten in Deutschland, Land Use Economics and Planning – Discussion Paper No 08-2, Göttingen.

Jakubowski, Peter, und *Michael Zarth* (2003): Nur noch 30 Hektar Flächenverbrauch pro Tag – Vor welchen Anforderungen stehen die Regionen, Raumforschung und Raumordnung, H. 3, Bonn.

Petschow, Ulrich, Thomas Zimmermann, Martin Distelkamp und *Christian Lutz* (2007): Wirkungen fiskalischer Steuerungsinstrumente auf Siedlungsstrukturen und Personenverkehr vor dem Hintergrund der Nachhaltigkeitsziele der Bundesregierung, Berlin und Osnabrück.

Siedentop, Stefan, Richard Junesch, Martina Strasser, Philipp Zakrzewski, Luis Samaniego, Jens Weinert (2009): Einflussfaktoren der Neuinanspruchnahme von Flächen, Bundesamt für Bauwesen und Raumordnung, Forschungen, H. 139, Bonn.

Zika, Gerd, und *Peter Schnur* (2009): Das IAB/INFORGE-Modell: Ein sektorales makro-ökonometrisches Projektions- und Simulationsmodell zur Vorausschätzung des längerfristigen Arbeitskräftebedarfs, IAB-Bibliothek 318, Nürnberg.

B

Reduzierung der Flächeninanspruchnahme und nachhaltiges Flächenmanagement

Reduzierung der Flächeninanspruchnahme und nachhaltiges Flächenmanagement

Ajo Hinzen, Thomas Preuß

Mit welchen Strategien wollen Bund, Länder und Kommunen der bisher hohen Freiflächeninanspruchnahme und ihren Folgeproblemen entgegenwirken? Wie können die verfolgten Ziele im Rahmen ihrer jeweiligen Aufgabenwahrnehmungen umgesetzt werden, und welche Bausteine nachhaltigen Flächenmanagements müssen dabei sinnvollerweise ineinander greifen?

Flächenpolitische Ziele des Bundes

Mit Blick auf die anhaltend hohe Inanspruchnahme von Freiflächen für Siedlungs- und Verkehrszwecke und die damit verbundenen erheblichen ökologischen, sozialen, städtebaulichen, landschaftlichen und ökonomischen Folgewirkungen (vgl. Kap. **A**) hat die Bundesregierung in der nationalen Nachhaltigkeitsstrategie (2002) zwei wesentliche flächenpolitische Ziele formuliert, die bis zum Jahr 2020 erreicht werden sollen:

Ziele der nationalen Nachhaltigkeitsstrategie

- Reduktion der derzeitigen täglichen Inanspruchnahme von Boden für neue Siedlungs- und Verkehrsflächen auf 30 Hektar pro Tag (Mengenziel) sowie
- vorrangige Innenentwicklung im Verhältnis von Innen- zu Außenentwicklung von 3:1 (Qualitätsziel).

Diese Doppelstrategie zielt zum einen auf eine Qualitätssteuerung, indem der Außenbereich mit seinen wertvollen Freiräumen und Kulturlandschaften durch einen Vorrang der Innenentwicklung und durch eine Aufwertung von Siedlungsflächen geschont wird, zum anderen auf eine restriktive Mengensteuerung zur Begrenzung der Neuinanspruchnahme von Flächen. Beide Ansätze hängen zusammen und verfolgen sich ergänzende Ziele.

Flächeneffizienz und Kreislaufnutzung

Eine höhere Flächeneffizienz und Kreislaufnutzung von Siedlungsflächen gelten als zentrale Ansätze für die Erreichung der übergeordneten Mengen- und Qualitätsziele. Nach Effizienzkriterien sollten primär ungenutzte oder mindergenutzte Flächen im Siedlungsbestand entwickelt werden, um zukünftig teure und unterausgelastete Infrastrukturen in der Peripherie zu vermeiden. Somit werden mittel- und langfristige (Folge-)Kosten der Siedlungsentwicklung, neben ökologischen, städtebaulichen und sozialen Aspekten, zunehmend zu einem Gradmesser nachhaltiger Siedlungsentwicklung.

Die flächenpolitischen Ziele sind Teil eines Managementkonzepts für nachhaltige Entwicklung in wichtigen gesellschaftlichen Handlungsfeldern. Ihnen liegt der Kreislaufansatz als handlungsorientiertes Leitbild zugrunde, das im Rahmen eines städtischen/stadtregionalen Flächenmanagements von den Akteuren vor Ort umgesetzt werden soll (BBR 2006). Nähere Ausführungen dazu finden sich im Abschnitt „Nachhaltiges Flächenmanagement" dieses Kapitels.

In quantitativer und qualitativer Hinsicht lassen sich vier Typen flächenpolitischer Ziele unterscheiden, zwischen denen zahlreiche Wechselbeziehungen bestehen:

- *Reduktionsziele* orientieren auf die Verminderung des Zuwachses von Siedlungs- und Verkehrsflächen, auf eine Begrenzung der Versiegelung bzw. auf eine Entsiegelung;

- *Erhaltungs- und Schutzziele* fokussieren auf den Schutz des Bodens und seiner Leistungsfähigkeit, den Schutz unbebauter Bereiche, Freiräume sowie der Landschaft, den Erhalt unzerschnittener Landschaftsräume sowie die Sicherung naturschutzbedeutsamer Flächen;
- *nutzungsstrukturelle Ziele* richten sich auf eine räumliche Konzentration der Siedlungsentwicklung, auf die Nachverdichtung und Innenentwicklung, auf das Flächenrecycling, auf die Nutzungsmischung im Siedlungsbereich, auf die Anbindung neuer Baugebiete an bestehende Infrastrukturen sowie auf die räumliche Bündelung von Infrastruktursystemen;
- *Nutzungseffizienzziele* wiederum orientieren zum einen auf die Intensivierung der Flächennutzung und eine höhere ökonomische Produktivität der Flächeninanspruchnahme; zum anderen wohnt Nutzungseffizienzzielen auch eine ökologische Dimension inne, etwa im Hinblick auf die effiziente Wahrnehmung von Freiraumfunktionen für den Siedlungsbereich.

Regionalisierung der flächenpolitischen Ziele

Um die tatsächliche Flächenentwicklung in den Regionen über längere Zeiträume nach gleichen Kriterien zu beobachten bzw. den Zielerreichungsgrad dieser flächenpolitischen Ziele in den verschiedenen Teilräumen des Bundesgebietes nach einheitlichen Maßstäben zu messen, wurde ein Set von Indikatoren/Kennzahlen erarbeitet, die derzeit im Zuge der Entwicklung eines bundesweiten „Nachhaltigkeitsbarometers Fläche" teilräumlich auf Eignung getestet werden (BMVBS/BBR 2007). In diesem Kontext werden auf raumordnungspolitischer Ebene auch Überlegungen zur Regionalisierung der flächenpolitischen Ziele angestellt. Im Vordergrund steht dabei die Identifizierung geeigneter Maßstäbe bzw. Entwicklungsparameter, die regional unterschiedlichen Anpassungsbedarfen Rechnung tragen. Damit soll dem Umstand Rechnung getragen werden, dass sich die Flächennachfrage – abhängig von wirtschaftlicher Dynamik und Bevölkerungsentwicklung – in den Teilräumen sehr unterschiedlich darstellt; ebenso wie auf der Angebotsseite die Potenziale für Innenentwicklung unterschiedlich ausgeprägt sind.

Abbildung 1:
Elemente zur Operationalisierung flächenpolitischer Ziele

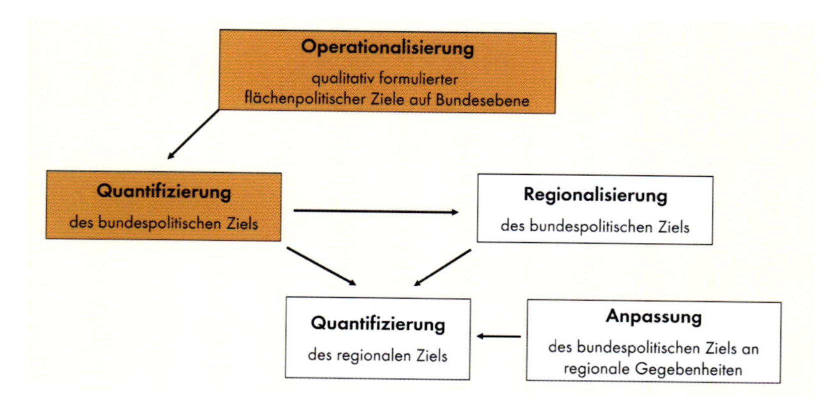

Quelle: BMVBS und BBR (Hrsg.) (2007): Nachhaltigkeitsbarometer Fläche, Bonn.

Die Bedeutung der flächenpolitischen Ziele für die Aufgaben von Bund, Ländern und Kommunen

Bund, Länder, Regionen und Kommunen verfügen im Rahmen ihrer Zuständigkeiten über vielfältige Möglichkeiten, qualitative und quantitative flächenpoli-

tische Ziele zu formulieren und sachlich/räumlich zu konkretisieren, zu regionalisieren sowie zu operationalisieren.
Mit dem Raumordnungsgesetz, den Landesplanungsgesetzen, den Bundes-/Landesnaturschutzgesetzen, dem Bundesbodenschutzgesetz und dem Baugesetzbuch und den darin beschriebenen Planwerken und Verfahrensregelungen stehen den Behörden auf den verschiedenen Ebenen im Prinzip ausreichende Regelungsinstrumente dafür zur Verfügung.

Bund

Der Bund besitzt in der Raumordnung, beim Städtebau, im Naturschutz und beim Bodenschutz verschiedene Möglichkeiten, indirekt auf die Umsetzung flächenpolitischer Ziele einzuwirken; etwa über

- die Entwicklung von Leitbildern der räumlichen Entwicklung des Bundesgebietes (§ 18 (1) ROG) auf der Grundlage der Raumordnungspläne und in Zusammenarbeit mit den für Raumordnung zuständigen Landesbehörden (MKRO);
- die Grundsätze der Raumordnung (§ 2 (2) ROG) und deren Konkretisierung durch Ziele und Grundsätze in den Raumordnungsplänen der Länder (§§ 7, 8 ROG) und den Regionalplänen (§ 9 ROG) sowie durch die damit verbundenen Verfahrensregelungen zur Strategischen Umweltprüfung (§ 14b UVPG);
- das Informationssystem zur Raumbeobachtung (hier insbesondere das in Vorbereitung befindliche Nachhaltigkeitsbarometer Fläche) (§ 18 (5) ROG) und die Raumordnungsberichte (§ 21 ROG);
- Förderprogramme und Modellprojekte (MORO, REFINA, ExWoSt u.a.).

Regelungsinstrumente stehen zur Verfügung

In den letzten Jahren wurden im Baugesetzbuch (BauGB) die Möglichkeiten der Kommunen erweitert, Innenentwicklung und nachhaltiges Flächenmanagement zu fördern, etwa über die Umweltprüfung (§ 2 Abs. 4), Bebauungspläne für die Innenentwicklung (§ 13a) und über Baulandkataster (§ 200). Aktuell werden mit Blick auf künftige Fortschreibungen des BauGB weitergehende Ansätze zur Intensivierung der Erfassung und Aktivierung von Innenentwicklungspotenzialen bzw. zur Erleichterung des Überschreitens von Obergrenzen für das Maß der baulichen Nutzung (§ 17 BauNVO) diskutiert.
Daneben kann der Bund bei baulichen Maßnahmen des Bundes, bspw. Regierungsbauten, Fernstraßenbau, Vorhaben der Landesverteidigung, im Wege der Selbstbindung qualitative und quantitative flächenpolitische Ziele umsetzen.

Länder/Regionen

Einen umfassenden Überblick über die in den Bundesländern verfolgten flächenpolitischen Ziele (Stand 2004) enthält die BMVBS/BBR-Veröffentlichung „Nachhaltigkeitsbarometer Fläche".
Darin wird deutlich, dass diese Ziele – soweit sie in grundsätzlicher, qualitativer Form im Sinne einer Orientierungsvorgabe formuliert sind – in den einschlägigen Gesetzen und Planwerken der Landesplanung fast aller Bundesländer ihren Niederschlag gefunden haben, insbesondere Erhaltungs- und Schutzziele sowie raumstrukturelle Ziele.

Reduktionsziele (insbesondere solche mit Angabe quantifizierter Zielwerte) und Nutzungseffizienzziele sind hier seltener vertreten. Länderbezogene Regionalisierungen des bundespolitischen 30-ha-Ziels sind bisher vor allem auf regierungsprogrammatischer Ebene aus den Ländern Baden-Württemberg („Netto-Null"), Nordrhein-Westfalen (5 ha/Tag), Saarland (0,5 ha/ Tag), Hessen (< 4 ha/Tag) und Sachsen (1,35 ha/Tag) bekannt geworden. Äußerungen aus anderen Bundesländern lassen auf Zurückhaltung aufgrund von Akzeptanzproblemen bei der Regionalisierung flächenpolitischer Zielsetzungen schließen.
Grundsätzlich stehen für die Verfolgung dieser Ziele in den Ländern und Regionen die Planwerke der Raumordnung (Landesentwicklungspläne, Regionalpläne) sowie Landschaftsprogramme und Landschaftsrahmenpläne zur Verfügung. Für die Umsetzung ist wesentlich, ob die flächenpolitischen Intentionen vor allem auf den prinzipiell der Abwägung mit konkurrierenden Belangen zugänglichen Grundsätzen der Raumordnung basieren und/oder auf räumlich und sachlich konkreten, abschließend abgewogenen Zielen (wobei offen bleibt, ob flächenpolitische Ziele in der Abwägung mit starken konkurrierenden Zielen/Belangen obsiegen). Genehmigte Regionalpläne sind Ziele der Raumordnung, die von nachgeordneten öffentlichen Stellen bei raumbedeutsamen Planungen und Maßnahmen zu beachten sind (vgl. Anpassungsverpflichtung der Bauleitpläne gem. § 1 Abs. 4 BauGB und LPlG).
Einen Sonderfall stellen Regionalpläne dar, die die Ergebnisse interkommunaler/regionaler Willensbildungsprozesse (bspw. Regionalkonferenzen, Euregios, Städtenetze) in besonderer Weise berücksichtigen. In diesem Fall müssen die flächenpolitischen Ziele sowohl interkommunal ausgehandelt als auch im Gegenstromverfahren mit der regionalen Planungsbehörde vereinbart werden.
Als komplementäre Strategie zur Umsetzung flächenpolitischer Ziele setzen einige Bundesländer auf den Beispielcharakter von landesweiten Modellvorhaben und Best-practice-Dokumentationen zum Flächenmanagement (z.B. Baden-Württemberg, Bayern, Nordrhein-Westfalen, Saarland). In den Ländern Baden-Württemberg, Bayern und Nordrhein-Westfalen werden in Form von Bündnissen und Allianzen akteursübergreifende Initiativen zur Unterstützung einer nachhaltigen Flächenpolitik, zur Förderung des Diskurses über Flächenbelange und zur Schaffung eines Bewusstseins hinsichtlich der Flächenbeanspruchung entwickelt und unterstützt.

Kommunen

Die Verfolgung nachhaltiger flächenpolitischer Ziele in den Kommunen steht einerseits im Spannungsfeld zwischen kommunaler Planungshoheit und Anpassungspflicht der Bauleitplanung an die Ziele der Raumordnung sowie andererseits im Spannungsfeld intra- und interkommunaler Konkurrenz zu verschiedenen anderen Raumnutzungsansprüchen und Belangen. In der Praxis steht den Städten und Gemeinden dabei ein breites Spektrum an formellen und informellen Planwerken und Genehmigungsverfahren zur Verfügung (Bauleitplanung, Landschaftsplanung, Umweltprüfung, Satzungen, städtebauliche Verträge, Einzelvorhabengenehmigungen etc.). Da repräsentative Untersuchungen zur neueren Handhabungspraxis flächenpolitischer Ziele und Entscheidungen nicht vorliegen, ergibt sich derzeit aus der Praxiserfahrung folgendes heterogene Bild in den Kommunen:

- Qualitative, orientierende Ziele des Freiraum-, Boden- und Ressourcenschutzes und des nachhaltigen Flächenmanagements sind überwiegend Gemeingut und i.d.R. Konsens.
- Quantifizierende Reduktions- und Nutzungseffizienzziele finden – von einigen Modellstädten (wie Freiburg u.a.) abgesehen – kommunalpolitisch bisher wenig Akzeptanz.
- Mischformen eines „sowohl als auch", etwa der teilräumliche Verzicht auf Flächenneuinanspruchnahme, Forcierung der Brachflächenmobilisierung bei gleichzeitiger Zulassung von Raumnutzungsansprüchen im Freiraum an anderen Stellen, spiegeln eine plurale politische Entscheidungskultur wider.
- Auch wurden in den letzten Jahren in einzelnen Modellräumen erste Erfahrungen mit interkommunalen Kooperationen zur nachhaltigen Steuerung der Siedlungsentwicklung und der Flächeninanspruchnahme gesammelt (vgl. dazu u.a. auch die REFINA-Projekte „KomReg", Gießen/Wetzlar u.a.).

Weil sich in der Praxis das regulatorische Top-down-System der Regionalisierung bundespolitischer Flächenziele als verfahrensmäßig schwierig (Abwägung) und politisch nicht immer konsensfähig erwiesen hat, werden im Förderschwerpunkt „REFINA" teils komplementäre, teils alternative Strategien nachhaltiger Flächenpolitik in Regionen und Kommunen untersucht, die die Gestaltung konsensorientierter Prozesse mit heterogenen Akteuren, neue Steuerungsansätze und ökonomische Anreize, nachvollziehbare integrierte Standortbewertungssysteme und neue Kommunikationsansätze für den nachhaltigen Umgang mit der Ressource Fläche in den Vordergrund stellen.

Nachhaltiges Flächenmanagement

Alle Flächennutzungen, Infrastrukturen und Gebäude im Siedlungsbereich unterliegen Nutzungszyklen. Ihre Dauerhaftigkeit sowie die Dynamik von In-Wert-Setzung, Bestand, Entwertung, Auflassung und Wiedernutzung hängen von einer Vielzahl von Rahmenbedingungen und Einflussfaktoren ab (bspw. Standortqualitäten, Angebot und Nachfrage, Vorbelastungen). Dies stellt sich in prosperierenden Regionen anders dar als in stagnierenden bzw. schrumpfenden Räumen – sogar auch innerhalb einzelner Städte. Es entsteht ein Mosaik über die Zeit unterschiedlich marktgängiger Flächen(nutzungen), die sowohl Potenziale als auch Hemmnisse der Stadtentwicklung darstellen können. Sollen diese Potenziale im Sinne der Reduzierung der Flächeninanspruchnahme an der Peripherie und einer vorrangigen Innenentwicklung genutzt werden, bedarf es eines systematischen Flächenmanagements.

Kombination staatlicher und konsensualer Instrumente

Flächenmanagement stellt eine Kombination staatlicher und konsensualer Instrumente zur Realisierung einer aktiven, bedarfsorientierten, strategischen und ressourcenschonenden Bodennutzung in einem integrierten Planungsprozess dar (Löhr/Wiechmann 2005). Es schließt Elemente der Flächeninformation, der Kommunikation, der Kooperation und der Finanzierung sowie der Steuerung und Gestaltung von Prozessen im aktiven Zusammenwirken der relevanten Akteure ein und dient einer nachhaltigen Flächen- und Siedlungspolitik.

Kommunales Flächenmanagement erstreckt sich auf folgende Handlungsfelder:

- Flächenentwicklung und -sicherung,
- Bodenordnung,
- Erschließung,
- Mobilisierung und Verfügbarmachung für die beabsichtigte Nutzung,
- Bodenvorratspolitik,
- Beeinflussung von Bodenmarkt und Bodenpreisen,
- Mitwirkung bei der Klärung von Eigentumsverhältnissen,
- Mitwirkung bei der Vermarktung von Flächen.

Nachhaltiges Flächenmanagement dient der quantitativen und qualitativen Optimierung der Flächennutzung sowie der Baulandbereitstellung und folgt dabei städtebaulichen, ökologischen, sozialen und ökonomischen Erfordernissen. Flächenmanagement muss als Prozess langfristig und vorausschauend angelegt sein. Strategisch setzt das Flächenmanagement auf der Ebene der Regional- bzw. Flächennutzungsplanung an und ermöglicht die Entwicklung und Mobilisierung von Flächen auf Basis räumlicher und zeitlicher Prioritätensetzungen. Insbesondere kann bei einer engen Verzahnung von Flächenmanagement und Bauleitplanung die Bereitstellung von Bauland beschleunigt werden.

Sinnvollerweise lehnt sich der Ablaufzyklus des Flächenmanagements dem Nutzungszyklus der Flächen an (vgl. Abb. 2). Dieser Steuerungsansatz einer vorrangigen Wieder-in-Wert-Setzung von Flächenpotenzialen im Bestand wurde sehr eingehend im Rahmen des ExWoSt-Forschungsfeldes „Fläche im Kreis/Flächenkreislaufwirtschaft" untersucht und der Einsatz von bestehenden und neuen Instrumenten mit Akteuren aus dem öffentlichen und dem privaten Sektor in fünf Planspielregionen überprüft (BMVBS/BBR 2008). Flächenkreislaufwirtschaft unterscheidet sich in verschiedener Hinsicht, etwa beim stadtregionalen Ansatz, bei der flächendeckenden Strategie und beim Policy-Mix, deutlich vom projekt- und standortbezogenen Flächenrecycling.

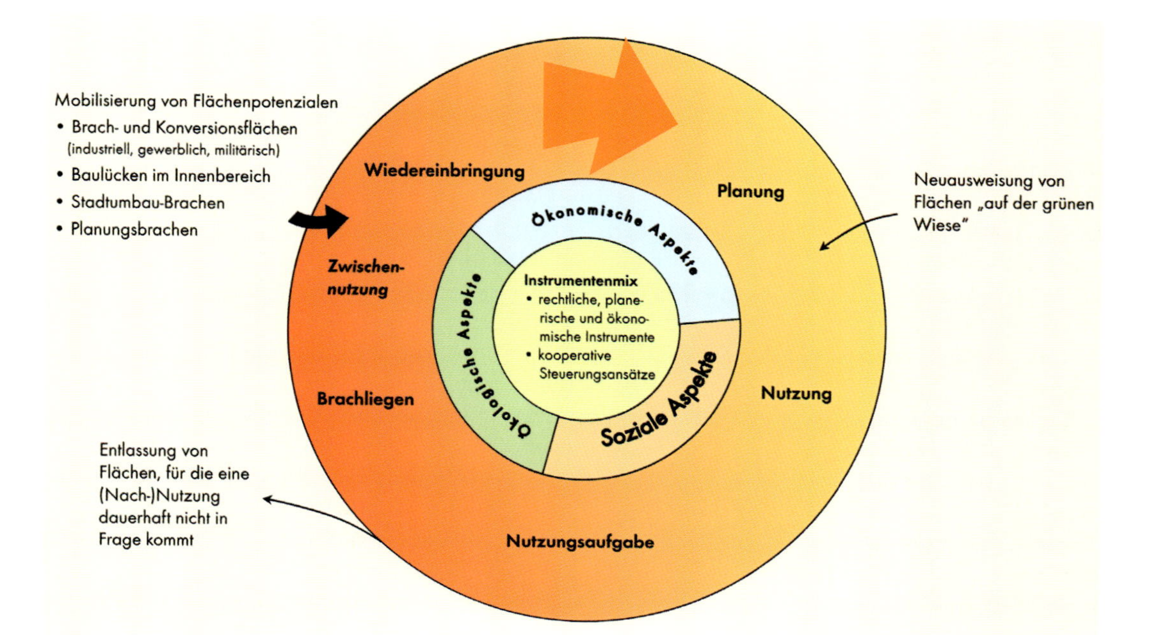

Abbildung 2:
Phasen und Potenziale der Flächenkreislaufwirtschaft

Quelle: Bundesamt für Bauwesen und Raumordnung (Hrsg.): Perspektive Flächenkreislaufwirtschaft. Kreislaufwirtschaft in der städtischen/stadtregionalen Flächennutzung – Fläche im Kreis, Band 1 der Sonderveröffentlichungsreihe zum ExWoSt-Forschungsfeld „Fläche im Kreis", Bearb.: Deutsches Institut für Urbanistik u.a.; Preuß, Thomas, u.a.; BBR, Dosch, Fabian, u.a., Bonn, S. 14.

A
B
C
C 1
C 2
D
D 1
D 2
E
E 1
E 2
E 3
E 4
E 5
E 6

Bausteine nachhaltigen Flächenmanagements

Die Ausgestaltung und Wahrnehmung der Aufgabe Flächenmanagement kann sich in den Regionen, Städten und Gemeinden aufgrund unterschiedlicher Voraussetzungen und Rahmenbedingungen durchaus unterschiedlich darstellen; dabei spielen bspw. die personellen Ressourcen, die technischen Möglichkeiten, Organisations- und Zuständigkeitsregelungen sowie eingeübte Abläufe eine Rolle. Basierend auf einer Vielzahl von Projekterfahrungen der letzten Jahre haben sich bestimmte Bausteine als notwendig und zielführend herausgestellt (vgl. auch Abb. 3).

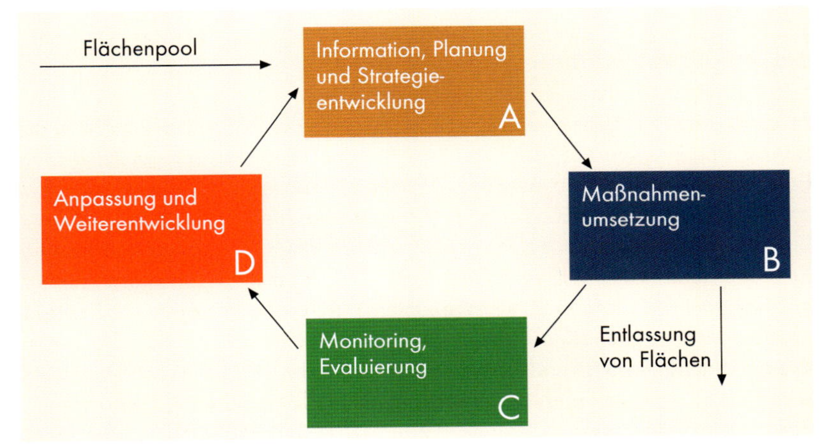

Abbildung 3:
Ablaufzyklus und Bausteine eines Flächenmanagements

Quelle: Eigene Darstellung, 2010.

Baustein A: Information, Planung und Strategieentwicklung

Kenntnis aller verfügbaren Flächenpotenziale als Voraussetzung

Effizientes Flächenmanagement setzt zunächst die Kenntnis aller im Gemeindegebiet oder in einer Region verfügbaren Flächenpotenziale voraus. Dazu zählen sowohl die vorhandenen/planerisch ausgewiesenen Erweiterungspotenziale als auch die im Bestand verfügbaren Potenziale für eine Innenentwicklung wie z.B. Baulücken, Brachflächen, mindergenutzte Grundstücke sowie absehbare Flächenfreisetzungen. Diese Flächenpotenziale sollten in einem hierfür geeigneten, möglichst DV-gestützten geografischen Informationssystem – in kleineren Kommunen reichen auch Datenbanken – erfasst werden, das verschiedenen Dienststellen (bspw. Planung, Wirtschaftförderung) und den politischen Entscheidern, aber – unter Berücksichtigung von Datenschutzbelangen – auch privaten Dritten zugänglich sein sollte. (Zu weiterführenden Hinweisen und Ergebnissen aus diesbezüglichen REFINA-Projekten vgl. Kap. **E 1**.)
In Kenntnis dieser Flächenpotenziale und verknüpft mit einer Prognose der für Wohnen und Gewerbe in einem definierten Zeitraum erforderlichen Flächenbedarfe wird eine adäquate Flächenmanagementstrategie abgeleitet, die räumliche und zeitliche Schwerpunkte bzw. Prioritäten enthält. Voraussetzung für die Ableitung einer derartigen Strategie ist eine umfassende Eignungsbewertung der Flächen nach ökonomischen, ökologischen, städtebaulichen, sozialen und infrastrukturellen Kriterien, orientiert an den zuvor formulierten Zielen des Flächenmanagements. Ein wichtiges Zusatzkriterium ist die Rentier-

lichkeit von Flächenentwicklungen, wobei zwischen marktgängigen Flächen mit rentierlichen Entwicklungsmöglichkeiten, marktgängigen Flächen ohne rentierliche Entwicklungsmöglichkeiten und nicht marktgängigen Flächen unterschieden wird. (Zu weiterführenden Hinweisen und Ergebnissen aus diesbezüglichen REFINA-Projekten vgl. Kap. **E 2**.)
Diese auf eine umfassende Informationsbasis gestützte Strategie ist Gegenstand eines politischen Grundsatzbeschlusses. Ihre kontinuierliche Fortschreibung sowie ihre Veröffentlichung im Internet oder in einer Broschüre stellt ein wichtiges orientierendes Informationsangebot über Flächenpotenziale einer Region/einer Stadt für institutionelle Investoren und private Bauherren dar.

Baustein B: Maßnahmenumsetzung

In-Wert-Setzung und Mobilisierung

Im nächsten Schritt ist jeweils näher zu prüfen, wie und mit welchen Mitteln die beabsichtigte In-Wert-Setzung und Mobilisierung (oder auch die dauerhafte Entlassung aus der Nachnutzung) der aufgelassenen/untergenutzten Flächenpotenziale im Bestand besonders gefördert werden kann. Da die Flächen i.d.R. unterschiedlich marktgängig sind, gibt es dafür keine standardisierbaren Empfehlungen. Vielmehr werden je nach Ausgangsvoraussetzungen speziell zugeschnittene Lösungen zum Tragen kommen.
Dies bezieht sich sowohl auf

- den Einsatz formeller und informeller Instrumente,
- die Verzahnung mit anderen gleichgerichteten Strategien und Planungen

als auch auf die Finanzierung und Förderungsmöglichkeiten. (Entsprechende Hinweise aus REFINA-Projekten finden sich bspw. in den Kapiteln **C 1**, **E 5** und **E 6**.)
Umsetzungsvorbereitend werden wiederum politische Entscheidungen im Einzelfall zu treffen sein (bspw. Aufstellung von Bebauungsplänen, städtebauliche Verträge). Umsetzungsvorbereitend sind ebenfalls zielgruppenspezifische raum- und standortbezogene Marketing-Aktivitäten zu verfolgen.
Generell empfiehlt sich für das regionale bzw. kommunale Flächemanagement der Einsatz einer professionellen Projektsteuerung; dies gilt auf der Ebene der Vorbereitung, Umsetzung und Evaluierung des Gesamtkonzeptes genauso wie auf der Ebene von Einzelstandorten/Projekten, insbesondere solchen mit komplexen Rahmenbedingungen und einer Vielzahl beteiligter Akteure. (Weiterführende Hinweise und Ergebnisse aus REFINA-Projekten finden sich in Kap. **C**.)

Baustein C: Monitoring, Evaluierung

Zielerreichung überprüfen

Umsetzungsbegleitend wird auf der regionalen bzw. kommunalen Ebene periodisch der Grad und die Art der Flächenmobilisierung beobachtet (Monitoring) und dokumentiert (GIS, Bericht). Mit Blick auf die verfolgten quantitativen und qualitativen flächenpolitischen Ziele lässt sich der Zielerreichungsgrad feststellen und bewerten. Ursachen, Rahmenbedingungen und Auswirkungen von möglichen Zielabweichungen bedürfen der Reflexion und Analyse. Die sich daraus für die Flächenmanagementstrategie ergebenden Schlussfolgerungen sind wiederum in den politischen Raum zu kommunizieren.

A
B
C
C 1
C 2
D
D 1
D 2
E
E 1
E 2
E 3
E 4
E 5
E 6

Baustein D: Anpassung und Weiterentwicklung

Strategie anpassen

Während auf der einen Seite erfolgreich vermarktete Flächen wieder in den nächsten Nutzungszyklus eintreten, andere noch der In-Wert-Setzung harren, zwischengenutzt oder auch renaturiert werden, werden dem Flächenpool infolge fortschreitenden wirtschaftlichen Strukturwandels neu aufgelassene Flächen und Gebäude unterschiedlicher Qualitäten zugeführt. Angesichts voraussichtlich veränderter Zusammensetzung der regionalen/kommunalen Flächenpools (Angebotsseite), möglicherweise veränderter Marktbedingungen (Nachfrageseite, Preise) bzw. sonstiger Rahmenbedingungen (neue Instrumente, Akteure) und schließlich auch neuer flächenpolitischer Zielvorgaben auf Bundes- und Landesebene müssen die Flächenmanagementstrategie und die Maßnahmen erneut kritisch überprüft, ggf. angepasst und nachgesteuert werden. Substanzielle Änderungen in der Strategie bedürfen wiederum der politischen Beschlussfassung sowie der Kommunikation in den Markt. Insgesamt sollten Prozesse des nachhaltigen Flächenmanagements von Kommunikationsprozessen begleitet werden (vgl. Kap. **D**).

Flächenmanagement im Kontext anderer Handlungsfelder

Die Ziele der flächensparenden Siedlungsentwicklung, des Flächenmanagements und der Flächenkreislaufwirtschaft sind eng mit anderen Handlungsfeldern der nationalen Nachhaltigkeitsstrategie verbunden, etwa mit der umwelt- und stadtverträglichen Mobilität, der Biodiversitätsstrategie und der Klimaschutzstrategie. Bei der Umsetzung von Konzepten, Strategien und Maßnahmen sowie bei der Steuerung und beim Zusammenwirken der Akteure können sich beachtliche Synergien ergeben.

Klimaschutz und Klimaanpassung

Die Begrenzung der Neuinanspruchnahme von Flächen im Freiraum bei gleichzeitig verstärkter Innenentwicklung ist synergetisch mit Aufgaben des Klimaschutzes und der Anpassung von Siedlungsbereichen an die Folgen des Klimawandels. So können bspw. die bauliche Verdichtung, die energetische Sanierung des Gebäudebestandes sowie integrierte Siedlungs- und Verkehrsentwicklung zur Energieeinsparung und zur Reduzierung von CO_2-Emissionen beitragen, während der Erhalt, die Vergrößerung und qualitative In-Wert-Setzung von Freiräumen, Grünzügen, innerstädtischen Grünflächen und die Straßenraumbegrünung auch klimabedeutsame Ausgleichsfunktionen (Temperaturausgleich, Retention) fördern.
Neben diesen Synergien werden jedoch auch Zielkonflikte deutlich, bspw. dass eine aus flächenpolitischer Sicht wünschenswerte siedlungsstrukturelle Konzentration und kompakte Siedlungsentwicklung zugleich die unerwünschte Überwärmung von Siedlungsbereichen befördert und die Schadenswirkungen von Extremereignissen vergrößert. Dies wird jeweils nur im Einzelfall in Kenntnis aller einwirkenden Umstände beurteilt und entschieden werden können. Hier besteht noch erheblicher Informationsbedarf, dem zurzeit in großen För-

dermaßnahmen der Ministerien BMBF, BMVBS/BBSR (MORO KLIMZUG, Klima zwei u.a.) und des BMU/UBA (Klimaschutzkonzepte) nachgegangen wird.

Biodiversitätsstrategie

In Umsetzung des internationalen Übereinkommens über die biologische Vielfalt hat die Bundesregierung 2007 eine „Nationale Strategie zur biologischen Vielfalt" mit konkreten Qualitäts- und Handlungszielen beschlossen. Als wesentliche Grundvoraussetzungen für die Erhaltung und nachhaltige Nutzung der biologischen Vielfalt werden die Erhaltung der Lebensräume und Landschaften (einschließlich Kulturlandschaften und urbanen Landschaften) und die quantitative Reduzierung der Flächeninanspruchnahme für Siedlung und Verkehr genannt (bis 2020 auf 30 ha/Tag; langfristig – bis 2050 – auf 0 ha/Tag). Klärungsbedarf besteht bisher darüber, ob und wie die in der Debatte über die Regionalisierung flächenpolitischer Ziele benutzten Differenzierungskriterien für regionale Anpassungsbedarfe mit den regional unterschiedlichen naturräumlichen Gegebenheiten und Potenzialen verknüpft werden können.

Literatur

Bundesministerium für Verkehr, Bau und Stadtentwicklung (BMVBS) und *Bundesamt für Raumordnung und Bauwesen (BBR)* (Hrsg.) (2008): Perspektive Flächenkreislaufwirtschaft. Ein Projekt des Forschungsprogramms Experimenteller Wohnungs- und Städtebau, Bonn.

Bundesministerium für Verkehr, Bau und Stadtentwicklung (BMVBS) und *Bundesamt für Raumordnung und Bauwesen (BBR)* (Hrsg.) (2007): Nachhaltigkeitsbarometer Fläche, Bonn.

Löhr, Rolf-Peter, und *Thorsten Wiechmann* (2005): Flächenmanagement, in: Akademie für Raumforschung und Landesplanung (ARL) (Hrsg.): Handwörterbuch der Raumordnung, Hannover, S. 317.

Ministerium für Stadtentwicklung, Wohnen und Verkehr des Landes Brandenburg (Hrsg.) (1994): Flächenmanagement in Brandenburg. Grundlagen, Aufgaben und Instrumente, Potsdam.

C

Prozesse und Akteure des nachhaltigen Flächenmanagements

Prozesse und Akteure des nachhaltigen Flächenmanagements

Jens Libbe

Jedes Befassen mit Prozessen eines nachhaltigen Flächenmanagements und mit den zur Verfügung stehenden Managementinstrumenten berührt stets auch die Frage nach den relevanten Akteuren auf unterschiedlichen Planungsebenen. Schließlich sind Flächennutzungsstrukturen nicht zuletzt das Resultat spezifischer Standortansprüche verschiedenster Akteure, wobei die Beziehungen zwischen diesen Akteuren regelmäßig durch Konkurrenz gekennzeichnet sind. Der Erfolg einer auf Nachhaltigkeit orientierten Flächenpolitik ist zugleich aber daran gebunden, dass die Akteure von der Notwendigkeit einer Reduzierung der Flächeninanspruchnahme überzeugt werden können. Insofern heißt Flächenmanagement stets und vor allem, einen Ausgleich zu suchen zwischen den konkurrierenden Interessen an einer Fläche und den unterschiedlichen Ansprüchen, die auf sie erhoben werden.

Damit ist bereits angedeutet, dass zwischen den Eigeninteressen der Akteure und einem nachhaltigen Flächenmanagement kein unlösbarer Interessenkonflikt bestehen muss – dies zumindest ist eine zentrale Erkenntnis aus REFINA. Es sind nicht allein die Motive eines „Homo Oeconomicus", die das Handeln der Flächenakteure bestimmen. Im Gegenteil: Der Ausgleich zwischen unterschiedlichen Interessen lässt sich gerade dann managen, wenn es gelingt, ein gemeinsames Verständnis über einen fairen Interessenausgleich herzustellen und einen solchen Ausgleich im Alltag mithilfe von für alle Betroffenen akzeptablen Regelungen umzusetzen. Hierbei können spezifische Verfahrensweisen und ein gemeinsames Verständnis über tatsächliche Flächenbedarfe sehr hilfreich sein.

Flächenmanagement zum Ausgleich von Interessen

Wie sich solche Prozesse des Ausgleichs herstellen lassen und welche Instrumente helfen können, die Akteure zu einem abgestimmten Handeln zu bewegen, ist Inhalt des Kapitels **C**. Kapitel **C 1** befasst sich mit den Prozessen, Kapitel **C 2** betrachtet die Akteure und stellt vielfältige Formen ihrer Einbindung vor.

C1

Nachhaltiges Flächenmanagement: Prozesse beginnen und managen

Nachhaltiges Flächenmanagement: Prozesse beginnen und managen

Stephanie Bock und Jens Libbe

Nachhaltiges Flächenmanagement ist ein strategischer Managementansatz, der auf ein neues Denken und Handeln im Umgang mit der knappen Ressource Fläche in den Städten und Regionen abzielt. Neu ist die Zusammenführung bisher unkoordiniert nebeneinander laufender Anstrengungen zur Brachflächenrevitalisierung. Der konzeptionelle Ansatz des Flächenmanagements steht in direktem Zusammenhang mit einem veränderten Planungsverständnis. Dieses wandelte sich von der umfassenden detailgenauen Steuerung im Kontext komplexer Planungsmodelle, deren hoher Steuerungsanspruch sich nicht realisieren ließ, zu der mit Planung nun verbundenen Zielsetzung, räumliche Entwicklungen und gesellschaftliche Prozesse anzustoßen. Seit diesem Wandel werden der Kommunikation mit und der Partizipation von einer Vielzahl gesellschaftlicher Akteure eine große Bedeutung zugesprochen. Nach einer Phase des perspektivischen Inkrementalismus, in der versucht wurde, beide Ansätze miteinander in Verbindung zu bringen, lässt sich aktuell eine Hinwendung zur strategischen Planung feststellen. Diese bezieht sich auf Managementkonzepte und konzentriert sich darauf, Machbares zu akzeptieren, lokale und regionale Akteure zu mobilisieren sowie die Akteure zu überzeugen und ihre Selbstbindung zu erreichen. Es geht nicht mehr um die Erarbeitung finaler Pläne. Strategische Planungen enthalten vielmehr nicht nur einen Entscheidungsvorschlag, sondern bieten eine zweckmäßige Abfolge von Entscheidungen sowie robuste Lösungsvorschläge. Somit liegt strategischer Planung auch ein veränderter Steuerungsanspruch zugrunde.

Flächenmanagement als strategische Planung

Mit der Einführung eines integrativen Managementsystems in einem Kernbereich kommunalen Handelns, dem kommunalen Flächenmanagement, soll es gelingen, transparente Strukturen und Abläufe für eine nachhaltige Stadt- und Flächenentwicklung zu schaffen und systematisch mit kommunalen Akteuren aus Politik, Verwaltung und Bürgerschaft umzusetzen und weiter zu entwickeln. Dabei gehört das Management von Flächen zu den ureigensten Aufgaben einer Kommune, um die Folgen wirtschaftlicher oder demografischer Entwicklungen steuern und lenken zu können (vgl. Kap. **B**). Im Fokus der kommunalen Aktivitäten sollte deshalb eine bedarfsgerechte Optimierung der Flächennutzung hinsichtlich Menge, Qualität und Lage nach stadtwirtschaftlichen, städtebaulichen, sozialen und ökologischen Kriterien stehen. Das bedeutet, dass Kommunen nicht mehr die weit verbreitete klassische Angebotsplanung betreiben sollten, sondern aufgefordert sind, die Siedlungsflächenentwicklung in besonderem Maße aktiv und bedarfsorientiert zu steuern.

Nicht unterschätzt werden sollte im Rahmen der Einführung eines nachhaltigen Flächenmanagements der Stellenwert des richtigen Einstiegs in den Prozess, dem besondere Aufmerksamkeit und Sorgfalt zukommen sollte. Die Wahl des richtigen Zeitpunkts, die Einbindung der richtigen Akteuren und die Konzentration auf die richtige Themenstellung sind eine unverzichtbare Basis für den weiteren Projektverlauf (vgl. Kap. **C 1.1**).

Bisher noch eher selten kommen im Rahmen des nachhaltigen Flächenmanagements Szenarien zum Einsatz. Dabei ist ein Haupteinsatzgebiet von Szenarien die Unterstützung von Strategieprozessen. Szenarien stellen dabei eine Möglichkeit dar, mit verschiedenen Akteuren ins Gespräch zu kommen, und können so Entscheidungen vorbereiten helfen. Die bevorzugten Anwendungsbereiche der Szenariotechnik sind neben der Sensibilisierung und Orientierung hinsichtlich zukünftiger Entwicklungen und der Entwicklung und Überprüfung von Strategien die Vorbereitung von Entscheidungen (vgl. Kap. **C 1.2**).

Managementzyklus

Mit der Einführung des nachhaltigen Flächenmanagementsystems können bestehende Blockaden und Hemmnisse in einem Kernbereich kommunalen Handels, der Flächenplanung, überwunden werden. Dabei sollte sich der Prozess an einem stringent angewandten Managementzyklus mit folgenden Meilensteinen orientieren: indikatorengestütztes Controlling, zyklische Bestandsaufnahmen und Berichterstattung zur Umsetzung des Managements, Anpassung der Maßnahmenplanung sowie kontinuierliche Weiterentwicklung und Umsetzung des Handlungsprogramms der kommunalen Flächenentwicklung. In REFINA konzentrieren sich die Managementansätze einerseits auf Ansätze für den Umgang mit problematischen oder nicht marktgängigen Brachflächen und andererseits auf die Einbindung spezifischer Akteursgruppen sowie stadtregionale Konzepte (vgl. Kap. **C 1.3**).

C 1.1 Prozesse des nachhaltigen Flächenmanagements initiieren

Stephanie Bock

Aller Anfang ist schwer – und dies betrifft auch die Einführung eines nachhaltigen Flächenmanagements. Neben der Planung und Vorbereitung eines solchen Prozesses muss seinem Beginn besondere Aufmerksamkeit und Sorgfalt zukommen. Projekte und Prozesse des nachhaltigen Flächenmanagements sollten zum richtigen Zeitpunkt, mit den richtigen Akteuren und der richtigen Themenstellung begonnen werden, um die Grundlage für einen Erfolg versprechenden Projektverlauf bilden zu können.

Bei dem strategischen Steuerungsansatz des nachhaltigen Flächenmanagements kommt der Initiierung der Prozesse – analog zu ihrem Stellenwert im Projektmanagement – eine besondere Bedeutung zu. Neben der Planung und Vorbereitung ist das Initiieren eines Projekts, d.h. der Startschuss, besonders wichtig. Doch was bedeutet es eigentlich, einen Prozess zu initiieren? Initiieren umfasst mehr als nur das Beginnen, es geht gleichzeitig darum, Akteure aktiv mitzunehmen, sie für den Prozess zu motivieren und wenn möglich zu begeistern. Somit geht es nicht darum, einen klassischen Verwaltungsprozess zu starten, sondern neue Wege zu gestalten, um ein Thema oder Projekt voranzubringen.
Prozesse zu initiieren bedeutet somit, besonders zu achten auf das Wie, Wann und darauf, mit wem sich Prozesse des nachhaltigen Flächenmanagements beginnen lassen. Gleichzeitig rücken die Methoden in den Vordergrund, die zur Prozessinitiierung notwendig sind. Und schließlich ist zu berücksichtigen, ob es spezifische Zeitfenster („Windows of Opportunity") oder Akteurskonstellationen gibt und ob diese genutzt werden können bzw. müssen.

Mit welchem Thema können Prozesse initiiert werden?

Klärung des Problems als Ausgangspunkt

Die Initiierung von Prozessen bedeutet, sich konzeptionell im Vorfeld Gedanken über den Problembezug und dessen Festlegung sowie über das Thema zu machen, das den „Aufhänger" für den Prozess bieten und somit dazu beitragen könnte, den Prozess erfolgreich zu starten. Ausgangspunkte können analog zu „klassischen" Planungsverfahren Überlegungen zu den zugrunde liegenden Problemen, den verfolgten Zielen, zur geeigneten Methode oder zu möglichen Lösungsansätzen sein. Die jeweils unterschiedlichen Vorgehensweisen sind dabei weder richtig noch falsch, doch wirkt sich die Reihenfolge der Bearbeitung dieser Bausteine auf den Prozess aus. Im Kontext von REFINA wurde daran anknüpfend mit dem Verfahren „problems first" (vgl. Kap. **C 1.1.1**) ein innovatives Planungs- und Prozessverständnis zugrunde gelegt. Mit der Betonung des Problemverständnisses bildet die gemeinsame Klärung dessen, was das zu lösende Problem ist, den Ausgangspunkt des Prozesses. Durch die Klärung der unterschiedlichen Ausgangspositionen und Einschätzungen soll ein gemeinsames Verständnis entwickelt werden. Gleichzeitig können mögli-

che gemeinsame Strategien identifiziert und implizite Annahmen aufgedeckt werden. Alle Beteiligten sollten sich auf eine Problemdefinition einigen, die zur Grundlage der Auswahl geeigneter Methoden wird.
Ein solches Problem stellt zumeist ein kommunalpolitisch brisantes und aktuelles Thema dar, wie dies beispielsweise bei vorhandenen oder neu zuwachsenden Konversionsflächen der Fall ist. Ein konkreter Ausgangspunkt für die Initiierung eines nachhaltigen Flächenmanagements bietet dabei die Frage der geeigneten Nachnutzung. Durch eine solche „Nachnutzungsproblematik" können Politik und Bevölkerung für das Thema „Nachhaltiges Flächenmanagement" sensibilisiert und mit ihm vertraut gemacht werden (vgl. Kap. **C 1.1.2**). Das REFINA-Projekt „Gläserne Konversion" erarbeitete ein entsprechendes Sensibilisierungskonzept. Als Projektanlass sind auch zahlreiche Projekte der Innenentwicklung denkbar, von der notwendigen Revitalisierung einer großen Brachfläche bis zur Neunutzung einer Baulücke. Trotz „Nutzungsaufgabe" können auf diesem Weg ein neuer Aufbruch signalisiert und der Ort bzw. die zur Disposition stehende Fläche positiv besetzt werden, sofern eine Wiedernutzung gelingt. Dies veranschaulicht das REFINA-Projekt „Reintegration von altindustriellen Standorten" (vgl. Kap **C 1.1.3**).

Wann sollte der Prozess initiiert werden?

Auf die Frage nach dem Wann, d.h. dem geeigneten Zeitpunkt für den Beginn des nachhaltigen Flächenmanagements, gibt es keine pauschale Antwort. Auch wenn davon auszugehen ist, dass es für die Umsetzung eines nachhaltigen Flächenmanagements umso besser ist, je früher der Prozess beginnt, so müssen doch kommunale und regionale Rahmenbedingungen reflektiert werden, um Ziele, Strategien und die zu beteiligenden Akteure im Sinne eines Prozessmanagements im Vorfeld definieren zu können.

Den Prozess frühzeitig starten

Der Zeitpunkt des Projektstarts muss genau bedacht werden, da in der Wahl des richtigen Zeitpunkts ein Schlüssel zum Erfolg liegt. Der geeignete Zeitpunkt ergibt sich dabei einerseits aus vorhandenen Problemen und dem Problemdruck, aus einem akuten Handlungsbedarf oder einem absehbaren und zu nutzenden Zeitfenster. Eine besondere Aufmerksamkeit kommt dem richtigen Zeitpunkt bei der Revitalisierung von Konversionsflächen (vgl. Kap. **C 1.1.2**) oder großen Brachflächenarealen (vgl. Kap. **C 1.1.3**) zu. Um negative Effekte zu vermeiden, ist es sinnvoll und wichtig, qualifizierte Nutzungsvorstellungen und Entwürfe für mögliche alternative Folgenutzung so früh wie möglich zu entwickeln, am besten bereits bevor die alte Nutzung aufgeben wurde. Positive Erfahrungen mit dem frühzeitigen Initiieren der Prozesse konnten bei der 2009 erfolgten Stilllegung des Bergwerks Lippe gemacht werden. Um möglichst schon während des noch laufenden Betriebes des 33 ha großen Areals Neu- und Umnutzungsstrategien zu entwickeln, bot das partizipative und an die Ausgangssituation angepasste Beteiligungsverfahren (vgl. Kap. **C 1.1.3**) die Chance, die Perspektivlosigkeit zu vermeiden, die zumeist mit einer Betriebsaufgabe verbunden ist. Schnelle Lösungen wie das vollständige Abräumen und Sanieren eines Geländes – so ein Resultat – bringen selten den gewünschten wirtschaftlichen und gesellschaftlichen Erfolg.

Wer ist an der Initiierung von Projekten zu beteiligen?

In der Initiierungsphase des nachhaltigen Flächenmanagements ist zu überlegen, wer die Prozesse initiiert und wer daran zu beteiligen ist. Die Initiative für einen Prozess können unterschiedliche Akteure ergreifen und dabei verschiedene Mitwirkungsformen umsetzen:

- Politische Entscheidungsträger wollen eventuell auch gemeinsam mit den Bürgern ihrer Gemeinde einen zukunftsweisenden Umgang mit der Fläche erarbeiten.
- Mitarbeiter der Verwaltung erhalten den Auftrag, ein nachhaltiges Flächenmanagement auf breiter Basis zu erstellen und die Zustimmung der betroffenen Interessengruppen dafür zu sichern.
- Ein Investor plant die Entwicklung einer Brachfläche und will die Rahmenbedingungen vorab mit den Anrainern regeln, um die Akzeptanz für das Projekt sicherzustellen und Konflikte und Verzögerungen zu vermeiden.
- Bürger schließen sich zusammen, um ein Neubaugebiet zu verhindern.
- Umweltorganisationen werden aktiv, um ein Naturschutz- und Naherholungsgebiet zu erhalten.

Unterschiedliche Akteursgruppen einbeziehen

In den im Rahmen von REFINA entwickelten Ansätzen, Modellen und Instrumenten finden sich vielfältige übertragbare Möglichkeiten, das Thema zu setzen, unterschiedliche Akteursgruppen einzubeziehen und einen innovativen Prozess zu starten. Mit „problems first" wird ein Ansatz vorgestellt, der den Schwerpunkt auf die gemeinsame Verständigung über zu lösende Probleme legt (vgl. Kap. **C 1.1.1**). In der „Gläsernen Konversion" wurde der Prozess des nachhaltigen Flächenmanagements an die Aufgabe einer Kaserne geknüpft (vgl. Kap. **C 1.1.2**). Die Möglichkeiten und Chancen einer frühzeitigen Prozessinitiierung werden am Beispiel der Umnutzung einer Zechenfläche aufgezeigt (vgl. Kap. **C 1.1.3**). Allen Zugängen ist gemeinsam, dass sie aktuelle, vor Ort relevante Themen aufgreifen und sie zum Anlass für die Initiierung eines nachhaltigen Flächenmanagements machen.

Literatur

Hamedinger, Alexander, Oliver Frey, Jens S. Dangschat, Andrea Breitfuss (Hrsg.) (2007): Strategieorientierte Planung im kooperativen Staat, Wiesbaden.

Kühn, Manfred, und *Susen Fischer* (2010): Strategische Stadtplanung: Strategiebildung in schrumpfenden Städten aus planungs- und politikwissenschaftlicher Perspektive, Detmold

Schönwandt, Walter, und *Andreas Voigt* (2005): Planungsansätze; in: Akademie für Raumforschung und Landesplanung (ARL) (Hrsg.): Handwörterbuch der Raumordnung, Hannover, S. 769–776.

http://www.buergergesellschaft.de/politische-teilhabe/modelle-und-methoden-der-buergerbeteiligung/planungsprozesse-initiieren-und-gestaltend-begleiten/106116/

C 1.1.1 Den Prozess initiieren – „problems first“

Walter Schönwandt, Stefanie Bogner

REFINA-Forschungsvorhaben: Flächenmanagement durch innovative Regionalplanung (FLAIR)

Projektleitung:	Univ. Prof. Dr.-Ing. Walter Schönwandt, Universität Stuttgart, Institut für Grundlagen der Planung (IGP)
Verbundkoordination:	Dr. Dirk Engelke, pakora.net – Netzwerk für Stadt und Raum
Projektpartner:	pakora.net – Netzwerk für Stadt und Raum; Regionalverband Südlicher Oberrhein
Modellraum/Modellstädte:	Region Südlicher Oberrhein (BW) mit den zehn Modellgemeinden Biederbach, Breisach am Rhein, Hausach, Löffingen, Neuenburg am Rhein, Oberkirch, Oberwolfach, Offenburg, Teningen und Vogtsburg im Kaiserstuhl. Davon Testplanungsgemeinden: Hausach und Vogtsburg
Projektwebsites:	http://flair.pakora.net, http://www.igp.uni-stuttgart.de/forschung/

Problemdefinition als Ausgangspunkt von Planungen

Flächenmanagement zählt zu den Kernaufgaben der Raumplanung und ist ein hoch komplexes Planungsproblem mit vielen unterschiedlichen Fachdisziplinen, Interessen, Akteuren und Standpunkten.
Der Raumplanung wird allerdings mitunter die Fähigkeit abgesprochen, ein nachhaltiges Flächenmanagement umzusetzen. Die Übersicht 1 zeigt einige der häufigsten Kritikpunkte an der traditionellen räumlichen Planung:

Übersicht 1:
Häufige Kritikpunkte an traditioneller räumlicher Planung

Sie befasse sich nicht mit dem, was die Bürger bewegt.
Sie sei nicht politikrelevant.
Ihr Wirkungsgrad sei oft gering.
Sie stelle sich nicht der Komplexität von Planungsproblemen.
Sie sei eine bürokratische Routine, die sich vor allem mit dem Procedere und weniger mit Inhalten befasse.

Die genannten Vorwürfe sind in der Regel sicher überzogen, zielen aber meist auf einen gemeinsamen neuralgischen Punkt vieler räumlicher Planungen in „üblichen“ Planungsprozessen: Der Problemdefinition wird nicht genügend Aufmerksamkeit geschenkt. Speziell in den ersten beiden Kritikpunkten spiegelt sich unter anderem dieser mangelnde Problembezug wider. Deshalb liegt der

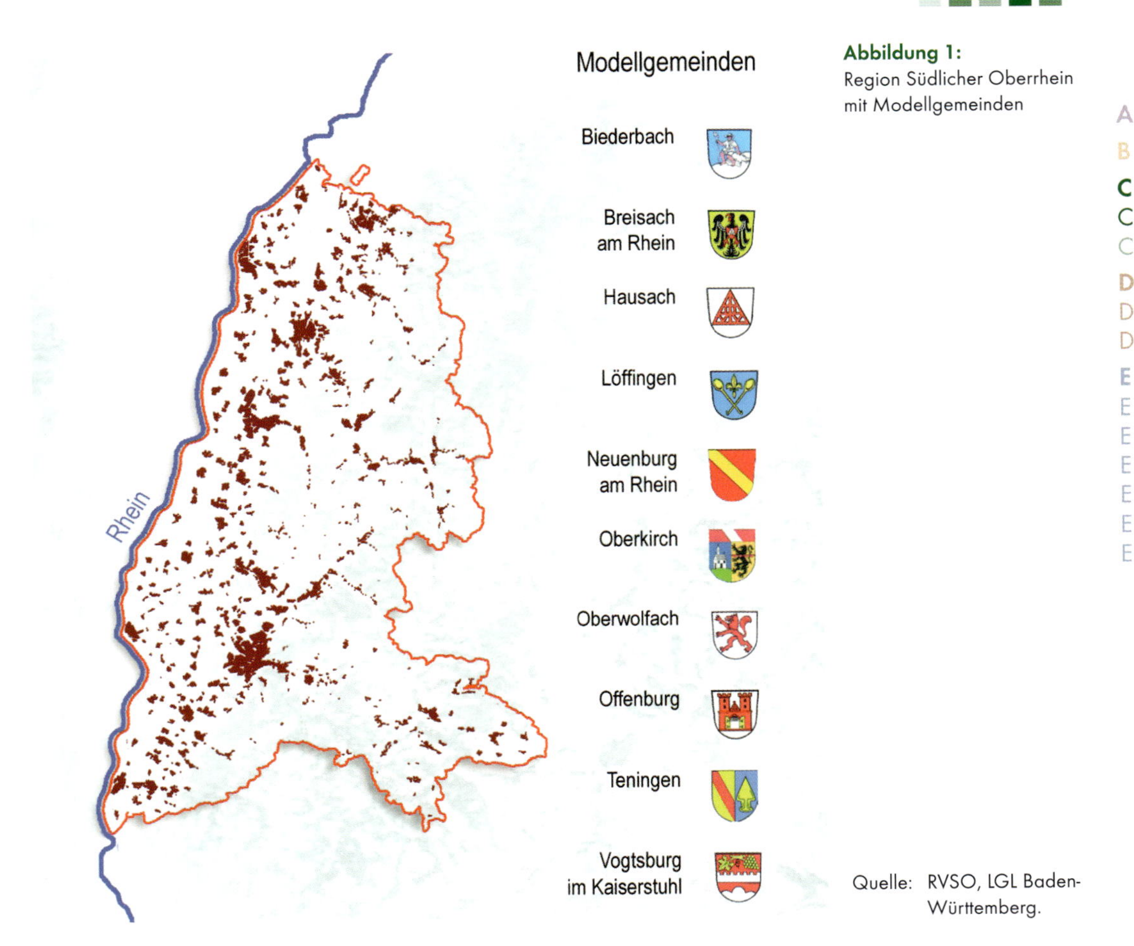

Abbildung 1: Region Südlicher Oberrhein mit Modellgemeinden

Quelle: RVSO, LGL Baden-Württemberg.

Bearbeitung des Forschungsprojekts „Flächenmanagement durch innovative Regionalplanung" (FLAIR) das Prinzip „problems first" zugrunde. Nun mag eine derart explizite Betonung der Problemformulierung manchen Leser irritieren und die Frage aufwerfen, was hieran besonders oder neuartig sei. Schließlich nimmt doch eigentlich jeder Planer für sich in Anspruch, problembezogen vorzugehen. Die Erfahrungen von Schönwandt und Jung sind jedoch andere: Bei dem nicht problemorientierten Vorgehen in der Planung handelt es sich keineswegs um Einzelfälle (vgl. Schönwandt/Jung 2006a). Einige der „üblichen" und weit verbreiteten Vorgehensweisen in der Planungspraxis sind in Übersicht 2 zusammengestellt:

Maßnahmen und Lösungen vorschlagen („Lösungsreflex")
Methoden zum Ausgangspunkt der Planung machen
Ziele anvisieren
Theorien heranziehen
Verfahrensweisen in den Vordergrund stellen

Übersicht 2: Übliche Vorgehensweisen in der Planungspraxis

Dementsprechend konzentrieren sich die Diskussionen bei vielen traditionellen Planungsprozessen darauf, welche Wege eingeschlagen und welche Lösun-

gen realisiert werden sollen, und zwar bei einem scheinbar „irgendwie" gegebenen Problem, das „selbstevident und völlig klar" scheint. Meist wird dabei aber übersehen, dass im Vorfeld zunächst geklärt werden muss, was das eigentliche Problem ist. Ein Problem wird hierbei als ein negativ bewerteter Ausgangszustand – Missstand – definiert, der bereits existiert oder in Zukunft zu erwarten ist. Zur Lösung des Problems, also der Überführung des Missstandes in den angestrebten Sollzustand, sind verschiedene Maßnahmen notwendig. Im Unterschied zu einer Routineaufgabe sind bei einem komplexen Problem die Maßnahmen zur Lösung anfangs unbekannt.
Wie bedeutend die Problemdefinition als Ausgangspunkt für Planungen ist, wird offenkundig, wenn man die in Übersicht 3 zusammengestellten Argumente bedenkt (vgl. Koppenjan/Klijn 2004).

Übersicht 3:
Bedeutung der Problemdefinition als Ausgangspunkt für Planungen nach Koppenjan/Klijn 2004

Probleme sind nicht „selbstevident" und keine „objektiv" identifizierbaren Situationen, sondern hängen von den Wahrnehmungen der Akteure ab: Sie sind immer „sozial konstruiert".
In derselben Problemsituation kann die Problemwahrnehmung der verschiedenen Akteure erheblich divergieren. Unsicherheiten bezüglich der Inhalte sind nicht nur verursacht durch die Komplexität des Problems, sondern auch durch die divergierende Problemwahrnehmung der beteiligten Akteure.
Wenn Akteure Schlüsse ziehen und dabei von sehr unterschiedlichen Problemwahrnehmungen ausgehen und zugleich diese Unterschiede nicht reflektieren, endet ihre Kommunikation und Interaktion meist in einem „Dialog der Gehörlosen" – „dialogue of the deaf" (vgl. van Eeten 1999).
Problemlösungen verlangen – in der Erwartung der Pluralität von Wahrnehmungen und Präferenzen – eine Vermeidung früher kognitiver Fixierungen, um zu einer gemeinsamen Erarbeitung des Problemverständnisses, einer gemeinsamen „Repräsentation" des Problems zu kommen.
Hierfür ist die Kenntnis und Reflexion der „Planungsansätze" (siehe unten) der einzelnen Akteure besonders wichtig.

Einfluss von Planungsansätzen auf die Problemdefinition

Problemdefinition als Ausgangspunkt der Planung

Bei der Erarbeitung von Lösungen in traditionellen Planungsprozessen werden häufig Vorgehensweisen vorgeschlagen, die im Bereich der eigenen Profession liegen und damit der eigenen „professionellen Brille" entsprechen. Solche professionellen Denkmuster werden als Planungsansätze bezeichnet. Dabei ist jede Planung unvermeidlich mit der Verwendung von Planungsansätzen verbunden, schließlich beeinflussen und leiten diese das Planungshandeln entscheidend. Inhaltlich wirken sich diese „Brillen" meist so aus, dass sie einerseits das Verständnis von einer Planungsaufgabe erzeugen, andererseits aber auch partielle Blindheiten, da die einzelnen Fachdisziplinen die Realität vorwiegend mit ihren fachspezifischen Begriffen belegen und vor allem disziplinspezifische Probleme sehen und entsprechende Problemlösungen anbieten. Im Vordergrund stehen demzufolge überwiegend disziplinspezifische Ziele, Methoden und Theorien. Zweifelsohne können die daraus resultierenden Lösungen für ein bestimmtes Planungsproblem geeignet sein; sie sind es aber nicht zwangsläufig, zumal sich mit den angewandten fachspezifischen „Brillen" immer nur Teile der Realität betrachten lassen. Außerdem schließen die Ansätze vorgegebene Wertsetzungen darüber ein, welche Aspekte überhaupt als relevant angesehen werden und welche nicht. Bei unbedachter Anwendung eines Planungsansatzes kön-

A
B
C
C 1
C 2
D
D 1
D 2
E
E 1
E 2
E 3
E 4
E 5
E 6

nen Teile der Planungsaufgabe, die außerhalb eines spezifischen Wirkungsbereiches liegen, übersehen werden. Überdies kann es vorkommen, dass die eigentlich zu lösenden Probleme völlig unbetrachtet bleiben oder aber gar nicht erst ins Blickfeld geraten. Schließlich ist das Scheitern einer Planung quasi vorprogrammiert, wenn die professionellen Denkmuster nicht geeignet sein sollten, das Problem zu lösen, also „nicht zum Problem passen". Dieser Fehlertyp wird in der Planungsmethodik als „professional bias" bezeichnet – „blinder Aktionismus" oder „Verschlimmbesserungen" sind dann die Folge.
Planungsansätze bestehen im Kern jeweils aus einem Satz an Problemsichten, Zielen und Methoden in Kombination mit disziplinspezifischem und transdisziplinärem Hintergrundwissen. Das disziplinspezifische Hintergrundwissen bezieht sich auf einzelne Fachdisziplinen und umfasst jeweils nur einen vergleichsweise kleinen Teil des insgesamt verfügbaren Wissens. Das transdisziplinäre Hintergrundwissen hingegen lässt sich unterteilen in Ontologie, also der Frage, was die reale Welt ist, woraus sie besteht und was sie enthält, und in Epistemologie mit Theorien der Kognition und des Wissens dazu, ebenso wie Ethik, also Wert- und Moralvorstellungen.
Die vier Komponenten eines Ansatzes (Probleme, Ziele, Methoden, Hintergrundwissen) kommen jeweils im Verbund vor und sind voneinander abhängig (vgl. Bunge 1996). Hierbei hat jeder Planungsansatz spezifische Inhalte, die den Rahmen für das Vorgehen beim Planen abstecken. Damit sind aber zugleich auch bestimmte Beschränkungen verbunden: Je nach gewähltem Planungsansatz steht nur ein bestimmtes Methodenrepertoire zur Verfügung, wobei eine bestimmte Methode nicht für jedes zu lösende Problem geeignet ist. Auch ist ein bestimmtes disziplinspezifisches und transdisziplinäres Hintergrundwissen nicht in der Lage, wirklich alle Facetten einer Problemsituation umfassend zu beschreiben sowie alle denkbaren Ziele einzuschließen. Folglich ist jedes Mal, wenn wir einen bestimmten Planungsansatz benutzen, unsere Sicht eingeengt auf das, was dieser Ansatz zu leisten vermag.

Wahl des Planungsansatzes bestimmt die Problemlösung

Die Wahl des Planungsansatzes bestimmt also in entscheidendem Maße die Problemlösung. Und: Bei gleicher Ausgangslage führen verschiedene Ansätze in aller Regel zu unterschiedlichen Lösungen (vgl. Bunge 1996).
Unterschiedliche Planungsansätze sind dabei nicht „richtig" oder „falsch", sondern nur für die Bearbeitung bestimmter Probleme geeignet und für andere wiederum nicht.
Die Abhängigkeiten zwischen den vier Komponenten eines Planungsansatzes – Problemsichten, Ziele, Methoden und Hintergrundwissen – machen es erforderlich, beim Planen über die Reihenfolge der Bearbeitung dieser Bestandteile nachzudenken. Entscheidend ist, was man als Startpunkt der Planungsarbeit wählt: Wird mit einer bestimmten Zieldefinition, einer bestimmten Methode oder einem bestimmten Hintergrundwissen begonnen, kann der Bezug zu den zu lösenden Problemen verloren gehen, weil jedes Ziel, jede Methode und jedes Hintergrundwissen sich nur für einen ganz bestimmten, eingegrenzten Ausschnitt aller möglichen Problemsichten eignet, nicht jedoch für das gesamte Spektrum an Problemen.
Für Planungen bedeutet das, dass bereits die Bestandsanalyse von den jeweiligen Vorkenntnissen der Planer geprägt wird.
Eine angemessene Vorgehensweise ist deshalb, sich auf von allen Beteiligten akzeptierte Problemdefinitionen zu einigen und anschließend wünschenswerte

Ziele, die geeigneten Methoden und das einschlägige Hintergrundwissen zu suchen. Dieses Vorgehen nennen wir „Probleme zuerst" oder „problems first".

Anwendung von „problems first" beim Flächenmanagement

Das Testplanungsverfahren

Ein Verfahren, das sich besonders für die Umsetzung von „problems first"-Planungen und die Vorbereitung strategischer Entscheidungen eignet, ist das Testplanungsverfahren. Es vereint wesentliche Vorteile von Wettbewerb und Gutachten und ist ein flexibleres Instrument, da bereits die Phase der Problemerkundung Bestandteil des Verfahrens ist. Vertreter verschiedenster Disziplinen können beteiligt werden mit dem Ziel, zu belastbaren und aus unterschiedlichen fachlichen Perspektiven geprüften Lösungsvorschlägen zu kommen.
Mehrere Planungsteams bearbeiten eine Planungsaufgabe in kreativer Denkkonkurrenz. Hierbei werden sie von unabhängigen Experten sowie den Projektpartnern begleitet, die mehrfach steuernd eingreifen, indem sie fachliches Feedback und Hinweise für die weitere Bearbeitung geben. Dadurch gelangen nach und nach weiterführende Fragen ins Blickfeld. Anstatt wie gewohnt mit einer klar umrissenen Aufgabenstellung zu beginnen, fangen die Teams mit einer Problemerkundungsphase nach dem Prinzip „problems first" an. Die Aufgabenstellung für eine Testplanung muss ausreichend ergebnisoffen formuliert sein, eine deutliche Denkrichtung vorgeben, darf aber keine Lösungsansätze enthalten.

Abbildung 2:
Ablaufschema des Testplanungsverfahrens im Projekt FLAIR

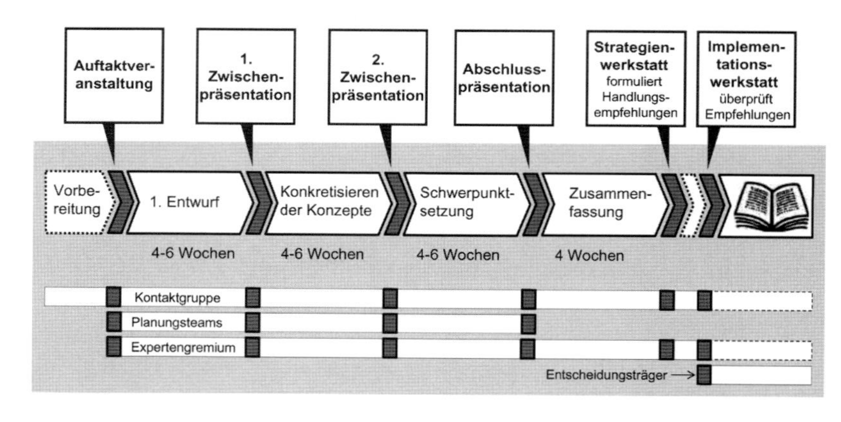

Quelle: Schönwandt u.a. 2009a.

Im Zeitraum zwischen Dezember 2007 und Mai 2008 wurden im Rahmen von FLAIR in der Region Südlicher Oberrhein zwei Testplanungen durchgeführt. Aufgabe der Teams war es, am Beispiel zweier Modellkommunen geeignete Aktivierungsstrategien für innerörtliche „Potenzialflächen" zu erarbeiten. Dabei haben die Partner zuerst die Probleme identifiziert und Gründe ermittelt, warum bisherige Steuerungsversuche, die Flächeninanspruchnahme zu reduzieren, fehlgeschlagen sind. Im Hinblick auf raumrelevante Probleme, Entwicklungen und Veränderungen wurden dabei Themenfelder durchleuchtet wie zum Beispiel: Demographie, Bildung, Verkehr, Gesundheit, Tourismus und ähnliche. Außerdem wurde untersucht, welche raumrelevanten Konflikte zwischen den einzelnen Themenfeldern entstehen können, sowie herausgearbeitet, welche dieser Konflikte gravierend sind und für den Aufbau und die Umsetzung eines nachhaltigen Flächenmanagements angegangen werden müssen. Auf der Basis möglichst adäquater Beschreibungen der Probleme wurden dann keine finalen Pläne, sondern Strategien zur Flächensteuerung erarbeitet. Dieses transdisziplinäre Vorgehen gestaltet die Suche nach Lösungen ergebnisoffener, eröffnet die Chance auf Sichtweisen und Methoden anderer Disziplinen und fördert infolgedessen neue Blickrichtungen und Lösungsansätze. Hierbei kommen auch Maßnahmen und Eingriffe in Betracht, die über das gängige raumplanerische Instrumentarium hinausreichen. Zu diesen Eingriffsarten gehören neben dem Ausweisen von Standorten und der Errichtung von Anlagen vor allem die Steuerung der Organisationen, die in den Anlagen operieren, und die Beeinflussung der Verhaltensweisen der jeweiligen Nutzer. Diese Instrumente sind am wirksamsten, wenn sie als Kombinationen funktionieren und sich gegenseitig weder behindern noch aufheben (vgl. Jung 2008).

Literatur

Bunge, M. (1996): Finding Philosophy in Social Science, New Haven, London.

Eeten, M. van (1999): Dialogues of the Deaf: Defining New Agendas for Environmental Deadlocks, Delft.

Jung, W. (2008): Instrumente der räumlichen Planung, Hamburg.

Koppenjan, J., und *E.-H. Klijn,* (2004): Managing Uncertainties in Networks. A network approach to problem solving and decision making, London.

Schönwandt, W. (1986): Denkfallen beim Planen, Braunschweig.

Schönwandt, W., und *W. Jung* (2006a): Ausgewählte Methoden und Instrumente in der räumlichen Planung. Kritische Sondierung als Beitrag zur Diskussion zwischen Planungswissenschaft und -praxis mit Beiträgen von H.-G. Bächtold, W. Jung, W. Schönwandt, R. Signer, M. van den Berg, R. von der Weth. Arbeitsmaterial der Akademie für Raumforschung und Landesplanung Nr. 326, Hannover.

Schönwandt, W., und *W. Jung* (2006b): The Turn to Content, in: K. Selle (Hrsg.) (2006): Planung neu denken, Bd. 1: Zur räumlichen Entwicklung beitragen. Konzepte. Theorien. Impulse, Dortmund, S. 364–377.

Schönwandt, W., W. Jung, J. Jacobi und *J. Bader* (2009a): Flächenmanagement durch innovative Regionalplanung. Ergebnisbericht des REFINA-Forschungsprojektes FLAIR, Stuttgart.

Schönwandt, W., W. Jung, J. Jacobi und *J. Bader* (2009b): Schlussbericht REFINA-Forschungsprojekt. FLAIR Flächenmanagement durch innovative Regionalplanung, Arbeitspaket Institut für Grundlagen der Planung igp, Universität Stuttgart.

Schönwandt, W., und *A. Voigt* (2005): Planungsansätze; in: Akademie für Raumforschung und Landesplanung (ARL) (Hrsg.): Handwörterbuch der Raumordnung, Hannover, S. 769–776.

C 1.1.2 Konversion als Einstieg in ein nachhaltiges Flächenmanagement

Birgit Böhm, Birgit Holzförster, Jürgen Lübbers

REFINA-Forschungsvorhaben: Gläserne Konversion

Projektleitung:	Samtgemeinde Barnstorf
Verbundkoordination:	mensch und region
Projektpartner:	Samtgemeinde Barnstorf; Samtgemeinde Fürstenau; mensch und region Birgit Böhm, Wolfgang Kleine-Limberg GbR; Mull und Partner Ingenieurgesellschaft mbH; Niedersächsisches Institut für Wirtschaftsforschung e.V.
Modellraum/Modellstädte:	Samtgemeinde Barnstorf, Samtgemeinde Fürstenau (NI)
Projektwebsite:	www.glaesernekonversion.de

Können Anlässe den Einstieg in die Auseinandersetzung mit Flächeninanspruchnahme und Flächenmanagement erleichtern?

Das REFINA-Projekt „Gläserne Konversion" entwickelte ein partizipatives Bewertungs- und Entscheidungsverfahren für ein nachhaltiges Flächenmanagement im ländlichen Raum am Beispiel zweier ehemaliger Militärstandorte in den Samtgemeinden Barnstorf und Fürstenau. Durch die aktive Beteiligung und Teilhabe von Verwaltung, Politik, Landkreis und Einwohnern konnte ein Prozess zur Implementierung nachhaltigen Flächenmanagements initiiert und in Gang gesetzt werden. Kommunalen Entscheidern und interessierten Bürgerinnen und Bürgern sollte ein Handlungsleitfaden an die Hand gegeben werden, um auch in anderen Gemeinden nachhaltiges Flächenmanagement umzusetzen.

Als konkreter Ausgangspunkt diente die Nachnutzungsproblematik der Kaserne in der Samtgemeinde Barnstorf. Ende 2005 wurde mit der „Hülsmeyer-Kaserne" (ca. 20 Hektar) ein militärischer Standort aufgegeben, der über einen ausgesprochen modernen Baubestand verfügt. Mit dem damit einhergehenden Wegfall von 90 zivilen Arbeitsplätzen und der mit etwa 350 Dienstposten verbundenen Kaufkraft verschärfte sich die ohnehin angespannte Situation auf dem Arbeitsmarkt. Die Kaserne in Barnstorf wurde mehrfach von der Bundesanstalt für Immobilienaufgaben (BImA) ausgeschrieben und von der Gesellschaft für Entwicklung, Beschaffung und Betrieb mbH (Gebb) als zu vermarktendes Objekt abgelehnt, da sie als nicht lukrativ eingestuft und als sogenannte C-Fläche bewertet wurde.

Die ungeklärte Nachnutzung der Liegenschaften wurde von der Bevölkerung als Bedrohung empfunden. Die Angst vor dem Wegfall von Arbeitsplätzen, vor dem Verlust von gewerblichen Aktivitäten und Kaufkraft, vor Preisverfall auf

A
B
C
C 1
C 2
D
D 1
D 2
E
E 1
E 2
E 3
E 4
E 5
E 6

dem Immobilienmarkt bis hin zum Verlust lieb gewonnener Freizeitgewohnheiten auf dem Standortübungsplatz in Fürstenau berührte die Menschen emotional. Die Lösung des Problems der ungeklärten Nachnutzung wurde in beiden Samtgemeinden im Verkauf des Geländes an einen Investor gesehen.

Vor dem Hintergrund dieser Ausgangssituation wurde in beiden Samtgemeinden ein umfassender Partizipationsprozess eingeleitet. Aufgabe des Projekts „Gläserne Konversion" war es, Politik, Verwaltung, Multiplikatoren und Einwohner zu motivieren, proaktiv an der Nachnutzung und der Entwicklung eines nachhaltigen Gemeindeentwicklungskonzeptes mitzuwirken. Für die Samtgemeinde war dies eine neue Erfahrung, da bis zu diesem Zeitpunkt eher eine angebotsorientierte denn eine bedarfsorientierte Flächenhaushaltspolitik betrieben wurde. Die Entscheidungen für die Nachnutzung der Kaserne sollten stattdessen nun gemeinsam abgestimmt und auf nachhaltiges Flächenmanagement orientiert werden. Die Ausgangshypothese des Projekts lautete: Partizipation führt nicht „automatisch" zu nachhaltigem Flächenmanagement (vgl. Kap. **C 2.2.1**). Vielmehr müssen vorab die vorhandenen Wissens- und Wertbestände der Akteure vor Ort identifiziert, ggf. erweitert und gleichzeitig neue Strukturen aufgebaut werden, um die Entscheidungsbasis für Nachhaltigkeit und Flächenmanagement herzustellen. Nur so kann nachhaltiges Flächenmanagement im Alltag der Menschen eine Bedeutung erlangen.

Persönliche Betroffenheit erhöht die Bereitschaft zur aktiven Mitwirkung

Im Ergebnis zeigte sich, dass über die Frage nach einer optimalen Nachnutzung für ein konkretes Gelände die kommunalen Verantwortlichen viele Einwohnerinnen und Einwohner erreichen und für den nachhaltigen Umgang mit der Ressource Boden und Fläche sensibilisieren konnten. Der direkte Bezug zu einer bekannten und ortsnahen Fläche sowie die oftmals persönliche Betroffenheit durch die Aufgabe der Kaserne, förderten das Interesse an Informationen und Mitsprache der Bevölkerung. Auch die Politikerinnen und Politiker sowie die Mitarbeiterinnen und Mitarbeiter in der Kommunalverwaltung waren mit der Frage befasst, ob die frei werdende Fläche benötigt wird und wie bzw. ob man die vorhandenen Gebäude und die Infrastruktur erhalten und weiter sinnvoll nutzen kann.

Allerdings wurde auch deutlich, dass das Thema Konversion zwar den Einstieg in die Thematik erleichtert, gleichwohl nicht „automatisch" zu einer tiefer gehenden Auseinandersetzung mit dem Thema Flächennutzung und Flächenverbrauch führt. Vielmehr braucht es eine intensive Aufklärungs- und Informationsarbeit, um über die Auseinandersetzung mit der konkreten Fläche ein Nachdenken über ein nachhaltiges Flächenmanagement anzustoßen (vgl. Kap. **D**).

Mit welchen Bausteinen kann der Prozess in einer bisher „flächenblinden" Kommune begonnen werden?

„Die Menschen dort abholen, wo sie stehen" ist kein neuer, aber ein immer noch zutreffender Anspruch. Die gilt auch im Prozess des nachhaltigen Flächenmanagements. Deshalb erwies es sich als wichtig, zu Beginn das vorhandene Wissen und die damit verbundenen Wertvorstellungen in der Bevölkerung, aber auch in Politik und Verwaltung zu erfragen und anschließend durch Informationsveranstaltungen gezielt zu erweitern.

Für eine beteiligungsorientierte, zukunftsweisende Kommunalentwicklung ist es notwendig, entsprechende Kommunikationsstrukturen für relevante Akteursgruppen (Verwaltung, Eigentümerinnen und Eigentümer u.a.) aufzubauen und eine aktive Öffentlichkeitsarbeit zu betreiben. Als gutes Beispiel erwies sich die Gründung eines EinwohnerInnenbeirats bzw. BürgerInnenforums, welches auch über den Projektzeitraum in enger Zusammenarbeit mit Politik und Verwaltung agiert.

Dabei muss die Diskussion von Pro und Contra eines nachhaltigen Flächenmanagements konkrete ökologische, ökonomische und soziologische Fakten einbeziehen, um die lokale Brisanz der bisher vorherrschenden „flächenblinden" Flächennutzung zu verdeutlichen. Die Chancen eines nachhaltigen Flächenmanagements können auf dieser Basis für jede Kommune überzeugend kommuniziert werden. Ansatzpunkt einer erfolgreichen Strategie sollte es daher sein, vorliegende raumbedeutsame Daten anschaulich aufzuarbeiten und miteinander zu verschneiden. Sehr bewährt hat sich in diesem Zusammenhang die interdisziplinäre Zusammensetzung des Mitarbeiter-Teams, die eine ganzheitliche Betrachtung der erfassten Daten ermöglichte, erst diese Gesamtschau zeigt zumeist die Brisanz der Situation.

Den Auftakt öffentlichkeitswirksam gestalten

Ein weiterer wichtiger Baustein war eine öffentlichkeitswirksame Auftaktveranstaltung auf dem Konversionsgelände. Der „Kasernenfrühling 2007" auf dem Gelände der ehemaligen Hülsmeyer-Kaserne in Barnstorf war ein Höhepunkt der dortigen Veranstaltungsreihe. Den Anlass für die Menschen, auf das Kasernengelände zu kommen, bildete nicht das Thema „Nachhaltiges Flächenmanagement", sondern das begleitende Rahmenprogramm mit seiner großen Anziehungskraft auf Alt und Jung. Die Kommune demonstrierte, was Leben und Arbeiten in der Samtgemeinde Barnstorf heißen kann. Lokale Einzelakteure präsentierten sich ebenso wie ortsansässige Vereine und Verbände. Beratungen fanden statt zu Wirtschaftsförderung, zu Flächen und Gebäuden und zu nachhaltigem Flächenmanagement. Bürgerinnen und Bürger, Unternehmen und politische Entscheidungsträger konnten für die Möglichkeiten einer Nachnutzung interessiert und vielfach sogar davon überzeugt werden. Mehrere Tausend Besucher informierten sich auf diese Weise und bekamen ein Bild von der Lebendigkeit der Samtgemeinde und der Qualität des Kasernengeländes. Das so beförderte Image der Konversionsfläche war ein wichtiger Faktor für die spätere Vermarktung und konnte den gesamten Prozess zum nachhaltigen Flächenmanagement sehr positiv befördern.

Wird nachhaltiges Flächenmanagement nicht kontinuierlich in der Öffentlichkeit thematisiert, ist die Gefahr groß, dass zu bisherigen Handlungsweisen zurückgekehrt wird, diese als „geeigneter" bewertetet werden und die neuen gemeinschaftlich entwickelten Ideen in Vergessenheit geraten oder als kurzlebiger „moderner Schnickschnack" verworfen werden. Vor diesem Hintergrund ist es ratsam, Bewusstseinsbildungsprozesse schon lange vor dem tatsächlichen Freizug einer Konversionsfläche zu beginnen und immer wieder Anlässe für Kommunikation und Mitwirkung zu schaffen.

Welche Akteure müssen zu Beginn einbezogen werden?

Vor der Konzeption eines entsprechenden Prozesses ist es notwendig, sich einen Überblick über bestehende Netzwerkstrukturen der Kommune zu verschaffen. Wichtig ist die Identifizierung von Personen, die Doppel- bzw. Mehrfachfunktionen übernehmen und deshalb vorrangig in die Prozesse integriert werden sollten. Bei der Zusammensetzung des EinwohnerInnenbeirates wurde beispielsweise darauf geachtet, dass Vertreterinnen und Vertreter aller gesellschaftlichen Gruppen eingeladen werden, um möglichst alle örtlichen Perspektiven in die Diskussion einzubeziehen. Die wesentliche Akteursgruppe im Prozess zur Einführung eines nachhaltigen Flächenmanagements ist jedoch die Kommunalpolitik. In den Prozess zur Einführung eines nachhaltigen Flächenmanagements sollten im Sinne eines interkommunalen Austausches PolitikerInnen und Interessierte aus der Region und auch externe Akteure aus anderen beispielhaften Kommunen mit einbezogen werden. Nicht alle lokalen Schlüsselakteure können bis zur letzten Konsequenz überzeugt werden. Daher spielt der Öffentlichkeits- und Bewusstseinsbildungsprozess für ein nachhaltiges Flächenmanagement eine außerordentlich wichtige Rolle.

Welche Rahmenbedingungen müssen erfüllt sein, um den Prozess erfolgreich zu beginnen?

30-ha-Ziel als Leitmotiv

Die bundesweite Nachhaltigkeitsstrategie ist als Leitmotiv sehr hilfreich und kann ihre Wirksamkeit auch auf kommunaler Ebene entfalten. Bei der Arbeit im Forschungsvorhaben „Gläserne Konversion" haben sich die Vorgabe des 30-ha-Ziels und die Aktivitäten des Bundes durch die Bereitstellung von Forschungsgeldern sowie das rege Interesse eines Landesministeriums an dem Prozess sehr positiv auf das Engagement und die Selbstorganisationsimpulse der kommunalen Ebene ausgewirkt. So konnten die verschiedenen Ansätze zusammengewoben werden und sich bessere Wirkungen entfalten als jeweils allein. Empfehlenswert ist deshalb auch die Einbindung von Vertreterinnen und Vertretern aus übergeordneten Einrichtungen in den Bildungs- und Beteiligungsprozess.

C 1.1.3 Frühzeitig agieren statt reagieren

Rebekka Gessler, Volker Lindner

REFINA-Forschungsvorhaben: Entwicklung von Analyse- und Methodenrepertoires zur Reintegration von altindustriellen Standorten in urbane Funktionsräume an Fallbeispielen in Deutschland und den USA

Projektleitung:	TU München, Fakultät für Architektur, Lehrstuhl für Landwirtschaftsarchitektur und Planung: Prof. Peter Latz
Modellstandort in Deutschland:	Verbundbergwerk Lippe, Standort Westerholt (NW)
Partnerkommunen:	Herten und Gelsenkirchen
Standorteigentümer:	RAG/RAG Montan Immobilien GmbH
Projektwebsite:	www.wzw.tum.de/lap-forschungsgruppe/

Die Entstehung von Projekten zur Nach- und Umnutzung von Altindustriestandorten ist oft nicht von langer Hand geplant. Die Nachnutzung der Areale mit ihren baulichen Strukturen und der vorhandenen Infrastruktur wird meist wie ein „Blitzschlag" zur Aufgabe von Städten und Gemeinden. Die Nachnutzungsprojekte sind in der Regel die Konsequenz von Insolvenzen oder sehr zeitnah formulierten Konzern- und Unternehmensentscheidungen wie Standortschließungen, Verlagerung von Produktionseinheiten etc. Gefördert wird dieser Trend eines schnellen Wandels nicht zuletzt durch zunehmende globale ökonomische und wirtschaftliche Verflechtungen. Demzufolge existiert in den wenigsten Fällen ein offensichtliches, klar definiertes Zeitfenster, das sich anbietet, mit Überlegungen zu Nachfolgenutzungen noch vor Betriebsschließung zu beginnen.

Mentale und emotionale Bedürfnisse berücksichtigen

Des Weiteren löst die Entstehungsgeschichte der Nachnutzungsprojekte aus „unglücklichen" Ereignissen, die u.a. durch den Verlust von Arbeitsplätzen gekennzeichnet ist, spezifische Betroffenheit aus, die eine besondere Sensibilität aller Beteiligten und eine intensive Kommunikation erfordert, welche die mentalen und emotionalen Bedürfnisse der Betroffenen berücksichtigen muss. So kann beobachtet werden, dass der Erhalt der Arbeitsplätze als erste Devise der Nutzungsfindung in der Regel offensiv verfolgt wird, lange bevor von Planung gesprochen wird. Um soziale Verwerfungen zu vermeiden, wird meist viel zu lange an der Forderung einer Fortführung der vorhandenen Nutzung festgehalten. Dies verhindert u.U. eine anstehende Umorientierung und verzögert die notwendige Entwicklung neuer Programme und Entwürfe.

Es ist daher sinnvoll, trotz des damit verbundenen Aufwands mit der Entwicklung alternativer Nutzungskonzepte möglichst frühzeitig zu beginnen, um die Chance zu haben, die vorhandene Infrastruktur und Bausubstanz in die Zukunft zu führen und identitätsstiftende Strukturen sowie Zwischennutzungsoptionen zu erhalten. Dies gilt insbesondere für die großen Areale der Grundstoffindustrie in wirtschaftlich schwachen Regionen, in denen keine oder nur eine geringe Nachfrage nach Flächen existiert. In diesem Fall werden die Flächen zur öffentlichen Aufgabe, bei der es nicht nur um betriebswirtschaftlichen, sondern um volkswirtschaftlichen Nutzen, um Kultur und um öffentliche Güter geht.

Vorteile eines frühzeitigen Agierens

Dieses frühzeitige Eingreifen noch zu Zeiten der aktiven Nutzung bringt einige Vorteile mit sich:

- *Erhalt von Substanz und Werten*
  „Durch zeitnahe Um- bzw. Zwischennutzung ist der Erhalt von Bausubstanz wesentlich einfacher bzw. überhaupt erst möglich. Auf diese Weise können Werte ohne Kostenaufwand konserviert werden und werfen Erlöse ab, statt (Instandhaltungs-)Kosten zu verursachen. Zudem spart der Grundstückseigentümer weitgehend Sicherungsmaßnahmen wie Einzäunung oder Vergitterung sowie die Beseitigung von wilden Müllkippen." (Noll 2007)
  Der Zustand der baulichen Strukturen und Anlagen, die man auf den Arealen zu Betriebszeiten antrifft, ist nicht zuletzt auf Grund des Instandhaltungsrückstaus, der in der Regel bereits in der Schlussphase der laufenden Produktion einsetzt, noch am besten. Erfahrungsgemäß verläuft der Verfall der baulichen Substanz nicht linear. Insbesondere in den ersten drei bis vier Jahren nach Stilllegung geht dieser rapide vonstatten. Notwendige Reparaturen zur Wiederinstandsetzung sowie die Sicherung der Anlagen vor Zerstörung verschlingen nicht unerhebliche finanzielle Mittel, die im Folgenden bei der Umsetzung der eigentlichen Projekte fehlen. Zusätzlich sind Zeitverluste für die Durchführung von Instandhaltungs- und Reparaturmaßnahmen zu verzeichnen.
- *Komplexer Entwurfs- und Analyseprozess*
  Eine frühzeitige Umnutzung setzt eine frühzeitige Planung voraus. Im Unterschied zum Bauen auf der Grünen Wiese, bei dem Strukturen erst entwickelt werden müssen, ist an altindustriellen Standorten eine Vielzahl an Informationen bereits vorhanden. Das führt überraschender Weise – obwohl bereits alles vorhanden ist – zu einer größeren Komplexität der Aufgabe. Diese entsteht einerseits durch die komplizierte Struktur des Gegenstands selbst, andererseits durch die Vielzahl der bei Planungen im altindustriellen Kontext in den Prozess zu integrierenden Aspekte.
  Eine komplexe Betrachtungsweise, wie sie die Um- und Nachnutzung von Altindustriestandorten erfordert, kann sich nicht ad hoc ergeben. Räumlicher Entwurf als geistige, bildliche Vorwegnahme des zukünftigen Zustands erfordert die Einbeziehung und Berücksichtigung verschiedenster, auf den konkreten Fall bezogener Aspekte und Vorerfahrungen. Mittels differenzierter Aufnahmen und Analysen des Standorts und seines urbanen Kontexts können verstreckte Potenziale entdeckt und aufgezeigt werden. Sie sind Grundlage für räumliche Entwurfskonzepte, die die vorhandenen Standortpotenziale aufgreifen und zu Standortvorteilen uminterpretieren. Die Koppelung entwerferischer Untersuchungen mit dem mittels Partizipation eingebrachten lokalen Wissen vor Ort und ökonomischen Einschätzungen vermittelt ein Gefühl dafür, welche Begabungen ein solcher Standort haben könnte.
  Eine kausal-analytische Identifizierung aller die Aufgabe beeinflussenden Faktoren ist dabei niemals vollständig möglich. Zwangsläufig verläuft der

räumliche Entwurf, der häufig als linearer Ablauf dargestellt wird, als ein in gewissem Rahmen flexibler, iterativer Prozess.
Über Rückkoppelungsschleifen werden neue und veränderte Einflussfaktoren – Variablen wie Alternativen und Constraints – integriert und der Entwurf fortlaufend korrigiert.
Planen und Bauen im großindustriellen Rahmen mit seinen vielfältigen Problemen und der daraus resultierenden Notwendigkeit der Komplexität von Lösungswegen erfordern die Entwicklung alternativer, räumlicher Vorstellungen, die möglichst viele sinnvolle Standortentwicklungsmöglichkeiten berücksichtigen. Es ist daher sinnvoll, so früh wie möglich anzufangen, nicht zuletzt da Planung unter Zeitdruck in der Regel enorme Kosten verursacht.

- *Etablierung von Zwischennutzungen*
  Um die vorhanden substanziellen und ideellen Werte der Standorte über die oft langwierigen Planungs-, Entscheidungs- und Entwicklungsprozesse zu erhalten, können Zwischennutzungen mit eigenständigem Charakter von großer Hilfe sein. Die Existenz konkreter Überlegungen zu einer Nachfolgenutzung sorgt dafür, dass verwertbare Vermögenswerte (Gebäude, Maschinen) erhalten bleiben und nicht über Jahre verfallen. Dies begünstigt die Chancen für eine erfolgreiche Etablierung von Nachfolgenutzungen.
- *Aussichten auf eine erfolgreiche Neuansiedlung*
  Wenn es um die planerische Vorbereitung der Nachfolgenutzung eines Industriegeländes geht, bietet die möglichst frühe Entwicklung erster Planungskonzepte erhebliche Chancen für erfolgreiche Neuansiedlungen. „Es ist unbestritten und für jedermann offensichtlich, dass eine funktionierende Infrastruktur, ein genutztes Gebäude, ein ‚lebendes Gelände' besser in Wert gesetzt werden kann als ein leer geräumtes, über die Jahre verkommenes Bauwerk oder Areal." (Noll 2009) Ein Reservoir an alternativen Konzepten mit dem auf verschiedene externe Entwicklungen reagiert werden kann, erhöht ebenso wie ein durch Partizipation mit öffentlichem Rückhalt gestärktes Vorhaben die Chancen auf eine erfolgreiche Um- und Nachnutzung der Altindustriestandorte.
  Des Weiteren ist es von besonderer Bedeutung, frühzeitig erste Nutzungen auf die Areale zu bringen. Über Implementierung kleiner Nachfolgenutzungen kann eine Parallelität zwischen Zukunfts- und Beendigungsaktion erzeugt und der ansässigen Bevölkerung kann Hoffnung auf eine Zukunft des Standorts gegeben werden. Aus Sicht der kommunalen Wirtschaftsförderung liegt es nahe, dass möglichst zeitnah neue Arbeitsplatzperspektiven entstehen.
- *Beschränkung von negativen Auswirkungen auf das Umfeld*
  Wenn ein Industriestandort nach Schließung der Produktion leer stehen bleibt und langsam verfällt, dann ist das nicht nur für das Areal selbst, sondern auch für die Umgebung der schlimmste Fall. Neben Zerstörungen durch Vandalismus können mangelnde private Investitionen zur Erhaltung der Qualität von Wohnungen und Quartieren bis hin zu einem Wertverlust der angrenzenden Grundstücke die Folge sein. Hier besteht ein großer Unterschied zur Grünen Wiese: Wenn diese leer stehen bleibt, wird dies meist als Vorteil für die Umgebung wahrgenommen; es entsteht ggf. ein Bolzplatz.

Durch einen frühen Planungsbeginn besteht eine bessere Chance, Nachnutzungsoptionen für die Standorte mit ihren Altlastenrisiken, ihrem Manko der monostrukturellen Ausrichtung und ihren oft komplizierten Eigentumsrechte zu entwickeln und die gewachsene Identität zum Vermarktungsvorteil gegenüber der Grünen Wiese, deren Identität erst noch entwickelt werden muss, werden zu lassen.

Literatur

Gessler, Rebekka, und *Peter Latz* (2010): Forschungsbericht „Entwicklung von Analyse- und Methodenrepertoires zur Reintegration von altindustriellen Standorten in urbane Funktionsräume an Fallbeispielen in Deutschland und den USA", München (Technische Universität München, Fakultät für Architektur).

Gessler, Rebekka, und *Peter Latz* (2009): Northwest Aluminum. The Dalles Oregon USA, München (Technische Universität München, Fakultät für Architektur).

Gessler, Rebekka, und *Peter Latz* (2008): Bergwerkstandort Westerholt, München (Technische Universität München, Fakultät für Architektur).

C 1.2 Szenarien helfen, Handlungskorridore zu erkennen

Jens Libbe

Szenarien erlauben einen Blick in die Zukunft. Im Rahmen des Flächenmanagements stellen sie ein Bündel unterstützender Informationen für das siedlungspolitische Handeln zur Verfügung. In REFINA fand die Szenariotechnik exemplarische Anwendung in der Darstellung und Visualisierung regionaler Siedlungsflächenpotenziale und -zielsetzungen sowie als Kommunikationsinstrument in der Stadt- und Quartiersentwicklung. Die gesammelten Erfahrungen dieser Projekte sind auf andere Kommunen übertragbar.

Szenarien als „mögliche Zukünfte"

Mit der Szenariotechnik lassen sich Entwicklungskorridore bei relativ großer Zukunftsunsicherheit aufzeigen. Im Mittelpunkt stehen weniger Wahrscheinlichkeit und Genauigkeit, sondern eher die Auseinandersetzung mit bestimmenden Faktoren und Wirkungszusammenhängen unter definierten Rahmenbedingungen. Szenarien als „mögliche Zukünfte" sagen noch nichts darüber aus, ob diese Zukünfte wahrscheinlich (wie bei Prognosen) oder wünschenswert (wie bei Leitbildern) sind. Dagegen berücksichtigen Szenarien in ihrer Bandbreite von Zukunftsbildern durchaus unsichere Entwicklungsmöglichkeiten und illustrieren somit bewusst mögliche Risiken und Probleme.
Szenarien sollten keinesfalls als einzig zu verfolgender Pfad missverstanden werden. Werden beispielsweise im Szenariokorridor bestimmte Wege der Flächenreduktion aufgezeigt, so dürfen diese nicht so interpretiert werden, dass damit nun die einzig verfolgenswerte Möglichkeit aufgezeigt wäre. Das Primat der Politik kann sich am Ende für einen ganz anderen Weg entscheiden, was umso legitimer ist, je mehr sich die den Szenarien zugrunde liegenden Ausgangsannahmen verändert haben. Der große Vorteil der Szenarien liegt darin, dass sie Möglichkeiten deutlich machen und damit politische und planerische Entscheidungen vorbereiten helfen.

Verschiedene Szenariotypen

Verschiedene Szenariotypen lassen sich unterscheiden, wobei so genannte explorative Szenarien überwiegen. Mit ihnen werden denkbare Entwicklungspfade ergründet und dann die Zukunftsbilder skizziert. Das ergibt dann regelmäßig Trendszenarien und Alternativszenarien im Sinne eines „Forecasting". Ein anderer Typ sind „Backcasting"-Verfahren, bei denen aus der Warte einer in der Zukunft als eingetreten unterstellte Variante in die Gegenwart zurückgeblickt und Schritte erarbeitet werden, die für das Erreichen des Ziels erforderlich sind. Ferner gestattet die Szenariotechnik die Ableitung von Szenarien mit Hilfe einer induktiven Vorgehensweise. Dabei werden mehrere, sich deutlich unterscheidende, jeweils in sich konsistente Szenarien entwickelt. Die sich ergebenden Bilder möglicher Zukünfte werden verwendet, um Konsequenzen für strategische Entscheidungen abzuleiten – dies insbesondere dort, wo Prognosen wenig valide sind (vgl. Ulbrich Zürni 2004).
Im Vergleich mit anderen Planungstechniken besitzt die Szenariotechnik eine Reihe von Vorzügen. Kahn/Wiener (1968, S. 360 f.) betonen die Möglichkeit, Szenarien als „Denkhilfe" einzusetzen, wobei sich verschiedene kognitive Vorteile ergeben:

- Szenarien „lenken die Aufmerksamkeit [...] auf eine größere Vielfalt von Möglichkeiten".
- „Sie zwingen den Analytiker, sich mit Einzelheiten und Strömungen auseinanderzusetzen, die er leicht übersehen kann, wenn er sich auf abstrakte Betrachtungen beschränkt."
- „Sie helfen, die Wechselwirkungen der psychischen, sozialen, wirtschaftlichen, kulturellen, politischen und militärischen Faktoren und den Einfluss einzelner politischer Persönlichkeiten zu erhellen."
- „Sie können auch verwendet werden, um verschiedene mögliche Resultate vergangener und gegenwärtiger Ereignisse in Betracht zu ziehen."

Dementsprechend hat die Szenariotechnik in den letzten Jahrzehnten Eingang in unterschiedliche Bereiche der strategischen Planung gefunden – auch auf der Ebene von Städten und Regionen. In der kommunalen Praxis erfreuen sich Szenarien seit einigen Jahren einer großen Popularität. Dies auch deshalb, weil Szenarien hervorragend geeignet sind, kollektive Zukunftsbilder zu entwickeln, das heißt, insbesondere in der ressortübergreifenden und interdisziplinären Szenarioerarbeitung liegt ein großer Mehrwert dieser Methode. Diese erlaubt es zudem, so genannte Laien in den Dialogprozess einzubinden, also Personen, die nicht zum Kreis von Wissenschaft, Politik oder Verwaltung gehören (Bock/Libbe 2005).

Szenarien in der kommunalen Praxis

Grundsätzlich können in einem mit Hilfe von Szenarien betrachteten Zeitraum sehr verschiedene plausible Zukünften liegen. Dies lässt sich mit Hilfe eines so genannten Szenario-Trichters darstellen, der den denkbaren Raum dieser möglichen Zukünfte veranschaulicht. Der Trichter enthält unterschiedliche Entwicklungspfade, die mit Hilfe unterschiedlicher Szenarien dargestellt werden können und dann genauer analysierbar sind. Auf die Faktoren des im Szenario abgebildeten Entwicklungskorridors können im Zeitverlauf unterschiedliche Entwicklungen und Ereignisse einwirken. Neben Entwicklungen und Ereignissen, deren Eintritt wahrscheinlich ist, können dies auch solche sein, denen zwar unter heutigen Umständen eine äußerst geringe Plausibilität zugemessen wird, die aber dennoch nicht auszuschließen sind und einen großen Einfluss auf die Entwicklung haben können; es handelt sich mehr oder weniger um Zufallsereignisse (z.B. der Fall der Berliner Mauer). Wenig wahrscheinliche Zufallsereignisse können somit in der Szenario-Technik berücksichtigt (und in Form von „Wildcards" eingebracht) werden.

In der Gegenwart ist der Szenariotrichter am engsten. Am aktuellen Ausgangspunkt der Entwicklung sind im Prinzip die Beziehungen im betrachteten System und die auf sie einwirkenden Faktoren bekannt. Die Referenz der Zukunftsbetrachtung bildet in der Regel das Trendszenario, welches auf einer Zeitachse aufgespannt wird. Dieses Trendszenario stellt die zukünftige Entwicklung unter der Annahme stabiler Umfeldentwicklungen dar („ceteris-paribus-Bedingungen").

Szenarien beruhen auf Projektionen von plausiblen Zuständen miteinander vernetzter Einflussfaktoren. Die Wirkungen innerhalb eines Szenarios können durch Sensitivitätsanalysen bestimmt werden; so werden zentrale Regelkreise, kritische Szenario-Treiber und weitere (weniger kritische) Einflussfaktoren darstellbar. Im Umkehrschluss erlaubt dieser Sachverhalt, aufbauend auf einer Analyse der Einflussfaktoren die Treiber zu identifizieren, die die möglichen Szenarien beeinflussen (und so induktiv Szenarien aufzustellen).

Folgende, sukzessiv aufeinander aufbauende Schritte haben sich (nach Steinmüller 1997, S. 59 ff.) bei der Erstellung von Szenarien regelmäßig bewährt:

Abbildung 1:
Szenario – Umgang mit Unsicherheit

Quelle: http://upload.wikimedia.org/wikipedia/de/b/be/Szenariotrichter.jpg

Abbildung 2:
Treiber bestimmen Szenarien

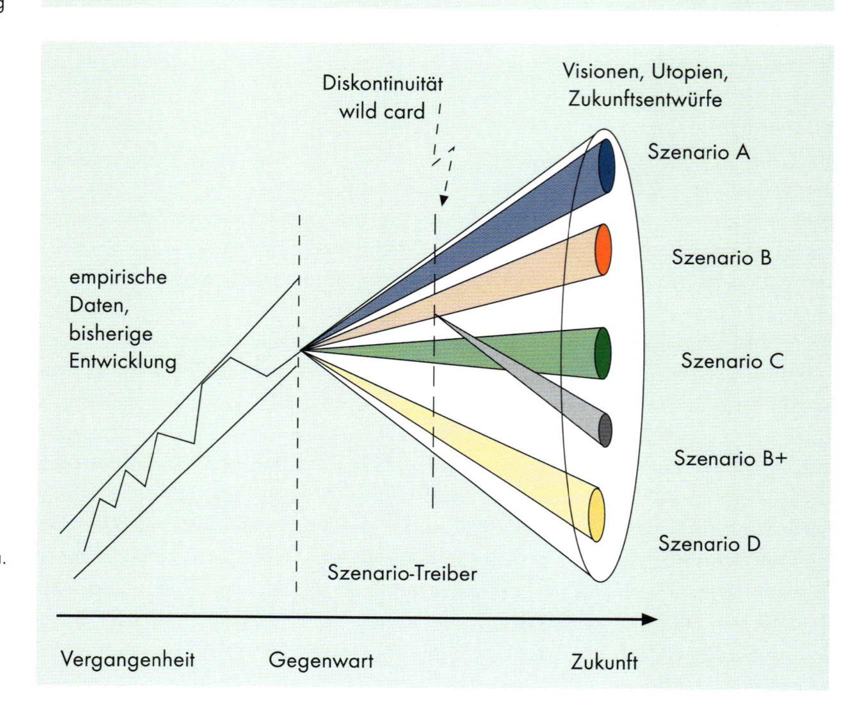

Quelle: http://de.wikipedia.org/wiki/Szenariotechnik#Alternativer_Szenariotrichter

- Strukturierung des Problemfeldes,
- Identifikation von Einflussfaktoren/-bereichen und Analyse von Wirkungsbeziehungen,
- Projektion von Entwicklungsrichtungen (Trendannahmen),
- Bildung konsistenter Annahmenbündel,
- Szenario-Schreiben,
- Abschätzung von Auswirkungen und Störereignissen,
- Ableitung von Konsequenzen,
- Maßnahmenplanung, Implementierung.

Parallel zum letzten Schritt oder daran anschließend findet eine Bewertung der Szenarien statt, die je nach der Funktion der Szenarien im Erkenntnisprozess in unterschiedlicher Weise auszulegen ist.

In Hinblick auf die Siedlungsflächeninanspruchnahme stellen Szenarien ein Bündel unterstützender Informationen für das politische und planerische Handeln zur Verfügung. Durch die Darstellung und Visualisierung der Konsequenzen bestimmter Entscheidungen und Zielsetzungen können sie einen Beitrag zur siedlungspolitischen Ausrichtung von Stadt und Region liefern. So ermöglichen Szenarien beispielsweise durch den Abgleich der Angebots- und Nachfragestruktur das Aufzeigen von Handlungsspielräumen für die Steuerung der Siedlungsflächenentwicklung. Die im REFINA-Projekt komreg erarbeiteten Szenarien zur Entwicklung der Wohnbauflächen in der Region Freiburg zeigen, dass die vorhandenen Innenentwicklungspotenziale große Teile der zukünftigen Bedarfe decken können (vgl. Kap. **C 1.2.1**). Bisher nur selten wird die Szenariomethode im Bereich der Stadtteil- oder Quartiersentwicklung angewendet. Im REFINA-Vorhaben „Nachfrageorientiertes Nutzungszyklusmanagement" wurden mithilfe unterschiedlicher Szenarien Diskussionen zur Zukunft in den Quartieren geführt und neue Ideen und Zielvorstellungen dialogisch ermittelt (vgl. Kap. **C 1.2.2**).

Literatur

Bock, Stephanie, und *Jens Libbe* (2005): Szenarioplanung von Städten und Regionen: Erfahrungen mit der Szenarioplanung im Forschungsverbund „Stadt 2030", in: Ingo Neumann (Hrsg.): Szenarioplanung in Städten und Regionen. Theoretische Einführung und Praxisbeispiele, Dresden, S. 82-94.

Kahn, Herman, und *Anthony J. Wiener* (1968): Ihr werdet es erleben. Voraussagen der Wissenschaft bis zum Jahre 2000, Wien, München, Zürich (Moden; Orig. engl. 1967).

Neumann, Ingo (Hrsg.) (2005): Szenarioplanung in Städten und Regionen. Theoretische Einführung und Praxisbeispiele, Dresden.

Steinmüller, Karlheinz (1997): Grundlagen und Methoden der Zukunftsforschung. Szenarien, Delphi, Technikvorausschau, Gelsenkirchen (Werkstatt Bericht 21 des Sekretariats für Zukunftsforschung).

Ulbrich Zürni, Susan (2004): Möglichkeiten und Grenzen der Szenarioanalyse. Eine Analyse am Beispiel der Schweizer Energieplanung, Duisburg (WiKu Wissenschaftsverlag).

C 1.2.1 Szenarien im Prozess der stadtregionalen Kooperation

Matthias Buchert

REFINA-Forschungsvorhaben: komreg – Kommunales Flächenmanagement in der Region

Verbundkoordination:	Öko-Institut e.V. Institut für angewandte Ökologie
Projektpartner:	Baader Konzept GmbH; Institut für Stadt- und Regionalentwicklung (IfSR) an der Hochschule für Wirtschaft und Umwelt Nürtingen-Geislingen (im Unterauftrag); Stadt Freiburg im Breisgau; Stadt Emmendingen, Fachbereich 3 Planung und Bau, Abteilung 3.1 Stadtentwicklung, Baurecht und Umwelt, Referat 3.1.1 Stadtplanung, Stadtentwicklung und Umwelt
Modellraum:	Partnerkommunen Au, Ballrechten-Dottingen, Breisach, Emmendingen, Hartheim, Herbolzheim, Merzhausen, Schallstadt, Titisee-Neustadt, Umkirch (BW)
Internet:	www.komreg.info

Szenarien der Siedlungsentwicklung

Szenarien sind im Kontext des Flächenmanagements immer noch eine selten eingesetzte Methode. Dies ist umso bemerkenswerter, als sie sich gerade in diesem Bereich zur Unterstützung von Entscheidungsfindungen geradezu aufdrängen. Im Rahmen des REFINA-Projektes „komreg" – Kommunales Flächenmanagement in der Region (www.komreg.info) wurde die Szenariotechnik sowohl auf kommunaler als auch auf regionaler Ebene (Region Freiburg) intensiv erprobt und erfolgreich angewendet.
Entscheidend für den zukünftigen Wohnbauflächenbedarf in der Außenentwicklung für Kommunen bzw. Regionen ist einerseits der flächenrelevante Wohnungsbedarf (gesamter Wohnungsbedarf abzüglich Ersatzbedarf, welcher z.B. aus zukünftigem Gebäudeabriss usw. resultiert) und andererseits das realisierbare Innenentwicklungspotenzial durch Baulücken usw. für einen definierten Zukunftsraum (z.B. 15 Jahre, 20 Jahre usw.).
Die Szenarien der Siedlungsentwicklung ermöglichen den Abgleich der Angebots- und der Bedarfsseite für Wohnbaulandflächen (vgl. Abb. 3). Im Ergebnis machen sie deutlich, wie viel Prozent des flächenrelevanten Wohnungsbedarfs durch Innenentwicklung gedeckt werden könnte und wie viele ha Wohnbaulandfläche im Außenbereich zur Deckung des Wohnungsbedarfes der Region (oder Kommune) bis z.B. 2030 bei bestimmten Annahmen zu Bedarfsentwicklung und Bestandspotenzialen noch erforderlich sind.
In der Szenariotechnik hat es sich bewährt, die Anzahl der Szenarien überschaubar zu halten. Dies erleichtert sowohl den Prozess der Abstimmung von Szenarioannahmen mit den involvierten Akteuren als auch die Kommunikation der Szenarioergebnisse. Wie bereits in zurückliegenden Arbeiten zum Bedürf-

nisfeld Bauen und Wohnen bestätigt (Buchert u.a. 2000), erlaubt die Abstimmung von Szenarioannahmen die engagierte Einbindung von regionalen Akteuren: im Falle von „komreg" jeweils auf Ebene der elf komreg-Partnergemeinden und der Region (über Projektworkshops mit diversen Vertretern aus Kommunen, Landratsämtern, Fachinstituten usw.).

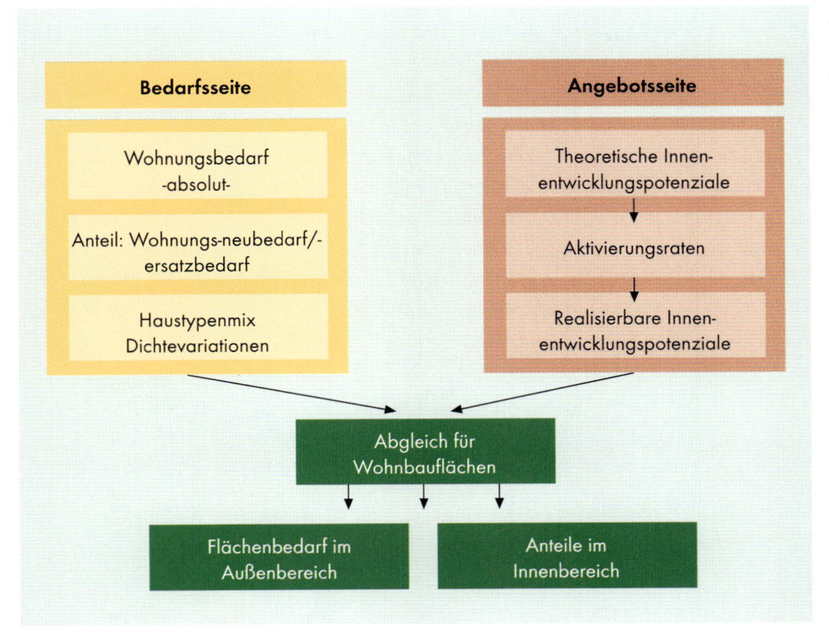

Abbildung 3: Abgleich Bedarfs- und Angebotsseite (vereinfachte Darstellung)

Quelle: Öko-Institut e.V., 2008.

Die Erstellung der Szenarien in drei Varianten (Effizienzszenario, Basisszenario, pessimistisches Szenario) zeigt – ausgehend von unterschiedlichen Annahmen für Bedarfs- und Angebotsseite – einen Entwicklungskorridor auf. Die Wirkungen spezifischer Szenarioannahmen werden so transparent. Innerhalb der regionalen Szenarien werden die Raumstrukturtypen Stadt (hier Freiburg im Breisgau), Verdichtungsraum inkl. Randzone sowie ländlicher Raum differenziert betrachtet, da z.B. deutlich unterschiedliche Dichtetypen und Bebauungsmuster angemessen für die Szenarien berücksichtigt werden müssen.

Annahmen zu Flächenbedarf und Angebot

Als Basis der Szenarien der Siedlungsentwicklung sind begründete Annahmen zu Berechnungen der Bedarfsentwicklung und zur Aktivierung der erhobenen Bestandspotenziale zu treffen. Diese sind variabel und können entsprechend der erwarteten (wahrscheinlichen) oder der möglichen Entwicklung verändert werden. Dieses „Spielen" mit einzelnen Szenarioannahmen ermöglicht ein Ausloten von Handlungsmöglichkeiten innerhalb eines realistischen Rahmens.

Bedarfsseite: Grundlage der Annahmen zum Wohnbaulandflächenbedarf in den betrachteten Räumen der Region Freiburg bis 2030 sind statistische und empirische Daten sowie Erfahrungswerte. Wichtiger Bestandteil ist die Wohnungsbedarfsprognose des Statistischen Landesamtes Baden-Württemberg (StaLa) vom Juli 2007. Der sogenannte „Haustypenmix" beschreibt das Maß der baulichen Dichte im jeweiligen Szenarioraum. Werden beispielsweise viele Wohneinheiten in Mehrfamilienhäusern geschaffen, oder dominieren stärker aufgelockerte Bauformen?

Angebotsseite: Grundlage für die Ermittlung des Angebots an Wohnbauflächen im Bestand bilden die erhobenen bzw. extrapolierten Innenentwicklungspotenziale in den Projektkommunen bzw. der Region Freiburg. Diese wurden über mit den Akteuren abgestimmte Aktivierungsraten auf das realisierbare Potenzial abgeschichtet.

In den einzelnen Szenarien unterscheiden sich die getroffenen Annahmen zu Bedarfsentwicklung, künftig realisierter baulicher Dichte und Aktivierbarkeit der vorhandenen Wohnbaulandpotenziale im Bestand.

Szenarioergebnisse für die Region Freiburg: Die Szenarien machen für alle Teilräume der Region Freiburg deutlich, dass die vorhandenen Innenentwicklungspotenziale einen erheblichen Anteil des flächenrelevanten Wohnungsneubaubedarfs abdecken können. Der Deckungsgrad des Wohnbaulandbedarfs bis zum Jahr 2030 durch Wohnbaulandpotenziale im Bestand beträgt im Basisszenario für die Stadt Freiburg i.Br. 76 Prozent, im Verdichtungsraum inkl. Randzone 49 Prozent und im ländlichen Raum 25 Prozent (vgl. Abbildung 4). Hierbei ist nur das realisierbare Innenentwicklungspotenzial zugrunde gelegt.

Abbildung 4:
Deckungsrad der Innenentwicklung in der Region Freiburg (Basisszenario)

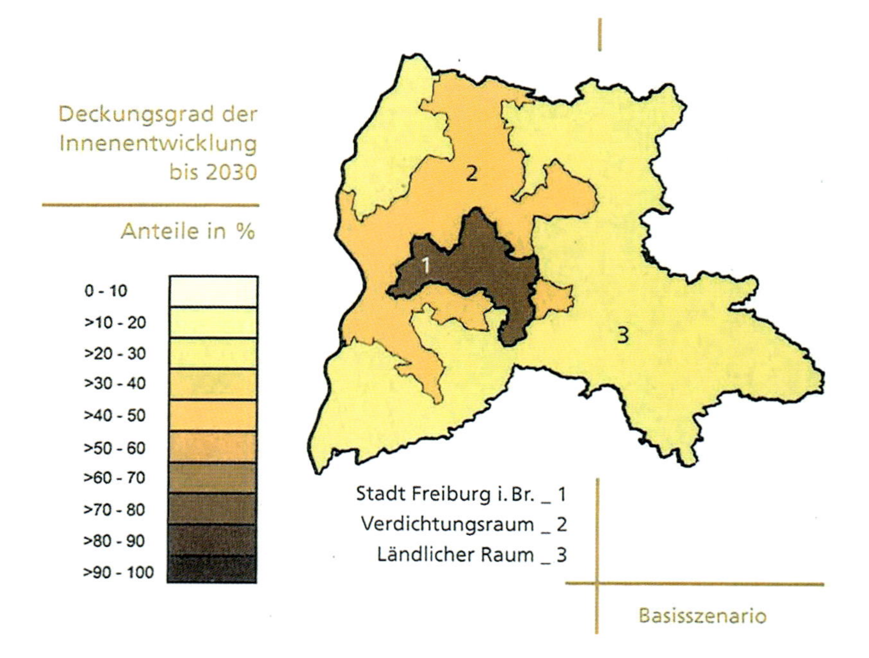

Quelle: Öko-Institut e.V., 2008.

Wie viel Außenentwicklung wird bis 2030 in den Teilräumen der Region Freiburg noch benötigt, um den Wohnbaulandbedarf zu decken? Der Bedarf an Bruttowohnbauland in der Außenentwicklung differiert zum einen zwischen den Szenarien (der Innenentwicklungsanteil liegt im Effizienzszenario noch deutlich höher), zum anderen zwischen den Raumstrukturtypen. In Summe beläuft sich der Außenentwicklungsbedarf in der Region bis zum Jahr 2030 auf insgesamt 617 ha nach dem Basisszenario. Davon entfallen auf die Stadt Freiburg i.Br. 16 ha, auf den Verdichtungsraum inkl. Randzone 196 ha und auf den ländlichen Raum 405 ha. Der hohe Bedarf an Außenentwicklung im ländlichen Raum ist u.a. mit der angenommenen geringeren Nutzung der Innenentwicklungspotenziale und vergleichsweise flächenintensiveren Bauformen zu begründen. Entsprechend wird deutlich, dass im ländlichen Raum noch große Potenziale für eine nachhaltige Siedlungs- und eine aktive Innenentwicklung bestehen.

In den einzelnen „komreg"-Partnerkommunen unterscheiden sich die Szenarienergebnisse deutlich. Abhängig vom ermittelten Innenentwicklungspotenzial, den angesetzten Aktivierungsraten sowie dem jeweiligen Wohnbauflächenbedarf ergaben sich bei einzelnen Kommunen je nach Szenario Abdeckungsrade für die Innenentwicklung von 25 bis 40 Prozent – bei anderen von 50 bis nahezu 90 Prozent. Die Ergebnisse wurden in den Kommunen den jeweiligen Gemeindeparlamenten vorgestellt und sorgten dort für sehr engagierte Diskussionen bzgl. der abzuleitenden Schlussfolgerungen. Die Methodik der Szenariotechnik fand dabei breite Unterstützung; Kritik wurde gelegentlich an einzelnen Szenarioannahmen („Wieso noch Wohnbauflächenbedarf bei stagnierender Bevölkerung?" usw.) geübt.

Die Potenziale zur Gestaltung der Siedlungsentwicklung durch Szenarien liegen in erster Linie im Anstoß von Diskussions- und Denkprozessen noch vor eigentlichen Planungsprozessen. Insbesondere die in einer Wachstumsregion wie Freiburg noch nicht für alle unmittelbar spürbaren Folgen des demografischen Wandels (obgleich es auch in der Region bereits einzelne Gemeinden mit stagnierender bzw. rückläufiger Bevölkerungszahl gibt) können durch Prozesse der Szenarienabstimmung (Was wäre wenn ... für meine Gemeinde bis 2030?) transparent gemacht werden und damit in die kommunale und regionale Politik des Flächenmanagements einfließen.

Szenarien können Diskussionsprozesse anstoßen

Fazit: Szenarien können einen sehr wertvollen Beitrag zum nachhaltigen Flächenmanagement sowohl in einzelnen Städten und Gemeinden als auch in ganzen Regionen liefern und sollten daher eine wichtige Rolle bei der Erreichung des „30-Hektar-Ziels" der Bundesregierung spielen. Sie können bei üblichen Planungsroutinen wie der Aufstellung bzw. Fortschreibung von Flächennutzungsplänen im Vorfeld wertvolle Eingangsinformationen liefern, die unbedingt in den nachfolgenden Planungsprozessen Berücksichtigung finden sollten. Dies gilt umso mehr eingedenk des dramatischen demografischen Wandels in der Bundesrepublik Deutschland und der Gefahr zukünftiger Fehlinvestitionen in neue, untergenutzte Neubaugebiete.

Literatur

Buchert, Matthias, und *Daniel Bleher* (Öko-Institut e.V., Hrsg.), *Christine Kauertz* und *Sabine Müller-Herbers* (Baader Konzept GmbH), *Katharina Koch* (Stadt Freiburg i. Br.), *Alfred Ruther-Mehlis* (IfSR) (2008): Die Zukunft liegt im Bestand – Kommunales Flächenmanagement in der Region, Freiburg.

Buchert, Matthias, Ulrike Eberle, Wolfgang Jenseit, Hartmut Stahl (2000): Beiträge zur Operationalisierung des Leitbildes „Nachhaltige Entwicklung" am Beispiel Bauen und Wohnen – Szenarien für eine mögliche Entwicklung in Schleswig-Holstein bis 2020, Darmstadt/Freiburg.

C 1.2 A Regionale Szenarien der Siedlungsentwicklung

REFINA-Forschungsvorhaben: Nachhaltiges Siedlungsflächenmanagement Stadtregion Gießen-Wetzlar

Projektleitung: Technische Universität Kaiserslautern, Lehrstuhl für Öffentliches Recht: Prof. Dr. Willy Spannowsky

Projektpartner: Justus-Liebig-Universität Gießen, Professur für Projekt- und Regionalplanung: Prof. Dr. Siegfried Bauer; Brandenburgische Technische Universität Cottbus, Lehrstuhl für Stadttechnik: Prof. Dr.-Ing. Matthias Koziol; Institut für angewandte Wirtschaftsforschung (IAW), Tübingen: Dr. Raimund Krumm; IfR Institut für Regionalmanagement GbR: Heinz Bergfeld; Projektgruppe Stadt+Entwicklung, Ferber, Graumann & Partner: Dr. Uwe Ferber

Modellraum/Modellstädte: Stadtregion Gießen-Wetzlar (HE)

Projektwebsite: http://refina-region-wetzlar.gießen.de

In der Stadtregion Gießen-Wetzlar entwickelte ein interdisziplinärer Forschungsverbund praxisnahe Lösungsvorschläge zur Reduzierung der Flächeninanspruchnahme. Die Szenarien dienten hierbei als Basis für die Entwicklung eines siedlungsflächenpolitischen Leitbildes und Steuerungsmodells. Grundlage der Szenarien war eine Bestandsaufnahme aller verfügbaren Flächen (Baulücken, Brachflächen, Flächen aus Regionalplan/Bauleitplänen). Es wurden getrennt für die Bereiche Wohnen und Gewerbe/Industrie jeweils zwei entgegengesetzte Szenarien entwickelt.
Bei den Trendszenarien wurde angenommen, dass die Kommunen die bereits in den Bauleitplänen sowie die im Regionalplan ausgewiesenen (Vorbehalts-)Flächen entwickeln. Es findet keine Revitalisierung auf Brach- und Konversionsflächen bzw. im Innenbereich statt. Die zentralörtliche Gliederung wird ebenso wenig berücksichtigt wie die ÖPNV-Anbindung. Die Flächenkreislaufwirtschaftsszenarien gehen von einer Entwicklung auf der Basis von regional abgestimmten Planungen unter der Prämisse einer nachhaltigen Siedlungsflächenentwicklung aus. Im Gewerbebereich wurden regional bedeutsame Standorte ermittelt, welche neben den Konversions- und Brachflächen verstärkt entwickelt werden sollen. Wohnbauland wird verstärkt im Innenbereich entwickelt; hier wurden Baulücken, Konversionsflächen und bereits im B-Plan ausgewiesene Flächen berücksichtigt. Für beide Szenarien wurden als unterstützende Entscheidungsgrundlage die Investitions- und Folgekosten für die Infrastruktur ermittelt.
Die im Rahmen des REFINA-Projektes entwickelte Methodik – Szenarien-Leitbild-Folgekostenberechnung – eignet sich als Bearbeitungsschritt bei der Ausstellung bzw. Fortschreibung von Regionalplänen und regionalen Flächennutzungsplänen.

Uwe Ferber, Miriam Müller

C 1.2.2 Szenarien im Prozess der Quartiersentwicklung

Claudia Dappen, Christoph Ewen

REFINA-Forschungsvorhaben: Nachfrageorientiertes Nutzungszyklusmanagement (NZM)

Projektleitung:	HafenCity Universität Hamburg: Prof. Dr. Jörg Knieling
Verbundkoordination:	HafenCity Universität Hamburg: Claudia Dappen
Projektpartner:	Institut für sozial-ökologische Forschung (ISOE): Dr. Immanuel Stiess; Georg-August-Universität Göttingen: Prof. Dr. Kilian Bizer; Team Ewen: Dr. Christoph Ewen
Modellraum/Modellstädte:	Braunschweig, Göttingen (NI), Kiel (SH)
Projektwebsite:	www.nutzungszyklusmanagement.hcu-hamburg.de

Die Erfahrungen im REFINA-Projekt „Nachfrageorientiertes Nutzungszyklusmanagement" (http://www.nutzungszyklusmanagement.hcu-hamburg.de/) haben deutlich gemacht, dass Szenarien als Instrument geeignet sind, um frühzeitig die mittel- bis langfristige Zukunft eines Stadtteils bzw. eines Quartiers zu diskutieren. Sie spielen beim Vordenken von neuen Ideen und Zielvorstellungen eine wichtige Rolle (Kämper/Wagner 1992, S. 2) und können die Grundlage von Maßnahmen bilden. Gleichzeitig bieten sie die Chance, verschiedene Akteure jenseits von Tagesgeschäft und Ressortegoismus ins Gespräch zu bringen. Szenarien sind allerdings nicht mit einem Leitbild für die Quartiersentwicklung gleichzusetzen, weil sie keine abgestimmten Ziele enthalten. Auch stellen sie kein Handlungskonzept dar, da sie nur Ansätze von konkreten Maßnahmen bzw. Projekten enthalten. Für die nachfolgenden Arbeitsschritte liefern sie jedoch wichtige Impulse.

Szenarien als Kommunikationsinstrument

Werden Szenarien als Kommunikationsinstrument genutzt, müssen vielfältige Akteure an ihrer Erarbeitung beteiligt werden. Je mehr Tätigkeitsfelder und Interessen durch die Zusammensetzung der Beteiligten repräsentiert werden, umso variationsreicher sind die entstehenden Zukunftsbilder.

Voraussetzungen

Wie sich im Forschungsprozess gezeigt hat, ist der Erfolg der Szenarien von verschiedenen Voraussetzungen abhängig.

- Um die Teilnehmenden auf den gleichen Wissensstand zu versetzen und möglicherweise bestehende Vorurteile auszuräumen, bildet die Quartiersuntersuchung eine wichtige Informationsgrundlage. Darin werden die Entwicklung des Quartiers in den letzten fünf bis zehn Jahren sowie dessen Stärken und Schwächen analysiert.

- Die in den Szenarien bearbeitete Fragestellung sollte sich unmittelbar auf das Quartier beziehen, z.B.: „Wie können das Wohnen und Leben im Quartier im Jahr xy aussehen", und einen nachvollziehbaren Zeithorizont von ca. 15 Jahren umfassen. Dabei können Szenarien sinnvollerweise an Prozesse anknüpfen, die bereits in der Stadt gelaufen sind (z.B. Leitbildprozesse).
- Um die Akzeptanz von erarbeiteten Szenarien zu fördern, ist es sinnvoll, einen breiten Akteurskreis mit Interesse an der Quartiersentwicklung zu beteiligen: Neben den Immobilieneigentümern im Quartier (Wohnungsbaugesellschaften, Einzeleigentümer, Hausverwaltungen) und Vertreterinnen und Vertretern der Stadtverwaltung (Stadtplanung, Grünflächen, Verkehr, Soziales) sind auch Bewohnerinnen und Bewohner und die für die Quartiersentwicklung relevanten Interessenvertreterinnen und -vertreter zu beteiligen. Dazu zählen auch Vertreterinnen und Vertreter der örtlichen Politik sowie professionell Betroffene (Vertreterinnen und Vertreter von Schulen, Kindertageseinrichtungen oder freien Trägern) sowie der Kirchengemeinden. Zu berücksichtigen sind auch Einzelhandel und Gewerbe. Werden nicht alle Interessengruppen in den Workshop einbezogen, kann das zum Fehlen von möglicherweise entscheidenden Entwicklungsaspekten führen. Umgekehrt besteht bei den verschiedenen Akteuren eine unterschiedlich hohe Bereitschaft zur Teilnahme an einem derartigen Prozess. Eine möglichst externe, professionelle Moderation sichert die reibungslose Durchführung des Szenarioworkshops und die Rolle der Stadt als Teilnehmende auf Augenhöhe.
- Für den Erfolg der Anstoßwirkung ist die Bereitschaft der Akteurinnen und Akteure aus Politik sowie Stadtverwaltung, Wohnungswirtschaft und Gemeinwesenarbeit, mit den aus den Szenarien abgeleiteten Ergebnissen weiter zu arbeiten und die Kommunikation untereinander fortzusetzen, unerlässlich.

Szenarien als Instrument der Quartiersentwicklung

Szenarien können ähnlich wie Leitbilder oder integrierte Handlungskonzepte den Anlass bieten, sich gemeinsam an einen Tisch zu setzen und über die Zukunft des Quartiers zu diskutieren. Sie bilden einen Auftakt für weiterführende Gespräche im Stadtteil. Anders als Leitbilder oder integrierte Handlungskonzepte, die bereits sehr konkret sind, bieten sie den Vorteil, mit einem Abstand vom Alltag und losgelöst von Alltagsroutinen Möglichkeitsräume zu erforschen. Die eigenen Interessen und Positionen werden für einen kurzen Zeitraum zweitrangig und fließen in die Zukunftsbilder ein, ohne diese jedoch zu dominieren.

Gleichzeitig bieten Szenarien Ansatzpunkte für das Aufzeigen von konkreten Handlungsbedarfen und -ansätzen sowie für die Entwicklung von Maßnahmen im Quartier. Die an dem Prozess Beteiligten profitieren dabei, indem sie ihre Kenntnisse über die Quartiere erweitern, mit anderen Akteuren in Dialog treten und deren Interessen kennen lernen. Dieses wird von den Beteiligten in der Regel als positiv und anregend empfunden.

Szenarien als Grundlage für Handlungskonzepte

Wichtig ist es, die Szenarien nicht als Ergebnisse stehen zu lassen, sondern damit weiter zu arbeiten. Dazu sind die Ergebnisse im Quartier breit zu kommunizieren und als Grundlage für die weitere Arbeit zu nehmen. Denkbar ist es, die in den einzelnen Szenarien erkennbaren positiv bewerteten Elemente

in einem fortgesetzten kommunikativen Prozess zu Leitbildern für die Quartiere zu verdichten.
Grundlage dafür ist es, die gemeinsamen Ziele zu konkretisieren und die in den einzelnen Szenarien enthalten, zum Teil widersprüchlichen Zielvorstellungen zu benennen. Damit könnten die Szenarien zu einem „Konsensszenario" weiterentwickelt werden, um auf dieser Basis die Ziele für den Stadtteil zu konkretisieren.
Szenarien können auch Grundlage für ein integriertes Handlungskonzept bilden, das als Basis der gemeinsamen Zusammenarbeit dient.

Ergebnisse der Szenarien für Politik und Verwaltung

Hinsichtlich der Verwendung und Implementation der Ergebnisse ist zu beachten, dass Partizipation nicht mit Repräsentation gleichzusetzen ist. Entscheidungen müssen demokratisch legitimiert werden, hierfür sind Ortsbeiräte und Stadtparlamente maßgeblich.
Allerdings zeichnen sich politische Entscheidungen üblicherweise nicht durch Prävention und kontinuierliche Maßnahmen in kleinem Rahmen aus, sondern durch den Fokus auf große, prestigeträchtige Projekte oder die Reaktion auf offensichtliche Missstände. Langfristige Szenarien und vorausschauendes Handeln können daher dem politischen Handeln eine zusätzliche Dimension verleihen.
Szenarien können in diesem Zusammenhang dazu beitragen, den Druck auf die politischen Entscheidungsträger zu verstärken und durch ihre bildhafte Darstellung Überzeugungskraft zu entfalten. Durch die Einbindung der lokalen Presse in die Abschlusspräsentation der Szenarien kann das Quartier stadtweite Aufmerksamkeit erfahren. Die Reflektion über die Perspektiven des Quartiers in der Stadt kann dadurch angeregt und der politische Druck erhöht werden.
Letztlich essentiell für den Erfolg der Szenarienarbeit ist es, den Dialog der unterschiedlichen Akteure im Quartier nicht abzubrechen und auf Ziele für das Quartier zu fokussieren, aus denen dann konkrete Projekte realisiert werden.

Arbeitsschritte zur Entwicklung von Quartiersszenarien

1. In der Vorbereitungsphase wird die Entwicklung des Quartiers in den letzten Jahren im Vergleich zur Gesamtstadt untersucht sowie die aktuelle Situation mit ihren Potenzialen und Schwächen dargestellt (= Quartiersuntersuchung). Zu berücksichtigen sind die Einflussfaktoren, die das Leben im Quartier in der Zukunft entscheidend bestimmen (können). Dabei spielen der Zustand von Gebäuden, Wohnumfeld und Infrastruktur sowie soziodemografische Daten der Bewohnerinnen und Bewohner ebenso eine Rolle wie das Image, soziale Netzwerke und Initiativen.
2. Die Begrenzung des Szenarioworkshops auf ca. vier Stunden ist sinnvoll, um die Teilnehmenden zeitlich nicht zu überfordern. Während des Szenarioworkshops sind zunächst die Quartiersuntersuchungen zu diskutieren und die zugrunde liegenden Einflussfaktoren zu ergänzen. Kern der Durchführung ist die Bewertung der Einflussfaktoren nach Relevanz und Unsicherheit

sowie die Erstellung der Szenarien auf der Grundlage der entstandenen Szenariotreiber. Diese werden anschließend im Plenum diskutiert.

3. Einige Wochen nach Ablauf des Szenarioworkshops werden die Szenarien und die darauf beruhenden Maßnahmenvorschläge auf einer gesonderten Veranstaltung im Quartier präsentiert und diskutiert. Das weitere Vorgehen im Quartier sollte dann bereits angekündigt werden.

Übersicht 1: Arbeitsschritte zur Entwicklung von Szenarien

Phase	Ziele	Instrumente und Methode	Akteure
Vorbereitung	Ansatzpunkte für Szenarien identifizieren	Bestandsaufnahme Stärken-Schwächen-Analyse	Stadtverwaltung Externer Planer
Szenarioworkshop	Szenarien entwickeln	Kleingruppenarbeit	externe Kommunikation Akteure des Quartiers
Nachbereitung	Szenarien dokumentieren und kommunizieren	Präsentation	Stadtverwaltung

Quelle: REFINA-Projekt „Nachfrageorientiertes Nutzungs-zyklusmanagement"

Fallbeispiele Kiel-Suchsdorf und Göttingen-Leineberg

An den beiden Workshops in den ausgewählten Modellquartieren nahmen Vertreterinnen und Vertreter aus Politik, Stadtverwaltung, Wohnungsbaugesellschaften, sozialen und kirchlichen Einrichtungen, Einzeleigentümer sowie Bewohnerinnen und Bewohnern teil. Kern der Szenarioarbeit war die Frage: „Wie werden die Menschen im Quartier im Jahr 2020 wohnen und leben?" Damit wurden der Fokus auf die Wohnsituation gerichtet und gleichzeitig das Wohnumfeld mit einbezogen.
Aus den vielfältigen Einflussfaktoren kristallisierten sich in beiden Quartieren insbesondere der Einzelhandel und die Netzwerke als zugleich relativ wichtige und relativ unsichere Faktoren heraus. Diese wurden in ihren jeweils unterschiedlichen extremen Ausprägungen zu Szenarientreibern (vgl. Übersicht 2). Aus den unterschiedlichen Kombinationen der Ausprägungen der Einflussfaktoren wurden jeweils vier Szenarien entwickelt.

Szenario-Treiber	Ausprägung A	Ausprägung B
Entwicklung des Einzelhandels	Keinerlei Nahversorgung mehr im Quartier	Gute Nachversorgung im Quartier (Stichwort „Edeka")
Soziale Einrichtungen – u.a. der Gemeinde sowie Initiativen und Netzwerke im Stadtteil	Weitere Kürzung von Mitteln (Stichwort „Stellenplanung")	Intensive Vernetzung unterstützt durch eine aktive Gemeinde

Übersicht 2: Szenariotreiber und ihre Ausbildungen
Quelle: REFINA-Projekt „Nachfrageorientiertes Nutzungszyklusmanagement"

In den Szenarien gab es positiv und eher negativ konnotierte Ergebnisse sowie interessante Entwicklungen, die zum Ausgangspunkt weiterführender Debatten wurden. Darüber hinaus wurden Handlungsbedarfe zur Verbesserung der Wohnzufriedenheit und Lebensqualität in den Quartieren benannt und mit beispielhaften Maßnahmen untersetzt. Ein prägnanter Titel betont den Inhalt der Szenarien.

Beispielszenario in Stichworten: Göttingen: „Leineberg ErLeben“

Der Leineberg hat mit dem „Leineberg Markt“ eine neue Quartiersmitte erhalten, die einen beliebten Treffpunkt darstellt. Ein weiterer Treffpunkt befindet sich in dem Nachbarschaftszentrum der ehemaligen Thomaskirche, das von vielen Akteuren des Stadtteils getragen wird. Junge Familien sind aufgrund der guten Schule gerne in die modernisierten Wohnungen gezogen und beteiligen sich aktiv am Stadtteilleben.

Beispielszenario in Stichworten: Kiel-Suchsdorf: „Unser Dorf e.V.“

Der Niedergang des Einzelhandels am Rungholtplatz führte dazu, dass engagierte ältere Bewohner/innen mit dem Ortsbeirat einen neuen Verein gründeten, der Aufgaben im Stadtteil (private Fahrdienste, Pflege von Freiflächen) übernimmt. Die größte Wohnungseigentümerin im Stadtteil sowie die Stadt Kiel unterstützen diesen Verein finanziell und organisatorisch.

A
B
C
C 1
C 2
D
D 1
D 2
E
E 1
E 2
E 3
E 4
E 5
E 6

Literatur

Bizer, Kilian, Christoph Ewen, Jörg Knieling, Immanuel Stiess (Hrsg.) (2009): Zukunftsvorsorge in Stadtquartieren – Der NZM-Werkzeugkoffer, Detmold.

Deutsches Institut für Urbanistik (Difu) (Hrsg.) (Projektleitung: Albrecht Göschel, verantwortliche Autorinnen: Stephanie Bock und Bettina Reimann) (2006): Zukunft von Stadt und Region. Chancen lokaler Demokratie – Beiträge zum Forschungsverbund „Stadt 2030“, Berlin.

Ginzel, Beate, und *Silke Weidner* (2006): Steuerung der Quartiersentwicklung – Szenarien als Entscheidungshilfe, in: PLANERIN, H. 6, Berlin.

HafenCity Universität Hamburg (HCU) (Hrsg.) (2009): Wohnquartier Kiel-Suchsdorf – Fallstudie, Hamburg.

HafenCity Universität Hamburg (HCU) (Hrsg.) (2009): Wohnquartier Göttingen-Leineberg – Fallstudie, Hamburg.

Kämper, Anja, und *Jeanette Wagner* (1992): Szenarien in der Projektarbeit – Methodik und Erfahrungen, Dortmund.

C 1.3 Prozesse managen

Angela Uttke

Nachhaltige Flächenentwicklung zu managen bedeutet, komplexe Prozesse zu initiieren, zu gestalten und zu lenken, zu evaluieren und zu verbessern. Dabei geht es nicht allein um eine detailgenaue Planung und Umsetzung eines „Managementplanes" unter Einsatz und Kombination der verschiedenen Instrumente für den Umgang mit Brachflächen. Vor allem geht es darum, die notwendigen kommunikativen Prozesse gezielt und flexibel einzusetzen. Ziel muss es sein, eine interne und auch externe Kommunikation zwischen den Prozessbeteiligten – der Stadt, den Flächeneigentümern, Investoren und zunehmend auch Akteuren auf regionaler/überregionaler Ebene sowie Bürgerinnen und Bürgern – herzustellen, um Entwicklungspotenziale von Brachflächen und untergenutzten Flächen und Gebäuden auszuloten. Dabei wird es in Städten und Regionen mit geringer Flächennachfrage verstärkt darum gehen, sich über (kosten)optimierte und alternative Konzepte der Nach- und Zwischennutzung zu verständigen.

Einführung eines Flächenmanagementsystems

Die Einführung eines nachhaltigen Flächenmanagementsystems bedeutet für die Ablauf- und Aufbauorganisation in der Verwaltung weniger Hierarchie, mehr Teamarbeit, offene Strukturen und Kommunikation mit allen Beteiligten und Betroffenen sowie ausgeprägte Zielorientierung mit entsprechenden Auswirkungen auf die Arbeitsweise.

Nachhaltiges Flächenmanagement braucht – wie andere kommunale Managementansätze auch – in der Regel vier Arbeitseinheiten, um ein zielführendes und erfolgreiches Arbeiten zu gewährleisten:

- eine Projekt-Steuerungsgruppe, der Ratsmitglieder, Ausschussmitglieder, Vertreter der (Immobilien-)Wirtschaft, Bürgervertreter, Verwaltungsmitarbeiter angehören. Dieses Gremium begleitet das Projekt. Es erarbeitet wesentliche Grundlagen zu quantitativen und qualitativen Zielen des Orientierungsrahmens, wird in regelmäßigen Abständen informiert, gibt Empfehlungen und kritische Kommentare und erörtert die Vorgehensweise und Ergebnisse des Projektes;
- ein verwaltungsinternes Kernteam, das Entscheidungsprozesse vorbereitet und Vorlagen für die Arbeit im Projektbeirat und den parlamentarischen Gremien erstellt. Das Team besteht aus den Mitarbeiter/innen der Verwaltung, die inhaltlich am Projekt beteiligt sind. Die Mitglieder sind verantwortlich für die Ergebnisse der Projektarbeit;
- der Rat und seine Ausschüsse, die den Prozess politisch gestalten, steuern und für einen fairen Interessenausgleich sorgen und letztendliche Entscheidungskompetenz haben;
- eine zentrale Rolle hat der Projektkoordinator. Er ist der Motor im Projekt, Bindeglied zwischen den vorgenannten Arbeitseinheiten und Ansprechpartner für Betroffene. Für jede der genannten Institutionen sind im Vorhinein die personellen Besetzungen festzulegen sowie Zuständigkeiten, Kompetenzen und Verantwortungen zu regeln.

Managementansätze für zwei Handlungsfelder

In den REFINA-Projekten wurden Managementansätze entwickelt, die sich vor allem mit zwei Handlungsfeldern beschäftigen. Zum einen wurden Ansätze für den Umgang mit eben jenen problematischen oder nicht marktgängigen Brach-

A
B
C
C 1
C 2
D
D 1
D 2
E
E 1
E 2
E 3
E 4
E 5
E 6

flächen entwickelt, deren Revitalisierung nur langfristig gelingen wird. Zum anderen wurde der strategische Fokus auf die Einbindung privater Akteure und Flächeneigentümer (vgl. Kap. **C 2.1**) sowie die Initiierung stadt-regionaler Dialoge zur Flächenrevitalisierung (vgl. Kap. **E 6**) gerichtet. Dabei ist der präventive Ansatz des Nutzungszyklusmanagements eine Besonderheit, weil hier Akteure vernetzt werden sollen, um Wohnquartiere kontinuierlich an eine sich verändernde Nachfrage anzupassen und damit die Neuinanspruchnahme von Flächen durch Neubaugebiete verhindern zu können (vgl. Kap. **C 1.3.3**).

Managementansätze für problematische oder nicht marktgängige Brachen

Vor dem Hintergrund der demografischen Entwicklung und einer zurückgehenden Nachfrage bleibt die Nachnutzung von Brachflächen in vielen Regionen Deutschland weiterhin schwierig. Hinzu kommen Nutzungskonflikte und der Standortwettbewerb mit der Grünen Wiese, aber auch hohe Aufbereitungskosten und geringe Bodenwerte, die eine Flächenrevitalisierung behindern. Durch den Strukturwandel und die anhaltende Schließung militärischer Liegenschaften fallen zudem weitere Flächen brach, sodass kurz- und mittelfristig Nachnutzungsstrategien immer weniger greifen. Kommunale und regionale Managementansätze (vgl. Kap **C. 1.3.1**, **C 1.3.2**) sind daher gefragt, die folgende Aspekte aufgreifen:

- langfristige Nutzungskonzepte,
- städtisch oder regional abgestimmte Priorisierungen von Flächenentwicklungen,
- Aspekte der Zwischennutzung,
- kosteneffizienten Pflege von problematischen oder nicht marktgängigen Brachen sowie
- Vernetzung relevanter Akteure.

Management von Brachflächen

Optimierte fachtechnische Verfahren (vgl. Kap. **C 1.3 C**) und alternative Pflegekonzepte jenseits der klassischen Flächensanierung sind insbesondere in Regionen mit fehlender Flächennachfrage ein Weg, bei dem durch gezielte und kosteneffiziente bau- und umwelttechnische Maßnahmen Flächen als „Reserve" für eine perspektivische Nachnutzung bei geringem Verwaltungs- und Pflegeaufwand hergerichtet werden können (vgl. Kap. **C. 1.3.1**).

Zum Management von problematischen oder nicht marktgängigen Flächen gehören auch Überlegungen zu perspektivischen Folge- und Zwischennutzungen. Dies ist vor allem bei großen Brachflächen von Bedeutung, zu denen auch viele Konversionsflächen gehören. Hier müssen in kooperativen Prozessen zwischen Kommune und Flächeneigentümer und weiteren Beteiligten (unter anderem das Bundesland, benachbarte Kommunen und Interessenvertretungen) Entwicklungs- und Nutzungsoptionen diskutiert und gemeinsam erarbeitet werden. Grundlage können dazu Flächentypisierungen und Priorisierungen für angestrebte Nutzungen unter Berücksichtigung ökonomischer und siedlungsstruktureller Potenziale sein (vgl. Kap. **C 1.3 A**).

Eine Herausforderung bleibt der Umgang mit Zwischennutzungen, die zwar auf der einen Seite einen wichtigen Beitrag zur kosteneffiziente Pflege und Bewirtschaftung einer Brachfläche leisten können. Auf der anderen Seite scheuen viele Akteure jedoch ihre Entwicklung, da Zwischennutzungen aufgrund der Verstetigungsgefahr Einschränkungen für eine nachhaltige Nachnutzung mit sich bringen können. Hinzu kommt, dass Zwischennutzungen beispielsweise auf Konversionsflächen eine Übergabe militärischer Liegenschaften von der Bundeswehr an die BImA (Bundesanstalt für Immobilienaufgaben) erschweren können und auch der planungsrechtliche Status von Zwischennutzungen auf Militärflächen vor Abschluss der Bauleitplanung nicht eindeutig geklärt ist[1].

Managementansätze zur Einbindung und Vernetzung von Akteuren

Vielfältige Akteursinteressen, interkommunaler Wettbewerb und schwierige Eigentumsverhältnisse erschweren sowohl die innerstädtische Flächenrevitalisierung als auch regional abgestimmte Planungen zur nachhaltigen Flächenentwicklung. Managementansätze aus REFINA verfolgen das Ziel, das Handeln der öffentlichen Verwaltung und der Flächeneigentümer enger zu verzahnen sowie interne und externe Kommunikationsstrukturen auf städtischer (vgl. Kap. **C 1.3.2** und **C 1.3 E**) und regionaler Ebene (vgl. Kap. **C 1.3 D**) aufzubauen. Es geht darum, den Informationsfluss und die Kommunikation zwischen Akteuren sicherzustellen, Interessen transparent zu machen und Möglichkeiten der Integration auszuloten. Durch frühzeitige und informelle Abstimmungen zum Umgang mit einer oder mehreren Flächen sollen Verwaltungsprozesse vereinfacht und beschleunigt werden.

Einbindung privater Akteure

Im Rahmen der Entwicklung von kleinen und mittleren Innenbereichsflächen (unter fünf ha) hat sich die Einrichtung eines Gebietsbezogenen Projektmanagements auf Seiten der Kommune bewährt. Der hier tätige Projektmanager übernimmt die Funktion eines kommunalen „Kümmerers" und empfiehlt einzelfallbezogen, wie die Kommune in Flächenrevitalisierungsprojekten agieren sollte, um die Vermarktungsfähigkeit von Brachflächen zu verbessern. Die Stimmungen und Meinungen von wichtigen lokalen Akteuren vor Ort kennend, identifiziert er geeignete Zeitfenster und entscheidet über den Einsatz verschiedener Verfahren, Methoden und Kommunikationsstrategien zur Flächenentwicklung.

Eine zentrale Rolle hinsichtlich der städtischen Akteursvernetzung und Projektentwicklung nimmt in den REFINA-Managementansätzen dieser „Kümmerer" ein (vgl. Kap. **C 1.3.2**, **C 1.3 C**). Er hat die Aufgaben:

- Akteure der Flächenentwicklung zusammenzubringen,
- Kommunikation sowohl verwaltungsintern als auch zwischen Verwaltung, Investoren und Flächeneigentümern zu initiieren und zu verstetigen sowie
- auf breit getragene Entscheidungen im Sinne einer nachhaltigen Flächenentwicklung hinzuwirken.

1 1. Expertenworkshop REFINA-KoM am 26.01.2010 in Kiel.

Proaktives und nachfrageorientiertes Managen in Stadtquartieren

In dem Kanon von Managementansätzen zur nachhaltigen Flächenentwicklung ist das proaktive Agieren bisher wenig thematisiert worden. Umso interessanter ist der Ansatz des Nutzungszyklusmanagements (vgl. Kap. **C 1.3.3**). Über Instrumente wie Monitoring, Wanderungsmotivbefragungen, Szenarien, Scoringmethoden, Neighbourhood Branding etc. sollen frühzeitig erneuerungsbedürftige Wohnquartiere identifiziert und nachfrageorientiert auch für neue Bewohner modernisiert werden, um Bautätigkeit im Umland zu reduzieren bzw. zu vermeiden. Dabei liegt der Fokus zumeist auf homogenen Wohnquartieren der 1950er- bis 1970er-Jahre.
Ohne Zweifel erfordert dieser Managementansatz auch ein Umdenken in den Stadtverwaltungen, da das Nutzungszyklusmanagement nicht auf Quartiere des Städtebauförderungsprogramms „Stadtteile mit besonderem Entwicklungsbedarf – Soziale Stadt" des Bundesministeriums für Verkehr, Bau und Stadtentwicklung (BMVBS) abzielt, sondern bisher kaum beachtete Bestandsquartiere in den Blick nimmt. Potenziale und Synergien einer nachfrageorientierten Quartiersentwicklung müssen hier von den wesentlichen Akteuren (Stadt, Wohnungsbaugesellschaften, Eigentümer, Bewohner) erkannt werden. In diesem Kommunikationsprozess können Kommunen eine Initiatorenrolle zunächst übernehmen.

Management von Altlastenflächen

Integrale Sanierungspläne gemäß § 13 Bundesbodenschutzgesetz stellen ein Instrument zur Förderung und Erleichterung des Flächenrecyclings auf kontaminierten Standorten dar, deren optimierter Einsatz Potenziale zur Verfahrenbeschleunigung eröffnet (vgl. Kap. **C 1.3 B**). Aber auch die Bündelung von Hilfestellungen und Empfehlungen zur Gestaltung des Prozesses bei der Nachnutzung von Altlastenablagerungen trägt zur Erleichterung der Verfahren bei (vgl. Kap. **C 1.3 C**).

C 1.3.1 Management von C-Flächen: Kostenoptimierte Sanierung und Bewirtschaftung von Reserveflächen

Uwe Ferber, Volker Schrenk, Volker Stahl

REFINA-Forschungsvorhaben: Kostenoptimierte Sanierung und Bewirtschaftung von Reservenflächen (KOSAR)

Projektleitung:	Dr.-Ing. Uwe Ferber, Volker Stahl, Projektgruppe Stadt + Entwicklung, Ferber, Graumann & Partner
Projektpartner:	GESA Gesellschaft zur Entwicklung und Sanierung von Altstandorten mbh: Diana Henning; VEGAS – Institut für Wasserbau, Universität Stuttgart: Jürgen Braun, Ph.D., Alexandra Denner; Reconsite – eine Unternehmung der TTI GmbH: Dr.-Ing. Volker Schrenk, Uwe Hiester; JENA-GEOS-Ingenieurbüro GmbH: Andreas Schaubs, Dr.-Ing. Gerold Hesse
Modellraum/Modellstädte:	Stadt Chemnitz (SN)
Projektwebsite:	www.refina-kosar.de

Das REFINA-Vorhaben „Kostenoptimierte Sanierung und Bewirtschaftung von Reserveflächen" (KOSAR) widmete sich der Optimierung von fachtechnischen Verfahren, um schwer vermarktbare Brachen in einen Reserveflächenpool zu überführen und dafür neue Finanzierungsansätze abzuleiten. In KOSAR wurde eine Arbeitshilfe für die integrative und optimierte Aufbereitung von Reserveflächen, ihre Pflege und Zwischennutzung erstellt.

Definitionen und Anforderungen

Eine *Reservefläche* ist eine baulich vorgenutzte Fläche, die derzeit nicht marktfähig und minder- bzw. ungenutzt ist, aber durch gezielte bau- und umwelttechnische Maßnahmen unter Intervention der öffentlichen Hand hergerichtet und unter minimierten Inanspruchnahme- und Investitionsrisiken für eine perspektivische Nachnutzung vorgehalten wird. Dazu müssen ordnungs-, umwelt- oder zivilrechtliche Verpflichtungen und städtebauliche Anforderungen erfüllt werden. Reserveflächen dürfen bei der Grundstücksaufbereitung und der Bewirtschaftung wenig Kosten verursachen, da deren Refinanzierung oft nicht geklärt ist. Der Verwaltungs- und Pflegeaufwand ist für Eigentümer und Bewirtschafter gering zu halten.
Die *bau- und umwelttechnischen Maßnahmen* umfassen Verfahren des Gebäuderückbaus und der Bodensanierung zur Gefahrenabwehr. Bei der Herrichtung von Brachflächen zu Reserveflächen muss dabei auf Maximalstandards

verzichtet werden. Sie müssen so aufbereitet werden, dass sie einer geringen Pflege bedürfen und für potenzielle Nutzer leichter verfügbar sind. Sie sollten über einen Zeitraum von mindestens zehn Jahren vorgehalten werden. Dies ermöglicht *Zwischennutzungen,* die sowieso anfallende Pflegemaßnahmen verringern helfen und den Zeitraum bis zu einer tragfähigen Folgenutzung überbrücken (KOSAR 2009a). Damit unterscheidet sich die Herrichtung einer Reservefläche von der klassischen Flächensanierung.

Abbildung 1:
Potenzielle Reservefläche, Radebeul

Foto: Alexandra Denner, 2009.

Abbildung 2:
Reservefläche, Chemnitz

Foto: Uwe Ferber, 2009.

Bestandteile eines Managements von Reserveflächen

Bewertung der Portfolio-Flächen

Reserveflächen vorrangig aus Brachflächen herrichten

Ein Management von Reserveflächen setzt vorangehende Analysen voraus. Je Standort müssen rechtliche Verpflichtungen, Inanspruchnahmerisiken und Investitionsrisiken für eine mögliche Folgenutzung und ggf. auch für eine Zwischennutzung ermittelt sowie die perspektivische Marktfähigkeit bestimmt werden. KOSAR liefert dazu – aufbauend auf dem ABC-Modell (Ferber 1997) – Checklisten. Reserveflächen sollen vorrangig aus Brachflächen hergerichtet werden, für die wegen hoher Aufbereitungskosten und geringer Bodenwerte eine eigendynamische Wiedernutzung nicht zu erwarten ist (sogenannte „C-Flächen"). Wie wichtig die strategische Bewertung ist, zeigt sich am Flächenportfolio der Gesellschaft für die Entwicklung und Sanierung von Altlasten mbH (GESA). Die enthaltenen Altindustriestandorte weisen oft Altlasten und Altablagerungen und damit hohe Investitionsrisiken auf. Gebäuderückbau und Bodensanierung würden Kosten erzeugen, die den Verkehrswert der Objekte übersteigen. Dennoch beabsichtigt die GESA, diese Standorte durch Aufwertung und Vermarktung wieder in den Flächenkreislauf zu bringen. Allein die aktuellen Kosten für deren Pflege und Sicherung sprechen dafür. Gelingt dies nicht, sollen diese Flächen kostengünstig verwaltet, ihre Abwertung verhindert und ihre Marktfähigkeit langfristig verbessert werden. Die Bewertung des GESA-Portfolios belegt, dass optimierte Aufbereitungsverfahren die Gesamtkosten mindern und die Mobilisierung von „C-Flächen" fördern können. So ließen sich zwei Drittel der GESA-Flächen in Sachsen mit geringem Mitteleinsatz aufbereiten und innerhalb eines C-Flächen-Managements auch alternative Pflegekonzepte etablieren.

Planung und Vorbereitung der Flächenaufbereitung und -bewirtschaftung

Strategische Nutzungsüberlegungen anstellen

Zum Management von C- bzw. Reserveflächen gehören strategische Nutzungsüberlegungen zum Portfolio und städtebauliche Konzepte bei der Standortentwicklung, um die jeweiligen genehmigungsrechtliche Anforderungen zu klären und die perspektivische Folgenutzung in den städtebaulichen Kontext einzupassen. Dies ist gerade bei großen Brachflächen, Konversions- und Bahnflächen wichtig. Auf das formelle und vor allem informelle Instrumentarium des allgemeinen und des besonderen Städtebaurechts kann zurückgegriffen werden.
Mit einer informellen Vorplanung entscheiden Eigentümer bzw. Projektträger gemeinsam mit der Kommune, in welcher Form eine Fläche mittelfristig für Nachfragen ausgerichtet wird – und damit über die Intensität der Aufbereitung zu einer Reservefläche. Eine verbindliche Bauleitplanung bzw. Genehmigungsplanung ist bei Reserveflächen und unter dem Anspruch minimierter Kosten nicht notwendig, es sein denn, die informelle Vorplanung, bestimmte Nutzungen oder Wegeverbindungen sollen – bspw. mit einem Bebauungsplan – rechtsverbindlich gesichert werden. Mit der Aufbereitung von C-Flächen sind i.d.R. fachtechnische Planungen notwendig, die die Grundstücksaufbereitung, die Altlastensanierung und den Gebäudeabriss regeln. Gesetzlich vorgeschrieben sind Abbruch- und Entsorgungskonzepte, wenn Gebäude abgerissen und Boden ausgetauscht wird, sowie ein Sanierungsplan, wenn Altlasten beseitigt werden müssen. Gegebenenfalls erfordert eine Bewirtschaftung bzw. Zwischennutzung der Reservefläche spezifische Pflegekonzepte. Generell sollten Abbruch- und Entsorgungskonzepte sowie Strategien zur Zwischennutzung bereits während der Planungsphase erstellt werden, um die Standards der Grundstücksaufbereitung zu optimieren.

Kosteneffizienz bei Abbruch- und Sanierungsverfahren

Nicht selten hemmt die vorhandene, weil marode Bausubstanz eine Neuinvestition, aber auch die Schaffung einer Reservefläche. Ein vorgezogener Gebäuderückbau ist dann erforderlich, außer es besteht ein gesetzlicher Bestands- oder Denkmalschutz. Die Entscheidung über Teilabbruch oder vollständigen Abbruch mit Tiefenenttrümmerung sollte ausgehend von den Überlegungen zu möglichen Folge- und Zwischennutzungen getroffen werden. Die Auswahl des geeigneten Abbruch- und Entsorgungsverfahrens ist zur Kostenminimierung entscheidend. So ermöglichen teilselektive und selektive Abbruchmethoden sortenreine Abfallchargen sowie getrennte Verwertungen. Eine Verbindung von Rückbau- und Entsorgungskonzept kann kostenoptimierend sein, da sich aus der stofflichen und konstruktiven Gebäudestruktur Verwertungsmöglichkeiten ergeben und umgekehrt der Entsorgungsweg auch die Abbruchverfahren beeinflusst (ITVA 1997). Da Kosten vor allem durch den Abtransport und die externe Aufbereitung des Bauschuttes verursacht werden, sind die technischen und rechtlichen Möglichkeiten der Vor-Ort-Verwertung auszuschöpfen. Die Sanierung des Bodens soll bei Reserveflächen aus Kostengründen nur zur Gefahrenabwehr erfolgen. Dafür geeignete Sanierungs- und Sicherungsmaßnahmen (SSM) sollten technisch und ökonomisch effizient die Schadstoffausbreitung verhindern oder eine Belastungssituation bis zur Wiedernutzung abmildern (Teil-Sanierung). Im Gegensatz zur Revitalisierung von Brachflächen bieten Reserveflächen mittlere bis lange Zeiträume für eine SSM. Dadurch lassen sich die sonst durch schnelle Sanierung oft höheren Kosten minimieren. Die formellen Vorgaben (Sanierungsuntersuchung, Sanierungsplan etc.) sind einzuhalten und Fachleute für die Begutachtung, Planung, Umsetzung und Überwachung einer SSM hinzuzuziehen. KOSAR bietet eine Übersicht geeigneter Verfahren zur Bodensanierung und -sicherung, differenziert nach verschiedenen Rahmenbedingungen.

Kosteneffiziente Pflege und Bewirtschaftung durch Zwischennutzung

Ein wichtiger Kostenfaktor bei einer Reservefläche ist deren Pflege, die wirtschaftlich tragbar sein sollte. Eine Zwischennutzung kann dazu beitragen, da ggf. Pflegekosten gemindert oder gedeckelt werden können. Vor der Zwischennutzung können mit einem Pflegekonzept Akteure und Maßnahmen für die Vorbereitung, Risikovorsorge, Bewirtschaftung und Koordination sowie für finanzielle und rechtliche Aspekte bestimmt werden. Idealerweise wird dieses Konzept bereits in die Planungen der Grundstücksaufbereitung eingebunden, um bereits zu diesem Zeitpunkt nachhaltige Entscheidungen über den Umfang von Gebäuderückbau, Gefahrenabwehr oder Boden- und Grundwassersanierung treffen zu können und Verfahren zu optimieren.

Lässt sich eine Reserveflächen nicht sofort zwischennutzen, sind weitere Anpassungsmaßnahmen zu erwägen. Anhand der spezifischen Eigenschaften des Standortes kann ermittelt werden, inwieweit sich eine Zwischennutzung mit bei Teilsanierung verbliebenen Kontaminationen verträgt oder ob das Inanspruchnahmerisiko weiter zu senken ist. Anpassungsmaßnahmen – wie die Bodenverbesserung durch Mutterboden oder Phytoremediation – verursachen weitere Kosten. So sollte über eine Zwischennutzung, wie über eine Grünfläche, nicht nur nach gestalterischen, sondern auch nach wirtschaftlichen Kriterien entschieden werden.

Pflege- und Zwischennutzung koordinieren

Pflege bzw. Zwischennutzung wollen koordiniert werden. Oft sind eine weitere Risikovorsorge notwendig und Verkehrssicherungspflichten und ordnungsrechtliche Auflagen zu erfüllen. So sind ggf. Flächen abzuzäunen, zu beaufsichtigen oder öffentlich zugängliche Bereiche und Wege zu reinigen. Die Pflege und Zwischennutzung, wie ein Biomasseanbau, können an einen erfahrenen Bewirtschafter abgeben werden. Auch durch bürgerschaftliches Engagement sind Kosteneinsparungen möglich. Oft sind benachbarte Anwohner an einer Nutzung als Garten oder Spielfläche interessiert und bereit, sich ehrenamtlich einzubringen. Eine Koordinierung und zusätzliche Finanzmittel sind zur Kostendeckung notwendig.

Wird die Reservefläche zwischengenutzt, sind bestimmte rechtliche Aspekte zu beachten. So sollte eine Zwischennutzung eine dauerhafte Nachnutzung kurzfristig ermöglichen und ordnungsgemäß beendet werden können. Die Belastungen für den betroffenen Nutzer sind so gering wie möglich zu halten. Sind Bewirtschafter und Eigentümer verschiedene Personen, sollten Verträge Kündigungs- und Räumungsverpflichtungen sowie mögliche Entschädigungen bei einem vorzeitigen Ende der Zwischennutzung regeln. Entwickelt sich aus einer Zwischen- eine Dauernutzung, müssen ggf. nutzungsbezogene Genehmigungen und vertragliche Regelungen angepasst werden (z.B. Entwidmung der Fläche).

Anforderungen an Trägerschaft und Finanzierung

Der wirtschaftliche Erfolg einer Standortentwicklung und einer Portfolioverwaltung hängt von seiner Organisation und Koordination ab. Im Rahmen der Projektentwicklung betrifft dies vorbereitende Maßnahmen und Abstimmungen zu bestehenden Verpflichtungen, ggf. Maßnahmen der Risikovorsorge sowie die Erfüllung ordnungsrechtlicher Auflagen (siehe oben). Im Rahmen des Projektmanagements sind Finanzierungsstrategien zu Aufbereitung und Projektkalkulation und eine integrative Zeit- und Terminplanung zu erstellen, Leistungen auszuschreiben und zu überwachen sowie Fachgutachter einzubinden. Gegebenenfalls sind die Schaffung einer Koordinierungsstelle durch den Projektträger/-entwickler oder ein externer Fachmann sinnvoll.

Geregelte Trägerschaft ist essentiell

Eine geregelte Trägerschaft ist neben den Aufgaben des Portfoliomanagements auch für die Grundstücksaufbereitung und Bewirtschaftung essentiell. Die geeignete Form sollte bereits während der Planungsphase geklärt werden. Dazu gibt es gute Beispiele, wie das öffentlich-rechtliche Management kommunaler Liegenschaftsportfolios oder die privatrechtliche Kooperation. Generell sind die koordinierenden Akteure ausreichend zu legitimieren, um effizient und selbständig handeln zu können. Dies trifft gerade bei Bewirtschaftung eines Flächenportfolios durch eine externe Projektsteuerung zu. Vergleichbare Erfahrungen liegen – beispielsweise mit städtebaulichen Verträgen bei Großprojekten – vor.

Letztlich ist die Finanzierung von Standortentwicklung und Portfolioverwaltung wichtig, denn mit der Planung, Grundstücksaufbereitung und Bewirtschaftung entstehen – trotz Optimierung – Kosten. Neben bewährten Finanzierungsmodellen sind Alternativen, auch unter Beteiligung von öffentlicher Hand, Wirtschaft und Banken, notwendig. Die Finanzierung kann sowohl für die Grundstücksaufbereitung und Bewirtschaftung zusammen als auch getrennt erfolgen. Erfolgt sie zusammen, sind andere Finanzierungen als bei der klassischen Standortsanierung notwendig. Da Maßnahmen bei Reserveflächen oft vorfinanziert sind und die spätere Refinanzierung offen ist, bedarf es Drittmittel. Beim Stadtumbau stehen von EU, Bund und Ländern Finanzmittel (wie EFRE, URBAN, GA) sowie Darlehen, Kredite und Zuschüsse (von z.B. KfW, DtA) zur Verfügung. Für das Liegenschaftsmanagement fehlen aber entsprechende Angebote. Neben den Eigenmitteln des Flächeneigentümers sind auch Mittel aus Public-Private-Partnerships, Fonds und Beteiligungen und – bei bestimmten sozialen und kulturellen Zwischennutzungen – auch aus Sponsoring und Spenden zu generieren. Eine Finanzierungsalternative bieten Stiftungen. In eine Stiftung können Liegenschaften übertragen und mit den Zinserträgen aus dem Kapitalstock bewirtschaftet werden. Die Stiftung ist als Finanzierungsmodell für Reserveflächen noch zu definieren. Es scheint, dass fiduziarische (treuhänderische) Formen eher ungeeignet und rechtsfähige Modelle vorzuziehen sind. Gute Beispiele liefern die Stiftung Kleineberg, die Kompensationsflächen sichert, oder die Deutsche Stiftung Denkmalschutz, die Baumaßnahmen unterstützt (KOSAR 2009b).

Fazit

Ein Management von C-Flächen umfasst deren kostenoptimierte Aufbereitung als Reserveflächen sowie anschließende Pflege- und Vermarktungsmaßnahmen. KOSAR definiert dafür optimierte Verfahren und Standards. Für eine kostenoptimierte Aufbereitung sind C-Flächen zu bewerten, Maßnahmen zu planen und deren Umsetzung zu koordinieren und zu finanzieren. Mit der Aufbereitung werden akute Gefahren durch ruinöse Bausubstanz oder Altlasten beseitigt und die Vermarktungschancen der Fläche verbessert. Es entstehen Kosten, die gerade bei Reserveflächen niedrig gehalten werden müssen. Planer und Ingenieure müssen daher auf Maximalstandards verzichten. Auch eine wirtschaftliche Pflege ist wichtig. Da das funktionslose Liegenlassen vor allem innerorts nicht erstrebenswert ist, sollten Reserveflächen zwischengenutzt werden. Dies hilft, Pflegekosten zu senken, gar aufzuwiegen. Entsprechende Pflegekonzepte und flexible Verträge sind notwendig.
Planung, Aufbereitung und Pflege von Reserveflächen sowie deren Management innerhalb eines Flächenportfolios müssen oft vorfinanziert werden. Flächeneigentümer bzw. Projektträger brauchen komplementäre Mittel, da oft die Kostenoptimierung von Rückbau- und Sanierungsverfahren nicht ausreicht, Mobilisierungshemmnisse bei C-Flächen zu beseitigen. Dafür und für das Management bedarf es neuer Finanzierungsansätze, wie Flächenfonds und Stiftungen. Auch die öffentlichen Finanzierungshilfen müssen auf die Anforderungen von C-Flächen ausgerichtet werden und im Sinne des Flächenkreislaufes die Option „Reservefläche" stärken.

Literatur

BBR – Bundesamt für Bauwesen und Raumordnung (Hrsg.) (2008): Zwischennutzungen und Nischen im Städtebau als Beitrag für eine nachhaltige Stadtentwicklung, Bonn.

Ferber, Uwe (1997): Brachflächen-Revitalisierung. Internationale Erfahrungen, Dresden.

Ferber, Uwe, Volker Scherer, Bernd Siemer (2006): Flächenmanagement in Ober-, Mittel- und Unterzentren des Freistaates Sachsen, in: Flächenmanagement und Entwicklung von Wirtschaftsstandorten, IREGIA-Schriften, H. 2, Chemnitz.

ITVA (1997): Technische Vorschriften für Abbrucharbeiten (ITVA), Düsseldorf.

KOSAR (2009a): Leitfaden zur kostenoptimierten Sanierung und Bewirtschaftung von Reserveflächen, unveröff. Entwurf, Leipzig.

KOSAR (2009b): Stiftungsmodelle zur Bewirtschaftung von Reserveflächen, unveröff. Zwischenbericht, Leipzig.

Mellauner, Michael (1998): Temporäre Freiräume. Zwischennutzung und Mehrfachnutzung: Potentiale für die dichte Stadt, Dissertation an der Universität für Bodenkultur, Wien.

C 1.3.2 Gebietsbezogenes Projektmanagement bei der Entwicklung kleiner und mittlerer Flächen

Torsten Beck, Barbara Espenlaub, Regine Zinz

REFINA-Forschungsvorhaben: Kleinere und mittlere Unternehmen entwickeln kleine und mittlere Flächen (KMU entwickeln KMF)

Projektleitung und Verbundkoordination:	Universität Stuttgart, VEGAS – Institut für Wasserbau: Dr.-Ing. Volker Schrenk, Dr. Jürgen Braun
Projektpartner:	Hochschule Biberach: Prof. Dr.-Ing. Albrecht Heckele; HPC Kirchzarten – HPC HARRESS PICKEL CONSULT AG: Michael König; KOMMA.Plan: Kerstin Langer; beck-consult.de: Thorsten Beck; reconsite – TTI GmbH: Dr.-Ing. Uwe Hiester
Modellraum/Modellstädte:	Landeshauptstadt Stuttgart (BW), Amt für Stadtplanung und Stadterneuerung; Wissenschaftsstadt Darmstadt (HE), Stadtplanungsamt; Stadt Köln (NW), Amt für Stadtentwicklung und Statistik; Landeshauptstadt Hannover (NI), Fachbereich Planen und Stadtentwicklung; Stadt Osnabrück (NI), Amt für Städtebau
Projektwebsite:	www.kmu-kmf.de

Projektentwickler und Kommune fokussieren vielerorts auf die Entwicklung großer innerörtlicher Flächen. Dabei umfassen die innerstädtischen Flächenpotenziale der Landeshauptstadt Stuttgart (LHS) weit über 90 Prozent kleine und mittlere Flächen (KMF) bis fünf ha. Viele KMF sind geprägt durch schwierige Eigentumsverhältnisse, vorhandene Altlasten, Diskrepanzen zwischen bestehendem Baurecht und künftig sinnvollen Nutzungen, überzogene Ansprüche der Eigentümer. Eine potenzielle Ertüchtigung dieser Flächen erfordert daher in der Regel einen besonderen Betreuungsaufwand.

Im Verbundvorhaben KMUeKMF wurde ein Gebietsmanagementkonzept entwickelt und angewendet, um den Informationsfluss bzw. die Kommunikation stadtintern und zwischen Investor, Eigentümer und Stadt zu verbessern und somit die Erfolgsaussichten für die Revitalisierung von KMF zu erhöhen. Die Stadt setzte erstmals einen Gebietsbezogenen Projektmanager als „kommunalen Kümmerer" an drei Modellstandorten ein, der die städtischen Interessen bündelt, gegenüber Eigentümern und Investoren vertritt und parallel externe Interessen in die Verwaltung trägt.

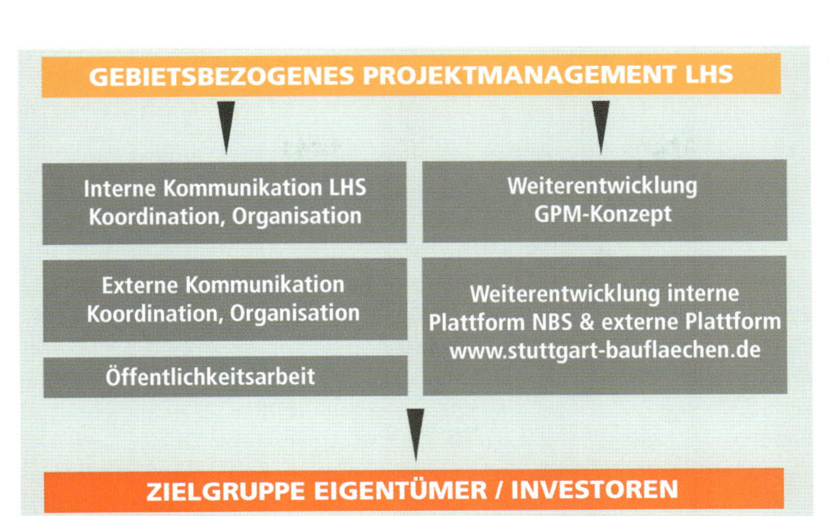

Abbildung 3: Aktivitäten des Gebietsbezogenen Projektmanagements

Quelle: Landeshauptstadt Stuttgart, Endfassung 2008.

Für die Praxis: „Baukasten Zukunftsfähiges Bauflächenmanagement"

Ein wesentliches Projektergebnis ist der „Baukasten Zukunftsfähiges Bauflächenmanagement", der das Gebietsbezogene Projektmanagement entscheidend unterstützt. Die praxisorientierte Toolbox enthält Module für ein nachhaltiges Bauflächenmanagement: von kommunaler Förderung über Kooperative Planungsverfahren, Marketing, Fiskalische Wirkungsanalysen bis hin zu einem EDV-Werkzeug für Gebäuderückbau sowie einem Strategie-Tool. Die Bausteine sind flexibel einsetzbar und wurden entsprechend der flächenbezogenen Problemlagen an den verschiedenen Standorten kombiniert und getestet. Der komplette Baukasten steht interessierten Kommunen und Projektentwicklern auch online zur Verfügung.

Abbildung 4: Baukasten Zukunftsfähiges Bauflächenmanagement

Quelle: Landeshauptstadt Stuttgart, Endfassung 2008.

Kooperative Planungsverfahren eröffnen Potenziale

Eine wichtige Rolle kam dem Kooperativen Planungsverfahren zu, das in einer frühen Planungsphase alle relevanten Akteure wie Eigentümer, Verwaltung, Politik und externe Fachleute einbindet und so die Aktivierung von KMF unterstützt. Anders als bei einem klassischen Wettbewerb können mit dem Kooperativen Planungsverfahren frühzeitig Möglichkeiten und Chancen, aber auch Hemmnisse und Risiken eines Standorts identifiziert werden. Das Kooperative Planungsverfahren soll verhindern, dass z.B. der Eigentümer oder Investor ein Nutzungskonzept entwickelt, welches den Interessen der Stadt oder dem Allgemeinwohl widerspricht.
Vom Grundsatz her können drei differenzierte Typen (fünf-, drei- und einstufige Verfahren; in Abhängigkeit von Intensität, Dauer und Kosten) zum Einsatz kommen. Gemeinsam ist allen, dass mehrere Teams in Konkurrenz zueinander arbeiten und ihre Ergebnisse in Zwischenpräsentationen vor einer Begleitgruppe rückkoppeln. Diese übernimmt dabei eine zentrale Rolle. Die Begleitgruppe (Vertreter aus Verwaltung, Politik, Eigentümer und externe Experten) und deren inhaltliches Feedback sollen die Teams dahingehend unterstützen, dass eine große Bandbreite an Möglichkeiten aufgezeigt wird. Hierbei ist es wichtig zu erwähnen, dass sich die Teams nicht ausschließlich mit dem Areal (im Sinne von Grundstücksgrenzen) beschäftigen, sondern sowohl in der Maßstabsebene der Umfeldeinbindung (um eine „Insellösung" zu vermeiden) als auch in einer beispielhaften Detailausarbeitung (um die Ergebnisse auf ihre Robustheit zu überprüfen) gefordert sind.

Abbildung 5:
Exemplarischer Ablauf eines dreistufigen Kooperativen Planungsverfahrens

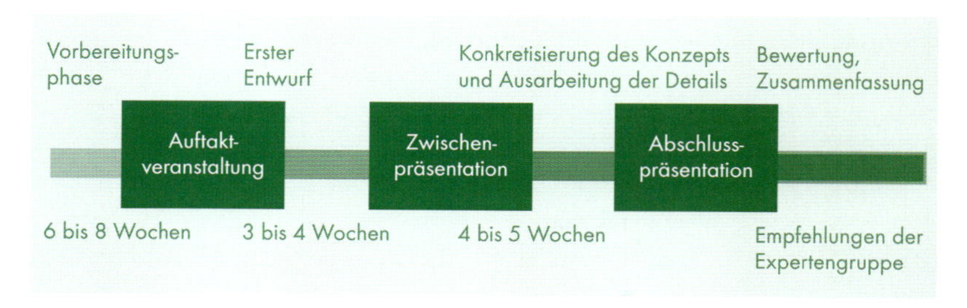

Quelle: Eigene Darstellung.

Hervorzuheben gilt es ebenfalls, dass bei der Aktivierung von Flächen nicht zwangsläufig ein städtebaulicher Entwurf als erster Schritt geeignet ist. Es sind sicherlich zahlreiche „Business-Park-Konzepte" oder „Nutzungskonzepte für ein hochwertiges städtisches Wohnen" bekannt, die aus verschiedensten Gründen nie zur Realisierung kamen. Deshalb sollten die Teams und die Begleitgruppe interdisziplinär besetzt sein, bspw. mit Architekten, Immobilienökonomen, Ingenieuren, Verkehrs-/Raumplanern und Soziologen, die je nach Fragestellung ihre Sicht der Dinge einbringen.

Kooperatives Planungsverfahren zum Ausgleich von Interessen

Bei den Kooperativen Planungsverfahren stehen nicht nur die Ergebnisse der Teams im Mittelpunkt, sondern es ergeben sich bei den Treffen Möglichkeiten des Austauschs zwischen unterschiedlichsten Akteuren. Es soll damit vermieden werden, dass ein Eigentümer resp. ein interessierter Projektentwickler ein Nutzungskonzept entwickelt, das den Interessen der Stadt und dem Allgemeinwohl widerspricht; andererseits kann erreicht werden, dass im Dialog möglicherweise verhärtete Positionen der Verwaltung erörtert werden und gemein-

A
B
C
C 1
C 2
D
D 1
D 2
E
E 1
E 2
E 3
E 4
E 5
E 6

sam ein Konsens gefunden wird. Zugleich werden so belastbare Grundlagen geschaffen, die im späteren Austausch mit den politischen Gremien und der (Fach-)Öffentlichkeit nützlich sind.

Gläserne Projektentwicklung stärkt Projektentwicklungsprozess

Zur Beobachtung und Auswertung dreier Stuttgarter Modellstandorte wurde zudem die Gläserne Projektentwicklung installiert. Ein externer und neutraler Betrachter, der nicht direkt in die Entwicklungsprozesse der einzelnen Flächen involviert war, führt die Analyse und Dokumentation der Projektentwicklung durch.
Zentraler Bestandteil der gläsernen Projektentwicklung ist das Projektlogbuch. In ihm wird die Projektentwicklung dokumentiert. Wichtige Ereignisse und die wesentlichen Aktionen der Beteiligten werden in Form von Besprechungsprotokollen, Schriftverkehr, Bauanträgen, Gutachten, Pressemeldungen etc. festgehalten.
Zentrale Fragen der Gläsernen Projektentwicklung sind:

- In welcher Phase (Initiierung, Konkretisierung oder Realisierung) befindet sich das Projekt?
- Handelt das beteiligte Unternehmen entsprechend seiner Kompetenzen und seines Know-how?
- Welche Motivation und Handlungsmöglichkeiten bringt das Unternehmen mit?
- Welche Entscheidungsbefugnis hat der Verhandlungsführer/der Ansprechpartner?
- Welche Beziehungsgeflechte bestehen zwischen den Akteuren?
- Besteht in der Stadtverwaltung und -politik Einigkeit bzgl. der Zielrichtung des Projektes?

Die Dokumentation wird durch eine nachlaufende Analyse ergänzt. Das Produkt ist somit „das Gelernte" in dokumentierter Form. Die Darstellung der Hemmnisse und Konflikte, aber auch der Motivationen, Chancen und Meilensteine erleichtert das Herausarbeiten der eigentlichen Knackpunkte. Das Ziel sind sowohl das Erkennen von Blockadesituationen als auch die Entwicklung von zielgerichteten Lösungsansätzen und das Aufzeigen von Handlungsoptionen.

Sachverhalte neutral darstellen

Durch die neutrale Darstellung eines Sachverhalts kann bei Blockadesituationen der Wiedereinstieg in eine neue konstruktive Kommunikation erreicht werden. Der „Beobachter" von außen kann bei Bedarf auch die Funktion eines Coaches übernehmen. Im Unterschied dazu ist das Gebietsbezogene Projektmanagement innerhalb der Stadtverwaltung angesiedelt und führt die tatsächliche Projektbetreuung und -begleitung sowohl verwaltungsintern als auch nach außen durch. Die Gläserne Projektentwicklung ist somit ein Instrument zur Evaluation der angewandten Strategien und Maßnahmen.
Die Gläserne Projektentwicklung stößt dort an ihre Grenzen, wo der vertrauliche Umgang mit Informationen fester Bestandteil der Strategie einzelner an der Flächenentwicklung beteiligter Akteure ist. Mögliche Interessenkonflikte zwischen den einzelnen Parteien, individuelle wirtschaftliche Interessen und der daraus resultierende unvermeidbare Poker um die Verteilung von Chance und

Risiko, Aufwand und Ertrag einer Projektentwicklung lassen zwangsläufig viele Prozesse im Dunkeln. Diese können erst im Nachhinein rekonstruiert werden.

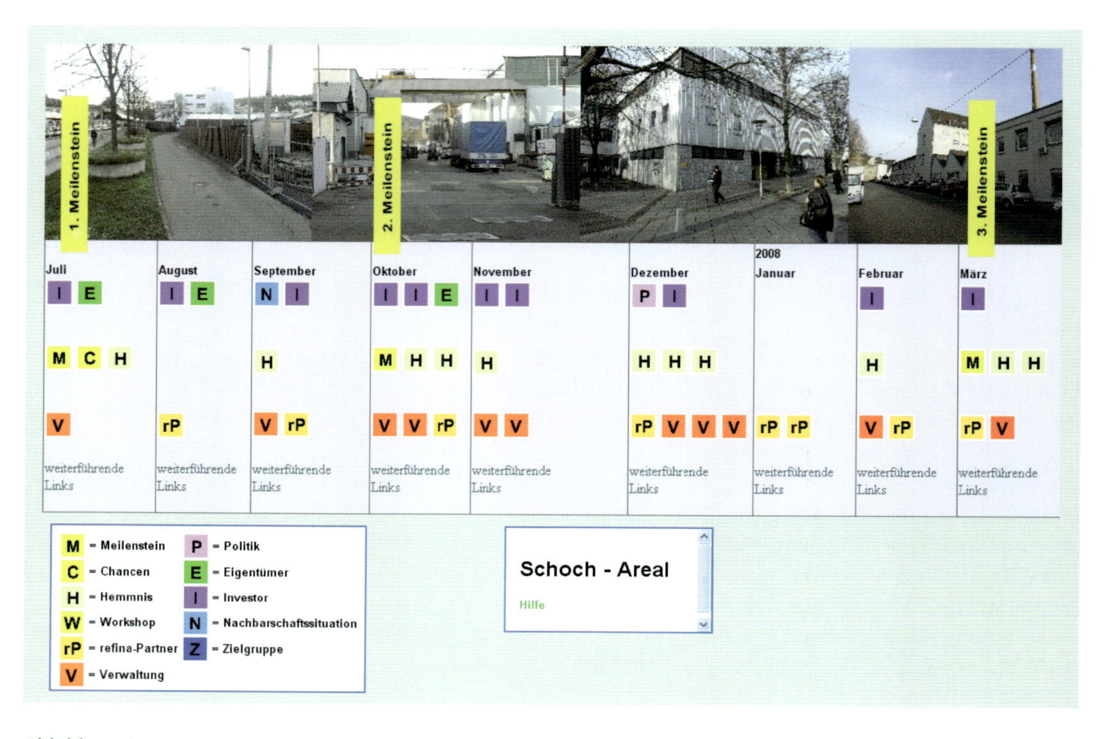

Abbildung 6:
Projektlogbuch

Quelle: HPC AG, Kirchzarten, 2009.

Fazit

Der Einsatz eines Gebietsbezogenen Projektmanagements (GPM) für kleine und mittlere Flächen hat sich bewährt und kann uneingeschränkt empfohlen werden. Durch die verbesserte Kommunikation der Akteure erhöhen sich die Erfolgsaussichten für die Revitalisierung von Flächen. Die initiative Tätigkeit eines Gebietsbezogenen Projektmanagements sichert den Einfluss der Stadt auf private Aktivitäten zu einem frühen Zeitpunkt oder ermöglicht den Anstoß gewünschter Entwicklungen.

In Stuttgart haben darüber hinaus die Kooperativen Planungsverfahren (KoPV) zu neuen Impulsen in der Stadtentwicklung und bei der Flächenaktivierung geführt. Durch die regelmäßigen Treffen bildete sich eine Basis des Vertrauens zwischen den beteiligten Akteuren, die bei der weiteren Entwicklung der beiden Modellstandorte vorteilhaft sein sollte. Unabhängig davon braucht es einen „Kümmerer", bspw. in Form des oben skizzierten Projektmanagers, der die Ergebnisse der Verfahren weitertransportiert und den begonnenen Dialog zwischen Verwaltung, Eigentümern, Investoren und der Öffentlichkeit pflegt.

Die Verortung des GPM in der Verwaltung sollte, abhängig von den zu betreuenden Flächen, flexibel gehandhabt werden, z.B. in den Bereichen Stadtplanung oder Kommunale Liegenschaften. Ein GPM für private Flächen muss zwingend von den politischen Entscheidungsträgern mitgetragen werden. Daher ist gezielte politische Unterstützung zu suchen.

Um qualifiziert arbeiten zu können, ist das GPM auf eine starke Unterstützung und eine Rückkoppelung durch obere Verwaltungsebenen angewiesen. Diese wiederum profitieren vom umfassenden inhaltlichen Input, den ein GPM, aufgrund der Zusammenführung aller Interessenlagen, bieten kann. Der Projektmanager ist auf das uneingeschränkte Vertrauen seiner Vorgesetzten angewiesen. Eine Weisungsbefugnis gegenüber Dritten ist nicht zielführend. Externe Dienstleister können ein GPM entscheidend unterstützen, die Bereitstellung von Etats wäre daher sinnvoll. Eine Finanzierung standortspezifischer Untersuchungen oder Kooperativer Planungsverfahren durch die Kommune ist an privaten Flächen bei nachgewiesenem Interesse aus Sicht der Kommune denkbar.

Literatur

Langer, Kerstin, und *Regine Zinz* (2009): Gebietsbezogenes Projektmanagement als Kommunikations- und Koordinationsstrategie zur Reaktivierung von schwierigen Flächenpotenzialen, in: Stephanie Bock, Ajo Hinzen, Jens Libbe: Nachhaltiges Flächenmanagement – in der Praxis erfolgreich kommunizieren. Ansätze und Beispiele aus dem Förderschwerpunkt REFINA, Beiträge aus der REFINA-Forschung, Reihe REFINA Bd. IV, Berlin, S. 87–98.

VEGAS (Universität Stuttgart) und *Landeshauptstadt Stuttgart* (Hrsg.) (2009): Revitalisierung von kleinen und mittleren Brachflächen – Kleine und mittlere Unternehmen entwickeln kleine und mittlere Flächen: Abschlussdokumentation REFINA-Vorhaben KMUeKMF, Stuttgart.

C 1.3 A: Konversionsflächenmanagement zur nachhaltigen Wiedernutzung freigegebener militärischer Liegenschaften

REFINA-Forschungsvorhaben: Konversionsflächenmanagement zur nachhaltigen Wiedernutzung freigegebener militärischer Liegenschaften (REFINA-KoM)

Projektleitung:	Universität der Bundeswehr München, Institut für Verkehrswesen und Raumplanung: Prof. Dr.-Ing. Christian Jacoby
Projektpartner:	Ludwig-Maximilians-Universität München, Institut für Wirtschaftsgeographie: Prof. Dr. Hubert Job; Eidg. Forschungsanstalt für Wald, Schnee und Landschaft, Abt. Ökonomie: Dr. Marco Pütz; Gesellschaft für Entwicklung, Beschaffung und Betrieb mbh (g.e.b.b.): Axel Kunze; Albert Speer & Partner: Friedbert Greif; Zerna Ingenieure GmbH: Dr.-Ing. Thomas Höcker; FIRU GmbH: Heiko Schultz
Modellraum/Modellstädte:	Landratsamt Ravensburg (BW)
Projektwebsite:	www.unibw.de/ivr/raumplanung/forschung/refina-kom

Das Konversionsflächenmanagement steuert und koordiniert kooperativ die zivile Wiedernutzung einer oder mehrerer Liegenschaften, die aus der militärischen Nutzung fallen. Vor dem Hintergrund weiterer Flächenpotenziale in einer Gemeinde bzw. Region fördert das Konversionsflächenmanagement die Entwicklung bedarfsgerechter nachhaltiger Nutzungskonzepte und deren qualitätsvolle Umsetzung, ebenso wie es für eine transparente Prozessgestaltung sorgt und die vielfältigen Interessen der Akteure klärt und integriert.

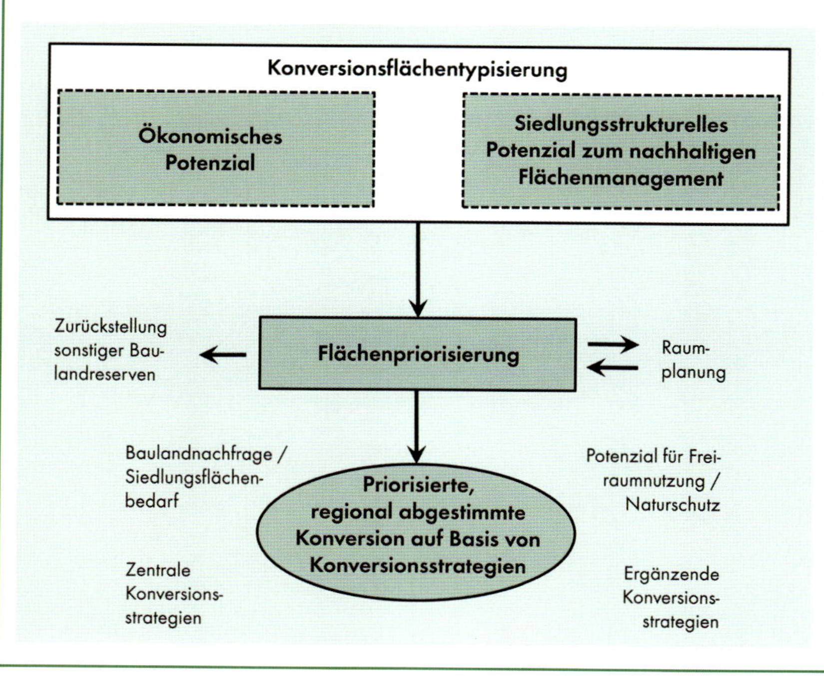

Abbildung 7: Konversionsflächentypisierung und Flächenpriorisierung als Grundlage für Konversionsstrategien

Quelle: REFINA-KoM, 2010.

Unter Berücksichtigung der verschiedenen Standortqualitäten der freigegebenen militärischen Liegenschaften und hinsichtlich der in vielen Regionen schwierigen Immobilienmärkte muss im Rahmen eines kooperativen Konversionsflächenmanagements das gesamte Spektrum möglicher ziviler Anschlussnutzungen in die Überlegungen einbezogen und zwischen den Akteuren abgestimmt werden. Einzelne Liegenschaften sind im Hinblick auf eine bauliche Entwicklung gegenüber anderen zu priorisieren und bevorzugt zu entwickeln, andere sind für mögliche Freiraumnutzungen in Wert zu setzen oder aber rückzubauen und zu renaturieren.
Ein Baustein des Konversionsflächenmanagements ist die Bildung von übergreifenden Konversionsflächentypen (vgl. Abb. 7), die das ökonomische Potenzial der Konversionsflächen einbeziehen sowie ihre siedlungsstrukturellen Chancen und Risiken für ein nachhaltiges Flächenmanagement berücksichtigen. In Abhängigkeit von der speziellen Situation lassen sich aus der Klassifizierung verschiedene Optionen für grundlegende und ergänzende Handlungsstrategien ableiten, die wiederum Voraussetzung für die aufeinander abgestimmte Auswahl geeigneter Planungs- und Entwicklungsinstrumente sind.

Klaus Beutler

C 1.3 B: Integrale Sanierungspläne

REFINA-Forschungsvorhaben: Integrale Sanierungspläne im Flächenrecycling – Erarbeitung einer Handlungshilfe für Behörden zum Umgang mit einfachen und integralen Sanierungsplänen als Instrument zur Förderung und Erleichterung des Flächenrecyclings auf kontaminierten Standorten (Integrale Sanierungspläne)

Projektleitung: HPC Kirchzarten – HPC HARRESS PICKEL Consult AG: Michael König
Projektpartner: Umweltbundesamt: Detlef Grimski
Modellraum/Modellstädte: Landratsamt Ravensburg (BW)

Der Integrale Sanierungsplan zielt auf eine Optimierung des bestehenden Instruments Sanierungsplan gemäß § 13 Bundesbodenschutzgesetz, der vor allem dann zum Einsatz kommt, wenn bei der Revitalisierung von Brachflächen auch Altlasten zu berücksichtigen sind. Großräumige integrale Sanierungspläne bauen auf herkömmlichen Sanierungsplänen auf und sollen als Beschleunigungsinstrument fungieren, indem rechtliche, technische und organisatorische Erfordernisse bei Flächenrecyclingmaßnahmen gebündelt und besser koordiniert werden. Er enthält die textliche und zeichnerische Darstellung der durchzuführenden Sanierungsmaßnahmen und den Nachweis ihrer Eignung. Der Sanierungsplan kann von der zuständigen Behörde als verbindlich erklärt werden, was beim Pflichtigen und ggf. beim beteiligten Investor/Projektentwickler deutlich zur Schaffung von Rechts- und Planungssicherheit beiträgt. Die mit der Flächenentwicklung verbundenen Risiken werden kalkulierbar und ein wesentliches Investitionshemmnis wird beseitigt.

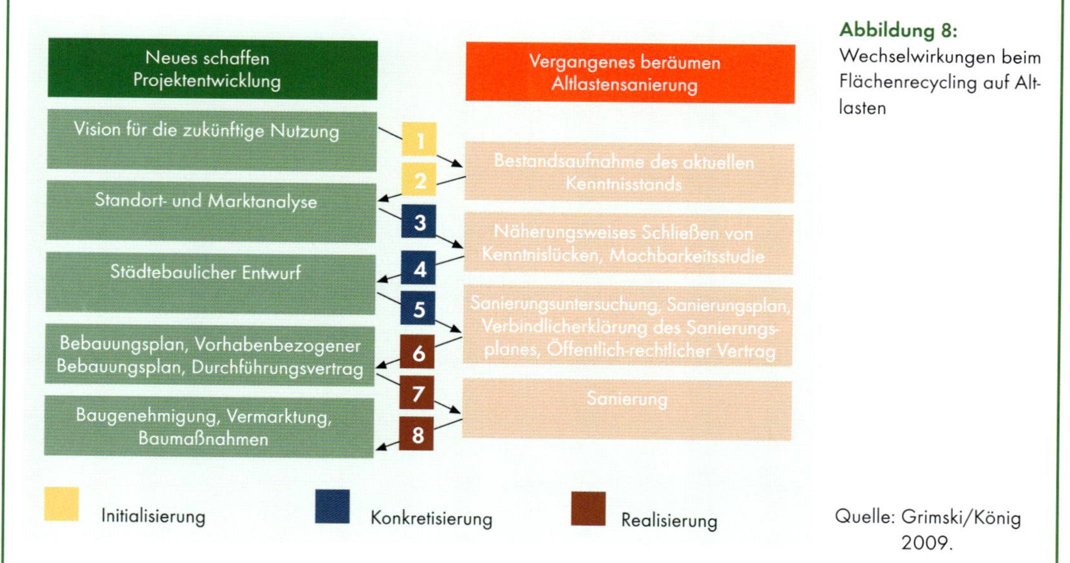

Abbildung 8: Wechselwirkungen beim Flächenrecycling auf Altlasten

Quelle: Grimski/König 2009.

Das Instrument Sanierungsplan lässt sich gut auf die Anforderungen der Bauleitplanung abstimmen und mit den damit verbundenen Verfahren harmonisieren (vgl. Abb. 8). Er führt zur Verfahrensbeschleunigung, da er weitere Genehmigungen mit einschließen kann und somit Konzentrationswirkung entfaltet. Zusätzlich ermöglichen Sanierungspläne in Verbindung mit § 5 Abs. 6 Bundesbodenschutzverordnung (BBodSchV) innerhalb ihres Geltungsbereichs den flexiblen Umgang mit belastetem Bodenmaterial. Darüber hinaus stellen die Bestimmungen der BBodSchV anheim, mehrere Standorte in einem Sanierungsplan zu integrieren und Sanierungsmaßnahmen sowie Bodenmanagement innerhalb des Gebietes eines genehmigten Sanierungsplanes technisch, wirtschaftlich und logistisch aufeinander abzustimmen. Ein Sanierungsplan kann von Privaten erstellt und seine Verbindlicherklärung bei den Behörden beantragt werden. Seine volle Wirkung erreicht er durch die Verbindlichkeitserklärung und im Zusammenspiel mit öffentlich-rechtlichen Verträgen.

Literatur

Grimski, Detlef, und *Michael König* (2009): Handbuch der Altlastensanierung, Franzius/Altenbockum/Gerold (Hrsg.): Integration von Sanierungsplänen in das Flächenrecycling, Erg.-Lfg., Heidelberg.

Detlef Grimski, Michael König

C 1.3 C: Leitfaden für die Nachnutzung von Altlastenablagerungen

REFINA-Forschungsvorhaben: Nachnutzung von Altlastenablagerungen an der Peripherie eines städtischen Raumes (NAPS) am Beispiel der Fulgurit-Asbestzementschlammhalde in Wunstorf, Region Hannover

Projektleitung: Prof. Burmeier Ingenieurgesellschaft mbH (BIG): Dipl.-Ing. Christian Poggendorf
Projektpartner: Leuphana Universität Lüneburg, Fakultät III: Umwelt und Technik, Institut für Umweltkommunikation: Dipl.-Phys. Meinfried Striegnitz; Leuphana Universität Lüneburg, Fakultät III: Umwelt und Technik, Institut für Umweltstrategien, Professur Öffentliches Recht, insb. Energie- und Umweltrecht: Prof. Dr. Thomas Schomerus
Modellraum/ Modellstädte: Wunstorf (NI)
Projektwebsite: www.leitfaden-lena.de

In dem Leitfaden wurden Erfahrungen von anerkannten Experten im Bereich der Nachnutzung von Altablagerungen aus dem gesamten Bundesgebiet gesammelt, die sich vornehmlich auf die Nachnutzung von Altablagerungen beziehen. Es werden praxisorientierte Hilfestellungen und umsetzbare Empfehlungen für die verschiedenen Teilaufgaben bei der Nachnutzung von Altablagerungen dargestellt. Alle Akteure, die bei einer vorgesehenen Nachnutzung von Altablagerungen involviert sind, finden für jeden Prozessschritt entsprechende Hilfestellungen. Der Leitfaden möchte Mut machen und zeigt Wege auf, wie Flächen mit Altablagerungen sicher wieder genutzt werden können.
Die Hilfestellungen des Leitfadens beziehen sich auf den Prozess der Nachnutzung von Altablagerungen von dem Entstehen der Idee einer Nachnutzung bis zum Beginn der Arbeiten auf der Fläche. Dabei bewegen sich die Hilfen nicht innerhalb disziplinärer Grenzen, sondern sie bieten eine ganzheitliche Betrachtungsweise der wichtigsten Fragestellungen im Prozess der Nachnutzung von Altablagerungen.
Ergänzend zu den im „Leitfaden für die Nachnutzung von Altablagerungen" (LeNA) behandelten Themen werden insbesondere Fragen zu den technischen und ingenieurwissenschaftlichen Möglichkeiten beim Umgang mit Altablagerungen in zahlreichen anderen Handreichungen beantwortet, auf die deshalb hier nicht im Einzelnen eingegangen werden muss. Hinweise auf entsprechende Veröffentlichungen finden sich an geeigneter Stelle.
In der Einführung finden sich eine Auflistung von Inhalten, die für Leser aus dem Bereich öffentlicher Verwaltungen, als Investoren oder Flächeneigentümer, besonders interessant sein dürften, eine Abgrenzung des Begriffes „Altablagerung", Hinweise darauf, warum sich die Nachnutzung von Altablagerungen lohnen kann und welche Bedeutung Gegenargumenten zukommt, sowie Informationen über rechtliche Grundlagen. In dem Bereich Ziele und Konzepte finden sich handlungsorientierte Empfehlungen für folgende Bereiche: Sanierungskonzepte, Nutzungskonzepte, Finanzierung, Fördermöglichkeiten, Vermarktung und Umgang mit der Öffentlichkeit. Im Rahmen des Abschnittes „Prozess und Management" bietet der Leitfaden folgende Inhalte: Informationen über beteiligte Akteure, Empfehlungen hinsichtlich des Engagements eines „Kümmerers", Empfehlungen für Verwaltungen, Empfehlungen zur Gestaltung der Zusammenarbeit, Hinweise für das Führen von Verhandlungen und Informationen über vertragliche Möglichkeiten. Der Abschnitt „Beispiele" stellt gelungene Praxisbeispiele vor und eröffnet die Möglichkeit, Kontakt mit konkreten Ansprechpartnern aufzunehmen.

Christian Poggendorf

C 1.3.3 Minimierung der Baulandnachfrage durch Modernisierung des Wohnungsbestandes

Jörg Knieling, Thomas Zimmermann

REFINA-Forschungsvorhaben: Nachfrageorientiertes Nutzungszyklus-Management – ein neues Instrument für die flächensparende und kosteneffiziente Entwicklung von Wohnquartieren (Nutzenzyklusmanagement)

Projektleitung:	Prof. Dr. Jörg Knieling, HafenCity Universität Hamburg, Fachgebiet Stadtplanung und Regionalentwicklung
Verbundkoordination:	Thomas Zimmermann, HafenCity Universität Hamburg, Fachgebiet Stadtplanung und Regionalentwicklung
Projektpartner:	Georg-August-Universität Göttingen, Wirtschaftswissenschaftliches Institut: Prof. Dr. Kilian Bizer; Institut für sozial-ökologische Forschung ISOE: Dr. Immanuel Stieß; team ewen: Dr.-Ing. Christoph Ewen
Modellraum/Modellstädte:	Landeshauptstadt Kiel (SH), Stadtplanungsamt: Michael Ferner; Landeshauptstadt Kiel, Amt für Wohnen und Grundsicherung: Emilie Sittel; Stadt Göttingen (NI), Dezernat Planen und Bauen: Thomas Dienberg; Stadt Göttingen, FD Stadt- und Verkehrsplanung: Hans-Dieter Ohlow; Stadt Braunschweig (NI): Referat für Stadtentwicklung und Statistik: Hermann Klein
Projektwebsite:	www.nutzungszyklusmanagement.hcu-hamburg.de

Nutzungszyklus-Management als Konzept der Siedlungsentwicklung

Nutzungszyklen von Wohnquartieren

Das Nachfrageorientierte Nutzungszyklus-Management (NZM) ist sowohl ein Konzept als auch ein Instrumentarium, um Geschosswohnquartiere der 1950er- bis 1970er-Jahre an die geänderten Bedürfnisse der Nachfragerinnen und Nachfrager anzupassen. Die Grundlage für das NZM bildet das Modell der Nutzungszyklen von Wohnquartieren. Es geht davon aus, dass sich in baulich homogenen Wohnquartieren die Lebenszyklen der einzelnen Immobilien und der technischen Infrastruktur mit den Lebensphasen der dort lebenden Bewohnerinnen und Bewohner und den damit verbundenen gewandelten Anforderungen an die Wohnungen und das Wohnumfeld überlagern. Damit bestim-

men sowohl die baulich-technische „Hardware" als auch die sich wandelnden Bedürfnisse und Anforderungen ihrer Nutzerinnen und Nutzer die Nutzungszyklen von Wohnquartieren. Die Quartiere durchlaufen dabei folgende Phasen: Planung und Realisierung, Wachstum und Erweiterung, Alterung und Stagnation sowie Abnutzung und Ausdünnung.
Die letzte Phase, in der das NZM ansetzt, ist durch Mängel an den Gebäuden und Unterlassen von Modernisierungsinvestitionen, ein rückläufiges Nahversorgungsangebot, sinkende Haushaltsgrößen und damit einhergehende schrumpfende Einwohnerzahlen, ein steigendes Durchschnittsalter der Bewohnerinnen und Bewohner sowie den Zuzug von Mieterinnen und Mietern mit geringem Einkommen geprägt (Bizer u.a. 2009, S. 11). Ziel des NZM ist es, frühzeitig erneuerungsbedürftige Wohnquartiere zu identifizieren sowie einen Prozess einzuleiten und zu koordinieren, in dem die Bestände an die veränderten Erfordernisse angepasst werden. Das für Wohnquartiere der 1950er- bis 1970er-Jahre entwickelte NZM kann ebenfalls für die Erneuerung weiterer baulich homogener Wohnquartiere, wie z.B. Einfamilien- und Reihenhausbestände aus den 1950er- bis 1970er-Jahren genutzt werden.

Merkmale des Nutzungszyklus-Management

Folgende Merkmale kennzeichnen das Nutzungszyklus-Management
- Prävention: präventives Handeln und proaktives Management von Veränderungen;
- Nachfrageorientierung: Berücksichtigen der gegenwärtigen und der voraussichtlich zukünftigen Nachfrage;
- Partnerschaft: Aktivieren, Einbinden und Koordinieren von Nachfragern und weiteren Akteuren im Quartier (Bizer u.a. 2009, S. 107).

Funktionsbereiche und Instrumentarium des Nutzungszyklus-Managements

Das Instrumentarium des NZM deckt die drei Funktionsbereiche Information und Analyse, strategische Entscheidungsvorbereitung und operative Quartiersentwicklung ab (vgl. Abb. 9). Mit Hilfe von Informations- und Analyseinstrumenten, wie Monitoring und Wanderungsmotivbefragung, können Veränderungen in Städten und Quartieren laufend beobachtet werden. Aufbauend auf den Ergebnissen der Informations- und Analyseinstrumente können Stadtpolitik und -verwaltung die Quartiere auswählen, in denen das NZM genutzt werden soll.
In den ausgewählten Quartieren entwickeln die Akteure in der Phase der strategischen Entscheidungsvorbereitung Ziele für die weitere Entwicklung. Dazu initiiert und koordiniert die Stadtverwaltung mit allen relevanten Akteuren einen kommunikativen Prozess, der folgende Phasen durchlaufen sollte:
- Probleme erkennen,
- Vorschläge sammeln,
- Zukunftsvisionen und Leitbilder entwickeln und
- Maßnahmen priorisieren.

Auf dieser Grundlage müssen die Handlungsträger Entscheidungen über die Umsetzung der Ziele und Maßnahmen für die Quartiersentwicklung treffen. Für den Erfolg der anschließenden Phase der operativen Quartiersentwicklung ist es erforderlich, dass die Maßnahmen mit den Einzelinteressen der Akteure in Einklang gebracht werden und zwischen den Akteuren eine ausreichende Vertrauensbasis besteht. Wenn diese Voraussetzungen gegeben sind, sollten die Akteure ein abgestimmtes gemeinsames Vorgehen vereinbaren, das zusätzlich vertrauensbildend wirkt und in selbstverpflichtende Kooperationsvereinbarungen münden sollte. Für die weitere Zusammenarbeit im NZM sollte ein von allen Seiten autorisiertes Gremium gemeinsame Vorschläge erarbeiten, mit den relevanten Beteiligten abstimmen und den Entscheidungsberechtigten zum Beschluss vorlegen.

Abbildung 9:
Instrumente des Nutzungszyklus-Management

Quelle: Bizer u.a. (Hrsg.) 2010, S. 105.

	Was ist? **Information und Analyse**		*Was soll sein?* **Strategische Entscheidungsvorbereitung**		*Wie erreichen?* **Operative Quartiers-Entwicklung**	
Ziele						
Verfahren, Instrumente, Produkte	durch • Monitoring • Wanderungsmotivbefragung (bei Bedarf)	» Strategische Entscheidungen »	durch z.B. • Szenarien • Leitbilder • Scoringmethode • Planungswerkstatt	» Maßnahmenkatalog »	z.B. • Organisationsentwicklung • Finanzhilfen • Vereinbarungen, Verträge • Kommunikation • regulative Instrumente • Branding, Vermarktung	» Projekte im Quartier und langfristige Sicherung
Beteiligte	• Stadt • Wohnungsbaugesellschaften		• Stadt • Wohnungsbaugesellschaften • Bewohner, Eigentümer • Akteure aus dem Quartier			

Die gemeinsam beschlossenen Maßnahmen werden in der Phase der operativen Quartiersentwicklung umgesetzt. Zu beachten ist dabei, dass das zwischen den einzelnen Akteuren abgestimmte Vorgehen möglichst verbindlich abgesichert sowie die Zusammenarbeit und der Dialog mit den Bewohnerinnen und Bewohnern aus der Phase der strategischen Entscheidungsvorbereitung aufrechterhalten wird. Folgende Instrumente sind dazu geeignet:

- Verträge, Zielvereinbarungen,
- partizipative Ansätze der Mittelverwendung,
- Neighbourhood Improvement District,
- Neighbourhood Branding und
- Mieterkommunikation.

Instrumentarium des Nutzungszyklus-Management flexibel einsetzen

Das beschriebene idealtypische Vorgehen des NZM ist nicht zwingend, d.h. das Instrumentarium des Nutzungszyklus-Managements wird kaum komplett durchlaufen werden. Vielmehr ist das Instrumentarium als ein Verfügungsrahmen zu verstehen, aus dem sich Kommune, Wohnungswirtschaft und Quartiersakteure in Abhängigkeit von den spezifischen Rahmenbedingungen des Quartiers einzelne Instrumente herausgreifen können. Flexibel sollte das NZM auch hinsichtlich der entwickelten Maßnahmen sein. Zunächst betrifft das die regionalen Rahmenbedingungen. Während auf angespannten Wohnungsmärkten die Eigentümerinnen und Eigentümer vielfach selbst tätig werden und auch bauliche Maßnahmen sinnvoll sein können, die zu einer weiteren Verdichtung der Quartiere führen, stellt sich die Lage bei stagnierenden und schrumpfenden Wohnungsmärkten anders dar. Zentrales Augenmerk sollte hier auf den Erhalt und die Modernisierung des Bestandes gerichtet werden, wobei partielle Abrisse und Neubauten eine sinnvolle Ergänzung darstellen können.

Organisationsformen des Nutzungszyklus-Managements

Neben Fragen nach geeigneten Instrumenten stellen sich bei der Erneuerung von Quartieren Fragen der Organisation des Prozesses, um die beteiligten Akteure mit ihren Interessen in jeweils angemessener Weise und wirkungsvoll einzubinden. Die Stadtverwaltung hat Anreize, die Wohnzufriedenheit ihrer Einwohner zu steigern bzw. langfristig zu sichern, sie ist jedoch weitgehend ausgelastet, so dass ihr für Präventivmaßnahmen in weitgehend unauffälligen Quartieren wenige Ressourcen bleiben. Die Eigentümerinnen und Eigentümer konzentrieren sich in der Regel auf ihre eigenen Liegenschaften, insbesondere wenn die jeweilige Marktstrategie aufgrund geringer Leerstände zunächst erfolgreich ist. Das gesamte Quartier gerät dabei nur in Ausnahmefällen in das Blickfeld, z.B. wenn Investitionen anstehen oder die Unternehmensstrategie angepasst werden muss. Eine aktive Rolle bei der Quartiersentwicklung spielen Gesellschaften allenfalls, wenn sie Mehrheitseigentümer der Wohnungen in einem Quartier sind. Auf Seiten der Bewohnerinnen und Bewohner sind die Anreize für ein nachbarschaftliches Engagement eher gering, wenn es nicht gelingt, sie für die Quartiersentwicklung zu gewinnen.

Pragmatische Organisationsstruktur

Da bei den beteiligten Institutionen in der Regel die meisten Personal- und Finanzressourcen bereits gebunden sind, sollte bei der Gestaltung des NZM-Prozesses darauf geachtet werden, dass die zusätzlichen Aufgaben parallel zu den laufenden Verpflichtungen aller Beteiligten zu leisten sind. Folglich bietet sich eine pragmatische Organisationsstruktur zur Unterstützung des NZM an:

- Ortsbeiräte: Ortsbeiräte helfen, das Verwaltungshandeln mit örtlichem Bezug besser zu vermitteln und tragen dazu bei, dass die Verwaltung örtliche Gegebenheiten und Wünsche leichter wahrnimmt.
- Stadtteilbeauftragte/r: Der/die Stadtteilbeauftragte ist das Pendant innerhalb der Verwaltung, der/die als direkte/r Ansprechpartner/in des Ortsbeirates und als dessen formale/r Geschäftsführer/in fungiert.
- Querschnittsrunden der Verwaltung: Während die ersten beiden Organisationsformen die Informationsflüsse zwischen der Verwaltung und dem Quartier stärken, verbessert eine Gliederungsebene nach räumlichen Kriterien die Kommunikation und Abstimmung des quartiersbezogenen Vorgehens innerhalb der Verwaltung. Dies können beispielsweise regelmäßige Querschnittsrunden zur Abstimmung räumlicher Bezüge innerhalb der Verwaltung sein.
- Bewohnerbüro: Die in den Quartieren/Stadtteilen aktiven Organisationen sollten gemeinsam ein Bewohnerbüro betreiben. Eine große Anzahl von Nutzungen reduziert die Kosten für die einzelnen Organisationen und stärkt den Standort in der Wahrnehmung der Bewohnerinnen und Bewohner (Bizer u.a. 2010).

Nutzungszyklus-Management als strategisches Element stadt-regionalen Flächensparens

In stadt-regionaler Betrachtung kann NZM zum Flächensparen beitragen. Indem bestehende Quartiere an die geänderte Nachfrage angepasst und damit für die Gruppe der „Suburbanisierer" attraktiv werden, kann ein Teil der Bautätigkeit im Umland vermieden werden. Dies ist durchaus auch im Interesse der Umlandgemeinden, denn die Suburbanisierung verursacht dort erhebliche zusätzliche Infrastrukturfolgekosten. Sie liegen gegenüber einer stärker bestandsorientierten Siedlungsentwicklung im Bereich der technischen Infrastruktur beispielhaft für die Region Havelland-Fläming bei 17 Prozent und sind zu einem Teil von den Gemeinden aufzubringen (Siedentop u.a. 2006, S. 219).
Neben der Stabilisierung der Infrastrukturkosten trägt das NZM auch zum Klimaschutz bei. Aufgrund ihrer nicht mehr zeitgemäßen bauphysikalischen Verhältnisse entspricht die Gebäudesubstanz aus den 1950er- bis 1970er-Jahren nicht mehr den heutigen Anforderungen an die Energieeffizienz (BBSR o.J.). Das NZM bietet die Möglichkeit, die zur Senkung des CO_2-Verbrauchs erforderliche Erneuerung der Gebäudesubstanz mit allgemeinen stadtentwicklungspolitischen Zielen der Siedlungsentwicklung zu verknüpfen. Außerdem ist aus Sicht des Klimaschutzes wiederum die stadt-regionale Betrachtung von Vorteil: Das Wohnen in der Stadt kann Verkehrswege verringern und erleichtert die Nutzung des klimafreundlichen und CO_2-vermindernden Verkehrsverbundes aus Bahn, Bus und Rad- und Fußverkehr.

Literatur

Bizer, K., Ch. Ewen, J. Knieling, I. Stieß (Hrsg.) (2009): Zukunftsvorsorge in Stadtquartieren durch Nutzungszyklus-Management – Qualitäten entwickeln und Flächen sparen in Stadt und Region, Detmold.

Bizer, K., Ch. Ewen, J. Knieling, I. Stieß (Hrsg.) (2010): Nachfrageorientiertes Nutzungszyklus-Management – Konzeptionelle Überlegungen für das Flächensparen in Stadt und Region, Detmold.

BBSR (Bundesinstitut für Bau-, Stadt- und Raumforschung) (o.J.): Investitionsprozesse im Wohnungsbestand der 50er und 60er Jahre (Download unter: http://www.bbsr.bund.de/cln_016/nn_21946/BBSR/DE/FP/ReFo/Wohnungswesen/InvestitionsprozesseWohnungsbestand50und60er/03__Ergebnisse.html)

Siedentop, St., G. Schiller, M. Koziol, J. Walther, J.-M. Gutsche (2006): Siedlungsentwicklung und Infrastrukturfolgekosten – Bilanzierung und Strategieentwicklung, BBR-Online-Publikation 3/2006, Bonn.

C 1.3 D: PPP im Flächenmanagement auf regionaler Ebene

REFINA-Forschungsvorhaben: Public-Private-Partnership im Flächenmanagement auf regionaler Ebene

Projektleitung:	PROBIOTEC GmbH: Kai Steffens, Georg Trocha
Projektpartner:	Technische Universität Dortmund, Fakultät Raumplanung, FG Stadt- und Regionalplanung: Prof. Dr. Sabine Baumgart, Dr. Daria Stottrop; Technische Universität Dortmund, Fakultät Raumplanung, FG Gewerbeplanung: Dr. Dirk Drenk; Altenbockum & Partner: Michael Altenbockum; RAG Montan Immobilien GmbH: Prof. Dr. Hans-Peter Noll, Peter Renetzki; Avocado Rechtsanwälte: Dr. Thomas Gerhold
Praxispartner:	BahnflächenEntwicklungsGesellschaft NRW mbH: Thomas Lennertz, Barbara Eickelkamp; Stadt Dorsten, Stadtplanungsamt: Holger Lohse; Stadt Gelsenkirchen, Abt. Wirtschaftsförderung: Andreas Piwek
Modellraum/Modellstädte:	Ruhrgebiet mit Gelsenkirchen und Dorsten (NW)
Projektwebsite:	www.ppp-im-flaechenmanagement.de

Das Verbundvorhaben mit dreijähriger Laufzeit (07/2007 bis 06/2010) hatte das Ziel, durch die Synchronisierung öffentlichen Planungshandelns mit privatwirtschaftlichen Entwicklungszielen (im regionalen Maßstab) die interkommunale Konkurrenz und Hemmnisse beim Brachflächenrecycling zu reduzieren.

Zur Umsetzung dieser Zielstellungen wurde ein regionales Flächenmanagementkonzept (RFMK) entwickelt. Unter Einbeziehung der relevanten Fachautoritäten des Modellraumes wurde das RFMK mit einem informellen kommunikations- und moderationsorientierten Ansatz als wichtige Ergänzung zu den bestehenden Planungsinstrumenten entwickelt und im Rahmen zweier Planspiele auf seine Praxistauglichkeit erprobt. Der Begriff „Public-Private-Partnership" wurde im Verbundvorhaben wie folgt definiert: *Unter PPP im Flächenmanagement sollen in diesem Zusammenhang „öffentlich-private Kooperationen in der Planungsvorbereitung (unabhängig von/übergreifend über Einzelprojekte/n)" verstanden werden.*

Von zentraler Bedeutung ist die Fokussierung auf die Unabhängigkeit von Einzelprojekten und die projektübergreifende, regionale Perspektive.

Die Forschungsergebnisse des Verbundvorhabens wurden in Form eines Leitfadens aufbereitet. Der Leitfaden gewährleistet mit seiner generischen Vorgehensweise, unter Berücksichtigung der spezifischen regionalen Rahmenbedingungen, die Übertragbarkeit auf andere Räume und Entwicklungsansprüche. Der Leitfaden unterstützt Praktiker aus kommunaler und regionaler Planung, Politik und Privatwirtschaft beim schrittweisen Aufbau eines regionalen Flächenmanagements.

Kai Steffens, Georg Trocha

C 1.3 E: Gebietsmanagement als Katalysator zur Aktivierung von schwierigen Flächenpotenzialen

REFINA-Forschungsvorhaben: Kleinere und mittlere Unternehmen entwickeln kleine und mittlere Flächen (KMU entwickeln KMF)

Projektleitung und Verbundkoordination:	Universität Stuttgart, VEGAS – Institut für Wasserbau: Dr.-Ing. Volker Schrenk, Dr. Jürgen Braun
Projektpartner:	Hochschule Biberach: Prof. Dr.-Ing. Albrecht Heckele; HPC Kirchzarten – HPC HARRESS PICKEL CONSULT AG: Michael König; KOMMA.Plan: Kerstin Langer; beck-consult.de: Thorsten Beck; reconsite – TTI GmbH: Dr.-Ing. Uwe Hiester
Modellraum/Modellstädte:	Landeshauptstadt Stuttgart (BW), Amt für Stadtplanung und Stadterneuerung; Wissenschaftsstadt Darmstadt (HE), Stadtplanungsamt; Stadt Köln (NW), Amt für Stadtentwicklung und Statistik; Landeshauptstadt Hannover (NI), Fachbereich Planen und Stadtentwicklung; Stadt Osnabrück (NI), Amt für Städtebau
Projektwebsite:	www.kmu-kmf.de

Innerstädtische Flächen bis fünf ha Größe sind häufig keine „Selbstläufer" in der Entwicklung, da sie viele Entwicklungshemmnisse besitzen: schwierige Eigentümerkonstellationen, Altlasten, Denkmalschutz, Preisvorstellungen der Eigentümer bei Verkauf etc. Auf der anderen Seite bergen sie ein großes Potenzial für die Innenentwicklung: Ihre gezielte Entwicklung kann wichtige Impulse in den jeweiligen Stadtquartieren setzen, und die Summe vieler dieser Flächen ergibt ein Flächenpotenzial, das nicht im Außenbereich gesucht werden muss.

Die In-Wert-Setzung dieser Areale erfordert deswegen eine gezielte Aktivierung, die mittels der kommunikativen und koordinierenden Funktion eines Gebietsmanagements umgesetzt werden kann. Kleine und mittlere Unternehmen können dabei auf beiden Seiten der Projektentwicklung sitzen: als Eigentümer oder als Projektentwickler und Investoren.

Ein Gebietsmanagement unterstützt sie bei der Aktivierung der meist privaten Flächenpotenziale, indem die bestehenden Entwicklungshemmnisse ausgelotet, die Interessenslagen sondiert und Entwicklungsoptionen aufgezeigt werden.

Dies bedeutet eine Vielzahl kommunikativer und koordinierender Aufgaben, die sowohl die verwaltungsinterne Kommunikation als auch die Kommunikation mit externen Akteuren betreffen:

- verwaltungsinternes Projektmanagement,
- verwaltungsinterne Konfliktkommunikation und Interessenabwägung,
- Konzeption informeller kooperativer Planungsverfahren,
- Konfliktkommunikation/Mediation mit externen Akteuren,
- Eigentümermotivation,
- Investorenansprache,
- aktive Öffentlichkeitsarbeit.

Diese für die Innenentwicklung katalytisch wirkende Funktion kann innerhalb einer Kommune unterschiedlich organisatorisch verankert sein, durch:

- eine Person, die entweder in einem Amt oder an einer Stabsstelle angesiedelt ist,
- ein ressortübergreifend organisiertes Projektteam,
- die Integration dieser Aufgaben in den Tätigkeitsbereich der jeweiligen Bezirks-/Stadtteilplaner, die hierfür speziell geschult werden.

Je nach Kommunengröße, organisatorischem Hintergrund und Personalsituation muss jede Kommune das für sie passende effiziente organisatorische Konzept auswählen. Die zu bewältigenden kommunikativen Aufgaben bleiben dabei immer dieselben.

Kerstin Langer

C 2

Akteure aktivieren und einbinden

Akteure aktivieren und einbinden

Daniel Zwicker-Schwarm

Die Kooperation mit Flächeneigentümern, Nutzern, Investoren und Verbänden ist für die Planung und Umsetzung eines nachhaltigen Flächenmanagements von zentraler Bedeutung. Dafür steht eine breite Palette von Instrumenten für die Ansprache, Information und Einbeziehung von privaten und institutionellen Immobilieneigentümern, umzugsinteressierten Privatpersonen und Unternehmen zur Verfügung. Die erfolgreiche Ausgestaltung dieser Instrumente erfordert eine genaue Analyse und Typisierung der jeweiligen Zielgruppe.

Flächenmanagement als kooperativer Steuerungsansatz

Nachhaltiges Flächenmanagement kann von Regionen und Kommunen nicht im Alleingang umgesetzt werden. Die Realisierung einer ressourcenschonenden Bodennutzung erfordert die Zusammenarbeit derjenigen öffentlichen und privaten Akteursgruppen, die das Flächengeschehen als Planer, Grundstückseigentümer und als Flächennachfrager beeinflussen oder steuern (BBR 2006, S. 46). Wie bei anderen Ansätzen des Stadt- und Regionalmanagements treten beim nachhaltigen Flächenmanagement neben das Planen und die Konzeptentwicklung das Handeln und Umsetzen. Dies macht den Einsatz neuer Kooperations- und Organisationsformen wie auch neuer kommunikativer Methoden notwendig (vgl. Sinning 2008, S. 8).

Verändertes Zusammenspiel von öffentlichen, privaten und zivilgesellschaftlichen Akteuren

Gleichzeitig steht nachhaltiges Flächenmanagement auch beispielhaft für ein verändertes Zusammenspiel von öffentlichen, privaten und zivilgesellschaftlichen Akteuren bei der Politikformulierung und -umsetzung, wie es von der Governance-Forschung unter den Schlagworten des kooperativen und aktivierenden Staates auch in Bezug auf Stadt- und Regionalentwicklung festgestellt wurde. An die Seite „hoheitlicher" Steuerung (z.B. mit Instrumenten des Planungsrechts) tritt der Einsatz oftmals informeller kooperativer, kommunikativer und dialogischer Verfahren (Einig u.a. 2005).

Öffentliche und private Akteure

Für ein nachhaltiges Flächenmanagement ist eine Vielzahl von öffentlichen und privaten Akteuren von Bedeutung. Bereits die regionale und kommunale Ebene stellt keine monolithischen Gebilde da. Neben der Unterscheidung von politischen Entscheidungsgremien und Verwaltungsspitze sowie Verwaltung existieren innerhalb der Verwaltung einzelne Ressorts (z.B. Planung, Umwelt, Wirtschaftsförderung) mit unterschiedlichen Funktionen, Interessen und Handlungslogiken in Bezug auf die Flächennutzung.

Als wichtigste private Akteure eines nachhaltigen Flächenmanagements können unterschieden werden:

- Flächeneigentümer
- Nutzer (wohnungssuchende Bürger, Standort suchende Unternehmen)
- Investoren (Bauträger, Projektentwickler, Banken)

- Kammern und Wirtschaftsverbände
- Umweltverbände
- Bürgerinitiativen, Nachbarschaftsgruppen

Für Ansätze zur Aktivierung und Einbindung dieser Gruppen in ein nachhaltiges Flächenmanagement ist zu berücksichtigen, dass sich diese typischerweise in ihren Eigeninteressen, Problemwahrnehmungen und Informationsbedarfen unterscheiden (vgl. Bizer u.a. 2004) (vgl. Kap. **C 2.1**).

In diesem Kapitel werden Handlungsansätze für die Aktivierung und Einbindung von nichtstaatlichen Akteuren vorgestellt. Dies betrifft zum einen unterschiedliche private Akteure des Immobilienmarktes (z.B. Wohnung Suchende, Bauwirtschaft, Investoren, Immobilienmakler) (Kap. **C 2.1**). Zum anderen geht es um Möglichkeiten zur Beteiligung von Bürgerinnen und Bürgern an Planungen und Projekten des nachhaltigen Flächenmanagements (Kap. **C 2.2**).

Literatur

Bizer, Kilian, u.a. (2004): Instrumente und Akteure in der Flächenkreislaufwirtschaft (Expertise). Eine Expertise des ExWoSt-Forschungsfeldes Kreislaufwirtschaft in der städtischen/stadtregionalen Flächennutzung – Fläche im Kreis, Berlin, Darmstadt, Göttingen.

Bundesamt für Bauwesen und Raumordnung (BBR) (Hrsg.) (2006): Perspektive Flächenkreislaufwirtschaft. Theoretische Grundlagen und Planspielkonzeption, Bd. 1 der Sonderveröffentlichungsreihe zum ExWoSt-Forschungsfeld „Fläche im Kreis", Bearb.: Deutsches Institut für Urbanistik u.a., Thomas Preuß u.a.; BBR: Fabian Dosch u.a., Bonn.

Einig, K., G. Grabher, O. Ibert, W. Strubelt (2005): Einführung in das Themenheft „Urban Governance", in: Informationen zur Raumentwicklung, H. 8/9, S. 1 – IX.

Sinning, Heidi (Hrsg.): Stadtmanagement. Strategien zur Modernisierung der Stadt(-Region), Dortmund.

C 2.1 Kooperation mit privaten Akteuren

Daniel Zwicker-Schwarm

Relevanz privater Akteure

Kommunen und Regionen kommt eine zentrale Rolle für die Konzeption und Umsetzung eines nachhaltigen Flächenmanagements zu: Sie müssen die strategischen und planerischen Grundlagen erarbeiten und politisch beschließen sowie die Umsetzung wichtiger Projekte finanziell und durch entsprechende Kommunikations- und Prozesssteuerungsleistungen voranbringen (vgl. Kap. **B** und **D**). Dennoch wären entsprechende Bemühungen ohne die Kooperation mit privaten Akteuren wirkungslos, da das Verhalten privater Grundstückseigentümer und -nutzer den Flächenverbrauch ganz maßgeblich bestimmt. Die Einbindung und Aktivierung von privaten Partnern ist in verschiedener Hinsicht notwendig:

- Die Planung und Strategieentwicklung eines nachhaltigen Flächenmanagements braucht die Informationen und das Know-how von Akteuren des Immobilienmarkts (Eigentümern, Investoren, Nutzern etc.). Ohne grundstücksbezogene Daten zu Wiedernutzungsmöglichkeiten aus Eigentümerhand oder fundierte Informationen zu relevanten Standortanforderungen von Unternehmen und Wohnungssuchenden kann keine Strategie zum nachhaltigen Flächenmanagement erarbeitet werden.
- Auch für die Umsetzung einer ressourcenschonenden Siedlungsentwicklung sind private Akteure von zentraler Bedeutung. Kommunale Bauleitplanung ist Angebotsplanung, d.h. die Umsetzung von Maßnahmen – etwa das Bauprojekt auf einer innerstädtischen Brache – findet in aller Regel durch Private, insbesondere die Privatwirtschaft, statt. Die öffentliche Hand kann durch Planungen, finanzielle Anreize, Kommunikation und Koordination Investitionen unterstützen.
- Da der nachhaltige Umgang mit Flächen für wesentliche Akteure kein wichtiges Thema ist bzw. deren Eigeninteressen tatsächlich oder vermeintlich entgegenläuft, sind private Akteure Adressaten von Maßnahmen der Information und Bewusstseinsbildung.

Flächeneigentümer

Aktivierung von Grundstücken im Innenbereich

Die Aktivierung von un- und untergenutzten Grundstücken im Innenbereich ist ein wichtiger Ansatz für ein nachhaltiges Flächenmanagement auf kommunaler Ebene. Großflächige Entwicklungspotenziale (z.B. ehemalige Bahnflächen oder Gewerbebrachen) sind in den meisten Kommunen bereits Gegenstand planerischer Bemühungen. Ein relativ neues Feld ist die Aktivierung von Baulücken und Althofstellen, die insbesondere in kleineren Gemeinden ein vergleichsweise hohes Nachverdichtungspotenzial darstellen. Hier sehen sich Kommunen zumeist Privatpersonen gegenüber, über deren Verwertungsabsichten in aller Regel keine Informationen vorliegen und die teilweise einen spezifischen Beratungsbedarf haben. Einen besonderen Ansatz der Eigentümeransprache entwickelte und erprobte das REFINA-Projekt HAI (vgl. Kap. **C 2.1.1**). Die gezielte und systematische Ansprache von Baulückeneigentümern durch Befragung und

Beratung kann zu besseren Kenntnissen über die Interessenlagen der Grundstückseigentümer führen. Damit sind eine realistischere Einschätzung tatsächlich verfügbarer Flächenpotenziale und deren Berücksichtigung in Konzepten des nachhaltigen Flächenmanagements möglich. Gleichzeitig können die Befragungsergebnisse in konkrete Umsetzungsinstrumente einfließen, z.B. als Grundstock für internetgestützte Baulandbörsen.
Auch die Bestandsentwicklung ist ein wichtiger Bestandteil von Strategien des Flächensparens. Wenn die Qualität des Wohnumfelds und die Lebensqualität in die Jahre gekommener Siedlungen der 1950er- bis 70er-Jahre steigen, kann das dazu beitragen, den Siedlungsdruck auf der Grünen Wiese zu reduzieren und somit die Neubauaktivitäten auf bisher unerschlossenen Flächen zu verringern. Ein wichtiger Partner für Kommunen bei nachfragegerechter Quartiersentwicklung sind Wohnungseigentümer (private Eigentümer, kommunale Wohnungsunternehmen, Genossenschaften sowie Kapitalanlagegesellschaften). Dabei handelt es sich hinsichtlich ihrer Interessen und Handlungsmöglichkeiten um eine heterogene Akteursgruppe, die Ansätzen eines solchen „Nutzungszyklusmanagements" für Stadtquartiere in unterschiedlichem Maße zugänglich ist. Vorschläge hierzu erarbeitete das REFINA-Projekt „Nachfrageorientiertes Nutzungszyklusmanagement" (vgl. Kap. **C 2.1.2**).
Der Strukturwandel hin zur Dienstleistungs- und Wissensökonomie, veränderte Produktions- und Logistikkonzepte („Just in time") und neue Ansätzen der Immobilienbewirtschaftung und -finanzierung (z.B. Corporate Real Estate Management, Leasingmodelle) haben vielerorts zur Reduzierung, Aufgabe oder Verlagerung von Unternehmensstandorten geführt. Gewerbebrachen, untergenutzte Gewerbeimmobilien und Reserveflächen müssen in ein nachhaltiges Flächenmanagement integriert werden. Für die Unterstützung von Zwischen- und Nachnutzungen sind für Kommunen der Informationsaustausch und die Abstimmung mit Alteigentümern, Zwischenerwerbern oder mit der Vermarktung beauftragten Immobilienmaklern wichtig. Dabei können sowohl IT-gestützte als auch flankierende organisatorische Lösungen zur Kommunikationsunterstützung beitragen, wie sie vom REFINA-Projekt „FLITZ" erarbeitet wurden (vgl. Kap. **C 2.1.3**).

Nutzer und Investoren

Nachfrage privater Haushalte dokumentiert die Akzeptanz von Siedlungsstrukturen

Auch wenn die kommunale Bauleitplanung und die Immobilienwirtschaft maßgeblich das Wohnungsangebot prägen, so ist es letztlich die Nachfrage privater Haushalte, die über die Akzeptanz nachhaltiger Siedlungsstrukturen entscheidet. Eine kommunale Wohnstandortberatung ist in diesem Zusammenhang ein Ansatz, um eine informiertere Wohnstandortwahl zu ermöglichen. Botschaften und Instrumentarien eines solchen Informationsangebotes müssen die hochgradig differenzierten Wohn- und Informationsbedürfnisse unterschiedlicher Wanderungs- und Haushaltstypen berücksichtigen. Übertragbare Ergebnisse lieferte das REFINA-Projekt „Integrierte Wohnstandortberatung" (Kap. **C 2.1.4**).
Die Finanzierung von Maßnahmen des nachhaltigen Flächenmanagements, etwa die Aufbereitung und Nachnutzung von Brachflächen, ist von kritischer Bedeutung für die Umsetzung von flächenpolitischen Zielen. Fondslösungen können damit verbundene Risiken poolen, sind bislang aber durch die öffentliche Hand getragen (z.B. Brachflächenfonds NRW, Pilotprojekte im Rahmen

der JESSICA-Initiative der EU). Privatwirtschaftlich finanzierte Brachflächenfonds werden sich in Zukunft vor allem an institutionelle Anleger oder Dachfonds richten (vgl. Kap. **C 2.1 A**).

Verbände und Multiplikatoren

Industrie- und Handels- sowie Handwerkskammern, aber auch Wirtschaftsverbände befürworten als Interessenvertreter der Wirtschaft ein großzügiges Angebot an Gewerbeflächen. Als Träger öffentlicher Belange wirken Kammern an der Bauleitplanung mit.
Naturschutzverbände (z.B. BUND, NABU) hingegen können als starke Befürworter eines nachhaltigen Flächenmanagements angesehen werden (vgl. Kap. **D 1.2**) (Bizer u.a. 2004). Erfolg versprechend scheinen Ansätze, bei denen Wirtschafts- und Umweltverbände sich mit ihrem Sachverstand bei der Erarbeitung von Strategien des nachhaltigen Flächenmanagements beteiligen und diese gegenüber ihrer Klientel vertreten (vgl. Kap. **C 2.1 B**).

Fazit

Die Beiträge aus den verschiedenen REFINA-Vorhaben zur Aktivierung und Einbindung von privaten Akteuren widmen sich unterschiedlichen Zielgruppen eines nachhaltigen Flächenmanagements. In der Gesamtschau lassen sich dennoch einige übergreifende Aussagen treffen:

- Ein differenzierter Blick ist lohnenswert. Vermeintlich homogene Akteursgruppen stellen sich auf den zweiten Blick als deutlich vielgestaltiger heraus. Typologien, etwa unterschiedliche Wanderungs- und Haushaltstypen bei der Wohnstandortberatung oder unterschiedliche Typen von Wohnungseigentümern in der Quartiersentwicklung, bieten der kommunalen Praxis wichtige Anhaltspunkte für zielgenauere Aktivitäten.
- Die Aktivierung und Einbindung privater Akteure gelingt in aller Regel über ein breites Instrumentenbündel: Technische Lösungen für die Erfassung von Baulücken- oder Gewerbeflächenpotenziale müssen beispielsweise durch Maßnahmen der Öffentlichkeitsarbeit bekannt gemacht und durch Beratungsangebote flankiert werden.
- Erfolgreich sind diejenigen Angebote, die die jeweiligen Eigeninteressen der privaten Akteure und nachhaltiges Verhalten möglichst weit zur Deckung bringen – ohne objektiv gegebene Spannungsfelder zu negieren. Informationen und besseres Wissen, seien es Investitionsmöglichkeiten auf Brachflächen oder Qualitäten des Stadtwohnens, können Akteure aktivieren, sich für „nachhaltige" Optionen der Flächennutzung zu entscheiden.

C 2.1.1 Eigentümeransprache bei Baulücken

Sabine Müller-Herbers, Frank Molder, Aline Baader

REFINA-Forschungsvorhaben: Neue Handlungshilfen für die aktive Innenentwicklung (HAI)

Verbundkoordination:	Baader Konzept GmbH
Projektleitung:	Dr. Frank Molder, Dr. Sabine Müller-Herbers
Projektpartner:	KOMMA.PLAN, München; Institut für Stadt und Regionalentwicklung an der Hochschule Nürtingen-Geislingen; Landesamt für Umwelt, Augsburg; Architekten Wolff, Gunzenhausen; List + Preusch, Pfullingen
Modellraum/Modellstädte:	Baiersdorf, Gunzenhausen, Pfullingen, Stegaurach (BW)
Projektwebsites:	www.hai-info.net, www.baaderkonzept.de

Baulücken als unterschätztes Potenzial der Innenentwicklung

„In Baulücken schläft ein ganzes Wohngebiet." Die Schlagzeile aus der Waiblinger Kreiszeitung (26.10.2007) umschreibt plakativ ein zentrales Motiv für nachhaltiges Flächenmanagement in den Kommunen. Neben bewährten Ansätzen der Innenentwicklung wie z.B. Stadtsanierung, Dorferneuerung oder Revitalisierung von einzelnen Brachstandorten, welche in vielen Städten und Gemeinden inzwischen Alltagsgeschäft darstellen, gibt es jedoch weitere Erfolg versprechende Ansätze zur Mobilisierung des innerörtlichen Baulandpotenzials. So spielt die gezielte und systematische Ansprache von Baulückeneigentümern (Befragung, Beratung) in den Kommunen bisher kaum eine Rolle.

Erhebliche Potenziale in kleineren und mittleren Kommunen

Die Erfassung der innerörtlichen Baulandpotenziale wie beispielsweise Baulücken, geringfügig genutzte Grundstücke oder Brachflächen hat gezeigt, dass vor allem in mittleren und kleinen Kommunen Baulücken in erheblichem Umfang vorhanden sind. So ergab die im Rahmen des REFINA-Projektes HAI (Neue Handlungshilfen für eine aktive Innenentwicklung) durchgeführte Kartierung von Baulücken in Gunzenhausen (16.700 Einwohner) allein in der Kernstadt ein Potenzial von 296 unbebauten Grundstücken. Stegaurach mit rund 7.000 Einwohnern konnte 2003 auf ein Potenzial von 316 Baulücken zurückblicken. Bei den Flächen handelt es sich teilweise um Grundstücke aus den Siedlungserweiterungen der 1960er- und 1970er-Jahre, die somit seit Jahrzehnten als ungenutztes Potenzial der Innenentwicklung vor sich hin schlummern.

Bei dieser Größenordnung an Baulücken und deren Alter ist davon auszugehen, dass durch die gezielte Information und Beratung von Eigentümern eine beträchtliche Anzahl von Baulücken mobilisiert werden kann.

Abbildung 1:
Baulücken in 1970er-Jahre-Wohngebiet, innenstadtnah (Beispiel Pfullingen)

Quelle: Baader Konzept GmbH (Ausschnitt aus Innenentwicklungskataster).

Ein Hintergrund dieser Überlegungen ist, dass – insbesondere in den süddeutschen Bundesländern – traditionell die Praxis vorherrscht, Baugrundstücke als langfristige Kapitalanlage zu nutzen und/oder für Kinder und Enkel zu bevorraten. Diese Praxis führt in den Kommunen regelmäßig dazu, dass mit dem Pauschalargument „Die wollen ja sowieso alle nicht verkaufen" alle Bemühungen für eine gezielte Ansprache abgewehrt werden. Zudem wird dem Privateigentum ein hoher Stellenwert beigemessen. All diese „Befindlichkeiten" bedingen, dass es sich bei der Ansprache von Privateigentümern – und das sind die meisten Baulückeneigentümer – um ein kommunalpolitisch umstrittenes Thema handelt, bei dessen offensiver Behandlung Unmut in Bevölkerung und Gremien befürchtet wird. Mit einer gezielten, transparenten Vorbereitung von schriftlichen Eigentümerbefragungen (inklusive Öffentlichkeitsarbeit) kann diesem Vorurteil wirksam begegnet werden.

Abbildung 2:
Beispiele für Baulücken in Pfullingen

Fotos: Baader Konzept GmbH.

Vorteile der schriftlichen Eigentümerbefragung

Was bringt die gezielte Befragung und Beratung der Privateigentümer für die Kommune? Die Vorteile liegen vor allem in einer verbesserten Informationsgrundlage für kommunalpolitische Entscheidungen. So können Informationen über die Interessenlagen der Eigentümer und deren Verkaufsbereitschaft gewonnen werden. Zudem ist dadurch eine verbesserte Abschätzung der realisierbaren Innenentwicklungspotenziale für die Bedarfs- und Bauleitplanung möglich. Die Grundstücke der verkaufsbereiten Eigentümer können den Grundstock für eine internetgestützte Baulandbörse bilden, die als zeitgemäßer Bürgerservice Grundstück Suchende und Bauwillige unterstützt. Beispielsweise kann eine bereits vorhandene Baulandbörse für gemeindeeigene Baugrundstücke in Neubaugebieten so um Privatgrundstücke in gewachsenen Siedlungsgebieten erweitert werden.

Gezieltes Handlungskonzept durch Eigentümerbefragung

Die Kommune verfügt damit ohne zusätzlichen Entwicklungsaufwand über ein deutlich erweitertes Portefeuille unterschiedlicher Grundstückslagen und Qualitäten. Mit den aus der Eigentümerbefragung gewonnenen Erkenntnissen kann darüber hinaus ein gezielteres Handlungskonzept für die Aktivierung der Flächen entwickelt werden. So bietet z.B. die Beratung der Eigentümer im Hinblick auf Fragen zur Bebauung oder zum Verkauf der Grundstücke eine motivierende, bürgerfreundliche Unterstützung und verhilft der Kommune – als willkommener Nebeneffekt – zu mehr Planungssicherheit bei anstehenden stadtplanerischen Entscheidungen.

Vorgehensweise

In den HAI-Modellkommunen Gunzenhausen, Pfullingen und Stegaurach wurde aufgrund der Vielzahl der Baulücken eine schriftliche Befragung der Baulückeneigentümer durchgeführt. Mit einer freundlichen, erläuternden Einführung im Anschreiben des Bürgermeisters und einem knappen, zweiseitigen Fragebogen wurden alle Baulückeneigentümer angeschrieben und in Bezug auf ihre Nutzungsabsichten befragt (Übersicht 1).

Übersicht 1:
Fragebogen für Eigentümer von Baulücken – wesentliche Inhalte

- Angaben zum Eigentümer/Miteigentümer und Grundstück (laufende Nummer, Name, Flurstücksnummer, Gemarkung, Adresse)
- Eigene Bebauungsabsichten und Zeitraum (nein/ja, in den nächsten 5/10 Jahren)
- Gründe, warum bisher nicht gebaut oder verkauft wurde (u.a. Bevorratung für eigene Nutzung, Bevorratung für Nachkommen, Kapitalanlage, Nutzung als Garten, komplizierte Eigentumsverhältnisse, Größe/Zuschnitt des Grundstücks)
- Bereitschaft zum Verkauf oder Tausch (ja/nein)
- Bereitschaft zur Veröffentlichung der Flurstücks- und ggf. Eigentümerdaten
- Bei Verkaufsbereitschaft: Anbieten über Internet-Grundstücksbörse der Gemeinde oder ohne Unterstützung der Gemeinde
- Beratungs-/Unterstützungsbedarf der Eigentümer (zu architektonisch/städtebaulichen Aspekten, zum Verkauf, zum Tausch)

Quelle: Baader Konzept GmbH.

Voraussetzung für diese Vorgehensweise ist ein Abstimmungsprozess in der Verwaltung und den kommunalpolitischen Entscheidungsgremien (Bauausschuss, Gemeinderat) der Modellkommunen. Je nach Ausgangslage und Bedarf der Kommunen wurden eine Infoveranstaltung für Eigentümer während der Fragebogenaktion abgehalten und/oder Beratungsgespräche für Eigentümer durch die Stadtverwaltung und den beratenden Architekt angeboten. In jedem Fall ist eine begleitende Presse- und Öffentlichkeitsarbeit erforderlich, die Anlass, Ziel und Zweck der Eigentümerbefragung veranschaulicht und zum Themenfeld der aktiven Innenentwicklung mit ihren Vorteilen für Bürger, Eigentümer und Kommune sensibilisiert. Die in Übersicht 2 dargestellte Vorgehensweise bei der Durchführung der Befragung bietet eine gute Gewähr für eine erfolgreiche Eigentümeransprache. Sie wurde außer in den HAI-Modellkommunen bereits in weiteren Städten und Gemeinden erprobt.

Übersicht 2:
Check-Liste zur Durchführung der Eigentümeransprache

- Abstimmung mit Bürgermeister, Verwaltung und politischen Gremien auf Grundlage der vorhandenen Baulückenpotenziale
- Vorbereitung und Begleitung der Eigentümerbefragung durch Presse- und andere Öffentlichkeitsarbeit (z.B. Presseartikel, Pressegespräch, Ankündigung/Artikel im Gemeindeblatt)
- Erstellen und Versand von Fragebogen und Anschreiben des Bürgermeisters
- Durchführung begleitender Veranstaltungen (z.B. Infoabend für Eigentümer)
- Überwachung Rücklauf (ggf. 2. Durchlauf starten, Erfolg versprechend!)
- Auswertung und Dokumentation der Ergebnisse
- Etablierung gezielter Aktivierungsmaßnahmen:
  - Einstellen der Flurstücke mit verkaufsbereiten Eigentümern in vorhandene internetgestützte Grundstücksbörse
  - Aufbau einer internetgestützten Baulückenbörse
  - Erneute Ansprache der Eigentümer mit Beratungsbedarf
  - Anbieten von Terminen an Beratungsnachmittagen mit halbstündiger Beratung durch kommunalen Planer/Architekten

Quelle: Baader Konzept GmbH.

Ergebnisse der Eigentümeransprache

An der Befragung in den drei Modellkommunen haben zwischen 49 und 53 Prozent der angeschriebenen Eigentümer teilgenommen (vgl. Tab. 1). Für eine freiwillige Befragungsaktion sind das sehr gute Rücklaufquoten.

Die Gründe der Eigentümer, warum Baulücken nicht für eine Bebauung genutzt bzw. die Fläche nicht verkauft wird, liegen erwartungsgemäß zum überwiegenden Teil in der Bevorratung für die Nachkommen, der Nutzung als Kapitalanlage und der Gartennutzung.

Ein Viertel der Eigentümer ist bereit zu verkaufen

Als bemerkenswertes Ergebnis ist festzustellen, dass bei bis zu ca. einem Viertel der Eigentümer die Bereitschaft besteht, die Grundstücke zu verkaufen, also die Baulücken dem Markt zur Verfügung zu stellen (z.B. für Aufbau Grundstücksbörse). In geringerem Umfang besteht zudem der Bedarf oder die Bereitschaft, das Grundstück zu tauschen. Der Anteil der Eigentümer, die beabsichtigen, ihr Grundstück in einem überschaubaren Zeitrahmen von bis zu zehn Jahren selbst zu nutzen, variiert stark und lag zwischen sechs Prozent in Gunzenhausen, neun Prozent in Stegaurach und 21 Prozent in Pfullingen.

Beratungsangebote stoßen auf Resonanz

Bei der Öffentlichkeitsarbeit und dem Angebot von weiteren Beratungs- und Informationsterminen verfolgten die Modellkommunen sehr unterschiedliche Konzepte. In Pfullingen wurde auf Wunsch der Stadtverwaltung parallel zur laufenden Befragung eine Infoveranstaltung für Eigentümer im Rathaus angeboten, an der in der Mehrheit verkaufsbereite Grundstückseigentümer teilnahmen. Zusätzlich wurden nach der Befragung für die Eigentümer jeweils halbstündige Beratungstermine mit dem Stadtplaner der Verwaltung bzw. einem freien Architekten durchgeführt. Dieses Beratungsangebot stieß auf große Reso-

nanz; mehr als 30 Beratungsgespräche wurden geführt. Der Beratungsbedarf konzentrierte sich vor allem auf Fragen der zulässigen Bebauung und optimalen Nutzung der Grundstücke, den erzielbaren Grundstückpreis sowie Möglichkeiten des Verkaufs. Gleichzeitig boten die Beratungsgespräche vielfältige Informationen über die Planungs- und Bauabsichten der Eigentümer, die für die Kommune zu neuen, bisher unbekannten Entwicklungsoptionen führen und in der zukünftigen Stadtentwicklungsplanung berücksichtigt werden können.
Den weit größten Anteil der Eigentümer bilden private Grundstückseigentümer – die ebenso wie Einzeleigentümer (bzw. Eigentümerpaare) gegenüber Eigentümergemeinschaften die klare Mehrheit bilden. Übliche Erschwernisse bei der kommunalen Flächenentwicklung, wie die Verhandlung mit Eigentümergemeinschaften, spielen damit bei den klassischen Baulücken nur eine nachgeordnete Rolle.

Tabelle 1: Ergebnisse der Befragung von Baulückeneigentümern im Vergleich

Modellkommunen	Gunzenhausen	Pfullingen	Stegaurach
Anzahl der Baulücken-Flurstücke, deren Eigentümer angeschrieben wurden	185 (100 %)	239 (100 %)	238 (100 %)
Rücklauf	98 (53 %)	132 (55 %)	116 (49 %)
Bereitschaft zum Verkauf	22 (12 %)	64 (27 %)	54 (23 %)
Bereitschaft zum Tausch	13 (7 %)	7 (3 %)	5 (2 %)
Kurzfristig eigene Bebauung	12 (6 %)	50 (21 %)	22 (9 %)
Begleitende Maßnahmen:			
Pressearbeit		x	x
Eigentümerinfoveranstaltung		x	

Quelle: Baader Konzept GmbH.

Eigentümeransprache lohnt sich

Die Ergebnisse aus den drei HAI-Modellkommunen zur Eigentümeransprache zeigen, dass die schriftliche Ansprache von Baulückeneigentümern mit begleitenden Maßnahmen als gezieltes Informations- und Motivationsinstrument für Kommunen und Eigentümer sehr gut geeignet ist und sich im Hinblick auf Beteiligung und Verkaufsbereitschaft auch lohnt. Für den Erfolg des Instruments steht stellvertretend der Ausspruch des Pfullinger Stadtplaners: „Die Kontaktaufnahme mit den Eigentümern der Baulücken hat bei vielen einen Denkprozess in Gang gesetzt, sich mit dem Grundstück und den weiteren Plänen konkret auseinander zu setzen." Damit wurde – neben der Ermittlung einer hohen Verkaufsbereitschaft – als weiterer wesentlicher Beitrag erreicht, private Grundstückseigentümer für Innenentwicklung und nachhaltiges Flächenmanagement zu gewinnen.

Motivation der Eigentümer möglich

Die Durchführung der Befragung setzt einen kommunalpolitischen Kommunikations- und Abstimmungsprozess voraus, der zum Teil zunächst für Aufregung sorgen kann, jedoch letztlich in allen Modellkommunen auf Akzeptanz stieß. Diese Diskussion kann mit dem Satz „Es gab keine bösen Anrufe beim Bürgermeister" auf den Punkt gebracht werden. Dabei überzeugten je Kommune sehr unterschiedliche Argumente. Die Ansprache von privaten Baulückeneigentümern kann als ein wichtiger, aber bisher vernachlässigter Baustein im Aufgabenfeld der aktiven Innenentwicklung uneingeschränkt empfohlen werden.

Literatur

Bayerisches Landesamt für Umwelt (2009): Flächenmanagement in interkommunaler Zusammenarbeit. Abschlussbericht, Augsburg.

Bayerisches Staatsministerium für Landesentwicklung und Umweltfragen und Oberste Baubehörde im Bayerischen Staatsministerium des Innern (2003): Kommunales Flächenressourcen-Management. Arbeitshilfe, 2. überarbeitete und ergänzte Auflage, München.

Kauertz, Christine, und Katharina Koch (2008): Die Zukunft liegt im Bestand – Perspektiven und Handlungsempfehlungen, BWGZ Gemeindetag Baden-Württemberg 21, S. 802–806.

Keppel, Holger, und *Antje Striegnitz* (2006): Innenentwicklung in der kommunalen Praxis. Rottenburger Baulückenbericht 2006, Rottenburg.

Molder, Frank, und *Sabine Müller-Herbers* (2009): Neue Instrumente der Innenentwicklung – Aktivierung von Baulücken und Leerständen, FUB – Flächenmanagement und Bodenordnung, H. 6/2009, S. 64–270.

Müller-Herbers, Sabine, und *Frank Molder* (2009): Eigentümeransprache lohnt sich, in: Stephanie Bock, Ajo Hinzen und Jens Libbe (Hrsg.): Nachhaltiges Flächenmanagement in der Praxis erfolgreich kommunizieren. Ansätze und Beispiele aus dem Förderschwerpunkt REFINA, Beiträge aus der REFINA-Forschung, Reihe REFINA Band IV, Berlin, S. 67–76.

Müller-Herbers, Sabine, und *Frank Molder* (2008): Neue Handlungshilfen für eine aktive Innenentwicklung (HAI) – Ergebnisse, Tagungsband zum REFINA-Workshop der Vier-Länder-Arbeitsgemeinschaft „Flächenmanagement und Flächenrecycling in Umbruchregionen", Hof.

Umweltministerium Baden-Württemberg und *Bayerisches Staatsministerium für Umwelt und Gesundheit* (Hrsg.) (2008): Kleine Lücken – Große Wirkung. Baulücken, das unterschätzte Potenzial der Innenentwicklung (Konzept: Baader Konzept GmbH, Broschüre für Bürger und Kommunen, www.hai-info.net/HAI_Folder_090109.pdf)

Muster-Fragebögen und -Anschreiben und weitere Informationen zur Eigentümeransprache:
www.hai-info.netwww.flaechensparen.bayern.de
www.flaechenmanagement.baden-wuerttemberg.de

C 2.1.2 Gestaltung langfristiger Perspektiven des Quartiers gemeinsam mit Wohnungseigentümern

Patricia Jacob, Jörg Knieling

REFINA-Forschungsvorhaben: Nachfrageorientiertes Nutzungszyklus-Management

Verbundkoordination und Projektleitung:	HafenCity Universität Hamburg: Prof. Jörg Knieling
Projektpartner:	Georg-August-Universität Göttingen; Institut für sozial-ökologische Forschung, Frankfurt; Team Ewen, Darmstadt
Modellkommunen:	Göttingen (NI), Kiel (SH)
Partnerkommunen:	Bensheim, Braunschweig, Darmstadt, Hamburg
Projektwebsite:	www.nzm.hcu-hamburg.de

Die Bestandsentwicklung ist ein fester Bestandteil von Strategien zum Flächensparen: Nur wenn die vorhandenen Quartiere den Wünschen der Nachfrager gerecht werden, kann es gelingen, Neubau auf bisher unerschlossenen Flächen zu verringern. Gerade in stagnierenden und schrumpfenden Regionen geht es dabei nicht nur darum, den Wohnraumbedarf quantitativ zu decken, sondern vor allem auch darum, den qualitativen Anforderungen an Ausstattung, Grundrisse und Wohnumfeld nachzukommen.

Quartierserneuerung als Chance

In Westdeutschland befinden sich derzeit viele Quartiere der 1950er- bis 1970er-Jahre in einer Umbruchsituation, die Chancen zur Erneuerung bietet. Die Gebäude sind gealtert und weisen einen hohen Modernisierungsbedarf auf. Aufgrund des zugleich auch hohen Alters der Bewohnerinnen und Bewohner hat vielfach ein Generationswechsel eingesetzt. Zugleich dünnen Einzelhandel und andere Versorgungsangebote aus, und die großzügigen Freiflächen weisen durch ihre mangelnde Gestaltung oft wenig Aufenthaltsqualität auf.
Eine integrierte Quartierserneuerung beruht auf abgestimmten Maßnahmen der verschiedenen Akteure. Dabei ist die Bereitschaft der Wohnungseigentümer, in die Gebäudesubstanz und das Wohnumfeld zu investieren, von besonderer Bedeutung. Die Fragestellung lautet daher: Wie können die verschiedenen Eigentümergruppen für eine präventive Bestandsentwicklung gewonnen werden?

Wohnungseigentümer: eine heterogene Akteursgruppe

Bei den Wohnungseigentümern handelt es sich keineswegs um eine homogene Gruppe. Städtische Wohnungsunternehmen, Fondsgesellschaften und private Einzeleigentümer unterscheiden sich in Interessen, Handlungsmöglichkeiten und ihrer Beziehung zur Stadtverwaltung.

- Bei *privaten Eigentümern* handelt es sich um Einzelpersonen/Paare, Erbengemeinschaften oder Wohneigentümergemeinschaften. Sie investieren in erster Linie aus steuerlichen Gründen, zur Selbstversorgung, zur Altersvorsorge und als Vermögensanlage. Nach der Art der Verwaltung unterscheidet man Amateuranbieter, nicht selbst verwaltende Anbieter und professionelle private Anbieter.

- *Kommunale Wohnungsunternehmen* führen eine Geschäftspolitik zwischen Wirtschaftlichkeit und sozialem Auftrag, d.h. zum einen erwirtschaften sie Gewinne für den kommunalen Haushalt, zum anderen leisten sie einen Beitrag bei der Quartiersstabilisierung und übernehmen eine tragende Rolle bei der Wohnraumversorgung von gesellschaftlich benachteiligten Gruppen.
- *Genossenschaften* sind im Vergleich zu anderen Wohnungsunternehmen überwiegend relativ klein und verfügen über geringere Finanzkraft. Als Unternehmensziele verfolgen sie die Bereitstellung von Wohnraum für die Mitglieder und den dauerhaften Erhalt der Bestände.
- *Kapitalanlagegesellschaften* sind Unternehmen, die Immobilienfonds auflegen und verwalten. Im Gegensatz zu langfristig operierenden Investoren, die ihre Bestände wertorientiert im Hinblick auf Mieterträge bewirtschaften, besteht die Zielsetzung in der Regel darin, durch Wiederverkauf kurz- bis mittelfristig Gewinne zu maximieren.

Eigentümerstruktur im Quartier

Eigentümerstruktur beeinflusst den Kommunikationsprozess

Die Zusammensetzung der Eigentümerstruktur im Quartier hat wesentlichen Einfluss auf den Kommunikationsprozess. Neben der Art der Eigentümer spielen noch andere Faktoren eine Rolle:

- Kooperationsprozesse lassen sich einfacher einleiten, wenn auf bestehende Kontakte zwischen Wohnungsunternehmen und Kommunalverwaltung aufgebaut werden kann. Etablierte, kontinuierliche Kontakte bestehen vor allem zwischen den Verwaltungseinheiten für Wohnen und den Unternehmen, die Wohnungen mit Belegungsbindung im Portfolio haben.
- Wenn Eigentümer im Gebiet nur über kleine Bestände verfügen, ist für jeden Einzelnen die Relevanz des Gebiets wirtschaftlich gesehen geringer – und entsprechend auch die Bereitschaft, Arbeitszeit in Kooperationsgespräche zu investieren. Zudem müssen bei zersplitterten Beständen sehr viele Akteure zusammengebracht werden, was den Kooperationsaufwand erhöht.
- Für kooperatives Handeln vor Ort sind lokale Ansprechpartner von Vorteil, die Kenntnisse über das Quartier und ihre dortigen Wohnungsbestände haben. Zudem kann bei lokal ansässigen Wohnungsunternehmen oder Privateigentümern, die im Quartier wohnen, von einem Eigeninteresse ausgegangen werden, dass sich die Stadt und das Quartier positiv entwickeln.
- Um verbindliche Ergebnisse im Kommunikationsprozess zu erzielen, werden Repräsentanten der Eigentümer benötigt, die über Entscheidungsbefugnis verfügen, um beispielsweise Investitionsverpflichtungen eingehen zu können. Dies ist bei Verwaltern im Auftrag von Privateigentümern und bei Einheiten überregionaler Kapitalgesellschaften nur eingeschränkt gegeben.

Kooperation zwischen Stadtverwaltung und Gebäudeeigentümern

Abbildung 3:
Instrumente des Nutzungszyklus-Managment

Quelle: Bizer u.a. (Hrsg.) 2010, S. 105.

Um langfristige Perspektiven für ein Quartier zu entwickeln, ist ein Kommunikations- und Kooperationsprozess zwischen Stadtverwaltung und Eigentümern nötig. Er umfasst die drei Phasen Information und Analyse, kommunikative Entscheidungsvorbereitung und operative Quartiersentwicklung.

Ziele	*Was ist?* **Information und Analyse**	➜	*Was soll sein?* **Strategische Entscheidungs-vorbereitung**	➜	*Wie erreichen?* **Operative Quartiers-Entwicklung**	
Verfahren, Instrumente, Produkte	durch • Monitoring • Wanderungs-motiv-befragung (bei Bedarf)	» Strategische Entscheidungen »	durch z.B. • Szenarien • Leitbilder • Scoring-methode • Planungs-werkstatt	» Maßnahmen-katalog »	z.B. • Organisations-entwicklung • Finanzhilfen • Vereinbarungen, Verträge • Kommunikation • regulative Instrumente • Branding, Vermarktung	» Projekte im Quartier und langfristige Sicherung
Beteiligte	• Stadt • Wohnungsbau-gesellschaften		• Stadt • Wohnungsbaugesellschaften • Bewohner, Eigentümer • Akteure aus dem Quartier			

- *Information und Analyse* haben zum Ziel, zwischen den Beteiligten Wissen über das Quartier auszutauschen und einen gemeinsamen Informationsstand zu erreichen.
- Die Phase der *kommunikativen Entscheidungsvorbereitung* dient dazu, gemeinsam Entwicklungsziele und eine Zukunftsvorstellung für das Quartier zu entwickeln, aus der sich Handlungskonzepte ableiten lassen.
- In der Phase der *operativen Quartiersentwicklung* werden Projekte und Maßnahmen realisiert.

Impuls, aktiv zu werden

Der Impuls, in einem Quartier aktiv zu werden, kann sowohl von der Wohnungswirtschaft als auch von der Stadtverwaltung kommen. Die Wohnungswirtschaft wird besonders dann aktiv, wenn es ein engagiertes Unternehmen gibt, das in einem Quartier einen sehr hohen Anteil an Wohnungen hat und Strategien für die Zukunftssicherung dieser Bestände entwickelt. Die Kommunalverwaltung ist als Impulsgeber und Vermittler v.a. gefragt, wenn es viele verschiedene institutionelle Eigentümer oder vorrangig private Eigentümer gibt.
Der Informationsaustausch eignet sich, um Kontakte aufzubauen, einen möglichst großen Anteil der Eigentümer in den Dialog um die Zukunft des Quartiers einzubeziehen und durch den regelmäßigen unverbindlichen Austausch eine Vertrauensbasis und Gesprächskultur zu schaffen, welche die Grundlage für die kommenden Phasen bildet. Bei der Entwicklung von Leitbildern und Handlungskonzepten kristallisiert sich heraus, ob eine Einigung auf gemeinsame

Maßnahmen möglich ist, wie ein entsprechender Konsens aussehen könnte und ob er finanzierbar ist. In der Umsetzungsphase ist jeder Akteur wieder mehr auf sich allein gestellt. Hier sind eine klare Aufgaben- und Rollenverteilung zwischen den Partnern sowie eine vertragliche Absicherung der Verpflichtungen notwendig.
Bezogen auf die Zahl der Beteiligten und die Intensität der Kooperation empfiehlt sich eine abgestufte Vorgehensweise mit dem Ziel, den Anteil der mobilisierten Eigentümer schrittweise zu erhöhen und einen möglichst großen Anteil der Eigentümer für zeitnahe Modernisierungsinvestitionen in ihren Beständen zu gewinnen.

Empfehlungen für die Zusammenarbeit von Kommune und Wohnungsunternehmen

Vor dem Hintergrund von Erfahrungen aus dem Forschungsprojekt NZM[1] und aus dem Stadtumbau[2] zeigen sich Hemmnisse und Voraussetzungen, die bei der Kommunikation mit Wohnungseigentümern bedacht werden sollten:

- Vorbehalte abbauen: Angesichts fehlender Kontakte oder aufgrund negativer Erfahrungen kann es zwischen Wohnungswirtschaft und Kommune oder zwischen Wohnungsunternehmen und Kapitalanlagegesellschaften Vorbehalte gegen eine Zusammenarbeit geben. Diese können durch eine kontinuierliche Gesprächskultur abgebaut werden.
- Gemeinsame Positionen ausloten: Bevor konkrete Handlungsmöglichkeiten diskutiert werden können, müssen im Kommunikationsprozess zunächst grundsätzliche Interessenlagen und Handlungsspielräume ausgelotet und offengelegt werden. Während die Wohnungsunternehmen Positionen und Möglichkeiten der anderen Unternehmen gut einschätzen können, ist dieses Verständnis zwischen Kommune und Wohnungswirtschaft oft weniger gegeben.
- Kooperationsanreize bieten: Um alle Partner zu Gesprächen zu bewegen, sind Anreize hilfreich. Dabei kann es sich z.B. um Informationen über das Quartier oder über die weiteren Eigentümer oder um ein Entgegenkommen der Kommune bei einzelnen Anliegen handeln.
- Investitionssicherheit gewährleisten: Eigentümer erwarten Informationen darüber, was die Kommune langfristig in dem Quartier bzw. dem Stadtteil plant. In schrumpfenden und stagnierenden Räumen ist diese Perspektive für die Eigentümer besonders wichtig, um zu entscheiden, ob sich Investitionen zukünftig auszahlen werden.
- Dauerhaftigkeit signalisieren: Vertrauen zwischen den beteiligten Akteuren entsteht in Kommunikationsprozessen erst über einen längeren Zeitraum.

1 Kommunikationsprozess mit den Wohnungsunternehmen in den Modellquartieren Göttingen-Leineberg und Kiel-Suchsdorf (Auftaktveranstaltung, Datenabfrage für Quartiersmonitoring, Szenarioworkshop) im Zeitraum September 2006 bis April 2008 und Planspiel „Experiment Kooperation – Bestand gemeinsam entwickeln" mit Vertreterinnen und Vertretern der Wohnungsunternehmen und Kommunalverwaltungen aus Braunschweig, Göttingen und Kiel im Dezember 2008.

2 Stadtumbau West, unter anderem 5. Projektwerkstatt „Zusammenarbeit von Wohnungswirtschaft und Kommune beim Umbau von Wohnquartieren" (April 2005).

Wenn die Beteiligten wissen, dass die Zusammenarbeit langfristig angelegt ist, werden Kompromisse mit Hilfe von Koppelgeschäften und Paketlösungen erleichtert.

Da bei der präventiven Bestandserneuerung finanzielle Anreize vonseiten der öffentlichen Hand und hoheitliche Eingriffsmöglichkeiten nur eingeschränkt zur Verfügung stehen, kommen der Information und der Überzeugungsarbeit eine wichtige Rolle zu. Dementsprechend sollte die Kommune gegenüber den Wohnungsunternehmen motivierend, vermittelnd und moderierend auftreten und sie als gleichberechtigte Partner anerkennen.

Literatur

Bundesamt für Bauwesen und Raumordnung (BBR) (Hrsg.) (2007a): Private Eigentümer im Stadtumbau. Viele einzelne Eigentümer und unterschiedliche Eigentumsverhältnisse: Chance oder Hemmnis beim Stadtumbau West?, Bonn (Werkstatt Praxis, Bd. 47).

Bundesamt für Bauwesen und Raumordnung (BBR) (Hrsg.) (2007b): Veränderung der Anbieterstruktur im deutschen Wohnungsmarkt, Bonn (Forschungen, Bd. 124).

Bizer, Kilian, Christoph Ewen, Jörg Knieling, Immanuel Stieß (Hrsg.) (2009): Zukunftsvorsorge in Stadtquartieren durch Nutzungszyklus-Management. Qualitäten entwickeln und Flächen sparen in Stadt und Region, Detmold.

Bizer, Kilian, Christoph Ewen, Jörg Knieling, Immanuel Stieß (Hrsg.) (2009): Zukunftsvorsorge in Stadtquartieren – Der NZM-Werkzeugkoffer, Detmold.

Dappen, Claudia, und *Jörg Knieling* (2008): Städte im Wandel. Management von Wohnquartieren der 1950er–1970er Jahre, in: PlanerIn, H. 2, S. 28–30.

Dransfeld, Egbert, und *Petra Pfeiffer* (2005): Zusammenarbeit von Kommunen und Privaten im Rahmen des Stadtumbaus, Dortmund.

Institut für Landes- und Stadtentwicklungsforschung (ILS) (Hrsg.) (2007): Kommunen und Wohnungsunternehmen gemeinsam für das Quartier – das Beispiel Dortmund-Clarenberg. Dokumentation der Veranstaltung am 30.11.2006 in Dortmund, Dortmund.

Jacob, Patricia, und *Jörg Knieling* (2009): Kommunikation mit Gebäudeeigentümern – Flächenmanagement durch präventive Bestandsentwicklung von Wohnquartieren der 1950er- bis 70er-Jahre, in: Stephanie Bock, Ajo Hinzen und Jens Libbe (Hrsg.): Nachhaltiges Flächenmanagement in der Praxis erfolgreich kommunizieren. Ansätze und Beispiele aus dem Förderschwerpunkt REFINA, Beiträge aus der REFINA-Forschung, Reihe REFINA Band IV, Berlin, S. 77–86.

Kurth, Detlef (2004): Strategien der präventiven Stadterneuerung. Weiterentwicklung von Strategien der Sanierung, des Stadtumbaus und der sozialen Stadt zu einem Konzept der Stadtpflege für Berlin, Dortmund.

Wohnungsbauförderungsanstalt Nordrhein-Westfalen (Wfa) (Hrsg.) (2006): Die Zukunft kommunaler Wohnungspolitik – Auf dem Weg zu neuen Partnerschaften? Dokumentation der Fachtagung am 1. Juni 2006, Düsseldorf.

C 2.1.3 Informationsaustausch zwischen Kommune, Flächeneigentümern und Immobilienmaklern

Busso Grabow, Daniel Zwicker-Schwarm, Stefan Blümling

REFINA-Forschungsvorhaben: Flächen ins Netz – Aktivierung von Gewerbeflächenpotenzialen durch E-Government (FLITZ)

Projektleitung:	Deutsches Institut für Urbanistik gGmbH: Dr. Busso Grabow
Projektpartner:	GEFAK – Gesellschaft für angewandte Kommunalforschung mbH: Dr. Stefan Blümling
Partnerkommune:	Gera (TH)
Projektwebsite:	www.refina-info.de/projekte/anzeige.phtml?id=3141

Hintergrund

E-Government als Instrument

Für ein nachhaltiges Flächenmanagement spielt die bessere Nutzung und Wiederverwertung von Gewerbeflächen im Bestand eine wichtige Rolle. Damit gewerbliche Brachflächen, Baulücken, Reservegrundstücke und untergenutzte Grundstücke „aktiviert" und wiedergenutzt oder intensiver genutzt werden können, ist die Kommunikation zwischen Kommune, Flächeneigentümern und potenziellen Nutzern von großer Bedeutung. Im Rahmen des REFINA-Projekts „Flächen ins Netz (FLITZ)" wurde vor diesem Hintergrund ein funktionierender Unternehmensservice für Gewerbeflächen und -objekte aufgebaut.
Instrument dafür ist im Wesentlichen eine E-Government-Lösung (Softwarelösung, Web-Portal), die zur Vermarktung bzw. Wiedernutzung dieser Flächen beitragen kann. Flankiert wird diese Lösung durch organisatorische Anpassungen und Prozessoptimierungen.
Die Ausgangssituation in der Fallstudienstadt Gera war von folgenden Faktoren gekennzeichnet:

- Es gibt eine deutliche lokale/regionale Nachfrage nach „kleinen" Flächen und Objekten, die teilweise nicht gedeckt werden kann,
- untergenutzte Flächen und Immobilien, die eine wichtige Rolle bei der Gewerbeflächenentwicklung spielen können, sind kaum bekannt,
- ein gewisser Teil der Brachflächen wäre mittelfristig aktivierbar,
- viele potenzielle Anbieter von Gewerbeflächen und -objekten werden nicht aktiv,
- es gibt bisher keine systematischen Informationen über Flächennachfrage und Flächenangebote, keine ausreichenden Informationsschnittstellen zwischen den relevanten Fachdiensten und wenig IT-Unterstützung,
- relevante Flächen sind kaum in den Datenbanken enthalten und im Internet „sichtbar".

Die im Rahmen des Projekts prototypisch entwickelte E-Government-Lösung bietet unter anderem zwei Zugänge zur Flächenvermittlung: ein lokales/regionales Portal für die ansässigen Eigentümer und Unternehmen als „maßgeschneiderte" Lösung sowie Schnittstellen zur Nutzung überregionaler Immobilienportale für die überregionale Sichtbarkeit und Standortpräsenz.

Relevante Akteure bei der Aktivierung von Gewerbeflächenpotenzialen

Die Aktivierung von Gewerbeflächenpotenzialen ist nur durch das Zusammenwirken verschiedener Akteure möglich (vgl. Abb. 4). Diese unterscheiden sich erheblich in ihren jeweiligen Interessen und Handlungsorientierungen, Funktionen und Rollen (vgl. BBR 2004). Gleichzeitig haben sie auch unterschiedliche Informationsbedürfnisse.

Abbildung 4:
Relevante Akteure bei der Aktivierung von Gewerbeflächenpotenzialen

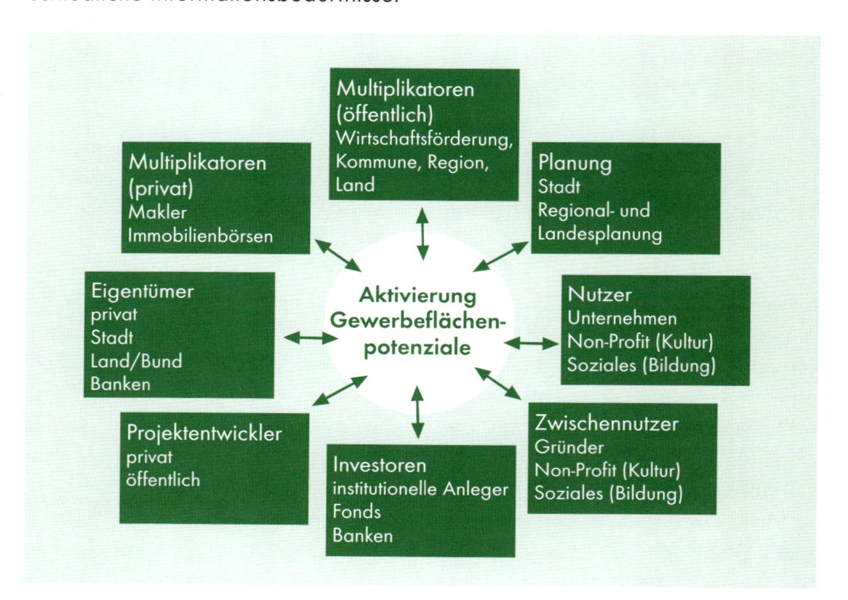

Quelle: Eigene Darstellung.

Die äußerst heterogene Gruppe der Grundstückseigentümer muss motiviert werden, an Aktivitäten der Wiedernutzung (Tätigung von Investitionen, Entwicklung von Nutzungs- und Vermarktungskonzepten, Grundstücksverkauf) mitzuwirken.
In Kommunen als Träger der örtlichen Verwaltung muss in allen relevanten Ämtern das Bewusstsein für die Bedeutung der Aktivierung von Gewerbeflächenpotenzialen bestehen bzw. geschaffen werden. Notwendig ist auch eine gute Koordination und Kooperation.
Die jeweils spezifischen Bedürfnisse der Unternehmen als potenzielle Nutzer von Gewerbeflächenpotenzialen müssen sichtbar und kommuniziert werden, um Angebote entsprechend ausrichten zu können. Für bestimmte Gruppen sollten verstärkt auch temporäre Zwischennutzungen geprüft werden (Flacke 2006, S. 224; BBR 2008).
In einer bundesweiten Kommunalumfrage im Rahmen des Projekts wurden u.a. die Rollen und Beiträge unterschiedlicher Akteure bei der IT- und internetgestützten Erfassung und Vermarktung von Gewerbeflächen erfasst (Zwicker-

Schwarm/Grabow/Seidel-Schulze 2009). Es zeigt sich, dass die Kommunen neben ihren eigenen Flächen in knapp 30 Prozent aller Fälle auch Flächen und Immobilien anderer Eigentümer umfangreich in ihre Datenbanken aufnehmen und im Internet (mit)vermarkten.
Neben der Wirtschaftsförderung wirken teilweise noch das Liegenschaftsamt und die Stadtplanung bei der Erfassung der Flächen und Immobilien mit. Außerhalb der Verwaltung sind Eigentümer und die Immobilienwirtschaft in jeweils rund 40 Prozent der Kommunen an der Dateneingabe beteiligt. Hauptnutzer der Daten ist neben der Kommune selber die private Immobilienwirtschaft (in 60 Prozent der Städte).
Meistens werden Flächen auch über die kommunalen Internetportale vermarktet. Zwei Drittel aller Kommunen liefern Daten auch in andere öffentliche Portale. Nur 15 Prozent aller Kommunen nutzen dagegen private Immobilienportale zur Bewerbung und Vermarktung ihrer Gewerbeflächen.

Akteure, Rollen und Interessen in der Stadt Gera

Zu den wesentlichen Akteuren gehören auf der kommunalen Seite:

- Fachdienst Wirtschaftsförderung und Stadtentwicklung (Ansprechpartner in Fragen zu Gewerbeflächen und -objekten, Nutzung und Pflege des Wirtschaftsinformationssystems KWIS, Zuständigkeit für das Projekt FLITZ),
- Fachdienst Stadterneuerung (Flächennutzungsplanung mit klaren Leitlinien für den Umgang mit Fläche, Erfassung und detaillierte Ausweisung von Brachflächen, GIS),
- EDV/Steuerungsunterstützung (E-Government-Aktivitäten, Zuständigkeit für die regionale Initiative „Regionales Internetportal Ostthüringen"),
- Zentrale Grundstücks- und Gebäudewirtschaft (ZGGW) (Eigenbetrieb der Stadt Gera, Verwaltung der städtischen Grundstücke und Gebäude, Vermarktung der städtischen Immobilienangebote).

Die wichtigsten Akteure auf privater Seite lassen sich in vier Gruppen unterteilen:

- Immobilienmakler: Im Bereich Gewerbeimmobilien sind im Wesentlichen vier Makler aktiv (einschließlich der Kreissparkasse).
- Immobilieneigentümer: Großflächige Gewerbepotenziale im Bestand werden sowohl von privaten und öffentlichen (z.B. LEG Thüringen, TLG) Immobilienunternehmen gehalten als auch von Unternehmen und Privatpersonen, deren Hauptaktivitäten nicht im Immobilienbereich liegen und die oftmals Teilflächen der Immobilien selbst nutzen.
- Kammern: Insbesondere die IHK bietet ihren Mitgliedern Beratung und gewisse Serviceleistungen im Bereich Standortsuche und Marktberichterstattung an.
- Weitere Akteure der Planung und Wirtschaftsförderung wie das Technologie- und Gründerzentrums Gera, die Regionale Planungsgemeinschaft Ostthüringen und die LEG Thüringen (Flächeneigentümerin, Landeswirtschaftsförderung).

Pflege gewerbeflächenbezogener Daten

Einheitliche Einschätzung aller Beteiligten war, dass die Eingabe und Pflege gewerbeflächenbezogener Daten auf verschiedene interne und externe Akteure verteilt sein sollte. Wesentliches Erfolgskriterium des IT-gestützten Unternehmensservice ist offensichtlich eine verbesserte Koordinierung der relevanten Akteure:

- verwaltungsintern, indem sich die verschiedenen Fachdienste über eine Strategie zur Aktivierung der Bestandsflächen abstimmen,
- mit privaten Akteuren, indem Flächeneigentümer, Makler, Investoren aktiv in die Mobilisierung der Bestandsflächen miteinbezogen werden.

Weitere Erfolgskriterien sind, dass es engagierte „Treiber" des Vorhabens in der Verwaltung gibt, die Kooperation und Informationsaustausch immer wieder einfordern, dass feste Arbeitsgruppen vereinbart werden und dass ein überzeugender Informationsgewinn bei allen Beteiligten zu verzeichnen ist.
Bei der Kommunikation zwischen Stadt und Externen sind der regelmäßige Austausch über die jeweiligen Interessenlagen und die Schaffung einer funktionierenden Kommunikationsinfrastruktur (physische Treffen und Online-Service) wichtig. Trotz des Erzielens einer Win-win-Situation für alle Beteiligten war es ergänzend sehr hilfreich, einen Anstoßeffekt durch externe Fördermittel zu erwirken und durch externe Moderation den Austausch zwischen den Akteuren „anzuschieben".

Technische und organisatorische Lösung zur Kommunikationsunterstützung

Die Kommunikationsunterstützung bezieht sich auf die beiden wichtigen Aspekte des Austauschs von Information (Daten) und Wissen. Diesbezüglich war vor Projektbeginn in Gera die Ausgangslage, dass die Informationen zu Geraer Gewerbe-Immobilienangeboten auf verschiedene Akteure und Datenbanken verteilt waren:

- Stadtverwaltung (Fachdienst Wirtschaftsförderung und Stadtentwicklung sowie der Eigenbetrieb Zentrale Grundstücks- und Gebäudewirtschaft),
- örtliche Makler (hier wird unterschiedliche Maklersoftware verwendet),
- Internetportale (Stadt Gera, Ostthüringen-Portal, LEG).

Dies hat zur Konsequenz, dass

- es keinen Gesamtüberblick über die vermarktbaren städtischen und privaten Immobilienangebote gibt,
- ein erhöhter Erfassungs- und Aktualisierungsaufwand betrieben werden muss, um die Mehrfach-Datenhaltung aufrecht zu erhalten,
- die Gewerbetreibenden sich an verschiedenen Stellen über die Immobilienangebote informieren müssen, um einen Gesamtüberblick zu erhalten.

Ferner ist das Wissen um die Immobilienbedarfe der Gewerbetreibenden an verschiedenen Stellen verortet, die entweder gar nicht oder nur sporadisch in Austausch treten. Unter diesen Bedingungen ist eine systematische, auf die Bedarfe abgestellte Ausrichtung des Immobilienangebotes kaum möglich.

Intelligente Lösungen zur Kommunikationsunterstützung

Im Rahmen des Projektes ging es deshalb darum, durch intelligente technische Lösungen die Informationslage zu vereinheitlichen und die Transparenz auf dem Gewerbeimmobilienmarkt auf Angebots- und Nachfrageseite durch verschiedene Instrumente deutlich zu verbessern:

- Schaffung einer einheitlichen Informationsbasis für sämtliche Immobilienangebote der Stadt, der Makler und der privaten Anbieter. Die Angebote werden in einer zentralen Datenbank zusammengezogen, die im Fachdienst Wirtschaftsförderung und Stadtentwicklung gepflegt wird.

- Web-Inserierung der aktiven Immobilienangebote aus dieser Datenbank auf einem neuen Gewerbeimmobilienportal unter www.gera.de. Das Portal bietet privaten Anbietern eine Online-Eingabe ihrer Angebote an; die Makler stellen ihre Angebote über eine Standard-Schnittstelle ins Portal. Die Redaktion sämtlicher eingehender Angebote obliegt der Wirtschaftsförderung der Stadt.
- Auswertung der über das Online-Portal getätigten Immobilien-Suchen als Basis für die zukünftige Ausrichtung des Immobilienangebotes.

Literatur

Bundesamt für Bauwesen und Raumordnung (BBR) (Hrsg.) (2004): Flächenrecycling in suburbanen Räumen. Akteursorientierte Handlungsstrategien und Arbeitshilfen (Imagebroschüre), Bonn.

Bundesamt für Bauwesen und Raumordnung (BBR) (Hrsg.) (2008): Zwischennutzungen und Nischen im Städtebau als Beitrag für eine nachhaltige Stadtentwicklung, Reihe Werkstatt Praxis, Bd. 57, Bonn.

Ferber, Uwe (2006): Privatwirtschaftliche Akteure und Wiedernutzung von Brachflächen (Expertise). Eine Expertise des ExWoSt-Forschungsfeldes Kreislaufwirtschaft in der städtischen/stadtregionalen Flächennutzung – Fläche im Kreis, Berlin.

Flacke, Johannes (2006): Ein Kommunikationskonzept für das Flächenrecycling in suburbanen Räumen, in: Bundesamt für Bauwesen und Raumordnung (BBR) (Hrsg.): MehrWert für Mensch und Stadt: Flächenrecycling in Stadtumbauregionen, Freiberg, S. 222–226.

Zwicker-Schwarm, Daniel, Busso Grabow, Antje Seidel-Schulze (2009): Flächen im Netz: IT-gestützte Erfassung und Vermarktung von Gewerbeimmobilien in deutschen Kommunen, Difu-Paper, Berlin.

C 2.1.4 Private Haushalte als Zielgruppe in der Wohnstandortberatung

Joachim Scheiner, Uta Bauer, Christian Holz-Rau, Heike Wohltmann

REFINA-Forschungsvorhaben: Integrierte Wohnstandortberatung als Beitrag zur Reduzierung der Flächeninanspruchnahme

Verbundkoordination:	Technische Universität Dortmund, Fachgebiet Verkehrswesen und Verkehrsplanung
Projektleitung:	Prof. Dr.-Ing. Christian Holz-Rau
Projektpartner:	Technische Universität Dortmund, Fachgebiet Verkehrswesen und Verkehrsplanung; Technische Universität Dortmund, Institut für Raumplanung; Büro für integrierte Planung Berlin; plan-werkStadt – büro für stadtplanung & beratung Bremen; Arbeitsgemeinschaft Jürgen Lembcke und Susann Liepe, Berater für Stadtentwicklung und Wirtschaft; Landeshauptstadt Schwerin; Stadt Wilhelmshaven
Modellraum/Modellstädte:	Landeshauptstadt Schwerin (MV), Stadt Wilhelmshaven (NI)
Projektwebsites:	www.wohnstandortberatung.de, www.schwerin.wohnstandort.info, www.wilhelmshaven.wohnstandort.info

Einleitung

Private Haushalte wurden in den vergangenen Jahren in zunehmendem Maße zur Zielgruppe „individualisierter" planerischer und raumordnungspolitischer Ansätze. Damit sind Ansätze gemeint, die nicht auf die Gesamtbevölkerung oder große Teile davon wirken (wie etwa die Flächennutzungsplanung), sondern versuchen, private Haushalte „dort abzuholen, wo sie sind" und ihren Alltag, ihre konkrete Lebenssituation, ihre Wünsche, Vorstellungen und Präferenzen einzubeziehen. Dafür eignen sich maßgeschneiderte, meist zielgruppenspezifische Angebote, die auf individueller Kommunikation, Information, Bewusstseinsbildung oder auch dem Einüben von Verhalten beruhen.
Solche Angebote werden inzwischen im Bereich Mobilität in größerem Umfang erprobt. Bei diesen Angeboten bleibt allerdings die der Alltagsmobilität vorgelagerte Entscheidung über einen bestimmten Wohnstandort außer Betracht. Der Haushalt hat normalerweise zum Zeitpunkt der Anmeldung eines Wohnsitzes bereits seine Entscheidung über einen Standort getroffen, die mit vielen Konsequenzen für ihn selbst sowie für die gesamte räumliche und kommunale Entwicklung verbunden ist: mit einem besseren oder schlechteren ÖPNV-Anschluss, mit einem größeren oder kleineren Grundstück und der damit verbundenen Flä-

cheninanspruchnahme, mit einer längeren oder kürzeren Entfernung zum Arbeitsplatz, zur Schule der Kinder oder zum Einkaufszentrum und den damit einhergehenden Folgen für Flächeninanspruchnahme und Verkehr.

Ziel und Angebot der Wohnstandortinfo

Im Rahmen des Projekts „Integrierte Wohnstandortberatung" wurde das Angebot der „Wohnstandortinfo" entwickelt. Dieses hat zum Ziel, privaten Haushalten schon während ihrer Wohnungssuche – also im Vorfeld ihrer Wohnstandortentscheidung – Informationen über die Konsequenzen ihrer Entscheidung zu geben. Dafür wurden in den Modellstädten Schwerin und Wilhelmshaven persönliche Beratungsstellen eingerichtet sowie ein GIS-basiertes Wohnstandortinformationssystem im Internet entwickelt (Kap. **D 1.4**). Mit diesen Instrumenten können sich wohnungssuchende Haushalte entweder persönlich oder im Internet über die räumliche Struktur der Städte informieren und sich nach persönlichen Kriterien ermittelte Standorte empfehlen lassen. Auch die kombinierte Nutzung beider Instrumente ist möglich.

Zielgruppen der Wohnstandortinfo

Differenzierung von Wohnstandortpräferenzen

Wohnbedürfnisse sind ebenso wie Informationsbedarfe hochgradig differenziert – vermutlich gibt es keine zwei Haushalte mit genau den gleichen Wohnbedürfnissen. Insofern ist die Definition von Zielgruppen in diesem Kontext schwierig und nur mit großen Unschärfen möglich. Im Projekt zeigte sich darüber hinaus, dass aufgrund lokaler Besonderheiten in der Wirtschaftsstruktur erhebliche Unterschiede in der mengenmäßigen Relevanz bestimmter Zuzugsgruppen bestehen (z.B. Marinestandort Wilhelmshaven, Standort der Landesregierung Schwerin). Ohne Berücksichtigung solcher lokaler Besonderheiten hat sich nach einem groben Schema die Unterscheidung folgender Zielgruppen als wichtig herausgestellt:

a) nach der Umzugsdistanz bzw. dem potenziell gesuchten Standort („Wanderungstypen"):
- Fernzuzügler
- Zuzügler aus dem Umland
- Binnenwanderer und unspezifisch Suchende (in diesem Projekt von geringer Priorität)
- potenzielle Umlandwanderer

b) nach einer soziodemografischen Typologie der Haushalte (Haushaltstypen):
- Familien (mit Kindern)
- jüngere Paare und Alleinstehende (ohne Kinder)
- ältere Paare und Alleinstehende (ohne Kinder)

Daraus lassen sich je nach lokaler Situation und Leitbildern einer Kommune prioritäre Zielgruppen identifizieren (Übersicht 3), für die spezifische Strategien entwickelt werden können.
Dabei zielt die soziodemografische Unterscheidung in erster Linie auf die Differenzierung typischer Wohnstandortpräferenzen. So ist es aus der Wanderungsforschung bekannt, dass Familien tendenziell nach sicheren, grünen, eher

peripheren als zentralen Wohnstandorten suchen, an denen große Wohnflächen zu moderaten Preisen realisierbar sind. Dagegen bevorzugen jüngere Singles und Paare ohne Kinder eher zentrale Lagen mit anregendem, urbanem Umfeld und vielen Aktivitätsgelegenheiten.

Übersicht 3:
Zielgruppen der Wohnstandortberatung mit Prioritäten (exemplarisch)

	Haushaltstypen		
Wanderungstypen	**Familien (mit Kindern)**	**Jüngere Paare und Alleinstehende (ohne Kinder)**	**Ältere Paare und Alleinstehende (ohne Kinder)**
Fernzuzügler	+	+	-
Zuzügler aus dem Umland	-	+	+
Binnenwanderer	-	-	-
Potenzielle Umlandwanderer	+	0	-

Prioritäten:
+ hoch, 0 mittel, - niedrig. Die Prioritäten sind beispielhaft zu verstehen und geben nicht die Prioritäten der Modellstädte des Projekts an.

Quelle: Eigene Darstellung.

Unterscheidung von Wanderungstypen

Die Unterscheidung von Wanderungstypen verfolgt dagegen einen anderen Zweck und zielt vor allem auf den unterschiedlichen Stand der Information über die räumliche Struktur der Kommune. Dementsprechend zeigte sich in der Praxis ein hoher Informationsbedarf vor allem bei den Fernzuzüglern, die relativ wenig Kenntnis von örtlichen Gegebenheiten besitzen. Vor allem in größeren Städten können Stadtteilinformationen allerdings auch für Ortsansässige von großer Bedeutung sein. Dagegen soll die Information potenzieller Umlandwanderer die Nachteile eines peripheren, siedlungsstrukturell nicht integrierten Wohnstandorts bewusst machen (die Vorteile sind ihnen durchaus bewusst!): hohe Verkehrskosten, schlechte nahräumliche Erreichbarkeit von Gelegenheiten, hoher Aufwand für Begleitmobilität, spätestens wenn aus den Kindern Jugendliche werden, ggf. ungünstige Wertentwicklung der Immobilie (Bauer u.a. 2005; Hesse/Scheiner 2007; Scheiner 2008). Wenig bekannt ist, dass auch das Risiko, Opfer eines schweren Verkehrsunfalls zu werden, für die Bevölkerung suburbaner und ländlicher Räume wesentlich höher ist als für die städtische Bevölkerung (Holz-Rau/Scheiner 2009).

Informationsbedarf bei Fernzuzüglern

Es liegt auf der Hand, dass Information, die auf die Stärkung siedlungsstrukturell integrierter, flächensparender Standorte abzielt, nicht wertneutral ist, sondern auf normativen Grundlagen basiert, insbesondere auf der Vorstellung einer nachhaltigen Raumentwicklung. Wichtig ist es jedoch, darauf hinzuweisen, dass sich diese normativen Grundlagen nicht mit privatwirtschaftlichen Interessen decken. Für die privaten Haushalte als Nachfrager sollten allerdings in erster Linie Argumente im Vordergrund stehen, die für sie selbst – weniger für eine gesamtgesellschaftlich nachhaltige Entwicklung – relevant sind.

Wohnstandortpräferenzen der suchenden Haushalte: Was wird gesucht?

Von den Nutzern der Wohnstandortberatung liegen jeweils Angaben zur Art der gesuchten Objekte sowie zu ihren individuellen Wohnstandortpräferenzen

vor, die im Wohnstandortinformationssystem von den Nutzern eingegeben werden. Daraus ergeben sich zahlreiche Hinweise auf deren Wohnwünsche.
Die Nutzer nehmen das Angebot richtigerweise als kommunales Angebot wahr und suchen dementsprechend in aller Regel einen Standort in der Kernstadt. Damit korrespondierend suchen fast zwei Drittel der Nutzer eine Wohnung, nur 20 Prozent dagegen ein Haus (weitere 17 Prozent sind für beides offen). Wiederum damit korrespondierend suchen drei Viertel der Nutzer nach einem Objekt zur Miete. Die Suche nach Eigentum ist untergeordnet (20 Prozent).
Die Wohnstandortpräferenzen werden anhand von 24 Merkmalen erhoben. Die Ergebnisse werden hier zu acht Skalen zusammengefasst dargestellt, die jeweils Werte von 0-100 annehmen können (Abbildung 5). Als wichtigstes Kriterium sticht „Ruhe und Sicherheit" hervor. Ebenfalls als wichtig erweisen sich die Kriterien Öffentlicher Nahverkehr (ÖPNV), Nähe zur Innenstadt, Preis und „wichtige Adresse". Letzteres gibt die Präferenz zur Erreichbarkeit einer konkreten Adresse an, die vom Nutzer selbst eingegeben wird, etwa den Arbeitsplatz oder den Wohnort pflegebedürftiger Angehöriger. Die Wohnstandortinformation berücksichtigt damit den alltäglichen Aktionsraum der Nachfrager. Etwas weniger wichtig erscheint die Erreichbarkeit mit dem Pkw, und gänzlich geringen Einfluss haben die Kriterien „Einrichtungen für Kinder" und „Senioreneinrichtungen". Dies hat natürlich damit zu tun, dass diese Angebote jeweils nur für eine Minderheit von Haushalten relevant sind. In der Abbildung 5 sind deshalb die Mittelwerte nochmals für die jeweils relevante Zielgruppe dargestellt. Dies macht ersichtlich, dass sowohl Angebote für Kinder als auch Senioreneinrichtungen von hoher Bedeutung sind, wenn die Auswertung auf die betreffenden Haushalte beschränkt wird. Die Erreichbarkeit einer wichtigen

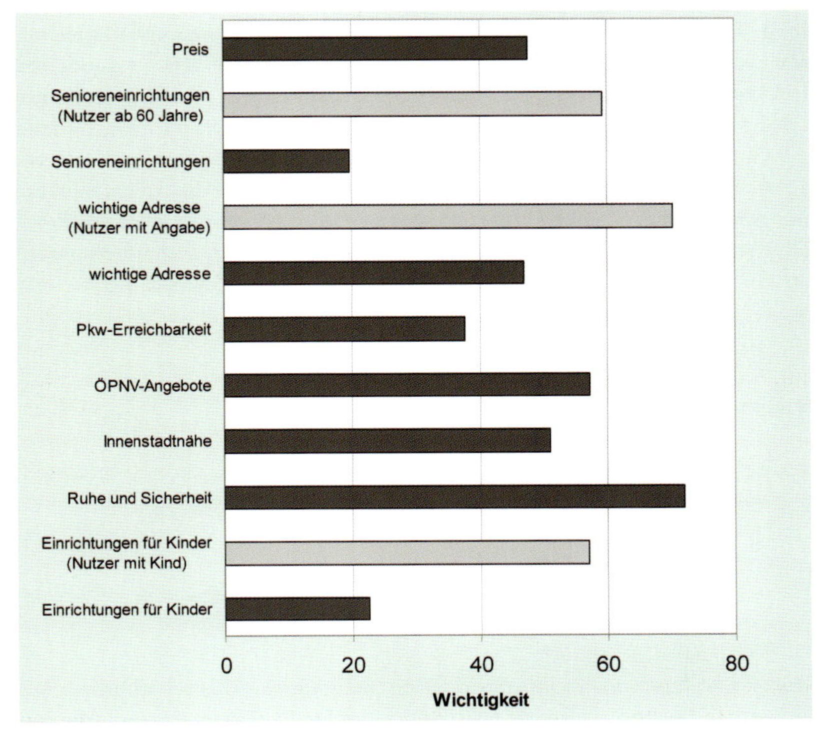

Abbildung 5: Wohnstandortpräferenzen der Nutzer

Quelle: Eigene Darstellung.

Adresse wird sogar beinahe zum Spitzenreiter, wenn die Auswertung nur Nutzer berücksichtigt, die eine solche Adresse angeben. Ansonsten ist die Rangfolge der Kriterien sicherlich auch vor dem Hintergrund einer städtischen Nutzerklientel zu sehen. Dies erklärt die höhere Bedeutung von ÖPNV und Innenstadtnähe gegenüber der Erreichbarkeit mit dem Pkw.
Im Einzelfall sind diese Präferenzen stark differenziert. Sie unterscheiden sich nicht nur je nach lokalem und regionalem Kontext sowie zwischen verschiedenen Haushaltstypen und Altersgruppen, sondern auch zwischen Individuen. Eine Beratung nach „Schema F" – etwa auf der Basis soziodemografischer Daten – ist deshalb nicht zielführend.

Von der Kommune zur Region

Wohnstandortberatung schafft Grundlagen für größere Transparenz im Wohnungsmarkt

Eine Wohnstandortberatung kann wichtige Grundlagen für eine größere Transparenz des Wohnungsmarktes und eine adäquate, den Bedürfnissen des suchenden Haushalts entsprechende Standortentscheidung liefern. Damit kann sie zu höherer Wohnzufriedenheit beitragen. Gegenwärtig wird dies auf kommunaler Ebene erprobt. Sowohl aus der Sicht des Nachfragers als auch im Sinne der Nachhaltigkeit wäre allerdings eine regional integrierte Beratung zielführender, die sich nicht auf die Kernstadt beschränkt. Erst dann könnten dem einzelnen Haushalt auch unabhängig von den Interessen einer Kommune neutrale Informationen angeboten werden. Dies würde den Grad der Markttransparenz deutlich erhöhen. Aus Nachhaltigkeitsperspektive ist zu bedenken, dass wir heute vor allem in den alten Bundesländern nicht mehr einem steilen Stadt-Land-Gefälle mit einer scharfen siedlungsstrukturellen Abgrenzung zwischen Kernstadt und Umland gegenüberstehen, sondern einem differenzierten räumlichen Gefüge, das auch nicht integrierte Standorte in der Kernstadt und (sub)zentrumsnahe Standorte im Umland umfasst. Es gibt nicht wenige Haushalte mit einem Arbeitsplatz oder anderen sozialen Bezügen im Umland, für die die Empfehlung eines entsprechenden Umlandstandortes sowohl aus ihrer privaten Perspektive als auch aus der Perspektive der Nachhaltigkeit zielführender wäre als das Abzielen auf einen Standort in der Kernstadt um jeden Preis. Dies stellt für die Weiterentwicklung derartiger Instrumente einen der wichtigsten Punkte dar, ist allerdings mit Blick auf die interkommunale Konkurrenz wohl auch eine der größten Herausforderungen.

Literatur

Bauer, Uta, Christian Holz-Rau, Joachim Scheiner (2005): Standortpräferenzen, intraregionale Wanderungen und Verkehrsverhalten. Ergebnisse einer Haushaltsbefragung in der Region Dresden, in: Raumforschung und Raumordnung 63(4), S. 266–278.

Hesse, Markus, und *Joachim Scheiner* (2007): Suburbane Räume – Problemquartiere der Zukunft?, in: Deutsche Zeitschrift für Kommunalwissenschaften (DfK), Bd. II, S. 35–48.

Holz-Rau, Christian, und *Joachim Scheiner* (2009): Verkehrssicherheit in Stadt und (Um-)Land: Fallstudien für Mecklenburg-Vorpommern und Nieder-

sachsen und die Regionen Schwerin und Wilhelmshaven, in: Zeitschrift für Verkehrssicherheit 55(4).
Scheiner, Joachim (2008): Verkehrskosten der Randwanderung privater Haushalte, in: Raumforschung und Raumordnung 66(1), S. 52–62.

C 2.1 A: Investoren und Fondsanleger

REFINA-Forschungsvorhaben: Nachhaltiges Flächenmanagement Hannover – Entwicklung eines fondsbasierten Finanzierungskonzepts zur Schaffung wirtschaftlicher Anreize für die Mobilisierung von Brach- und Reserveflächen und Überprüfung der Realisierungschancen am Beispiel der Stadt Hannover

Verbundkoordination: ECOLOG-Institut für sozial-ökologische Forschung und Bildung gGmbH
Projektpartner: Leuphana Universität Lüneburg, Institut für Wirtschaftsrecht; Landeshauptstadt Hannover, Fachbereich Planen und Stadtentwicklung; entera Ingenieursgesellschaft
Modellraum: Landeshauptstadt Hannover (NI)
Projektwebsite: www.flaechenfonds.de

Anleger für einen privatfinanzierten Brachflächenfonds und Vermarktungsaspekte
Im Projekt „Nachhaltiges Flächenmanagement Hannover" wurde ein Konzept für einen kommunalen Brachflächenfonds entwickelt, der überwiegend privatwirtschaftlich finanziert werden soll und als geschlossener Fonds konstruiert ist (vgl. Kap. **E 4.4**). Da es sich bei dem Brachflächenfonds um eine neue und relativ risikoreiche Anlage handelt, müssen Anleger gefunden werden, die innovationsorientiert und risikofreudig sind. Auch müssen sie in der Lage sein, eine für geschlossene Fonds übliche Mindestsumme von 10.000 bis 25.000 Euro anzulegen. Insbesondere bei der Erstauflage des Brachflächenfonds ist es Fondsexperten zufolge sogar ratsam, mit deutlich höheren Anlagesummen zu beginnen. Als Anleger kommen deshalb nur institutionelle Anleger, wie Unternehmen und Kreditinstitute, oder Dachfonds (z.B. Infrastrukturfonds) sowie (sehr) vermögende Privatpersonen in Frage. Die Ansprache dieser Anlegergruppe erfolgt am besten direkt über das Emissionshaus. Dieses sollte über einen entsprechenden Kundenstamm verfügen. Um die Anleger von dem Produkt zu überzeugen, muss zunächst eine angemessene Rendite geboten werden. Die jährliche Renditeerwartung dürfte bei dem relativ risikoreichen Produkt „Brachflächenfonds" zwischen acht und 15 Prozent nach Steuern liegen. Unterstützend können dann Nachhaltigkeitsargumente, wie „Erhalt von Naturflächen durch Nutzung von Brachen" und „Beseitigung von ökologischen Lasten" eingesetzt werden, um das Produkt positiv von anderen Anlagemöglichkeiten abzuheben.

Gesa Fiedrich, Dieter Behrendt

C 2.1 B: Beteiligung von Interessengruppen und Verbänden am Gewerbeflächenmanagement

REFINA-Forschungsvorhaben: GEMRIK – Nachhaltiges Gewerbeflächenmanagement im Rahmen interkommunaler Kooperation am Beispiel des Städtenetzes Balve-Hemer-Iserlohn-Menden

Verbundkoordination: Stadt Iserlohn, Büro für Stadtentwicklungsplanung
Projektpartner: plan + risk consult; Büro Grünplan; Wirtschaftsinitiative Nordkreis e.V. (WIN); anerkannte Naturschutzverbände im Märkischen Kreis; Südwestfälische Industrie- und Handelskammer zu Hagen (SIHK); Institut für Landes- und Stadtentwicklungsforschung und Bauwesen (ILS); Ministerium für Verkehr, Energie und Landesplanung des Landes Nordrhein-Westfalen (MVEL); Bezirksregierung Arnsberg (Bezirksplanungsbehörde); Kreishandwerkerschaft im Märkischen Kreis
Modellraum: Städtenetz Balve-Hemer-Iserlohn-Menden (NW)
Projektwebsite: www.refina-info.de/projekte/anzeige.phtml?id=3110

Im Rahmen des Projektes GEMRIK konnten Umwelt- und Wirtschaftsverbände die Erarbeitung eines Konzepts für ein regionales Gewerbeflächenmanagement im Städtenetz Balve-Hemer-Iserlohn-Menden dauerhaft begleiten und durch fachliche sowie finanzielle Beiträge unterstützen. Neben den vier Kommunen des Städtenetzes, den wissenschaftlichen und öffentlichen Partnern sowie der Kreis- und Bezirksebene wirkten die örtlichen Naturschutzverbände, Industrie- und Handelskammer sowie eine privatrechtlich organisierte Wirtschaftsvereinigung in der Projektarbeitsgruppe mit. Aufgrund der Vielzahl und der Unterschiedlichkeit der Projektteilnehmer bedurfte es der Entwicklung eines straff organisierten Beteiligungsverfahrens, in dem sich alle als gleichberechtigte Partner wiederfinden konnten. Die Mitbestimmungsmöglichkeiten der einzelnen Partner waren zu Beginn des Prozesses klar herausgestellt worden. Die politische Ebene wurde in einem parallelen Beteiligungsverfahren fortlaufend über die jeweiligen Projektstände in Kenntnis gesetzt.
Die beteiligten Umwelt- und Wirtschaftsverbände konnten ihre fachliche Expertise etwa bei der Auswahl und Gewichtung von Bewertungskriterien für das regionale Flächenpotenzial einbringen. Um die Gleichgewichtung aller Interessengruppen zu gewährleisten, gingen die Bewertungen der Experten aus Wirtschaft und Naturschutz wie die der Kommunen und der beteiligten Gutachterbüros zu je einem Viertel in die Gesamtbewertung ein.
Die gewählte Struktur hat sich im Laufe der Projektarbeit bewährt und kann in der Form auch auf andere Projekte mit umfangreichen Beteiligungsnotwendigkeiten übertragen werden. Zu einer positiven Gesamtbeurteilung beigetragen hat in diesem Zusammenhang sicherlich die Tatsache, dass während der Projektlaufzeit keine politischen Entscheidungen erforderlich waren. Hierdurch konnten die sonst zu befürchtenden „Positionskämpfe" zwischen einzelnen Projektteilnehmern auf ein Minimum reduziert werden. Darüber hinaus hat die Transparenz der Entscheidungsprozesse (z.B. Annäherung mittels einer Delphibefragung) erheblich zu einem positiven Gelingen des Projektes beigetragen.

Olaf Pestl

C 2.2 Partizipationsansätze

Gregor Jekel

Nachhaltigkeit braucht Partizipation. Ansätze zur Bewusstseinsbildung und Bürgerbeteiligung spielen daher auch für die Akzeptanz und erfolgreiche Verankerung eines nachhaltigen Flächenmanagements eine bedeutende Rolle. Doch welche Instrumente stehen zur Verfügung? Welche Methoden und Ansätze in den REFINA-Projekten erprobt wurden und welche Erfahrungen damit gemacht wurden, ist in diesem Kapitel dargestellt.

Im vorangegangenen Kapitel **C 2.1** wird aufgezeigt, dass Regionen und Kommunen ein nachhaltiges Flächenmanagement nicht im Alleingang umsetzen können: Ihre Bemühungen bleiben in der Regel weitgehend wirkungslos, wenn private Grundstücksnutzer und -eigentümer nicht aktiviert und eingebunden werden. Doch in welchem Umfang sollen und können auch Bürgerinnen und Bürger an Planungen und Projekten des nachhaltigen Flächenmanagements beteiligt werden?

Partizipation als Kernelement modernen Politikverständnisses

Partizipation gilt als eines der Kernelemente modernen Politikverständnisses und als Grundvoraussetzung für eine nachhaltige Gestaltung von Lebenswelten. Ihr kommt – auch in Folge eines Teil-Rückzugs der öffentlichen Hand aus der Herstellung von Leistungen der Daseinsvorsorge – eine wachsende Bedeutung bei der Gewährleistung der öffentlichen Daseinsvorsorge zu: Immer häufiger tritt die Einbindung privater Dritter an die Stelle der politischen Entscheidung. Von politischer Teilhabe, von der Berücksichtigung und Abwägung unterschiedlicher (Bürger-)Interessen sowie von Transparenz und Verbindlichkeit der gefundenen Lösungen sind die öffentliche Akzeptanz und politische Durchsetzbarkeit von Planungszielen entscheidend abhängig.

Die Anforderungen an solch eine Beteiligung sind dabei höchst unterschiedlich. Ihre Bandbreite reicht von der Einbindung vorhandenen bürgerschaftlichen Engagements bis zu Strategien, mit denen versucht wird, das Interesse am Thema Flächenmanagement in der Öffentlichkeit zu wecken und Beteiligung zu initiieren.

Partizipation an der Flächenentwicklung

Wichtig für das Entwickeln von Beteiligungsstrategien ist die Erkenntnis, dass bürgerschaftliches Engagement heute überwiegend spontan und projektbezogen erfolgt. Das Engagement wird mit Vorstellungen von Eigenverantwortung und Selbstbestimmung verbunden. Die sich hieran anschließende Frage lautet, ob sich das Thema „Fläche" überhaupt für eine Beteiligung von Bürgern eignet. Im Rahmen des REFINA-Projektes „Gläserne Konversion" wurde untersucht, inwieweit über das Thema Konversion ein Prozess der Beteiligung an nachhaltiger Flächennutzung angestoßen werden kann (Kap. **C 2.2.1**).

Welche Formen der Beteiligung der Bevölkerung an Prozessen des Flächenmanagements sind denkbar? Zunächst ist festzuhalten, dass Bürgerbeteiligung in Bezug auf die Ressource Fläche übliche Praxis ist. Das Spektrum reicht von förmlicher Beteiligung bei der Aufstellung eines Bebauungsplans über informelle Verfahren bis hin zu basisdemokratischen Prozessen. Neben formalen Verfahren wurden zahlreiche informelle Verfahren entwickelt, die vor allem die Initiierung von Beteiligungsprozessen oder die Aktivierung bestimmter Bevölkerungsgruppen zum Ziel haben.

Ein Beispiel für das Initiieren eines Planungsprozesses mit intensiver Nutzung informeller Beteiligungsformen ist der von der Berliner Senatsverwaltung für Stadtentwicklung angestoßene öffentliche Dialog und Planungsprozess zur Nachnutzung des Berliner Flughafens Tempelhof, in dem es vor allem um das Sammeln von Ideen für die Nutzung einer riesigen innerstädtischen Brachfläche ging. Ein anderes Beispiel ist das vom BMBF geförderte Forschungsprojekt „Dietzenbach 2030 – definitiv unvollendet", mit dem es gelang, über öffentlichkeitswirksame „künstlerische Setzungen" („100 m² Dietzenbach", Stelenreihe) in einer in Sachen Partizipation unerfahrenen Stadtgesellschaft eine Debatte über ein städtisches Leitbild anzustoßen.

Auch im Rahmen der REFINA-Projekte wurden verschiedenste Formen der Aktivierung und Beteiligung von Bürgern erprobt:

- Im Projekt „Gläserne Konversion" wurde ein partizipatives Bewertungs- und Entscheidungsverfahren für ein nachhaltiges Flächenmanagement entwickelt, das durch die Beteiligung der „breiten Öffentlichkeit" an der Entscheidung über die Folgenutzung einer Konversionsfläche in den niedersächsischen Samtgemeinden Barnstorf und Fürstenau einen Bewusstseinsprozess für den nachhaltigen Umgang mit Flächen anzustoßen half (vgl. Kap. **C 2.2.1** sowie Kap. **C 1.1.2**).
- Im Projekt „Flächenakteure zum Umsteuern bewegen" wurde eine Kommunikationsstrategie zur Bewusstseinsbildung und Gewinnung potenzieller Eigenheimbauer für eine nachhaltige Siedlungsentwicklung entworfen, die in einer zweiten Phase derzeit erprobt wird und Grundlage von Partizipationsprozessen sein kann (vgl. Kap. **D 1.2**).
- Das Projekt „HAI – Handlungshilfen für eine aktive Innenentwicklung" hat die Zielgruppe der Grundstückseigentümer im Fokus. Der Schwerpunkt liegt hier auf der verstärkten Nutzung von Baulandpotenzialen im Bestand durch eine gezielte Motivation, Partizipation und Unterstützung der Grundstückseigentümer (vgl. Kap. **E 1.2)**.
- Ein weiterer Ansatz ist das in Europa noch relativ unbekannte Beteiligungsverfahren der Charrette. Mit der Frage, wie in dieses zunächst einmal ergebnisoffene Verfahren Flächensparziele integriert werden können, beschäftigt sich das REFINA-Projekt „Reintegration von Altindustriestandorten" (Kap. **C 2.2.2**).
- Die Folgekosten der Wohnstandortentscheidung standen im Mittelpunkt der Projekte „Integrierte Wohnstandortberatung" (vgl. Kap. **C 2.1.4**) und „Kom-KoWo – Kommunikation der Kostenwahrheit" (vgl. Kap. **D 1.3**). Die Kostentransparenz diente als Kommunikationsinstrument zur Bewusstseinsbildung über die – oft auch individuell – nachteiligen Folgen von zumeist peripherer Flächeninanspruchnahme.

  Der partizipative Schwerpunkt der oben aufgeführten Projekte liegt – abgesehen vom Projekt „Gläserne Konversion" – auf der Aktivierung und Bewusstseinsbildung durch Kommunikation (vgl. Kap. **D**).
- Auch bei dem „Stadt-Umland-Modellkonzept Elmshorn/Pinneberg" hatten Kommunikation und Partizipation eine Schlüsselfunktion im Prozessmanagement, das auf eine dauerhafte Zusammenarbeit der beteiligten Kommunen

bei einem nachhaltigen interkommunalen Flächenmanagement zielte. Der Fokus lag auf der Verständigung zwischen den Beteiligten in Politik und Verwaltung und den externen Gutachtern und Moderatoren. In Kap. **C 2.2.3** wird dargestellt, wie dieses Ziel durch eine entsprechende Organisationsstruktur, externe Beratung und Moderation, die Einbindung von Kreis und Landesplanung sowie zielgruppenspezifische Kommunikationsmittel verfolgt wurde.

Literatur

Deutscher Bundestag (2002): Bürgerschaftliches Engagement: auf dem Weg in eine zukunftsfähige Bürgergesellschaft. Bericht der Enquete-Kommission „Zukunft des Bürgerschaftlichen Engagements" vom 3.6.2002, BT-Drs. 14/8900.

Deutsches Institut für Urbanistik (Projektleitung: Albrecht Göschel, verantwortliche Autorin: Bettina Reimann) (2005): Zukunft von Stadt und Region, Bd. 1: Integration und Ausgrenzung in der Stadtgesellschaft – Beiträge zum Forschungsverbund „Stadt 2030", Wiesbaden.

Hatzfeld, Ulrich, und *Franz Pesch* (2006): Stadt und Bürger, Darmstadt.

Holtkamp, Lars (2001): Bürgerbeteiligung in Städten und Gemeinden. Ein Praxisleitfaden für die Bürgerkommune, Berlin (hrsg. von der Heinrich-Böll-Stiftung).

Institut für Städtebau und Wohnungswesen der Landeshauptstadt München (Hrsg.) (2005): Kooperative Stadtentwicklung: Das Interact Handbuch. Anders denken – Anders handeln, München.

Oppermann, Bettina, und *Kerstin Langer* (2003): Verfahren und Methoden der Bürgerbeteiligung in kommunalen Politikfeldern. Leitfaden, Stuttgart (hrsg. von der Akademie für Technikfolgenabschätzung in Baden-Württemberg).

Senatsverwaltung für Stadtentwicklung Berlin: „Was wird aus dem Flughafen Tempelhof?", Moderierter Online-Dialog in Zusammenarbeit mit Zebralog, www.berlin.de/flughafen-tempelhof, Abruf am 25.5.2010.

Stiftung Mitarbeit, Agenda-Transfer, Astrid Ley, Ludwig Weitz (Hrsg.) (2003): Praxis Bürgerbeteiligung. Ein Methodenhandbuch, Arbeitshilfen für Selbsthilfe- und Bürgerinitiativen 30, Bonn.

C 2.2.1 Beteiligung der Bevölkerung an Konversionsprozessen

Birgit Böhm, Birgit Holzförster, Jürgen Lübbers

REFINA-Forschungsvorhaben: Entwicklung eines partizipativen Bewertungs- und Entscheidungsverfahrens für ein nachhaltiges Flächenmanagement im ländlichen Raum am Beispiel von Konversionsflächen in ausgewählten Kommunen

Projektleitung:	Samtgemeindebürgermeister Jürgen Lübbers
Projektpartner:	Olaf Krawczyk, Niedersächsisches Institut für Wirtschaftsforschung e.V., Hannover; Birgit Böhm, Birgit Böhm, Wolfgang Kleine-Limberg GbR, Hannover; Andreas Bernhardt, Mull und Partner Ingenieurgesellschaft mbH, Hannover
Modellraum/Modellstädte:	Samtgemeinden Barnstorf und Fürstenau (NI)
Projektwebsite:	www.glaesernekonversion.de

Konversion: Einstieg in die Beteiligung am nachhaltigen Flächenmanagement

Konversionsflächen sind „sensible" Flächen

Konversionsflächen sind Liegenschaften, auf denen zuvor Aktivitäten stattgefunden haben, die für die jeweilige Kommune sozial und ökonomisch von Bedeutung waren. Mit ihrer Freisetzung werden die bisher bestehenden Beziehungen zwischen Liegenschaft und Kommune zerstört. Politik und Bürgerschaft setzen in dieser Situation meist alles daran, die bisherigen Verhältnisse zu erhalten. Im Falle militärischer Konversionsflächen heißt das: Es wird versucht, den Abzug der Truppen durch Proteste bei höheren Stellen zu verhindern. Dieses Verhalten ist nachvollziehbar, verhindert aber den Blick auf mögliche neue Chancen. Die alte Nutzung wird dann nicht selten unkritisch und positiv bewertet. Zeigt sich im Laufe zäher Verhandlungen schließlich, dass ein Erhalt der Nutzung nicht durchzusetzen ist, richten sich die Hoffnungen i.d.R. auf den einen „großen Investor", der alle Probleme mit einem Schlag löst. Tatsächlich sollten sich die Entscheider gemeinsam mit den betroffenen Menschen einer Kommune die Frage nach der optimalen Nutzung stellen, auch im Hinblick auf die Einbindung der Liegenschaft in das kommunale Gesamtgefüge. Welche Nutzungsalternativen gibt es? Welche werden von der Mehrheit der Betroffenen mitgetragen? In welche Richtung soll die gesamtkommunale Entwicklung gehen? Diese Fragen bilden die Basis für eine nachhaltige Lösung mit hoher Akzeptanz in der Bevölkerung.
Um Antworten zu finden, sollten zunächst eine Bestandserhebung und Analyse aller relevanten raumbezogenen Daten (z.B. Zustand der Gebäude, Altlasten, ausgewiesene Gewerbe- und Baulandflächen, sozioökonomische, demographische Daten etc.) durchgeführt werden. Darüber hinaus sind die

Interessen an und der Wissensstand der Bevölkerung über die Konversionsfläche und auch die zukünftige Entwicklung der Kommune, das Interesse an einer Beteiligung, Wissen über nachhaltige Entwicklung, Ressourcenschutz sowie auch die Pläne und Interessen lokaler Betriebsinhaber und Wirtschaftsvertreter zu ermitteln.

Die Schaffung und Auswertung einer solch umfassenden Datengrundlage bleibt in der Praxis jedoch meist aus oder wird zu spät in Angriff genommen. Fehlen diese Informationen zu Prozessbeginn, wird die Suche nach Lösungsansätzen schon im Vorfeld eingeschränkt. Entscheidungen werden „aus dem Bauch heraus" getroffen und sind nicht das Ergebnis eines von der Mehrheit getragenen Diskussionsprozesses. Die Beteiligung der Öffentlichkeit beschränkt sich dann oft auf die gesetzlichen Vorgaben im Rahmen der Flächennutzungs- und Bauleitplanung.

Durch eine frühzeitige und themenübergreifende Bestandsanalyse (Ökonomie, Soziales, Umwelt), die pro-aktive Einbindung der Bevölkerung (breiter Beteiligungs- und Mitbestimmungsansatz) und über die Integration einer Konversionsliegenschaft in die Diskussion über die Entwicklung der ganzen Kommune gelingt die Thematisierung nachhaltiger Flächennutzung wesentlich besser. Insbesondere den informellen Beteiligungsprozessen, die im Vorlauf zum Bebauungs- oder Flächennutzungsplan bzw. währenddessen über die gesetzlichen Vorgaben der Bürgerbeteiligung hinausgehend durchgeführt werden, sollte dabei ein hoher Stellenwert eingeräumt werden. Denn sie ermöglichen es den Akteuren, ein Verständnis für die komplexen Zusammenhänge innerhalb einer Kommune zu entwickeln.

Ein Schlüssel zum Erfolg: Informationsaustausch und Lernprozesse

Allgemeine übergeordnete Trends wie der demographische Wandel, wirtschaftliche Entwicklungen, das Verständnis bezüglich Zusammenhänge, gesellschaftliche Erfahrungswerte im Umgang mit Risiken, Problemen vor Ort, aber auch auf nationaler Ebene, die „Fähigkeiten" der Menschen einer Kommune, Probleme zu erkennen, zu bewerten, einzuschätzen, Lösungsansätze zu erarbeiten und zu verwirklichen, die Art, wie Entscheidungen getroffen werden, welchen Stellenwert Themen in der gesellschaftlichen Wahrnehmung haben, wie die Menschen miteinander umgehen, all dies wirkt auf den Ausgang von Wahlen ebenso aus wie auf die Art, wie die Menschen einer Kommune die Herausforderung eines nachhaltigen Flächenmanagements und die Nachnutzung von ehemaligen Liegenschaften „anpacken". Die Bevölkerung gibt durch ihr Verhalten somit direkt in Form pro-aktiver Beteiligung an der kommunalen Entscheidungsfindung, aber auch indirekt bspw. durch das Vorhandensein bestimmter Werte und daraus resultierender Handlungen, durch Kooperationsbereitschaft u.a. wichtige Impulse für die Entscheidung über die Nachnutzung einer Liegenschaft.

Im Vorhaben „Gläserne Konversion" wurde besonderer Wert darauf gelegt, diese Zusammenhänge transparent und eine direkte Mitwirkung der Bevölkerung an der Entscheidungsfindung möglich zu machen. Ziel war es, direkte Impulse in einem Lern-, Bewertungs- und Entscheidungsprozess zu initiieren, indem sich Bürger aktiv in den Konversionsprozess und in die Entwicklung eines kommunalen Leitbildes einbringen, und gleichzeitig eine Wertediskussion über nachhaltige Entwicklung und den nachhaltigen Umgang mit Flächen zu initiieren.

Aufmerksamkeit für Folgenutzung schaffen

Der Lösungsansatz des Projektes „Gläserne Konversion" basiert auf Kommunikation und Kooperation, ausgehend von leer stehenden Kasernen in zwei Gemeinden. Ohne Kommunikation und Kooperation, auch mit der lokalen Presse, und ohne die Bereitstellung verständlich aufbereiteter Informationen entstehen schnell kontroverse Diskussionen zwischen den politischen Parteien und innerhalb der Bevölkerung. Nicht selten bekommt ein Thema auf diese Weise einen Schwung, der mancherorts eher handfeste politische und bürgerschaftliche Auseinandersetzungen zur Folge hat als Lösungsansätze zu bieten. Das informative und partizipative Vorgehen kann eine Sensibilisierung für die daraus erwachsenen unterschiedlichen lokalen Folgen verschiedener Lösungsansätze erreichen. Auch die Bereitschaft, sich gegenseitig zuzuhören und Sachargumente in den Vordergrund zu stellen, wird dadurch gefördert. Den Menschen muss bewusst sein, dass die Nutzung der Konversionsfläche Auswirkungen auf die gesamte Entwicklung ihrer Stadt oder Gemeinde und damit auch auf ihre persönliche Lebenssituation haben kann und dass ihre Handlungen die Entscheidung, was mit der Konversionsfläche geschieht, beeinflussen. Erst die persönliche Betroffenheit motiviert und aktiviert die Menschen, sich in den Prozess einzubringen.

Leitbild als wichtiger Baustein

Im Sinne einer nachhaltigen Flächennutzung sind deshalb gemeinsame Zielsetzungen in Form eines Leitbildes oder Leitlinien sowie konkrete Nachnutzungsvorschläge zu entwickeln. Ein gesamtkommunales Leitbild sollte dabei die sämtlichen Handlungsfelder kommunaler Entwicklung berücksichtigen. So werden konkurrierende Interessen schon weit im Voraus erkannt, und der Prozess kann auf einen nachhaltigen Kurs ausgerichtet werden. Gefragt wird z.B. „Wie kann die Kaserne für gewerbliche Zwecke nachgenutzt werden?". Damit verbunden sind dann weiterführende Fragen wie bspw. „Wie intensiv ist die Nachnutzung der Fläche?", Wie ökologisch verträglich sind die Nutzungen?", „Wie viele Arbeitsplätze entstehen?", „Sind die jeweiligen Nutzungsanfragen der gesamtkommunalen Entwicklung zuträglich?", Wie wird mit den verbleibenden Gewerbeflächen unter dem Aspekt rückläufiger Bevölkerungsentwicklung umgegangen?" u.v.m. Somit hat sich der Weg, über eine Konversionsfläche zu einem nachhaltigen Flächenmanagement zu gelangen, im Rahmen des Projektes „Gläserne Konversion" als sehr erfolgreich herausgestellt.

Akzeptanz und langfristige Mitwirkung

Lösungen partizipativ entwickeln

Der große Vorteil des partizipativen Ansatzes besteht in der breiten Akzeptanz der so ermittelten Lösungen. So wurden die im Rahmen der „Gläsernen Konversion" entwickelten Lösungsansätze gemeinsam von Bevölkerung, Experten, Verwaltung und Politik erarbeitet und anschließend vom Samtgemeinderat

beschlossen. Das auf Nachhaltigkeit orientierte kommunale Leitbild (inkl. einer Leitlinie zum sparsamen Umgang mit der Ressource Fläche) sowie die Einrichtung eines Bürgerforums sind auf Wunsch der Akteure langfristig angelegt. Ob sie tatsächlich über mehrere Legislaturperioden hinaus Bestand haben werden, muss sich erst noch erweisen. Dennoch: Aufgrund des Bewusstseinswandels in der Bevölkerung stehen die Chancen gut, dass auch langfristig die Ziele einer nachhaltigen Kommunalentwicklung nicht aus den Augen verloren werden. Die Bürgerinnen und Bürger wissen jetzt, dass Lösungen gebraucht werden, die die Belange der Ökologie, der Ökonomie und auch der individuellen gesellschaftlichen Strukturen einer Kommune berücksichtigen. Nur so profitieren auch die nächsten Generationen von heutigen Entscheidungen.
Die zahlreichen Veranstaltungen im Rahmen der „Gläsernen Konversion", von den Zukunftswerkstätten über Workshops, Podiumsrunden, Diskussionsveranstaltungen bis hin zu den Sitzungen der Einwohnerbeiräte bzw. der Bürgerforen, dienten nicht nur der Kooperation, sondern auch der Information und Meinungsbildung. Es wurde deutlich, dass sowohl die Herausforderungen des Klimawandels, die Schaffung von Arbeitsplätzen, Wohnen, Mobilität, aber auch der kommunale Haushalt, Freizeit oder der Erhalt der Biodiversität mit dem Thema Flächenverbrauch verbunden sind. So konnten viele Menschen dafür sensibilisiert werden, nachhaltiger mit der Ressource Boden/Fläche umzugehen. Die beteiligten Einwohner stellten im Prozessverlauf fest, dass ihre Mitarbeit nicht nur zugelassen wird, sondern hilfreich ist, um die Zukunft der Kommune nachhaltig zu sichern. Auch die politischen Entscheidungsträger haben – nach einer Phase der Verunsicherung und Angst vor „inkompetenter" Einmischung seitens der Bürgerschaft – ein verändertes Verständnis von Partizipation entwickelt. Denn die in einem Bürgerforum organisierte Bürgerschaft versteht sich nicht als ein Nebenparlament, sie berät die Politiker und spricht Empfehlungen aus. Das Bürgerforum achtet darauf, dass das kommunale Leitbild als Richtschnur für die kommunale Entwicklung auch weiterhin Beachtung finden wird. So bleiben die Bürgerinnen und Bürger auch in Zukunft an den Entscheidungsprozessen zur Entwicklung ihrer Samtgemeinde beteiligt.

C 2.2.2 Die Charrette als Partizipationsinstrument beim Flächenmanagement

Rebekka Gessler

REFINA-Forschungsvorhaben: Entwicklung von Analyse- und Methodenrepertoires zur Reintegration von Altindustriestandorten in urbane Funktionsräume an Fallbeispielen in Deutschland und den USA

Projektleitung:	Prof. Peter Latz, Technische Universität München, Fakultät für Architektur, Lehrstuhl für Landschaftsarchitektur und Planung
Modellraum/Modellstädte:	Deutschland: Herten/Gelsenkirchen: Verbundbergwerk Lippe, Standort Westerholt (NW), Standorteigentümer RAG/RAG-Montan-Immobilien GmbH; USA: The Dalles, Oregon, Northwest Aluminum
Projektwebsite:	www.wzw.tum.de/fai

Was ist „Charrette"?

Der Begriff „Charrette" stammt ursprünglich aus dem Französischen und bedeutet übersetzt „Karren". An der Ecole des Beaux-Arts in Paris wurden mit einer solchen Karre die Abschlussarbeiten der Studenten eingesammelt. Anekdoten berichten, dass Studenten noch auf dem Karren sitzend unter hohem Zeitdruck ihre Arbeiten fertig stellten. Im Planungskontext wird mit dem Begriff „Charrette" ein zeitlich komprimierter Planungsprozess zur Lösung komplexer Aufgabenstellung mit stark partizipativen Aspekten bezeichnet. Es existiert jedoch keine eindeutige Definition. Charrette wird synonym mit Ideen-, Planungs- oder Entwurfswerkstatt, Wettbewerb, Runder Tisch oder Brainstorming für unterschiedliche, mehr oder weniger öffentliche Workshops verwendet, bei denen es darum geht, innerhalb eines sehr kurzen Zeitraums Planungskonzepte oder räumliche Entwürfe zu erarbeiten und zu kommunizieren.

Charrette als hilfreiches Planungsverfahren bei komplexen Aufgaben

Die geteilte, moderierte Charrette ist ein Verfahren, das speziell für Planungsaufgaben zur Um- und Nachnutzung altindustrieller Standorte im urbanen Kontext entwickelt wurde. Als ein wesentlicher Unterschied zum Bauen auf der Grünen Wiese verlangt die Entwicklung qualifizierter Designkonzepte für altindustrielle Standorte, welche die vorhandenen Strukturen berücksichtigen, eine intensive Beschäftigung mit dem Bestand. Dieses Arbeiten im und mit dem Bestand erfordert ein Planungsverfahren, welches vorhandenes Wissen erschließt und dieses aktiv mit in den Planungsprozess einbezieht.

Bei partizipativen Verfahren werden üblicherweise gemischte Arbeitsgruppen aus einerseits professionellen Planern und andererseits direkt beteiligten Akteuren wie Eigentümern, Kommunalpolitikern, Vertretern aus Verwaltung und Wirtschaft, Nutzern etc. sowie interessierten Bürgern gebildet. Diese sind in der Regel planerische Laien und hinsichtlich ihrer Interessen und ihrer professio-

nellen Herkunft heterogen. Die in Konkurrenz stehenden gemischten Teams erzeugen zwar eine hohe Varianz an alternativen Lösungen, in den Gruppen selbst führt aber die Mischung von professionellen Planern und planerischen Laien im Einzelnen zu starken Belastungen. Insbesondere unter Druck, wie es in einem Workshop der Fall ist, ist die Wahrscheinlichkeit einer reibungslosen Kommunikation zwischen den beiden Gruppen aufgrund der unterschiedlichen „Sprachen" sehr viel geringer als innerhalb der Disziplinen. Durch die Präferenz einer Vorgehens- und Arbeitsweise wird die jeweils andere in ihrer Entfaltung unterdrückt.
In der neu entwickelten Form integriert die Charrette professionelle Planung und Expertenwissen mit Elementen freiwilliger, aktiver Bürgerbeteiligung. „Geteilt und moderiert" benennt zwei wesentliche Strukturmerkmale der Charrette: Die Trennung in einen Runden Tisch und einen parallelen Entwurfsworkshop, zwischen welche formal eine Moderation eingefügt ist (vgl. Abb. 1).

Abbildung 1:
Struktur der geteilten, moderierten Charrette – Runder Tisch parallel zum Entwurfsworkshop

Quelle: Rebekka Gessler, Forschungsgruppe.

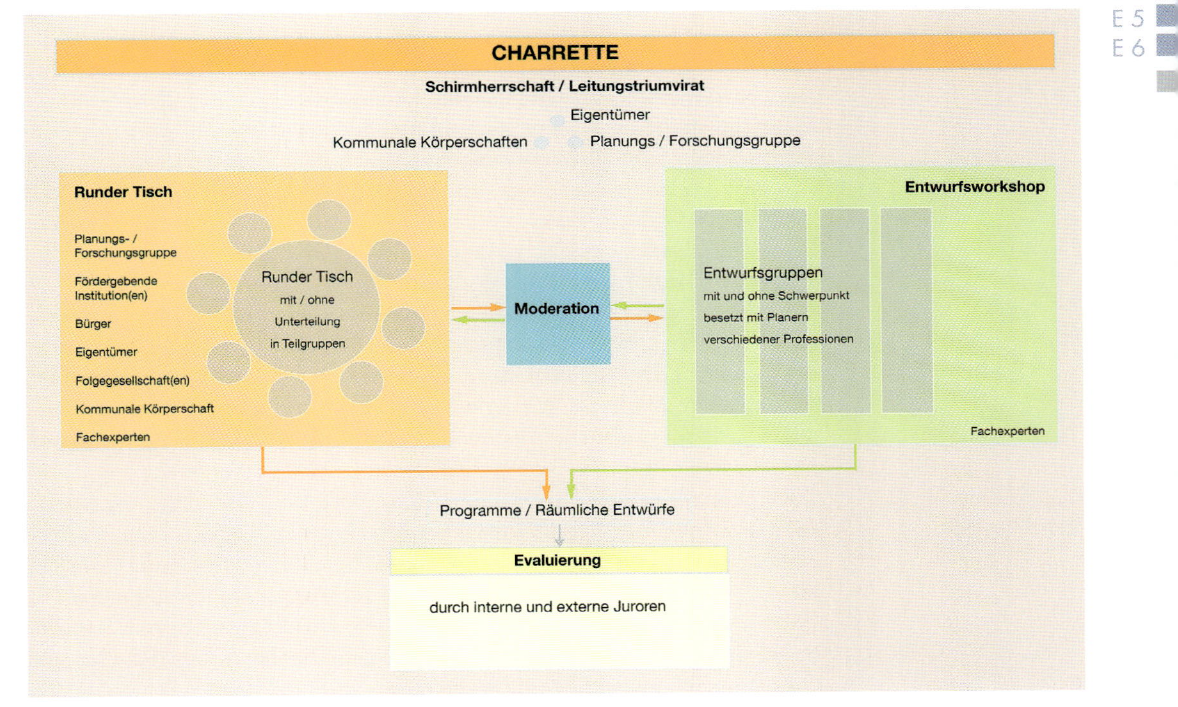

Charrette berücksichtigt unterschiedliche Wissensstände

Der spezielle Aufbau der Charrette berücksichtigt den unterschiedlichen Wissensstand, die Interessen und Arbeitsmethoden der Beteiligten. Die funktionale Trennung in zwei parallele Workshops stellt sicher, dass beide Gruppen nach ihren professionellen Methoden und Arbeitsweisen vorgehen und diese vollständig entfalten können.
Der Runde Tisch, an dem der Eigentümer sowie Vertreter der betroffenen Kommunen und der Bürgerschaft sitzen, entwickelt programmatische Konzepte. Das Zeitbudget der Teilnehmer unterliegt anderen Beschränkungen als das der professionellen Planer. Der Runde Tisch kann nach Bedarf in Untergruppen unterteilt werden. Die Gruppenbildung kann neigungs-, themenorientiert oder schlicht nach numerischen Prinzipien erfolgen.

Der Entwurfsworkshop ist mit Planern aus verschiedenen Professionen besetzt. Die interdisziplinären Teams entwickelten eigene räumliche Konzepte. Über die Moderation werden die Programme des Runden Tischs operationalisiert und von den Entwurfsteams unmittelbar in räumliche Entwürfe umgesetzt bzw. eingearbeitet. Resultierende räumliche Konsequenzen werden sichtbar, überprüf- und diskutierbar. Korrekturen können sofort zeichnerisch vorgenommen werden. In „moderierten Rückkopplungen" werden die individuellen Eigenheiten der räumlichen Entwürfe und der architektonischen Darstellungen durch die Moderation für die Teilnehmer des Runden Tischs „rückübersetzt" (vgl. Abb. 2).
Das dritte Strukturmerkmal der geteilten, moderierten Charrette ist die abschließende öffentliche Bewertung sowohl der Ergebnisse des Runden Tischs als auch des Entwurfsworkshops durch eine externe Jury. Ziel der Evaluierung ist, abweichend von klassischen Wettbewerbsverfahren, der Gewinn einer Vielzahl von Handlungsalternativen, weshalb keine Rangfolge ermittelt wird. Die Programme und Entwürfe werden mit Beschreibung und Wertung ihrer jeweiligen Qualitäten kritisch gewürdigt und als Handlungsalternativen an die zukünftigen Interessenträger, Eigentümer und Städte weitergegeben.
Die Charrette berücksichtigt somit die Arbeitsweise der Planer, die an konkrete räumliche Vorstellungen und Maßstäbe gebunden ist und sich durch den Einsatz professioneller Planungswerkzeuge zur Erstellung von Zeichnungen, Skizzen, Modelle etc. auszeichnet. Spezifische Fachkenntnisse, Fähigkeiten und Erfahrungen fließen optimiert in den Entwurfsprozess ein. Die Arbeitsweise der Teilnehmer des Runden Tischs dagegen ist ungebunden. Die Ergebnisse sind Texte und Skizzen auf einer programmatischen Ebene. Die vor Ort lebende Bürgerschaft wird bei der geteilten, moderierten Charrette im Sinne der englischen Bezeichnung „public consultant" zum Berater. Als Experten und Kenner des Ortes und der lokal existierenden Bedürfnisse werden sie in das Verfahren eingebunden. Mit ihrem Wissen arbeiten sie konkret an der Plausibilität, der „usability", der erzeugten Alternativen mit und übernehmen mit ihren Aussagen, die in die Programmierung des Projekts einfließen, Verantwortung.

Ergebnisoffener, verdichteter Planungsprozess

Die ergebnisorientierte Durchführung eines verdichteten Planungsprozesses in Form einer geteilten, moderierten Charrette kann nur über eine intensive Auseinandersetzung mit dem Standort im Vorfeld der Charrette gelingen. Dem Verfahren muss daher eine Analyse- und Sozialisationsphase vorausgehen. Die Charrette selbst stellt eine Verdichtung des Sozialisationsprozesses dar. Ziel der konkreten Auseinandersetzung mit dem Standort im Vorfeld der Charrette ist es, über differenzierte Analysen den Planungsgegenstand in der Weise darzustellen, dass entwurfsentscheidende Aussagen zum Bestand vorgenommen werden können. Die Problemstrukturierung erfolgt transdisziplinär. Über Werkstatt- bzw. Planungsgespräche, an denen Planer und Fachexperten, aber auch Eigentümer und Städte teilnehmen, wird das disziplinär erarbeitete Wissen koordiniert, wobei entwickelte räumliche Nutzungsalternativen mit identifizierten Constraints/Hemmnissen abgeglichen werden.
Um das erlangte Vorwissen über den Standort wirksam in den Partizipationsprozess einbringen zu können, muss es für die verschiedenen Teilnehmergruppen und Akteure der Charrette aufbereitet und operationalisiert werden.

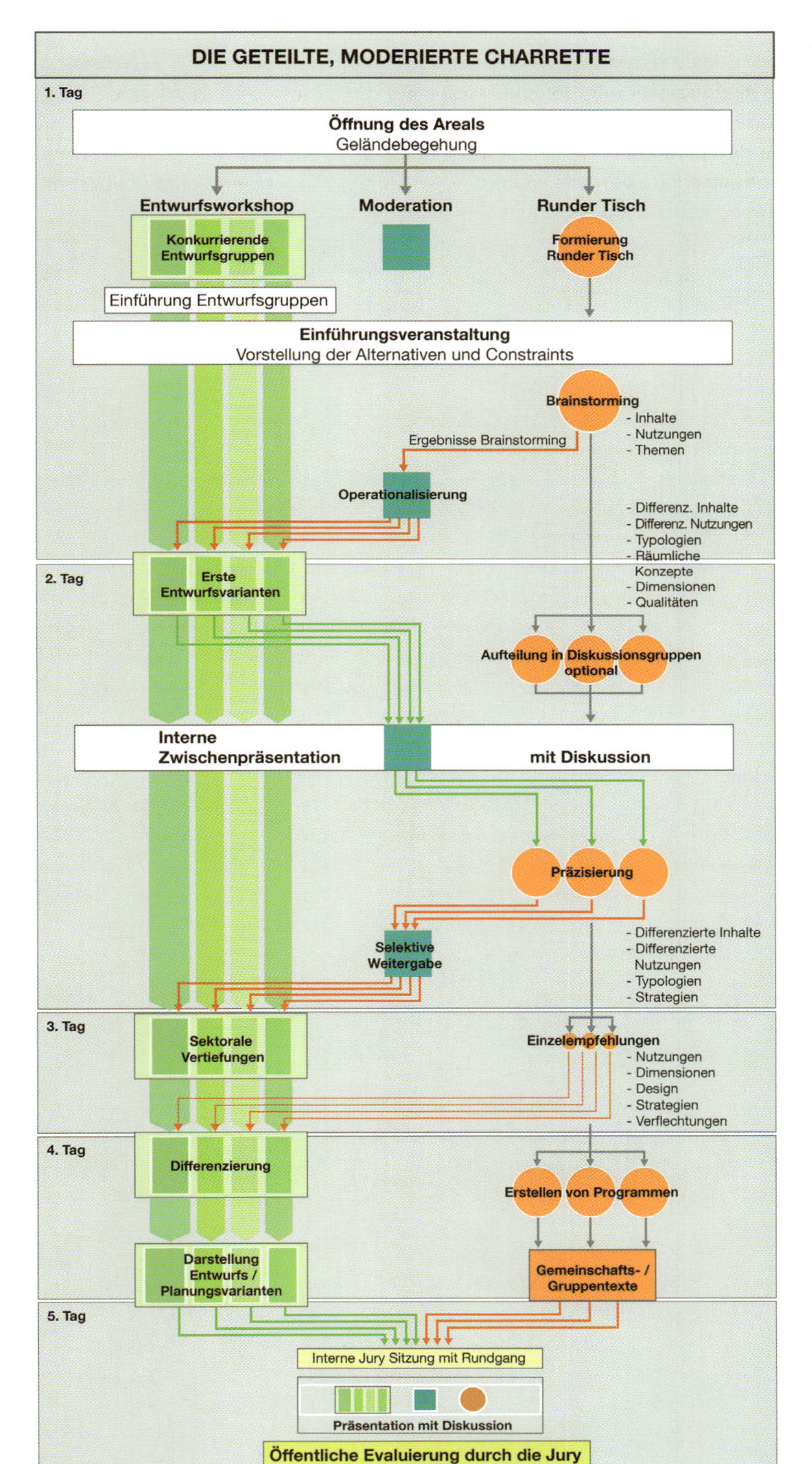

Abbildung 2:
Ablauf der geteilten, moderierten Charrette

Quelle: Rebekka Gessler, Forschungsgruppe.

Die Charrette: ein geeignetes Verfahren bei der Wieder- und Umnutzung

Die Vorbereitung und Durchführung einer Charrette kann nur gelingen, wenn die Kooperationsbereitschaft des Eigentümers und der betroffenen Kommunen besteht und sie das Verfahren aktiv unterstützen.
Weitere Kriterien, welche den Anwendungsbereich des Planungsverfahrens der geteilten, moderierten Charrette definieren, sind:

- Die freigesetzte Fläche besitzt eine relevante Parzellengröße.
- Der Industriestandort befindet sich in einem urbanen Kontext.
- Die Anlage ist noch in Betrieb. Eine Stilllegung in absehbarer Zeit steht bevor oder ist vor kurzem erfolgt.
- Die Identität des Standorts ist nicht zerstört – wichtige bauliche und andere Strukturen sind noch vorhanden.

Die geteilte, moderierte Charrette eignet sich prinzipiell für die Lösung komplexer Aufgabenstellungen, wie sie an altindustriellen Standorten, beim Stadtumbau oder generell bei vorstrukturierten Standorten vorliegen. Sie dient zur Entwicklung umfangreicher qualifizierter Designalternativen, zur Erweiterung des Alternativenpools und zu dessen Evaluierung. Ein Reservoir an alternativen Konzepten, mit dem auf verschiedene externe Entwicklungen ohne Zeit- und Ressourcenverlust reagiert werden kann, erhöht ebenso wie ein infolge von Partizipation mit öffentlichem Rückhalt gestärktes Vorhaben die Chancen für eine erfolgreiche Um- und Nachnutzung altindustrieller Standorte.
Die Verminderung der Flächeninanspruchnahme und der nachhaltige Umgang mit der Ressource Fläche sind daher in diesem Verfahren implizit enthalten.
Eine Wieder- und Umnutzung der Areale, der baulichen Strukturen und identitätsstiftenden Elemente könnte nicht nur einen Beitrag dazu leisten, den Flächenverbrauch auf der Grünen Wiese, der Peripherie der Städte zu reduzieren und das Stadtentwicklungspotenzial durch Entwicklung der „inneren Ränder" zu stärken, sondern auch urbane Räume mit einer über Jahre gewachsenen Identität zu schaffen bzw. zu erhalten.

Abbildung 3:
Öffentliche Jurysitzung mit Präsentation der Ergebnisse bei der geteilten, moderierten Charrette am Standort Westerholt

Foto: Hertener Allgemeine Zeitung, Oktober 2007.

C 2.2.3 Einbindung von und Kommunikation mit Politik und Verwaltung auf verschiedenen Ebenen

Lutke Blecken

REFINA-Forschungsvorhaben: Integriertes Stadt-Umland-Modellkonzept zur Reduzierung der Flächeninanspruchnahme

Projektleitung:	Hartmut Teichmann, Kreis Pinneberg
Projektpartner:	Dr. Michael Melzer, Raum & Energie, Institut für Planung, Kommunikation und Prozessmanagement GmbH; Volker Lützen, Stadt Elmshorn, Amt für Stadtentwicklung
Modellraum/Modellstädte:	Region Pinneberg und Elmshorn (SH)
Projektwebsite:	www.raum-energie.de/index.php?id=66

Ein Stadt-Umland-Konzept entwickeln

Eine Schlüsselfunktion in einem Stadt-Umland-Prozess hat die Kommunikation zwischen den Beteiligten aus Politik und Verwaltung sowie den externen Gutachtern und Moderatoren. Eine ständige Kommunikation und Information ist notwendig, um die regionalen Akteure für die Notwendigkeiten und Chancen einer regionalen Entwicklung zu sensibilisieren und Vorbehalte abzubauen. Dieser Tatsache trugen im Integrierten Stadt-Umland-Modellkonzept Elmshorn/Pinneberg

- die Organisationsstruktur,
- eine externe Beratung und Moderation,
- die Einbindung von Kreis und Landesplanung,
- eine Reihe von zielgruppenspezifischen Kommunikationsmitteln,
- eine „Umwegkommunikation" über verschiedene Themenbereiche sowie
- die Möglichkeit zum informellen Austausch zwischen den Beteiligten

Rechnung, um die Grundlage für eine dauerhafte Zusammenarbeit der Kommunen zu legen und letztlich einen wesentlichen Beitrag zur Reduzierung der Neuflächeninanspruchnahme in der Region zu leisten.

Organisationsstruktur

Für eine gleichzeitig kompetente und akzeptanzfähige Erarbeitung der Stadt-Umland-Konzepte (SUK) ist eine parallele Mitwirkung der Verwaltung und der politischen Chefebene der beteiligten Kommunen notwendig. Zudem hat die Einbindung der politischen Gremien in den einzelnen Kommunen eine wesentliche Bedeutung. Eine leistungsfähige Kooperation im Stadt-Umland-Bereich, die mit dem Kernthema Siedlungsentwicklung in starkem Maße die kommunale Planungshoheit berührt, kann ohne Zustimmung der kommunalen politischen Gremien nicht bestehen. Sie müssen letztlich durch ihre Beschlüsse die Kooperation sowie deren Struktur und Arbeit legitimieren. Dementsprechend hat der Informationsfluss von den Ebenen der Kooperationen in die politischen Gremien der Kommunen höchste Priorität.

Um diesen Anforderungen Rechnung zu tragen, wurde in den Stadt-Umland-Kooperationen Elmshorn und Pinneberg folgende Organisationsstruktur gewählt.

- Ein regelmäßig tagender *Arbeitsausschuss* wurde für die organisatorische Steuerung und inhaltliche Bearbeitung des Stadt-Umland-Konzeptes eingerichtet. Ihm gehören die Verwaltungsfachleute der beteiligten Kommunen an. Zudem wurde die Kommunalpolitik über zwei engagierte Vertreter der beteiligten Kommunen mit eingebunden. Hiermit wurden sehr positive Erfahrungen gemacht, da die politische Sichtweise bereits auf der Arbeitsebene abgebildet und einbezogen werden konnte.
- Der *Bürgermeisterausschuss* ist ein in größeren Abständen tagendes politisches Gremium für die Diskussion grundsätzlicher Fragestellungen, dem alle Bürgermeister angehören. Er übernimmt Koordinierungs-, Lenkungs- und Kontrollaufgaben. Darüber hinaus stellt er über die Bürgermeister die Verbindung zu den politischen Gremien der beteiligten Kommunen sicher. Die Teilnehmer des Arbeitsausschusses nehmen beratend an den Sitzungen teil.
- Hinzu kommt die einmal im Jahr tagende *Regionalkonferenz* (nur SUK Elmshorn) als gemeinsames Informations- und Diskussionsforum. Ihr gehören alle Fraktionsvorsitzenden der beteiligten Gemeinde an. Damit wird die Einbindung der kommunalen Politik gesichert, und zudem kann der Kooperationsgedanke leichter transportiert werden als durch eine jeweils nur gemeindeinterne Information und Diskussion.

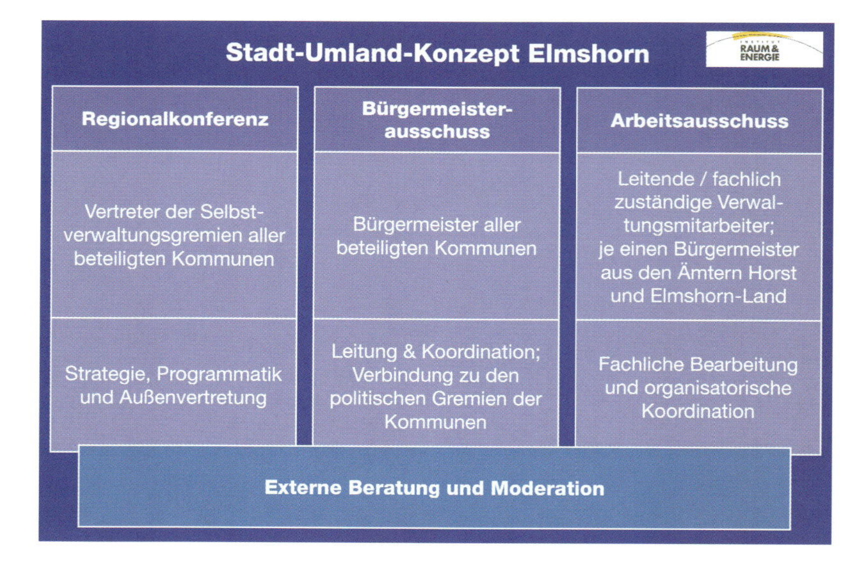

Abbildung 4:
Organisationsstruktur des SUK Elmshorn

Quelle: Institut Raum & Energie GmbH.

Externe Beratung und Moderation

Eine externe, unparteiische Beratung und Moderation ist gerade in der Anfangsphase für den Aufbau einer Vertrauensbasis in einer Kooperation unabdingbar. Nur mit Hilfe einer externen Begleitung können die wesentlichen ersten Arbeitsschritte angegangen werden, solange die Kooperation noch nicht mit eigenem Etat und Verantwortlichkeiten ausgerüstet ist.

A
B
C
C 1
C 2
D
D 1
D 2
E
E 1
E 2
E 3
E 4
E 5
E 6

Eine externe Begleitung kann
- die Konsensbildung deutlich erleichtern und
- für den Abstimmungsprozess objektive Empfehlungen zur Verfügung stellen.

Dabei ist eine hohe Transparenz notwendig, um keine Zweifel an der gutachterlichen Objektivität entstehen zu lassen. Die Beteiligten der Kooperation sollen ggf. mit den Gutachtern streiten, aber nicht untereinander!
Im Stadt-Umland-Modellkonzept wurde dementsprechend die Prozessmoderation extern vergeben. Für einzelne fachliche Gutachten wurden weitere Planungsbüros einbezogen.

Einbindung von Kreis und Landesplanung

Landesplanung und Kreise können die Arbeit in einer Stadt-Umland-Kooperation wesentlich unterstützen. Deshalb empfiehlt sich ein Einbezug beider Akteure von Beginn an, einerseits aufgrund des möglichen fachlichen Inputs und der übergreifenden Sichtweise, andererseits müssen die Ergebnisse des Prozesses je nach Themenfeld auch von der Landesplanung und den Kreisen getragen und in den jeweiligen Planungen berücksichtigt werden.
Insbesondere wenn die Ergebnisse der interkommunalen Planung verbindlich in die Regional- und Bauleitplanung übernommen werden sollen, ist die Beteiligung der Landesplanung im gesamten Prozess unbedingt erforderlich (Anmerkung: In Schleswig-Holstein ist die Regionalplanung Aufgabe der Landesplanung).
In den Stadt-Umland-Kooperationen Elmshorn und Pinneberg waren Landesplanung und Kreise ständig in allen drei Kooperationsgremien beratend beteiligt.

Zielgruppenspezifische Kommunikationsmittel

Politik lässt sich sensibilisieren

Die Unterrichtung und Information der politischen Gremien der beteiligten Kommunen spielt eine wesentliche Rolle. Einerseits findet sie durch die jeweiligen Bürgermeister statt, die über den Bürgermeisterausschuss direkt in die Kooperationsgremien eingebunden sind. Andererseits ließ sich aber feststellen, dass dies nicht ausreicht, um alle kommunalen Selbstverwaltungen ständig und dauerhaft über die wichtigen Ergebnisse der Zusammenarbeit zu informieren. Deshalb muss die Unterrichtung der politischen Gremien über alle wichtigen Ergebnisse auch durch das externe Gutachterteam erfolgen. Nur so kann der Informationsfluss von den Ebenen der Kooperation in die politischen Gremien der Kommunen gewährleistet werden.
Für die Unterrichtung und Information der beteiligten Akteure wurden in den Stadtregionen eine Reihe von Kommunikationsmitteln genutzt, um eine zielgruppengerechte Ansprache zu gewährleisten (vgl. Abb. 5).
Letztlich konnte aufgrund der laufenden Sensibilisierung und intensiven Diskussion der Flächenproblematik in den meisten Kommunen ein Bewusstsein dafür geschaffen werden, dass eine Flächenausweisung wie in den letzten Jahren angesichts gewandelter Rahmenbedingungen nicht zukunftsfähig ist.

Abbildung 5:
Kommunikationsmittel

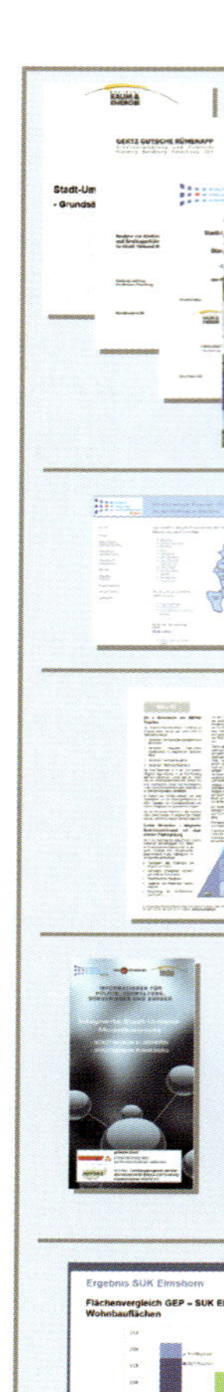

Gutachterliche Analysen und Studien, u.a.:
- „Grundsätze und Handlungsfelder der Stadt-Umland-Kooperation" (Grundsätze, vertragliche Grundlagen, Organisationsstruktur, Analyse der Handlungsfelder inklusive Lösungsansätzen und Bearbeitungsstand)
- Wohnbauflächenbedarfsschätzung bis 2020
- Bericht Gewerbliche Entwicklungspotenziale
- Analyse zur Abstimmung von Siedlungstätigkeit und sozialer Infrastruktur

Zielgruppe: Politik und Verwaltung

Internetauftritte

Zielgruppe: Politik, Verwaltung, Fachöffentlichkeit

REFINA-Infobriefe

vierteljährlich erscheinender Newsletter zu relevanten Themen

Zielgruppe: Politik

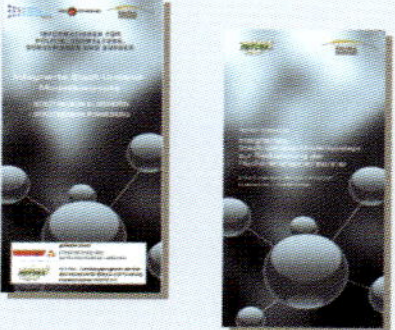

Informationsflyer

Ziele der Zusammenarbeit, Grundlagen, Handlungsfelder und spezielle Informationen zum Vorgehen in der Abstimmung der Siedlungsentwicklung

Zielgruppe:
- Fachpublikum und Planer
- Politik, Verwaltung, Bürgerinnen und Bürger

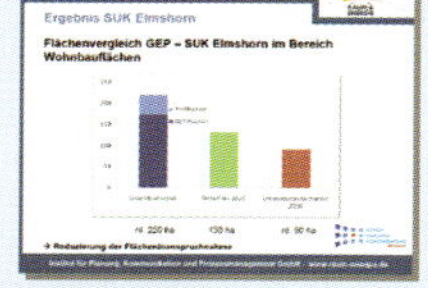

Präsentation in den Gemeindevertretungen

Vorstellung der Ziele, Inhalte, Themen etc. der Kooperation durch die externe Begleitung

Zielgruppe: Politik

Veranstaltungsreihe

Neun Workshops zu verschiedenen relevanten Themenstellungen

Zielgruppe: je nach Themenstellung Politik, Verwaltung, Fachplaner, Bürgerinnen und Bürger

Quelle: Institut Raum & Energie GmbH.

„Umwegkommunikation"

Das Themenfeld Fläche ist eines der konfliktträchtigsten kommunalen Themenfelder. Eine alleinige Bearbeitung nur dieses Themenfeldes im Konsens kann deshalb in Stadt-Umland-Bereichen nur in Ausnahmefällen gelingen.
Stattdessen sollte sich die Kooperation in einer Anfangsphase auf Themen konzentrieren, die erkennbar zunächst gemeinsame Interessen und nicht sofort Konflikte ansprechen. Die Erfahrung zeigt, dass interkommunale Kooperationen zügig an Dynamik gewinnen und konfliktfähig werden, wenn im Rahmen der Zusammenarbeit und im Zuge erster Erfolge gegenseitiges Verständnis und Vertrauen sowie gute persönliche Kontakte aufgebaut sind. Die für jede erfolgreiche Kooperation notwendige Vertrauensbasis wächst im Prozess.

Bewährte „Einstiegsthemen" bei den Stadt-Umland-Kooperationen waren u.a.

- die Stärkung der Tourismus- und Naherholungsangebote als weicher Standortfaktor und
- gemeinsame Positionierungen und Stellungnahmen zu regionalen und überregionalen Fragestellungen (z.B. Beteiligungsverfahren zur Neuaufstellung des Landesentwicklungsplans, Einzelhandelsvorhaben in Hamburg, Küstenschutz).

Genauso kann es allerdings auch erforderlich sein, dass bereits am Anfang der Kooperation konfliktträchtige Themenfelder bearbeitet werden müssen, falls Differenzen hierbei einer konstruktiven Zusammenarbeit in anderen Themenfeldern im Wege stehen. Ohne eine frühzeitige Beschäftigung mit der Konfliktsituation und ihre Klärung kann eine weitere Zusammenarbeit unter Umständen nicht möglich sein.
Dies war in der Stadt-Umland-Kooperation Pinneberg der Fall, wo erheblicher Handlungsbedarf im Themenfeld Einzelhandel bestand. Vor dessen gemeinsamer Abstimmung war eine Bearbeitung weiterer Themenfelder nicht möglich. Dies führte dazu, dass ein Abstimmungsverfahren für großflächigen Einzelhandel in der Region implementiert wurde, das zudem einen Beitrag zur Reduzierung der Flächeninanspruchnahme leisten kann.

Informeller Austausch

Raum zum Erfahrungsaustausch schaffen

Der Abstimmungs- und Kommunikationsprozess muss auch aktiv Raum für informelle Gespräche und den allgemeinen Gedanken- und Erfahrungsaustausch der Akteure schaffen. Gemeinsame Kaffee- oder auch Bierrunden (z.B. am Rande von Veranstaltungen) sind wichtige Kommunikationsinstrumente eines erfolgreichen Abstimmungsprozesses.
Über die regelmäßigen Sitzungen der Kooperationsgremien sowie die Workshopreihe fand in den Stadt-Umland-Kooperationen ein ständiger, auch informeller Austausch statt.

Abbildung 6:
Informeller Austausch am Rande des Workshops „Neue Wohnformen"

Foto: Institut Raum & Energie GmbH.

Kommunikation und Fortbildung

Kommunikation und Fortbildung

Stephanie Bock und Ajo Hinzen

Bisher noch eher selten in ihrer grundlegenden Bedeutung wahrgenommen, diskutiert oder gar umgesetzt, bilden innovative Kommunikationsansätze und offene Lernprozesse grundlegende Bausteine des nachhaltigen Flächenmanagements. Mit unterschiedlichen Vermittlungsprozessen werden die verschiedenen Zielgruppen gezielt interessiert und angesprochen, um das bisher kaum ausgebildete öffentliche Bewusstsein für die Notwendigkeit einer Verringerung des Flächenverbrauchs zu wecken, das Interesse an Ansätzen der Innenentwicklung und an der Brachflächenrevitalisierung zu stärken und ein nachhaltiges Flächenmanagement erfolgreich umzusetzen.

Expertinnen und Experten, aber auch viele Praxisakteure sind sich über die Handlungsbedarfe rund um einen sparsamen Umgang mit Fläche einig. Und doch sind „Fläche" und „sparsamer Umgang mit Fläche" – im Unterschied zu Klimaschutz und Biodiversität – keine Themen, die die Öffentlichkeit bewegen oder Schlagzeilen in der Tagespresse provozieren. Solange Flächensparen ein Expertenthema ist, solange bleibt es auch für politische Akteure schwierig, einen bewussten Umgang mit der Ressource Fläche zu sichern, „Flächensparen" als Erfolg zu präsentieren und in der Öffentlichkeit zu kommunizieren. Die Kommunikation des Anliegens Flächensparen steckt noch in den Kinderschuhen, eine Professionalisierung der Kommunikationsansätze scheint geboten.

Professionalisierung der Kommunikation

Angesichts der Komplexität des Themas treten bei der Kommunikation jedoch besondere Schwierigkeiten auf. Nicht nur die unterschiedlichen Definitionen, Interpretationen und daran geknüpften teilweise kontroversen Zieldimensionen von Nachhaltigkeit erschweren die Verständigung über nachhaltiges Flächenmanagement. Auch die breite Themenpalette und die unterschiedlichen Erwartungshaltungen führen zu Unklarheiten und zur Vermittlung eher diffuser Botschaften und Bilder. Die Folge sind zumeist Handlungsblockaden und Widerstände sowie eine nur geringe Motivation, sich mit dem Thema intensiver zu befassen.

Deshalb wurde mit dem Förderschwerpunkt REFINA die Chance ergriffen, geeignete Kommunikationsstrategien und -maßnahmen sowie Fortbildungsansätze zu entwickeln, mit denen Wissen und Problembewusstsein der Akteure gestärkt werden können, damit sie gezielter Maßnahmen im Bereich der Flächenentwicklung begleiten und umsetzen können. Kommunikation umfasst im Rahmen von REFINA somit die Entwicklung und Erprobung projektbezogener Kommunikations- und Motivationsstrategien der Standortentwicklung, von übergreifenden Kommunikations- und Motivationsstrategien zur Bewusstseinsbildung auf kommunaler, regionaler und überregionaler Ebene, die Anwendung von Marketing und Öffentlichkeitsarbeit für innovative Produkte (z.B. Tools, Finanzprodukte) sowie die Umsetzung zielgruppen- und altersgruppenspezifischer Kommunikations- und Motivationsstrategien (vgl. Kap. **D 1**). Darüber hinaus entwickelten einzelne Projekte neue Methoden und Konzepte für Beratung und Öffentlichkeitsarbeit sowie für Bildung und Ausbildung, aber auch Ideen zum Wissensaustausch oder zum Aufbau von inter- und transdisziplinären Kompetenznetzwerken (vgl. Kap. **D 2**).

D 1

Kommunikation und Bewusstseinsbildung

Kommunikation und Bewusstseinsbildung

Ajo Hinzen

„Flächensparen" und „Nachhaltige Flächennutzung" tauchen auf der Palette kommunizierter Nachhaltigkeitsthemen bisher eher selten auf. Ein zentrales Anliegen von REFINA ist deshalb zu vermitteln, dass eine nachhaltige Siedlungsentwicklung nicht nur für den Naturerhalt, sondern auch für die Sicherung der Lebensqualität sowie den Werterhalt des Immobilieneigentums notwendig ist. Anstelle des schwer vermittelbaren Credos vom Verzicht wird ein nachhaltiger Umgang mit der Ressource Fläche bewusst als Zukunftschance und als Strategie für mehr Effizienz vermittelt. Daran anknüpfend werden neue Wege der Kommunikation und der Zielgruppenansprache entwickelt und erprobt.

Täglich werden vielerorts private und öffentliche Entscheidungen zum Umgang mit der Ressource Fläche getroffen – mit unmittelbaren und mittelbaren Auswirkungen auf das räumliche Gefüge, den Verkehr und den Naturhaushalt –, etwa zur

- Inanspruchnahme von Freiflächen für Siedlungs- und Verkehrszwecke,
- Umwandlung oder Intensivierung bestehender Flächennutzungen (etwa auf Brachflächen),
- Schaffung von Ausgleich für baubedingte Eingriffe in den Naturhaushalt, für Zwischennutzungen.

Jede dieser Entscheidungen basiert auf spezifischen, für sich nachvollziehbaren Rationalitäten, Einstellungen, Logiken und setzt notwendigerweise komplexere Verständigungsprozesse der dabei Beteiligten voraus.

Anknüpfend an ihre Alltagserfahrungen und überkommene gesellschaftliche Traditionen wird dieser Prozess auf dem Flächenmarkt von den Handelnden als quasi selbstverständlich erlebt. Die zunehmende Knappheit der Ressource Fläche wird dabei – je nach räumlicher Lage –, wenn überhaupt, im Wesentlichen über den Bodenpreis wahrgenommen. Andere Dimensionen der Flächeninanspruchnahme, etwa der Verlust an landwirtschaftlichen Produktionsflächen, an wertvollen Böden, an Kulturlandschafts- und Freiraumqualität oder an klimatischen Ausgleichsräumen, bleiben weitgehend ausgeblendet (vgl. Kap. **A**). Der Erfolg von kommunal- oder regionalpolitischen Entscheidungen bemisst sich bisher überwiegend an allgemein anerkannten Indikatoren, wie der Anzahl zugewanderter Einwohner, der Anzahl neu geschaffener Wohnungen, neuer Gewerbeflächen und Arbeitsplätze.

Fehlendes Bewusstsein über den Wert der Ressource Fläche

Solange sich kein Bewusstsein für den gesellschaftlichen und ökologischen Wert der Ressource Fläche ausgebildet hat, wird eine Nachhaltigkeitsstrategie, die einen sparsameren Umgang mit der Fläche und ein nachhaltiges Flächenmanagement postuliert, bei den Zielgruppen wirkungslos verhallen. Sieht man von einer vergleichsweise kleinen Fachöffentlichkeit ab, rangiert das Thema Fläche in der breiten Öffentlichkeit, in der Immobilienwirtschaft und bei kommunalen und regionalen Entscheidern weit hinter anderen Themen wie Arbeitsplatz- und Einwohnerentwicklung, demografischer Wandel, Klimaschutz, Verbraucherschutz...

Mittelbar wird Flächenschonung und Flächenmanagement „huckepack" über andere Themen wie beispielsweise Stadtumbau, Bestandserneuerung, Kulturlandschaftsschutz transportiert.

Wo bisher Ministerien, Kommunen, Naturschutzverbände u.a. Ansätze verfolgt haben, das Thema Reduzierung der Flächeninanspruchnahme und Wiedernutzung aufgelassener Flächen öffentlichkeitswirksamer zu kommunizieren, beispielsweise über Ausstellungen, Kurzfilme, Flyer, Broschüren, waren diese Strategien oft wenig erfolgreich, weil zu viele und zu heterogene Botschaften für unterschiedliche, nicht immer klar identifizierte Zielgruppen gesendet wurden. Diese Botschaften stehen überdies in einer starken Konkurrenz zu professionell durchgeführten, immobilienwirtschaftlichen Kommunikations- und Marketingstrategien mit gegenläufigen Zielen und Inhalten.
Deshalb hat sich der Förderschwerpunkt REFINA in mehreren Projekten intensiv mit den Fragen befasst, welche Besonderheiten bei der Kommunikationsaufgabe Flächensparen und nachhaltiges Flächenmanagement zu beachten sind – und ob und welche bisher erfolgreichen Kommunikations- und Bewusstseinsbildungsstrategien man sich dabei zu Nutze machen kann. Darüber hinaus hat der Förderschwerpunkt untersucht, ob eine Professionalisierung der Kommunikation den Wirkungsgrad der Strategie nachhaltig und überprüfbar erhöhen kann.
Eine wesentliche Erkenntnis aus den verschiedenen kommunikationsbezogenen Ansätzen aus dem REFINA-Verbund ist, dass die Kommunikation des Flächensparens und des nachhaltigen Flächenmanagements an neuere Ansätze und Erfahrungen aus den Kommunikationswissenschaften, den Planungswissenschaften, der zielgruppenbezogenen Öffentlichkeitsarbeit und dem Marketing für nachhaltige Produkte anknüpfen kann.

Kriterien für erfolgreiche Kommunikationsstrategien

Kommunikationsstrategien auf die Interessen der Akteure ausrichten

Wohl wissend, dass die häufig festgestellte Kluft zwischen Umweltbewusstsein und Umwelthandeln nicht einfach mit Mitteln der Kommunikation zu überbrücken ist, werden hier wenige positive Kernbotschaften in den Mittelpunkt von Kommunikationsstrategien gestellt, etwa der sorgsame Umgang mit Ressourcen, die Verantwortung für nachfolgende Generationen, Schutz und Erhalt der Kulturlandschaft. Die Vermittlung stellt primär auf Vorteile/Nutzen für die jeweilige Zielgruppe, auf Qualitätszuwachs und Gewinn an Lebensqualität ab – anstelle von negativ besetzten Botschaften wie Sparen, Verzicht, Vermeidung. Erfolgreiche Kommunikationsstrategien müssen an den Interessen, Erwartungshaltungen und Erfolgskriterien der lokalen und regionalen Akteure anknüpfen, indem Innenentwicklung und nachhaltiges Flächenmanagement mit der Verhinderung der Abwanderung von Einwohnern und Arbeitsplätzen durch attraktive Wohnquartiere, leistungsfähige und attraktive Infrastrukturen und im Bestand erneuerte Gewerbe- und Bürostandorte verbunden werden. Aber: Weil Planungsprozesse auch immer komplexe Verständigungsprozesse vieler Akteure sind, muss erfahrungsgemäß zugleich berücksichtigt werden, dass ambitionierte Planungsziele im Zuge „turbulenter Abstimmungs- und Abwägungsprozesse" (Selle) Modifikationen unterliegen.
„Die Verantwortung für die quantitative und qualitative Inanspruchnahme von Flächen liegt bei einer Vielzahl hoheitlicher und gesellschaftlicher Akteure aus Wirtschaft, Städten und Gemeinden, bei Architekten und Stadtplanern, Vertretern der Verkehrswirtschaft, bei Banken und Wohnungseigentümern und nicht zuletzt bei den Flächeneigentümern." (RNE 2004, S. 26) Überdies prägen die

A
B
C
C 1
C 2
D
D 1
D 2
E
E 1
E 2
E 3
E 4
E 5
E 6

Privathaushalte als große Nachfragegruppe den Immobilienmarkt durch Neubau, Umbau, Erweiterungsabsichten maßgeblich.
Daraus wird deutlich, dass sich Kommunikationsstrategien für nachhaltige Flächennutzung sehr unterschiedlichen Zielgruppen mit jeweils anderen Interessen, Erwartungen und Handlungslogiken stellen müssen. (Diese Aufgabe stellt sich zudem in verschiedenen Teilräumen der Republik durchaus unterschiedlich.) Die in REFINA entwickelten Formen der Zielgruppenansprache zeigen, dass und wie es möglich ist, mit Hilfe leicht verständlicher Sprache (auch Bildsprache), mit personalisierten und ansprechend gestalteten Informationsmaterialien und mit jeweils auf bestimmte Zielgruppen zugeschnittenen Kampagnen Informationen zu vermitteln und Handlungsansätze aufzuzeigen, die an bestehende Überzeugungen, Interessen und den Wissensstand der Zielgruppen anknüpfen.
Inhaltlich erhöhen vor allem ökonomische Überzeugungsansätze zum Thema Folgekosten/Kostentransparenz, aber auch die Attraktivität der Folgenutzung bei den Zielgruppen Kommunen wie private Haushalte die Akzeptanz des Themas Flächensparen. Bei der Vorbereitung planerischer Entscheidungen haben sich Szenarien als ein interessanter Kommunikationsansatz erwiesen, mögliche langfristige Entwicklungen und ihre Auswirkungen vergleichend sichtbar zu machen und daraus flächenpolitische Argumentationshilfen zu generieren (vgl. Kap. **C 1.2**).
Überzeugende, erfolgreiche und strukturell übertragbare Praxisbeispiele sind überdies als Stimulanz für neue flächenpolitische Strategien in Kommunen und Regionen unverzichtbar.

Erkenntnisse aus REFINA-Projekten

Zielgruppenorientierte Kommunikation in den REFINA-Projekten

Wie die vielfältigen Erkenntnisse aus REFINA-Projekten für die kommunale Praxis aufbereitet und nutzbar gemacht werden können, wird einerseits im Rahmen der wissenschaftlichen Begleitung und Kommunikation, andererseits im Rahmen eines Fortbildungskonzeptes zum nachhaltigen Flächenmanagement entwickelt.
Überwiegend fehlende Kommunikationsstrategien zum Thema Fläche, disperse Zielgruppen-Ansprache, zu viele (eher fachliche getönte) Botschaften und wenig überzeugende Begründungen: Das sind einige Kernergebnisse der empirischen Vorstudie von Kriese/Schulte zur Kommunikation des Themas Flächensparen und Nachhaltige Siedlungsentwicklung aus den Jahren 2007/2008 (vgl. Kap. **D 1.1** sowie NABU 2008; Kriese/Schulte 2009).
Die daraus erwachsende Aufgabe, wissenschaftliche Erkenntnisse zum sparsamen Flächenmanagement in geeignete Kommunikationsinhalte und -formen zu übersetzen, hat das REFINA-Projekt „Zukunft Fläche" in der Metropolregion Hamburg in einer Informationskampagne mit dem Titel „Mittendrin ist in!" umgesetzt. Primäre Zielgruppe dieser Kampagne ist die Kommunalpolitik. Katrin Fahrenkrug und Dagmar Kilian beschreiben in ihrem Beitrag einfache Regeln und professionelle Herangehensweisen für erfolgreiches Kommunizieren in diesem Themenfeld. Sie konzentrieren sich dabei auf den Kern der zu transportierenden Botschaften („Was?") und auf das „Wie" und vermitteln, welche Erfahrungen sie mit der Umsetzung der Kampagne sammeln konnten(Kap. **D 1.2**).

Mit der Zielgruppe umzugsbereiter Privathaushalte befassen sich der Beitrag von Rebecca Eizenhöfer und Heidi Sinnig zum REFINA-Projekt „KomKoWo" (Kap. **D 1.3**) sowie die drei Beiträge aus dem REFINA-Projekt „Integrierte Wohnstandortberatung" (Kap. **D 1.4**). Ihr jeweils hierfür im Rahmen von REFINA entwickelter Kommunikationsansatz ist die Beratung privater Haushalte bei der Suche nach geeigneten Wohnstandorten.
Die den Projekten zugrunde liegende Hypothese war, dass die Privathaushalte bei

- gut aufbereiteten Informationen über Standortalternativen und
- Transparenz über mit der Wohnstandortwahl verbundene Kosten

eher integrierte, flächensparende Standorte vorziehen.
Das Beratungsangebot besteht aus einer Webseite mit Informationen zur Wohnstandortentscheidung, aus einem unterstützenden interaktiven Tool, einem Mobilitätskostenrechner, einer Broschüre und persönlichen Beratungsgesprächen. Indirekt zielen diese Ansätze auch auf die Entscheidungslogiken der Kommunen bei der Wohnstandortentwicklung unter Kosten-Nutzen-Gesichtspunkten. Die Ansätze werden in ausgewählten Modellstädten erprobt.
Wie darüber hinaus die Zielgruppen bei der Wohnstandortberatung besser erreicht werden können und ihr Interesse geweckt werden kann, untersucht der zweite Beitrag in Kap. **D 1.4**. Aus Sekundäranalysen und aus Befragungen von Immobiliensuchenden in den Pilotstädten wurden Argumente für einen Standortwechsel abgeleitet, aber auch Wahrnehmungslücken, etwa in den Bereichen Kosten, Zeitaufwand und Verkehrssicherheit, identifiziert, die als Grundlage für zielgruppenspezifische Kommunikationsansätze und darauf aufbauende Marketingaktivitäten dienten. Neben der Darstellung der breiten Palette der pilothaft umgesetzten Kommunikationsansätze werden auch die Hemmnisse nicht verschwiegen, die sich bei der Umsetzung der Kampagne zeigten.
Christian Holz-Rau, Joachim Schreiner und Björn Schwarze haben darauf aufbauend in zwei Modellstädten untersucht, wer mit welchen Erwartungen die angebotenen Wohnstandortberatungen und das Wohnstandort-Informationssystem genutzt hat und ob sich Wirkungen des Angebotes auf Einstellungen und Verhalten der Privathaushalte erkennen lassen (Kap. **D 1.4**). Im Ergebnis erreicht dieses Instrument bisher nur einen Teil der lokal Wohnungssuchenden und wirkt sich auf die rationale Reflektion der Wohnstandortentscheidung (etwa beim Kriterium „Erreichbarkeit") aus; zur Abschätzung von Effekten auf die periphere Flächeninanspruchnahme ist die Anzahl der zugrunde liegenden Fragebögen noch zu gering.
3D-Stadtmodelle zielen als Kommunikationsinstrumente primär auf Kommunalpolitiker als Entscheidungsträger, auf Akteure der Immobilienwirtschaft sowie auf die beteiligte Öffentlichkeit in Planungsprozessen. Sie unterstützen das Flächenmanagement in der kommunalen Planungsverwaltung durch transparente, anschauliche und gut verständliche Aufbereitung baulich-räumlicher Informationen. 3D-Visualisierungen auf der Grundlage von Geobasisdaten und 2D-Entwürfen/Bebauungsplänen erleichtern auch die Entscheidung zwischen verschiedenen Planungsvarianten, veranschaulichen deren Auswirkungen und unterstützen die Vermarktung von Flächen (vgl. Kap. **D 1 A**).

Literatur

Bock, Stephanie, Ajo Hinzen und *Jens Libbe* (Hrsg.) (2009): Nachhaltiges Flächenmanagement in der Praxis erfolgreich kommunizieren. Ansätze und Beispiele aus dem Förderschwerpunkt REFINA, Beiträge aus der REFINA-Forschung, Reihe REFINA Band IV, Berlin.

Fischer, Andreas, und *Gabriela Hahn* (Hrsg.) (2001): Vom schwierigen Vergnügen einer Kommunikation über die Idee der Nachhaltigkeit, Frankfurt am Main.

Michelsen, Gerd, und *Jasmin Godemann* (Hrsg.) (2007): Handbuch Nachhaltigkeitskommunikation. Grundlagen und Praxis, München.

Rat für Nachhaltige Entwicklung (2004): Mehr Wert für die Fläche: Das „Ziel-30-ha" für die Nachhaltigkeit in Stadt und Land. Empfehlungen des Rates für nachhaltige Entwicklung an die Bundesregierung, Berlin (Texte Nr. 11/Juli 2004).

Umweltbundesamt (UBA) (Hrsg.) (2002): Perspektiven für die Verankerung des Nachhaltigkeitsleitbildes in der Umweltkommunikation – Chancen, Barrieren und Potenziale der Sozialwissenschaften, Berlin.

D 1.1 Kommunikation pro nachhaltige Siedlungsentwicklung: Leitfragen und Arbeitsschritte

Ulrich Kriese, Patricia Schulte

REFINA-Forschungsvorhaben: Flächenakteure zum Umsteuern bewegen!

Projektleitung:	Dr. Ulrich Kriese (Phase I), Manuel Dillinger und Nikola Krettek (Phase II)
Modellraum/Modellstädte:	Bundesgebiet
Projektwebsite:	www.nabu.de

Eine noch immer kleine, aber wachsende Zahl von Städten, Gemeinden und Regionen greift die kommunikative Herausforderung einer nachhaltigen Siedlungsentwicklung auf und beschreitet neue Wege der Kommunikation bis hin zum Marketing. Zu nennen sind hier beispielsweise die Städte Hannover („Hannover heißt Zuhause"), Tübingen, Freiburg, Neustadt an der Weinstraße und Basel („Stadtwohnen. Wohnen wo man lebt."), die Metropolregion Hamburg sowie die Verbandsgemeinde Wallmerod in Rheinland-Pfalz. Eine gelungene Ansprache zur Bewusstseinsbildung hat die gefragte Wanderausstellung „Wie wohnen? Wo leben? – Flächen sparen, Qualität gewinnen" des Bündnis für Flächensparen in Bayern gefunden. Sehr eindrücklich bezüglich Sensibilisierung für den demografischen Wandel und seine Folgen ist auch der MELanIE-Kurzfilm des saarländischen Umweltministeriums.
Mit insgesamt acht Städten, Gemeinden und kommunalen Zusammenschlüssen, darunter Tübingen, die Samtgemeinde Barnstorf (vgl. Kap. **C 1.1.2**), Kaiserslautern, Neustadt an der Weinstraße und die Verbandsgemeinde Wallmerod, erarbeitet der NABU im Rahmen einer besonderen Partnerschaft in den Jahren 2010 bis 2012 maßgeschneiderte Kommunikationsstrategien und versucht mit den Partnerkommunen, neue Wege in der Kommunikation und Bewusstseinsbildung zu beschreiten. Schon heute vermarktet beispielsweise die Verbandsgemeinde Wallmerod ihre internetbasierte Dorfbörse und das kommunale Förderprogramm für Neu- und Umbau im Ortskern erfolgreich unter dem Motto „Leben im Dorf – Leben mittendrin". Neustadt an der Weinstraße beschreitet mit der „Woche des Wohnens" ebenfalls Neuland, indem Umbauinteressierte mit Architekten und Baufinanzierern zusammengebracht werden sowie zu mietende innerstädtische Wohnungen besichtigt werden können. Um Bürgerinnen und Bürger in Barnstorf für Nach- und Umnutzungen zu begeistern, wurden Tage der Offenen Tür und Workshops veranstaltet sowie Image-Filme produziert.

Interesse wecken durch Zielgruppenorientierung

Kommunikationsprozess initiieren

Gesellschaftspolitische Aufmerksamkeit zu gewinnen, ist eine Herausforderung für jeden Kommunikator. Um einen Kommunikationsprozess zu initiieren, muss

A
B
C
C 1
C 2
D
D 1
D 2
E
E 1
E 2
E 3
E 4
E 5
E 6

gerade diese Aufmerksamkeit bei der jeweiligen Zielgruppe erzeugt werden. Nur wer vom Adressaten wahrgenommen wird, bei ihm/ihr Interesse weckt und Verstehen produziert, kommuniziert tatsächlich. Dazu müssen die spezifischen Eigenheiten (Einstellungen und Werte, Vorbildung, Informationsstand sowie Involvement) der Zielpersonen bekannt sein und berücksichtigt werden. Ohne eine klare Zielgruppenorientierung ist so gut wie ausgeschlossen, dass die Botschaft den jeweiligen Adressaten erreicht.

Abbildung 1: Einschätzung des Informationsbedarfs der Zielgruppe

Quelle: Eigene Darstellung.

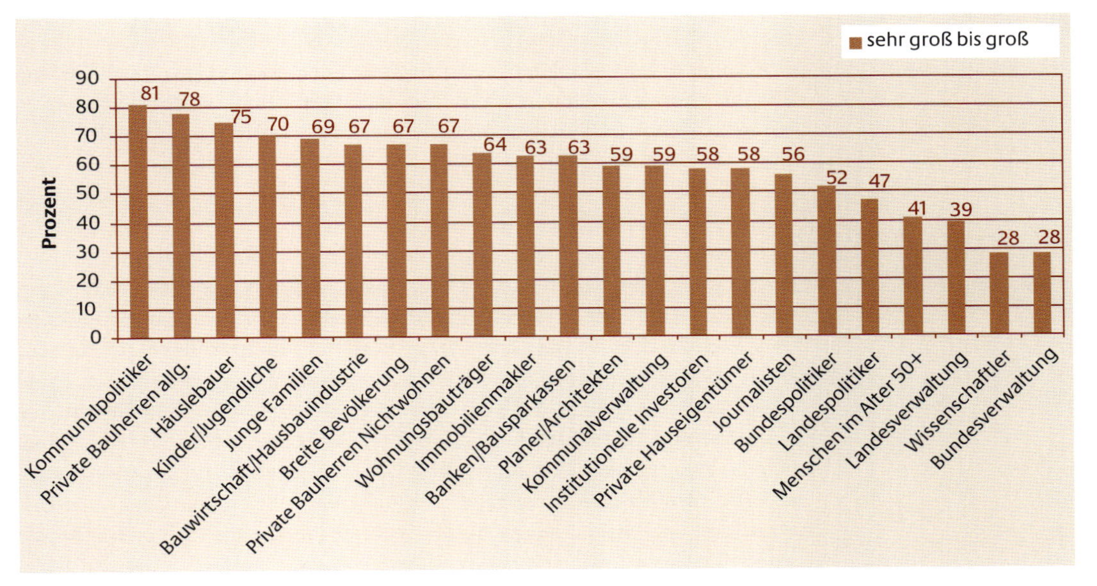

Abbildung 2: Allgemeine Themen und emotionale Appelle

Quelle: Eigene Darstellung.

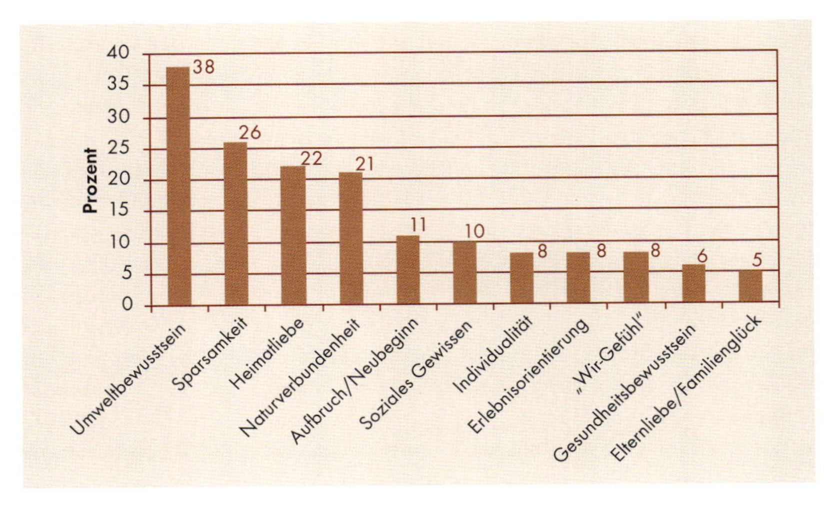

Empirische Beobachtungen

Die meisten Kommunikatoren auf dem Gebiet Flächensparen, das hat die diesem Beitrag zugrunde liegende empirische Erhebung im Rahmen des Projekts „Flächenakteure zum Umsteuern bewegen!" offenbart (Kriese/Schulte 2009; NABU 2008), sind mit den vorhandenen personellen und finanziellen Mitteln weit davon entfernt, zielgerichtete, professionelle Kommunikationsarbeit leisten zu können. Stattdessen wird eine große Anzahl von heterogenen Zielgruppen mit einer Vielzahl unspezifischer, sehr komplexer Informationen zum Thema Flächensparen überfrachtet. Das sogenannte „Gießkannenprinzip" ist hier an der Tagesordnung. Folglich werden die zu kommunizierenden Inhalte häufig nicht auf Gruppierungen zugeschnitten, die erreicht werden sollen. Zudem werden viele der Zielgruppen, bei denen ein hoher Informationsbedarf gesehen wird, bisher kaum angesprochen (Abb. 1). Die Mehrheit der Kommunikatoren vermittelt auch (zu) große Mengen sachbetonter Information zu dem komplexen Thema Flächensparen/Nachhaltige Siedlungsentwicklung. Da dieses Thema bisher noch wenig Beachtung gefunden hat, ist es notwendig, ein besonderes Augenmerk auf die emotionale und situative Komponente der Kommunikation zu legen. Soweit Emotionen in der Vergangenheit eine Rolle spielten, wurden eher bewahrende und wertkonservative Motive angesprochen (Abb. 2).

Selbstverständnis klären

Glaubwürdigkeit ist entscheidend

Eine der wichtigsten Voraussetzungen für eine auf Dauer erfolgreiche Verbreitung und Verankerung einer nachhaltigen Siedlungsentwicklung im öffentlichen Bewusstsein ist, dass die jeweiligen Kommunikatoren ein konkretes Eigeninteresse mit der Thematik verbinden. Die Bedeutung eines aktiven „Kümmerers", der sein Anliegen mit Engagement auch gegen Widerstände und über Durststrecken hinweg vorantreibt, ist gar nicht hoch genug einzuschätzen. Ist dies nicht der Fall, ist auch die Wahrscheinlichkeit sehr gering, dass aus einem Kommunikationsvorhaben mehr wird als eine kurzatmige „Promotiontour". Eine gelungene Kommunikation misst sich beispielsweise daran, in welchem Maße das Thema Flächensparen Bestandteil des Tagesgeschäfts der Kommunikations- und der Fachabteilungen ist. Die Kommunikation für eine nachhaltige Siedlungsentwicklung muss also innerhalb der kommunizierenden Institutionen ihren Anfang nehmen. Um glaubwürdig kommunizieren zu können, müssen zunächst die Beteiligten intern ihre Haltung zum Thema spezifizieren. Eine wichtige Leitfrage könnte lauten: „Wie wohnen wir heute und wie sollen (wollen) wir in Zukunft wohnen?"
Diese und andere Fragen der Identität und des Selbstverständnisses können beispielsweise mithilfe des aus der Betriebswirtschaft stammenden Instrumentariums der SWOT-Analyse angeschaut werden (zu diesem und den nachfolgenden Schritten ausführlich Kriese/Schulte 2009 sowie NABU 2008, aufbauend u.a. auf Kroeber-Riel 1991; siehe ferner Helbrecht 2005, Kriese 2010 und Kuckartz/Schack 2002). Am Beispiel einer Gemeinde als Kommunikatorin kommen im Einzelnen folgende Fragen in Betracht:

- Welchen Erfahrungshintergrund besitzt die Gemeinde mit dem Flächensparen?
- Wie ist der interne Umgang mit dem Thema Flächenverbrauch/Flächensparen zu bewerten? (Interne Kommunikation und Stellenwert des Themas innerhalb der Gemeinde)
- Was zeichnet die Kommune baulich und siedlungsstrukturell, ebenso wie in landschaftlicher und naturräumlicher, kultureller, wirtschaftsstruktureller und sozialer Hinsicht aus?
- Wer hat in der Kommune typischerweise welche (Flächen-, Wohn-, Lebens-) Bedürfnisse bzw. welche Vorstellungen davon? Welche Widerstände und Bedenken gilt es zu überwinden?

A
B
C
C 1
C 2
D
D 1
D 2
E
E 1
E 2
E 3
E 4
E 5
E 6

- Worin kann für die Kommune der Mehrwert einer nachhaltigen Siedlungsentwicklung bestehen und was will und kann sie diesbezüglich erreichen?
- Wie verlaufen die internen Arbeitsprozesse hinsichtlich der Kommunikation einer nachhaltigen Siedlungsentwicklung bisher? (Personelle und finanzielle Kapazitäten?)
- Was sind die größten internen Stärken der Gemeinde im Kontext der Thematik nachhaltige Siedlungsentwicklung? Was sind die größten internen Schwächen der Gemeinde im Umgang mit der Thematik?
- Über welche Verbindungen und Netzwerke verfügt die Gemeinde? Welche davon eignen sich eventuell für eine Zusammenarbeit im Kontext einer Kommunikationsstrategie für eine nachhaltige Siedlungsentwicklung?
- Welche wesentlichen Zielgruppen kommen für eine erfolgreiche Kommunikationskampagne in Frage? Welcher prominente Multiplikator fühlt sich eventuell der Gemeinde gegenüber besonders verbunden oder ist aufgrund regionaler Nähe potenziell greifbar?
- Was sind aktuell die größten externen Chancen bezüglich einer erfolgreichen Implementierung einer Kommunikationsstrategie zum Thema? Was sind hingegen die größten externen Gefahren, die im Kontext der Planung dringend mitberücksichtigt werden sollten?

Projektziel und Zielgruppen

Das Kommunikationsziel definieren

Im Vorfeld der Entwicklung einzelner Kommunikationsmaßnahmen gilt es, zunächst das zu erreichende Projektziel zu definieren. Die Definition sollte möglichst genau umschreiben, was bzw. wer in welchem zeitlichen Rahmen und in welcher Größenordnung erreicht werden soll und welche Indikatoren belegen können, dass dieses Projektziel auch tatsächlich erreicht wurde.
Das Projektziel oder auch die der Strategie zugrunde liegende Idee sollten erstens einen positiven Grundcharakter haben (es sollte ein benennbarer Mehrwert im Vordergrund stehen), und sie sollten zweitens ein auf eine bestimmte Handlungsweise abzielendes Motiv implizieren, das sich auch als Leitbild visualisieren lässt.
Steht das Projektziel fest, ist die Identifikation der geeigneten Zielgruppen ein weiterer notwendiger Schritt. Dabei helfen u.a. folgende Fragen: Welche Interessengruppen üben starken Einfluss auf flächenwirksame Entscheidungen aus? Wer profitiert heute von den vor Ort getroffenen (Fehl-)Entscheidungen? Wer könnte eventuell von alternativen, nachhaltigen Szenarien profitieren? Wer gilt als Trendsetter? Wer hört auf wen? Wer soll zu welchem Denken und Handeln angeregt werden? Welche Bevölkerungsteile wird die Kommune eventuell (ohnehin) ansprechen wollen (z.B. über das Stadtmarketing)? Wer ist wie, ausgehend von welchem „Sender", erreichbar? Häufig empfiehlt es sich, zunächst die lokalen Meinungsführer zu gewinnen, die dann als Multiplikatoren fungieren können. Denn zur Meinungsbildung sind die interpersonale Kommunikation und das persönliche Umfeld des Einzelnen mindestens ebenso wichtig, wenn nicht wichtiger als medial übertragene Botschaften.

Aufbau von Kooperationen

Gründliche Zielgruppenanalyse

Eine gründliche Zielgruppenanalyse muss die Bedürfnisse, Einstellungen und Meinungen, Vorlieben, den Wissensstand, die Medienkonsumgewohnheiten und die ungefähren sozialen und wirtschaftlichen Hintergründe der unterschiedlichen Zielgruppen ermitteln. Auch der Frage nach den Interessenslagen der Zielgruppen bezüglich „Flächeninanspruchnahme" wird hier nachgegangen (siehe beispielsweise BMVBS/BBR 2007). Die Kenntnis der jeweiligen lokalen Akteure und möglichen Zielgruppen ist die Voraussetzung zur Bildung strategischer Allianzen. Das bedeutet, dass die ausgewählten Akteure und Zielgruppen eine für sie passende – aktive oder passive – Rolle im Rahmen der Strategie übernehmen. Wer eine aktive Rolle übernimmt, wird damit selbst zum Multiplikator „pro Fläche", und wer passiv bleibt, wird direkt als Zielperson/-gruppe angesprochen. Wer fungiert als Zugpferd oder Motor? Wen könnte diese treibende Kraft aktivieren? Oder umgekehrt: Wer ist auf direktem Wege schlecht zu erreichen, aber indirekt durch eine andere Gruppe vielleicht leichter? Die Bildung strategischer Allianzen kann helfen, Synergieeffekte zu schaffen und bestimmte Zielgruppen effektiver zu erreichen.

Kommunikationsstrategie und Planung

In dieser Phase werden die spezifischen Kommunikationsziele und die generelle(n) Kampagnenidee(n) festgelegt: Welcher Absender transportiert welche Inhalte bzw. Kommunikationsziele über welche Medien an welche Zielgruppen, um welches Projekt(teil)ziel zu erreichen? Kontrollkriterien (mit Messgrößen und Messmethoden) werden definiert, die zu einem späteren Zeitpunkt als Grundlage für (weitere) Maßnahmen zur Verfügung stehen.

Umsetzung und Evaluation

Ist die strategische Maßnahmenplanung stimmig und vollständig und wurden die Entscheidungen bezüglich der Kommunikationsziele und -instrumente und der Mittel und Medien gefällt, geht es im Folgenden darum, eine zielgruppengerechte Verschlüsselung der Botschaft in Form von Veranstaltungen und Aktionen sowie in Text, Bild, Graphik etc. vorzunehmen. Es müssen in dieser Phase entsprechende Slogans, Claims, Leitbilder etc. entwickelt werden. Als strategischer Ansatz sollten vor allem emotionale, positive Leitbilder auf den verschiedenen Kommunikationswegen erprobt werden. Es empfiehlt sich auch, die aktuellen Trends im Bereich ökologisches Bauen und Wohnen zu nutzen und vor allem die Vorteile für den Einzelnen über eine stark emotionale Bildsprache zu vermitteln. Dabei sollten auch mediale Kommunikationswege wie Zeitschriften, Film und Video genutzt werden. Zudem sollten hier Erfahrungen aus dem viralen Marketing berücksichtigt werden (NABU 2008).

Literatur

BMVBS/BBR (2007): Akteure, Beweggründe, Triebkräfte der Suburbanisierung. Motive des Wegzugs – Einfluss der Verkehrinfrastruktur auf Ansiedlungs- und Mobilitätsverhalten (BBR-Online-Publikation Nr. 21).

Helbrecht, Ilse (2005): Stadt- und Regionalmarketing. Neue Identitätspolitiken in alten Grenzen, in: C. Scholz (Hrsg.): Identitätsbildung. Implikationen für globale Unternehmen und Regionen, München, S. 191–199.

Kriese, Ulrich (2010): Weniger Menschen – weniger Fläche? Über die Zukunft des ländlichen Raums in Zeiten demografischen Wandels, in: AgrarBündnis (Hrsg.): Der Kritische Agrarbericht 2010, Kassel, S. 159–162.

Kriese, Ulrich, und *Patricia Schulte* (2009): Flächenakteure zum Umsteuern bewegen! Analyse und Bewertung vorliegender Kommunikationsansätze – Ausgangspunkt für neue kreative Marketingstrategien, in: Stephanie Bock, Ajo Hinzen und Jens Libbe (Hrsg.): Nachhaltiges Flächenmanagement in der Praxis erfolgreich kommunizieren. Ansätze und Beispiele aus dem Förderschwerpunkt REFINA, Beiträge aus der REFINA-Forschung, Reihe REFINA Band IV, Berlin, S. 47–56. Siehe auch www.refina-info.org sowie das NABU-Vorhaben „Partnerschaften für eine nachhaltige Siedlungsentwicklung".

Kroeber-Riel, Wolfgang (1991): Strategie und Technik der Werbung. Verhaltenswissenschaftliche Ansätze, Stuttgart.

Kuckartz, Udo, und *Korinna Schack* (2002): Umweltkommunikation gestalten. Eine Studie zu Akteuren, Rahmenbedingungen und Einflussfaktoren des Informationsgeschehens, Opladen.

Naturschutzbund Deutschland (NABU) (2008): REFINA-Projekt Flächenakteure zum Umsteuern bewegen! – Vorstudie zur Kommunikation und Bewusstseinsbildung für eine nachhaltige Siedlungsentwicklung. Endbericht, Berlin (www.nabu.de/siedlungspolitik).

D 1.2 Gestaltung einer Image- und Wissenskampagne zum sparsamen Flächenmanagement

Katrin Fahrenkrug, Dagmar Kilian

REFINA-Forschungsvorhaben: Zukunft Fläche – Bewusstseinswandel zur Reduzierung der Flächeninanspruchnahme in der Metropolregion Hamburg

Projektträger:	Metropolregion Hamburg, vertreten durch die Leitprojekt-AG „Bewusstseinswandel im Flächenverbrauch"
Verbundkoordination:	Raum & Energie, Institut für Planung, Kommunikation und Prozessmanagement GmbH
Projektleitung:	Kreis Segeberg i.V. für die Leitprojekt-AG „Bewusstseinswandel im Flächenverbrauch" der Metropolregion Hamburg
Projektpartner:	Elbfeuer GmbH, Agentur für Markenkommunikation und Dialog sowie kommunika(team GmbH
Modellraum/Modellstädte:	Metropolregion Hamburg, insbesondere Kreis Segeberg (SH), Kreis Pinneberg (SH) und Landkreis Lüneburg (NI)
Projektwebsite:	www.mittendrin-ist-in.de

Kommunikation zur Bewusstseinsbildung ist das „A und O" für einen Erfolg beim Thema „Reduzierung der Neuflächeninanspruchnahme". Bei dem REFINA-Projekt der Metropolregion Hamburg wurde dabei die Zielgruppe der Kommunalpolitik in den Mittelpunkt gestellt. Aus den Erfahrungen des Projektes lassen sich folgende grundlegende Regeln für eine erfolgreiche Kampagne ableiten:

Was muss kommuniziert werden?

The Winner is ... – Vorteile kommunizieren

Mehrwert für die Kommune herausstellen

Wer Kommunalpolitikerinnen und Kommunalpolitiker für ein Thema begeistern will, muss einerseits die Vorteile und den Mehrwert für die Kommune herausstellen. Andererseits muss die einzelne Politikerin/der einzelne Politiker mit diesem Thema ihre/seine Erfolge gegenüber den Wählern darstellen können. Es muss deutlich werden, dass derjenige, der auf Innenentwicklung setzt, beim Wähler besser ankommt.
Es geht also darum, statt Verzicht zu predigen, Kosteneinsparungen für die Kommunen und höhere Lebensqualität für die Bürger aufzuzeigen.

Kill your Darlings – Reduzierung auf wenige Kernbotschaften

Das Thema „Fläche" muss in verdaubare „Häppchen" zerlegt werden. Hierfür gilt es, die Argumente herauszugreifen, mit denen der Zielgruppe, hier der Kommunalpolitik, die Vorteile am deutlichsten dargelegt werden können. Die Reduktion des Themas Fläche auf wenige Kernbotschaften erfordert von den Initiatoren die Aufgabe persönlich wichtiger Themen zugunsten von zielgruppenrelevanten Handlungsfeldern.
Allein mit Landschaftserhalt und Bodenschutz kann bei der Kommunalpolitik im Allgemeinen und im ländlichen Raum im Besonderen nicht gepunktet werden.

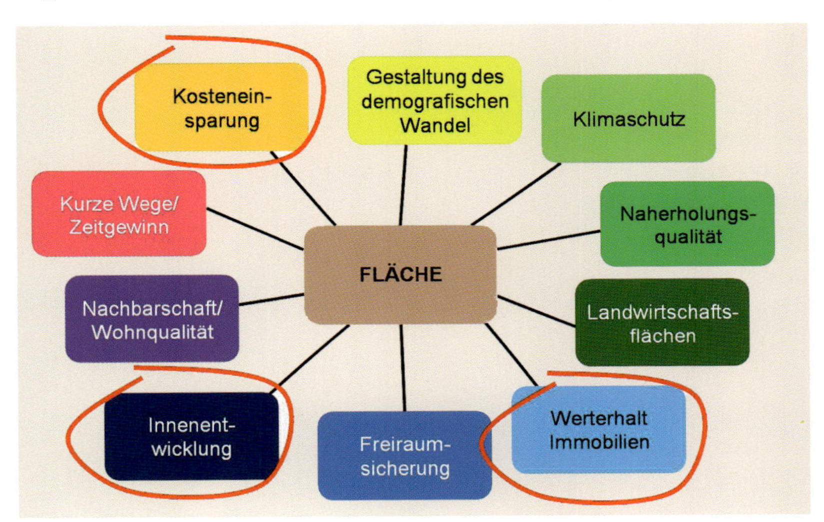

Abbildung 3:
Kernbotschaften: Fläche

Quelle: Institut Raum & Energie, Wedel, 2008.

Butter bei die Fische – ohne Fakten geht es nicht

So wichtig eine optisch ansprechende und verbal überzeugende Kampagne zur Ansprache der Zielgruppe auch ist, ohne die Verbindung der Emotion mit konkreten, Nutzen bringenden und handlungsorientierten Informationen läuft die Kommunikation ins Leere. Eine Kampagne kann nur Interesse wecken. Zahlen, Daten, Fakten überzeugen, und Überzeugte verändern ihr Handeln.

Abgucken erwünscht –gute Praxisbeispiele überzeugen

Zum Nachahmen anregen

Grau ist alle Theorie, aber konkrete Beispiele zeigen, dass das Thema Fläche mit Leben gefüllt werden kann, dass neue Ideen funktionieren. Obwohl die Projekte anderer meist nicht eins zu eins übernommen werden können, können sie zum Nachdenken und zum Nachahmen anregen. Die Übertragbarkeit ist ein wichtiges Kriterium für die Überzeugungskraft eines Beispiels.

Wie muss kommuniziert werden?

Emotionale Ansprache – Aufmerksamkeit erregen und Neugierde wecken

Argumente und Strategieansätze müssen aus dem Elfenbeinturm der Wissenschaft herausgeholt und in eine einfache, allgemein verständliche Sprache sowie eine emotional ansprechende Bildersprache übersetzt werden. Das Credo lautet: Bilder: ungewöhnlich und witzig; Text: kurz, knackig und plakativ.

Abbildung 4:
Bildsprache der Kommunikationskampagne „Mittendrin ist in!"

Quelle: elbfeuer GmbH, Hamburg, 2008.

Maßgeschneiderte Ansprache – zielgruppengerechte Aufbereitung

Kommunale Übertragbarkeit beachten

Kommunalpolitikerinnen und Kommunalpolitiker arbeiten ehrenamtlich, sind „Feierabendpolitiker" mit einem sehr knappen Zeitbudget und in der Regel konfrontiert mit einer Flut von Informationen und Themen. Dabei können nur Botschaften und Informationen, die mit aktuellen Themen des eigenen Wirkungskreises verbunden sind, wahrgenommen und nachgefragt werden. Auch Beispiele und Instrumente müssen auf die Situation in der eigenen Kommune übertragbar und anwendbar sein.

Einbeziehung und Unterstützung glaubwürdiger Multiplikatoren

Gerade Kommunalpolitik lebt vom persönlichen Austausch. Glaubwürdige Multiplikatoren, das heißt fachlich und/oder politisch anerkannte Personen, leisten die zeitaufwändige Überzeugungsarbeit face to face und tragen wesent-

A
B
C
C 1
C 2
D
D 1
D 2
E
E 1
E 2
E 3
E 4
E 5
E 6

lich zu Motivation der Akteure bei. Multiplikatoren können kommunalpolitisch Tätige, Vertreterinnen und Vertreter der Verwaltungsspitzen oder auch privatwirtschaftliche Architektur- und Planungsbüros sein. Eine besondere Rolle kommt Bürgermeisterinnen und Bürgermeistern zu, da sie nicht nur für den Bewusstseinswandel, sondern insbesondere auch für die Umsetzung entscheidende Motoren sein können.

Wiederholung über einen längeren Zeitraum

Das Thema Fläche muss immer wieder präsent sein und mit neuen aktuellen Themen verbunden werden, das heißt interessant bleiben. Neben Marketing (Flyer, Broschüren etc.) und Aktionen (Workshops, Ausstellungen etc.) bietet die (lokale) Presse dafür große Chancen. Die Analyse der Akteurslogiken zeigte, dass für Kommunalpolitik das Medium Zeitung immer noch eine wichtige Informationsquelle darstellt.

HALTEN SIE DIE LUFT AN

SPAREN

Mittendrin ist in!

Wie lange reicht Ihre Puste? In jeder Sekunde entstehen in Deutschland 13 qm Siedlungs- und Verkehrsfläche neu. In einer halben Minute ist das ein Reihenhausgrundstück, in einer Minute ein Einfamilienhaus.

Diese Rechnung ist ziemlich banal, zugegeben, schwieriger wird es, die Kosten der Gemeinde für ein Baugebiet zu berechnen, insbesondere die langfristig anfallenden Unterhaltungskosten für Infrastrukturen. Neu entwickelte Kostenrechner können Sie unterstützen.

Mit freundlichen Grüßen

Jutta Hartwieg
Landrätin des Kreises Segeberg
Vorsitzende der LP-AG „Bewusstseinswandel im Flächenverbrauch" der Metropolregion Hamburg

Inhalte

- **Durchblick dank Datenbank - so viel kostet ein Baugebiet wirklich**
- **Der FolgekostenSchätzer für Kommunen**

Abbildung 5:
Newsletter „Mittendrin ist in!" zum Schwerpunktthema „Kosten"

Corporate Design – Wiedererkennen in der Flut von Informationen

Argumente, Strategieansätze und Instrumente sind vorhanden und werden über unzählige Broschüren, Internetplattformen, Beschreibungen von Best Practices oder Veranstaltungen zum Thema Fläche von unterschiedlichsten Akteuren aufbereitet und angeboten. Eine wiedererkennbare Dachmarke soll die Suche erleichtern und die vorhandenen Informationsangebote bündeln.

Kommunikation konkret – Erfahrungen aus der Informationskampagne „Mittendrin ist in!"

Kommunikation in der Metropolregion Hamburg

Die beschriebenen Regeln der Kommunikation wurden modellhaft in der Metropolregion Hamburg mit der Kampagne „Mittendrin ist in!" umzusetzen versucht. Die wichtigsten Bausteine der Kampagne werden nachfolgend beschrieben.

Neue Kommunikationsmedien

Das Herzstück des Kommunikationsansatzes bildet die „Übersetzung" wissenschaftlicher Erkenntnisse in Kommunikationsinhalte und Formen, die den sparsamen Umgang mit dem Gut „Fläche" als Gewinnchance intellektuell und emotional vor allem gegenüber der Kommunalpolitik „vermarkten". Dazu gilt es, die wissenschaftlich fundierten Argumentationslinien und -instrumente nicht nur zu optimieren und zu konkretisieren, sondern in ein allgemein verständliches und überzeugungsstarkes mediales und sprachliches Format zu übertragen.
Um diesen Anspruch zu erfüllen, hat die Metropolregion Hamburg deshalb nicht nur eine Kommunikations- und Marketingagentur, sondern auch Journalisten aus der Region mit dem Auftrag eingebunden, Botschaften in die für die Kommunalpolitik alltägliche Pressesprache zu übersetzen. Insbesondere die Beiträge der Internetplattform, des Newsletters und die Inhalte des Leitfadens werden von der „Pressesprache" getragen.
Kommunikationsmedien der Kampagne „Mittendrin ist in!":

- Zeichentrickfilm „Wissenswertes aus Bad Neubau" (eine plakative Darstellung der wesentlichen Argumente als provokanter Diskussionseinstieg)
- Baukasten für die eigene Powerpoint-Präsentation (Folienset zu Kernbotschaften und Argumenten)
- Argumentationspool unter www.mittendrin-ist-in.de (Argumente so aufbereitet, dass sie direkt nutz- und einsetzbar sind)
- Kurzinformationen zu guten Beispielen und Instrumenten (mögliche Handouts)
- Teilräumliche Ausgangsanalyse (Demografischer Wandel, Flächenverbrauch)
- Leitfaden Innenentwicklung (Verknüpfung von guten Argumenten und Vorteilen mit konkreten Handlungsmöglichkeiten in Form von Praxisbeispielen und Instrumenten)
- Online-Newsletter (ermöglicht auch bei begrenztem Budget die direkte, d.h. personengebundene, Ansprache; verfügbar im Archiv-Modus)

Dialog in und mit der Region als Basis

Ein zentraler Baustein der Kommunikationsstrategie sind Workshops. Nur in solchen Veranstaltungen lassen sich Netzwerke knüpfen und Akteure als Multiplikatoren gewinnen. Die Erfahrungen im Projekt „Zukunft Fläche" zeigen, das vor allem Veranstaltungen und persönliche Gespräche oder Präsentationen auf Ausschusssitzungen ankommen und ein Umdenken in Gang setzen. Informationsmaterialen, die „unpersönlich" z.B. über die Hauspost der Kreise, Ämter und Gemeinden versandt werden, kommen größtenteils nicht an. Direkte Mailingaktionen oder persönliche Weitergabe erhöhen dagegen die Chance, vom Empfänger die Bewertung „lesenswert" zu erhalten.

Das Feedback zu den verschiedenen Zukunfts- und Themenwerkstätten ist durchweg positiv. 80 Prozent der Teilnehmenden sind mit den inhaltlichen Schwerpunktsetzungen und dargebotenen Informationen zufrieden (Befragung von 309 Kommunalpolitiker/innen in der Metropolregion Hamburg 2009).

Abbildung 6:
„Netzwerken" auf der 6. Zukunftswerkstatt

Fotos: Jörg Frenzel, Hamburg, 2009.

Abbildung 7:
Folgekostenrechner zum Anfassen auf der 6. Zukunftswerkstatt

Foto: Jörg Frenzel, Hamburg, 2009.

„Qualifizierung" von Multiplikatoren

Für den Dialog vor Ort wurde ein Multiplikatorennetzwerk, aufbauend auf vorhandenen Strukturen und Akteursnetzwerken, etabliert. Gut informierte und überzeugte Multiplikatoren sind der Motor für die Kommunikation. Sie bringen das Thema „Fläche" immer wieder in die Diskussionen vor Ort ein. Diese Multiplikatoren gilt es, mit einfach nutzbaren Informationen und Materialen zu unterstützen und damit zu „qualifizieren".

Ziel erreicht? Bewusstsein gewandelt?

Auch wenn in der Metropolregion weiterhin ein Umsetzungsdefizit im Bereich Innenentwicklung bzw. nachhaltige Siedlungsentwicklung besteht, hat innerhalb der Projektlaufzeit doch ein spürbares Umdenken eingesetzt. Es wäre vermessen gewesen zu hoffen, ein Bewusstseinswandel könnte in der Kürze der Zeit flächendeckend erreicht werden. Aber in zahlreichen Kommunen quer durch die gesamte Region konnten Vertreterinnen und Vertreter von Kommunalverwaltung und -politik für das Thema sensibilisiert werden. Die „Flächen-Community" in der Metropolregion Hamburg wurde gestärkt, über zehn Prozent der kommunalpolitischen Entscheidungsträger konnten persönlich angesprochen werden. Die Multiplikatoren für „Fläche" verfügen über einen Baukasten mit attraktiven Kommunikationsmedien, gut aufbereiteten Argumenten und Beispielen, den sie aktiv nutzen.

Literatur

Stephanie Bock, Ajo Hinzen und *Jens Libbe* (Hrsg.): Nachhaltiges Flächenmanagement in der Praxis erfolgreich kommunizieren. Ansätze und Beispiele aus dem Förderschwerpunkt REFINA, Beiträge aus der REFINA-Forschung, Reihe REFINA Band IV, Berlin.

Flächenpost – nachhaltiges Flächenmanagement in der Praxis, Nr. 14, November 2009 (Flächenpost: bis Ende 2010 monatlich erscheinender Flyer aus der Projektübergreifenden Begleitung REFINA, www.refina-info.de/refina-veroeffentlichungen/flaechenpost).

www.mitteindrin-ist-in.de

D 1.3 Innovative Kommunikationsstrategien zur Kostenwahrheit bei der Wohnstandortwahl

Rebecca Eizenhöfer, Heidi Sinning

REFINA-Forschungsvorhaben: Kommunikation zur Kostenwahrheit bei der Wohnstandortwahl (KomKoWo)

Projektleitung:	Prof. Dr.-Ing. Heidi Sinning
Projektpartner:	Institut für Stadtforschung, Planung und Kommunikation der FH Erfurt; Universität Kassel, Fachgebiet Stadt- und Regionalökonomie
Modellraum/Modellstädte:	Gotha und Erfurt (TH)
Projektwebsite:	www.fh-erfurt.de/vt/komkowo

Die Bereitstellung von Wohnbauland erscheint vielerorts als zentrale Aufgabe von Städten und Gemeinden, um neue Einwohner anzuziehen und darüber die Haushaltslage zu verbessern. Kosten und Nutzen scheinen dabei in einem klaren Verhältnis zu stehen: Der Nutzen überwiegt – so glaubt man. Bei genauer Hinsicht wird deutlich, dass insbesondere in schrumpfenden Stadt-Regionen mit der Entwicklung von Bauland grundlegende Abwägungen einhergehen müssen, um Kosten und Nutzen real und transparent überblicken zu können. Auch den Bürgern stellen sich auf der Suche nach einem geeigneten Wohnstandort Überlegungen zu Kosten und Nutzen. Oftmals fallen Entscheidungen aufgrund scheinbar geringerer Kosten zugunsten peripherer Standorte, so dass in ländlichen Kommunen nach wie vor die Nachfrage nach Bauland anhält. Sowohl für Kommunen als auch für Bürger stehen mit der Baulandentscheidung zentrale Fragen im Raum, die frühzeitig geklärt werden sollten: Welche Kosten entstehen unmittelbar und langfristig (und wer trägt diese)? Welche Infrastrukturen stehen jetzt und zukünftig am Standort bereit? Wie stellt sich die Erreichbarkeit jetzt und zukünftig dar? Wie viele ortsansässige Bürger haben Interesse an neuen Bauplätzen – wie viel Zuzug kann das Baugebiet tatsächlich bewirken? Gibt es innerörtliche Baulandpotenziale (Brachflächen, Nachverdichtung etc.) und reichen diese evtl. für die bauliche Entwicklung aus? Etc.

Entscheidungslogiken der Wohnstandortwahl

Dieser Beitrag thematisiert die Entscheidungslogiken der Kommunen und der Bürger im Kontext der Wohnstandortentwicklung und -wahl. Es ist davon auszugehen, dass Entscheidungen auf Grundlage unzureichender Informationen getroffen werden. Informationen, Transparenz, geeignete Kommunikationsformen und Beratung können dazu beitragen, nachhaltigere tragfähigere und individuell zufriedener stellende Wohnstandortentscheidungen zu treffen. Gleichermaßen ist davon auszugehen, dass ein verändertes Nachfrageverhalten zu einem veränderten Handeln in den Kommunen und damit zu einer Reduzierung der Siedlungsflächeninanspruchnahme, vor allem an peripheren Standorten, beiträgt.

Die im REFINA-Projekt entwickelte Entscheidungshilfe „Kommunikation zur Kostenwahrheit" bei der Wohnstandortwahl" stellt ein innovatives Kommunikationsinstrument dar, mit dem Kommunen die Entscheidungen ihrer Bürger nachhaltig unterstützen und eine Entwicklung integrierter Standorte stärken können.

Wohnbaulandentwicklung in Kommunen – Kosten und Nutzen sowie Steuerungsaufgaben

Für Kommunen steht mit der Wohnbaulandentwicklung der Wunsch nach zusätzlichen Einwohnern und damit verbundenen Steuereinnahmen im Vordergrund der Überlegungen. Aufgrund der Datenlage in den Kommunen ist allerdings bislang eine transparente Kosten-Nutzen-Bewertung nicht möglich. Dennoch können Kosten und Nutzen sowie nichtmonetäre Vor- und Nachteile in die Abwägung um Baulandentwicklung Eingang erhalten.
Der verantwortungsvolle und effiziente Umgang mit Ressourcen ist eine Maxime, der sich städtisches Handeln stellen muss. Für Baugebiete bedeutet dies zu prüfen, welche finanziellen Aufwendungen den erwarteten Erträgen gegenüberstehen, und dies in langfristiger Sicht.

Abbildung 8:
Nutzen und Kosten der Kommune bei der Baulandentwicklung

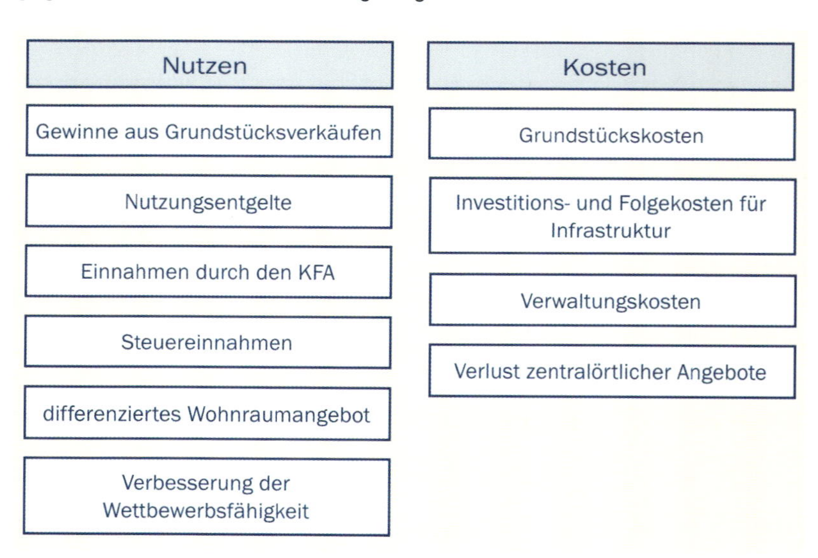

Quelle: Eigene Darstellung.

Baulandentwicklung zeigt sich in Kommunen oftmals als „Teufelskreis" aus Angebot und Nachfrage. Mit entsprechender Nachfrage werden Angebote geschaffen, die wiederum Nachfrage wecken. Ein Ausweg aus diesem „Teufelskreis" ist die Lenkung der Nachfrage und eine darauf optimierte Angebotsentwicklung. Wesentlich sind dabei die Entscheidungsmuster der Bürger und die Beantwortung der Frage, ob ein Standort genug Vorteile bietet, um dauerhaft dort zu wohnen.

Private Wohnstandortwahl

Die Wohnstandortentscheidung bei Privathaushalten verläuft auf Basis einer persönlichen Kosten-Nutzen-Abwägung. Dabei zeigen sich die räumliche Lage z.B. zum Arbeitsplatz, zu Betreuungseinrichtungen oder Einkaufsmöglichkeiten sowie die Eigenschaften des Grundstückes als wichtige Kriterien auf der Seite der Nutzen. Dem gegenüber stehen Kosten, die aufgrund der Gegebenheiten des Grundstückes (Kosten für Erwerb, Steuer etc.) und v.a. der Erreichbarkeit von Zielen (Mobilitätskosten) entstehen.

Abbildung 9: Nutzen und Kosten des Privathaushaltes bei der Wohnstandortwahl

Quelle: Eigene Darstellung.

Während städtische Wohnstandorte mit umfassender Infrastruktur die besseren Nutzwerte in Bezug auf die räumliche Lage und Erreichbarkeit aufweisen, punkten ländlichere Standorte meist insbesondere mit geringeren Grundstückskosten. Doch die Rechnung, am ländlichen Standort Kosten einzusparen, geht für die Privathaushalte zumeist nicht auf: Längere Wege, häufige Fahrten und ggf. ein notwendiger zusätzlicher Pkw lassen die Kosten rasch in die Höhe schnellen, so dass sie auf längere Sicht die Kosten städtischer Wohnstandorte überschreiten. Dazu kommt ein höherer Zeitaufwand für Wege hinzu, der sich im persönlichen Zeitbudget negativ niederschlägt.

Entscheidungshilfe zur Wohnstandortwahl

Im Umgang mit der Baulandentwicklung sollte die Kommune zwei zentrale Aspekte berücksichtigen: Zum einen sollte auf langfristige Sicht hin abgewogen werden, ob der Nutzen für die Entwicklung von neuem Bauland die zu erwartenden Kosten übertrifft und ob die Entwicklung im Sinne der Nachhaltigkeit mit dem Flächensparziel vereinbar ist. Zum anderen sollte sie Bürger so beraten, dass die Entscheidung für den Erwerb von Bauland in der Kommune für diese eine auch dauerhaft gute Entscheidung darstellt.

Kostenwahrheit kommunizieren

Im Forschungsprojekt „Kommunikation zur Kostenwahrheit bei der Wohnstandortwahl" wurde daher eine Kommunikationsstrategie entwickelt, mit der Bürger umfangreich, transparent und neutral zur Wohnstandortwahl beraten werden können. In Zusammenarbeit mit der Stadt Gotha wurde diese Kommunikationsstrategie entwickelt und erprobt.

Kernstück der Entscheidungshilfe zur Wohnstandortwahl sind die vier Elemente Beratungsgespräche, Webseite, interaktives Tool und Broschüre. Die Verzahnung virtueller und realer Kommunikationsbausteine ist dabei wesentlich für die Ansprache unterschiedlicher Zielgruppen. Als beratende Instanz kann sowohl die Kommune als auch der Landkreis oder die Region tätig werden.

Abbildung 10:
Elemente der Entscheidungshilfe

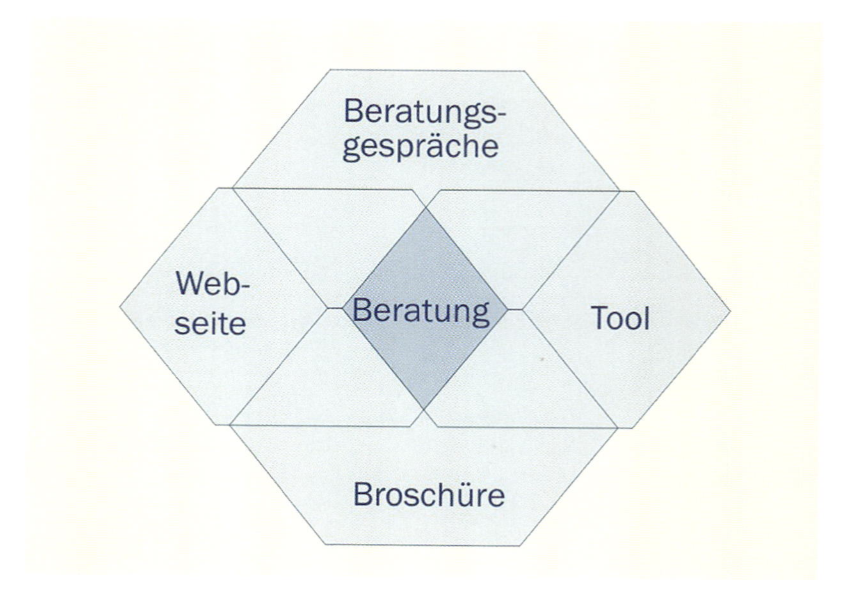

Quelle: Eigene Darstellung.

Beratungsgespräche ermöglichen innerhalb bestehender Beratungsangebote der Kommunen eine Unterstützung und Ergänzung der Kommunikation mit Bürgern, die auf der Suche nach einem Wohnstandort sind.
Die Webseite „Wo Wohnen?" (http://www.fh-erfurt.de/vt/komkowo/entscheidungshilfe/index.htm) bietet zentrale Informationen zur Wohnstandortentscheidung. Unter dem Navigationspunkt „StadtLeben" werden Informationen zur Stadt aufgezeigt, die insbesondere planerischen Bezug haben. Der Navigationspunkt „LebensWandel" umfasst Aspekte der demografischen Entwicklung sowie deren Auswirkungen auf soziale und technische Infrastruktur. Der Navigationspunkt „GothaMobil" liefert Informationen zum öffentlichen Verkehr und alternativen Fortbewegungsmöglichkeiten in der Stadt (Radwege, Carsharing etc.). „WohnWirklichkeiten" umfasst Aspekte der Kostenwahrheit und bietet Informationen zu Werterhalt und Wertverlust von Immobilien, Folgekosten etc.
In die Webseite integriert ist das interaktive Tool, welches dem Bürger eine Unterstützung bei der Wohnstandortentscheidung bietet. Das Tool beinhaltet eine Abfrage der Zusammensetzung des Haushaltes sowie den Tätigkeiten der Haushaltsmitglieder, inklusive räumlicher Verortung, eine Abfrage der gewünschten Wohnqualität am neuen Standort sowie eine Abfrage des Mobilitätsverhaltens. Auf Grundlage der individuellen Eingaben werden drei Wohnstandorte vorgeschlagen sowie der direkte Vergleich der am jeweiligen Standort spezifischen Kosten, Nutzen und Zeitaufwendungen für Mobilität angezeigt. Ergänzend besteht die Möglichkeit, die Standortinformationen in Form von Steckbriefen auszudrucken und herunterzuladen.
Ergänzend zur digitalen Entscheidungshilfe unterstützt eine Broschüre als Printversion des interaktiven Tools die Wohnstandortentscheidung. Die Broschüre bereitet ebenfalls Kosten und Nutzen von Wohnstandorten auf und vergleicht unterschiedliche Wohnstandorte. Am Beispiel der fiktiven „Familie Hesse" werden die Anwendung plastisch und die Kosten unterschiedlicher Wohnstandorte an Rechenbeispielen verdeutlicht.

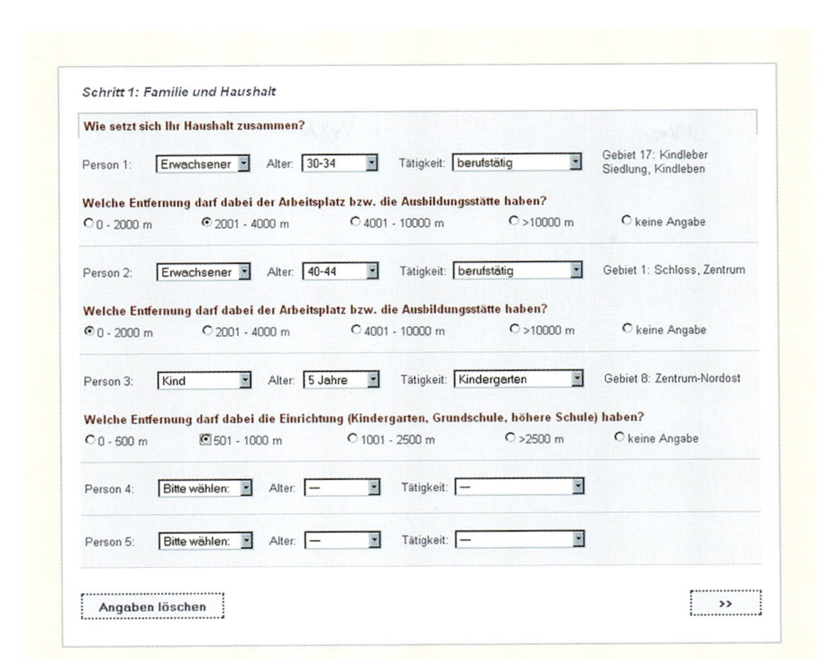

Abbildung 11:
Abfragefenster im Tool der Entscheidungshilfe

Quelle: Eigene Darstellung.

Der Einsatz der Beratungsangebote und Entscheidungshilfen ermöglicht es Bürgern, eine für sie objektivere und rationalere Wohnstandortwahl zu treffen. Die aufgezeigten Elemente tragen dazu bei, Fehlentscheidungen vorzubeugen und Wohnstandortentscheidungen auf integrierte Standorte mit dauerhaft gesicherten Infrastrukturangeboten zu lenken.

Fazit: Entscheidungshilfe als Instrument zur Steuerung der nachhaltigen Siedlungsflächenentwicklung

Beratungsangebote erhöhen die Rationalität der Wohnstandortentscheidung

Die Entscheidung, Baugebiete zu entwickeln und als Wohnstandorte zu vermarkten, ist mit einer Reihe zentraler Überlegungen auf Seiten der Kommune als auch der Bürger verbunden. Dass die Ausweisung neuer Baugebiete für die Kommune per se nicht nur Vorteile mit sich bringt, zeigt die Gegenüberstellung von Kosten und Nutzen. Auch die Entscheidung der Bürger ist oft durch unvollständige oder Fehlinformationen gekennzeichnet. Die objektive und vollständige Gegenüberstellung von Kosten und Nutzen bietet deshalb einen geeigneten Ansatz, um Vor- und Nachteile unterschiedlicher Wohnstandorte abzuwägen und die Nachfrage zu lenken.
Die aufgezeigte Entscheidungshilfe als Beratungsangebot für Bürger trägt mit den aufgezeigten Elementen der Webseite, des Tools, der Broschüre und der Beratung dazu bei, nachhaltige Zielvorstellungen umzusetzen. Aufbauend auf einer abgewogenen Standortentscheidung ist zu erwarten, dass periphere Baugebiete ohne umfassende Infrastruktur eine sinkende Nachfrage erfahren. Der Bedarf an neuen Baugebieten geht damit v.a. im ländlichen Raum zurück. So werden Flächen durch eine ausbleibende Bebauung geschont, ökologische und klimatische Werte gewahrt und den Nachhaltigkeitszielen Rechnung getra-

gen. Insbesondere für Kernstädte bietet das Instrument eine geeignete Möglichkeit, die Siedlungsflächenentwicklung zugunsten einer nachhaltigen Flächenpolitik zu steuern und die Vorteile für städtisches Wohnen anhand von Kosten- und Nutzenargumenten aufzuzeigen.

Literatur

Eizenhöfer, Rebecca, und *Heidi Sinning* (2009): Kostenwahrheit bei der Wohnstandortwahl – Entscheidungshilfe als Steuerungsinstrument für nachhaltige Siedlungsentwicklung, in: Stephanie Bock, Ajo Hinzen, Jens Libbe (Hrsg.): Nachhaltiges Flächenmanagement – in der Praxis erfolgreich kommunizieren, Beiträge aus der REFINA-Forschung, Reihe REFINA Band IV, Berlin, S. 133–144.

Sinning, Heidi, Rebecca Eizenhöfer, Jessika Fischer, Kathrin Füllsack, Katharina Günther, Ulf Hahne, Martin Günther, (2009): Kommunikation zur Kostenwahrheit bei der Wohnstandortwahl. Strategien zur Kosten-Nutzen-Transparenz für nachhaltige Wohnstandortentscheidungen in Mittelthüringen, ISP-Schriftenreihe, Bd. 1, Erfurt (verfügbar unter: http://www.fh-erfurt.de/fhe/index.php?id=2068).

Eizenhöfer, Rebecca, und *Heidi Sinning* (2009): Kostenwahrheit bei der Wohnstandortwahl – Entscheidungshilfe „WoWohnen" als Steuerungsinstrument, in: Thomas Preuß und Holger Floeting (Hrsg.): Folgekosten der Siedlungsentwicklung. Bewertungsansätze, Modelle und Werkzeuge der Kosten-Nutzen-Betrachtung, Beiträge aus der REFINA-Forschung, Reihe REFINA Band III, Berlin, S. 133–144.

Eizenhöfer, Rebecca, Katharina Günther, Heidi Sinning (2009): Kostenwahrheit bei der Wohnstandortwahl – Welchen Beitrag können kommunikative Instrumente leisten? Das Beispiel Modellstadt Gotha, in: ZAU – Zeitschrift für angewandte Umweltforschung, Sonderheft 16, Koblenz, S. 172–182.

Eizenhöfer, Rebecca, und *Heidi Sinning* (2008): Lebensqualität und Kostenwahrheit in der Siedlungsentwicklung, in: Winfried Kösters und Andreas Osner (Hrsg.): Handbuch Kommunalpolitik, Stuttgart, S. 1–31.

D 1.4 Wohnstandortberatung und Wohnstandortwahl

REFINA-Forschungsvorhaben: Integrierte Wohnstandortberatung als Beitrag zur Reduzierung der Flächeninanspruchnahme

Verbundkoordination:	Technische Universität Dortmund, Fachgebiet Verkehrswesen und Verkehrsplanung
Projektleitung:	Prof. Dr.-Ing. Christian Holz-Rau
Projektpartner:	Technische Universität Dortmund, Fachgebiet Verkehrswesen und Verkehrsplanung; Technische Universität Dortmund, Institut für Raumplanung; Büro für integrierte Planung Berlin; plan-werkStadt – büro für stadtplanung & beratung, Bremen; Arbeitsgemeinschaft Jürgen Lembcke und Susann Liepe, Berater für Stadtentwicklung und Wirtschaft; Landeshauptstadt Schwerin; Stadt Wilhelmshaven
Modellraum/Modellstädte:	Landeshauptstadt Schwerin (MW), Stadt Wilhelmshaven (NI)
Projektwebsites:	www.wohnstandortberatung.de; www.schwerin.wohnstandort.info; www.wilhelmshaven.wohnstandort.info

Informations- und Beratungsinstrumente zur Wohnstandortwahl von privaten Haushalten

Uta Bauer, Björn Schwarze, Heike Wohltmann

Kommunen, Investoren und Privathaushalte sind durch ihre Standortentscheidungen die bestimmenden Akteure der Entwicklung und Inanspruchnahme von Wohnbauflächen. Im Rahmen des REFINA-Projekts Integrierte Wohnstandortberatung als Beitrag zur Reduzierung der Flächeninanspruchnahme wurde ein Ansatz entwickelt, der seinen Fokus auf die Nachfrageseite, das heißt auf die privaten Haushalte und ihre individuellen Standortpräferenzen und Interessen, richtet. Privathaushalte sollen während der Wohnungs- oder Haussuche mit Informationen unterstützt werden. Denn nicht jeder Privathaushalt ist sich im Vorfeld einer solchen Entscheidung aller Konsequenzen bewusst. Die Ausgangshypothese des Projektes war, dass Privathaushalte durch gut aufbereitete, sachliche Informationen eher integrierte, flächensparende Wohnstandorten wählen. Den Kern des Vorhabens bilden zwei Instrumente, die bewusst verschiedene kommunikative Ansätze verfolgen:

- ein internetbasiertes Wohnstandortinformationssystem,
- eine persönliche Wohnstandortberatung.

Die Instrumente ergänzen sich wechselseitig. Auch die kombinierte Nutzung beider Instrumente ist möglich. Im Rahmen des Projektes wurden sie unter der Marke Wohnstandortinfo in den beiden Modellstädten Schwerin und Wilhelmshaven eingesetzt und erprobt. Für den Nachweis der Wirksamkeit fand parallel eine ausführliche wissenschaftliche Evaluation der Instrumente statt (vgl. „Evaluation der Wohnstandortberatung privater Haushalte").

Das internetbasierte Wohnstandortinformationssystem

Ein zentrales Instrument ist das internetbasierte Wohnstandortinformationssystem. Technisch wurde das Wohnstandortinformationssystem als umfassendes Web-Server-System mit integriertem Inhalts- und Datenmanagement realisiert, das von den Modellstädten über Schnittstellen mit Inhalten und Daten gefüllt wird (Schwarze 2009). Den Nutzerinnen und Nutzern stehen im Rahmen der Wohnstandortinfos unter den Internetadressen http://www.schwerin.wohnstandort.info bzw. http://www.wilhelmshaven.wohnstandort.info verschiedene Funktionen kostenlos zur Verfügung.

Abbildung 12:
Begrüßungsseite des Wohnstandortinformationssystems

Quelle: www.wilhelmshaven.wohnstandort.info

Unterstützung für wohnungssuchende Haushalte

Mit dem *individuellen Wohnstandortfinder* können wohnungssuchende Haushalte anhand von bis zu 30 Kriterien nach einem passenden Wohnquartier in der Stadt suchen. Mittels eines farbig unterlegten Schiebereglers, der eine Skala von *unwichtig* bis *sehr wichtig* repräsentiert, kann jedes Kriterium vom Nutzer subjektiv gewichtet werden. Als Ergebnis werden jene Stadtviertel ausgegeben, welche den Wünschen der Haushalte am besten entsprechen. Diese Herangehensweise entspricht somit genau dem Gegenteil des üblichen Vorgehens, bei dem Privathaushalte versuchen, die Charakteristika von zuvor bereits ausgewählten Stadtvierteln herauszufinden. Die empfohlenen Wohnquartiere werden in einer Stadtkarte farblich hervorgehoben dargestellt. Die in den Stadtvierteln zur Verfügung stehenden Wohnungs- und Immobilienangebote können direkt eingesehen werden. Hierzu kooperieren die *Wohnstandortinfos* in Schwerin und Wilhelmshaven mit der Immobilien Scout GmbH.

Tabelle 1: Kriterien des individuellen Wohnstandortfinders

Wohnumfeld	Einrichtungen	Verkehr	Zieladressen
▪ Wohnpreisniveau ▪ Städtebauliche Qualität ▪ Ruhe und frische Luft ▪ Sicherheit und Ordnung ▪ Grün- und Freiflächen ▪ Wassernähe	▪ Einkaufsmöglichkeiten ▪ Medizinische Grundversorgung ▪ Kindergärten und -tagesstätten ▪ Grundschulen ▪ Weiterführende Schulen ▪ Kultur- und Freizeitangebote ▪ Sporteinrichtungen ▪ Kinderspielplätze ▪ Jugendeinrichtungen ▪ Senioreneinrichtungen	▪ Fußläufige Erreichbarkeit der Innenstadt ▪ Erreichbarkeit der Innenstadt mit dem ÖPNV ▪ Fußläufige Erreichbarkeit des Hauptbahnhofs ▪ Nähe zu Haltestellen ▪ Freie Parkplätze ▪ Autobahnerreichbarkeit	▪ Fußläufige Erreichbarkeit der Zieladresse 1..4* ▪ Erreichbarkeit der Zieladresse 1..4* mit dem ÖPNV

* Es können bis zu vier regelmäßig aufgesuchte Zieladressen (z.B. Arbeitsplatz, Ausbildungsplatz, pflegebedürftige Angehörige) angegeben und gewichtet werden.

Quelle: Eigene Darstellung.

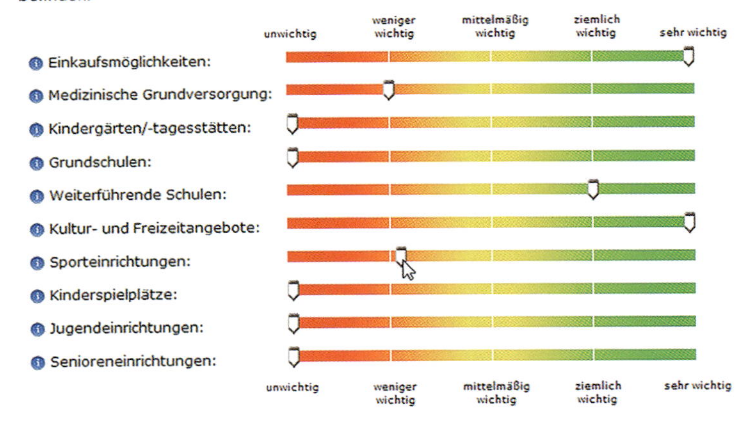

Abbildung 13: Gewichtung von Suchkriterien

Quelle: Eigene Darstellung.

Einen weiteren, detaillierteren Einblick in die jeweiligen Wohnstandorte verschaffen die *Stadtviertelporträts*. Neben den visuellen und statistischen Informationen werden Historie, räumliche Lage, Bebauungs-, Verkehrs- und Bewohnerstrukturen, Versorgungseinrichtungen und weitere besondere Merkmale der Wohnquartiere ausführlich beschrieben. Ein Straßen- und Adressverzeichnis vervollständigt die Stadtviertelporträts. Zusätzliche Informationen über die Stadt und ihre Neubaugebiete lassen sich ebenso anzeigen wie etwa die Ansprechpartnerinnen und -partner der örtlichen Immobilien- und Wohnungswirtschaft.

In das Wohnstandortinformationssystem ist ein WebGIS eingebettet. Mit dem interaktiven Stadtplan können Wohnungssuchende zahlreiche öffentliche und private Einrichtungen wie Kindertagesstätten, Senioreneinrichtungen, Sportplätze usw. auf Stadtplänen oder Luftbildern lokalisieren und detaillierte Informationen zu diesen Einrichtungen abrufen. Fahrpläne einzelner Haltestellen lassen sich genauso darstellen wie die Öffnungszeiten und Kontaktdaten von Museen oder Informationen zu Neubaugebieten. Die enthaltenen GIS-Funktionen lassen zudem nach einer konkreten Adresse suchen und Entfernungen abmessen.

Mobilitätskosten des Wohnstandorts

Der *individuelle Mobilitätskostenrechner* ermöglicht die Abschätzung der voraussichtlich anfallenden Pendelkosten zum Arbeits- und/oder Ausbildungsplatz, die im Vorfeld einer Standortentscheidung von Privathaushalten häufig unterschätzt werden (Bauer u.a. 2007). In wenigen Schritten können die Kosten für unterschiedliche Wohnstandorte und Verkehrsmittel berechnet und verglichen werden.

Die persönliche Wohnstandortberatung

Abbildung 14: Beratungsgespräch in der Wohnstandortinfo Wilhelmshaven

Quelle: WTF Wilhelmshaven, 2008.

Da komplexe und weit reichende Abwägungen wie eine Wohnstandortentscheidung in der Regel ungern allein am Computer getroffen werden, wurde ergänzend zu dem internetbasierten Wohnstandortinformationssystem in den beiden Modellstädten in zentraler Lage eine persönliche Beratung eingerichtet. Im Mittelpunkt steht hier das persönliche Gespräch. Das Ziel ist es, auf die individuellen Wünsche und Anforderungen einzugehen und zum Beispiel auch Folgen von veränderten Lebensphasen für Wohnstandortpräferenzen des Haushalts zu thematisieren. Die beiden Modellstädte verfolgen bei der Umsetzung jeweils einen etwas anderen Ansatz. Während die Wohnstandortinfo in Schwerin im Stadthaus vom Amt für Stadtentwicklung betrieben wird, ist die Wilhelmshavener Wohnstandortinfo bei einer städtischen Tochtergesellschaft in der Touristeninformation angesiedelt, was u.a. den Vorteil längerer Öffnungszeiten bedeutet. Allerdings sind die Kosten der persönlichen Beratung bei einer externen Lösung deutlich höher als bei einer Eingliederung der Beratungsaufgaben in die Verwaltungsaufgaben der Kommune. Dies setzt jedoch voraus, dass die Zahl der Beratungen überschaubar bleibt. Sinnvoll ist es auch hinsichtlich einer möglichst fachkompetenten Beratung, Informationen rund um das Themenfeld Bauen und Wohnen (Bauberatung etc.) zu bündeln. So plant Schwerin, die Beratungsstelle zu einer „Kompetenzstelle Wohnen" auszubauen.

Nutzung und Nutzen der Informations- und Beratungsinstrumente

Seit Februar 2008 werden in Schwerin und Wilhelmshaven beide Instrumente der Wohnstandortinfo in der Praxis erprobt. Die Zahl der Zugriffe auf das Wohnstandortinformationssystem sowie die Nachfrage nach den Beratungen steigen seitdem stetig. Konnte man in den ersten drei Monaten rund 40 Zugriffe pro Tag verzeichnen, so lagen die durchschnittlichen Zugriffszahlen nach anderthalb Jahren Laufzeit im August 2009 bei 150 Zugriffen pro Tag. Die Nachfrage korreliert jedoch eindeutig mit Maßnahmen der Öffentlichkeitsarbeit. Lokale Presseberichte, gezielte Werbekampagnen oder attraktive Verlinkungen führen zu deutlich sichtbaren Nachfrageanstiegen. Unbekannte und ungewohnte Dienstleistungen benötigen immer eine Anlaufphase, bis sie sich routinemäßig im konkreten Handeln niederschlagen. Nach wie vor muss deshalb das Serviceangebot von einer kontinuierlichen und möglichst zielgruppengenauen Öffentlichkeitsarbeit begleitet werden.

Erfahrungen aus Schwerin und Wilhelmshaven

Die größte Nachfragergruppe nach den Beratungsleistungen sind in beiden Modellkommunen Zuzügler von außerhalb. Sie haben den höchsten Informationsbedarf. Ihnen bietet die Wohnstandortinfo eine profunde Basis für die erste Orientierung und Bewertung ihres künftigen Wohnortes und seiner Wohnquartiere. Andere Zielgruppen wie umzugswillige Haushalte, die innerhalb der Stadt oder möglicherweise im Umland eine andere Wohnung suchen, werden bislang nur in geringerem Umfang erreicht. Dies erklärt sich zum Teil aus der mit jeweils unter 100.000 Einwohnern relativ übersichtlichen Größe der beiden Modellkommunen. Die Nachfragezahlen sind daher vor dem Hintergrund des Wanderungsvolumens (jährlich rund 4.400 Zuzüge in Schwerin und ca. 4.000 in Wilhelmshaven) zu sehen. Vermutlich ist der Informations- und Beratungsbedarf in größeren Städten mit unübersichtlicheren Wohnungsmärkten deutlich größer.

Direkte Adressaten der *Wohnstandortinfo* sind vor allem private Haushalte. Aber auch lokale Wohnungsunternehmen, Investoren, die Kreditwirtschaft sowie andere wohnungswirtschaftliche Akteure können die Informationen für ihre eigenen Entscheidungen und Beratungen nutzen. Unabhängig vom beabsichtigten Flächensparziel des Projektes liegt deren jeweiliger Gewinn darin, die Treffsicherheit einer Umzugsentscheidung (ihrer Kundinnen und Kunden) zu erhöhen und Unzufriedenheit, zentraler Motor für einen erneuten Umzug, zu verringern. Darüber hinaus können die Folgekosten einer Umzugs- und Standortentscheidung vom jeweiligen Haushalt besser abgeschätzt werden. Allerdings wird die verbesserte Markttransparenz nicht von allen Wohnungsmarktakteuren begrüßt, da Standortnachteile deutlicher sichtbar werden können.

Für die Kommunen bietet die *Wohnstandortinfo* die einzigartige Chance, zielgruppenorientierte Informations- und Beratungsinstrumente für die Wohnstandortwahl von Privathaushalten anzubieten. Insbesondere in Zeiten knapper Kassen ist es besonders wichtig, dass der hier verfolgte „weiche" Ansatz geringe Kosten verursacht und im vorhandenen Siedlungsbestand wirksam ist. Die Potenziale liegen auf mehreren Ebenen:

- Die Bereitstellung räumlich differenzierter Informationen für Wohnungssuchende bedeutet eine höhere Transparenz auf dem Immobilienmarkt und damit eine stärkere Orientierung des Marktes an einer hochgradig ausdifferenzierten Nachfrage. Dies ist natürlich auch mit einer höheren Transparenz bezüglich weniger nachgefragter Quartiere verbunden. Letzteres sollte allerdings nicht als Argument für weniger Transparenz dienen. Erstens kann künstliche Intransparenz auf lange Sicht in einem von zunehmendem Informationsüberfluss (von privater Seite) geprägten Markt keinen Erfolg haben. Zweitens würde dies die nachfragenden Haushalte letztlich für raumordnungspolitische Zwecke instrumentalisieren.
- Das internetbasierte Wohnstandortinformationssystem ist für eine Kommune zunächst mit Entwicklungskosten verbunden, muss aber in der Folge lediglich durch regelmäßige Aktualisierung der Grundlagendaten mit geringem Aufwand gepflegt werden. Die Kosten für die persönliche Beratung hängen selbstverständlich stark von der Nachfrage ab. In den beiden Modellkommunen Schwerin und Wilhelmshaven war es möglich, die Beratung institutionell und personell an bestehende städtische Stellen anzubinden. Hierzu bieten sich beispielsweise die Wohn- und Bauberatung oder andere mit Fragen des Wohnens befasste Einrichtungen an.
- Die in der Wohnstandortinfo anfallenden Informationen können unter Beachtung des Datenschutzes in entsprechend aufbereiteter Form zu einem Monitoring der Wohnungsmarktnachfrage und der Wohnstandortpräferenzen beitragen. Hierzu bietet sich insbesondere die Auswertung von Informationen aus dem internetgestützten Wohnstandortinformationssystem an.

Literatur

Bauer, Uta, Christian Holz-Rau, Jürgen Lembcke, Susann Liepe, Gerd Reesas, Joachim Scheiner, Björn Schwarze, Heike Wohltmann (2007): Wohn- und Standortansprüche privater Haushalte sowie Erfahrungen nach der Wanderung. Grundlagen für die Errichtung einer Wohnstandortinformation und -beratung am Beispiel der Modellstädte Schwerin und Wilhelmshaven. 1. Meilensteinbericht des REFINA-Projektes „Integrierte Wohnstandortberatung", Technische Universität Dortmund, BIP Berlin und planwerkStadt, Berlin, Bremen und Dortmund.

Hesse, Markus, und *Joachim Scheiner* (2007): Suburbane Räume – Problemquartiere der Zukunft?, in: Deutsche Zeitschrift für Kommunalwissenschaften (DfK) 46(2), S. 35–48.

Hesse, Markus, und *Joachim Scheiner* (2008): Residential Location, Mobility and the City: Mediating and Reproducing Social Inequity, in: Hanja Maksim, Timo Ohnmacht und Max Bergman (Hrsg.): Mobilities and Inequality. Transport and Society Book Series, Aldershot, S. 187–206.

Scheiner, Joachim (2008a): Verkehrskosten der Randwanderung privater Haushalte, in: Raumforschung und Raumordnung 66(1), S. 52–62.

Scheiner, Joachim (2008b): Lebensstile in der Innenstadt – Lebensstile am Rand: Wohnstandortwahl in der Stadtregion, in: Deutsche Zeitschrift für Kommunalwissenschaften (DfK) 47(1), S. 47–62.

Schwarze, Björn (2009): A Residential Location Decision Support System (RLDSS) as a Contribution to More Sustainability in Urban Regions, in: Proceedings of the 11th International Conference on Computers in Urban Planning and Urban Management (CUPUM 2009), University of Hong Kong, Hong Kong.

A
B
C
C 1
C 2
D
D 1
D 2
E
E 1
E 2
E 3
E 4
E 5
E 6

Kommunikationskonzept für die Wohnstandortinfo – Wie für ein schwieriges Thema Marketing gemacht werden kann

Jürgen Lembcke, Susann Liepe

Die Wohnstandortinfo hat zum Ziel, privaten Haushalten schon während ihrer Wohnungssuche – also im Vorfeld ihrer Wohnstandortentscheidung – Informationen über die Konsequenzen ihrer Entscheidung zu geben. Dafür wurden in den Modellstädten Schwerin und Wilhelmshaven persönliche Beratungsstellen eingerichtet sowie ein GIS-basiertes Wohnstandortinformationssystem im Internet entwickelt (vgl. „Informations- und Beratungsinstrumente zur Wohnstandortwahl von privaten Haushalten"). Mit diesen Instrumenten können sich wohnungssuchende Haushalte entweder persönlich oder im Internet über die räumliche Struktur der Städte informieren und sich anhand persönlicher Suchkriterien Standorte ermitteln uxnd empfehlen lassen. Auch die kombinierte Nutzung beider Instrumente ist möglich.

Analyse von Standortansprüchen

Standortentscheidungen werden einerseits oft intuitiv, aus dem Bauch heraus getroffen – zumal viele Haushalte sicher sind, die Vor- und Nachteile der verschiedenen Stadtteile, aber auch der Standorte außerhalb der Stadtgrenzen zu kennen. Auf der anderen Seite werden von Immobiliensuchenden rationalere Standortentscheidungen angestrebt. Dies wurde durch eine umfassende Sekundäranalyse von Wohn- und Standortansprüchen sowie von Erfahrungen nach der Wanderung ins Umland sowie aus Befragungen in den Pilotstädten ermittelt. Beide Aspekte, die Emotionalität des Themas an sich als auch der diffuse Informationsbedarf der Wohnraumsuchenden, bilden bei allen Kommunikationsansätzen im Rahmen der Wohnstandortberatung die Grundlage.

Wahrnehmungslücken bei der Standortsuche

Aus den Wohn- und Standortansprüchen von Wohnraumsuchenden wurden in dem Projekt Entscheidungsfelder bzw. -kriterien abgeleitet. Die Entscheidungsfelder sind Bereiche, die den Wegzug aus der Stadt oder den Rückzug aus dem Umland in die Stadt stark beeinflussen können.

Neben diesen Entscheidungsfeldern wurden ebenfalls Wahrnehmungslücken identifiziert, die Wegzugswillige bzw. Weggezogene bei ihrer Standortentscheidung nicht oder nicht vollständig berücksichtigen. Die Wahrnehmungslücken sind Ansätze, die bei der Vermarktung des Standortes Stadt sowie bei der Wohnstandortberatung eine bedeutende Rolle spielen:

Übersicht 1:
Entscheidungsfelder für Wegzug aus der Stadt und Rückzug in die Stadt

Entscheidungsfeld	Argumente für Rückzug	Argumente für Wegzug
Mobilität	▪ Falsche Einschätzung der Kosten ▪ Falsche Einschätzung der ÖPNV-Qualität und -Quantität ▪ Hoher Zeitaufwand Begleitmobilität ▪ Fahraufwand für Abendgestaltung/Freundeskreis ▪ Angewiesenheit auf den Pkw	
Soziales Umfeld	▪ Umfeld entspricht nicht den Erwartungen	▪ Anteil an Bevölkerungsgruppen mit multiplen Problemlagen ▪ Sozialstruktur im Wohnumfeld
Wohnumfeld/ Wohnungssituation	▪ innerstädtisches Wohnungs- und Immobilienangebot hat sich verbessert ▪ Wohnumfeld im Umland entspricht nicht den Erwartungen (z.B. Lärmbelastung)	▪ Vandalismus, ungenügende Sauberkeit im Wohnumfeld ▪ Mangel an Grün im Wohnumfeld ▪ zu kleine, unsanierte Wohnungen ▪ hohe Mieten ▪ Optimierung der Wohnsituation und -kosten (verbessertes Preis-Leistungs-Verhältnis)
Soziale Infrastruktur	▪ Qualität und Angebotstiefe sozialer Infrastruktur (v.a. weiterführende Schulen)	
Städtische Lebensqualität	▪ Fehlende urbane Qualitäten (Kultur- und Freizeitaktivitäten, kurze Wege etc.)	
Lebenssituation	▪ Trennung vom Partner, Auszug der Kinder ▪ Emotionale Gründe, Heimweh	▪ Familiengründung, „Familienzusammenführung" ▪ Eigentumsbildung

Quelle: Eigene Darstellung.

Wahrnehmungslücke: Kosten

Aktuelle Studien zu Kosten des Wohnens zeigen, dass die Fahrkosten häufig die niedrigeren Immobilienpreise im Umland aufzehren. Durch die geringeren Fahrtkosten eines Stadtbewohners ließe sich auf zehn Jahre hochgerechnet ein zusätzlicher Kredit in Höhe von ca. 34.000 bis 68.000 Euro finanzieren. Im Jahr 2006 kostete ein freistehendes Einfamilienhaus in der Pilotstadt Schwerin durchschnittlich 35.000 Euro mehr als im Umland.

Wahrnehmungslücke: Mobilitätskosten

Aktuelle Studien zeigen, dass Familien mit einem Kind, die in der Stadt wohnen, im Jahr mindestens 4.000 Euro mehr in der Haushaltskasse haben. Fast alle Familien, die ins Umland gezogen sind, schaffen sich einen Zweitwagen an, weil die weiten Arbeitswege, die Begleitmobilität für die Kinder und Besorgungen nur mit dem Auto bewältigt werden können.

A
B
C
C 1
C 2
D
D 1
D 2
E
E 1
E 2
E 3
E 4
E 5
E 6

Wahrnehmungslücke: Zeitaufwand

Befragungen von ins Umland gezogenen Haushalten haben gezeigt, dass viele den Zeitaufwand des Fahrens unterschätzt haben. Allein 20 Minuten längere Fahrtzeit zur Arbeit am Tag summiert sich auf das Jahr gerechnet zu rund zwei Arbeitswochen.

Wahrnehmungslücke: Verkehrssicherheit

Nimmt man vereinfachend an, dass Unfallort und Wohnort bei Verkehrsunfällen identisch sind, stimmt das Klischee vom risikobehafteten Stadtleben nicht. Das Risiko z.B. von 6- bis 14-Jährigen, im Straßenverkehr getötet zu werden, ist im Umland doppelt so hoch wie in größeren Städten.

Kommunikationsansätze für die Zielgruppen

Wird unterschiedlichen Zielgruppen die Phase ihres Entscheidungsprozesses zugeordnet, können unterschiedliche Kommunikationsansätze abgeleitet werden, die letztlich zu den Marketingaktivitäten in der Praxis geführt haben. Die Zielgruppen für die Kommunikationsansätze wurden abweichend von Kapitel **C 2.1.4** (REFINA-Forschungsvorhaben „Integrierte Wohnstandortberatung als Beitrag zur Reduzierung der Flächeninanspruchnahme") gebildet. Für die Kommunikation und damit das „Abholen" der Zielgruppe spielten folgende Entscheidungsmerkmale eine Rolle:

1. Entschluss zum Rückzug, Zuzug oder Wegzug steht schon fest.
2. Es gibt eine Unzufriedenheit mit Wohnstandort, aber es wurde noch keine Entscheidung über einen Umzug getroffen.
3. Die Haushalte sind (noch) nicht auf der Suche.

Vorteile eines Standorts verdeutlichen

Bei Rückzugs- und Wegzugswilligen sowie den Zuzüglern steht der Entschluss zum Umzug fest. Diese Gruppen gilt es, über die städtischen Wohn- und Immobilienangebote zu informieren und in einer gezielten Beratung von den Vorteilen des Wohnstandorts Stadt zu überzeugen. Begleitend sind für diese Gruppe Angebote zu schaffen, die die Entscheidung für oder gegen den Umzug und für den Standort Stadt erleichtern. Damit sind diese Zielgruppen die Klienten für das Wohnstandortinformationssystem und die zugehörige Beratung. Die Vermarktung des genannten Angebotes kann über die klassischen Erst- bzw. Zweitkontaktstellen (Zeitung, Internet, Wohnungsbaugesellschaften etc.) erfolgen.
Die unzufriedenen Weggezogenen können ihre Unzufriedenheit nur bedingt artikulieren. Bei ihnen steht der Entschluss zum Rückzug noch nicht fest. Diese Gruppe kann erreicht werden, indem über die Wahrnehmungslücken, die zur Unzufriedenheit führen, aufgeklärt wird. Damit können ein Bewusstsein für die reale Situation geschaffen und Auswegmöglichkeiten aufgezeigt werden. Auch hier kann die Entscheidung für einen Rückzug durch verschiedene Angebote kommunaler, halböffentlicher und privater Akteure forciert werden. Diese Zielgruppe ist über Plakat- und Postkartenkampagnen im Umland weniger zielgerichtet erreichbar. Zudem tritt die Kommune damit in den interkommunalen Wett-

bewerb mit den Umlandgemeinden. Nach genauer Untersuchung der Zielgruppe müssen Verteil- und Werbepunkte gefunden werden, an denen eine breite Masse dieser Gruppe angesprochen werden können (z.B. Ausfallstraßen, Einkaufszentren etc.).
Bei der dritten Gruppe handelt es sich um unspezifisch Suchende. Diese können in diesem Stadium lediglich für die Vorteile des Standorts Stadt und die Wahrnehmungslücken sensibilisiert werden.

Abbildung 15:
Kommunikationsansätze für die unterschiedlichen Zielgruppencluster

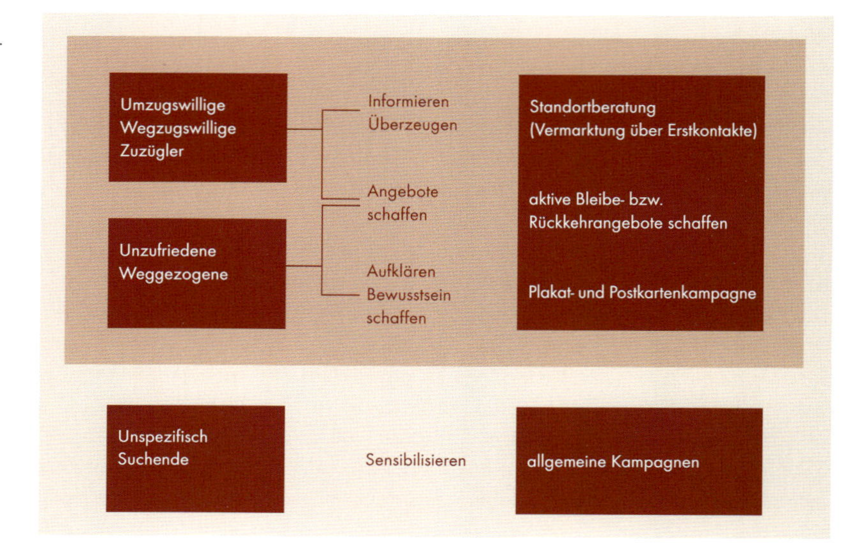

Quelle: Eigene Darstellung.

Wegen des sehr begrenzten Sachmittelbudgets, aber auch um leicht übertragbare sowie nachhaltige Kommunikationsstrategien umzusetzen, wurden vor allem zwei praktische Ansätze verfolgt: erstens die Zielgruppen dort „abzuholen", wo sie bereits nach Informationen suchen (Zeitungsanzeigen im Immobilienteil, Kooperation mit Immobilienscout24, redaktionelle Beiträge in Tageszeitungen), und zweitens prägnante, „schockierende" bzw. überraschende Bilder und Texte zu streuen.

Exkurs: Wirkungsgrad globaler und lokaler Werbung

Evaluationen globaler und lokaler Werbung haben gezeigt, dass diese sehr unterschiedliche Effekte haben kann:

- Werbekampagnen für global bekannte Marken (deren Werbemitteletats übersteigen regelmäßig die Etats von öffentlich geförderten Projekten) haben in der Regel eine hohe Wirksamkeit,
- Werbung für ein ganz konkretes Produkt, das man kaufen kann, das einen hohen Attraktivitätsfaktor hat (z. B. Laptop von ALDI), wenn ein großes Budget angesetzt wird, funktioniert in der Regel gut,
- Werbung mit hohem Überraschungs-/Schockeffekt kann punktuell und kurzfristig wirken,
- Werbung mit hohem Identifikationsgehalt kann partiell und schleichend wirken,
- Werbung hat dann Erfolg, wenn der Kunde genau dort „abgeholt" wird, wo er sich befindet, wo er ein vitales und praktisches Interesse an einer Sache hat.

Immobilienportale und Immobilienanzeigen

Immobiliensuche findet vor allem über Immobilienportale, Immobilienanzeigen und Beratungsstellen der Immobilienwirtschaft statt. Insofern wurde in dem Projekt mit der Kommunikation genau hier angesetzt. Der Kunde sucht bereits dort und muss nicht erst überzeugt werden, dass er Informationen braucht.
Nachdem vielen großen sowie den lokalen Immobilienportalen eine Kooperation angeboten wurde, konnte mit dem Marktführer Immobilienscout24 eine Verschränkung der Angebote vereinbart werden. Auf den Internetseiten der Wohnstandortinfos (vgl. zu den Standortinformationssystemen „Informations- und Beratungsinstrumente zur Wohnstandortwahl von privaten Haushalten") wurde ein Link zu den entsprechenden Wohnimmobilien-Angeboten von ImmobilienScout24 gesetzt, und in der Ergebnisliste der Wohnimmobilien-Suche bei ImmobilienScout24 gibt es einen Link auf die Wohnstandortinfos der Pilotstädte.
Auch für die Vorabinformation über Städte (z.B. bei Städtereisen, Dienstreisen etc.) werden Internetanwendungen genutzt (Karten, Hotelbuchungsseiten, Tourismusseiten der Städte etc.). Daher wurden die im Zuge des Projektes in einer Pilotstadt erstellte interaktive Karte bzw. das geographische Informationssystem, das viele Einrichtungen (Kindergärten und Bildungseinrichtungen mit jeweiligen Links, Bushaltestellen inklusive Fahrpläne, Kultureinrichtungen etc) detailliert enthält, auf den Stadtseiten separat platziert, um Kunden für die Wohnstandortinfos zu gewinnen. Die Zugriffzahlen auf das Wohnstandortinformationssystem über diese Einbindung in der Rubrik „Stadtpläne" konnten massiv erhöht werden. Hierüber kamen auch die meisten Zugriffe auf die Wohnstandortinformationssysteme.
Im Rahmen der Vermarktung des Standortinformationssystems wurden in den Immobilienteilen der Tageszeitungen Anzeigen geschaltet. Der Erfolg von allen Kommunikationsmaßnahmen wurde v.a. über die Zugriffszahlen auf die jeweiligen Portale gemessen. Die Anzeigen haben dahingehend kaum Wirkung gezeigt.

Provokante Postkarten- und Plakatkampagne

Exkurs: Kommunikation mit Überraschungseffekt

Zielgruppengerechte überraschende bzw. „schockierende" Bilder und Texte wurden zu den Wahrnehmungslücken erstellt. Wie erwähnt ist der Überraschungseffekt die Art von Werbung, die auf der lokalen Ebene auch mit einem geringen Mitteleinsatz Wirkung entfalten kann. Heutzutage ist es notwendig, den Überraschungseffekt „wirklich überraschend" zu gestalten. Insbesondere „schockierende" Kampagnen können so funktionieren. So hatte bspw. die Benettonwerbung mit den Aidskranken vor einigen Jahren einen der höchsten Wiedererkennungswerte weltweit. Dieses Beispiel zeigt, dass es heute kaum noch darum geht, dass eine logische Verbindung zwischen Werbebild und Produkt besteht (Aids = Wollprodukte?). Harmonische Bilder, die der Zielgruppe gefallen könnten, werden übrigens zwar als schön empfunden, wenn sie betrachtet werden, hinterlassen aber weder Eindruck, noch wird die gewünschte Vermittlung der Information erreicht.

Grundidee einer Postkarten- und Plakatkampagne war es, mit Bildern auf der Vorderseite einer Postkarte Aufmerksamkeit zu erregen, um auf der Rückseite sachliche Informationen zu den o.g. Wahrnehmungslücken darzustellen. Da bei den Projektpartnern (inklusive Vertreter der Pilotstädte) extreme Bilder nicht erwünscht waren und um den Aufwand gering zu halten, wurde zunächst das Motiv einer Mutter mit ihren Kindern im Auto erstellt (Abb. 16). Dieses Motiv wurde als klassische Postkarte, als Plakat und auch als virtuelle Postkarte verwirklicht.

Abbildung 16:
Postkartenmotiv „Mutter mit ihren Kindern im Auto"

Verbringen auch Sie gern viel Zeit mit Ihrer Familie?

Jede vierte Fahrt findet statt, weil Eltern – und hier meist die Frauen – ihre Sprößlinge zum Kindergarten, zur Schule, zum Sportverein oder zur Musikschule bringen oder wieder abholen (müssen). Wer außerhalb der Stadt wohnt, verbringt monatlich etwa doppelt so viel Zeit im Auto wie Städter/innen, nämlich 20 Stunden. Wollen Sie Ihre Freizeit im Auto verbringen? Lassen Sie sich zu Ihren persönlichen Vor- und Nachteilen des Wohnens in der Stadt und im Umland beraten unter: **www.wilhelmshaven.wohnstandort.info**

Wohnstandortinfo
Gezielter suchen. Besser wohnen.

Porto

Quelle: www.wilhelmshaven.wohnstandort.info

Erfolg durch inhaltliche Presseberichterstattung

In den Projektstädten wurde bei Einführung der Wohnstandortinformation, bei Verbesserungen der Services sowie bei bestimmten begleitenden Themen versucht, das jeweilige Thema in der örtlichen Presse zu platzieren, was sich wegen des für die Medienöffentlichkeit nicht besonders attraktiven Themas als nicht einfach erwies. Bei Erscheinen eines Artikels konnten das Interesse und damit die Zugriffszahlen auf das Wohnstandortinformationssystem deutlich gesteigert werden.

Evaluation der Wohnstandortberatung privater Haushalte

Christian Holz-Rau, Joachim Scheiner, Björn Schwarze

Die in den zwei Modellstädten Schwerin und Wilhelmshaven realisierte Wohnstandortberatung privater Haushalte (vgl. Kap. **C 2.1.4**) gibt privaten Haushalten während ihrer Wohnungssuche – also im Vorfeld ihrer Wohnstandortentscheidung – Informationen über die Konsequenzen ihrer Entscheidung an die Hand. Dafür wurden in den Modellstädten persönliche Beratungsstellen eingerichtet sowie ein GIS-basiertes Wohnstandortinformationssystem im Internet entwickelt (vgl. „Informations- und Beratungsinstrumente zur Wohnstandortwahl von privaten Haushalten"). In diesem Beitrag steht die Evaluation der Instrumente im Vordergrund. Diese basiert auf der

- Nutzung der Beratungsstellen und des Wohnstandortinformationssystems,
- Bewertung der beiden Instrumente durch die Nutzer/innen,
- Einflussnahme der Instrumente auf die Wohnstandortentscheidung bzw. die dafür relevanten Kriterien,
- Einflussnahme der Instrumente auf den Objekttyp,
- Zufriedenheit mit der getroffenen Wohnstandortentscheidung,
- Fortführung der Instrumente durch die Städte und ihre weitere Verbreitung.

Die Nutzung der Beratungsstellen und des Wohnstandortinformationssystems wird über die Besucherzahlen bzw. Zugriffszahlen gemessen. Alle anderen Aspekte wurden durch eine Nutzerbefragung ermittelt, zunächst während der Nutzung der Wohnstandortinfo und in einer zweiten Welle nach dem erfolgten Umzug (Vorher-Nachher-Befragung). Die Datenerhebung war zum Zeitpunkt der Erstellung dieses Handbuchs noch nicht abgeschlossen, so dass die hier vorgestellten Ergebnisse als vorläufig anzusehen sind. Die abschließenden Ergebnisse werden in Holz-Rau/Scheiner/Schwarze (2010) veröffentlicht.

Ergebnisse der Evaluation

Nutzerprofil

Bisher liegen 510 Datensätze der Vorher-Befragung (Zeitpunkt der Wohnungssuche) vor. Davon stammen 464 Datensätze aus dem Wohnstandortinformationssystem. Lediglich 46 Nutzer der persönlichen Beratungsstellen wurden erfasst. Anhand des soziodemografischen Profils und der Herkunft der Befragten sind folgende Ergebnisse festzuhalten:

- Jüngere Erwachsene unter 40 Jahre sind unter den Nutzern stärker vertreten als in der Gesamtbevölkerung der beiden Städte. Dies ist neben dem internetbasierten Wohnstandortinformationssystem auch auf die höhere Umzugsmobilität der Jüngeren zurückzuführen. Der Anteil der 40- bis 59-Jährigen entspricht deren Bevölkerungsanteil, obwohl diese Altersgruppe unterdurchschnittlich mobil ist. Ältere Personen – die geringe Umzugsraten aufweisen – sind nur wenig vertreten.
- Die Verteilung der Haushaltsgrößen zeigt kein auffallendes Muster. Singles, Paare und Familien sind gleichermaßen vertreten, Familien entsprechend ihrem geringen Anteil in Städten etwas weniger.
- Die Geschlechterverteilung ist annähernd ausgeglichen.
- Auffallend ist der hohe Anteil an Hochgebildeten. Nahezu die Hälfte der Befragten besitzt einen (Fach-)Hochschulabschluss, ein weiteres Viertel das Abitur. Dies weist darauf hin, dass das Wohnstandortinformationssystem vor allem Nachfragergruppen mit einer hohen Rationalität der Standortwahl anspricht, die im Umgang mit technischen System geübt und es gewohnt sind, von der konkreten Anschauung zu abstrahieren. Die Vermutung, es handle sich in erster Linie um Studierende, wird durch die Altersstruktur widerlegt. Da gerade Hochgebildete potenzielle Umlandwanderer sind, ist deren hoher Anteil positiv zu werten.
- Zwei Drittel der Befragten wohnten zum Zeitpunkt der Suche außerhalb der Region, 22 Prozent in der jeweiligen Kernstadt, zwölf Prozent im Umland der Kernstadt. Der hohe Anteil (potenzieller) Fernzuwanderer dürfte sich aus dem hohen Informationsbedarf in dieser Gruppe erklären, während die Bevölkerung der Städte selbst und der jeweiligen Umländer deutlich weniger Bedarf an Standortinformationen haben dürfte.

Umzugsverhalten

Wohnstandortinformationen werden angenommen

Für die Nachher-Befragung werden die Nutzer frühestens drei Monate nach der Nutzung der Angebote kontaktiert. Von den bisher 66 Personen, bei denen eine Nachher-Befragung durchgeführt wurde, sind zum Zeitpunkt der Befragung 50 Prozent noch nicht umgezogen. Es liegen also von 33 Personen Angaben zur Wohnsituation nach dem Umzug vor. Unter den nicht Umgezogenen wiederum gibt die Hälfte an, die Suche aufgegeben zu haben. Demnach wird die Wohnstandortinfo mindestens teilweise eher zum Vorsondieren genutzt – auch von Haushalten, die zwar auf der Suche sein mögen, aber nicht unbedingt zum Umzug entschlossen sind. Diese frühe Nutzung ist durchaus positiv zu bewerten im Sinne der Möglichkeit der Einflussnahme auf Entscheidungskriterien. Wenn das Angebot erst sehr spät im Suchprozess genutzt wird, dürften die wesentlichen Parameter und Kriterien der Suche bereits fixiert sein.

Zufriedenheit mit der Wohnstandortinfo

Die Bewertung der Instrumente durch die Nutzer/innen wurde anhand von sieben Fragen zur Zufriedenheit damit erhoben. Darüber hinaus wurde gefragt, ob man das Angebot weiter empfehlen würde. Aufgrund der kleinen Fallzahl sind die Ergebnisse mit Unsicherheiten behaftet.

Die Mehrheit der Befragten äußert sich zufrieden mit den Angeboten (Abb. 17). Allerdings ist nicht zu übersehen, dass mit der persönlichen Beratung fast die Hälfte lediglich mittelmäßig zufrieden ist. Dies liegt nicht an den Beratern und Beraterinnen, sondern an den Inhalten der Beratung. Konkret wird die Beratung von vielen Nachfragern gedanklich mit einer Vermittlung konkreter Wohnungsangebote assoziiert, die als Makleraufgabe von den Beratungsstellen nicht geleistet wird. Auch beim Wohnstandortinformationssystem erhalten die Inhalte die geringste Zufriedenheit. Im Laufe des Projekts wurde das Wohnstandortinformationssystem mit ImmobilienScout24 verlinkt. Es wird interessant sein, in vertiefenden Analysen herauszuarbeiten, ob seit diesem Zeitpunkt die Zufriedenheit zugenommen hat.

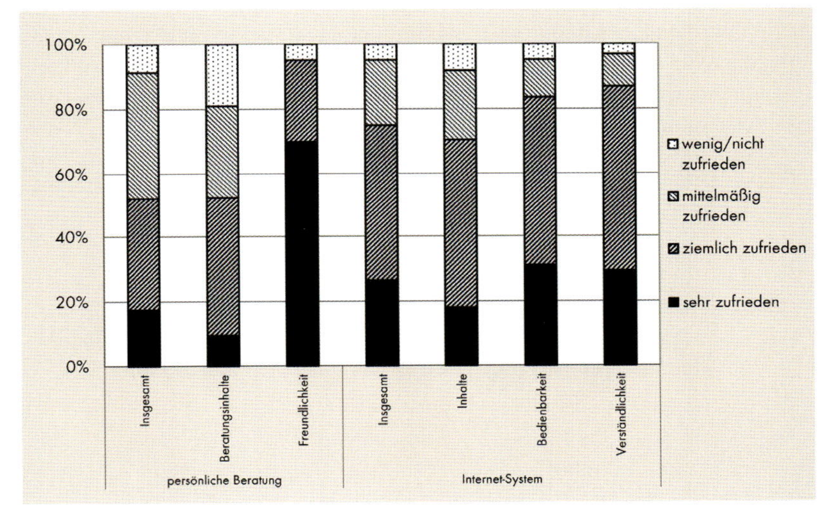

Abbildung 17:
Zufriedenheit mit der Wohnstandortinfo

Quelle: Eigene Erhebung.

Dennoch würde die weit überwiegende Mehrheit die Angebote an Freunde oder Bekannte weiterempfehlen (Abb. 18). Für das Wohnstandortinformationssystem gilt dies noch stärker als für die persönliche Beratung.

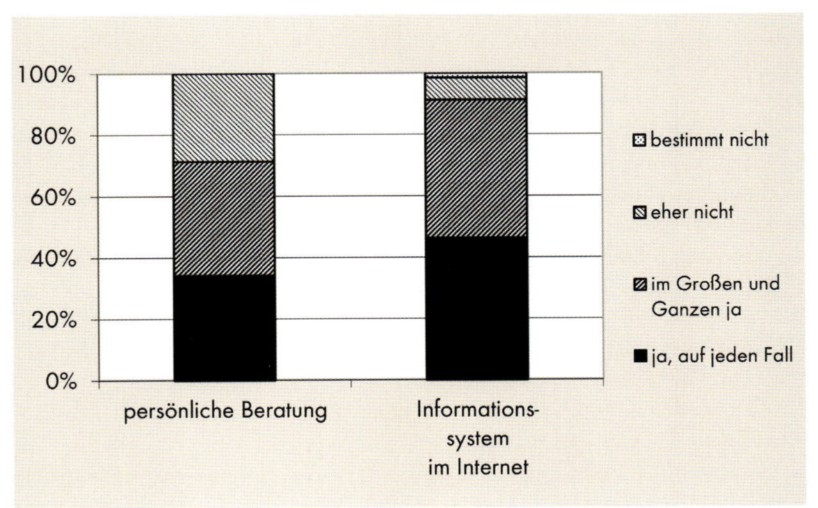

Abbildung 18:
Weiterempfehlung der Wohnstandortinfo

Quelle: Eigene Erhebung.

Einflussnahme auf die Wohnstandortentscheidung

Für sechs Kriterien der Wohnstandortwahl wurde erhoben, ob diese durch die Wohnstandortinfo wichtiger oder weniger wichtig wurden. Darüber hinaus wurde gefragt, ob der gewählte Standort in einem von der Wohnstandortinfo vorgeschlagenen Gebiet liegt.
Für fast alle Kriterien berichten rund 20 Prozent der Befragten, dass das Kriterium durch die Beratung wichtiger wurde (Abb. 19). Der Anteil derjenigen, für die die Wichtigkeit eines Kriteriums geringer wurde, ist vernachlässigbar. Hier zeigt sich eine deutliche Sensibilisierung für Erreichbarkeitskriterien. Bei immerhin 36 Prozent liegt der gewählte Standort in einem von der Beratung bzw. dem Wohnstandortinformationssystem vorgeschlagenen Gebiet. Diese Zahlen sind durchaus als Erfolg zu werten. Immerhin handelt es sich hier um die Diskussion einer sehr privaten Entscheidung mit einer kommunalen Stelle, bei der man erwarten könnte, dass eine Privatperson sich jede Einmischung in die persönlichen Beweggründe verbittet.

Abbildung 19:
Einflussnahme der Wohnstandortinfo auf Standortkriterien der Nutzer

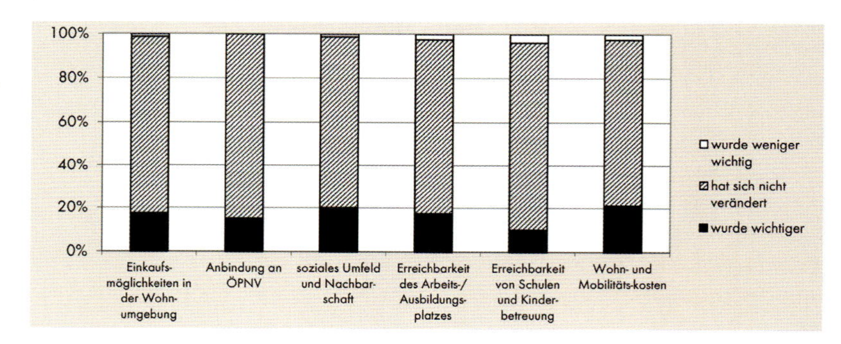

Quelle: Eigene Erhebung.

Einflussnahme auf den Objekttyp

Der Einfluss der Wohnstandortinfo auf den gewählten Objekttyp wurde durch Vorher-Nachher-Vergleiche ermittelt. Anhand einiger Schlüsselkriterien wurde das gesuchte Objekt mit dem schließlich gefundenen Objekt verglichen.
Von 32 Nutzern liegen sowohl Angaben zur gesuchten als auch zum gefundenen Objekt – Haus oder Wohnung – vor (Tabelle 2). Fast alle Befragten suchen entweder explizit eine Wohnung oder können sich sowohl eine Wohnung als auch ein Haus vorstellen. Gefunden werden dementsprechend meist Wohnungen. Auch diejenigen, die sich beides vorstellen können, ziehen meist in eine Wohnung.
Vergleicht man die gesuchte mit der gefundenen Wohnungsgröße anhand der Anzahl der Räume, zeigt sich – nicht überraschend – eine starke Entsprechung. Bei neun von 30 Befragten mit gültigen Angaben differieren gesuchtes und gefundenes Objekt um mindestens ein Zimmer, wobei sowohl „zu große" als auch „zu kleine" Wohnungen gefunden werden.
Von großer Bedeutung für die Siedlungsflächeninanspruchnahme ist schließlich der private Garten. Fast drei von zehn Nutzern geben an, einen Garten zu suchen, aber nur 19 Prozent der Umgezogenen verfügen in ihrer neuen Wohnung tatsächlich über einen Garten.

Dies könnte ein Hinweis auf einen Einfluss der Wohnstandortinfo auf das gesuchte Objekt oder den gewählten Standort sein, sollte aber aufgrund des bisher geringen Stichprobenumfangs nicht überbewertet werden.

	Gefundenes Objekt		
Gesuchtes Objekt	**Wohnung**	**Haus**	**Summe**
Wohnung	20	1	21
Haus	0	1	1
beides	9	1	10
Summe	29	3	32

Tabelle 2:
Gesuchter und gefundener Objekttyp

Quelle: Eigene Erhebung.

Zufriedenheit mit der getroffenen Wohnstandortentscheidung

Die Zufriedenheit mit der getroffenen Wohnstandortentscheidung wurde anhand von sieben Aspekten erfragt. Mehr als drei Viertel der Befragten äußern sich zufrieden mit der getroffenen Entscheidung. Inwieweit dies als Erfolg der Beratungsangebote zu interpretieren ist, ist schwer zu sagen, da in den meisten Befragungen zur Wohnzufriedenheit hohe Werte erzielt werden. Die Zufriedenheitsniveaus unterscheiden sich nach den erfragten Aspekten. Die Kriterien Erreichbarkeit von Schulen und Kinderbetreuung sowie die Wohnung selbst schneiden am besten ab. Hohe Werte erzielen auch die Erreichbarkeit des Arbeits-/Ausbildungsplatzes sowie die Anbindung an öffentliche Verkehrsmittel, während Einkaufsmöglichkeiten und soziales Umfeld kritischer betrachtet werden.

Fortführung und weitere Verbreitung der Instrumente

Ein wichtiger Indikator für den praktischen Nutzen der angebotenen Dienste ist die Absicht der Modellstädte zur Fortführung sowie möglicher anderer Kommunen oder Regionen zur Übernahme der Instrumente.
Der Projektverlauf zeigt, dass dies in erheblichem Maße dem kurz- bis mittelfristigen politischen Willen unterliegt. In Wilhelmshaven besteht die Absicht, das Wohnstandortinformationssystem über die geförderte Phase hinaus längerfristig fortzuführen, auch im Falle selbst zu tragender Kosten. Dagegen ist zurzeit die politische Unterstützung für die Fortführung der persönlichen Beratung nicht mehr gegeben. Die Landeshauptstadt Schwerin beabsichtigt die Weiterführung beider Instrumente ohne Förderung von dritter Seite, aber möglicherweise unter Beteiligung der Nachfragenden an den Kosten. Weitere Städte haben bereits ihr Interesse an den Instrumenten bekundet.

Resümee

Die Evaluation der Wohnstandortinfo in zwei Modellstädten zeigt, dass von solchen Instrumenten spürbare Wirkungen auf die Einstellungen und das Handeln privater Haushalte ausgehen, und zwar bezüglich

- der Reflektion der Wohnstandortentscheidungen und der zugrunde liegenden Kriterien,
- der tatsächlich getroffenen Wohnstandortentscheidungen,
- der Akzeptanz eines solchen Angebots.

Das Instrument auf die regionale Ebene übertragen

Eine wichtige Weiterentwicklung bestünde in einer Ausweitung derartiger Instrumente auf die regionale Ebene. Die Umsetzung der Pilotprojekte auf der städtischen Ebene führt dazu, dass Umlandbevölkerung und potenzielle Umlandwanderer die Wohnstandortinfo vermutlich nur sehr eingeschränkt bzw. als für ihre Wünsche nicht „zuständig" wahrnehmen.

Zu beachten ist auch, dass mit derartigen Angeboten vermutlich nur ein Teil der Wohnungssuchenden erreicht wird. Tendenziell werden hier Menschen angesprochen, die Wohnstandortentscheidungen relativ rational treffen. Wir halten allerdings den Marktanteil der (relativ) „rationalen Entscheider" für erheblich. Zwar werden Wohnungsentscheidungen – also Entscheidungen für ein bestimmtes Objekt – häufig sehr emotional getroffen, wie nicht zuletzt Erhebungen in unserem Projekt zeigten. Dies dürfte allerdings für Wohnstandortentscheidungen – also Entscheidungen für eine bestimmte Lage sowie im Vorfeld für einen bestimmten Suchraum – nur begrenzt zutreffen.

Geht man davon aus, dass es sich bei Wohnstandortentscheidungen um zutiefst private Entscheidungen handelt, sind allein die Beeinflussung von Entscheidungskriterien bei den Nachfragern sowie ein erster Ansatz zur Marktetablierung von Beratungsinstrumenten sicherlich ein Erfolg.

Literatur

Holz-Rau, Christian, Joachim Scheiner und *Björn Schwarze* (2010): Wohnstandortinformationen für private Haushalte: Grundlagen und Erfahrungen aus zwei Modellstädten, Dortmunder Beiträge zur Raumplanung: Verkehr 9, Dortmund.

D 1 A: Flächeninformationssysteme auf Basis virtueller 3D-Stadtmodelle

REFINA-Forschungsvorhaben: Flächeninformationssysteme auf Basis virtueller 3D-Stadtmodelle

Projektleitung: Prof. Dr. Jürgen Döllner, Hasso-Plattner-Institut an der Universität Potsdam, Potsdam-Babelsberg

Wissenschaftliche Kooperation: Prof. Dr. Birgit Kleinschmit, Technische Universität Berlin, Institut für Landschaftsarchitektur und Umweltplanung, Fachgebiet Geoinformationsverarbeitung in der Landschafts- und Umweltplanung; Marc Hildebrandt, 3D Geo GmbH, Potsdam-Babelsberg

Praxispartner: Erik Wolfram, Landeshauptstadt Potsdam, Stadtentwicklung – Verkehrsentwicklung; Karin Teichmann, Berlin Partner GmbH/Senatverwaltung für Wirtschaft, Arbeit und Finanzen Berlin; Landesamt für Geobasisinformation Potsdam; Stiftung Preußischer Gärten und Schlösser

Modellraum: Berlin, Potsdam (BB)

Projektwebsite: www.refina3d.de

Das Projekt REFINA3D (www.refina3d.de) zeigt beispielhaft, wie virtuelle 3D-Stadtmodelle, wie sie derzeit in einer Reihe von Kommunen in Deutschland erstellt werden, im Flächenmanagement genutzt werden können. Für verschiedene Modell-Anwendungsbereiche wurden die in der Übersicht 2 dargestellten prototypischen und operativen Lösungen entwickelt – hier beispielhaft für die Städte Potsdam und Berlin. Als öffentlich zugängliche Lösung bietet das Berliner 3D-Stadtmodell in Google Earth (www.virtual-berlin.de) Zugriff auf unterschiedliche Fachinformationen von einem Solarkataster über freie Gewerbeflächen bis hin zur Verortung von Wissenschaftseinrichtungen und Wirtschaftsbranchen.

Übersicht 2: Prototypischen und operative Lösungen – am Beispiel der Städte Potsdam und Berlin
Quelle: Eigene Darstellung.

	Stadtmodellanwendung	Beispielhafte Lösungen
Marketing	Standortmarketing	Berliner 3D-Stadtmodell und Gewerbeimmobilienportal des Senats für Wirtschaft, Technologie und Frauen Berlin
	Bauflächenvermarktung	Prototypische Lösung auf Basis des Berliner 3D-Stadtmodells in Google Erarth
	Bauprojekte	
Analyse	Solarpotenziale	
	Sichtbarkeitsanalyse	
	Standortqualitäten	Prototypische bildbasierte Raumanalyse („Semantisches Radar“)
Informationsportale	Umweltinformationen	Prototypische Einbindung von Schutzgebieten, geschützten Biotopen, Altlastenkataster in das Stadtmodell von Potsdam und der Karten des Umweltatlas in das Berliner Stadtmodell
	Stadtplanungsinformationen	Prototypische Einbindung von Bebauungsplänen, städtebaulichen Konzepten und Bauanträgen in das Potsdamer Stadtmodell
	Bebauungspläne 3D	Prototypischer Web Perspective View Service Potsdam mit Bebauungsplänen unter: http://refina3d.hpi3d.de/Refina3DPotsdamClient/

Abbildung 20: Stadtplanungsinformationssystem Potsdam mit integrierten Bebauungsplänen, städtebaulichen Konzepten und Bauanträgen

Jürgen Döllner, Lutz Ross

D 2

Lernen und Weiterbilden

Lernen und Weiterbilden

Stephanie Bock

Lern- und Weiterbildungsprozesse sind ein wichtiger Bestandteil der Kommunikationsstrategien und -maßnahmen, mit denen Wissen und Problembewusstsein für ein nachhaltiges Flächenmanagement gestärkt werden können. Was bedeutet nachhaltiges Flächenmanagement eigentlich? Wie setze ich es in meinem Tätigkeitsfeld um? Von welchen Beispielen kann ich lernen? Das sind nur einige der Fragen, mit denen in spezifischen Bildungs- und Weiterbildungskonzepten die unterschiedlichen Zielgruppen angesprochen werden. Dass es dabei um mehr geht als die reine Wissensvermittlung, verdeutlicht das Konzept der „Bildung für nachhaltige Entwicklung".

Nachhaltiges Flächenmanagement vor Ort umzusetzen, ist schon länger eine wichtige Aufgabe der kommunalen und regionalen Verwaltungen. Dabei sind die Anforderungen an die Organisation und das Management dieser Prozesse aufgrund zunehmender Komplexität stetig gestiegen. Der Kreis der zu beteiligenden Akteure vergrößert sich, integriertes Handeln wird notwendiger, und fachgebietsübergreifende Abstimmungen werden zur Regel. Gleichzeitig wachsen die vorhandenen Wissensbestände und die notwendigen inhaltlichen Kenntnisse über Instrumente, Verfahren, Gesetze und Verordnungen kontinuierlich an. Wichtiger werden somit Weiterqualifikationsangebote, die sich an aktuellen Forschungsergebnissen sowie praktischen Erfahrungen orientieren und die übertragbaren Erkenntnisse und Erfahrungen im Interesse von Nutzerinnen und Nutzern aufarbeiten und vermitteln. Hier kann zwischen unterschiedlichen Angebotsformen unterschieden werden:

- In der traditionellen Form zielt Weiterbildung auf das Vermitteln quasi fertiger Lösungen. Diese werden im Rahmen von Seminaren o.Ä. vorgestellt, wobei die Zuhörenden eher passive Teilnehmer und Teilnehmerinnen sind.
- Weiterbildung als Organisationsentwicklung zielt auf die Bearbeitung des zugrunde liegenden Problems bzw. die gemeinsame (Weiter-)Entwicklung denkbarer Lösungen im Sinne einer Hilfe zur Selbsthilfe.
- In einer Kombination beider Formen kann Weiterbildung aber auch die aktive Moderation von Prozessen vor Ort unter aktiver Beteiligung etwa der kommunalen Verwaltungsmitarbeiterinnen und -mitarbeiter bedeuten, wobei die Umsetzung Teil dieser Maßnahme sein kann.

Nachhaltiges Flächenmanagement als Bildungsthema

Der Blick in aktuelle Programme ausgewiesener Bildungseinrichtungen zeigt, dass das Thema nachhaltiges Flächenmanagement zumindest in seiner traditionellen Form auf der Tagesordnung steht und die Vielfalt der (neuen) Instrumente und Ansätze dort vermittelt wird. Zudem wird das Thema zunehmend in Lern- und Bildungsprozesse für jüngere Zielgruppen integriert.

Auch im Förderschwerpunkt REFINA wurde die Chance ergriffen, geeignete Kommunikationsstrategien und -maßnahmen zu entwickeln, mit denen Wissen und Problembewusstsein der Akteure gestärkt werden, damit sie gezielter Maßnahmen im Bereich der Flächenentwicklung begleiten und umsetzen können. Hierzu erarbeiteten einzelne Projekte nicht nur neue Methoden und Konzepte für Beratung und Öffentlichkeitsarbeit, sondern auch Bildungs- und Weiterbildungskonzepte. Betrachtet man die zahlreichen Veranstaltungen, die rund um die Fördermaßnahme für verschiedene Zielgruppen angeboten wurden und noch werden, so zeigt sich, welch umfangreiche Prozesse der Wissensvermittlung und des Wissensaustausches mit REFINA begonnen werden konnten, die über die reine Wissensvermittlung hinausgehen.

Abbildung 1:
Weiterbildung: Aufarbeitung und ...

Foto: Deutsches Institut für Urbanistik.

Nachhaltiges Flächenmanagement: ein offener Lernprozess

Die Praxis zeigt, dass Vermittlungsprozesse und Lernangebote zu Zielen, Inhalten und Methoden des nachhaltigen Flächenmanagements ein wichtiges Stand-

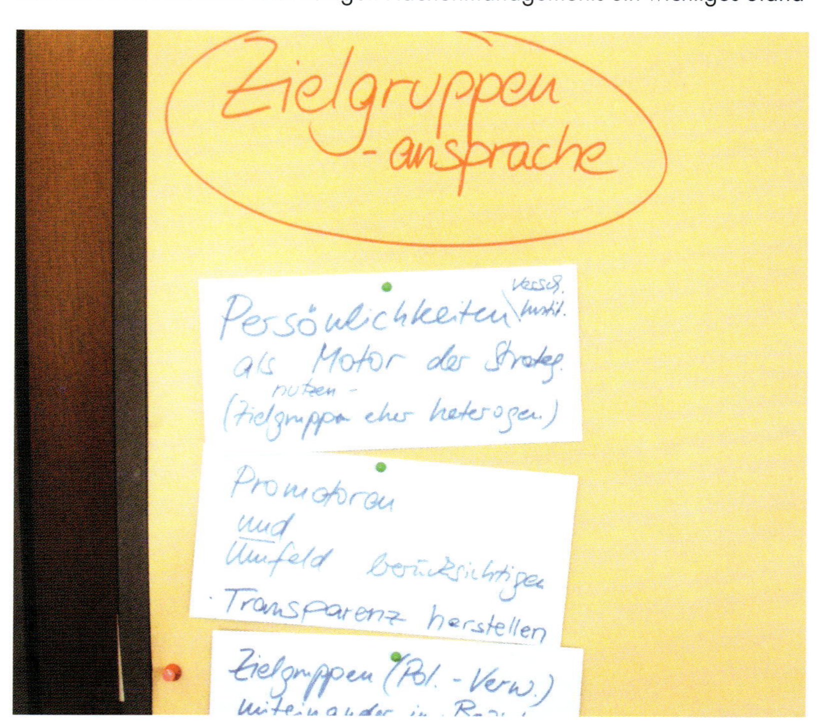

Abbildung 2:
... Vermittlung

Foto: Deutsches Institut für Urbanistik.

A
B
C
C 1
C 2
D
D 1
D 2
E
E 1
E 2
E 3
E 4
E 5
E 6

bein einer erfolgreichen Umsetzung sein können. Bildung und Fortbildung sind flankierende Maßnahmen, die einen Beitrag leisten zur Stärkung des Bewusstseins für die Notwendigkeit sowie zur Vermittlung wichtiger Kenntnisse über die Umsetzung eines nachhaltigen Flächenmanagements. Bildungsprozesse sind dabei immer auch Kommunikationsprozesse (vgl. Kap. **D 1**). Diese strategische Kommunikation umfasst notwendigerweise auch Ansätze eines nachhaltigen Wissenstransfers der – auch im Kontext von REFINA erarbeiteten – wissenschaftlichen Ergebnisse.

REFINA als „Lernenden Förderschwerpunkt" zu verstehen, bedeutet dabei zweierlei: Auf der einen Seite geht es um kontinuierliche Lernprozesse der beteiligten Akteure, auf der anderen Seite liefert REFINA ebenso kontinuierlich Bausteine für Lernprozesse anderer. Dabei tragen alle beteiligten Projekte in je unterschiedlicher Weise zu Ergebnisvermittlung bei. Von den Kommunen wird vorrangig Wissen zur Problemlösung nachgefragt. Vor allem die an dem Förderschwerpunkt und an anderen Modellvorhaben beteiligten Praxispartner können anhand ihrer guten Beispiele und der gesammelten Erfahrungen dieses nachgefragte Handlungswissen vermitteln.

„Nachhaltiges Flächenmanagement lernen" ist aber auch in Zusammenhang mit dem Ansatz Bildung für nachhaltige Entwicklung (BNE) zu betrachten (vgl. www.bne-portal.de). Bildung für nachhaltige Entwicklung ist eine Weiterentwicklung der Umweltbildung und somit ein relativ junges Bildungskonzept, mit dem Kindern, Jugendlichen und Erwachsenen nachhaltiges Denken und Handeln vermittelt werden soll. Mit diesem Bildungsansatz sollen Menschen in die Lage versetzt werden, Entscheidungen für die Zukunft zu treffen und dabei abzuschätzen, wie sich das eigene Handeln auf künftige Generationen oder das Leben in anderen Weltregionen auswirkt. Zur Verwirklichung nachhaltiger Entwicklungsprozesse wurde im Rahmen der Bildung für nachhaltige Entwicklung das Konzept der Gestaltungskompetenz ausformuliert. Gestaltungskompetenz bezeichnet die Fähigkeit, Wissen über nachhaltige Entwicklung anwenden und Probleme nicht nachhaltiger Entwicklung erkennen zu können. Mit der UN-Dekade „Bildung für nachhaltige Entwicklung" (2005–2014) haben sich die Staaten der Vereinten Nationen verpflichtet, dieses Bildungskonzept zu stärken.

Bildungsbereiche unterscheiden

Bei der Umsetzung von Bildungskonzepten und Lernprozessen sind unterschiedliche Bildungsbereiche wie Elementarpädagogik, Schule, Hochschule, Berufliche Aus- und Weiterbildung, Außerschulische Bildung und Weiterbildung und Informelles Lernen sowie vielfältige Zielgruppen, wie Kinder bis sechs Jahre, Grundschulkinder, Jugendliche, Erwachsene etc. zu unterscheiden. Gleichzeitig verwenden die Ansätze unterschiedliche Methoden und Medien. Lernprozesse zum nachhaltigen Flächenmanagement konzentrieren sich hauptsächlich auf Schulen, Hochschulen und Weiterbildungseinrichtungen und sprechen Menschen aller Altersgruppen in je spezifischer Weise an.

Nachhaltiges Flächenmanagement: ein (Fort-)Bildungsthema für Experten und Expertinnen

Zahlreiche Fachveranstaltungen

Nachhaltiges Flächenmanagement steht bereits seit längerem auf der Agenda von Fortbildungsveranstaltungen. Die meisten Weiterbildungsträger bieten Seminare zu diesem Themenschwerpunkt an, zugeschnitten auf spezifische

Zielgruppen. Vor allem im Kontext von REFINA wuchs die Zahl der Tagungen, Workshops und Seminare erheblich an. So bieten die klassischen Weiterbildungseinrichtungen wie

- Architektenkammern,
- Difu (Deutsches Institut für Urbanistik, www.difu/veranstaltungen),
- ISW (Institut für Städtebau und Wohnungswesen der Deutschen Akademie für Städtebau und Landesplanung, DASL, www.isw.de),

die Berufsverbände, wie beispielsweise

- IVTA (Ingenieurtechnischer Verband für Altlastenmanagement und Flächenrecycling e.V.),
- SRL (Vereinigung für Stadt-, Regional- & Landesplanung e.V.),
- vhw (Bundesverband für Wohnen und Stadtentwicklung e.v., www.vhw.de/seminare/),

sowie die Fachministerien BMVBS und BMU und ihre nachgeordneten Behörden BBSR und UBA, aber auch einzelne Länder Transfer- und Weiterbildungsveranstaltungen zum nachhaltigen Flächenmanagement an. Neben klassischen Vortragsveranstaltungen für ein größeres Publikum laden kleinere Arbeitsworkshops und unterschiedliche Formen der Vermittlung das interessierte Fachpublikum zu Information und fachlichem Austausch ein. Einen Beitrag zu diesen Veranstaltungen leistet auch REFINA. Hier organisiert die projektübergreifende Begleitung eine Vielzahl sogenannter Regionalkonferenzen mit dem Ziel des Transfers der Ergebnisse in die kommunale und regionale Praxis (vgl. www.refina-info.de).

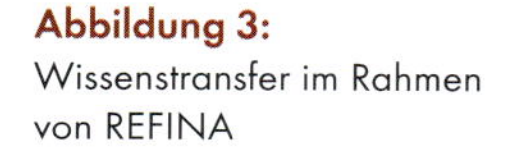

Abbildung 3: Wissenstransfer im Rahmen von REFINA

Foto: Deutsches Institut für Urbanistik.

In diese Aktivitäten reiht sich das REFINA-Projekt WissTrans ein, das in seinem Veranstaltungskonzept einen Schwerpunkt darauf legt, das Thema Flächenmanagement als Gewinn zu vermitteln. Unter Betrachtung verschiedener Gesichtspunkte wird dabei auch die Bedeutung des Praxisbezugs bei der Vermittlung von Wissen betont (vgl. Kap. **D 2.1** und **D 2 A**). Dieses wird verknüpft mit den auf diesem Markt noch relativ neuen E-Learning-Konzepten. Bei dem entwickelten Ansatz des Blended Learning werden Online-Selbstlernphasen und Präsenzveranstaltungen kombiniert, um eine effizientere Wissensvermittlung erreichen zu können. Angestrebt wird eine interaktive und kommunikative Lernsituation, in der über nachhaltige Entwicklung und Bildung für nachhaltige Entwicklung diskutiert und reflektiert werden kann.

Nachhaltiges Flächenmanagement: ein Thema für Kinder und Jugendliche

Die Fachdiskussion verweist darauf, dass ein ganzheitliches Verständnis von Nachhaltigkeit mit seinen inhaltlichen, methodischen und organisatorischen Implikationen bereits in den Schulen auf den Weg gebracht werden sollte. Aus Nachhaltigkeitslernen und -kommunikation in Schulen erwachsen neue Anforderungen an Bildungsprozesse. Erwartet wird die Vermittlung eines kompetenten und kritisch-reflexiven Umgangs mit Informationen und Wissen. Doch auch wenn Nachhaltigkeit mittlerweile neben Menschenrechten und Demokratie zu einem wichtigen Bildungsziel erklärt wurde, werden Themen der Nachhaltigkeit an Schulen und außerschulischen Bildungseinrichtungen für Kinder und Jugendliche bisher nur in ersten Ansätzen vermittelt oder unterrichtet. Hier zeichnet sich noch erheblicher Entwicklungsbedarf ab, gleichzeitig gibt es jedoch auch schon sehr aktive Einrichtungen.
Im Rahmen des 2008 beendeten bundesweiten Programms Transfer-21 beteiligten sich rund 200 Schulen an der Erarbeitung von Konzepten, Materialien und Strukturen zur Nachhaltigkeit (vgl. www.transfer-21.de/). Dabei wurden auch das Thema Flächenverbrauch für die Zielgruppe Kinder und Jugendliche aufbereitet und Bezüge vor allem zum Fach Geographie hergestellt. Das vorgestellte Lernangebot für das 9./10. Schuljahr beinhaltet Arbeitsaufträge, in denen Beziehungen zwischen Flächenverbrauch und Bevölkerungsentwicklung thematisiert werden. Möglichkeiten zur Lösung des Problems werden erläutert (vgl. www.transfer-21.de/index.php?p=309). Das Material enthält Anknüpfungspunkte zum Alltagsleben der Schülerinnen und Schüler, um die Themen so aufzubereiten, dass sie für die Lernenden erfahrbar werden. Nicht nur der Lernort Schule, sondern auch das Wohnumfeld bieten dabei zahlreiche Gelegenheiten, sich spielerisch-entdeckend und systematisch mit Themen rund um Nachhaltigkeit befassen zu können.

Abbildung 4:
Aufbereitung für den Unterricht

Foto: Deutsches Institut für Urbanistik.

Für die Zielgruppe Jugendliche wurden im Rahmen von REFINA gleichfalls Informationsmaterialien und Unterrichtskonzepte zum Flächenverbrauch erarbeitet. Diese liegen in Form von Word-Dokumenten und Software auf DVD vor und können sowohl im Schulunterricht als auch im außerschulischen Unterricht modular eingesetzt werden. Die Materialien präsentieren zu den Themenmodulen „Versiegelung", „Boden", „Flächenverbrauch", „Stadtplanung" (ab 16 Jahre) und „Historische Stadtentwicklung" (ab 16 Jahre) je eine Kurzerklärung und eine Materialübersicht (vgl. Kap. **D 2.2**).
Einen spezifischen Lernzugang vermitteln immer stärker Computerlernsoftware und Computerspiele. Computerspiele können bestimmte kognitive und auch emotionale Kompetenzen fördern und trainieren. Hinzu kommt, dass man auch beim Spielen in die Welt der Politik eintreten kann, um beispielsweise bestimmte Abläufe zu trainieren, sich vorzubereiten, Konsequenzen kennen zu lernen etc. Diese Perspektive umfassen die so genannten „serious games", die in Bildung und Ausbildung, Training und Schulung eingesetzt werden können.
Sie setzen auf spezifische Lerneffekte des Computerspielens wie aufmerksam sein, ständig neue Informationen verarbeiten, komplexe Probleme bewältigen, sich entscheiden, abwägen, Hypothesen aufstellen, prüfen, verwerfen – und das immer in kürzester Zeit. Aus der unterhaltsamen Bildung des Edutainment ist bildende Unterhaltung geworden. Vor allem Simulationsspiele sollen gleichsam von allein komplexes Denken und Problemlösen fördern. „Untersuchungen verdeutlichen, dass Computerspiele bestimmte Kompetenzen fördern. Hierbei ist der Aspekt des Problemlösens von Bedeutung und diese Tatsache lässt Computerspiele als pädagogisch sinnvolles Medium erscheinen." (Kraam-Aulenbach 2003) Ferner ermöglichen Strategiespiele einen einfachen Zugang zu komplexen Vorgängen und deren Zusammenhängen. Denken in der Virtualität bildet modellhaft Problemlösungsprozesse in der realen Welt ab. Ob und inwieweit die in der virtuellen Welt stattgefundenen Lernprozesse sich auf die reale Welt übertragen lassen, ist jedoch eine noch offene Forschungsfrage.
Im Rahmen von REFINA wurde vor diesem Hintergrund der Prototyp eines Computerspiels entwickelt, mit dem Steuerungs- und Wirkungsmechanismen einer aktiven Flächennutzungspolitik nachempfunden werden. Auf spielerische Weise wird der Spieler mit Problemen und Lösungen eines nachhaltigen Flächenmanagements vertraut, entwickelt eigene Nutzungsalternativen und tritt mit anderen Spielern in Austausch über die optimale Flächennutzung (vgl. Kap. **D 2.3**).

Literatur

Kraam-Aulenbach, Nadia (2003): Computerspiele fordern und fördern die Fähigkeit Probleme zu lösen, in: Jürgen Fritz und Wolfgang Fehr (Hrsg.): Computerspiele. Virtuelle Spiel- und Lernwelten, Bonn (Bundeszentrale für politische Bildung).

www.bne-portal.de (Bildung für nachhaltige Entwicklung)

www.lehrer-online.de

D 2.1 Lernmodule zur Fortbildung im nachhaltigen Flächenmanagement

Volker Schrenk, Alexandra Denner

REFINA-Forschungsvorhaben: WissTrans – Wissenstransfer durch innovative Fortbildungskonzepte beim Flächenrecycling und Flächenmanagement

Projektleitung:	Teil A: Jürgen Braun, PhD, VEGAS – Institut für Wasserbau, Universität Stuttgart; Teil B: Prof. Dr. Bernhard Butzin, Geographisches Institut der Ruhr-Universität Bochum
Projektpartner:	VEGAS – Institut für Wasserbau, Universität Stuttgart; CiF Kompetenzzentrum für interdisziplinäres Flächenrecycling e.V., Freiberg; Geographisches Institut der Ruhr-Universität Bochum (RUB); Zentrum für interdisziplinäre Regionalforschung (ZEFIR) der RUB; et – environment and technology
Modellraum/Modellstädte:	Baden-Württemberg, Nordrhein-Westfalen, Sachsen
Projektwebsite:	www.elnab.de, www.flaechen-bilden.de

Ziel des Vorhabens „WissTrans – Wissenstransfer durch innovative Fortbildungskonzepte beim Flächenrecycling und Flächenmanagement" war die Implementierung eines modernen Fortbildungskonzeptes zu einzelnen Themen des Flächenmanagements und Flächenrecyclings durch die Verbindung von Präsenzveranstaltungen und E-Learning in Form des sogenannten Blended Learning. Einerseits können sich Interessenten orts- und zeitunabhängig mittels E-Learning zu Themen weiterbilden. Andererseits können sich die potenziellen Teilnehmer von Fortbildungsveranstaltungen im Vorfeld Grundlagen mittels Absolvieren eines E-Learning-Kurses selbst aneignen und die Präsenzkurse dann für eine Vertiefung ihres Wissens nutzen.

Bedarfsanalyse erforderlich

Die Themen für die Fortbildungsangebote wurden aus einer Bedarfsanalyse heraus identifiziert, bei der die zahlreichen an Flächenmanagementvorhaben beteiligten Akteure (Stadtplaner, Wirtschaftsförderer, Ingenieure, Behördenvertreter etc.) die für sie relevanten Fortbildungsthemen und ihre für Fortbildung verfügbare Zeit rückmeldeten. Basierend auf dieser Analyse wurde im Projekt ein Fortbildungsangebot mit Präsenzveranstaltungen sowie E-Learning entwickelt und realisiert. Dieses Angebot richtete sich an Mitarbeiter der öffentlichen Verwaltung, Ingenieurbüros, aber bei bestimmten Themen auch an politische Entscheidungsträger.

Ansprache von Zielgruppen für Fortbildung

Bei den an Flächenmanagementprojekten beteiligten Personen handelt es sich entsprechend der thematischen Breite um eine sehr heterogene Zielgruppe mit zahlreichen Akteuren unterschiedlicher fachlicher Herkunft. Man kann die einzelnen Zielgruppen nur mit Themen erreichen, die auf praktische Fragestellungen aus deren Berufswelt und Arbeitsalltag abgestimmt sind. Dies muss sich insbesondere auch schon in der Sprache der Veranstaltungsankündigung widerspiegeln.

Grundsätzlich hat sich gezeigt, dass das Thema Flächenmanagement und Flächenrecycling so verpackt werden muss, dass es nicht als reines Umweltthema eingestuft wird. Ansonsten besteht die Gefahr, dass sich entscheidungsrelevante Akteure, z.B. Wirtschaftsförderer und Planer, nicht für eine Fortbildungsveranstaltung gewinnen lassen, sondern eher Vertreter aus der Umweltverwaltung angesprochen werden. Im Bereich der Stadtplanung wird z.B. kaum von Flächenrecycling gesprochen. Populärer ist hier der Begriff der Innenentwicklung. Um Themen des Flächenmanagements und Flächenrecyclings erfolgreich zu transportieren, ist es erforderlich, die damit verbundenen Chancen und Vorteile darzustellen. Am besten geschieht dies, indem die bessere Flächenauslastung, die Steigerung der Attraktivität der Flächen, der Nutzungsmix sowie die Beseitigung von imagebeeinträchtigten (brachliegenden) Grundstücken dargestellt werden – ohne den Verweis auf die Problematik „Flächeninanspruchnahme" und die negative Dimension des Themas.

Präsenzveranstaltungen und E-Learning als Fortbildungsinstrumente

Positive Beispiele konnten im Rahmen des Projektes WissTrans gesammelt werden: Mit einer der Präsenzveranstaltungen zum Thema „Modernisierung von Gewerbegebieten" konnten insbesondere Wirtschaftsförderer angesprochen werden. Die Fachbeiträge machten deutlich, dass die Modernisierung eines Gewerbegebietes zu einer deutlichen Attraktivitätssteigerung, der Ansiedlung neuer Unternehmen in einem solchen Gebiet und letztlich zu einer verbesserten Auslastung führen kann. Unter flächenmanagementrelevanten Aspekten könnten dadurch letztendlich eine Ansiedlung auf der Grünen Wiese und eine weitere Flächeninanspruchnahme verhindert werden. Die Modernisierung von Gewerbegebieten ist ein gutes Beispiel dafür, dass sich ein effizientes Flächenmanagement auch finanziell rentieren kann.

Das im Zusammenhang mit der Wiedernutzung von Brachflächen wichtige Thema „Marketing" wurde in Form eines E-Learning-Kurses bearbeitet und in einer Fortbildungsveranstaltung vertieft. Bei der Wissensvermittlung ist auch hier festzustellen, dass die unterschiedlichen Marketinginstrumente nichts damit zu tun haben, ob es um das Thema Flächensparen geht oder nicht. Bei den Marketingbestrebungen wird auf das einzelne Grundstück fokussiert. Da sich das Thema Marketing in Zusammenhang mit Flächenrecycling auf „gebrauchte" Flächen bezieht und diese in Konkurrenz zu neuen Grundstücken stehen, sollten die Marketingbestrebungen ausgefeilt sein und konsequent umgesetzt werden.

Neben dem thematischen Inhalt einer Fortbildungsveranstaltung sind auch das inhaltliche Niveau sowie das Veranstaltungskonzept und -format für das Erreichen bestimmter Zielgruppen wichtig. Kommunale Entscheidungsträger aus der Politik wird man eher über eine mit Beispiel gebenden und hochkarätigen Referenten aus der kommunalen Praxis sowie aus Politik und Staatsverwaltung besetzte Tagung erreichen als mit einem wissenschaftlichen Kolloquium.

A
B
C
C 1
C 2
D
D 1
D 2
E
E 1
E 2
E 3
E 4
E 5
E 6

Vermittlung der Komplexität des Themas

Beim Flächenmanagement handelt es sich um ein sehr vielfältiges thematisches Feld. Veranstaltungen, die die gesamte Themenbreite abdecken sollen, könnten zwar einen Überblick verschaffen, aber nicht auf die umsetzungsrelevanten Detailfragen der Praktiker eingehen. Stattdessen ist es für die Teilnehmer greifbarer, wenn auf bestimmte Fragestellungen ein Schwerpunkt gelegt wird und verschiedene Aspekte vertiefend behandelt werden. Um das Thema Flächenmanagement für Fortbildungen in Schwerpunkte zu gliedern, wurde im Rahmen des Projektes WissTrans eine Strukturierung vorgenommen (vgl. Abb. 5). Flächenmanagement wird dazu in die Handlungsfelder

- Schutz/Aktivierung von Bodenfunktionen,
- Flächennachfrage und Flächenangebot,
- Aktivierung von Nutzungspotenzialen,
- Flächenrecycling

aufgeteilt. In diesen Themenfeldern sind dann jeweils wieder verschiedene Aspekte (Recht, Instrumente, Marketing etc.) von Bedeutung. Basierend auf dieser Struktur wurde Flächenmanagement wie folgt definiert: „Zukunftsfähiger Umgang mit der Ressource Fläche (einschließlich ihrer natürlichen Schutzgüter), der Maßnahmen in den Handlungsfeldern (...) unter Berücksichtigung von Nachhaltigkeitsaspekten umfasst."

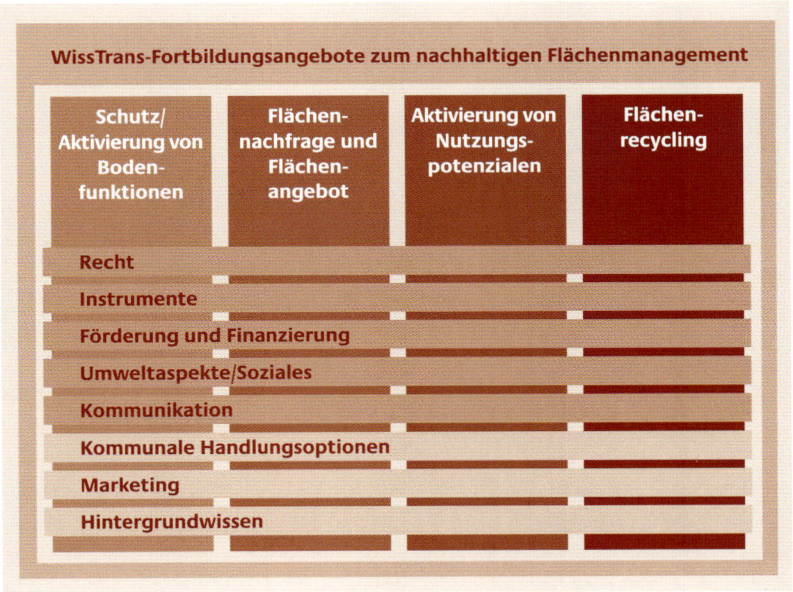

WissTrans-Fortbildungsangebote zum nachhaltigen Flächenmanagement

Schutz/ Aktivierung von Boden- funktionen
Flächen- nachfrage und Flächen- angebot
Aktivierung von Nutzungs- potenzialen
Flächen- recycling
Recht
Instrumente
Förderung und Finanzierung
Umweltaspekte/Soziales
Kommunikation
Kommunale Handlungsoptionen
Marketing
Hintergrundwissen

Abbildung 5:
Verständnis des Themas Flächenmanagement im Projekt WissTrans

Quelle: Geographisches Institut Ruhr-Universität Bochum.

Mit dieser Struktur ist es möglich, das Thema Flächenmanagement zu gliedern und gezielt zu bestimmten Fragestellungen Fort- und Weiterbildungen anzubieten.
Neben dem für einen erfolgreichen Wissenstransfer entscheidenden Praxisbezug der Veranstaltungen ist die Wahl des Veranstaltungsformats entscheidend. Im Rahmen von WissTrans wurden dabei folgende Erfahrungen gemacht bzw. Formate getestet:

- Seminarveranstaltung: Die im Rahmen von Referaten vorgestellten Erkenntnisse werden mit praktischen „Umsetzungsbeispielen" erläutert – teilweise sind dies Bestandteile der Fachbeiträge, teilweise eigenständige Referate bzw. Präsentationen von Fallbeispielen.
- Open-Space-Veranstaltung: Bei dieser Form werden die Teilnehmer motiviert, während der Veranstaltung in unterschiedlichen Arbeitsgruppen mitzuwirken, in denen von den Teilnehmern formulierte Fragen behandelt werden. Ein Einführungsreferat bildet die Grundlage der Veranstaltung (Abbildung 6).
- Workshop: Die Durchführung eines Workshops mit der Arbeit in Kleingruppen, um z.B. bestimmte Aufgaben zu bearbeiten, hat sich als eine sehr effiziente Möglichkeit erwiesen, um einen Wissenstransfer nachhaltig zu realisieren. Eine solche Veranstaltungsform ermöglicht auch einen engen Kontakt zwischen Referenten und Teilnehmern. Es ist dabei sinnvoll, die Teilnehmerzahl auf 20 bis 30 Personen zu begrenzen.

Fortbildungsveranstaltungen setzen die Beteiligung kommunikativ erfahrener Referenten voraus. Speziell die Formate „Open Space" und „Workshop" sind nur mit entsprechend erfahrenen Personen möglich.

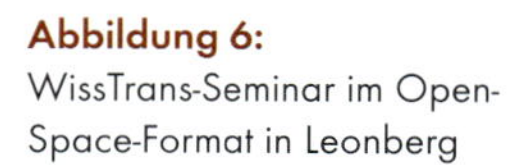

Abbildung 6:
WissTrans-Seminar im Open-Space-Format in Leonberg

Quelle: VEGAS, Universität Stuttgart.

Erfolgskriterien

Fortbildungsveranstaltungen im Bereich Flächenmanagement sollten grundsätzlich so konzipiert und beworben werden, dass das Thema Flächenmanagement unter verschiedenen Gesichtspunkten als Gewinn anzusehen ist. Daneben ist bei der Konzeption von Fortbildungsveranstaltungen mittlerweile zu beachten, dass es infolge der zahlreichen Vorhaben in diesem Themenfeld augenblicklich zu einer großen Zahl an Innovationen und damit verbundenen Veranstaltungen kommt. Dadurch wird es schwieriger, Teilnehmer für Fortbildungsveranstaltungen zu gewinnen. Dies bedeutet, dass Veranstaltungen ein hohes Niveau erreichen müssen und in der Regel nur ganz bestimmte, ausgewählte Fragestellungen zum Gegenstand haben sollten. Bei der Vermittlung von Wissen muss dabei ein großer Praxisbezug gegeben sein.
Die Kombination von E-Learning und Präsenzveranstaltung (Blended Learning) ermöglicht eine hocheffiziente Wissensvermittlung: Ein Teilnehmer an einer Prä-

senzveranstaltung kann sich im Vorfeld einer Veranstaltung mit dem Absolvieren eines E-Learning-Kurses die Grundlagen eines Thema aneignen und eine Präsenzveranstaltung dann dazu nutzen, sein Wissen zu vertiefen.
Der Lerneffekt von Präsenzveranstaltungen wird durch die Veranstaltungsformate deutlich verbessert, bei denen die Teilnehmenden motiviert werden, sich selbst aktiv einzubringen (z.B. Open Space, Workshop). Das Fortbildungsangebot von WissTrans soll auch nach Ende der Förderphase weitergeführt werden.

Literatur

Denner, A., V. Schrenk, J. Braun (2007): Wissenstransfer durch innovative Fortbildungskonzepte beim Flächenmanagement und Flächenrecycling (WissTrans) – Bedarfs- und Angebotsanalyse – Wissenschaftlicher Bericht Nr. 2007/14 (VEG 26), Förderkennzeichen: TG 77/07.02., Projektförderung: Umweltministerium Baden-Württemberg.

Schrenk, V., A. Denner, G. Prey, D. Unger (2008): WissTrans – Wissenstransfer durch innovative Fortbildungskonzepte beim Flächenrecycling und Flächenmanagement, in: J. Braun, H.-P. Koschitzky, M. Stuhrmann, V. Schrenk (Hrsg.): VEGAS-Kolloquium 2008, Ressource Fläche III – Mitteilungen Institut für Wasserbau, Universität Stuttgart, H. 174.

D 2 A: E-Learning für nachhaltige Brachflächenentwicklung (ELNAB)

REFINA-Forschungsvorhaben: E-Learning für nachhaltige Brachflächenentwicklung (ELNAB)

Projektleitung:	Prof. Dr. Bernhard Butzin, Geographisches Institut der Ruhr-Universität Bochum/Zentrum für interdisziplinäre Regionalforschung (ZEFIR) der Ruhr-Universität Bochum
Verbundkoordination:	Jürgen Braun, PhD, VEGAS – Institut für Wasserbau, Universität Stuttgart
Projektpartner:	et – environment and technology, Esslingen
Modellraum/Modellstädte:	Baden-Württemberg, Nordrhein-Westfalen, Sachsen
Projektwebsite:	www.elnab.de, www.flaechen-bilden.de

Mit ELNAB ist eine innovative, praxisorientierte, webbasierte Plattform geschaffen worden, die Interessierten Zugang zu Informationen rund um das Thema Reduzierung des Flächenverbrauchs bietet. Bisherige Inhalte (Stand 05/2009):

- Thematische Module zu den Themen „Hintergrundwissen", „Marketing" und „Kommunale Handlungsoptionen": Die Inhalte der Module sind mithilfe einer Autorensoftware didaktisch und medial für den Einsatz im Internet aufbereitet. Die Module bieten bei der Fülle an Forschungsergebnissen die Orientierung und Filterung der Informationsflut nach Themenkomplexen.
- Die modulare Testfunktion ermöglicht eine eigenständige Überprüfung des Wissenstands und -fortschritts. Diese Tests basieren auf Fragen aus einem Wissenspool und werden für jeden Testdurchlauf neu zusammengestellt.
- Forum zur asynchronen Kommunikation: Hier besteht die Möglichkeit, Fragen zu stellen, die sich z.B. im Nachgang einer Präsenzveranstaltung ergeben, und bei den Lösungen mitzuarbeiten (Ask-and-Help-Funktion).
- WiKi zum Thema Flächenmanagement und Flächenrecycling: Hier kann der Nutzer als Co-Autor Inhalte mitgestalten.
- Kommentiertes Linkverzeichnis zu Themen des Flächenmanagements und nachhaltiger Brachflächenentwicklung. Das Verzeichnis bietet dem Nutzer weiterführende Informationen in deutscher und englischer Sprache. Über einen Steckbrief erhält man einen Überblick über die Inhalte der Angebote.

In Zukunft können die ELNAB-Module weiterhin aktualisiert, auf den neuesten Stand der Forschung gebracht und durch weitere Aspekte ergänzt werden. Dadurch ist gewährleistet, dass die Module langfristig in der Praxis Anwendung finden und nachhaltig weiterentwickelt werden können. Auch eine spätere Anpassung an die Bedürfnisse verschiedener Zielgruppen wird durch diesen flexiblen Aufbau ermöglicht. Das Projekt wird voraussichtlich weitergeführt und um weitere Inhalte ergänzt.

Literatur

Butzin, B., G. Prey, D. Unger (2009): Wissenstransfer durch innovative Fortbildungskonzepte beim Flächenmanagement und Flächenrecycling (WissTrans). Teilprojekt E-Learning für nachhaltige Brachflächenentwicklung (ELNAB). Wissenschaftlicher Abschlussbericht für den Zeitraum 06.07.2007 bis 06.07.2009.

Gisela Prey

D 2.2 Freifläche! Jugend kommuniziert Flächenbewusstsein

Uta Mählmann, Wolfgang Roth

REFINA-Forschungsvorhaben: Freifläche! – Neue jugendgemäße Kommunikationsstrategien für eine nachhaltige Nutzung von Flächen

Projektleitung und Verbundkoordination:	Dipl.-Geogr. Uta Mählmann, ELSA e.V.
Projektpartner:	ECO REG GmbH, ahu AG Wasser – Boden – Geomatik, VSoft
Modellschulen:	Barnim Gymnasium (Bernau/BB), Kepler-Gymnasium (Freiburg/BW), Ernst-Moritz-Arndt-Gymnasium (Osnabrück/NI)
Projektwebsite:	www.freiflaeche.org

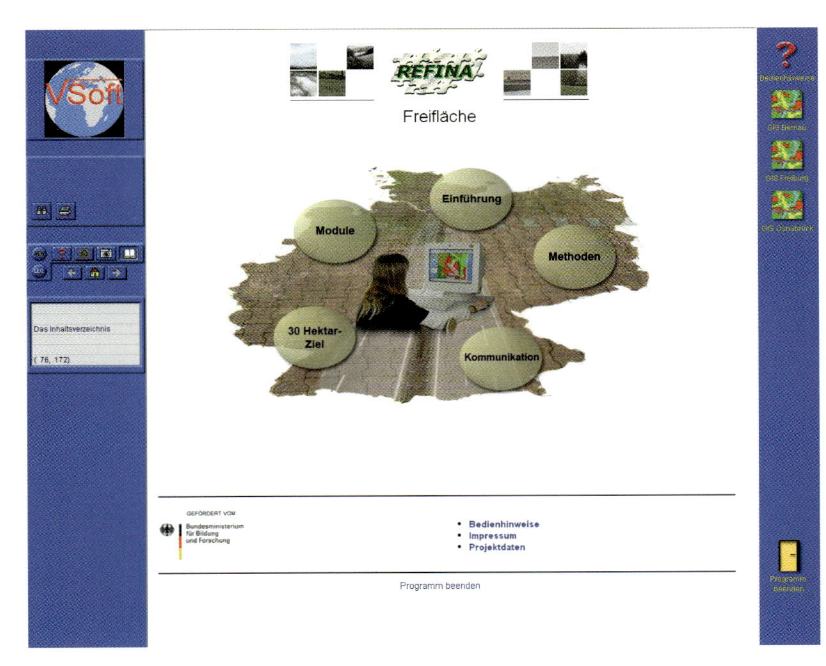

Abbildung 7: Screenshot Startseite DVD

Neue Medien zur Sensibilisierung von Jugendlichen

Das Projekt „Freifläche!" verfolgte das Ziel, Arbeitsmaterialien zu entwickeln, die es Jugendlichen ermöglichen, das Thema „Flächenverbrauch" spannend und praxisnah zu erarbeiten. Dabei wurde auf die Anwendung von Technologien und Methoden wie GPS, Geographische Informationssysteme, GoogleEarth etc. gesetzt, die Jugendliche interessieren und mit denen sie vertraut sind.

Im Ergebnis ist eine interaktive DVD entstanden, die es Bildungseinrichtungen (Schulen, Umweltbildungszentren etc.) ermöglicht, ohne großen Aufwand Projekte zum Thema Flächenverbrauch durchzuführen.

Abbildung 8: Schulunterricht „Wie wollt ihr wohnen"

Foto: Dr. Silvia Lazar.

Zielgruppen der DVD

Die DVD wurde bewusst so konzipiert, dass sie von vielen verschiedenen Anwendern genutzt werden kann. Angesprochen werden

- außerschulische Nutzer wie Umweltbildungseinrichtungen, z.B. Waldschulen, oder Landschulheime, Jugendherbergen und Arbeitsgemeinschaften,
- interessierte Schulen (alle Schulformen der Sekundarstufen 1 und 2, auch Ganztagsschulen) mit den Unterrichtsformen Projektwochen, Projekttage sowie für die Fächer Naturwissenschaften und Technik oder Geografie.

Das Alter der teilnehmenden Kinder und Jugendlichen sollte zwischen zehn und ca. 19 Jahre liegen, das Angebot richtet sich an die 5. bis 13.Klasse.

Inhalte der DVD

Die DVD setzt sich aus modular aufgebautem Anleitungsmaterial aus mehreren Bausteinen zum Thema Flächenverbrauch zusammen. Die Module stellen Projektangebote zu verschiedene Schwerpunktthemen rund um den Flächenverbrauch dar. Die Kinder und Jugendlichen bearbeiten die Module interaktiv und wenden moderne Technologien und neue Medien an. Folgende Module wurden entwickelt und erprobt:

- Modul Flächenverbrauch,
- Modul Versiegelung – Hochwasser,
- Modul Historische Stadtentwicklung,
- Modul Stadtplanung,
- Modul Boden.

Für die Bearbeitung eines Moduls im Unterricht werden zwölf bis 18 Unterrichtsstunden à 45 Minuten veranschlagt. Für die Anwendung in einer Projektwoche entspricht dies 30 bis 40 Stunden je Modul. Einzelne Bausteine können schon im Rahmen von ein bis zwei Unterrichtsstunden bearbeitet werden.

Abbildung 9:
Geländearbeit mit Karte und GPS-Gerät

Foto: ECOREG Wolfgang Roth.

Abbildung 10:
Arbeit mit dem GIS VMap Plan

Foto: ECOREG Wolfgang Roth.

Methodisch werden Anregungen und Anleitungen zur Anwendung moderner Technologien und neuer Medien angeboten. Eingeführt wird in das 30-ha-Ziel als notwendiges Hintergrundwissen zum Flächenverbrauch in Deutschland. Zudem werden Beispiele für die jugendgemäße Kommunikation des Themas Flächenverbrauch mit modernen Technologien und neuen Medien vorgestellt. Darüber hinaus enthält die DVD geografische Informationssysteme (GIS) der an dem Projekt beteiligten Schulstandorte Bernau b. Berlin, Freiburg im Breisgau und Osnabrück. Jedes GIS beinhaltet Luftbilder verschiedener Zeitreihen sowie digitale Karten. Dieses Material wird z.B. für den Standort Osnabrück durch historische Karten ergänzt. Mit diesen GIS können die Software VMapPlan getestet und Arbeitsblätter bearbeitet werden.
Die DVD ist auf den Betriebssystemen Windows Vista, Windows XP, Windows 2000 und Windows NT lauffähig. Sie ist netzwerkfähig und kann über den Server in den PC-Netzen der Schulen genutzt werden.

Inhaltlicher Aufbau der DVD

Auf der DVD findet sich für jedes Modul eine identisch aufgebaute Eröffnungsseite. Von der Eröffnungsseite kann man sich jeweils auf die folgenden Seiten und Inhalte weiterklicken:

Kurzbeschreibung: Lehrkräfte erlangen einen Überblick

- Ziele und Inhalte des Moduls
- einzelne Projektbausteine

Übersichtstabelle: Lehrkräfte können Projektwochen oder den Unterricht planen

- Bausteine und Themen mit „Stundenplanung"
- Aufgaben für Kinder und Jugendlichen
- Unterrichtsmethoden
- Lernziele
- Anleitungsmaterialien wie Arbeitsblätter, Hintergrundwissen etc

Anleitungsmaterialien: Lehrkräfte erhalten Unterrichtsmaterialien

- AB – Arbeitsblätter: Fachaufgaben für Kinder und Jugendliche
- M – Arbeitsblätter: Anwendung und Erlernen der Methoden (moderne Technologien und Medien)
- HI – Hintergrundwissen für Lehrkräfte und Schüler
- TIP – Tipps für Lehrkräfte
- Lösungen (vor allem bezüglich der Methodenanwendung)

Die Anleitungsmaterialien sind als PDF- und Word-Dateien verfügbar. Sie können somit von Lehrkräften an den konkreten Bedarf angepasst werden.

Die Arbeitsblätter zu den unterschiedlichen Modulen und Bausteinen können sowohl mit den vorliegenden GIS der Schulstandorte Bernau, Freiburg und Osnabrück als auch mit frei zugänglicher Software aus dem Internet (z.B. Google Earth) bearbeitet werden.

Beispiele aus Schülerprojekten: Die Lehrkräfte können vergleichen und sich Anregungen holen zu

- Zwischenergebnissen, z.B. Arbeitskarten, GPS-Routen,
- Endergebnissen, z.B. PowerPoint-Präsentationen, Poster, GIS- oder Google Earth-Projekten.

Die Arbeitsergebnisse stellen Lösungsmöglichkeiten von Arbeitsaufgaben dar, die von den Jugendlichen in den beteiligten Schulen im Rahmen des Projektes erstellt wurden. Sie zeigen unterschiedliche Lösungsansätze entsprechend den jeweiligen konkreten Bedingungen bei der Durchführung der Schülerprojekte in Bernau, Freiburg und Osnabrück (Alter der Schüler, Unterrichtsform etc.).

Angebotene Methoden, Technologien und Medien

Folgende moderne Technologien können je nach Bedarf und ihren Möglichkeiten bei der Bearbeitung der Module flexibel angewendet werden:

- Satellitennavigation mit GPS (Global Positioning System) zur Orientierung im Gelände und zum Ablaufen von Exkursionsrouten, die am PC mit dem GIS erzeugt wurden, zum Einmessen von Punkten und Flächen, zum Aufzeichnen von Exkursionsrouten („Tracks");
- Geografische Informationssysteme – GIS – zur Erhebung von Daten aus den digitalen Luftbildern und topografischen sowie Fachkarten, zur Bearbeitung,

Auswertung und Präsentation selbst erhobener Daten wie GPS-Tracks, Fotos, Kartierungsergebnisse, zur Vermittlung/Kommunikation anschaulicher Informationen zum Flächenverbrauch und zu verwandten Themen. Im Projekt wurde die sehr nutzerfreundliche und bewährte GIS-Software VMapPlan verwendet.

- Fernerkundung/Luftbildauswertung zur Auswertung von digitalen aktuellen sowie historischen Luftbildern mit dem GIS VMapPlan oder mit GoogleEarth, zur Untersuchung des aktuellen Zustandes und Ausmaßes des Flächenverbrauches und zur Analyse der historischen Entwicklung des Flächenverbrauches und der Zunahme der Bodenversiegelung.

Darüber hinaus können neue Medien erprobt werden (z.B. Internet zur Wissensaneignung, Kommunikation und Präsentation/Nutzung frei verfügbarer Software und für spezielle Anwendungen zur Erzeugung, Bearbeitung und Präsentation von Geodaten, z.B. GoogleEarth, www.gpswandern.de, darüber hinaus Präsentationsprogramme wie PowerPoint oder Videobearbeitungssoftware, digitale Fotografie und Videoaufnahmen).

Die DVD kann gegen eine Schutzgebühr von 10 Euro bei u.g. Adresse angefordert werden. Das Material (mit Ausnahme des GIS Freiburg) kann zudem unter www.freiflaeche.org kostenlos heruntergeladen werden.
European Land and Soil Alliance (ELSA) e.V.
Boden-Bündnis europäischer Städte, Kreise und Gemeinden
Postfach 44 60
49034 Osnabrück
Telefon: (0541) 3232000
Fax: (0541) 323152000
E-Mail: bodenbuendnis@osnabrueck.de
www.bodenbuendnis.org

D 2.3 Spielend lernen: das Computerspiel „Spiel-Fläche"

Anke Valentin

REFINA-Forschungsvorhaben: Spiel-Fläche

Projektleitung:	Theo Bühler
Verbundkoordination:	Wissenschaftsladen Bonn e.V.
Projektpartner:	chromgruen Planungs- und Beratungs-GmbH & Co. KG
Modellraum/Modellstädte:	NRW-weit
Projektwebsite:	www.spiel-flaeche.de

Das Projekt verfolgte das Ziel, eine neue, „flächenuninteressierte" Zielgruppe für das nachhaltige Flächenmanagement zu interessieren. Mittels eines Computerspiels sollten das abstrakte Thema des Flächenschutzes sowie die komplexen Abläufe der Stadtplanung auf interessantem Weg auch denjenigen vermittelt werden, für die der Spaß am Spiel im Vordergrund steht. Ziel des Spiels ist es, die Stadt mit dem besten nachhaltigen Flächenmanagement zu entwickeln. Dabei kann der Spieler/die Spielerin spielerisch erfahren, welche verschiedenen Interessen bei der Planung berücksichtigt werden müssen und welche Auswirkungen die Planungsentscheidungen haben.
Der Prototyp des entwickelten Browsergames kann mittlerweile online eingesehen und genutzt werden. Für eine breite Anwendung und damit verbunden auch für den Check, ob diese Zielgruppe auf dem gewählten Weg erreicht werden kann, kann der im Rahmen der Projektlaufzeit entwickelte Prototyp freilich noch keine belastbaren Informationen, sondern nur subjektive Einschätzungen bieten. Für repräsentative Aussagen sind seine Fertigstellung und eine Verbreitungskampagne notwendig, um deren Finanzierung der Wissenschaftsladen Bonn sich derzeit bemüht. In diesem Zusammenhang wird auch die Idee verfolgt, die Ergebnisse und Erfahrungen der REFINA-Projekte über ein solches Spiel zu transportieren.

Nachhaltiges Flächenmanagement „spielen": zum Spielablauf

Raum- und stadtplanerische Entscheidungen simulieren

Spiel-Fläche mischt ressourcenorientierte Spielansätze mit strategischer Planungsfreiheit. In Abhängigkeit vom Entwicklungsstand seiner Kommune trifft der Spieler raum- und stadtplanerische Entscheidungen, die die Situation von morgen beeinflussen. Dadurch entsteht ein Kreislauf von einsetzbaren Ressourcen, verfügbarer Fläche und Stadtentwicklung, der zudem mit einem nur indirekt steuerbaren Neuversiegelungsmechanismus hinterlegt wird. Nur mit vorausschauender und ausgewogener Planung wird es gelingen, die realen Gegebenheiten in ein nachhaltiges Flächenmanagement zu überführen.
Doch genau dasselbe haben die Konkurrenten auch im Sinn, und deshalb muss jeder Spieler bei seinen Entscheidungen abwägen, ob die virtuellen Bewoh-

ner seiner Stadt nicht vielleicht die Nachbarkommune attraktiver finden. Ein Wettstreit mit offenem Ausgang entbrennt, den der Spieler mit den kreativsten Lösungen und ggf. auch mithilfe gemeindeübergreifender Kooperation gewinnt. Mitspielen kann jeder, der einen Internet-Anschluss und Spaß an Strategie-Spielen hat – ob Profi oder Einsteiger. Wer als Planungsneuling beginnt, sucht sich als Wirkungsradius besser eine kleine Gemeinde. Denn die planerischen Aufgaben in einer großen Stadt setzen einiges an Wissen und Erfahrung im nachhaltigen Flächenmanagement voraus, die sich der Spieler erst im Laufe des Spiels aneignet.

Spielzüge und Interaktionen

Im Prototyp ist der Spieler Chefplaner einer Kommune, der auf Basis realer Daten in „seiner" Stadt die Flächennutzung plant. Dabei verfügt er zwar über mehr Rechte als reale Stadtplaner, berücksichtigen muss er dennoch seine Berater und auch die imaginären Bürgerinitiativen.

Das auf Runden basierte Spiel beginnt damit, dass dem Spieler zufällig ausgewählte Aufgaben gestellt werden. Diese Zufallsauswahl wird im weiteren Spielverlauf eingeschränkt, um dem Spieler entsprechend seiner durchgeführten Maßnahmen die passenden Aufgaben zu stellen. Für die Aufgaben werden verschiedene Lösungen angeboten – teilweise in Kooperation mit anderen Spielern –, die jeweils Auswirkungen auf das jährliche und dauerhafte Budget sowie auf die Attraktivität der Stadt und das Ranking im Flächenmanagement haben. Neben den verpflichtenden Aufgaben, die jede Runde aufs Neue auf den Spieler warten, besteht auch die Möglichkeit, freie Maßnahmen durchzuführen – sei es die Entsiegelung einer Fläche, die Planung eines Neubaus oder das Wiederaufgreifen einer Lösung, die bei einer vorangegangenen Aufgabe verworfen wurde.

Jeder Spieler verfügt über fünf Prozent des realen Steueraufkommens seiner Gemeinde. Der Spieler muss also neben dem Flächenmanagement die laufenden Kosten und Einnahmen kontrollieren und die Attraktivität seiner Gemeinde fördern.

Die eigene Stadt optimal gestalten

Ziel ist es, die eigene Stadt optimal zu gestalten und dadurch im Ranking mit anderen Kommunen die höchste Punktzahl zu erreichen. Die Bewertung der „optimalen" Planung setzt sich aus einer Reihe von Parametern aus den Bereichen Bodenmanagement, Mobilität, Naturschutz, Gesellschaft und Wirtschaft zusammen, die je nach Aktivität des Spielers zu einer Zu- oder Abnahme der Punkte führen. Durch die Nutzung von Open-Source-Software wird hier zudem die Möglichkeit geschaffen, dass die Spieler selbst Handlungsmöglichkeiten ergänzen.

Die gleichen Informationen, die der Spieler über die anderen Städte einsehen kann, stehen ihm auch über seine eigene Stadt zur Verfügung. Zudem werden ihm vor und nach seinen Spielzügen die Konsequenzen aufgezeigt und er kann seinen Spielverlauf der vergangenen Runden rekapitulieren – und vielleicht darauf aufbauend Strategien entwickeln.

Lernen durch „Serious Games"

Auch wenn in der Tagespresse im Zusammenhang mit Computerspielen häufig Gewalt verherrlichende Spiele im Mittelpunkt stehen, sollte nicht übersehen werden, dass Computerspiele zunehmend zur Vermittlung sozialer, ökologischer und ethischer Ziele genutzt werden, wenn auch noch eher als Nischenprodukt. In den Spielen werden die Spieler per Mausklick beispielsweise als Reporter in ein virtuelles Krisengebiet geschickt, oder sie müssen Hungernde mit Lebensmitteln versorgen. Dabei geht es vordergründig um ein Abenteuer, bei dem die Spieler aber lernen, globale Probleme zu verstehen und Lösungswege zu suchen. Diese sogenannten „Serious Games" gibt es für weniger Abenteuerlustige auch als Politikspiele, bei denen man seine politische Karriere planen und Schritt für Schritt umsetzen kann. Dabei ist Gesellschaftskritik erlaubt – sogar erwünscht.

Die Spielerinnen und Spieler solcher Spiele setzen sich nicht vor den Computer, weil sie etwas lernen wollen, sondern weil sie das Spiel in fremde Welten entführt, weil sie Abenteuer bestehen oder knifflige Situationen lösen wollen. Das Kennenlernen fremder Kulturen und Probleme geschieht nebenbei.

Im Feld der „Serious Games" und Strategiespiele kann auch das Forschungsvorhaben „Spiel-Fläche" angesiedelt werden. Dabei kommt positiv zum Tragen, dass Strategiespiele eine deutlich ausgeglichenere Geschlechterverteilung unter den Spielenden haben als viele andere Computerspiele.

Kombination von Lernen und Spielspaß

Während Kinder Spiele automatisch nutzen, um unbewusst zu lernen, dient das Spielen im Erwachsenenalter meist eher der Flucht vor dem Alltag. Laut Klimmt (2006) (als Modellbeispiel) müssen drei Mechanismen gegeben sein, um einen bestimmten Spaßgehalt bei (Computer-)Spielen zu generieren:

- Selbstwirksamkeitserleben: Der Spieler erkennt eine direkte Reaktion auf seine Handlung bzw. seine Eingabe, wodurch das Interesse und der Spaß gesteigert werden.
- Spannung und Lösung: Spannung und Lösung werden im digitalen Spiel aufgrund der Interaktivität viel intensiver erfahren als bei nicht interaktiven Medien wie Büchern oder Filmen, da der Spieler in die Spannung und Lösung der jeweiligen Situation selbst involviert ist. Um die Spannung zu erhalten, müssen sich Erfolge und Misserfolge auf dem Weg zur Zielerreichung die Waage halten.
- Simulierte Lebenserfahrung: Gerade Rollenspiele unterstützen die Flucht aus dem Alltag und das Erproben von Verhaltensmustern, ohne Konsequenzen fürchten zu müssen. Für Erwachsene kommen zudem die Wichtigkeit der zu spielenden Rolle und deren exotisch komplexer Charakter hinzu.

In der Ableitung dieser Mechanismen wurden für „Spiel-Fläche" Informationen bzgl. Budget und Flächenauswirkung angeboten, die unmittelbar mit den wählbaren Lösungen für die Aufgaben verbunden sind. Zum anderen kann der Spieler auf Wunsch den Ablauf und die Veränderungen der vergangenen Spielzüge nachvollziehen. Bezüglich der Erfolgssicherung hat der Spieler als Ziele sowohl das Gesamtranking im Blick als auch die individuelle Verbesserung der

Attraktivität und damit der Liquidität seiner Stadt. Mit Blick auf eine „simulierte Lebenserfahrung" kann dem Spieler zwar keine exotische Umgebung geboten werden, jedoch schlüpft er in eine Rolle, die bisher unbekannte Gestaltungsfreiraume eröffnet. Das Spiel erfüllt somit die Voraussetzungen für Spielspaß bei gleichzeitiger Wissensvermittlung.
Sieger des Spiels, das als Browsergame in Konkurrenz zu den „Chefplanern" anderer Städte gespielt werden kann, ist derjenige Spieler, der am nachhaltigsten mit seinen Flächenressourcen umgegangen ist und dabei weder die Finanzen seiner Kommune noch das soziale Miteinander aus den Augen verloren hat.

Abbildung 12 (ganz links) Plakat Spiel-Fläche – Interaktives Strategiespiel

Abbildung 13 (links) Foto: Fila filastockphoto.

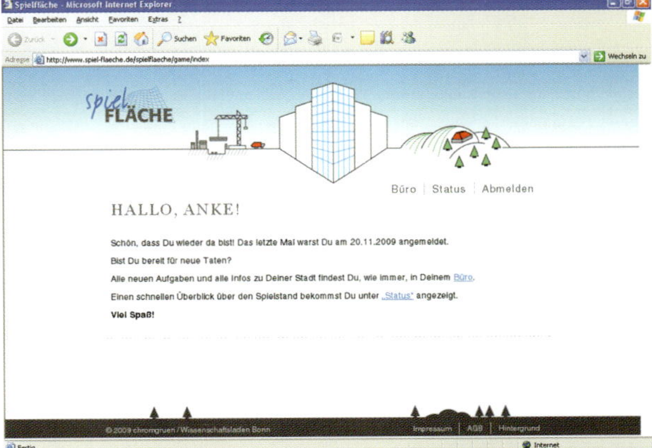

Abbildung 14: www.spiel-flaeche.de

Literatur

Klimmt, Christoph (2006): Computerspielen als Handlung. Dimensionen und Determinanten des Erlebens interaktiver Unterhaltungsangebote, Unterhaltungsforschung 2, Köln.

E

Instrumente für ein nachhaltiges Flächenmanagement in Kommunen und Regionen

Instrumente für ein nachhaltiges Flächenmanagement in Kommunen und Regionen

Stephanie Bock

Im nachhaltigen Flächenmanagement müssen gleichzeitig unterschiedliche und mehrere Instrumente eingesetzt werden, um im Rahmen eines integrierten Planungsprozesses eine aktive, bedarfsorientierte, strategische und ressourcenschonende Bodennutzung umsetzen zu können (vgl. Kap. **B**). Dies umfasst Instrumente zur Flächeninformation, zur Finanzierung, zur Kooperation und zur Steuerung und Gestaltung von Prozessen sowie zur Kommunikation (vgl. Kap. **B**). Mit Bezug auf die flächenpolitischen Mengen- und Qualitätsziele der Nationalen Nachhaltigkeitsstrategie wurden im Förderschwerpunkt REFINA deshalb räumliche, rechtliche, ökonomische, organisatorische oder akteursbezogene Innovationen in verfahrens- und beteiligungstechnischer Hinsicht entwickelt sowie bestehende Instrumente, Strategien und Vorgehensweisen modifiziert.
Die (Weiter-)Entwicklung instrumenteller Ansätze eines nachhaltigen Flächenmanagements steht neben Kommunikations- und Steuerungsprozessen im Zentrum zahlreicher REFINA-Projekte. Dabei reduzieren die REFINA-Vorhaben die (Weiter-)Entwicklung von Instrumenten des nachhaltigen Flächenmanagements nicht auf einfache Kausalitäten. Ausgegangen wird vielmehr davon, dass neue Instrumente nicht zwangsläufig weniger Flächenverbrauch bedeuten und sich das Flächenreduktionsziel nicht immer durch Instrumente am effektivsten erreichen lässt (vgl. Kap **C** und Kap. **D**)
Bei der Konzeption, Konkretisierung und Anwendung neuer Methoden und Instrumente wurden Vorgehensweisen entwickelt und erprobt, mit denen bessere Boden- und Flächeninformationen gewonnen und nutzbar gemacht werden können (vgl. Kap. **E 1**) oder die vorhandenen Daten zu Schadstoffen, Böden und Flächen nach definierten Indikatoren bewertet werden können (vgl. Kap. **E 2**).
Andere Instrumente befassen sich mit der Kostenermittlung, um die tatsächlichen Kosten des Flächenverbrauchs transparenter zu machen (vgl. Kap. **E 3**), oder ermitteln Anreize für einen sparsamen Umgang mit der Fläche oder die Wiedernutzung von Brachen auf der einen Seite und neue Finanzierungsformen für die Wiedernutzung oder Innenentwicklung auf der anderen Seite (vgl. Kap. **E 4**).
Eine weitere Instrumentengruppe konzentriert sich auf Aspekte der interkommunalen und regionalen Steuerung und Regulation flächenrelevanter Prozesse und umfasst Vorschläge zur Weiterentwicklung regionalplanerischer Instrumente (vgl. Kap. **E 5**) oder zur interkommunalen Kooperation (vgl. Kap. **E 6**).
Die im Rahmen von REFINA (weiter)entwickelten Instrumente des nachhaltigen Flächenmanagements konzentrieren sich vor allem auf drei Schwerpunkte: verbesserte Boden- und Flächeninformationen und -bewertungen, größere Transparenz der Kosten der Flächeninanspruchnahme und ökonomische Anreize zum Flächensparen sowie übergemeindliche Instrumente zur Steuerung nachhaltiger Flächennutzung.

E 1

Flächen- und Standortinformationen

Flächen- und Standortinformationen

Stefan Frerichs

Die Aufgabe „Reduzierung der Flächeninanspruchnahme und ein nachhaltiges Flächenmanagement" scheint nur auf den ersten Blick eindeutig. Bei näherem Hinsehen ergibt sich eine ganze Reihe von Fragen, die direkt oder indirekt auf die Erhebung und Nutzung verschiedenster Daten und Informationen zum Zustand, zur Nutzung und zur Entwicklung von Böden und Flächen weisen. So ist bspw. nicht eindeutig definiert, was eigentlich Flächeninanspruchnahme für Siedlungs- und Verkehrszwecke bedeutet (so der flächenbezogene Indikator der deutschen Nachhaltigkeitsstrategie zu Umwelt und Ökonomie, auf dem das 30-ha-Ziel der Bundesregierung basiert), und ein nicht unerheblicher Teil des Rückganges dieser Flächeninanspruchnahme in den letzten Jahren geht allein auf die Umsortierungen von statistischen Flächenkategorien („Umschlüsselungen") zurück und nicht auf tatsächliche Entwicklungen (vgl. Kap. ***A****). Es lohnt sich lso, das vermeintlich sperrige und spröde Thema Boden- und Flächeninformationen ernsthaft zu behandeln!*

Flächeninformation und Flächenbewertung für ein nachhaltiges Flächenmanagement

Verbesserung der Informationsgrundlagen dringend erforderlich

Die Qualifizierung von Flächeninformationen und Flächenbewertungen im Rahmen eines nachhaltigen Flächenmanagements sind von Bund, Ländern und kommunalen Spitzenverbänden als besondere Herausforderung erkannt, denn es besteht Bedarf an neuen Instrumenten für ein einheitliches integriertes und abgestimmtes politikübergreifendes Vorgehen in den Handlungsbereichen Planung, Information, Organisation und Kooperation, Fördermittel und Budget, Vermarktung und Durchsetzung. Die Verbesserung der Informationsgrundlagen sowie die Einführung und Anwendung quantitativer und qualitativer Parameter bzw. Indikatoren zur Bewertung der Flächeninanspruchnahme ist eine wichtige Aufgabe auf dem Weg zur Erreichung der in der Nationalen Nachhaltigkeitsstrategie formulierten flächenpolitischen Ziele.

Der Ausbau des Flächenmonitorings auf Bundes-, Landes-, Regions- und kommunaler Ebene mit neuen Verfahren zur Informationsgewinnung und Auswertung gilt als ein wesentliches Element zur Verbesserung der Informationsgrundlagen und zur Schärfung des Problembewusstseins im Hinblick auf die Folgen einer ungebremsten Siedlungsflächenerweiterung. Quantitative Kenngrößen wie auch geeignete Indikatoren werden für die Messung der Effizienz und Qualität der Flächeninanspruchnahme als notwendig erachtet, etwa

- als quantitative (und qualitative) Kenngrößen für ein periodisches Flächenmonitoring und eine Flächenentwicklungsprognose,
- bei der Erfassung, Bewertung und Mobilisierung von Flächenpotenzialen/Baulandreserven,
- als Grundlage für die Planung von Folgenutzungen, für naturschutzrechtliche Eingriffs-/Ausgleichsregelungen sowie für Pflegekonzepte,
- als Grundlage für Kommunikations- und Informationskonzepte für die Öffentlichkeit und für politische Entscheidungsträger.

Neben der Nutzung der bereits bestehenden Geoinformationssysteme (ALK, ATKIS, kommunale Brachflächenkataster, Realnutzungserhebungen, Biotopkartierungen, Bodenkartierungen usw.) sowie der Auswertung von historischen und aktuellen Karten und Luftbildern rücken neue Methoden der flugzeug- und satellitengestützten Fernerkundung von Landnutzungsarten und diesbezügliche Auswertungstechniken für unterschiedliche Anwender in den Fokus.

Große Bandbreite in den REFINA-Projekten

Die REFINA-Forschung zur Erhebung und Bewertung von Flächen- und Standortinformationen zeichnet sich durch die Entwicklung neuer Konzepte der Flächensteuerung aus (kooperative Verfahren, verstärkte Nutzung von Innenentwicklungspotenzialen, neue Ansätze bei der Reaktivierung von Innenentwicklungspotenzialen und andere). Für diese Zwecke wäre es unzureichend, bestehende Flächeninformationen und Daten auszuwerten, vielmehr werden zusätzliche Informationen benötigt. Eine Reihe von Projekten entwickelte daher neue Konzepte für die Informationsgewinnung und -verarbeitung und untersuchte deren Praxistauglichkeit. Die in den REFINA-Projekten verwendeten Konzepte und Strategien weisen eine große Bandbreite auf, die von der Betrachtung einzelner Flächen, Flächenkonglomerate und Flächenpools über gesamtflächenbezogene Ansätze für Gemeinde- und Stadtteile sowie Gesamtstädte bis hin zu Ansätzen für ganze Regionen, Bundesländer oder die Bundesrepublik insgesamt reicht. Thematisch werden dabei alle Belange aktiver Flächenpolitik aus den Handlungsbereichen Ökonomie, Ökologie und Soziales behandelt. Hierbei standen folgende Ziele im Mittelpunkt:

- Gewinnung neuer Erkenntnisse zu Stand und Entwicklung der Flächeninanspruchnahme aus vorhandenen und neu erhobenen Flächeninformationen (Projekte Flächenbarometer, Automatisierte Fernerkundung, Panta Rhei Regio, REFINA3D, Funktionsbewertung urbaner Böden, DoRiF);
- Entwicklung neuer Anwendungsmöglichkeiten von Boden- und Flächeninformationen für ein nachhaltiges Flächenmanagement für Kommunen, Kreise und Regionen, z.B. zur Erfassung, Bewertung und Mobilisierung von Baulandreserven (Projekte GEMRIK, komreg, REGENA, Regionales Portfoliomanagement, FIN.30). Dabei werden für verschiedene Anwendungsfälle Mindeststandards definiert, Anforderungen an die Qualität und Kompatibilität der Geodaten formuliert sowie die Vergleichbarkeit und Kompatibilität von Boden- und Flächeninformationen erörtert (z.B. Datenformate, Datenschnittstellen, Klassifikationsklassen, Versiegelungsgrade);
- Analyse der spezifischen Kenngrößen und Dynamik/Trends der Flächeninanspruchnahme unterschiedlicher Raumnutzer (Projekte Flächenbarometer, Panta Rhei Regio);
- Entwicklung praxisgerechter Indikatoren zur Ergänzung quantitativer Kenngrößen des Flächenmonitorings (hinsichtlich administrativer Zwecke auf unterschiedlichen Raumebenen, Monitoring und Evaluierung, Kommunikation usw.);
- Entwicklung neuer Ansätze und Techniken zur Erfassung, Verarbeitung und Verwendung von Fernerkundungsdaten (Potenziale, Restriktionen, Qualität, Anwendungsbereiche). Nutzung der technischen Innovationen auf dem Sektor der Fernerkundung und der Datenauswertung für die Gewinnung und Auswertung von Flächeninformationen sowie für die Flächenbeobachtung und das Flächenmanagement (Projekte Flächenbarometer, Automatisierte Fernerkundung, REFINA3D, DoRiF).

Beiträge aus REFINA

Die Beiträge in diesem Kapitel repräsentieren die ganze Bandbreite der Ansätze von REFINA-Projekten, neue Wege zur Informationsgewinnung zu beschreiten und für die Reduzierung der Flächeninanspruchnahme und ein nachhaltiges Flächenmanagement nutzbar zu machen.
Anforderungen an Boden- und Flächeninformationen zur Erfassung, Bewertung und Mobilisierung von Baulandreserven (Kap. **E 1.1**) werden am Beispiel des Brachflächen-Informationssystems BraFIS der Landeshauptstadt Hannover, das im Rahmen des REFINA-Projekts „Nachhaltiges Flächenmanagement Hannover" erarbeitet wurde, aufgezeigt. BraFIS bietet die Möglichkeit, vielfältige Informationen zu den ungenutzten Bauflächen in der Stadt schnell und sicher abzufragen. Grundvoraussetzung hierfür sind aktuelle, vollständige und fehlerfreie Boden- und Flächeninformationen, was durch die Einbindung der jeweils zuständigen Fachdienststellen und definierte Aktualisierungsroutinen (Workflow) gewährleistet wird. Im Beitrag werden Hinweise zur Übertragung des Systems auf andere Kommunen und schließlich ein Ausblick auf die weitere Entwicklung gegeben.
Während BraFIS bereits bekannte Brachflächen fokussiert, stellen die beiden folgenden Ansätze Methoden und Konzepte zur Ermittlung von Bauflächenpotenzialen im Siedlungsbereich vor.
Das REFINA-Projekt HAI stellt mit Innenentwicklungskatastern als Entscheidungsgrundlage für die kommunale Planung (Kap. **E 1.2**) einen praktikablen Weg zur Erhebung verschiedener Bau- und Entwicklungspotenziale in kleinen Gemeinden vor. Interessant sind die Differenzierung unterschiedlicher Erhebungskategorien und die Darstellung der ermittelten Merkmale, die unmittelbar sachlich und räumlich differenzierte Entwicklungspotenziale aufzeigen. Wichtig ist den Autorinnen, dass eine Erhebung durch externe Berater, d.h. der Blick von außen, besonders Erfolg versprechend ist. Beispielhafte Anwendungsmöglichkeiten für die Kataster runden den Beitrag ab.
Der Ansatz „Von der Flächenerhebung zur Lagebeurteilung" (Kap. **E 1.3**) des REFINA-Projekts FLAIR erweitert die Betrachtung um die Möglichkeiten und Chancen für die Ortsentwicklung, die kommunale Flächenkataster zur Ermittlung von Baupotenzialen bieten. So werden bspw. nicht allein Baulücken und Brachen erhoben, sondern auch Flächen, für die sich in absehbarer Zeit im Hinblick auf kommunal relevante Aufgabenfelder Handlungsbedarf ergibt. Welche Vorteile diese Strategie hat, wird detailliert am Beispiel erörtert. Wie schon im vorhergehenden Beitrag wird der Nutzen herausgestellt, den die Erhebung durch „unbeteiligte Dritte" den Kommunen bietet. Und es wird herausgearbeitet, dass die Pflege eines derartigen handlungsorientierten Katasters als Grundlage für eine vorsorgeorientierte und zukunftsfähige Planung kommunale Daueraufgabe ist.
Vier kurze Beiträge beleuchten unterschiedliche Aspekte der Gewinnung und Verwendung von Boden- und Flächeninformationen.
Vorgestellt werden die heutigen Möglichkeiten, automatisiert die Siedlungsentwicklung auf der Basis historischer topografischer Karten nachzuvollziehen (vgl. Kap. **E 1 A**).
Gezeigt werden die Voraussetzungen und Lösungen für ein interkommunales Parkpflegewerk, mit dem die bestehenden Freiraumstrukturen wirtschaftlich

gepflegt und erhalten werden können (vgl. Kap **E 1 B**), und ein weiteres Beispiel für die Erhebung von Innenentwicklungspotenzialen in kleinen Gemeinden mit Einstufung von Realisierungshemmnissen und -chancen (vgl. Kap **E 1 C**). Die aktuellen Möglichkeiten zur Gewinnung von Boden- und Flächeninformationen durch die automatisierte Auswertung von Fernerkundungsdaten stellt Kap. **E 1 D** „Fernerkundung" vor.
In dem folgenden Beitrag „Entwicklung und Evaluierung eines fernerkundungsbasierten Flächenbarometers als Grundlage für ein nachhaltiges Flächenmanagement" (Kap. **E 1.4**) wird beschrieben, wie mit Hilfe der Zusammenführung von Boden- und Flächeninformationen unterschiedlicher Herkunft ein Indikatoren- und Monitoringinstrument aufgebaut wurde, das auf den räumlichen Ebenen von der Kommune über Regionen und Länder bis zur gesamten Bundesrepublik angewendet werden kann. Schwerpunkt ist die Nutzung von Fernerkundungstechniken und ihren Möglichkeiten sowie der Aufbau des Indikatorensets. Illustriert werden die Anwendungsmöglichkeiten des Indikatorensets anhand der Abfragemaske für die Daten (vgl. Kap. **E 1 E**).
Abschließend werden die praktischen Anwendungsmöglichkeiten von aufgabenspezifisch erhobenen und zusammengetragenen Boden- und Flächeninformationen vorgestellt, die ein digitales Gewerbeflächeninformationssystem zur Aktivierung und Wiedernutzung von Brachflächen bietet (vgl. Kap. **E 1.5**). Gerade die mittlerweile zur Verfügung stehenden technischen Möglichkeiten im Inter- und Intranet eröffnen vielfältige Chancen, die Flächennachfrage durch Vermarktung un- und untergenutzter Flächen in den Siedlungsbestand zu lenken und so zu einer Reduzierung der Flächeninanspruchnahme und ein nachhaltiges Flächenmanagement beizutragen.

Literatur

Bundesamt für Bauwesen und Raumordnung (BBR) (Hrsg.) (2007a): Perspektive Flächenkreislaufwirtschaft. Was leisten bestehende Instrumente? Band 2 der Sonderveröffentlichungsreihe zum ExWoSt-Forschungsfeld „Fläche im Kreis", Bearb.: Deutsches Institut für Urbanistik u.a., Preuß, Thomas, u.a.; BBR, Dosch, Fabian, u.a., Bonn.

Bundesamt für Bauwesen und Raumordnung (BBR), Bonn (Hrsg.); Leibniz-Institut für ökologische Raumentwicklung e.V. (IÖR), Dresden (Bearb.); Bundesministerium für Verkehr, Bau und Stadtentwicklung, Berlin (Auftr., Förd.); Siedentop, Stefan (Projlt.) (2007): Nachhaltigkeitsbarometer Fläche – Regionale Schlüsselindikatoren nachhaltiger Flächennutzung für die Fortschrittsberichte der Nationalen Nachhaltigkeitsstrategie – Flächenziele, Bonn.

Bundesministerium für Bildung und Forschung (BMBF) und *Bundesinstitut für Bau-, Stadt- und Raumforschung (BBSR),* Bonn (Hrsg.) (2009): Einflussfaktoren der Neuninanspruchnahme von Flächen, BBSR-Forschungen, Heft 139, Bonn.

Bundesministerium für Bildung und Forschung (BMBF) (2004): Förderrichtlinien zum Schwerpunkt „Forschung für die Reduzierung der Flächeninanspruchnahme und ein nachhaltiges Flächenmanagement (REFINA)", Bonn, 11.10.2004.

Düsterdiek, Bernd (2009): Geodaten werden immer wichtiger. Kommunales Geodatenmanagement, in: Stadt und Gemeinde 63 (2008) 12.

Meinel, Gotthard, und *Ulrich Schumacher* (Hrsg.) (2010): Flächennutzungsmonitoring. Konzepte – Indikatoren – Statistik, Aachen.

Statistisches Bundesamt (2009): Umweltökonomische Gesamtrechnungen. Nachhaltige Entwicklung in Deutschland. Indikatoren der deutschen Nachhaltigkeitsstrategie zu Umwelt und Ökonomie. 2009, Wiesbaden, http://www.destatis.de/jetspeed/portal/cms/Sites/destatis/Internet/DE/Content/Publikationen/Fachveroeffentlichungen/Umweltoekonomische Gesamtrechnungen/UmweltIndikatoren,property=file.pdf

E 1.1 Anforderungen an Boden- und Flächeninformationen zur Erfassung, Bewertung und Mobilisierung von Baulandreserven

Marlies Kloten

REFINA-Forschungsvorhaben: Nachhaltiges Flächenmanagement Hannover (NFM-H)

Verbundkoordination: ECOLOG-Institut gGmbH
Projektpartner: ECOLOG-Institut gGmbH, Institut für Wirtschaftsrecht der Leuphana Universität Lüneburg, Landeshauptstadt Hannover
Modellraum: Landeshauptstadt Hannover (NI)
Projektwebsite: www.flaechenfonds.de

Das Beispiel Brachflächen-Informationssystem BraFIS

Das geografische Informationssystem BraFIS der Landeshauptstadt Hannover stellt in übersichtlicher und schneller Form zahlreiche Informationen über eine Brachfläche zusammen. BraFIS wurde im Rahmen des REFINA-Forschungsvorhabens „Nachhaltiges Flächenmanagement Hannover (NFM-H)" unter der Prämisse eines möglichst geringen Pflegeaufwandes entwickelt. Daher baut es auf das vorhandene Geografische Auskunftssystem (GeoAS) der Stadt Hannover auf und bindet vorwiegend bestehende Daten neu darin ein. Durch Kooperationen mit der Region Hannover und dem Landesamt für Bergbau, Energie und Geologie (LBEG) konnten dort verfügbare Fachdaten in das städtische System integriert werden (z.B. zu Geologie, Bodentypen, Altstandorten, Naturschutzrecht).

Weiterentwicklung von klassischen Katastern

Technisch wurde dabei mit der Überlagerung und Verschneidung von (Geo)Daten gearbeitet. Der Vorteil der Verknüpfung bestehender Daten besteht darin, dass nur noch die Originaldaten an ihrer Quelle gepflegt bzw. aktualisiert werden müssen. Dies bedeutet eine Weiterentwicklung von klassischen Katastern, bei denen die laufende Aktualisierung und Überarbeitung stets ein Problem darstellt. In BraFIS werden durch Verschneidung verschiedener flächenbezogener Daten Informationen zu den einzelnen Flächen generiert (siehe Abb. 1). So kann z.B. berechnet werden, wie groß die Flächenanteile (in qm oder %) für verschiedene Nutzungen sind oder wie weit die nächste Haltestelle des ÖPNV von einer Brachfläche entfernt ist. Dadurch wurde eine Ergebnisqualität in der Vermittlung von Flächeninformationen erreicht, die über die bisherigen Darstellungen von Karten und Datenbankeinträgen hinausgeht.
BraFIS gibt die Informationen in Form von Steckbriefen aus. Aus fast 70 Themen und fünf Planausschnitten sowie Fotos der Brachfläche können diese individuell zusammengestellt werden. Die benutzergesteuerte Auswahl wurde vor-

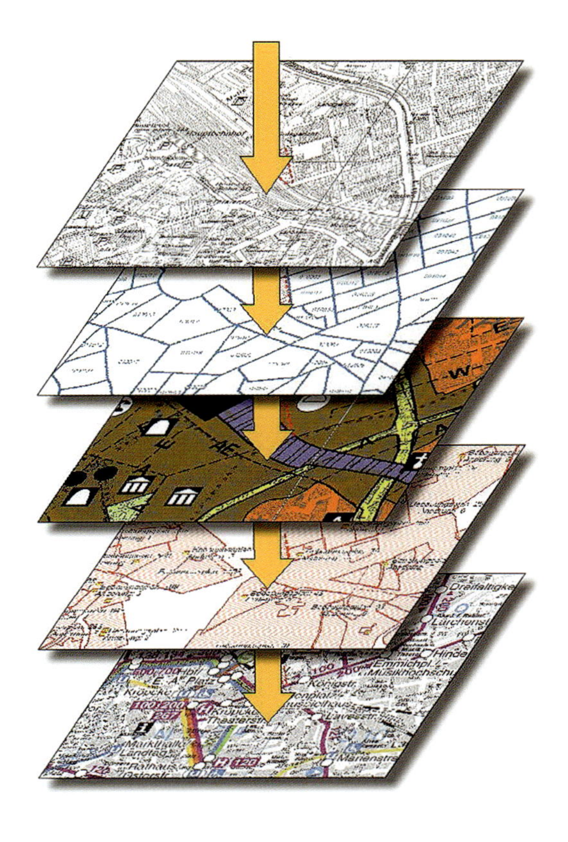

Abbildung 1:
Prinzip der Überlagerung und Verschneidung von räumlichen Daten

Quelle: Eigene Darstellung, Landeshauptstadt Hannover, 2009.

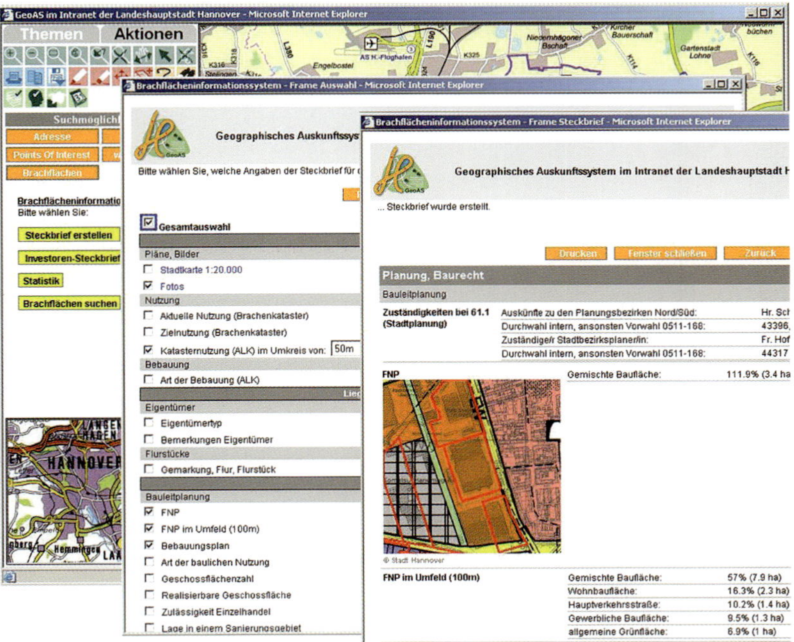

Abbildung 2:
Auswahl von Steckbriefthemen und Ausgabe der Informationen in BraFIS, jeweils Ausschnitte aus der Gesamtdarstellung

Quelle: Screenshots aus der Pilotversion BraFIS, Entera Ingenieurgesellschaft und Landeshauptstadt Hannover, 2009.

gesehen, weil innerhalb der Verwaltung die Anforderungen an Informationen zu Brachflächen sehr unterschiedlich sind. Während in der Bauverwaltung Wissen über Baurecht oder Nutzungen wichtig ist, stehen in der Umweltverwaltung naturschutz- oder bodenschutzfachliche Informationen bei der Einschätzung von Brachflächen im Vordergrund. Daneben werden die Suche von Flächen anhand bestimmter Kriterien (z.B. Größe zwischen einem und drei ha) sowie die Erstellung von Statistiken zum Brachflächenbestand ermöglicht.

Ergebnis und Grenzen von BraFIS

Im Rahmen des Projektes wurde das Informationssystem als Pilotversion entwickelt und getestet. Die Integration von Methoden der räumlichen Datenverschneidung in Flächeninformationssystemen liefert dabei schnell und zuverlässig die gewünschten Ergebnisse. Für die Verwaltung stellt BraFIS eine enorme Erleichterung bei der Zusammenstellung von Vorinformationen über eine Fläche dar. Viele Ebenen werden in einem System – statt davor in verschiedenen – anwenderfreundlich zusammengeführt. Die Sammlung von Flächeninformationen wurde dadurch verkürzt und vereinfacht. Darüber hinaus wurde durch die Abfragen der Aufwand für das Vorhalten von Informationen im Brachflächenkataster reduziert.

Grunddaten entscheiden über die Qualität des Systems

Die Qualität der durch BraFIS vermittelten Informationen hängt jedoch – bedingt durch das Prinzip der Abfrage – von den Grunddaten ab, die verrechnet werden. Nur wenn diese aktuell, vollständig und fehlerfrei von den zuständigen Stellen vorgehalten werden, kann BraFIS daraus entsprechend exakte Informationen generieren. Zusätzlich zum System muss daher auch die Pflege der Datengrundlagen thematisiert werden. Die Organisation von Zuständigkeiten und Aktualisierungsroutinen ist eine wichtige Daueraufgabe der beteiligten Fachstellen, die durch Software oder Programmierungen nicht zu ersetzen ist.
Ebenso gilt dies für Interpretationen, Auswertungen oder Bewertungen der Daten. Diese Aufgabe bleibt den zuständigen Experten vorbehalten, die in BraFIS ergänzend zu den Flächeninformationen als Ansprechpartner/innen benannt werden.

Übertragbarkeit und Empfehlungen

Soll BraFIS auf andere Kommunen oder Landkreise übertragen werden, so ist – wie bei anderen Datenbank- und Geoinformationssystemen auch – eine Anpassung an die vorhandenen Systeme und Datenstrukturen Voraussetzung. Da die Daten und ihre Qualitäten von Kommune zu Kommune sehr unterschiedlich sind, ist eine sorgfältige Analyse der verfügbaren Datenbestände einer der ersten Schritte. Dabei wird die frühzeitige und umfangreiche Einbeziehung aller beteiligten Fachstellen (Informationstechnik, Geoinformation, Planung, Umwelt, Liegenschaften, etc.) empfohlen.
Die bei der Programmierung der Pilotversion verwendeten Open Source Softwares (Datenbanksystem PostgreSQL in Verbindung mit der räumlichen Erweiterung PostGIS) sind öffentlich zugänglich und könnten daher auch von Kommunen eingesetzt werden. Voraussetzung ist, dass sie mit den jeweiligen

Sicherheitsrichtlinien und Standards (z.B. Betriebssysteme, vorhandene Software) kompatibel sind. Ansonsten kann auf andere, ggf. bereits vorhandene Software zurückgegriffen werden (z.B. Oracle Spatial).

Weiterentwicklung des Themas Flächeninformation und Ausblick

BraFIS wird als gute Grundlage für ein kommunales nachhaltiges Flächenmanagement gewertet, denn je mehr Informationen über die Brachflächen vorliegen, umso besser und gezielter kann ihre Entwicklung vorangetrieben werden. Das Projekt hat einerseits gezeigt, wie viele Daten bereits existieren und dass deren Zusammenführung und Verwertung zu einem Erkenntnisgewinn führen. Die Entwicklung der Geoinformations-Technologien wird hierzu zukünftig sicherlich noch weitere Erleichterungen ermöglichen.
Andererseits wurde deutlich, dass der schnell generierte und umfangreiche BraFIS-Steckbrief zu einigen Kernfragen der Flächenmobilisierung bestenfalls Vorinformationen liefern kann. Möchte man die Flächen mobilisieren bzw. vermarkten – wie im Falle des REFINA-Projektes NFM-H über einen Brachflächenfonds – so fehlen insbesondere im Bereich Altlasten, zu Fragen des Grundstückswertes und zu den Nutzungsperspektiven wesentliche vertiefende Informationen.
Qualifizierte Flächenanalysen sowie die Formulierung tragfähiger Nutzungsideen und Konzepte machen die Flächenrecyclingprojekte erst ausreichend konkret, um eine Alternative zur Ansiedlung auf der Grünen Wiese darstellen zu können. Speziell für Investoren oder auch für das Einwerben von Fördermitteln ist es wichtig, dass die Projektrisiken kalkulierbar und konkrete Lösungen vorstellbar sind. Genau diese Informationen über die Machbarkeit von Projekten fehlen jedoch zu den meisten Brachen. Als Weiterentwicklung der Ansätze aus dem Bereich Flächeninformation wird die Bereitstellung von Flächenanalysen und Vorplanungen als sehr sinnvoll für die Erschließung dieser Innenentwicklungspotenziale eingeschätzt. Eine flächendeckende Bearbeitung (alle Brachen einer Kommune) erscheint dabei nicht zielführend, da der Aufwand groß ist und damit die Anforderungen an die Aktualität der Gutachten nicht erfüllt werden können. Praktikabler wäre es, auf Grundlage der Flächeninformation aus BraFIS sowie anhand einer Bewertung der Flächenpotenziale (vgl. Kap. **E 2.5**) Prioritäten zu bilden. Je nach Bedeutung für die Stadtentwicklung oder nach Erfolgsaussichten könnten dann die Untersuchung und Diskussion von Grundstücken bzw. Gebieten des Flächenrecyclings durchgeführt werden.

Literatur

Weitere Informationen zu BraFIS, seinen Komponenten, Funktionsweisen, den Datengrundlagen und -quellen sowie eine Technische Dokumentation finden sich in:

Landeshauptstadt Hannover: (2010): Schlussbericht „Nachhaltiges Flächenmanagement Hannover". Teilprojekt 1: „Aufbereitung von Flächeninformationen und Analyse der Brachflächenpotenziale", Hannover.

E 1.2 Innenentwicklungskataster als Entscheidungsgrundlage für die kommunale Planung

Sabine Müller-Herbers, Frank Molder, Christine Kauertz

REFINA-Forschungsvorhaben: komreg – Kommunales Flächenmanagement in der Region

Verbundkoordination: Öko-Institut e.V. Institut für angewandte Ökologie
Projektpartner: Baader Konzept GmbH; Institut für Stadt- und Regionalentwicklung (IfSR) an der Hochschule für Wirtschaft und Umwelt Nürtingen-Geislingen (im Unterauftrag); Stadt Freiburg im Breisgau
Modellraum: Partnerkommunen Au, Ballrechten-Dottingen, Breisach, Emmendingen, Hartheim, Herbolzheim, Merzhausen, Schallstadt, Titisee-Neustadt, Umkirch (BW)
Projektwebsites: www.komreg.info, www.hai-info.net

Vorteile der Erfassung von Innenentwicklungspotenzialen

Innenentwicklungs- oder auch Baulückenkataster bieten eine flächendeckende, fortschreibungsfähige Übersicht der innerörtlichen Baulandpotenziale (Baulücken, geringfügig genutzte Flächen, Brachflächen und ggf. Althofstellen). Erst durch die systematische Erfassung rücken diese Flächen als nutzbare Ressource nachhaltigen Flächenmanagements ins Blickfeld der kommunalen Entscheidungsträger und können so mehr Gewicht in der Abwägung mit der Neuausweisung von Baugebieten auf der Grünen Wiese erhalten.

Informationsgrundlage für die Planung

Eine genaue Kenntnis über Quantität, Qualität und Aktivierungsmöglichkeiten der Innenentwicklungspotenziale eröffnet den Kommunen einen größeren Handlungsspielraum für ihre Siedlungsentwicklungspolitik und ermöglicht eine bessere Ausnutzung bereits getätigter Investitionen (z.B. in die soziale und technische Infrastruktur). Das Innenentwicklungskataster bildet das wesentliche Fundament für den Einstieg in ein vorausschauendes kommunales Flächenmanagement und den dafür notwendigen Bewusstseinswandel bei Verwaltung, kommunalpolitischen Entscheidungsgremien und Bürgern. Gleichzeitig stellt das Innenentwicklungskataster eine qualifizierte Informationsgrundlage für folgende Aufgaben bereit:

- Neuaufstellung und Überarbeitung des Flächennutzungsplans (Umweltbericht),
- Neuaufstellung und Überarbeitung von Bebauungsplänen,
- Stadtteilentwicklungsplanung und informelle städtebauliche Konzepte,
- Bauplatzanfragen und Aufbau Bauplatz-/Baulückenbörse,
- Monitoring der Siedlungsflächenentwicklung und Erfolgsbilanz der Innenentwicklung.

Die Notwendigkeit einer systematischen Erfassung der Innenentwicklungspotenziale wird zudem durch erhöhte Anforderungen der Genehmigungsbehörden bei der Flächenbedarfsplanung bestärkt (vgl. Wirtschaftsministerium Baden-Württemberg 2009).

Der mit dem Katasteraufbau verbundene Aufwand wird von den Kommunen als vertretbar eingeschätzt. Die Vorteile des EDV-gestützten Informationsinstrumentes überwiegen sowohl innerhalb der Gemeinde- oder Stadtverwaltung (Zeit- und Kostenersparnisse, verbesserter Wissenstransfer, fachlich fundierte Argumentation) als auch in der Zusammenarbeit mit den Entscheidungsgremien und der Öffentlichkeit. Die systematische, flächendeckende Gesamtschau der innerörtlichen Baulandpotenziale hat bisher in allen Gemeinde- und Stadträten zu Überraschungen ob der Vielzahl der Potenziale geführt.

Abbildung 3: Beispiel Innenentwicklungskataster (Ausschnitt)

Quelle: Baader Konzept GmbH.

Methodik der Erfassung von Innenentwicklungspotenzialen

Als Innenentwicklungspotenziale werden zum einen in Bebauungsplänen festgesetzte, noch nicht bebaute Flächen, zum anderen prinzipiell für eine Bebauung aktivierbare Flächenpotenziale im unbeplanten Innenbereich herangezogen (Untersuchungsraum = Bebauungsplangebiete und Gebiete nach § 34 BauGB).

Erhebungskategorien

Die Erfassung der Innenentwicklungspotenziale erfolgt nach den vier Hauptkategorien Baulücken, geringfügig genutzte Flächen, Brachflächen und Althofstellen. Diese Differenzierung hat sich bei der Bearbeitung vor Ort und aufgrund der Notwendigkeit, unterschiedliche Strategien zur Aktivierung dieser Potenziale anzuwenden, bewährt. Tabelle 1 zeigt die Erhebungskategorien mit den jeweiligen Untereinheiten.

Tabelle 1:
Erhebungskategorien Innenentwicklungskataster

Hauptkategorien	Unterkategorien
Baulücken	
Geringfügig genutzte Flächen	in Bezug auf die Flächengröße in Bezug auf die Höhe der baulichen Anlage in Bezug auf die Art der Nutzung
Brachflächen/Leerstand	vollständig brachliegende Flächen bzw. leerstehende Wohngebäude Brachflächen mit Restnutzung Brachflächen mit absehbarer Nutzungsaufgabe/Nutzungsänderung
Althofstellen	Althofstelle aufgelassen Althofstelle mit (Wohn-)Restnutzung Althofstelle mit absehbarer Nutzungsaufgabe

Quelle: Baader Konzept GmbH.

Im Gegensatz zu den Baulücken (unbebaute, mit geringem Aufwand erschließbare Grundstücke im Innenbereich) sind geringfügig genutzte Flächen bereits zum Teil bebaut; allerdings ermöglichen der Überbauungsgrad, die Höhe der baulichen Anlage und/oder der Grundstückszuschnitt eine zusätzliche Bebauung. Des Weiteren fallen hierunter Flächen, die in Bezug auf die Art der Nutzung als geringfügig genutzt charakterisiert werden (z.B. Umstrukturierungsflächen). Als Brachen wurden Flächen mit ehemaliger oder aktueller Nutzung charakterisiert, die ein deutliches Wieder- oder Umnutzungspotenzial aufweisen. Die (Vor-)Nutzung kann gewerblicher, infrastruktureller oder militärischer Art gewesen sein. Die unter der Kategorie Althofstelle erfassten Potenziale umfassen bebaute, ehemals landwirtschaftlich genutzte Flurstücke oder solche Flurstücke, auf denen die Nutzungsaufgabe absehbar ist. Dies ist als erhebliches Potenzial vor allem in ländlich geprägten Gemeinden zu berücksichtigen. Grundsätzlich besteht die Möglichkeit, auch weitere Innenentwicklungspotenziale GIS-gestützt zu erfassen, wie z.B. Gebäude mit Leerstandrisiko.

Vorgehensweise und Erhebungsprinzipien

Alle Potenzialflächen aufnehmen

Im Wesentlichen werden zur Ermittlung der Innenentwicklungspotenziale die Daten des automatisierten Liegenschaftskatasters (ALK) sowie digitale Orthofotos einer Kommune herangezogen. Eine automatisierte Fortschreibung über die zugrunde liegenden Flurstücksdaten des ALK und eine effiziente Handhabung in der kommunalen Planungspraxis werden damit gewährleistet. Ausgehend von der Annahme, dass auch kleinere Flächen in der Summe ein erhebliches Potenzial darstellen, sind auch Innentwicklungspotenziale ab einer Größe von ca. 250 qm (z.B. Eignung für Reihenhaus) von Bedeutung. Da Innenentwicklung nicht als statische Momentaufnahme, sondern als Prozess zu sehen ist, werden die Innenentwicklungskataster mit kurz-, mittel- und langfristigem Zeithorizont erstellt, d.h. es werden auch solche Flächen aufgenommen, die erst in einigen Jahren potenziell für eine Entwicklung zur Verfügung stehen. Die Kommunen verfügen damit über eine umfassende Übersicht des theoretischen Innenentwicklungspotenzials. Unter Berücksichtigung spezifischer Rahmenbedingungen (städtebauliche Prioritätensetzung, Eigentümerinteressen, Planungs- und Beratungsaufwand etc.) kann das tatsächlich realisierbare Potenzial bestimmt werden.
Die Städte und Gemeinden können nach diesen Prinzipien selbständig ein Innenentwicklungskataster aufbauen. Die systematische Erhebung der Innenentwick-

lungspotenziale mit „Blick von außen" bietet jedoch den entscheidenden Vorteil, dass – unabhängig von gemeindeinternen Erfahrungswerten zu einzelnen schwierigen Eigentümerverhandlungen und Machbarkeitsüberlegungen – eine neutrale Bestandsaufnahme erfolgt. Um die Plausibilität der erfassten Flächen zu gewährleisten, ist eine Überprüfung aller erfassten Potenziale durch eine Vor-Ort-Begehung unabdingbar, um beispielsweise Flächen, die zwischenzeitlich bebaut wurden, wieder herauszunehmen. Weitere Flächen, z.B. aufgelassene Althofstellen oder Brachflächen mit absehbarer Nutzungsaufgabe, die von außen nicht erkennbar sind, über die aber in den Kommunen Kenntnis besteht, werden nach Absprache mit der Verwaltung in die Erhebung aufgenommen.

Tabelle 2: Merkmalskatalog je Fläche im Innenentwicklungskataster

Grunddaten	**Erläuterungen**
interne lfd. Nummer	Nummer zur Fläche auf Karte und zum Datensatz
Bearbeitungsdatum	
Bearbeiter/in	
Grunddaten zur Fläche	
Straße	Straße, ggf. Name der Fläche oder Flur
Gemarkung	Gemarkungsname
Flurstücks-Nr.	Flurstücksnummer
Eigentümertyp	Unterscheidung öffentlich/privat/sonstiges
Flächengröße	Gesamtfläche in m²
Bestandssituation	
Flächen-/Potenzialtyp	Baulücke, geringfügig genutzte Fläche in Bezug auf die Flächengröße, geringfügig genutzte Fläche in Bezug auf die Höhe der baulichen Anlage, geringfügig genutzte Fläche in Bezug auf die Art der Nutzung, Brachfläche, Brachfläche mit Restnutzung, Brachfläche mit absehbarer Aufgabe, Althofstelle, Althofstelle mit Restnutzung, Hofstelle mit absehbarer Nutzungsaufgabe
Aktuelle Nutzung	z.B. Gehölzbestand, Brache, Grünland, Parkplatz, Lagerplatz etc.
Erschließung (Verkehr)	vorhanden (gesichert) oder nicht vorhanden (nicht gesichert)
Bodenordnung	Notwendigkeit einer Maßnahme z.B. Teilung, Umlegung
Wert des Grundstücks	Angabe des Bodenrichtwerts
Schutzstatus	z.B. Wasserschutzgebiet, geschütztes Biotop, Naturdenkmal
Besondere ökologische Funktion	z.B. Bodenfunktionen, Lokalklima, alter Baumbestand etc.
Altlasten/-verdacht	vorhanden oder nicht vorhanden
Sonstige Hinweise	z.B. Entwicklungshemmnisse, besonderes Umfeld, sonstige Infos
Planungsrechtliche Situation	
Flächennutzungsplan	zulässige Nutzung
Bestehendes Baurecht	Bebauungsplan, § 34 BauGB, Satzung
Bebauungsplan	Name, Nr., Datum (wenn vorhanden)
Zul. Art der Nutzung	gemäß BauNVO (z.B. WA, MI, GE)
Zul. Maß der Nutzung	GRZ, Vollgeschosse, GFZ
Bauweise	offen, geschlossen etc.
Bebauungsform	Einzelhaus, Doppelhaus, Häusergruppe, Geschosswohnungsbau etc.
Bemerkungen	ggf. je Kommune individueller Aspekt, z.B. Besonnung

Quelle: Baader Konzept GmbH.

Auf Basis dieser Ersterhebung erfolgt die Charakterisierung der einzelnen Flächen nach verschiedenen Merkmalen (siehe Tabelle 2).

Auswertungsmöglichkeiten und neue städtebauliche Optionen

Kartografische Darstellung

Die kartierten Flächen können im kommunalen GIS dargestellt und anhand der erhobenen Flächenmerkmale im Hinblick auf verschiedenen Fragestellungen ausgewertet werden. Menge und räumliche Verteilung der Innenentwicklungspotenziale können ermittelt werden. So besteht die Möglichkeit, Potenziale mit bestimmten Merkmalen herauszufiltern. Deren Darstellung ist sowohl in Form von Listen und „Einzelsteckbriefen" als auch kartografisch möglich. Somit können grundsätzliche Fragen nach der Struktur der Potenziale beantwortet werden (z.B. Verteilung der Grundstücksgrößen von Baulücken in ausgewähltem Stadtteil). Darüber hinaus liefert die Abfrage nach bestimmten Merkmalen grundlegende Informationen zum Aktivierungsaufwand (z.B. Flächen mit erforderlicher Bodenordnung oder sofort bebaubares Grundstück in Bebauungsplangebiet). Die kartografische Darstellung der Potenziale in einem Kataster lässt eine gesamthafte, visuelle Beurteilung der Innenentwicklungspotenziale zu, die in unterschiedlicher Ausprägung, Anzahl und räumlicher Verteilung in den Stadt- und Gemeindegebieten auftreten (siehe Abb. 4).

Abbildung 4: Häufung von Innenentwicklungspotenzialen unterschiedlichen Typs (Konglomerat)

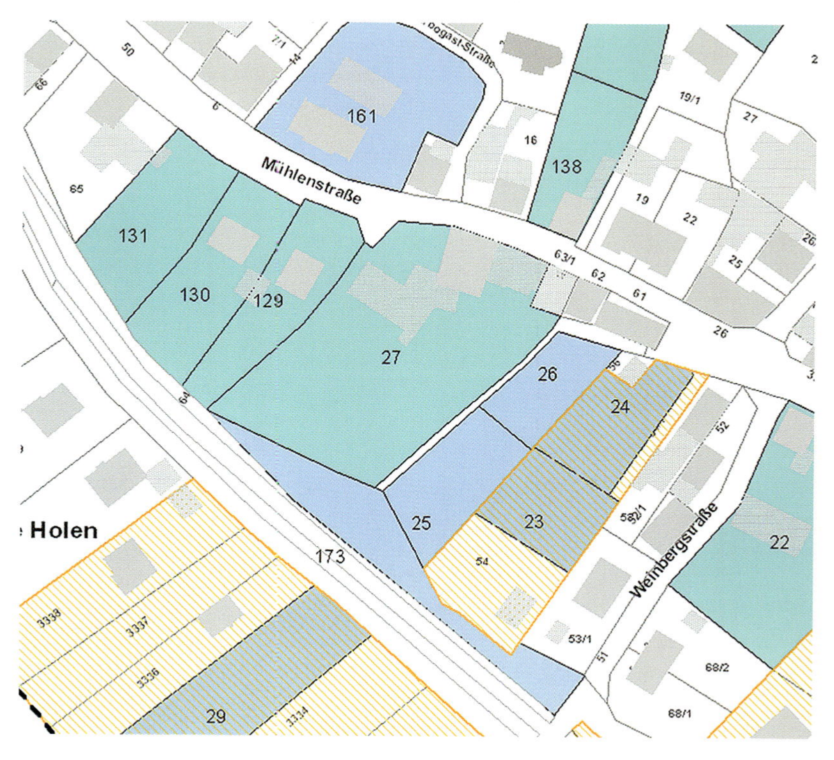

Quelle: Baader Konzept GmbH.

Anhand des Katasters können räumliche Schwerpunkte unterschiedlicher Flächentypen (sogenannte Konglomerate) identifiziert werden (z.B. Baulücken

und geringfügig genutzte Flächen), die Ansatzpunkte für neue städtebauliche Entwicklungen bieten (siehe Abb. 4).
Diese Auswertungsmöglichkeiten bilden vor dem Hintergrund der kommunalen Siedlungsplanung, stadtökologischer Zielsetzungen, der Eigentümerinteressen und des Aktivierungsaufwandes die Grundlage für eine städtebauliche und programmatische Prioritätensetzung zur Nutzung innerörtlicher Baulandpotenziale. Nicht zuletzt ist die Bedeutung des Katasters als Visualisierungs- und Argumentationshilfe für die Diskussion in den kommunalpolitischen Entscheidungsgremien hervorzuheben, da auf diese Weise der Bewusstseinswandel für eine systematische Nutzung von Innenentwicklungspotenzialen erstmals eingeläutet und befördert werden kann.

Literatur

Bayerisches Staatsministerium für Landesentwicklung und Umweltfragen/ Oberste Baubehörde im Bayerischen Staatsministerium des Innern (2003): Kommunales Flächenressourcen-Management. Arbeitshilfe, 2. überarbeitete und ergänzte Auflage, München.

Hensold, Claus, Frank Molder und Sabine Müller-Herbers (2003): Baulandpotenziale im Bestand. Ein wider Erwarten spannendes Thema für den Stadtrat?, in: PlanerIn 3, S. 61-62.

Kauertz, Christine, und *Katharina Koch* (2008): Die Zukunft liegt im Bestand – Perspektiven und Handlungsempfehlungen, in: BWGZ Gemeindetag Baden-Württemberg 21, S. 802–806.

Koch, Katharina (2008): Innenentwicklung – unterschätzte Chance für kleine und große Gemeinden, in: BWGZ Gemeindetag Baden-Württemberg 7, S. 220–223.

Molder, Frank, und *Sabine Müller-Herbers* (2009): Neue Instrumente der Innenentwicklung – Aktivierung von Baulücken und Leerständen, in: fub – Flächenmanagement und Bodenordnung, H. 6 (2009), S. 264–270.

Molder, Frank, und *Sabine Müller-Herbers* (2007): Baulandkataster in mittleren und kleinen Kommunen, in: PlanerIn 5, S. 39-41.

Müller-Herbers, Sabine, und *Christine Kauertz* (2010): Innenentwicklungspotenziale auf kommunaler und regionaler Ebene – Ermittlung des realisierbaren Potenzial, in: Stefan Frerichs, Manfred Lieber und Thomas Preuß (Hrsg.) (2010): Flächen- und Standortbewertung für ein nachhaltiges Flächenmanagement. Methoden und Konzepte, Berlin (Beiträge aus der REFINA-Forschung, Reihe REFINA Band V).

Öko-Institut e.V. (Hrsg.) (2008): Die Zukunft liegt im Bestand – Kommunales Flächenmanagement in der Region, Darmstadt.

Umweltministerium Baden-Württemberg und *Bayerisches Staatsministerium für Umwelt und Gesundheit* (Hrsg.) (2008): Kleine Lücken – Große Wirkung. Baulücken, das unterschätzte Potenzial der Innenentwicklung, Konzept: Baader Konzept GmbH (Broschüre).

Wirtschaftsministerium Baden-Württemberg (2009): Hinweise des Wirtschaftsministeriums zur Plausibilitätsprüfung der Bauflächenbedarfsnachweise im Rahmen des Genehmigungsverfahrens nach § 6 BauGB und nach § 10 Abs. 2 BauGB vom 1.1.2009, Stuttgart

E 1.3 Von der Flächenerhebung zur Lagebeurteilung

Dirk Engelke, Torsten Beck

REFINA-Forschungsvorhaben: Flächenmanagement durch innovative Regionalplanung (FLAIR)

Verbundkoordination:	pakora.net – Netzwerk für Stadt und Raum
Projektpartner:	Universität Stuttgart – Institut für Grundlagen der Planung, Regionalverband Südlicher Oberrhein
Modellraum:	Baden-Württemberg, Regionalverband Südlicher Oberrhein, Gemeinde Biederbach, Stadt Breisach, Stadt Hausach, Stadt Löffingen, Stadt Neuenburg, Stadt Oberkirch, Gemeinde Oberwolfach, Stadt Offenburg, Gemeinde Teningen, Stadt Vogtsburg
Projektwebsite:	http://flair.pakora.net

Baulandreserven erfassen

Eine aktuelle und umfassende Übersicht der Bauflächenpotenziale ist sicherlich eine Voraussetzung dafür, die Flächenreserven aktivieren und das Prinzip des Vorrangs der Innenentwicklung gegenüber der Außenentwicklung umsetzen zu können. Somit gehört die Erfassung der Baulandreserven auch zu den zentralen Handlungsansätzen eines Flächenmanagements. Die Übersicht kann gleichermaßen die strategische Ausrichtung und die konkrete Stadt- und Ortsentwicklung unterstützen. Die Übersicht kann ferner dazu dienen, das Problembewusstsein in Politik und Verwaltung für die Notwendigkeit der stärkeren Innenentwicklung zu schärfen, und als Argumentationsgrundlage gegenüber Anwohnern und Flächeneigentümern zum Einsatz kommen.

Erhebungsmethodik

Der FLAIR-Ansatz „Problems first" spiegelt sich auch bei der Flächenerhebung wider. Ziel war entsprechend kein reines Flächenkataster, sondern auch die Erfassung von allgemeingültigen Problemlagen. Während ein Flächenkataster allein die Quantität der vorhandenen Potenziale beschreibt, wurde der Fokus im Rahmen von FLAIR auf eine Lagebeurteilung und qualitative Einschätzung der Potenziale gerichtet. Um Grundlagen für die Aktivierungsstrategien zu erarbeiten, wurde auch die Aktivierbarkeit der Areale eingeschätzt. Im Sinne eines umfassenden Managements wurden dabei sowohl ökologische und soziale Aspekte als auch das ökonomische Interesse an der (Wieder-)Nutzung thematisiert.
Die Erhebung erfolgte in enger Kooperation mit den Gemeindevertretern. Bei der Übernahme der Datenblätter und der Pläne erfolgte jedoch eine Plausibilitätsprüfung durch den „unbeteiligten Dritten", hier durch das Planungsbüro pakora.net. Dies ist insofern wichtig, da bei den Akteuren vor Ort häufig nicht alle Potenziale als solche erkannt werden. Manches Areal ist aufgrund von

Bauvoranfragen in den Köpfen bereits als „vermarktet" abgelegt. Andere Flächen werden nicht als Potenzial eingestuft, weil den Akteuren vor Ort die möglichen Aktivierungshemmnisse unmittelbar präsent sind (bspw. die fehlende Verkaufsbereitschaft der Eigentümer).

Die Erhebung in den Modellgemeinden erfolgte in fünf Schritten:

1. Abstimmungsgespräch mit Verwaltungsspitze,
2. Erhebung bei der Verwaltung,
3. Eigen-/Kontrollerhebung und Rückkopplung der Erhebungsergebnisse,
4. Auswertungsgespräch bei der Verwaltung,
5. ggf. öffentliche Vorstellung der Ergebnisse und Übergabe der aufbereiteten Daten.

Das Abstimmungsgespräch mit der Verwaltungsspitze bildet die Basis für eine erfolgreiche Zusammenarbeit. Zum einen werden Zeitrahmen und Ansprechpartner für die Erhebung abgesprochen. Zum anderen wird vorgestellt, welche Merkmale erhoben werden sollen. Häufig finden sich hier auch Hinweise auf weitere, ortspezifisch zu erhebende Merkmale. Bei diesem Gespräch gilt es, grundsätzlich zu klären, was unter einem zu erhebenden Bauflächenpotenzial zu verstehen ist. Es ist gleichzeitig ein Sondierungsgespräch, wo die Gemeinde ihre Stärken und Schwächen sieht, wie sie sich positioniert und wie sich das Zusammenspiel in der direkten kommunalen Nachbarschaft, aber auch im regionalen Kontext gestaltet.

Ergebnisse der Erhebung

Detaillierte Erhebungen wurden im Rahmen des Forschungsprojekts FLAIR in ausgewählten Modellgemeinden durchgeführt. Der FLAIR-Ansatz sah dabei eine Bearbeitung in allen Ortsteilen vor, da je nach Ortslage und Einwohnergröße unterschiedliche Quantitäten und Qualitäten erwartet werden. Die beteiligten Gemeinden erhalten jeweils eine separate Auswertung ihrer erhobenen Daten.

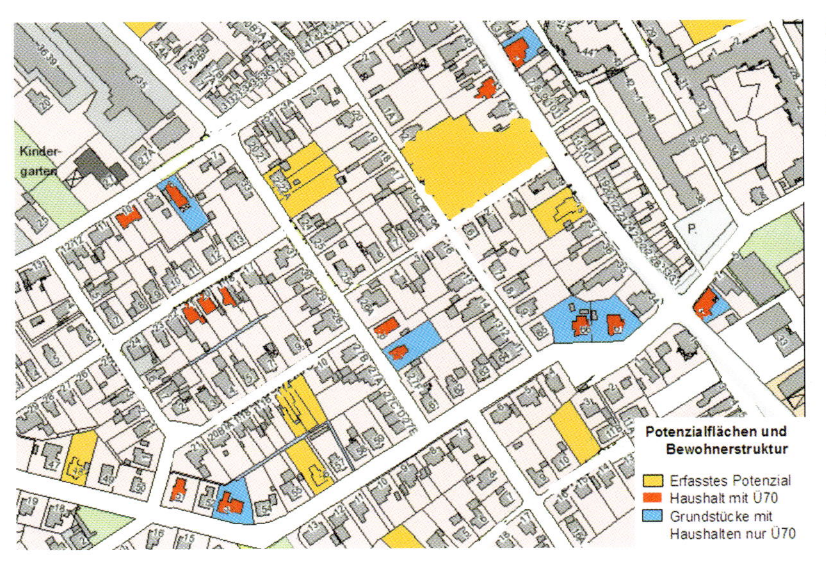

Abbildung 5: Schematische Darstellung des Auftretens von „Ü70"-Bauflächenpotenzialen (anonymisiert)

Quelle: pakora.net.

Im Rahmen einer Sonderauswertung wurden exemplarisch die Auswirkungen des demografischen Wandels dargestellt. Die Summe der Grundstücke mit Haushalten, in denen nur noch über 70-Jährige leben, war dabei teilweise deutlich höher als die bereits vorhandenen Brachflächen. Somit ergeben sich insbesondere in den Ortskernen wie auch in Baugebieten der 60er- und 70er-Jahre weitere Handlungserfordernisse. Die Abbildung 5 zeigt exemplarisch die heutige Situation.

Aktivierungshemmnisse

Unterschiedliche Innenentwicklungspotenziale

Die Projektkommunen und deren Ortsteile stellen sich hinsichtlich ihrer Innenentwicklungspotenziale und der spezifischen Rahmenbedingungen sehr unterschiedlich dar. Neben Stadtstruktur, Lagegunst und Nachfragedruck spielen auch die Aktivitäten der jeweiligen Gemeinde in der Vergangenheit eine Rolle. Dennoch haben die Erstellung der Flächenübersichten und die qualitative Auswertung wichtige Erkenntnisse und typische Aktivierungshemmnisse hervorgebracht, die sich in unterschiedlicher Ausprägung flächendeckend wiederfinden. Folgende Aspekte gilt es, dabei besonders zu berücksichtigen:

Bewusstseinsbildung und politische Lobbyarbeit
- Dialog mit den Entscheidungsträgern vor Ort,
- Bedeutung und Auswirkung der Flächenpotenziale verdeutlichen,
- demografischen Wandel stärker in Überlegungen mit einbeziehen.

Ausrichtung der Instrumente
- Trotz Kleinteiligkeit der Potenziale in der Summe erhebliche Quantitäten,
- Flächenverfügbarkeit (insbesondere Privatbesitz) bedarf besonderer Ansprache,
- Einrichtungen der Grundversorgung von Bedeutung für Attraktivität eines Ortes.

Aktivierung der Areale
- Räumliche Verteilung der Flächenpotenziale erlaubt kein „Gießkannenprinzip",
- Umbruch im Gewerbe und in der Landwirtschaft gilt es, aktiv zu begleiten,
- unpassende Angebotsstruktur bedarf Attraktivierung und Unterstützung bspw. für das Wohnen im Bestand oder bei Fragen der Erschließung.

Fazit: Von der Erhebung zur Lagebeurteilung – Kataster versus Daueraufgabe

Den aktiven Modellkommunen konnte im Rahmen des Forschungsprojekts ein fortschreibungsfähiges Instrumentarium an die Hand gegeben werden, das es ihnen erlaubt, die eigenen Flächenübersichten zu pflegen und weiterzuführen. Auch ist nun eine Lagebeurteilung möglich, die als Grundlage der Beratung in den politischen Gremien die strategische Ausrichtung der Gemeinde unterstützt. Die Frage des „Nachweises an Bauflächenpotenzialen" wird die Kommunen bspw. im Hinblick auf Förderprogramme des Landes oder die Fortschreibung der Flächennutzungspläne zunehmend beschäftigen.

Die Erhebungen haben aufgezeigt, dass eine Betrachtung dieser Potenziale auf Ortsteilebene erforderlich ist, die die jeweiligen siedlungsstrukturellen und demografischen Besonderheiten berücksichtigt. Eine pauschale Zuweisung von Bauflächenpotenzialen zu einzelnen Ortsteilen kann demzufolge (zumindest auf kommunaler Ebene) nicht erfolgen.
Im Zuge der Datenerhebung und der Potenzialbewertung wurden mit den Gemeindevertretern mögliche Aktivierungsstrategien und Ansätze zur Reduzierung der Flächeninanspruchnahme erörtert. Gleichzeitig wurde durch den konkreten Austausch mit den Akteuren vor Ort ein Prozess in Gang gesetzt, der über den reinen Aspekt der Vermeidung von Neuausweisungen hinausgeht. Innenentwicklung vor – und nicht statt – Außenentwicklung wird das Credo bleiben, schon aufgrund des hohen Anteils der Flächenreserven im Privatbesitz, die nur schwer zu aktivieren sind. Flächenmanagement bedeutet dabei, nicht allein Flächen zu sparen, sondern den Flächen- und den Gebäudebestand der Kommune insgesamt im Blick zu haben, um auch die ökonomischen Herausforderungen der Gemeinde (bspw. bei der Auslastung ihrer sozialen und technischen Infrastruktur) meistern zu können.
Das Aufzeigen von vermutlichen (Fehl-)Entwicklungen beispielsweise im Ortskern, bei der Standortpolitik von Unternehmen oder bei Fragen des demografischen Wandels und die Diskussion darüber mit Verantwortlichen vor Ort bieten neue Spielräume. Insofern ist der Aufbau eines Managementsystems nicht nur als Lernprozess zu verstehen, sondern sollte auch als Daueraufgabe der Verwaltung verstanden werden, die mit den notwendigen Ressourcen ausgestattet ist.
Die Gefahr eines (negativen) Dominoeffekts bei dem Verfall von Gebäudesubstanz kann auch in einen gegenläufigen Trend umgekehrt werden. So konnte beispielsweise die Verwaltung einer Modellgemeinde durch das Sanieren eines Gebäudes im Gemeindebesitz einen positiven Effekt in ihrem Ortskern auslösen. Nun haben auch Nachbarn die Notwendigkeit des Substanzerhalts erkannt und es hat sich im Ortskern eine gewisse Eigendynamik entwickelt. Durch engagiertes Handeln und ggf. die eindringliche Warnung vor etwaigen negativen Effekten kann somit ein Prozess des Umdenkens ausgelöst werden. (Identifizierung von strategischen Schlüsselgrundstücken für die Innenentwicklung).

Entstehung von Brachflächen vermeiden

Ein wichtiger Teil der Managementkomponente besteht somit neben der Aktivierung von Bauflächenpotenzialen auch im Vermeiden der Entstehung von Brachflächen. Ein Flächenmanagement geht also weit über das Erstellen von Plänen im Sinne der Bauleitplanung hinaus. Hier zeigt sich ein grundlegendes Dilemma bei der Innenentwicklung: Das Schaffen von Planungsrecht, ggf. das Aufstellen eines Bebauungsplans, wird als Kernaufgabe der Verwaltungen verstanden. Dieser Schritt reicht aber nur bei wenigen „Selbstläufern" aus, um ein solches Areal dann auch tatsächlich zu aktivieren.
Daraus leitet sich unmittelbar die Frage nach einem „Kümmerer" für die Innenentwicklung ab: Wer fühlt sich zuständig für die Aktivierung von Innenentwicklungspotenzialen? Wer kümmert sich um die Marktansprache und die Beschleunigung der Verfügbarkeit angesichts des überwiegend anzutreffenden Privatbesitzes der Flächen? Wer kann mit welchen Instrumenten und Herangehensweisen eine Aktivierung von Innenentwicklungspotenzialen unterstützen? Die Verwaltungen, insbesondere in vielen kleinen Gemeinden, sind dazu

personell nicht in der Lage. Oftmals fehlen auch finanzielle Ressourcen für eine Unterstützung von außen.
Aus technischer Sicht ist durch die Verwendung von Standardschnittstellen zum einen eine Implementierung der erhoben Daten in bestehende kommunale und regionale Informationssysteme möglich. Zum anderen wurden die Voraussetzungen geschaffen, um die vermarktbaren Areale bspw. in einer internetgestützten Informationsplattform zu präsentieren. Der Einsatz neuer Medien und die Aufbereitung für und Ansprache von verschiedenen Zielgruppen unterstützt diesen Prozess. Diese Aufgaben könnten auch interkommunal oder auf Kreis- oder Regionsebene koordiniert werden.

Es braucht einen „Kümmerer" für die Innenentwicklung

Dennoch bleiben die Gemeinden der zentrale Akteur. Es ist weder auf Kreis-, Regions- noch Landesebene flächendeckend und konkret feststellbar, welche Probleme die Gemeinden und ihre Ortsteile vor Ort beschäftigen: sei es bspw. die offene Nachfolgeregelung bei Fachgeschäften in Ortskernen, seien es fehlende Facharztpraxen oder sei es die Frage nach der Umstellung in der Landwirtschaft von Haupt- auf Nebenerwerb, die zu neuen Bauflächenpotenzialen führt. Eine angemessene Managementstrategie zur Sicherung des Bestands und zur Aktivierung von Potenzialen kann nur mit detaillierter Ortskenntnis und im direkten Dialog mit den beteiligten Akteuren entwickelt und umgesetzt werden.
Es muss, schon um die notwendige Offenheit der Betroffenen zu erreichen, gewährleistet sein, dass die Daten über konkrete und vermutete Flächenpotenziale „im Haus" bleiben und in keinem Fall zweckentfremdet genutzt werden. Insofern hat die durchgeführte Erhebung auch keinen Hinweis darauf gegeben, dass die Erhebung, Fortschreibung und Speicherung der Flächenpotenziale auf überörtlicher bzw. regionaler Ebene notwendig wäre. Die Priorität sollte darauf liegen, die kontinuierliche Pflege der Flächenübersichten sicherzustellen sowie deren dauerhafte Integration in das kommunale Alltagsgeschäft und ihre dortige Nutzung zu gewährleisten.
Nichtsdestotrotz zeigt sich schon anhand des Umfangs der gefundenen Bauflächenpotenziale die Notwendigkeit, diese stärker auch in einem regionalen Kontext zu betrachten. Die heutige (oftmals defizitäre) Informationslage hinsichtlich der Innenentwicklungs- und Wiedernutzungspotenziale reicht nicht aus, um die Bauflächenreserven in angemessener Form in der strategischen Planung oder der Abwägung einzelner Vorhaben berücksichtigen zu können – weder auf kommunaler noch auf regionaler Ebene.
Die Erhebungen haben gezeigt, dass die Reduzierung der Flächeninanspruchnahme eine komplexe Aufgabe ist und die Aktivierung von Potenzialen nicht von oben herab erreicht werden kann. Wenn Kommunen und Grundstückseigentümer erkannt haben, dass „Innenentwicklung vor Außenentwicklung" nicht die Gesamtentwicklung einer Gemeinde hemmt, sondern sie vielmehr befördert, dann werden sich genügend kreative Prozesse in Gang setzen lassen, die zu einer Reduzierung der Flächeninanspruchnahme beitragen.

E 1 A: Verfahren zur Erhebung, Analyse und Visualisierung von Gebäudebestands- und Siedlungsentwicklungen auf Grundlage topografischer Kartenreihen

REFINA-Forschungsvorhaben: Designoptionen und Implementation von Raumordnungsinstrumenten zur Flächenverbrauchsreduktion – DoRiF

Verbundkoordination: Georg-August-Universität Göttingen

Projektpartner: Universität Stuttgart – Institut für Raumordnung und Entwicklungsplanung; Leibniz-Institut für ökologische Raumentwicklung (IÖR); Bundesamt für Bauwesen und Raumordnung (BBR); UFZ Umweltforschungszentrum Leipzig-Halle GmbH; Sonderforschungsgruppe Institutionenanalyse e.V. (sofia); GWS Gesellschaft für Wirtschaftliche Strukturforschung mbH Osnabrück; team ewen

Modellraum: Regierungsbezirk Düsseldorf (NW), Planungsregion Mittelhessen, Planungsregion Südwest-Thüringen, Region Hannover (NI)

Projektwebsite: www.refina-dorif.de

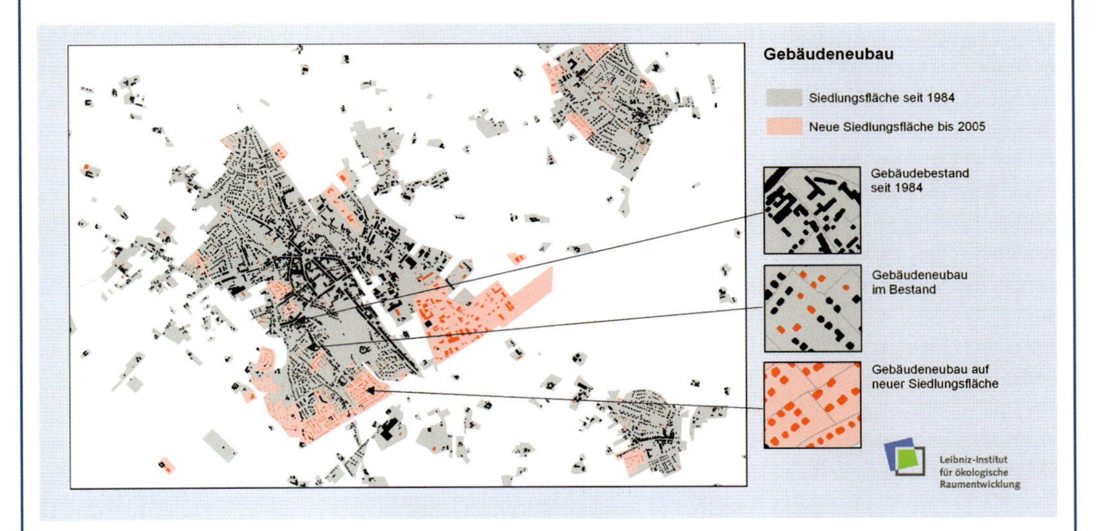

Abbildung 6:
Bauliche Entwicklung der Gemeinde Kevelaer: Neubau im Bestand (rote Gebäude auf grauen Blöcken) und Neubau auf neuer Siedlungsfläche (rote Gebäude auf roten Blöcken)

Quelle: Leibniz-Institut für ökologische Raumentwicklung.

Im Rahmen des Förderschwerpunktes REFINA wird eine Methode entwickelt, die eine multitemporale, kleinräumige, gebäudebasierte Analyse der Siedlungsentwicklung erlaubt. Der Ansatz der gebäudebasierten Detektion von Änderungen des Baubestandes geht von der multitemporalen Analyse topographischer Kartenwerke im Maßstab 1 : 25.000 aus. Der Verfahrensansatz leistet einen Beitrag für die Forschung zur Reduzierung der Flächeninanspruchnahme und ein nachhaltiges Flächenmanagement, da sich damit erstmals wertvolle Aussagen über die Wirksamkeit von raumplanerischen Instrumenten ableiten lassen. Dank des hohen Automatisierungsgrades können bei entsprechender Qualität der Karten große Flächen hinsichtlich der Siedlungsstrukturentwicklung der vergangenen Jahrzehnte analysiert werden. Neben der Bewertung der baulichen Dichte von Wohnquartieren und des Anteils verschiedener Gebäudetypen an der Neubauentwicklung wird erstmals eine Grundlage für die Bilanzierung des Verhältnisses von Bauen im Bestand (Verdichtung) gegenüber dem Bauen auf der „Grünen Wiese" geschaffen, die nicht mit sehr arbeitsaufwändigen Luftbildinterpretationen operiert.

Literatur

Meinel, G., R. Hecht und *H. Herold* (2009): Verfahren zur Erhebung, Analyse und Visualisierung von Gebäudebestands- und Siedlungsentwicklungen auf Grundlage Topographischer Kartenreihen, Göttingen, (Land Use Economics and Planning – Discussion Paper; 09-07, Professur f. Wirtschaftspolitik u. Mittelstandsforschung).

Gotthard Meinel, Robert Hecht, Hendrik Herold

E 1 B: Arbeitsschritte zur Steuerung der Grünflächenpflege – Über das regionale Parkpflegewerk Emscher Landschaftspark

REFINA-Forschungsvorhaben: Regionales Parkpflegewerk Emscher Landschaftspark

Verbundkoordination: Technische Universität Darmstadt – Fachbereich Architektur, FG Entwerfen und Freiraumplanung

Projektpartner: Regionalverband Ruhrgebiet (RVR); Emschergenossenschaft und Lippeverband (EG/LV); Bundeswasserstraßenverwaltung Wasser- und Schifffahrtsamt (WSA); Bundesfernstraßenverwaltung Straßen NRW; Landesentwicklungsgesellschaft (LEG) Arbeitsmarkt- und Strukturentwicklung GmbH; Wald und Holz NRW – Forstamt Recklinghausen (Industriewald Ruhrgebiet); Montan-Grundstücksgesesellschaft mbH (RAG Immobilien MGG); Stadt Essen; Grün und Gruga Essen; Stadt Gelsenkirchen – Untere Landschaftsbehörde; Stadt Bochum – Grünflächenamt; Stadt Bottrop – Stadtplanungsamt; Stadt Gladbeck – Ingenieuramt; Stadt Herten – Stadtplanungsamt; Stadt Recklinghausen – Umweltamt

Modellraum: Teilraum des Emscher Landschaftsparks (regionale Grünzüge C und D) (NW)

Projektwebsite: www.parkpflegewerk-elp2010.de

Ziel des Projektes ist ein zwischen den verschiedenen kommunalen und institutionellen Trägern des Emscher Landschaftsparks abgestimmtes Konzept zur Pflege und Entwicklung des Emscher Landschaftsparks. Über eine gemeinsam getragene Pflege soll der regionale Park als zusammenhängendes Freiraumsystem gestärkt und erlebbar gemacht werden. Dabei geht es um jeweils angemessene Freiraumqualitäten, die gezielt Schwerpunkte setzen, aber auch einfache Bereiche definieren. Gleichzeitig wurde vor dem Hintergrund eines immer höheren Kostendrucks versucht, die Nachhaltigkeit der Grünflächenpflege zu steigern und Synergiepotenziale durch eine optimierte Steuerung der Pflegeziele und gemeinsame Nutzung der vorhandenen Ressourcen zu erschließen. Das Parkpflegewerk umfasst folgende wesentlichen Elemente und Vorgehensweisen:

- Einordnung des Parks in eine Produktklasse und einen entsprechenden Flächentyp mit daraus folgenden primären Funktionen und allgemeinen Anforderungen an die Fläche
- Bestandsaufnahme in der Örtlichkeit (Benennung der Defizite und Potenziale)
- Definition von wesentlichen Elementen und Funktionen aus der Perspektive des Regionalparks, den sogenannten „Essentials“
- Abstimmung der Essentials mit allen an der Pflege beteiligten Akteuren als Basis für die gemeinsame Festlegung von flächenbezogenen Pflegezielen und Entwicklungsmaßnahmen
- Optimierung der Pflegezuständigkeiten und -maßnahmen (z.B. über Flächentausch, gemeinsame Nutzung von Maschinen etc.)
- Umsetzung durch die jeweils für die Pflege verantwortlichen Akteure
- Benennung eines Moderators, der zukünftig die notwendige Kommunikation im Rahmen der gemeinsamen Parkpflege steuert (z.B. jährliche Begehungen, ggf. Überarbeitung der Pflegeziele)
- Informelle auf das Parkprodukt bezogene Pflegevereinbarung zwischen den beteiligten Partnern

Hans-Peter Rohler

E 1 C: Erhebung von Innenentwicklungspotenzialen in kleineren Gemeinden (500 bis 5.000 Einwohner)

REFINA-Forschungsvorhaben: Integriertes Stadt-Umland-Modellkonzept zur Reduzierung der Flächeninanspruchnahme

Verbundkoordination: Kreis Pinneberg
Projektpartner: Raum & Energie Institut für Planung, Kommunikation und Prozessmanagement GmbH; Stadt Elmshorn
Modellraum: Region Pinneberg, Region Elmshorn (SH)
Projektwebsites: www.suk-elmshorn.de, www.kreis-pinneberg.de

Im Rahmen der Stadt-Umland-Kooperation Elmshorn wurde in der Gemeinde Seestermühe (rd. 1.000 Einwohner) eine systematische Aufnahme und Bewertung der Innenentwicklungspotenziale für den Wohnungsbau durchgeführt.
Ein Baupotenzial im Innenbereich wird dann angenommen,

- wenn die rechtlichen Voraussetzungen gegeben sind, einen genehmigungsfähigen Bauantrag stellen zu können,
- Flächen für eine wohnbauliche Entwicklung geeignet erscheinen,
- eine ortsspezifisch bestimmte Mindestgröße erreicht wird (Seestermühe mit ausschließlicher Einfamilienhausbebauung: 500 m^2).

Die aufgenommen Potenziale werden in folgende Kategorien eingeteilt:

- Potenzialflächen mit Baurecht ohne Realisierungshemmnisse,
- Potenzialflächen mit Baurecht und erkennbaren Realisierungshemmnissen,
- Potenzialflächen ohne Baurecht,
- Entwicklungspotenziale ohne ausreichende Eignung mit bzw. ohne Baurecht,
- landwirtschaftliche Hofflächen, deren landwirtschaftliche Nutzung offen ist.

Die Potenziale werden nach Kriterien wie bodenordnungsrechtliche Hindernisse, derzeitige Nutzung, baulich-technischer Aufwand für Erschließung und Bebauung, Attraktivität als Wohnstandort, Verkaufsbereitschaft und nachbarschaftliche Verträglichkeit bewertet, um die Realisierungswahrscheinlichkeit jeder Fläche einschätzen zu können.
Wesentlich ist die Rückkopplung mit der Politik und Verwaltung der Gemeinde, insbesondere zur Überprüfung der Plausibilität der aufgenommenen Flächen und zur Aufnahme von Entwicklungshemmnissen.
Die Potenziale werden in einer Datenbank mit Informationen zu Realisierungshemmnissen und -chancen sowie Bild- und Kartenmaterial hinterlegt. Die Erhebung bildet die Grundlage für eine Aktivierungsstrategie der Gemeinde.

Michael Melzer

A
B
C
C 1
C 2
D
D 1
D 2
E
E 1
E 2
E 3
E 4
E 5
E 6

E 1 D: Fernerkundung

REFINA-Forschungsvorhaben: Entwicklung und Erprobung semiautomatischer und automatisierter Verfahren zur Erfassung und Bewertung von Siedlungs- und Verkehrsflächen durch Fernerkundung und Technologietransfer – Automatisierte Fernerkundungsverfahren

Verbundkoordination: EFTAS Fernerkundung Technologietransfer GmbH, Münster: Andreas Völker, Dr. Andreas Müterthies, Claudia Hagedorn
Projektpartner: Fachhochschule Osnabrück, Fakultät Agrarwissenschaften und Landschaftsarchitektur; Landesamt für Bergbau, Energie und Geologie Niedersachsen (LBEG); Stadt Osnabrück, Fachbereich Städtebau; Stadt Osnabrück, Fachbereich Umwelt
Modellraum: Stadt Osnabrück (NI)
Projektwebsite: www.refina-info.de/projekte/anzeige.phtml?id=3100

Neben Luftbildbefliegungen (zunehmend digital, Bildauflösung im Zentimeterbereich) existieren seit mehreren Jahren qualitativ vergleichbare Satellitensysteme mit einer sehr hohen Bildauflösung (Bildauflösung im Dezimeterbereich).
Die objektbasierte Bildanalyse stellt ein Verfahren zur Auswertung dieser Bilddaten dar. Sie ermöglicht – im Gegensatz zu pixelbasierten Verfahren – neben der spektralen Bildinformation auch die Nutzung struktureller und kontextbasierter Zusammenhänge für die (teil-)automatisierte Erfassung städtischer Objekte. Durch die Einbindung von Expertenwissen lässt sich neben der oberflächenbezogenen städtischen Landbedeckung auch die thematische Landnutzung erfassen.
Die modellbasierte Objekterkennung ermöglicht es, Strukturen im Bild nach zuvor definierten Geometrien und Mustern zu durchsuchen, so dass u.a. charakteristische Dachformen (z.B. Walmdächer) automatisch erkannt werden können.
Auch die hochgenaue manuelle 3D-Auswertung/Stereoskopie wird zunehmend durch automatisierte Routinen ergänzt, entsprechende Verfahren befinden sich jedoch häufig noch in der Entwicklungsphase.
Ein Problem bei städtischer Bebauung stellt die sog. Verkippung hoher Objekte (z.B. Gebäude, Bäume) dar. Aufgrund einer perspektivischen Verzerrung im Luftbild werden ebenerdige Flächen von erhöhten Objekten verdeckt. Die Problematik lässt sich durch die Verwendung von mehreren sich räumlich überlappenden Bildern minimieren. Ein vergleichbares Problem stellt die Verdeckung von Flächen durch Schattenwurf dar.
Automatisierte Methoden der Fernerkundung liefern großflächig wichtige Grundlagendaten für Boden-, Flächen und Standortbewertungen. Für eine katasterscharfe Ersterfassung sind i.d.R. nach wie vor manuelle Arbeitsschritte notwendig, jedoch lassen sich sowohl allgemeine Trendanalysen als auch Bestandsänderungen (sog. Change Detection, z.B. innerhalb von Versiegelungs- oder Gebäudekatastern) erfolgreich ableiten.

Andreas Völker, Andreas Müterthies, Claudia Hagedorn, Adrian Klink

E 1.4 Entwicklung und Evaluierung eines fernerkundungsbasierten Flächenbarometers als Grundlage für ein nachhaltiges Flächenmanagement

Thomas Esch, Doris Klein, Barbara Jahnz

REFINA-Forschungsvorhaben: Entwicklung und Evaluierung eines fernerkundungsbasierten Flächenbarometers als Grundlage für ein nachhaltiges Flächenmanagement

Projektleitung:	Universität Würzburg, Geographisches Institut
Verbundpartner:	Bundesamt für Bauwesen und Raumordnung (BBR); Planungsverband Äußerer Wirtschaftsraum München (PV)
Kooperationspartner:	Deutsches Zentrum für Luft- und Raumfahrt e.V. (DLR); Geoforschungszentrum Potsdam (GFZ); Wegner Stadtplanung; Umweltbundesamt (UBA)
Modellraum:	Region München (BY), Stadtgebiete Leipzig und Dresden (SN), Region Rhein-Neckar (BW)
Projektwebsite:	www.geographie.uni-wuerzburg.de/arbeitsbereiche/fernerkundung/forschungsprojekte/refina

Indikationsgestütztes Informations- und Beratungsinstrument

Zur Beobachtung der Flächeninanspruchnahme und Unterstützung von Entscheidungen bei der Steuerung einer nachhaltigen Flächennutzung wurde im Rahmen des Projektes „Entwicklung und Evaluierung eines fernerkundungsbasierten Flächenbarometers als Grundlage für ein nachhaltiges Flächenmanagement" ein indikatorbasiertes Informations- und Bewertungsinstrument erstellt. Das „Flächenbarometer" dient insbesondere der quantitativen und qualitativen Bewertung von Flächeninanspruchnahme und deren raum-zeitlichen Veränderungen. Es besteht aus einem Softwaretool (vgl. Kap. **E 1 E**), das auf Basis von Satellitenaufnahmen sowie Daten der amtlichen Vermessung (Amtliches Topographisch-Kartographisches Informationssystem – ATKIS) und Statistik (Statistik regional, Statistik kommunal) einen definierten Indikatorenbestand auf frei wählbaren administrativen oder raumstrukturellen Gebietseinheiten berechnet. Im Rahmen des Projektes wurden die Indikatoren in Modellregionen auf ihren praktischen Nutzen in der kommunalen und regionalen Planung untersucht.

Indikatorenset

Das Indikatorenset ist auf die vier flächenpolitischen Zieltypen „Reduktionsziele", „Erhaltungs- und Schutzziele", „Nutzungsstrukturelle Ziele" und „Nutzungseffizienzziele" ausgerichtet und umfasst insgesamt 33 Indikatoren. Um die Praxistauglichkeit des Instrumentariums zu erhöhen, wurden die über das „Flächenbarometer" bereitgestellten Kenngrößen anschließend über Befragungen von Planungsträgern der Raumordnung sowie auf kommunaler und regionaler Ebene in den Modellregionen Dresden, Leipzig, München sowie Rhein-Neckar nach den Kriterien Verständlichkeit, Aussagekraft, Praktikabilität, Nutzenstiftung, Verwendbarkeit bewertet.

Vonseiten der befragten planerischen und kommunalpolitischen Akteuren wurde angeregt, einige Messgrößen, welche Grundlageninformationen darstellen, sogenannte Basisindikatoren wie z.B. „Siedlungsdichte", „Flächennutzung", „Flächeninanspruchname", dem allgemeinen Indikatorenpool des Flächenbarometers voranzustellen. Die anderen Indikatoren des Flächenbarometers wurden in Kern- und Ergänzungsindikatoren unterteilt. Kernindikatoren (Tabelle 3) bieten eine Vielzahl von Einsatzmöglichkeiten und erlauben eine leicht verständliche Messung flächenpolitischer Ziele. Ergänzungsindikatoren dienen der spezifischen Unterstützung der Kernindikatoren, indem sie bestimmte Sachverhalte vertieft darstellen wie „Zerklüftungsgrad", „Effektiver Freiflächenanteil" oder „Entdichtung im Wohnungsbau". Die als nicht hilfreich eingestuften Indikatoren wie etwa „Bauland" oder „Versiegelungseffizienz" wurden verworfen. Der letztlich als praxisrelevant angesehene Indikatorenbestand umfasst insgesamt zehn Basis-, sechs Kern- und fünf Ergänzungsindikatoren.

Zur räumlich detaillierten Berechnung des Indikators „Versiegelungsgrad" wurde eigens ein Verfahren in das Flächenbarometer integriert, welches unter Nutzung digitaler Luft- oder Satellitenaufnahmen eine direkte Abschätzung der Bodenversiegelung für jeden Bildpunkt ermöglicht. Diese Information kann anschließend auf eine administrative oder raumstrukturelle Gebietseinheit aggregiert werden. Bislang wurde die Bodenversiegelung vornehmlich indirekt über die amtliche Statistik zur Siedlungs- und Verkehrsfläche (SuV) abgeschätzt. Der Bebauungs- bzw. Versiegelungsgrad der SuV unterliegt jedoch regionalen Unterschieden und umfasst neben den versiegelten Flächen der Gebäude und Verkehrswege auch Freiflächen, Sportanlagen, Parks und Friedhöfe. Mit Hilfe von Fernerkundungsdaten bzw. daraus abgeleiteten Informationsprodukten lässt sich der Status quo, aber auch die zeitliche Entwicklung der Bodenbedeckung und Bodenversiegelung flächendeckend, räumlich differenziert und zeitlich flexibel erfassen – ein klarer Vorteil gegenüber etablierten Daten der amtlichen Statistik und Vermessung. Eine bundesweite Berechnung der Bodenversiegelung aus Fernerkundungsdaten zeigt den unterschiedlichen Grad der Versiegelung in Deutschland (Abb. 7).

Regelmäßige Fortschreibung der Indikatoren

Die Untersuchungen zur Praxistauglichkeit des entwickelten Instrumentariums haben gezeigt, dass eine regelmäßige Fortschreibung der Indikatoren auf der Basis der statistischen Daten leicht möglich ist, da diese Datenquelle relativ kostengünstig und einfach zugänglich ist. Um die Informationen zur Flächenentwicklung interessierten Nutzern zugänglich zu machen, sollen die entsprechenden Kern- und Ergänzungsindikatoren in Zukunft regelmäßig fortgeschrieben und auf der Internetseite des BBSR bereitgestellt werden.

Da ein solcher statistikbasierter Indikatorensatz als kleinste Raumeinheit die Gemeindeebene aufweist, ist die Anwendbarkeit des Flächenbarometers auf subkommunaler Ebene bislang eingeschränkt. Statistische Daten auf Baublockebene sind vorläufig allenfalls für große bzw. kreisfreie Städte vorhanden, während dies für kleine Kommunen zumeist nicht der Fall ist. Der Einsatz von Fernerkundungsdaten auf subkommunaler Ebene könnte hier Abhilfe schaffen. So wurden im Raum München mit Hilfe flugzeuggestützter Hyperspektral-

Nr.	Name	Einheit	Berechnung	Datenquelle	Einsatzmöglichkeiten in der Praxis
1	Flächeninanspruchnahme 2 (R1_2)	%	$\frac{\sum GuF\text{-}Fläche_t}{\sum Gesamtfläche_t} x\,100$	Statistik regional, lokal	Einsatz in der Landes- und Regionalplanung, Bundesraumordnung sowie der Fachberatung Darstellung der Besiedelung und des Flächenverbrauchs Fachberatung bei der Planaufstellung Grundlage für interkommunale Vergleiche Aufzeigen regionaler und kommunaler Entwicklungsschwerpunkte Öffentlichkeitsarbeit
	Dynamik Flächeninanspruchnahme 2 (R2_2)	%	$\frac{\sum GuF\text{-}Fläche_t - \sum GuF\text{-}Fäche_{(t-1)}}{\sum GuF\text{-}Fläche_{(t-1)}} x\,100$		
2	Bodenversiegelung (R4)	%	$\frac{\sum versiegelte\ Fläche_t}{\sum Gesamtfläche_t} x\,100$	Landsat-Daten	Einsatz in der (Fach-)Planung und Politikberatung auf allen räumlichen Ebenen Darstellung stadtklimatischer Problemlagen Bewertung der Wohnqualität Ableitung von Handlungserfordernissen der Stadtentwicklung hinsichtlich einer Reduzierung der Versiegelung und einer Ausweitung von Grünflächen Ressourcenschutz auf überörtlicher Ebene Öffentlichkeitsarbeit Umweltbericht Begutachtung von Bauleitplänen durch die Genehmigungsbehörden
3	Flächenbedarf (Z1)	EW/ha	$\frac{\sum Einwohner_t}{\sum SuV - Fläche_{2004}}\ x\,100$	Statistik regional, Bevölkerungs-prognose	Einsatz in der Landes- und Regionalplanung, Politikberatung Identifikation von lokalen Nachverdichtungspotenzialen und Verdichtungsproblemen Abschätzung des zukünftigen Flächenbedarfs
	Dynamik Flächenbedarf (Z2)	%	$\frac{\sum Flächenbedarf_t - \sum Flächenbedarf_{(t-1)}}{\sum Flächenbedarf_{(t-1)}} x\,100$		
4	Durchgrünung des Siedlungsraumes (E3)	%	$\frac{\sum Grünflächen\ des\ Siedlungsraumes_t}{\sum Gesamtfläche_t} x\,100$	Landsat-Daten	Einsatz in der Fachberatung, Planung und Politikberatung vor allem auf kommunaler Ebene Überörtliche Sicherung des Freiraums z.B. durch Grünzüge Darstellung weicher Standortfaktoren (Wohn-/Lebensqualität)
5	Landschaftszerschneidung (S10)	ha	$\frac{1}{F_{gi-1}} \sum_n F_i^2$ n = Anzahl der verbleibender Flächen F_i = Flächeninhalt der Fläche i F_g = Gesamtfläche, in n Flächen zerteilt	ATKIS	Einsatz in der Landes- und Regionalplanung sowie der Fachplanung Freiraumschutz Landschaftsplanung Infrastrukturplanung Raumordnungsverfahren
6	Nutzungsdichte (N11)	Personen /ha	$\frac{\sum Einwohner_t + \sum sozVers\_AO_t}{\sum GuF - Fläche_t}$	Statistik regional, lokal	Einsatz in der Landes- und Regionalplanung, Politikberatung Identifikation regionaler Entwicklungsschwerpunkte Ableitung und Bewertung der Nutzungsmischung

Tabelle 3:
Übersicht und mögliche Einsatzfelder der Kernindikatoren des Flächenbarometers in der Planungspraxis

Quelle: Julia Wettemann, Würzburg, 2009.

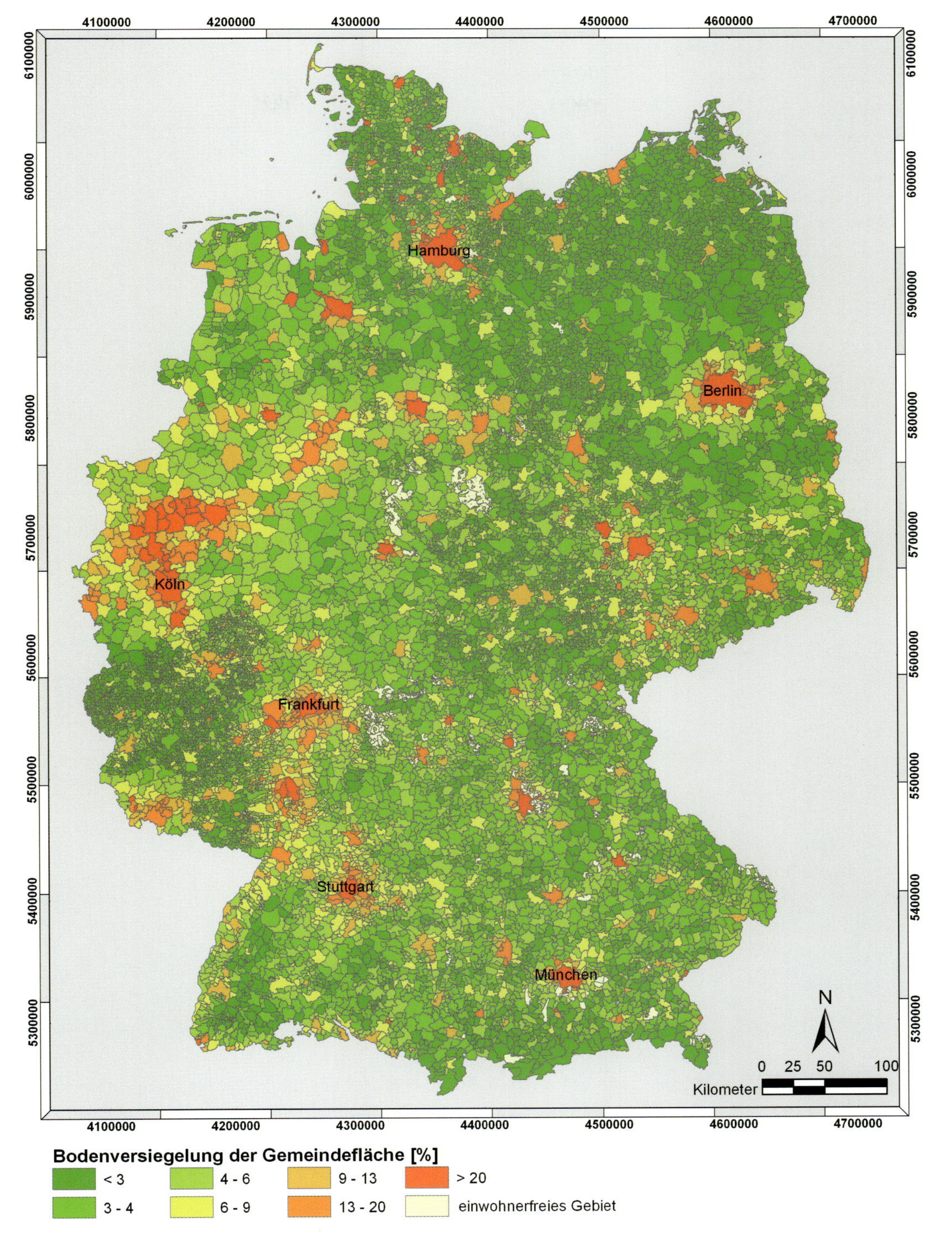

Abbildung 7:
Anteil der Versiegelung in Bezug zur Gemeindefläche, berechnet mithilfe von Landsat-Satellitendaten aus den Jahren 1999 bis 2001

Quelle: Vitus Himmler, Würzburg, 2009.

Daten erfolgreich verschiedene planungsrelevante Kenngrößen wie Bebauungsdichte, Vegetationsanteil und Grünvolumen abgeleitet (Abb. 8).

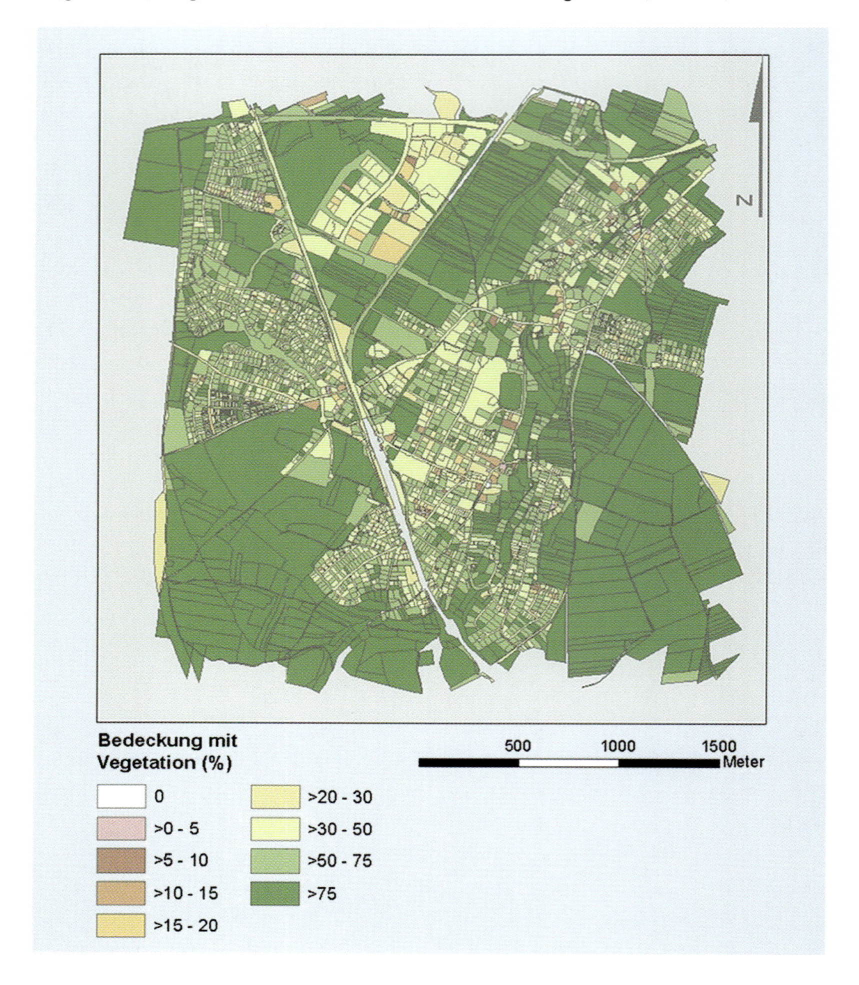

Abbildung 8: Vegetationsanteil pro Flurstück für die Gemeinde Oberhaching, aus Hyperspektral-Fernerkundungsdaten abgeleitet

Quelle: Wieke Heldens, Würzburg, 2009.

Anwendungen in der Praxis

Das Flächenbarometer kann für die Politik- und Fachberatung eingesetzt werden, indem mit Hilfe der thematischen Karten, die mit Hilfe des Flächenbarometers generiert werden, komplexe und abstrakte Sachverhalte anschaulich visualisiert werden. Insbesondere die Informationen aus hoch aufgelösten Fernerkundungsdaten können für bestimmte fachliche Fragestellungen und Planungen herangezogen werden.

Am Beispiel der Gemeinde Oberhaching wurde untersucht, inwieweit das Flächenbarometer Grundlagendaten für die Erstellung von Flächennutzungsplänen liefern kann. Insbesondere detaillierte Informationen aus Fernerkundungsdaten zur Versiegelung und zum Grünflächenanteil wurden von den Gemeinden und dem Planungsverband München als hilfreich angesehen. Die thematischen Karten der Grünflächenanteile (Abb. 8) zeigen deutlich die für

das Gemeindegebiet bedeutenden Grünstrukturen auf und heben so beispielsweise erhaltenswerte Areale hervor. Die Erfassung von Versiegelungsumfang und -art hingegen kann zur Unterstützung bei der Erhebung des Bauflächen- und mitunter auch Nachverdichtungspotenzials dienen, während sich die Ermittlung von Veränderungen über Zeitreihen zur Führung eines Baulückenkatasters oder zum Monitoring im Rahmen der Umweltprüfung einsetzen lässt – hier speziell im Zusammenhang mit dem Schutzgut Boden.
Des Weiteren zeigte sich in der Planungspraxis, dass mit Hilfe des Flächenbarometers die nachhaltige Flächeninanspruchnahme größerer Innenentwicklungsprojekte bestimmt werden kann, indem untersucht wird, ob eine wirksame Reduzierung der Flächeninanspruchnahme erfolgte. Es zeigte sich, dass die Kombination des Indikators „Dynamik der Flächeninanspruchnahme" zusammen mit der Bevölkerungsentwicklung eine gute Ersteinschätzung der Nachhaltigkeit des Bodenmanagements ermöglicht – allerdings nur wenn der betrachtete Zeitraum eine Periode von mindestens zwölf Jahren abdeckt. Liegt die Betrachtungsdauer darunter, sinkt die Signifikanz der Aussagen beträchtlich.
Für die Raumordnungspolitik liegt die Stärke des Flächenbarometers in seinem umfangreichen Indikatorensatz, der umfassende Informationen für einen bundesweiten Vergleich der Entwicklung von Siedlungs- und Verkehrsflächen bietet. So können Trends in verschiedenen Planungsregionen auf der Basis eines einheitlichen Maßstabs und identischer Indikatoren vergleichend bewertet werden.

Fazit

Flächenbarometer für die regionale Ebene geeignet

Das Instrument des Flächenbarometers eignet sich insbesondere für das Monitoring bzw. die Evaluierung der Flächeninanspruchnahme auf regionaler Ebene sowie für größere Gemeinden. Auf kommunaler und subkommunaler Ebene ist ein höherer räumlicher Detaillierungsgrad der Analysen erforderlich. Für diese Detailschärfe fehlen von statistischer Seite oftmals die notwendigen Daten. Auf der anderen Seite können einige der Informationen zwar aus Fernerkundungsdaten abgeleitet werden, was zurzeit noch vergleichsweise kostspielig ist und ein gewisses Expertenwissen voraussetzt. Die Untersuchungen in der Modellregion München haben jedoch gezeigt, dass gerade auf der subkommunalen Ebene das Potenzial zum Einsatz fernerkundlich abgeleiteter Indikatoren sehr hoch ist. Bei vielen planerischen Fragestellungen zeigte sich zudem, dass die Anwendbarkeit und der Nutzen von Indikatoren erst mit wachsender Gemeindegröße – sowohl hinsichtlich der Einwohneranzahl als auch der Siedlungsfläche – einen Mehrwert liefern. Bei kleineren Gemeinden (kleiner als ca. 10.000 Einwohner) sind die räumlich relevanten Informationen bezüglich der Flächennutzung in Form von Expertenwissen in der Verwaltung und den politischen Gremien vorhanden. Je größer eine Gemeinde hingegen ist, desto geringer ist die Informationsdichte und -tiefe und desto größer ist daher der Informationsgewinn durch räumlich detaillierte Informationen.
Prinzipiell wurden die durch das Flächenbarometer bereitgestellten Informationen von den Modellregionen positiv bewertet. Die Indikatoren ermöglichen es, die eigene Entwicklung in Bezug zu anderen, vergleichbaren Gemeinden oder Regionen zu bewerten. Insbesondere die Kombination verschiedener Indikatoren und Daten führt dabei zu einem Mehrwert, weshalb eine Integration

der ermittelten Kenngrößen in die den Gemeinden zur Verfügung stehenden Datengrundlagen wie z.B. die Gemeindedaten des Planungsverbands Äußerer Wirtschaftsraum München als sinnvoll erachtet wird. Eine rein technische Datenabfrage oder automatisierte Auswertung der Indikatoren ist jedoch aufgrund der qualitativen Aspekte nicht möglich, die Daten müssen vielmehr im Zusammenspiel mehrerer Indikatoren „gelesen" und interpretiert werden. Somit stellt das Flächenbarometer vor allem eine Unterstützung für die qualifizierte Fachberatung dar.

Literatur

Esch, Thomas, Gunther Schorcht, Michael Thiel, Stefan Dech (2007): Satellitengestützte Erfassung der Bodenversiegelung in Bayern, Bayerisches Landesamt für Umwelt.

Esch, Thomas, Vitus Himmler, Christopher Conrad, Gunther Schorcht, Michael Thiel, Felix Bachofer, Thilo Wehrmann, Michael Schmidt, Stefan Dech (2009): Large-area Assessment of Impervious Surface based on Integrated Analysis of Single-date Landsat-7 Images and Geospatial Vector Data, in: Remote Sensing of Environment 13 (8), S. 1679–1691.

Heldens, Wieke, Thomas Esch, Uta Heiden, Stefan Dech (2008): Potential of hyperspectral remote sensing for characterisation of urban structure in Munich, in: Carsten Jürgens (Hrsg.): Remote Sensing – New Challenges of High Resolution, Proceedings of the EARSeL Joint Workshop Bochum, March 5-7 2008, CD-ROM, S. 94–103.

E 1 E: Flächenbarometer

REFINA-Forschungsvorhaben: Entwicklung und Evaluierung eines fernerkundungsbasierten Flächenbarometers als Grundlage für ein nachhaltiges Flächenmanagement

Projektleitung: Universität Würzburg, Geographisches Institut
Verbundpartner: Bundesamt für Bauwesen und Raumordnung (BBR); Planungsverband Äußerer Wirtschaftsraum München (PV)
Kooperationspartner: Deutsches Zentrum für Luft- und Raumfahrt e.V. (DLR); Geoforschungszentrum Potsdam (GFZ); Wegner Stadtplanung; Umweltbundesamt (UBA)
Modellraum: Region München (BY), Stadtgebiete Leipzig und Dresden (SN), Region Rhein-Neckar (BW)
Internet: www.geographie.uni-wuerzburg.de/arbeitsbereiche/fernerkundung/forschungsprojekte/refina

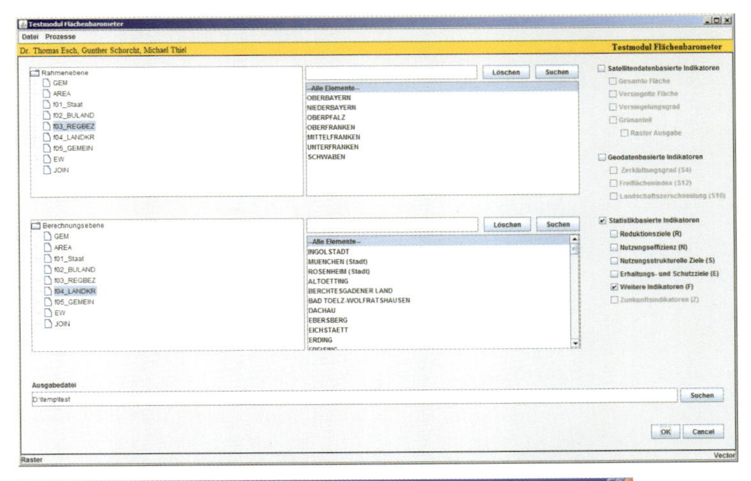

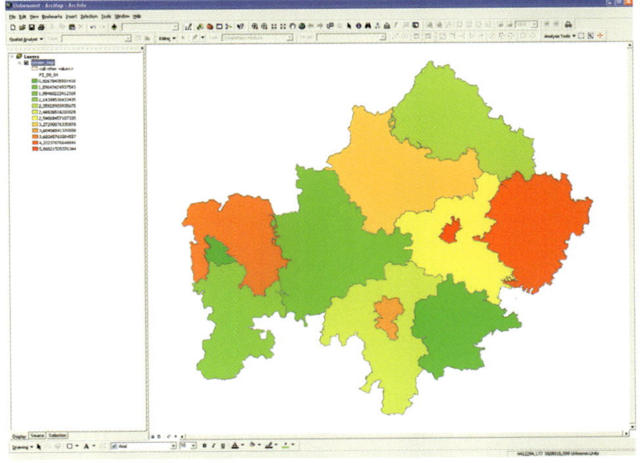

Abbildungen 9–11: Bedienoberfläche des Software-Tools „Flächenbarometer“ und Visualisierung der Ergebnisse

Quellen: Vitus Himmler, Würzburg, 2009.

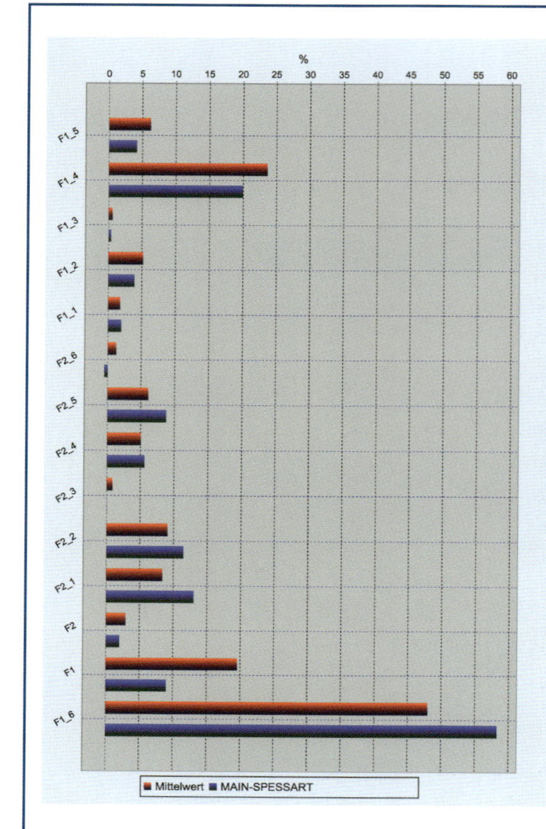

Werte der ausgewählten Landkreis					
	Mittelwert	Standardabweichun	Minimum	Maximum	MAIN-SPESSART
F1_5	6,24	3,76	3,15	14,50	4,19
F1_4	23,67	6,14	16,31	33,78	19,93
F1_3	0,56	0,28	0,35	1,39	0,37
F1_2	5,20	2,15	3,23	9,70	3,91
F2_6	1,25	1,16	-0,52	3,55	1,96
F1_1	1,79	0,64	0,76	2,89	-0,52
F2_5	6,10	5,88	-3,77	15,14	8,80
F2_4	5,06	2,18	1,72	8,84	5,62
F2_3	0,82	4,08	-9,09	9,76	0,00
F2_2	9,13	6,90	2,22	29,44	11,48
F2_1	8,38	9,59	-8,82	31,25	13,04
F2	2,91	1,25	0,93	5,86	1,98
F1	19,56	15,62	9,02	55,14	9,02
F1_6	48,01	12,58	27,86	62,52	58,30

F1_5 : Flaechennutzung_GuF-Flaeche_Gewerbe_Industrie %
F1_4 : Flaechennutzung_GuF-Flaeche_Wohnen %
F1_3 : Flaechennutzung_Friedhofsflaeche %
F1_2 : Flaechennutzung_Erholungsflaeche %
F2_6 : Dynamik_Flaechennutzung_Verkehrsflaeche %
F1_1 : Flaechennutzung_Betriebsflaeche %
F2_5 : Dynamik_Flaechennutzung_GuF-Flaeche_Gewerbe_Industrie %
F2_4 : Dynamik_Flaechennutzung_GuF-Flaeche_Wohnen %
F2_3 : Dynamik_Flaechennutzung_Friedhofsflaeche %
F2_2 : Dynamik_Flaechennutzung_Erholungsflaeche %
F2_1 : Dynamik_Flaechennutzung_Betriebsflaeche %
F2 : Dynamik_Flaechennutzung %
F1 : Flaechennutzung %
F1_6 : Flaechennutzung_Verkehrsflaeche %

Das Softwaretool „Flächenbarometer" zur Berechnung des Indikatorensets bietet eine fensterbasierte Oberfläche (Abb. 9) mit deren Hilfe die zu berechnenden Indikatoren und die räumlichen Zielebenen – hier alle Kreise (Zielebene) im Bundesland Bayern (Rahmenebene) – selektiert werden können. Die für die definierte Ziel- und Rahmenebene berechneten Indikatoren können dann als Karte (Abb. 10) und Diagramm bzw. Tabelle ausgegeben werden (Abb. 11). Dabei werden die für die administrative Raumeinheit – hier der Kreis Main-Spessart – ermittelten Werte in Bezug zum Mittelwert aus allen Zielebenen innerhalb der betrachteten Rahmenebene gesetzt.

Thomas Esch, Doris Klein, Barbara Jahnz

E 1.5 Digitales Gewerbeflächeninformationssystem

Stefan Blümling, Jürgen Bunde, Busso Grabow

REFINA-Forschungsvorhaben: Flächen ins Netz – Aktivierung von Gewerbeflächenpotenzialen durch E-Government – FLITZ

Projektleitung: Deutsches Institut für Urbanistik
Projektpartner: GEFAK – Gesellschaft für angewandte Kommunalforschung mbH; Stadt Gera, Referat Wirtschaftsförderung und Europa
Modellraum: Stadt Gera (TH)
Projektwebsite: www.refina-info.de/projekte/anzeige.phtml?id=3141

Hintergrund

Ziel des Projekts ist die bessere Nutzung und Wiederverwertung von Gewerbflächen im Bestand. Gewerbliche Brachflächen, Baulücken, Reservegrundstücke und untergenutzte Grundstücke sollen „aktiviert" und wiedergenutzt oder intensiver genutzt werden. Ziel ist ein funktionierender Unternehmensservice für Gewerbeflächen und -objekte.

Unternehmensservice für Gewerbeflächen und -objekte

Als Instrument dafür wird im Wesentlichen eine E-Government-Lösung (Softwarelösung, Web-Portal) angestrebt, die zur Vermarktung bzw. Wiedernutzung dieser Flächen beitragen kann. Flankiert wird diese Lösung durch organisatorische Anpassungen und Prozessoptimierungen.

Der Status quo in Gera zu Beginn des Projekts war, dass

- es eine deutliche lokale/regionale Nachfrage nach „kleinen" Flächen und Objekten gibt, die teilweise nicht gedeckt werden kann,
- untergenutzte Flächen und Immobilien, die eine wichtige Rolle bei der Gewerbeflächenentwicklung spielen können, kaum bekannt sind,
- ein gewisser Teil der Brachflächen mittelfristig aktivierbar wäre,
- viele potenzielle Anbieter von Gewerbeflächen und -objekten aber nicht aktiv werden,
- es bisher keine systematischen Informationen über Flächennachfrage und Flächenangebote, keine ausreichenden Informationsschnittstellen zwischen den relevanten Fachdiensten und wenig IT-Unterstützung gibt und dass
- relevante Flächen in den Datenbanken kaum enthalten und im Internet „sichtbar" sind.

Die E-Government-Lösung (Prototyp) wird unter anderem zwei Zugänge zur Flächenvermittlung bieten: ein lokales/regionales Portal für die ansässigen Eigentümer und Unternehmen als „maßgeschneiderte" Lösung, sowie Schnittstellen zur Nutzung überregionaler Immobilienportale für die überregionale Sichtbarkeit und Standortpräsenz.

Gewerbeimmobilienportale in Deutschland

In einer bundesweiten Kommunalumfrage im Rahmen des Projekts zeigt sich, dass die Kommunen schwerpunktmäßig ihre eigenen Flächen IT-gestützt erfassen und vermarkten, dass knapp 30 Prozent aller Kommunen auch Flächen und Immobilien anderer Eigentümer umfangreich in ihre Datenbanken aufnehmen und im Internet (mit)vermarkten (Zwicker-Schwarm/Grabow/Seidel-Schulze 2009).

Oft werden die Flächen zumindest teilweise auch über die kommunalen Internetportale vermarktet. Zwei Drittel aller Kommunen liefern Daten auch in andere öffentliche Portale. Deutlich zurückhaltender gestaltet sich die Zusammenarbeit mit privaten Immobilienportalen. Nur 15 Prozent aller Kommunen nutzen diese kommerziellen Angebote für die Vermarktung ihrer Gewerbeflächen.

Große Bandbreite an Gewerbeflächenportalen

Eine umfassende Analyse der vorhandenen Online-Gewerbeimmobilienportale in Deutschland zeigt deren große Bandbreite – entsprechend vielfältig sind ihre Merkmale, darunter die möglichen Suchkriterien und Angaben zu angebotenen Immobilien. Es gibt einen deutlichen Zusammenhang zwischen der Größe des abgedeckten Raumes eines Portals und der „Ausgefeiltheit" des Portals (Anzahl Kriterien, Stufigkeit, Zusatzoptionen etc.).

Aus der Analyse lassen sich Schlussfolgerungen für die optimierte Gestaltung und Umsetzung von Immobilienportalen als Teil von IT-gestützten Lösungen zur Aktivierung von Gewerbeflächenpotenzialen ableiten:

- einfache Navigation in Bezug auf die Zugänglichkeit und Nutzerfreundlichkeit,
- bei der Suche semantische und geografische Suchmöglichkeiten, die getrennte Suche nach Flächen und Objekte sowie eine ausreichende Bandbreite der Suchkriterien,
- eine übersichtliche Darstellung der Suchergebnisse mit Informationen sowie PDF-Exposés zum Download,
- zuverlässige Möglichkeiten des Kontakts zu Ansprechpartnern und Serviceangebote
- Personalisierungsfunktionen sowie
- sinnvolle Mehrfachpräsenzen (lokale und überregionale Portale) bei Wahrung der Nutzerfreundlichkeit und Datenübereinstimmung über einzelne Systeme hinweg.

E-Government-Lösung in Gera

Die in Gera zu realisierende E-Government-Lösung zu Gewerbeimmobilien zielt darauf ab, die Informationen der verschiedenen Akteure (Stadtverwaltung, Makler, private Anbieter) zu Immobilienangeboten zusammenzuführen und den Gewerbetreibenden auf attraktive Weise in einem Internet-Portal zur Verfügung zu stellen. Die Annahme ist, dass dadurch bisher ungenutzte Gewerbeflächenpotenziale erschlossen werden und die Innenentwicklung gestärkt wird.

Dazu bedarf es zum einen einer technischen Lösung, die insbesondere die Schaffung von Schnittstellen zwischen verschiedenen Datenbanken und die Realisierung eines Internet-Portals für Gewerbeimmobilien umfasst. Zum ande-

ren geht es darum, unter den beteiligten Akteuren über regelmäßigen Austausch und Absprachen ein Problembewusstsein zu schaffen und einen institutionalisierten Wissenstransfer aufzubauen.
Die wesentlichen Elemente des Gewerbeimmobilienportals sind zum einen solche, die aufgrund der im Vorfeld recherchierten einschlägigen Angebote kommunaler und regionaler Portale als sinnvoll erachtet wurden. Dies sind im Wesentlichen:

- Online-Erfassungsmöglichkeit durch private Anbieter von Gewerbeimmobilien (Einzeleigentümer und Makler),
- Redaktion und Prüfung der Daten in der Wirtschaftsförderung im Abgleich mit den Daten in Datenbanken der Stadtplanung,
- komfortable Suchmöglichkeiten mit Kartendarstellung,
- Listen- und Detaildarstellungen der Suchergebnisse,
- Druckmöglichkeiten u.a. von Exposés und einfache Möglichkeit der Kontaktaufnahme,
- Erinnerungsfunktion für die Anbieter zur Aktualisierung ihrer Angebote, automatische Löschung veralteter Angebote,
- automatisierte Schnittstelle zu den von den örtlichen Maklern verwendeten Datenbanken (Maklersoftware).

Abbildung 12:
Datenbasis des Gewerbeimmobilienportals

Quelle: GEFAK, Gesellschaft für angewandte Kommunalforschung mbH.

Darüber hinaus bietet das Geraer Portal den Nutzern eine Reihe verschiedener weiterer Informationen, die bei der Bewertung der Angebote helfen sollen. Dazu zählen das Hinterlegen der jeweiligen Bebauungspläne, Quartierrahmenpläne, Informationen zum Denkmalschutz, zu städtischen Entwicklungsflächen u.a.m. Zusätzlich wird es über das Portal möglich sein, bestimmte Entwicklungsschwerpunkte im Interesse der Stadt herauszuheben und hervorgehoben zu

bewerben. Die Stadt Gera möchte mit diesen zusätzlichen Informationsangeboten dem Portal eine höhere Wertigkeit und den Immobilienangeboten eine größere Verbindlichkeit geben, als dies üblicherweise bei derartigen Portalen der Fall ist.
Über das Immobilien-Portal werden außerdem die getätigten Online-Suchen ausgewertet und damit eine wichtige Basis für die zukünftige Ausrichtung des Immobilienangebotes geschaffen. Die Auswertung der Nachfragen erfolgt in der zentralen Datenbank KWIS (Kommunales Wirtschafts-Informationssystem), die beim Fachdienst für Wirtschaftsförderung und Stadtentwicklung im Einsatz ist und über die das gesamte Datenmanagement einschließlich der redaktionellen Überarbeitung und Freischaltung der Angebote erfolgt.
Zunächst wird das Immobilienportal als städtisches Angebot konzipiert; eine regionale Erweiterung (z.B. auf den Gera umgebenden Landkreis Greiz) ist jedoch jederzeit möglich.
Parallel zur Realisierung dieser technischen Lösung ist es ein zentrales Anliegen des Projektes, durch Entwicklung entsprechender organisatorischer und prozessualer Strukturen unter den beteiligten Akteuren ein durchgängiges Problembewusstsein zu schaffen und einen institutionalisierten Wissenstransfer aufzubauen. Dazu hat sich innerhalb der Stadtverwaltung über die Projektbearbeitungszeit eine feste Arbeitsgruppe herausgebildet, die auch nach Umsetzung der technischen Lösung für deren Weiterführung und den kontinuierlichen Betrieb verantwortlich sein wird. Die externen Akteure (insbesondere die örtlichen Makler und Eigentümer privater Gewerbeimmobilien) wurden über einen Workshop an dem Vorhaben der Stadt beteiligt und haben wertvolle Beiträge zur Gesamtkonzeption geleistet. Insgesamt ist es ein Ziel des Projektes, über die gesamte Laufzeit ein funktionsfähiges Netzwerk aus verwaltungsinternen und -externen Akteuren aufzubauen, das die Weiterführung der E-Government-Lösung ermöglicht.

Literatur

Zwicker-Schwarm, Daniel, Busso Grabow und *Antje Seidel-Schulze* (2009): Flächen im Netz: IT-gestützte Erfassung und Vermarktung von Gewerbeimmobilien in deutschen Kommunen, Berlin (Difu-Paper).

E 2

Ansätze zur Boden- und Flächenbewertung

Ansätze zur Boden- und Flächenbewertung

Manfred Lieber

Ob es um die Bewertung von Untersuchungsergebnissen einer Umweltverträglichkeitsstudie geht, um die Abschätzung von Nutzungsalternativen für eine Fläche im Rahmen der städtebaulichen Planung oder die vergleichende Bewertung der Nutzungseignung von Flächen im Rahmen der Flächennutzungsplanung: Bewertung ist in jedem Fall ein zentraler fachlicher Schritt in einem flächenbezogenen Entscheidungsprozess.

Dieses Kapitel stellt eine Bandbreite von Einsatzfeldern, Methoden und Vorgehensweisen der Bewertung vor, mit denen in REFINA-Projekten ein nachhaltiges Flächenmanagement unterstützt wird.
So unterschiedlich die Bewertungszwecke und die Bewertungsmethoden sind: In jedem Fall sind projektspezifische Rahmenbedingungen für eine Bewertung zu analysieren und die methodische Ausgestaltung einer Bewertung und ihre Integration in den Planungsprozess an diesen Rahmenbedingungen auszurichten. Im Vordergrund stehen dabei die Fragen nach

- dem Aufwand für und der Kontinuität der Datenerfassung und -aufbereitung,
- der Objektivität, Reliabilität und Validität der Daten,
- der Verfügbarkeit und Qualifikation von Personal,
- der Offenheit der Bewertungsverfahren für projektspezifische Anpassungen von Kriterien und Gewichtungen,
- der Nachvollziehbarkeit, Kontrollierbarkeit und Transparenz von Bewertungsverfahren für beteiligte Gruppen in kooperativen Planungsprozessen.

Wissenschaftliche Standards und Praktikabilität sind gleichermaßen wichtig

Die Anwendung von Bewertungsverfahren in der Praxis ist immer eng verbunden mit der Frage nach dem Aufwand für und der Kontinuität der Datenerfassung und Datenaufbereitung, nach Einsatz spezifischer Software und nach Verfügbarkeit und Qualifikation des für die Anwendung erforderlichen Personals. Insbesondere kleinere und mittlere Kommunen sind häufig nicht in der Lage, komplexe Bewertungsverfahren einzusetzen, weil ihnen die finanziellen und personellen Möglichkeiten fehlen, entsprechende Erhebungen vorzunehmen. Es muss somit eine Reduktion der Komplexität in der Art vorgenommen und in Kauf genommen werden, dass

- möglichst auf vorhandene Datenbestände oder auf regelmäßig erhobene Informationen zurückgegriffen wird,
- nicht alle wünschenswerten Informationen erhoben werden können.

Ein weiterer wichtiger Aspekt im Prozess der Festlegung von Bewertungsgrundlagen und der Bewertung selbst ist der Grad der Beteiligung von Bürgerschaft und Politik. Wenn Planungs- und Entscheidungsprozesse in kooperativen Planungsverfahren unter Einbeziehung vieler Beteiligter erfolgen sollen, dann müssen auch eingesetzte Bewertungsmethoden so gestaltet und die Ergebnisse so aufbereitet werden, dass die Bewertungen einen produktiven Beitrag zum Interessenausgleich und zur Entscheidungsfindung leisten.
Die Orientierung von Bewertungsverfahren an wissenschaftlichen Standards muss einhergehen mit Möglichkeiten des Anpassens von Elementen des Bewer-

tungsverfahrens an räumlich-sachliche Spezifika und an Präferenzen der Beteiligten. Ein wichtiger Erfolgsfaktor ist, dass die Beteiligten sich und ihre spezifische Problemsicht auch in der Ausgestaltung von Bewertungsverfahren wiederfinden. Hierbei kann es sich um die Definition von Kriterienkatalogen oder um die Kategorienbildung bei der Ausprägung von Indikatoren oder die Gewichtung einzelner Kriterien handeln. Diese Offenheit fördert nicht nur die Akzeptanz von Bewertungsmethoden in kooperativen Verfahren, sondern auch die Anwendung generell in der Planungspraxis.
Darüber hinaus sind Bewertungsverfahren auch so auszugestalten, dass ihre Ergebnisse ein hohes Maß an Transparenz und Nachvollziehbarkeit für alle Beteiligten aufweisen, seien es Vertreter politischer Gremien, Träger öffentlicher Belange oder der Öffentlichkeit im Rahmen der Bürgerbeteiligung und insbesondere in kooperativen Planungsprozessen.

Beiträge aus REFINA

Das Kapitel beginnt mit der medienbezogenen Bewertung des Bodens als fachlichem Baustein einer gesamthaften Standort-/Flächenbewertung am Beispiel des Projekts „Funktionsbewertung urbaner Böden" (vgl. Kap. **E 2.1**). Hier finden Praktiker aus der kommunalen Planung Hinweise, wie von Seiten des Bodenschutzes entscheidungsrelevante Grundlagen für die Berücksichtigung von bodenbezogenen Belangen im nachhaltigen Flächenmanagement geschaffen werden können. Anschließend verdeutlicht die Methodik des Projekts „BioRefine", wie die Bewertung von Schadstoffbelastungen mittels Verfügbarkeit/Bioverfügbarkeit zur besseren Einschätzung des Sanierungsbedarfs führt und wie damit Sanierungskosten begrenzt werden können und belastete Flächen einer Nachfolgenutzung zugeführt werden können (vgl. Kap. **E 2.2**).
In Kapitel **E 2.3** wird die Problematik der Verkehrswertermittlung vornutzungsbelasteter Grundstücke behandelt. Die im Projekt „SINBRA" entwickelte Methode des marktorientierten Risikoabschlags ermöglicht eine besser fundierte Bewertung altlastbedingter Grundstückswert bestimmender Einflussgrößen, als dies bislang der Fall ist. Auch dieser Ansatz leistet einen Beitrag zur Vermarktbarkeit und Nutzung belasteter Flächen.
Die Kapitel **E 2.4** und **E 2.5** zeigen Beispiele für Bewertungen, die umfassend und integrierend sind. Umfassend heißt, Kriterien unterschiedlichster Zielbereiche in die Bewertung einzubeziehen. Integrierend meint, die unterschiedlichen Aspekte in einen bewertenden Prozess so einzubeziehen, dass sie einerseits angemessen in die Entscheidung einfließen, andererseits auch Transparenz und Nachvollziehbarkeit weitest möglich sicherstellen. Das Projekt „Flächen intelligent nutzen – FIN.30" (vgl. Kap. **E 2.4**) steht für einen an den drei Nachhaltigkeitsdimensionen orientierten Ansatz der Bewertung von Wohnbauflächen auf der Ebene des Flächennutzungsplans. Bewertet wird mit Hilfe eines Softwaretools, das dem Anwender individuelle Möglichkeiten der Zuordnung von Gewichtungen erlaubt. Es enthält unter anderem ein Modul zur städtebaulichen Kalkulation. Ergebnis ist ein Ranking potenzieller Wohnbauflächen. Ein umfassender Ansatz zur Bewertung von Brachflächen einschließlich einer Bewertung der Vermarktbarkeit der Flächen ist Gegenstand des Projekts „Nachhaltiges Flächenmanagement Hannover (NFM-H)" (vgl. Kap. **E 2.5**). Die ent-

wickelten Kriteriensätze zur Bewertung der Nachhaltigkeit von Nachnutzungen und der Vermarktbarkeit von Brachflächen sind auf kommunale Spezifika anpassbar und stehen damit für eine breitere Anwendung zur Verfügung.
Das Kapitel schließt mit zwei Anwendungsbeispielen. Das Beispiel des Bewertungsverfahrens im Projekt optirisk zeigt, wie eine integrierte Bewertung von Altlasten und Städtebau im Planungsprozess erfolgen kann (vgl. Kap. **E 2 A**). Ein nutzwertanalytisches Bewertungssystem zur Bewertung von Gewerbeflächen des Projekts GEMRIK für einen interkommunalen Gewerbeflächenpool im Städtenetz Iserlohn/Menden/Hemer/Balve in Nordrhein-Westfalen schließt sich an (vgl. Kap. **E 2 B**).

Literatur

Frerichs, Stefan, Manfred Lieber, Thomas Preuß (Hrsg.): (2010): Flächen- und Standortbewertung für ein nachhaltiges Flächenmanagement. Methoden und Konzepte, Beiträge aus der REFINA-Forschung, Reihe REFINA Band V, Berlin.

E 2.1 Urbane Böden bewerten

Friedrich Rück, Hubertus von Dressler, Silke Höke, Markus Rolf, Klaus Thierer, Susanne David, Jürgen Schneider

REFINA-Forschungsvorhaben: Funktionsbewertung urbaner Böden und planerische Umsetzung im Rahmen kommunaler Flächenschutzkonzeptionen

Projektleitung:	Fachhochschule Osnabrück, Fakultät Agrarwissenschaften und Landschaftsarchitektur
Wissenschaftliche Kooperation:	Landesamt für Bergbau, Energie und Geologie (LBEG); EFTAS Fernerkundung Technologietransfer GmbH
Praxispartner:	Stadt Osnabrück, Fachbereich Städtebau; Stadt Osnabrück, Fachbereich Umwelt
Modellraum:	Stadt Osnabrück (NI)
Internet:	www.stadtboden-planung.de

Durch die Berücksichtigung der gerade im baulich verdichteten Bereich wichtigen Funktionen des Bodens im Naturhaushalt lassen sich Standortentscheidungen einer verstärkten Innenentwicklung nachhaltig gestalten. Eine Berücksichtigung der natürlichen Bodenfunktionen im Rahmen eines qualitativen Flächenmanagements trägt dazu bei, teure technische Lösungen zur Kompensation von Beeinträchtigungen z.B. des Klima- oder Wasserhaushalts in Städten zu vermeiden.
Hinsichtlich der Bodenfunktionsbewertung strebt dieses Projekt eine Adaption des Methodenmanagementsystems (MeMaS®) des Niedersächsischen Bodeninformationssystems NIBIS® zur Berücksichtigung anthropogen veränderter Böden an. MeMaS wird in Niedersachsen routinemäßig eingesetzt, um bodenkundliche Auswertungen regelbasiert zu erstellen. Es soll eine in MeMaS integrierte automatisierte Funktionsbewertung für anthropogene Böden geben, die auch für einen länderübergreifenden Transfer zur Verfügung steht (MeMaS_urban).

Stadtgebiete sind in Bodenkarten häufig weiße Flecken

Bodenfunktionsbewertung und Innenentwicklung

Stadtgebiete sind in Bodenkarten häufig weiße Flecken, denn die notwendigen Informationen über Stadtböden liegen in der Regel nicht in ausreichender Qualität vor. Darüber hinaus ist die Mehrzahl der Methoden zur Bewertung von Bodenfunktionen für naturnahe Böden im Außenbereich entwickelt worden und berücksichtigt daher nicht die spezifischen Merkmale urbaner Böden. Leitbild des REFINA-Vorhabens „Funktionsbewertung urbaner Böden" ist ein qualitatives Flächenmanagement, das über das quantitative Ziel der Reduzierung der Flächeninanspruchnahme hinaus auch qualitative Aspekte bei der Umsetzung einer nachhaltigen Stadtentwicklung einbezieht. Gerade bei einer verstärkten Innenentwicklung kommt der Berücksichtigung von schutz- und ent-

wicklungsbedürftigen Funktionen der Stadtböden eine besonders große Bedeutung im Rahmen von Standortentscheidungen zu.
Ziel des Vorhabens war es, solche Bewertungsansätze für urbane Böden zu adaptieren und Bewertungsverfahren zu entwickeln, die es ermöglichen, die wertvollen und leistungsfähigsten Böden im urbanen Raum zu identifizieren und möglichst entsprechend ihrer Leistungsfähigkeit optimal zu nutzen.
Die auf Bewertungsmethoden für Böden im unbebauten Außenbereich aufbauenden und für einzelne Stadtgebiete entwickelten Methoden waren hinsichtlich ihrer Anwendbarkeit für Stadtböden zu vergleichen und auf ihre Validität hin zu überprüfen. Dabei zeigte sich, dass bisher die größten Defizite in den folgenden zwei Feldern festzustellen sind:

- bei der Anpassung von Zielsetzungen an Problemstellungen urbaner Räume und
- bei der angemessenen Berücksichtigung der spezifischen Merkmale von Stadtböden.

In größeren Städten bestehen aber ca. 40 Prozent der Böden aus Mischungen natürlicher und technogener Substrate und ca. 15 Prozent aus rein technogenen Substraten (Stasch 2004). Um dies in den Methoden besser berücksichtigen zu können, wurde im Projekt eine Stadtbodendatenbank mit gut untersuchten Bodenprofilen aufgebaut. Diese dient zur Ableitung von Kennwerten für technogene Substratgruppen wie z.B. Bauschutt oder Steinkohleasche. Sie ergänzt damit die für natürliche Böden bereits vorhandenen Tabellen für die Bodenschätzung. Weiter wird die Stadtbodendatenbank zur Validierung bodenkundlicher Kennwerte genutzt. Damit verbessert sich die Datengrundlage zur Bewertung von Stadtböden erheblich (Höke u.a. 2008; David/Schneider 2008).

Die Bodenfunktionen nach Bundesbodenschutzgesetz

Die Bodenfunktionen können dem Bundesbodenschutzgesetz (BBodSchG) entnommen werden (BMU 1998). Vor dem Hintergrund der mit REFINA verfolgten Ziele sollten im Projekt vor allem Methoden für solche Teilfunktionen entwickelt werden, die als Entscheidungshilfe für ein qualitatives Flächenmanagement von besonderer Bedeutung sind. Für die Umsetzung der Ziele einer nachhaltigen Stadt- und Umweltplanung wurden die Teilfunktionen „Boden als Pflanzenstandort" und die „Funktionen des Bodens mit Bedeutung für den Wasserhaushalt" ausgewählt. Um eindeutige Bewertungen zu ermöglichen, muss die Teilfunktion „Boden als Pflanzenstandort" aber weiter untergliedert werden (vgl. Höke u.a. 2008).

Bodenfunktionsbewertung als Bestandteil nachhaltiger Stadtentwicklung

Kommunales Leitbild setzt Anforderungen

Am Beispiel der Stadt Osnabrück wurden die dort vorhandenen Leitbilder, Leitlinien und Ziele zu einem Leitbildkonzept systematisch zusammengefasst. Aus dem Leitbildkonzept ergeben sich konkrete Anforderungen an die Aussagen einer urbanen Bodenfunktionsbewertung. So werden z.B. auf der übergeord-

neten Ebene (FNP) grundsätzlich die naturnahen von den überprägten Böden abgegrenzt. Oberstes Ziel ist der Schutz der Außenbereiche bzw. der dort bisher nicht oder vergleichsweise gering vorbelasteten Böden. Die Innenbereiche sind i.d.R. bereits weitgehend durch anthropogen überprägte Böden gekennzeichnet.
Durch eine einfache Flächenabschichtung auf Grundlage des Leitbildkonzeptes lassen sich die Flächen ermitteln, die für eine Innenentwicklung zur Verfügung stehen (vgl. Abbildung 1). Denn auch im Innenbereich gibt es Freiflächen, die durch ihre Widmung kaum für eine Nutzungsänderung in Frage kommen (Stadtparks, Grünzüge, Friedhöfe etc.) und daher auch zunächst nicht vorrangig hinsichtlich ihrer Bodenfunktionen untersucht werden müssen. In dem entwickelten Potenzialplan verbleiben die potenziell zu nutzenden Flächen (Brachflächen, Baulücken) zur Innenentwicklung, für die nun – spätestens im Falle einer geplanten Umnutzung - die Bodenfunktionsbewertung umzusetzen ist.

Abbildung 1:
Abschichtung nach gesetzlichen Grundlagen und Leitbildkonzept Osnabrück

Quelle: Markus Rolf u.a. 2008.

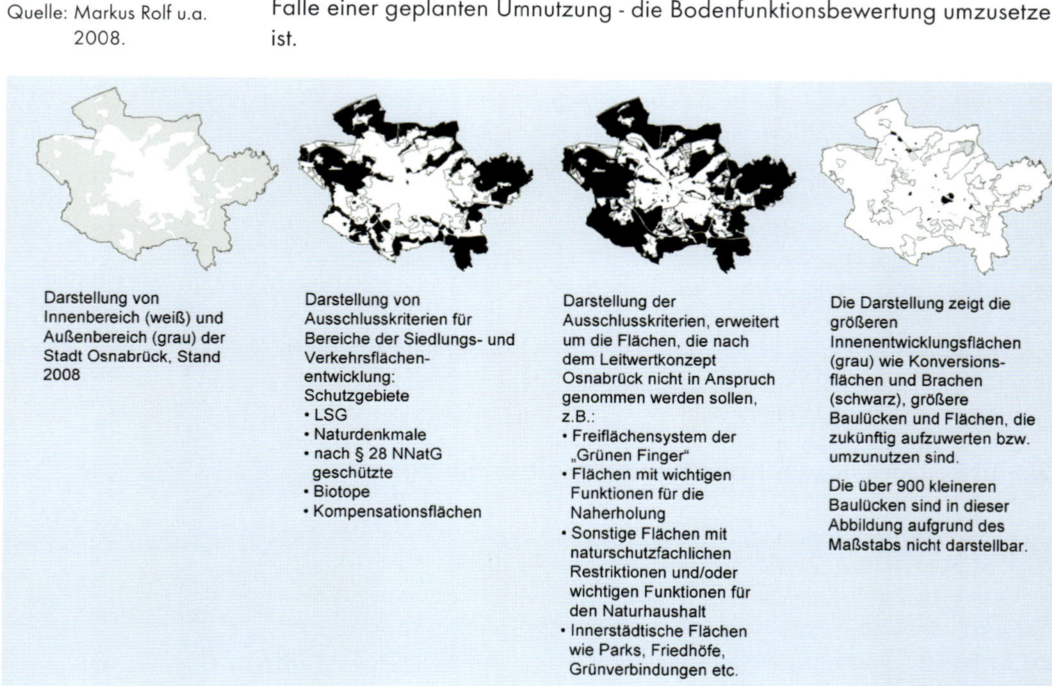

Auf der Ebene der Bebauungsplanung helfen die bewerteten Bodeninformationen dann, die Ziele der nachhaltigen Stadtentwicklung (bzw. des o.g. Leitbildkonzeptes) räumlich zu konkretisieren.
Die Abbildung 2 zeigt für eine Osnabrücker Brachfläche die mögliche Bebauung auf Grundlage eines bereits gültigen Bebauungsplanes. Abgebildet sind auch zwei Varianten der Bebauung, die durch geringe Anpassungen des Planungskonzeptes auf der Fläche Bereiche mit extremen Standortbedingungen für Pflanzen sowie einen Bereich mit einer noch hohen Naturnähe des Bodens erhalten würden. Hierfür müsste der im Bebauungsplan vorgeschriebene Grünflächenanteil in diesen Bereichen konzentriert werden, womit die Beeinträchtigungen des Naturhaushalts deutlich geringer ausfallen würden.

A
B
C
C 1
C 2
D
D 1
D 2
E
E 1
E 2
E 3
E 4
E 5
E 6

Abbildung 2:
Integration der Bodenfunktionsbewertung in die Bebauungsplanung

Quelle: Markus Rolf u.a. 2008.

Erläuterung der Abb. 2: In Plan (1) wird die Bewertung des Biotopentwicklungspotenzials dargestellt. Die hochwertigsten Flächen sind am nordwestlichen Rand des Plangebietes. In Plan (2) wird die Eignung zur dezentralen Regenwasserbewirtschaftung bewertet. Weite Teile des Plangebietes sind vorbehaltlich der Unbedenklichkeit der technogenen Substrate dafür geeignet. Die Skizzen (3), (4) und (5) verdeutlichen, wie diese Erkenntnisse in die Planung einfließen können, um wertvolle Bereiche zu erhalten, gleichzeitig aber einer generellen Entwicklung des Grundstückes nicht im Wege stehen.

Literatur

David, Susanne, und *Jürgen Schneider* (2008): Bodenbewertung mit MeMaS_urban – die Funktion „Wasserhaushalt, Beiträge Diskussionsforum Bodenwissenschaften, Funktionsbewertung urbaner Böden im kommunalen Flächenmanagement, Fachhochschule Osnabrück, H. 9, S. 69–80.

Höke, Silke, Markus Rolf, Hubertus von Dressler, Friedrich Rück (2008): Die Bewertung urbaner Böden als Pflanzenstandort, Beiträge Diskussionsforum Bodenwissenschaften, Funktionsbewertung urbaner Böden im kommunalen Flächenmanagement, Fachhochschule Osnabrück, H. 9, S. 51–68.

Rolf, Markus, Klaus Thierer, Silke Höke, Hubertus von Dressler, Friedrich Rück (2008): Urbane Bodenfunktionsbewertung als Baustein eines qualitativen Flächenmanagements, Beiträge Diskussionsforum Bodenwissenschaften, Funktionsbewertung urbaner Böden im kommunalen Flächenmanagement, Fachhochschule Osnabrück, H. 9, S. 37–50.

Rück, Friedrich, Hubertus von Dressler, Silke Höke, Markus Rolf, Klaus Thierer, Susanne David, Jürgen Schneider (2009): Funktionsbewertung urbaner Böden und planerische Umsetzung im Rahmen kommunaler Flächenschutzkonzeptionen, Endbericht des gleichnamigen BMBF-Vorhabens, Fachhochschule Osnabrück.

Stasch, Dorothea (2004): Bodenbewertung in Stadtregionen der Alpenraumländer. Literaturstudie, im Auftrag der Stadt München, Referat für Gesundheit und Umwelt.

Endbericht des REFINA-Projekts und weitere themenspezifische Informationen: www.stadtboden-planung.de

MeMaS: http://www.lbeg.niedersachsen.de/live/live.php?navigation_id=757&article_id=646&_psmand=4

E 2.2 Bewertung von Bodenschadstoffen

Konstantin Terytze, Robert Wagner, Kerstin Hund-Rinke, Kerstin Derz, Wolfgang Rotard, Ines Vogel, René Schatten, Rainer Macholz, Manja Liese, David B. Kaiser

REFINA-Forschungsvorhaben: Bewertung von Schadstoffen im Flächenrecycling und nachhaltigen Flächenmanagement auf der Basis der Verfügbarkeit/Bioverfügbarkeit – BioRefine

Projektleitung:	Freie Universität Berlin, Fachbereich Geowissenschaften, Institut für Geographische Wissenschaften, AG Organische Umweltgeochemie (FU-OrgU)
Wissenschaftliche Kooperation:	Fraunhofer-Institut für Molekularbiologie und Angewandte Ökologie (Fh-IME); Technische Universität Berlin, Institut für Technischen Umweltschutz, Fachgebiet Umweltchemie; Prof. Dr. Macholz Umweltprojekte GmbH
Modellraum:	Stadt Jüterbog, Landkreis Teltow-Fläming; Amt Am Mellensee, Landkreis Teltow-Fläming; Gemeinde Nuthe-Urstromtal, Landkreis Teltow-Fläming (alle BB); Bezirk Friedrichshain-Kreuzberg (BE)
Internet:	www.geo.fu-berlin.de/biorefine

Bodenkontaminationen als Entwicklungshemmnis

Auf ehemaligen Industrie- und Gewerbeflächen sowie militärischen Konversionsflächen stellt die häufig ungeklärte Frage nach der von Bodenkontaminationen ausgehenden Gefahr für Mensch und Umwelt ein wesentliches Hemmnis auf dem Weg zu einer Wiedernutzung dar. Die Beurteilung möglicher Gefahren sowie die Feststellung eines etwaigen Sanierungsbedarfs sind unumgänglich. Werden hierbei Bodenverunreinigungen nachgewiesen, ist mit einer meist erheblichen Zeitverzögerung bei der Baureifmachung und hohen Kosten für die Sanierung zu rechnen.

Flächenaufbereitungen bezogen sich in der Vergangenheit häufig auf alle möglichen planerischen Folgenutzungen, obwohl sie für die tatsächlichen, später realisierten Folgenutzungen nicht notwendig gewesen wären. Aus heutiger Sicht ist dies wirtschaftlich kaum vertretbar (vgl. Meißner 2005).

Die Entscheidung über den Umgang mit kontaminierten Flächen erfolgt überwiegend über eine schutzgutbezogene Bewertung der Gesamtgehalte. Durch die Wechselwirkungen im Kompartiment Boden führt eine Beurteilung anhand von Gesamtgehalten jedoch meist zu einer Überschätzung des aktuellen Risikos für die von kontaminierten Flächen ausgehende Umweltgefahr (vgl. Alexander 2000).

Bewertungskonzept Verfügbarkeit/Bioverfügbarkeit

Ziel des Bewertungskonzeptes auf der Basis der Verfügbarkeit/Bioverfügbarkeit der Schadstoffe in Böden ist es, u.a. durch die Ermittlung der Art und des Ausmaßes der von einer Altlastenverdachtsfläche oder Altlast ausgehenden Schutzgutgefährdung eine verbesserte Detailuntersuchung und eine realitätsnähere Risikobewertung zu ermöglichen.
Der Ansatz der Verfügbarkeit/Bioverfügbarkeit berücksichtigt die Wechselwirkungen im Kompartiment Boden sowie die vielfältigen Eigenschaften von Böden als Puffer-, Transformations- und Speichermedien, die für eine Bindung von Schadstoffen an die Bodenmatrix sorgen. Durch diese Mechanismen werden die für eine Wirkung in Organismen verfügbaren Gehalte verringert. Neben der Bodenmatrix und den Stoffeigenschaften wird die Interaktion zwischen Schadstoff und biologischem System auch in hohem Maße von der Biologie der exponierten Organismen sowie den klimatischen Bedingungen vor Ort beeinflusst (vgl. Kasten mit Abb. 3).

Was ist Bioverfügbarkeit?

Die Bioverfügbarkeit wird nach ISO/DIS 17402 (2006) folgendermaßen definiert: „The degree to which chemicals present in the soil matrix may be absorbed or metabolised by human or ecological receptors or are available for interaction with biological systems". Die Bioverfügbarkeit von Schadstoffen hängt demnach vom Zielorganismus sowie vom Kontaminanten ab und schließt folgende Aspekte ein: Expositionszeit, Transfer der Schadstoffe von Boden in Organismen, Akkumulation der Schadstoffe in Zielorganismen und anschließende Wirkung der Schadstoffe.

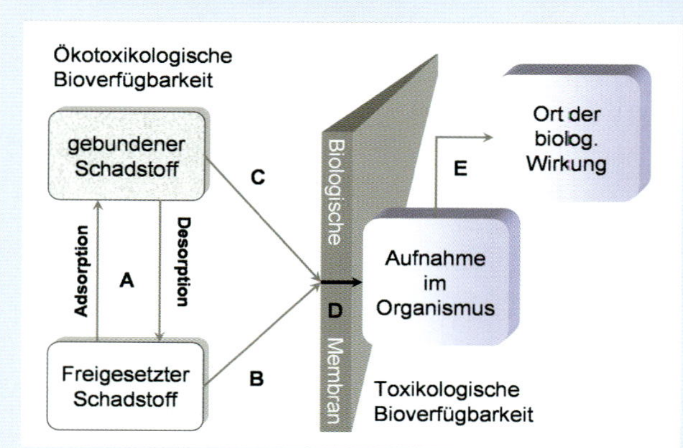

Abbildung 3:
Ökotoxikologische Bioverfügbarkeit in Böden (A: Schadstoffinteraktionen zwischen verschiedenen Phasen, B und C: Massentransport zum Organismus, D: Passage durch die physiologische Membran) und toxikologische oder metabolische Bioverfügbarkeit (E: Verteilung im Organismus, Metabolisierung, Akkumulation im Zielorgan, Toxikokinetik und toxische Effekte)

Quelle: In Anlehnung an NRC (2002) und DIN ISO 17402.

Bei der Betrachtung der *Verfügbarkeit/Bioverfügbarkeit* wird zwischen dem Gesamtgehalt, der potenziell verfügbaren Fraktion und der aktuell verfügbaren Fraktion eines Schadstoffes unterschieden. Folgende Einflussgrößen bestimmen wesentlich die Verfügbarkeit eines Schadstoffes:

- Löslichkeit des Schadstoffes im Wasser,
- Faktoren, die die Löslichkeit in der Wasserphase beeinflussen (pH-Wert, gelöste organische Substanz [DOM], Feinpartikel, Ionenzusammensetzung),
- Faktoren, die die Adsorption beeinflussen (pH-Wert, Tongehalt, Art und Zusammensetzung der Tonmineralien, organische Substanz, Mineraliengehalt, Kationenaustauschkapazität),
- Faktoren, die die Diffusion beeinflussen (Porengrößenverteilung, Wassergehalt).

Eine wirkungspfadspezifische Beurteilung der Schadstoffbelastung von Flächen unter Einbeziehung verfügbarer/bioverfügbarer Schadstoffgehalte ermöglicht eine realitätsnähere Risikobewertung für den einzelnen Standort. Dies bedeutet im Hinblick auf eine Wieder- und Umnutzung von Altlastenverdachts- und Altlastenflächen, dass Kosteneinsparungen bei Flächenaufbereitungen u.a. durch eine Optimierung der nutzungsbezogenen Sanierung und/oder durch die Reduzierung von Sanierungsmaßnahmen erzielt werden (Reduzierung Investitionsrisiko). Darüber hinaus sind im Einzelfall größere Entwicklungspotenziale bzw. Nachnutzungsvarianten von Altlastenverdachtsflächen und Altlastenflächen denkbar.

Methoden

Messtechnisch wird die Verfügbarkeit/Bioverfügbarkeit von Schadstoffen in Böden zum einen durch biologische Tests charakterisiert und zum anderen durch chemische Methoden, die den verfügbaren/bioverfügbaren Schadstoffanteil erfassen.
In der DIN ISO 17402 ist der aktuelle Stand der Wissenschaft und Technik zum Einsatz von chemischen Methoden und ökotoxikologischen Prüfverfahren zur Bestimmung der Verfügbarkeit/Bioverfügbarkeit in Böden und Bodenmaterial dargelegt. Mit dem in dieser Norm aufgeführten Methodenrepertoire können verschiedene Fraktionen der Kontaminanten erfasst und in Beziehung zu dem jeweiligen Wirkungspfad und der Nutzungsform gesetzt werden.
Eine Integration ökotoxikologischer Methoden in die Gefährdungsabschätzung von kontaminierten Böden hat den Vorteil, dass die Wirkung aller vorliegenden Kontaminanten auf die jeweiligen Schutzgüter integrativ erfasst wird.

Wirkungspfad Boden	Methoden
Mensch*	DIN 19738: Resorptionsverfügbarkeit
Grundwasser*	Elutionstest: DIN 19529: Schüttelversuch, DIN 19528: Säulenversuch Rückhaltefunktion: DIN 38412 - 33 Algentest, DIN EN ISO 11348 - 3 Leuchtbakterientest
Pflanze	DIN ISO 11269 - 2 Pflanzenwachstum
Bodenorganismen*	DIN ISO 11268 - 2 Regenwurmreproduktion DIN ISO 17155 Bodenatmung DIN ISO 15685 Nitrifikation

Tabelle 1:
Auswahl Untersuchungsmethoden Bioverfügbarkeit

* Untersuchte Pfade im Projekt BioRefine.

Handlungsanleitung für die praktische Umsetzung

Arbeitshilfen werden benötigt

Für einen effizienteren Vollzug der Bundes-Bodenschutz- und Altlasten-Verordnung (BBodSchV) bei den zuständigen Unteren Bodenschutzbehörden und die Festlegung planungsrechtlich zulässiger Nutzungen von Altlastenverdachts- und Altlastenflächen unter Einbeziehung der Bioverfügbarkeit von Schadstoffen ist es dringend erforderlich, konkretisierende Arbeitshilfen für die Entscheidungen im Einzelfall zu schaffen.

Als Ergebnis des Verbundvorhabens BioRefine wird eine Handlungsanleitung erstellt, die die Herangehensweise bei der Einbeziehung der Verfügbarkeit/Bioverfügbarkeit nachvollziehbar aufzeigt und wirtschaftliche, verallgemeinerungsfähige Umnutzungen beispielhaft darstellt. Rechtliche Grundlage dafür sind die allgemeinen Vorgaben der BBodSchV.
Im Mittelpunkt der Handlungsanleitung wird die pfadbezogene Ermittlung der Bioverfügbarkeit (planerisch und methodisch) und ihrer Bewertung sowie die sich daraus ergebenden Folgen für eine Flächenum- oder -wiedernutzung stehen. Vorangestellt werden die Bioverfügbarkeit erläutert und der Mehrwert bzw. die Einsparpotenziale erörtert. Weitere Kapitel werden sich mit den Planungsschritten einer Umnutzung und deren Finanzierungsmöglichkeiten sowie den Kosten und Wertermittlungsverfahren beschäftigen.

Ergebnisse Modellflächen

Die in BioRefine betrachteten Modellflächen wurden zunächst entsprechend den Anforderungen der BBodSchV untersucht und bewertet. Es handelt sich um Standorte mit vorwiegenden Sandböden mit einem Corg-Gehalt von 0,5 bis ca. 3,5 Prozent. Die Hauptkontaminanten sind Mineralölkohlenwasserstoffe (MKW) und polycyclische aromatische Kohlenwasserstoffe (PAK). Die Feststoffgehalte liegen in einem Bereich von 20 mg/kg bis 600 mg PAK/kg Boden (Industrieflächen) sowie 2 500 mg/kg und 5 200 mg MKW/kg Boden (ehemals militärisch genutzte Flächen).

Abbildung 4:
Hochbehälter auf innerstädtischer Industriebrache – Modellfläche 1

Quelle: FU Berlin.

Die gewonnenen wässrigen Eluate aller Untersuchungsproben zeigen eine geringe Schadstofffreisetzung und daraus resultierend nur eine geringe Ökotoxizität an.
Dagegen zeigen die Ergebnisse der terrestrischen Ökotoxizitätstests, dass die Lebensraumfunktion auf den MKW-belasteten Flächen im Gegensatz zu den PAK-belasteten Flächen teilweise eingeschränkt ist.

Die Resorptionsverfügbarkeit zeigt für die Leitkomponente Benzo[a]pyren (BAP) eine Mobilisierung zwischen 3,6 und 9 Prozent. Wahrscheinlich aufgrund ihrer größeren Wasserlöslichkeit und ihres geringeren Sorptionsvermögens lassen sich die MKW mit 10 bis 35 Prozent signifikant leichter mobilisieren als die PAK. Die Schadstoffe aus den Bodenproben sind nur geringfügig mobilisierbar und verfügen nur in Einzelfällen über eine biologisch wirksame Komponente. Es wird deutlich, dass trotz hoher Schadstoffgehalte im Feststoff Effekte auf die untersuchten Testspezies ausbleiben können, da offensichtlich keine oder nur geringe bioverfügbare Anteile vorliegen.

Abbildung 5:
Teerschaden auf innerstädtischer Industriebrache – Modellfläche 2

Quelle: FU Berlin.

Die erzielten Ergebnisse zeigen, dass die untersuchten Bodenproben der Modellliegenschaften ein wesentlich geringeres Gefährdungspotenzial aufweisen, als auf Grundlage der Gesamtgehalte der Schadstoffe zu vermuten ist. Damit sind prinzipiell vielfältigere Nachnutzungen auf den Modellliegenschaften möglich und zum Teil kostenintensive Bodensanierungen nicht erforderlich.

Literatur

Alexander, Martin (2000): Aging, Bioavailability, and Overestimation of Risk from Environmental Pollutants, Environ. Sci. Technol. 34, S. 259-4265.

DIN ISO 17402, Normentwurf 2007: Bodenbeschaffenheit – Anleitung zur Auswahl und Anwendung von Verfahren für die Bewertung der Bioverfügbarkeit von Kontaminanten im Boden und in Bodenmaterialien.

ISO/DIS 17402 (2006): ISO/DIS 17402 soil quality – Guidance for the selection and application of methods for the assessment of bioavailability of contaminants in soil and soil materials.

Meißner, Torsten (2005): Kommunaler Leitfaden für ein intelligentes Brachflächenmanagement, Fachhochschule Nordhausen.

NRC (2002): National Research Council. Bioavailability of Contaminants in Soils and Sediments: Processes, Tools, and Applications. National Academies Press, Washington, D.C.

E 2.3 Marktorientierte Bewertung vornutzungsbelasteter Grundstücke

Stephan Bartke, Reimund Schwarze

REFINA-Forschungsvorhaben: SINBRA – Strategien zur nachhaltigen Inwertsetzung nicht wettbewerbsfähiger Brachflächen am Beispiel der ehemaligen Militär-Liegenschaft Potsdam-Krampnitz

Verbundkoordination:	Brandenburgische Boden Gesellschaft für Grundstücksverwaltung und -verwertung mbH
Projektpartner:	Eberhard-Karls-Universität Tübingen, Zentrum für Angewandte Geowissenschaften (ZAG); Technische Universität Berlin, Institut für Stadt- und Regionalplanung; Helmholtz-Zentrum für Umweltforschung GmbH – UFZ; STADTREGION, Büro für Raumanalysen und Beratung
Modellraum:	Potsdam-Krampnitz (BB)
Internet:	www.sinbra.de

Wertabschläge erschweren Vermarktung

Ein zentrales Hindernis für die Revitalisierung von brachgefallenen Flächen sind hohe Abschläge bei der Marktpreisbewertung der Liegenschaften für tatsächliche oder auch nur potenziell vorhandene Alt- und Vornutzungslasten (Boden- und Grundwasserverunreinigungen, Kampfstoffe, Gebäuderückstände etc.). Entscheidend für die Höhe der Wertabschläge und somit die Vermarktbarkeit der Grundstücke ist dabei weniger das Niveau der erwarteten Sanierungskosten. Vielmehr beeinflusst die Unsicherheit über die tatsächliche Höhe zukünftiger Sanierungs- und Flächenaufbereitungskosten aufgrund behördlicher oder privater Inanspruchnahme, über unbekannte Nutzungseinschränkungen und ungewisse Investitionsmehrkosten sowie über den zukünftigen Vermarktungsaufwand die Einschätzung des Marktwertes für vornutzungsbelastete Grundstücke erheblich und verhindert somit die Revitalisierung solcher Grundstücke.

Die hochgradig normierte Praxis der Verkehrswertermittlung weist hinsichtlich der Berücksichtigung dieser Unsicherheiten erhebliche Defizite auf. Der Aspekt der Altlasten wird in der Wertermittlung häufig nur formal abgedeckt (meistens durch Ausklammerung) oder durch einen Pauschalansatz inadäquat berücksichtigt in Form eines generellen, nicht näher spezifizierten Abzugs vom Marktwert als sog. merkantiler Minderwert (Kleiber/Simon 2007). Dieser Wertabschlag berücksichtigt nur die trotz einer fachgerecht durchgeführten Sanierung verbleibenden sog. Stigmaeffekte aufgrund der Angst vor möglicherweise unentdeckten Kontaminationsrisiken und daraus entstehenden Beeinträchtigungen oder Folgekosten. Unbeachtet zu Zeitpunkten vor Abschluss einer Sanierung bleiben in der bisherigen Bewertungspraxis und Rechtsprechung hingegen die den Kaufpreis beeinflussenden Unsicherheiten in der Sanierungskostenabschätzung und die Antizipation einer zukünftigen Stigmatisierung (Bartke/Schwarze 2009a).

Altlastbedingte Wertabschläge bei der Wertermittlung vornutzungsbelasteter Grundstücke

Das grundlegende Vorgehen der Wertermittlung eines vornutzungsbelasteten Grundstücks ist bisher so, dass ausgehend vom Wert einer vergleichbaren hypothetisch unbelasteten Fläche ein Abzug für die erwarteten Sanierungs- und Flächenaufbereitungskosten erfolgt. Die Unsicherheiten über die tatsächliche Realisierung dieser Kosten, ebenso wie unvorhergesehene Nutzungsbeschränkungen und außergewöhnliche Vermarktungskosten vor einem Sanierungsabschluss, etwa aufgrund einer Stigmatisierung solcher Liegenschaften, werden jedoch bisher nicht bewertet. Am Markt gehen sie jedoch als Minderwert, kurz: Marktorientierter Risikoabschlag (MRA), in die Bewertung ein. Der MRA ist somit summarisch und wertermittlungstechnisch die Differenz zwischen dem Verkehrswert des unbelasteten Vergleichsobjekts und dem Marktwert des unsanierten Grundstücks unter Abzug der auf der Grundlage guter fachlicher Praxis geschätzten Sanierungs- und Flächenaufbereitungskosten (vgl. Abbildung 6).

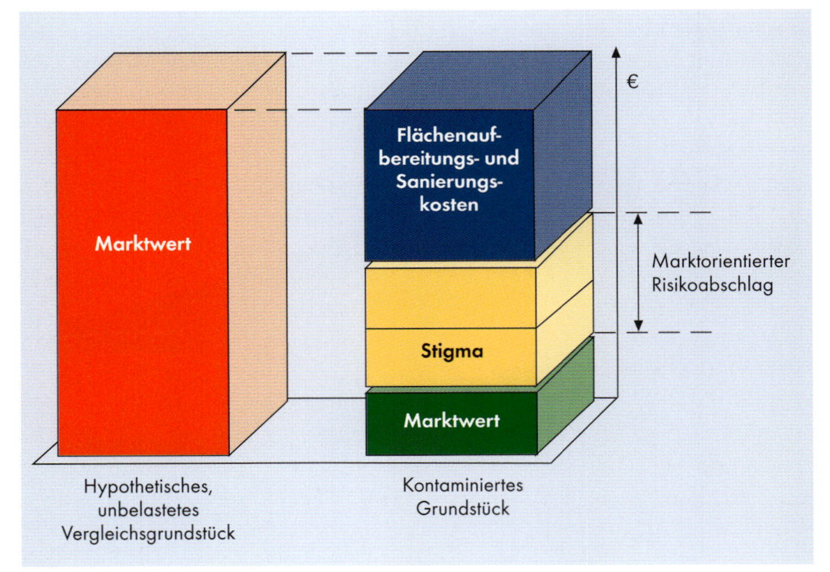

Abbildung 6:
Bewertung kontaminierter Grundstücke und Marktorientierter Risikoabschlag

Quelle: In Anlehnung an SINBRA 2009, S. 102.

Der Ingenieurtechnische Verband Altlasten ITVA hat ausgehend von der Feststellung der mangelhaften Bewertung durch Sachverständige und von deren fehlender gemeinsamen Sprache in den Bereichen der Wertermittlung von Grundstücken und der Bewertung von Altlasten eine Arbeitshilfe für die Praxis entwickelt (ITVA 2008). Diese verbessert die Verzahnung umweltfachlicher und baufachlicher Wertermittlung und hilft, zu einer gemeinsamen Sprache und einheitlichen Vorgehensweise von Wertermittlungs- und Umweltsachverständigen zu kommen. Die darin vorgeschlagenen Routinen zur Zusammenarbeit sind ein wichtiger Schritt in Richtung verbesserter Transparenz, Eingrenzung der Risikostruktur und damit Beschränkung der Wertabschläge für Alt- und Vornutzungslasten. Die Arbeitshilfe enthält aber keine Methodik zur Ermittlung der marktüblichen Wertabschläge für die damit verbundenen Risiken.

Konzept zur Ermittlung des Marktorientierten Risikoabschlags

Fortentwicklung der klassischen Verkehrswertermittlung

Im Rahmen des SINBRA-Projektes (SINBRA 2009) wurde in Literaturanalysen, Fachgesprächen, Workshops und einer bundesweiten Experten-Befragung von Wertermittlungssachverständigen ein Konzept zur Ermittlung des Marktorientierten Risikoabschlags (MRA) erarbeitet, in welchem diese Unsicherheiten ausgehend von der Wahrnehmung der Marktteilnehmer quantifiziert werden können. Es wurden verschiedene zeitabhängige Komponenten bestimmt, durch welche der MRA beeinflusst wird. Der merkantile Minderwert aus Stigmaeffekten von sanierten Altlastflächen ist dabei nur eine Komponente, da in der Praxis häufig auch ökonomische Risiken in einem frühen Entwicklungsstadium bewertungsrelevant sind.

Das Konzept stellt eine Fortentwicklung der klassischen Verkehrswertermittlung dar und quantifiziert das am Markt wahrgenommene Amalgam aus Vermarktungs-, Investitions-, Nutzbarkeits- und Inanspruchnahmerisiken (vgl. Abbildung 7). Für Kommunen, Investoren und Grundstückseigentümer sowie für Banken und Versicherungen stellt die Methodik auch ein Instrument dar, um zu einer gemeinsamen Sprache über die wahrgenommenen Risiken zu kommen und die Wirtschaftlichkeit und Werthaltigkeit vornutzungsbelasteter Grundstücke objektiver und einheitlicher einzuschätzen.

Abbildung 7: Zeitabhängige Risikokomponenten des Marktorientierten Risikoabschlags

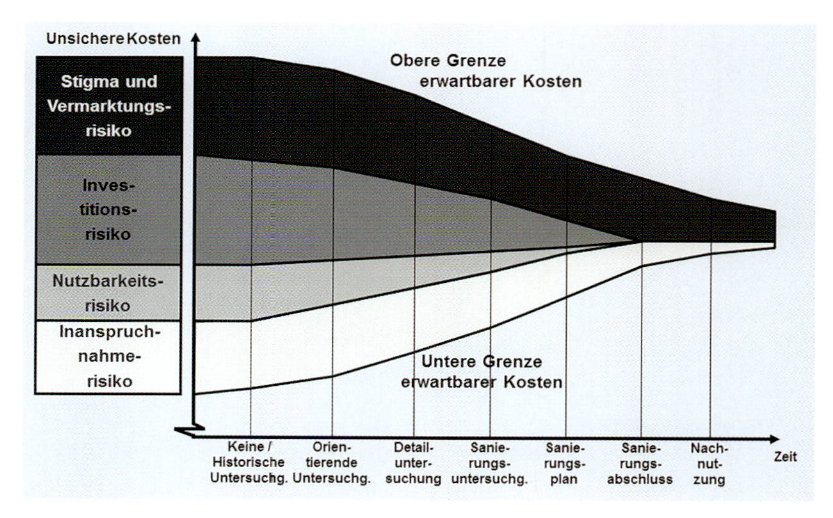

Quelle: In Anlehnung an Bartke/Schwarze 2009a, S. 193.

In der Wertermittlung wirkt sich eine Kontamination somit auf mindestens zwei Wegen auf den Grundstückswert aus:

- Erforderliche kaufpreisrelevante Sanierungskosten senken den Marktwert ebenso wie
- die am Markt wahrgenommenen Unsicherheiten, die mit der Sanierung, Flächenaufbereitung und Nachnutzung ehemals verunreinigter Brachflächen assoziiert werden.

Diese Unsicherheiten führen, wie oben dargestellt, zu Wertabschlägen, die auch in der Wertermittlung zu berücksichtigen sind. Im Rahmen des in SINBRA entwickelten Wertermittlungsmoduls erfolgt die Berücksichtigung dieses Wertabschlages in Form der Bestimmung des MRA. Die Vorgehensweise zur MRA-Berechnung zerfällt dabei in die drei Dimensionen „Ort", „Zeit" sowie „Risikoübertragbarkeit/Markt".

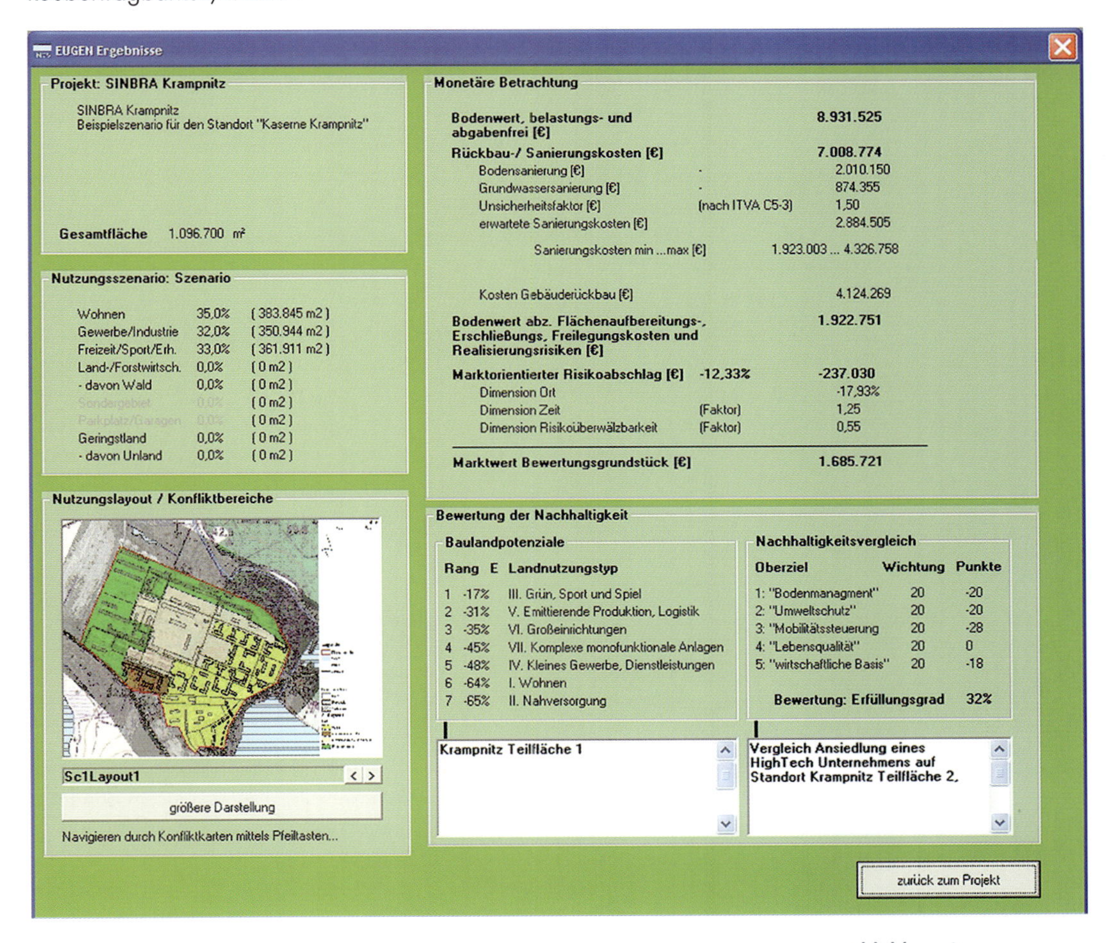

Abbildung 8:
Ergebnisdarstellung der integrierten Planungs- und Entscheidungshilfe im SINBRA-Entscheidungsunterstützungssystem EUGEN

Quelle: In Anlehnung an SINBRA 2009, S. 143.

Dimension „Ort"

In der Dimension „Ort" sind als Indikatoren konkrete Grundstückseigenschaften, wie z.B. die schlechte Abgrenzbarkeit der Altlast, das Vorliegen von Grundwasserschäden, aber auch bekannte Sanierungsanforderungen von Behörden und eine lokale öffentliche Diskussionen über die Entwicklung der Liegenschaft durch ein Bepunktungsverfahren (sog. Risiko-Scoring) zu charakterisieren. Dieses spezifiziert die Höhe des MRA für das Bewertungsgrundstück in einem durch die Literatur und die Experten-Umfrage definierten Rahmen.

Dimension „Zeit"

Dieser Abschlag wird mit der Dimension „Zeit" verschnitten, die quantifiziert, dass Risiken als besonders hoch in frühen Projektphasen wahrgenommen werden und mit zusätzlich verfügbaren Informationen sinken. Es ist anzugeben, in welcher Phase der Sanierung sich die Fläche befindet bzw. wie lange die erfolgreich durchgeführte Sanierung zurückliegt.

Dimension „Risikoübertragbarkeit/Markt"
Für die tatsächliche Höhe eines MRA ist letztlich zu prüfen, welcher Marktteilnehmer die unsicheren Risiken trägt. Dies hängt insbesondere vom Verhältnis von Angebot zu Nachfrage nach vergleichbaren Flächen ab, also ob Kaufinteressenten auf Alternativflächen ausweichen können. In der Dimension „Risikoübertragbarkeit/Markt" wird angegeben, ob für das konkret zu bewertende Grundstück bei schwacher Marktnachfrage und Flächenüberangebot ein voller Abschlag zu Lasten des Verkäufers zu erwarten ist oder ob der Käufer die Risiken trägt und der Marktwert somit kaum reduziert wird, weil es sich um eine stark nachgefragte Fläche etwa in einer boomenden Region handelt. Des Weiteren sind Aspekte der Versicherbarkeit und Risikoübertragung auf Dritte wie etwa durch Freistellungsvereinbarungen zu berücksichtigen.
Im Ergebnis wird durch Multiplikation der drei Dimensionen ein prozentualer Abschlag ermittelt, der durch die Verrechnung mit dem Bodenwert abzüglich der geschätzten Sanierungs- und Flächenaufbereitungskosten ein absolutes Maß erhält. Abbildung 8 zeigt beispielhaft eine mit dem in SINBRA entwickelten Softwaremodul „EUGEN" erzeugte integrierte Flächenbewertung (vgl. Finkel u.a. 2010) unter Berücksichtigung eines Marktorientierten Risikoabschlags.

Literatur

Bartke, S., und *R. Schwarze* (2009a): Marktorientierte Risikobewertung vornutzungsbelasteter Grundstücke: Neue Wege zur transparenten Quantifizierung merkantiler Minderwerte, in: Grundstücksmarkt und Grundstückswert 20(4), S. 195–202.

Bartke, S., und *R. Schwarze* (2009b): Mercantile Value Reduction: Accounting for Stigma on Contaminated Land in Germany, 16th Annual European Real Estate Society Conference, paper ERES 2009_353: http://eres.scix.net/cgi-bin/works/Show?eres2009_353.

Finkel, M., S. Bartke, R. Rohr-Zänker, M. Morio, S. Schädler, R. Schwarze (2010): Ganzheitliche Evaluation von Nutzungsstrategien für Brachflächen, in: Stefan Frerichs, Manfred Lieber, Thomas Preuß (Hrsg.): Flächen- und Standortbewertung für ein nachhaltiges Flächenmanagement. Methoden und Konzepte, Beiträge aus der REFINA-Forschung, Reihe REFINA Bd. V, Berlin, S. 224–234.

ITVA – Ingenieurtechnischer Verband Altlasten e.V. (Hrsg.) (2008): Monetäre Bewertung ökologischer Lasten auf Grundstücken und deren Einbeziehung in die Wertermittlung, ITVA Arbeitshilfe – C 5–3, Berlin, Stand Juli 2008.

Kleiber, W., und *J. Simon* (2007): Verkehrswertermittlung von Grundstücken: Kommentar und Handbuch zur Ermittlung von Verkehrs-, Versicherungs- und Beleihungswerten unter Berücksichtigung von WertV und BelWertV, 5. vollst. neu bearb. u. erw. Aufl., Köln.

SINBRA – Brandenburgische Boden Gesellschaft für Grundstücksverwaltung und -verwertung mbH (Hrsg.) (2009): SINBRA-Methodenkatalog – Vorstellung der im Verbundvorhaben SINBRA entwickelten Methoden zur Inwertsetzung nicht wettbewerbsfähiger Brachflächen, Zossen, verfügbar über www.sinbra.de.

E 2.4 Nachhaltiges Flächenmanagement auf der Ebene des Flächennutzungsplans

Theo Kötter, Sophie Schetke, Benedikt Frielinghaus, Dietmar Weigt

REFINA-Forschungsvorhaben: FIN.30 – Flächen Intelligent Nutzen

Projektleitung: Universität Bonn, Professur für Städtebau und Bodenordnung (psb)
Modellraum: Essen, Euskirchen, Erftstadt (NW)
Internet: www.fin30.uni-bonn.de/

Die alleinige Formulierung von sowohl qualitativen als auch quantitativen Flächensparzielen impliziert eine Bagatellisierung der Flächeninanspruchnahme und lässt darüber hinaus Fragen nach planungspraktischen Strategien und Handlungsansätzen einer nachhaltigen, ressourcenschonenden und wirtschaftlich tragfähigen Siedlungsentwicklung nach wie vor unbeantwortet. Dieses Kapitel greift jenes Dilemma auf und stellt den Bewertungsrahmen des REFINA-Projekts „Flächen intelligent nutzen – FIN.30" zur mehrdimensionalen Bewertung von Wohnbaupotenzialen in allen drei Dimensionen der Nachhaltigkeit vor. Er ist gekoppelt an ein Decision Support System (DSS) und ermöglicht Planungspraktikern sowohl eine eigenständige Bewertung von Wohnbaulandpotenzialen auf der strategischen Ebene des Flächennutzungsplans als auch das Treffen konkreter Aussagen hinsichtlich der Vertretbarkeit einzelner Wohnbauprojekte angesichts der Dringlichkeit einer reduzierten Flächeninanspruchnahme.

Ansatz der intelligenten Flächennutzung

Mehrdimensionale Bewertung von Wohnbaulandpotenzialen

In Zusammenarbeit mit drei Partnerkommunen in Nordrhein-Westfalen (Stadt Essen, Stadt Erftstadt und Stadt Euskirchen) werden auf der Ebene des Flächennutzungsplans dargestellte Wohnbaulandpotenziale hinsichtlich ihres Beitrags zu einer nachhaltigen und ressourcenschonenden Siedlungsentwicklung bewertet. Gerade die Wohnbebauung stellt in allen Bundesländern Deutschlands den größten Faktor für die Freirauminanspruchnahme dar (www.destatis.de; u.a. Stadt Erftstadt 1999), so dass es dringend erforderlich ist, den Bewertungsrahmen zunächst auf dieses Segment auszurichten (Kötter u.a. 2009b).
Eine wesentliche Aufgabe bei der Operationalisierung der drei Nachhaltigkeitsdimensionen besteht darin, die Praktikabilität, Entscheidungsrelevanz, Anwendbarkeit und Kommunizierbarkeit der gewählten Kriterien und Indikatoren zu optimieren, so dass der Bewertungsrahmen für die Planungspraxis geeignet ist und in die Planaufstellung eines Flächennutzungsplans integriert werden kann. Deshalb mussten naturgemäß Abstriche bei der inhaltlichen Vollständigkeit und Konsistenz des Bewertungsrahmens gemacht werden. Vielmehr gilt es, einen vertretbaren Kompromiss zwischen wissenschaftlichem Anspruch

und planungspraktischer Relevanz zu finden. Dazu gehört unter anderem eine Datenbasis, die ausschließlich auf kommunalen Grundlagendaten basiert, eine zusätzliche Datenerhebung vermeidet und eine GIS-gestützte Wohnbaulandbewertung ermöglicht.
Die Einbettung des Bewertungsrahmens und seiner Indikatoren in ein praktikables und anwenderfreundliches DSS mittels einer programmierten Benutzeroberfläche für die kommunale Planung ist ein überaus wichtiger Bestandteil der Konzeption. Nicht zuletzt müssen zudem praktisch-technische Anforderungen hinsichtlich der Charakteristik einzelner Indikatoren (qualitativ/quantitativ) und ihrer Übersetzung in eine Gesamtaussage berücksichtigt werden.

Methodik und Aufbau des Bewertungsrahmens

Der Bewertungsrahmen gliedert sich in vier Hierarchieebenen (siehe Abb. 9):
Ebene 1 – Aus den drei Dimensionen der Nachhaltigkeit
Ebene 2 – werden zunächst mehrere Kategorien und
Ebene 3 – Bewertungskriterien systematisch abgeleitet, die
Ebene 4 – sowohl in qualitative als auch quantitative Indikatoren münden.

Abbildung 9:
Bewertungsrahmen FIN.30

Quelle: Kötter u.a. 2009c.

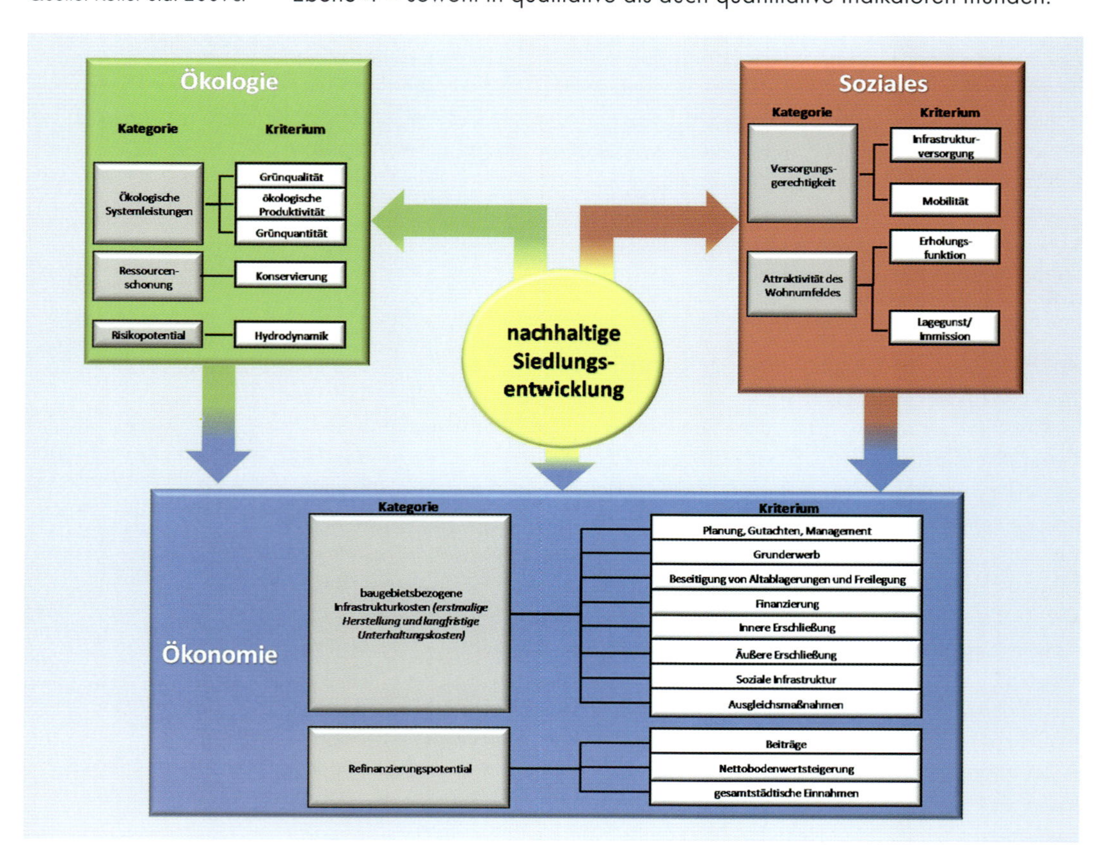

Die Indikatorauswahl und maßgebliche Schwerpunktsetzung des Bewertungsrahmens erfolgte projektbegleitend in enger Abstimmung mit den kommunalen Vertretern aus den Projektstädten Essen, Erftstadt und Euskirchen (Arbeitskreise, vierteljährlich) sowie Vertretern aus Wissenschaft und Forschung (Expertenkreise, halbjährlich). Dies führte dazu, dass neben zahlreichen neuen Indikatoren auch einige Indikatoren aus der bestehenden Praxis zur Standortbewertung im Rahmen der Flächennutzungsplanung bestätigt und in den Bewertungsrahmen integriert sowie mit tragfähigen Datensätzen hinterlegt und formalisiert werden konnten. Durch Konsultation von externen Vertretern aus Planung und Wissenschaft konnten wesentliche Fragen zur inhaltlich- methodisch Konzeption des Bewertungsrahmen beantwortet und dieser auf seine Konsistenz und Qualität überprüft werden.

Schwerpunkte der Dimension Ökologie

Die Bewertung der Dimension Ökologie und die Ableitung entsprechender Indikatoren erfolgt in drei Schwerpunktkategorien.

Im Rahmen der ersten Kategorie „Ökologische Systemleistungen" ist die Bewertung von Wohnbaulandpotenzialen angesichts der per se durch die Neuausweisung beanspruchten Ressourcen, Schutzgüter und Ökosystemfunktionen (de Groot u.a. 2002; Constanza u.a. 1997; Schetke u.a.; Kötter u.a. 2009c) zentral. Hierbei werden die Kriterien Grünqualität, ökologische Qualität sowie Grünquantität umgesetzt durch Indikatoren wie z.B. die Grundwasserneubildungsrate einer Fläche zur Implementierung dezentraler Versickerungsanlagen, das Biotopbildungsvermögen oder etwa die Inanspruchnahme von relevanten Biotopverbundflächen.

Die zweite Kategorie „Ressourcenschonung" wird konkretisiert durch das Kriterium „Konservierung", das die Inanspruchnahme schützenswerter Landschaftsbestandteile und unwiederbringlicher Ressourcen wie z.B. Schutzgebiete und hochqualitative Ackerböden und die mit ihnen verbundenen ökologischen Dienstleistungen durch Baulandausweisung abbildet. Schon auf der strategischen Planungsebene FNP soll transparent gemacht werden, welcher ökologische Nutzen durch unbedachte Baulandausweisung verloren geht und an welcher Stelle eine Wohnbaulandentwicklung angesichts ökologischer Einflussfaktoren am ehesten dem Gebot der Nachhaltigkeit entspricht.

Die dritte Kategorie „Natürliche Risikopotenziale" forciert die Schaffung von Transparenz gegenüber externen, natürlichen Risiken in Bezug auf eine zusätzliche Baulandausweisung. Angesprochen werden hier die Lage künftiger Siedlungsflächen in hochwassergefährdeten Gebieten sowie das zunehmende Risiko durch Extremhochwässer. Des Weiteren wird in hydrologischer Sicht die unmittelbare, aktuelle Grundwasserbeeinflussung sowie sich langfristig verändernde Grundwasserregime (z.B. durch Aufgabe der Bergbautätigkeit) betrachtet und in die Standortbewertung einbezogen.

Schwerpunkte der Dimension Soziales

Die Dimension Soziales ist inhaltlich auf die Eignungsprüfung vorhandener Wohnbaupotenziale im Sinne der Lebens- und Wohnumfeldqualität ausgerichtet. In den letzten Jahren haben unterschiedliche Ansätze in der Wissenschaft „Lebensqualität" (Quality of Life) vielfältig operationalisiert und diskutiert (Kötter u.a. 2009b; Jirón & Fadda 2000; Europäische Kommission Generaldirektion Regionalpolitik 2007; Schetke u.a.).

Die soziale Dimension wird folglich in zwei Hauptkategorien untergliedert, die die Schwerpunkte der Indikatorableitung bilden:

- „Versorgungsgerechtigkeit" und
- „Qualität des Wohnumfeldes".

Während erstere die Erreichbarkeit sozialer und technischer Infrastruktur abbildet, fokussiert die zweite Kategorie deutlich auf ausgewählte Determinanten der Lebensqualität wie u.a. das Vorhandensein adäquater Erholungsräume einerseits (Schetke/Haase 2008) sowie die Qualität des Wohnumfeldes beeinflusst durch Emissionsbelastung (Lärm, Schadstoffe).

Die Bewertung der Erreichbarkeit von Einrichtungen sozialer Infrastruktur erfolgt mit Hilfe städtebaulicher Erreichbarkeitsstandards (Schöning/Borchard 1992; Gälzer 2001). Es bleibt zu diskutieren, ob es angesichts der Pluralität an Lebensstilen und individuellen Nutzungspräferenzen und -gründen haltbar ist, an vergleichsweise starren städtebaulichen Entfernungsstandards festzuhalten. Ferner wird der Anspruch einer integrierten Stadtentwicklung und der Ausnutzung vorhandener Ressourcen vertreten. Dieser impliziert, dass eine Baulandausweisung in Nähe vorhandener Einrichtungen nicht nur die Standortqualität beeinflusst, sondern zudem eine kompakte und flächensparende Siedlungsentwicklung vorantreibt.

Unabhängig davon kommen in der Kategorie „Wohnumfeldqualität" jene Indikatoren zum Tragen, die eine von Lebensstilen unabhängige Bewertung zulassen, und äußerliche Einflussfaktoren, die letztlich die subjektive Wahrnehmung des Wohnumfeldes maßgeblich bestimmen. Zusätzlich erfolgt mit der Abbildung möglicher Lärmbelastung oder dem Vorhandensein von Altablagerungen im Rahmen der Investitionskosten eine zusätzliche enge Verknüpfung mit der ökonomischen Dimension.

Schwerpunkte der Dimension Ökonomie

Eine integrierte städtebauliche Kalkulation ermöglicht die Bewertung innerhalb der Dimension Ökonomie. Es werden die entscheidungsrelevanten standortbezogenen Kosten und Einnahmen erfasst, so dass langfristige ökonomische Vor- und Nachteile bei der Entwicklung von Wohnbauflächen aufgedeckt werden können (Kötter u.a. 2009a).

Ziel des Kalkulationsbausteins ist die Schaffung von Kostentransparenz und das Offenlegen positiver und negativer ökonomischer Eigenschaften potenzieller Wohnbauflächen. Demnach stehen nicht die wirtschaftliche Entwicklung einer Stadt oder Gemeinde im Vordergrund, sondern die ökonomischen Effekte bestimmter Wohnbaulandentwicklungen (Kötter u.a. 2009b). Da die strukturelle Anlage und räumliche Verteilung der Wohnbauflächen im Siedlungsgefüge durch die Herstellung und Unterhaltung neuer Infrastrukturanlagen einen wesentlichen Einfluss auf die ökonomischen Folgen haben (Ecoplan 2000), eignet sich gerade die Ebene des Flächennutzungsplans für diese Aufgabenstellung.

Vor allem die räumliche Lage der Flächen bestimmt neben ihrer Größe, der Bebauungsdichte etc. die erforderliche technische und soziale Infrastruktur. Datenbasis war eine ortsspezifische Kostenanalyse von mehreren Bebauungsplänen in den Städten Essen, Erftstadt und Euskirchen. Die Auswahl der betrachteten Infrastrukturanlagen und -einrichtungen richtet sich nach der Trägerschaft der Kosten und der auftretenden Kostenarten. Da eine disperse Siedlungsstruktur zunächst den Gemeindehaushalt belastet, gilt es, kommunale Einrichtungen hinsichtlich ihrer Kostenrelevanz zu untersuchen und die Herstellungs- und Folgekosten abzuschätzen.

Rangliste potenzieller Wohnbauflächen als Ergebnis der Bewertung

Das Ziel einer Rangliste der potenziellen Wohnbauflächen ermöglicht das Fokussieren auf entscheidungsrelevante Kosten und Einnahmen. Es werden daher vornehmlich diejenigen Kosten und Einnahmen erfasst, die standortspezifisch sind und somit erhebliche Unterschiede zwischen den verschiedenen potenziellen Wohnbauflächen aufweisen. Maßgeblich sind die individuellen Standorteigenschaften, wie z.B. Lage und Entfernung zum vorhandenen Siedlungsgebiet, Altablagerungen, Lärmbelastung, Hanglagen, Bodenart (Gassner/Thünker 1992) etc. In Bezug auf die „Standardwohnbaufläche" werden standortspezifische Merkmale durch pauschale Zu- und Abschläge auf die Kostenstandards für technische und soziale Infrastruktur berücksichtigt. Neben den erstmaligen Herstellungskosten werden auch die jährlichen Unterhaltungskosten für einen Zeitraum von 15 Jahren betrachtet.

Anwendung des Bewertungsrahmens in der Flächennutzungsplanung

GIS-basiertes Decision Support System

Ein GIS-basiertes Decision Support System (DSS) bildet die Grundlage für die Anwendung des Bewertungsrahmens. Die integrierte Bewertung aller drei Dimensionen beinhaltet ein breites Spektrum von Datengrundlagen und Indikatorarten (qualitativ und quantitativ), welche in unterschiedlichen Skalenarten (nominal, ordinal) vorliegen. Um eine Aggregation aller Indikatoren zu einer finalen Gesamtaussage zu ermöglichen, erfolgt zunächst eine Transformation in einheitliche rangskalierte Klassen (Werte 1, 2 und 3). Anschließend werden diese gewichtet und zu einer individuellen quantifizierten Gesamtaussage je Nachhaltigkeitsdimension zusammengefasst. Eine nachfolgende Summierung der dimensionsbezogenen, quantifizierten Gesamtaussagen ermöglicht in einem finalen Schritt ein Ranking aller Baulandpotenziale sowie die Übersetzung der Wertigkeiten in die drei genannten rangskalierten Eignungsklassen.
Die Indikatorgewichtung wird durch die jeweiligen Anwender bzw. Entscheidungsträger vorgenommen. Die Bemessung der Indikatorausprägung zur Standortbewertung erfolgt einerseits anhand von lokalen Standards (v.a. im Bereich Ökonomie). Andererseits werden in weiten Bereichen Fachliteratur und rechtliche Grundlagen (z.B. DIN 18005 Lärmschutz im Städtebau) zur Ableitung entsprechender Referenzwerte hinzugezogen.

Decision Support System (DSS)

Das DSS ermöglicht eine Anwendung des vorgestellten Bewertungsrahmens innerhalb der Flächennutzungsplanung. Zur Umsetzung der Einzelaussagen jedes Indikators der drei Dimensionen in eine aggregierte Gesamtbewertung dient eine im Projekt FIN.30 programmierte Benutzeroberfläche. Sie ermöglicht eine integrierte Flächenbewertung basierend auf kommunalen Grundlagendaten sowie eine standort- und leitbildspezifische Indikatorgewichtung. Das DSS wird daher Anforderungen unterschiedlicher Akteure gerecht und ist auch auf andere Kommunen übertragbar.

Abbildung 10:
Decision Support System (DSS)

Indikatoren	Ausprägung	Gewichtung (%)	Bewertung	Rankingposition
Ökologie				
Regulationseffekte	Klassen 0-3	15		
Biotopqualität	Klassen 0-3	15	ökologische Detailprüfung	
Versickerungspotenzial	40 bis 100	10		
Beanspruchung Biotopverbundflächen/Isolation	partielle Inanspruchnahme	10		
Versiegelung	Versiegelungsgrad teilw. >= 45 %	10		2.10
Inanspruchnahme von Schutzgebieten	vollst. innerh. Schutzgebiet/250m	10		
Bodenqualiät	55 bis 75	10		
Grundwasserbeeinflussung	keine Gründung a.Auenbod./Gw_Anstieg	10		
Hochwassergefährdung	Hochwassergefährdung	10		
		100 : Summe der Gewichte		
Soziales				
Erreichbarkeit Spielplatz	Entfernung bis 750m	10		
Erreichbarkeit Nahversorgung	Entfernung bis 500m	10		
Erreichbarkeit Grundschule	Entfernung bis 2000m	10	sozial unbedenklich	
Erreichbarkeit Kita	Entfernung bis 500m	10		
Erreichbarkeit Bus	Entfernung teilw. über 300m	10		
Erreichbarkeit U-/S-Bahn	nicht vorhanden	5		1.30
Erreichbarkeit Bahn	Entfernung teilw. über 2000m	5		
Lärmbelastung tagsüber	teilw. über 60dB	10		
Lärmbelastung nachts	teilw. über 45dB	10		
Erreichbarkeit erholungsrelevante Freiflächen	Entfernung teilw. über 500m	10		
Altlastenverdacht	keine Daten vorhanden	10		
		100 : Summe der Gewichte		
Ökonomie				
Kosten der Vorbereitung und Durchführung	durchschnittlich	15		
Kosten der inneren Erschließung	durchschnittlich	15	ökonomische Detailprüfung	
Kosten der äußeren Erschließung	durchschnittlich	15		
Kosten der sozialen Infrastruktur	durchschnittlich	15		2.00
Kosten der Ausgleichsmaßnahmen	durchschnittlich	15		
Einnahmen aus Beiträgen oder Vermarktungserlösen	durchschnittlich	15		
Einnahmen aus Fördermitteln	durchschnittlich	10		
		100 :Summe der Gewichte		

Quelle: Eigener Entwurf, 2009.

Die Programmierung der Oberfläche erfolgte Visual-Basic-gestützt. Das Programm ermöglicht die Aggregation quantitativer und qualitativer Indikatoren.

Erprobung des DSS gemeinsam mit den Partnerkommunen

Der Erprobung und Optimierung des DSS dienten mehrere, gemeinsam mit den Partnerkommunen durchgeführte Planspiele. Hierbei standen neben der Praktikabilität des Bewertungsrahmens vor allem die Entscheidungsrelevanz, Kommunizierbarkeit und Anwenderfreundlichkeit der Oberfläche im Fokus. Zentrale Anforderungen seitens der Kommunen waren Übersichtlichkeit, Praktikabilität, eine zusammenfassende Darstellung der Ergebnisse in einem Flächenbericht/Dossier sowie ein stadtweites Ranking der Baulandpotenziale. Die programmiertechnische Lösung mit dem Visual-Basic-gestützten Oberflächendesign fand große Akzeptanz, reduzierte Berührungsängste durch Implementierung in MS EXCEL und forciert eine rasche Anwendung. Den Umfang der Dateneingaben und der abzuprüfenden Indikatoren bewerteten die Praxispartner in diesem ersten Praxistest positiv.

Ranking

Das DSS ermöglicht eine Gesamtaggregation aller Indikatorwerte. Hierbei werden sowohl quantitative als auch qualitative Indikatoren in eine quantitative

Gesamtaussage übersetzt. Dies ermöglicht im Folgeschritt ein Ranking aller Wohnbaulandpotenziale hinsichtlich ihrer Eignung in den drei Dimensionen der Nachhaltigkeit. Abbildung 11 zeigt das Ranking aller Wohnbaulandpotenziale am Beispiel der Partnerkommune Euskirchen (NRW). Grün eingefärbte Flächen indizieren eine sehr gute Eignung zur Wohnbaulandentwicklung in den drei Nachhaltigkeitsdimensionen. Sie implizieren die reduzierte Inanspruchnahme natürlicher Ressourcen, eine gute Erreichbarkeit sozialer und technischer Infrastruktur, ein qualitativ hochwertiges Wohnumfeld sowie eine wirtschaftlich tragfähige Siedlungsentwicklung. Das Ende der Skala wird durch rote Flächen markiert, die hinsichtlich der drei Nachhaltigkeitsdimensionen als ungeeignet bewertet wurden.

Abbildung 11:
Ranking der Euskirchener Wohnbaupotenziale (Kartengrundlage ALK Euskirchen; Kreis Euskirchen, Abt. Geoinformation und Kataster)

Quelle: Eigener Entwurf, 2009.

Literatur

Constanza, R., R. d´Arge, R. de Groot, S. Farber, M. Grasso, B. Hannon, K. Limburg, S. Naeem, R. V. O. O´Neill, J. Paruelo, R. G. Raskins, P. Sutton, M. van den Belt (1997): The value of the world´s ecosystem services and natural capital, in: Nature 387, S. 235–260.

De Groot, R., M. A. Wilson, R. M. J. Boumans (2002): A typology for the classification, description and valuation of ecosystem functions, goods and services, in: Ecological Economics 41, S. 393–408.

Ecoplan (2000): Siedlungsentwicklung und Infrastrukturkosten, im Auftrag des Bundesamtes für Raumentwicklung der Schweiz (ARE), Schlussbericht, Bern.

Europäische Kommission Generaldirektion Regionalpolitik (2007): Meinungsbefragung zur Lebensqualität in 75 europäischen Städten, Brüssel.

Gälzer, R. (2001): Grünplanung für Städte, Stuttgart.

Gassner, E., und H. Thünker (1992): Die technische Infrastruktur in der Bauleitplanung, Berlin (Institut für Städtebau der deutschen Akademie für Städtebau und Landesplanung).

Jirón, P., und G. Fadda (2000): Gender in the discussion of quality of life vs. quality of place, in: Open House International, vol.25 N°4.

Kötter, T., B. Frielinghaus, D. Weigt, L. Risthaus, (2009a): Kostenoptimierung in der Flächennutzungsplanung. Ein Kalkulationsmodell für die Bewertung potenzieller Wohnbauflächen, in: Thomas Preuß und Holger Floeting (Hrsg.): Folgekosten der Siedlungsentwicklung. Bewertungsansätze, Modelle und Werkzeuge der Kosten-Nutzen-Betrachtung, Beiträge aus der REFINA-Forschung, Reihe REFINA Band III, Berlin.

Kötter, T., D. Weigt, D., B. Frielinghaus, S. Schetke (2009b): Nachhaltige Siedlungs- und Flächenentwicklung – inhaltliche und methodische Aspekte der Erfassung und Bewertung, in: E. Hepperle und H. Lenk (Hrsg): Land Development Strategies: Patterns, Risks and Responsibilities. Strategien der Raumentwicklung: Strukturen, Risiken und Verantwortung, Zürich.

Kötter, T., B. Frielinghaus, S. Schetke, D. Weigt (2009c): Intelligente Flächennutzung – Erfassung und Bewertung von Wohnbaulandpotenzialen in der Flächennutzungsplanung, in: Flächenmanagement und Bodenordnung 1/2009; S. 39–45.

Schetke, S., und D. Haase (2008): Multicriteria assessment of socio-environmental aspects in shrinking cities. Experiences from eastern Germany, in: Environmental Impact Assessment Review, Vol. 28 Issue 7, S. 483–503.

Schetke, S., D. Haase, J. Breuste (2010): Green space benefits under conditions of uneven urban land use development (revised), in: Journal of Land Use Science, Volume 5 Issue 2.

Schöning, G., und K. Borchard (1992): Städtebau im Übergang zum 21. Jahrhundert, Stuttgart.

Stadt Erftstadt (1999): Erläuterungsbericht zum Flächennutzungsplan, Erftstadt.

www.destatis.de

E 2.5 Bewertung der Nachhaltigkeit möglicher Nutzungen und der Vermarktbarkeit städtischer Brachflächen

Dieter Behrendt, Silke Kleinhückelkotten, Marlies Kloten, H.-Peter Neitzke

REFINA-Forschungsvorhaben: Nachhaltiges Flächenmanagement Hannover (NFM-H)

Verbundkoordination: ECOLOG-Institut gGmbH
Projektpartner: ECOLOG-Institut gGmbH, Institut für Wirtschaftsrecht der Leuphana Universität Lüneburg, Landeshauptstadt Hannover
Modellraum: Landeshauptstadt Hannover (NI)
Internet: www.flaechenfonds.de

Im Rahmen des Projekts „Nachhaltiges Flächenmanagement Hannover" wurden ein Fondskonzept zur Mobilisierung von Brachflächen entwickelt und die Realisierungsbedingungen in der Stadt Hannover überprüft. Die Mobilisierung, d.h. die Sanierung und Baureifmachung der (u.U. kontaminierten) Brachflächen, soll überwiegend mit Hilfe von privatem statt – wie üblich – öffentlichem Kapital erfolgen.
Der im Projekt konzipierte Fonds ist als Beitrag zur nachhaltigen Siedlungsentwicklung angelegt (vgl. Kap. **E 4.3**). Die sanierten Brachflächen sollen konkurrenzfähig werden zu Flächen auf der Grünen Wiese. Dadurch soll die Innenentwicklung der Kommune gefördert werden. Die Ziele einer nachhaltigen Siedlungsentwicklung gehen aber über die reine Wiederverwertung von Brachflächen hinaus. Wichtig ist, dass die Entwicklung der Fläche selbst ebenfalls nachhaltig ist, d.h. dass sie sozialen, ökologischen und ökonomischen Ansprüchen genügt.
Für einen Fonds mit diesem Anspruch kommen nur Flächen in Betracht, die sich auch nachhaltig entwickeln lassen. Um entsprechende Flächen auswählen zu können, werden Kriterien benötigt, mit denen die Erfüllung von Nachhaltigkeitszielen bei der Flächenentwicklung bewertet werden kann. Da bisher noch kein Kriteriensatz für diesen Zweck existierte, wurde im Rahmen des Projekts ein solcher entwickelt. Flächen für einen privatwirtschaftlichen Fonds müssen aber noch eine weitere Bedingung erfüllen: Sie müssen vermarktbar sein. Nur wenn sich die vom Fonds sanierten Flächen am Ende auch verkaufen lassen, kann der Fonds die benötigte Rendite erzielen. Um die Marktfähigkeit von Flächen einschätzen zu können, wurden im Rahmen des Projekts zusätzlich zu den Nachhaltigkeitskriterien Vermarktungskriterien entwickelt.

Ziele des Bewertungssystems

Nachhaltigkeit und Vermarktbarkeit

Ziel der Flächenbewertung ist es einzuschätzen, welche Zielnutzung unter Nachhaltigkeitsgesichtspunkten am sinnvollsten wäre bzw. welche Zielnutzungen für die jeweilige Fläche auszuschließen sind. Zudem können Flächenvergleiche unter Gesichtspunkten der Nachhaltigkeit und der Vermarktbarkeit vorgenommen werden, so dass eine Priorisierung der Flächen nach ihrem Beitrag zur nachhaltigen Siedlungsentwicklung und ihrer Entwicklungsfähigkeit möglich ist.

Abbildung 12:
Matrix zur Einordnung der Flächen nach Nachhaltigkeit und Vermarktbarkeit

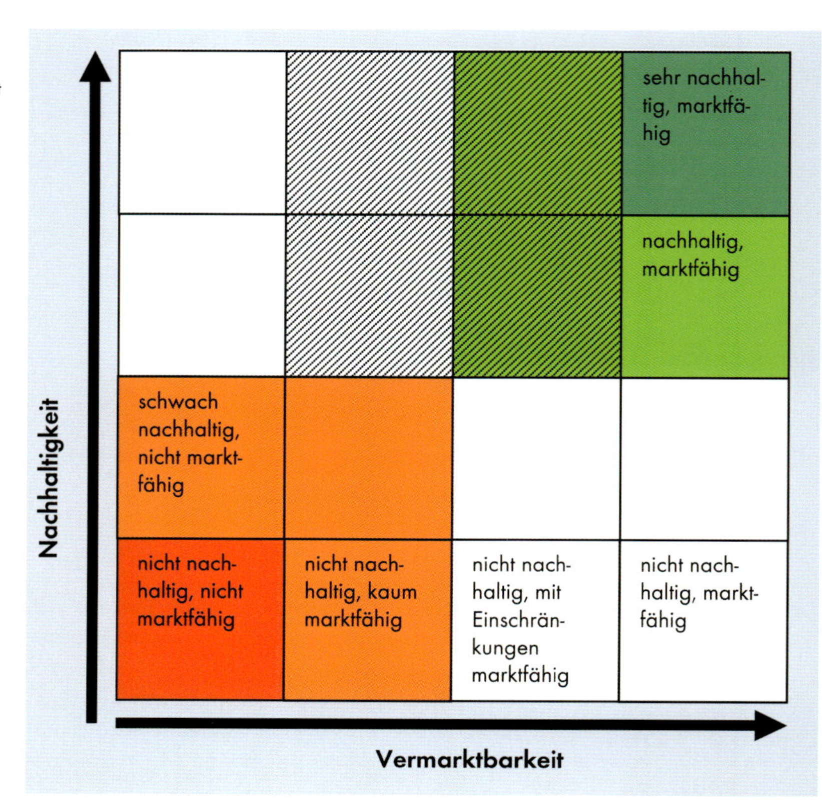

Quelle: Behrendt u.a. 2010.

In Abbildung 12 sind die für den Fonds interessanten Flächen schraffiert: Ihre Entwicklung mit der vorgesehenen Nachnutzung würde die geforderten Nachhaltigkeitsziele erfüllen und sie liegen im Bereich der mittleren Vermarktbarkeit, d.h. sie lassen sich mit einem gewissen Aufwand entwickeln. Nicht marktfähige Flächen kommen für den Brachflächenfonds nicht in Frage. Solche, die sich ohne Aufwand vermarkten lassen, dürften nur in Ausnahmefällen in einen Brachflächenfonds eingebracht werden.
Die entwickelten Kriteriensätze eignen sich nicht nur für die Auswahl von Fondsflächen. Sie können von jeder Kommune als Grundlage für ein nachhaltiges Flächenmanagement verwendet werden. Mit den Kriterien können Nutzungsvarianten für einzelne Flächen oder das gesamte Flächenpotenzial bewertet werden. Die Kriterien sind so ausgewählt und beschrieben, dass sie von anderen Nutzern (z.B. Kommunen, Investoren oder Eigentümern) mit vertretbarem Aufwand angepasst und angewendet werden können.

Entwicklung und Anwendung des Bewertungssystems

Kriterien

Um die Übertragbarkeit des Kriteriensatzes zur Nachhaltigkeitsbewertung sicherzustellen, erfolgt eine Ableitung der Kriterien aus dem europaweit anerkannten Zielsystem kommunaler nachhaltiger Entwicklung, den auch von der Stadt Hannover unterzeichneten „Aalborg-Commitments". In einem mehrstufigen projektinternen Abstimmungsprozess operationalisierten Experten aus der Stadtverwaltung Hannover, insbesondere aus den Fachgebieten Stadtplanung, Wirtschaftsförderung und Umweltschutz, die formulierten Kernziele mit Flächenbezug in Detailziele und diese zu Kriterien (siehe Tab. 2). Weiteres Kernziel ist die Stärkung der finanziellen Handlungsfähigkeit der Kommune.
Die Vermarktungskriterien (siehe Tab. 3) wurden auf Basis der Literatur zu Immobilienwirtschaft und Brachflächenrecycling (z.B. Muncke u.a. 2000; Schneider 2002) und mit Hilfe von immobilienwirtschaftlichen Experten der Stadtverwaltung Hannover zusammengestellt.
Beide Kriteriensätzen berücksichtigen sowohl Merkmale der Fläche (z.B. Größe, Grad der Versiegelung) als auch Einflüsse aus ihrem Umfeld auf die Zielnutzung (z.B. Lärm von einer benachbarten Hauptverkehrsstraße) sowie von der Zielnutzung zu erwartende Wirkungen auf das Umfeld. Die Flächenbewertung erfasst demnach sowohl die Fläche selbst als auch ihre positiven wie negativen Wechselbeziehungen zum Umfeld.
Die ausgewählten Kriterien umfassen zum einen quantitativ erfassbare Größen, wie bspw. die Entfernung der Fläche zum nächstgelegenen ÖPNV-Anschluss, zum anderen qualitativ einzuschätzende Gegebenheiten, wie die potenzielle „Adressbildung" einer Fläche. Wenn entsprechende Informationen nicht vorliegen, was insbesondere im Hinblick auf die Altlastensituation oder bei boden- und naturschutzrechtlichen Aspekten oft der Fall ist, können allerdings auch quantitative Größen oft nur qualitativ bewertet werden.

Gewichtung

Praxisorientierte Gewichtungsfaktoren

Da die Kriterien innerhalb der beiden Sätze nicht alle gleich wichtig sind, werden sie jeweils mit 1 (weniger wichtig) über 2 bis 3 (sehr wichtig) gewichtet. Im Kriteriensatz zur Nachhaltigkeitsbewertung erfolgt darüber hinaus eine getrennte Gewichtung der Kernziele. Die drei Dimensionen der Nachhaltigkeit (sozial, ökologisch und ökonomisch) mit einer unterschiedlichen Anzahl an Kernzielen und Kriterien gehen insgesamt aber gleichwertig in die Bewertung ein.
Die Gewichtungsfaktoren wurden unter Beteiligung kommunaler Experten aus verschiedenen Fachabteilungen der Landeshauptstadt Hannover ermittelt. Sie können von anderen Anwendern übernommen, aber auch zur Abbildung von Besonderheiten einer Kommune modifiziert werden.

Tabelle 2:
Nachhaltigkeitskriterien

Dimension	Nr.	Vorgesehene Zielnutzung auf der Brachfläche ermöglicht die/den/eine ...
Ökologische Dimension (A)	A1	... Senkung des Primärenergieverbrauchs und Erhöhung des Anteils regenerativer Energien
	1	... Nutzung der Solarenergie (Dach- oder Freifläche)
	2	... Einbindung in ein Nahwärmenetz
	3	... Anschluss an ein Fernwärmenetz
	4	... Stärkung des Umweltverbunds
	A2	... Verbesserung der Wasserqualität
	5	... geringe Versiegelung
	6	... Verhinderung von Schadstoffeinträgen
	A3	... Förderung der Artenvielfalt, Erweiterung und Pflege von Schutzgebieten und Grünflächen
	7	... Erhalt, Vernetzung, Schaffung von Biotopen
	8	... Erhalt, Vernetzung, Schaffung öffentlicher Grünflächen
	9	... Erhalt und Schaffung privater Gärten
	A4	... Verbesserung der Bodenqualität und Erhalt schützenswerter Böden
	10	... Erhalt bzw. Verbesserung der Bodenqualität
	11	... Erhalt schützenswerter Böden
	A5	... Verbesserung der Luftqualität
	12	... Minimierung toxischer und ökotoxischer Immissionen
	13	... Minimierung belästigender Immissionen
	14	... Minimierung von Emissionen aus Güterverkehr
	15	... Erhalt bzw. Verbesserung von Frisch- bzw. Kaltluftentstehungsgebieten
	16	... Erhalt bzw. Verbesserung von Frisch- bzw. Kaltluftschneisen
	17	... geringe Schallimmissionen
	18	... geringe elektromagnetische Immissionen
	A6	... Vermeidung von Zersiedelung
	19	... Verdichtung der Bebauung
Soziale Dimension (B)	B1	... Schaffung guter Wohn- und Lebensbedingungen sowie Stärkung benachteiligter Gebiete
	20	... städtebauliche Integration
	21	... Aufwertung des Umfelds bzw. des Quartiers
	22	... hochwertiges Freiraumangebot
	23	... gute Nahversorgung
	24	... gute Kultur- und Bildungsinfrastruktur
	25	... Mischung von Wohnen und Arbeiten
	26	... zentrumsnahes Wohnen
	B2	... Erhaltung und Nutzung des städtischen kulturellen Erbes
	27	... Erhalt kulturell bedeutsamer Gebäude bzw. Gartenanlagen
	B3	... Verbesserung der Mobilität
	28	... gute ÖPNV-Erschließung
	29	... gute Fahrrad-Erreichbarkeit von Zentren bzw. von Versorgungseinrichtungen
Ökonomische Dimension (C)	C1	... Verbesserung der Rahmenbedingungen für Unternehmen und Förderung von Arbeitsplätzen
	30	... gute Güterverkehrsanbindung
	31	... gute Personenverkehrsanbindung
	32	... Synergieeffekte von Unternehmen untereinander oder mit wissenschaftlichen Einrichtungen
	33	... Verbesserung der Attraktivität des Umfelds
	C2	... Stärkung der finanziellen Handlungsfähigkeit der Kommune
	34	... höhere Einnahmen aus Einkommensteuer
	35	... höhere Einnahmen aus Gewerbesteuer
	36	... höhere Einnahmen aus anderen Abgaben
	37	... hoher Verkaufserlös der Fläche
	38	... Wertsteigerung benachbarter Flächen im kommunalen Besitz
	39	... geringe Investitions- und Folgekosten

Quelle: Behrendt u.a. 2010, S. 114.

Tabelle 3:
Vermarktbarkeitskriterien

Lage und Zuschnitt der Fläche	
1	Lage der Fläche
2	Größe der Fläche
3	Zuschnitt der Fläche
Zustand der Fläche	
4	Altbebauung und Kontamination
5	Technische Bebauungshindernisse
Erschließung der Fläche	
6	Technische Infrastruktur
7	Versorgungsinfrastruktur (Nahversorgung, Soziale Einrichtungen)
8	Personenverkehrsanbindung
9	Güterverkehrsanbindung
Attraktivität/Image der Fläche und des Umfelds	
10	Art der Vornutzung
11	Ästhetische Attraktivität des Umfelds
12	Soziale Attraktivität der Nachbarschaft
13	Freiflächen und naturnahe Flächen
Verwendbarkeit der Fläche	
14	Planungs- oder baurechtliche bzw. sonstige Einschränkungen
15	Denkmalschutzauflagen
16	Boden- und naturschutzrechtliche Auflagen, erhaltenswerte Grünbestände
17	Immissionen/Hintergrundbelastungen aus dem Umfeld
18	Sensibilität des Umfelds für Immissionen, Akzeptanzprobleme
19	Topografie und Geologie/Baugrund
Verfügbarkeit der Fläche	
20	Eigentumsverhältnisse: Zahl und Struktur der Eigentümer
21	Dingliche Lasten
22	Zeitliche Verfügbarkeit
Flächenkonkurrenz	
23	Zahl und Größe von Flächen mit gleicher Zielnutzung
Flächennachfrage	
24	Nachfrage nach Flächen dieser Art
Kosten	
25	Preisvorstellung des Grundstückseigentümers

Quelle: Behrendt u.a. 2010, S. 115.

Flächenbewertung

Die Flächenbewertung erfolgte in Kleingruppen kommunaler Experten unter Verwendung einer fünfstufigen Punkteskala von +2 bis -2. Gründe für die jeweilige Bewertung sollten, wie hier geschehen, kurz vermerkt werden. Der Wert für jedes Kriterium wird als arithmetisches Mittel aller Einzelbewertungen berechnet (Details zum Berechnungsverfahren bei der Gewichtung und Bewertung der Kriterien in Behrendt u.a. 2009).
Um den Aufwand für die Flächenbewertung im Rahmen des Projekts zu begrenzen, erfolgt die Bewertung nur für Flächen, die für eine bauliche Nutzung zur Verfügung stehen und/oder im Geltungsbereich eines B-Plans bzw. im Innenbereich lt. § 34 BauGB (Innenentwicklungsflächen) liegen. Nicht bewertet wer-

den Flächen in Schutz- und Überschwemmungsgebieten, Vorrangflächen (nach Regionalem Raumordnungsprogramm) für Freiraumfunktionen, Natur und Landschaft, Erholung, Rohstoffgewinnung, Trinkwassergewinnung und Hochwasserschutz sowie Flächen, für die eine ausschließlich öffentliche oder militärische Nutzung vorgesehen ist. Basis der Flächenbewertung war die durch die Stadtplanung aktuell intendierte Nutzung, die über das geltende Baurecht hinausgehen kann, wie zum Beispiel hochwertiges Wohnen für Senioren.
Kriterien, die für eine bestimmte Zielnutzung irrelevant waren oder für die eine Bewertung aufgrund fehlender Daten bzw. Informationen nicht möglich war, wurden unter Angabe der Gründe aus der Bewertung herausgenommen, d.h. hier konnten keine Punkte erzielt werden, die maximal erreichbare Punktzahl wurde entsprechend reduziert.

Ergebnisse

Übertragbare Kriteriensätze

Mit Hilfe des entwickelten Kriteriensystems konnte im Rahmen der Projektanwendung eine Priorisierung und damit eine Vorauswahl geeigneter Flächen für das zu prüfende Fondsmodell vorgenommen werden. Die ausgewählten Flächen wurden in einem weiteren Schritt genauer hinsichtlich ihres Aufwertungspotenzials im Verhältnis zum jeweiligen Aktivierungsaufwand betrachtet. Das eingesetzte Bewertungssystem kann auf individuelle kommunale Spezifika angepasst werden und bietet damit breite Einsatzmöglichkeiten in der kommunalen Praxis der vergleichenden Bewertung von Flächen im Rahmen eines nachhaltigen Flächenmanagements.
Die entwickelten Kriteriensätze eignen sich nicht nur für die Auswahl von Fondsflächen. Sie können von jeder Kommune als Grundlage für ein nachhaltiges Flächenmanagement verwendet werden. Mit den Kriterien können Nutzungsvarianten für einzelne Flächen oder das gesamte Flächenpotenzial bewertet werden. Die Kriterien sind so ausgewählt und beschrieben, dass sie von anderen Nutzern (z.B. Kommunen, Investoren oder Eigentümer) mit vertretbarem Aufwand angepasst und angewendet werden können.

Literatur

Behrendt, Dieter, Silke Kleinhückelkotten, Marlies Kloten, H.-Peter Neitzke (2010): Kriterien für die Nachhaltigkeit der Nutzung und die Vermarktbarkeit städtischer Brachflächen, in: Stefan Frerichs, Manfried Lieber, Thomas Preuß (Hrsg.): Flächen- und Standortbewertung für ein nachhaltiges Flächenmanagement. Methoden und Konzepte, Beiträge aus der REFINA-Forschung, Reihe REFINA Band V, Berlin.

Muncke, Günter, Monika Walther, Maike Schwarte (2000): Standort- und Marktanalyse – Das Buch mit sieben Siegeln wird geöffnet, in: Immobilienzeitung, IZ – Tutorial: Standort- und Marktanalyse, Nr. 17, S. 11.

Schneider, Volker (2002): Grundstück-, Standort- und Marktanalyse, in: Jürgen Schäfer und Georg Conzen (Hrsg.): Praxishandbuch der Immobilien – Projektentwicklung, München, S. 47–67.

www.flaechenfonds.de

E 2 A: Integrierte Bewertung altlastbezogener und städtebaulicher Aspekte

REFINA-Forschungsvorhaben: optirisk – Die städtebauliche Optimierung von Standortentwicklungskonzepten belasteter Grundstücke auf der Grundlage der Identifizierung und Monetarisierung behebungspflichtiger und investitionshemmender Risiken

Verbundkoordination: JENA-GEOS-Ingenieurbüro GmbH
Projektpartner: Landesentwicklungsgesellschaft Thüringen mbH, Bauhaus-Universität Weimar
Modellraum: Jena, Pößneck, Bad Lobenstein (TH)
Internet: www.uni-weimar.de/architektur/raum/refina/

OPTIRISK – Die Optimierung von Standortentwicklungskonzepten belasteter Grundstücke
auf der Grundlage der Monetarisierung und Validierung behebungspflichtiger und investitionshemmender Risiken

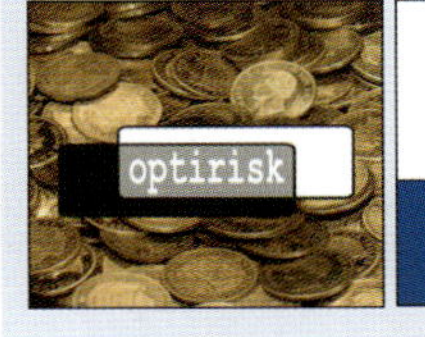

LEG THÜRINGEN | Bauhaus-Universität Weimar

	Städtebauliche, praktische und energetische Aspekte LEG Thüringen und Bauhaus-Universität Weimar			Umweltaspekte, Risikobewertung JENA-GEOS®-Ingenieurbüro GmbH	
ACCESS-Datenbank	Vorhandene Energieversorgung der Brachfläche	Stammdaten: zu Adresse, Grundstücksverortung und Katasterangaben	Daten zu Erschließung: Lage, verkehrliche und technische Erschließung	Nutzung und Bebauung: Historie, Beschränkungen, Flächennutzung, Freiraum	Natur und Umwelt: Biotope, Potenziale, Altlasten, Geologie und Geochemie
Interdisziplinäre Analyse	Ermittlung des energetischen Standortpotenzials	Mikro- und Makroanalyse: Bewertung Städtebaulicher Rahmenbedingungen für Planungs- und Baurecht, zu funktionalen und gestalterischen Aspekten		Umwelt-Risikoprognose: Bewertung der ökologischen Sachverhalte hinsichtlich ihrer Relevanz für Inanspruchnahmerisiken bzw. Investitionsrisiken	
Planungen und Konzeptionen	Konzepte zur dezentralen Versorgung des Standortes mit Energie	Städtebauliche Stegreifkonzepte: Entwürfe für mögliche Nachnutzungen des Standortes, Interessenabgleich der Projektbeteiligten anhand der **BEWERTUNGSMATRIX**		Definition und Monetarisierung altlastenbedingter Risiken: Bewertung standortbezogener Umweltqualitätsziele mit dem Prüf- und Entscheidungssystem **MESOTES**	
Konfliktanalyse und Überlagerung		Konfliktanalyse: Überlagerung der ausgewählten städtebaulichen Vorzugsvarianten mit den ermittelten ökologischen Sachverhalten durch standortbezogene, dreidimensionale Risikoprognosemodelle, Überblick über Inanspruchnahme- und Investitionsrisiken im Standortuntergrund, Ermittlung der entstehenden Kosten für jede der Vorzugsvarianten			
Optimierung der Konzepte	Integriertes Standortentwicklungskonzept: Optimierung des Investitionsbedarfs für die mit den Projektbeteiligten abgestimmten Vorzugsvarianten, indem die baulichen Nachnutzungen derart platziert werden, dass der geringst mögliche Aufwand entsteht. Die Transparenz des Verfahrens führt zum Abbau von Vorurteilen und merkantilen Wertverlusten und erhöht dadurch die Reaktivierungschancen der belasteten Grundstücke.				
Allgemeiner LEITFADEN	Durch die Verbundpartner wurde ein allgemeiner Leitfaden entwickelt, mit dem das Verfahren OPTIRISK und seine Produktteile allgemein angewendet werden können. Anhand einer Checkliste und zugeordneter detaillierter Erläuterung werden Benutzer in die Lage versetzt, das Verfahren selbstständig anzuwenden. Weitere Informationen erhalten Sie bei JENA-GEOS®-Ingenieurbüro GmbH, Tel: 03641/453510				

Kersten Roselt

Abbildung 13:
OPTIRISK

Quelle: JENA-GEOS-Ingenieurbüro GmbH 2009.

E 2 B: Bewertungskonzept für Gewerbeflächen

REFINA-Forschungsvorhaben: Gemrik – Nachhaltiges Gewerbeflächenmanagement im Rahmen interkommunaler Kooperation am Beispiel des Städtenetzes Balve-Hemer-Iserlohn-Menden

Projektleitung: Stadt Iserlohn, Büro für Stadtentwicklungsplanung
Wissenschaftliche Kooperation: plan + risk consult, Büro Grünplan
Praxispartner: Wirtschaftsinitiative Nordkreis e.V. (WIN), anerkannte Naturschutzverbände im Märkischen Kreis, Südwestfälische Industrie- und Handelskammer zu Hagen (SIHK), Institut für Landes- und Stadtentwicklungsforschung und Bauwesen (ILS), Ministerium für Verkehr, Energie und Landesplanung des Landes Nordrhein-Westfalen (MVEL), Bezirksregierung Arnsberg (Bezirksplanungsbehörde), Kreishandwerkerschaft im Märkischen Kreis
Modellraum: Städtenetz Balve-Hemer-Iserlohn-Menden (NW)
Internet: www.plan-risk-consult.de

Ein Element im Projekt GEMRIK war die Entwicklung eines Gewerbeflächenkatasters. Das Gewerbeflächenkataster beinhaltet auf der Maßstabsebene von Grundstücken über 8.700 gewerblich-industriell genutzte und für die Nutzung vorgesehene Flächen der vier nordrhein-westfälischen Beispielkommunen Hemer, Balve, Menden und Iserlohn. Es umfasst die Eigenschaften eines Standortinformations- und Monitoringsystems sowie eines Brachflächen- und Baulückenkatasters.
Es dient einem doppelten Zweck:
(1) als Vermarktungstool für den späteren Gewerbeflächenpool und
(2) als Informationsdatenbank für die angestrebten Flächenbewertungen.
Für den letzteren Zweck werden aus dem Kriterienkatalog des Gewerbeflächenkatasters solche Kriterien ausgewählt, die als Indikatoren die Zieldimensionen in der Flächenbewertung abbilden. Die Gewerbeflächenbewertung bedient sich der Datengrundlage des Gewerbeflächenkatasters. Die Gewerbeflächen werden nach ihren wirtschaftlichen und entwicklungsstrategischen sowie rechtlichen und ökologischen Kriterien bewertet, um wiederum den Zielen der Beteiligten gerecht werden zu können, dem sparsamen Umgang mit Flächen und zugleich der Bereitstellung marktgängiger Gewerbeflächen in ausreichender Quantität und Qualität. Ein zwischen allen Projektbeteiligten abgestimmter Kriterienkatalog, dessen Kriterien im Gewerbeflächenkataster als Attribute enthalten sind, bildet hierbei die Grundlage.
Voraussetzung für die erfolgreiche Anwendung der Nutzwertanalyse ist die Ermittlung und Aggregierung der Interessen bzw. der „Nutzen", die die beteiligten Akteure den einzelnen Kriterien beimessen. Die erwähnte große Anzahl von Akteuren erforderte einen drei Runden umfassenden Delphi-Prozess zur Gewichtung der Bewertungskriterien.

Stefan Greiving

E 3

Kosten der Flächeninanspruchnahme

Kosten der Flächeninanspruchnahme

Thomas Preuß, Holger Floeting

Die sich abzeichnende demografische Entwicklung, insbesondere sinkende Bevölkerungszahlen und eine alternde Gesellschaft, verlangen von den Kommunen flächenpolitische Entscheidungen mit Augenmaß, die die kurz-, mittel- und langfristigen Kosten technischer und sozialer Infrastrukturen stärker in den Blick nehmen.

Mehr Kostenwahrheit kann dazu beitragen, einer aus ökologischer, ökonomischer und sozialer Sicht problematischen Zersiedelung entgegenzuwirken. Ausreichende Siedlungs- und Nutzerdichten bzw. Auslastungsgrade sind notwendig, um die Rentabilität von Infrastrukturen für öffentliche Haushalte und die Bezahlbarkeit für private Haushalte langfristig zu sichern. Vielerorts sind die Infrastrukturen an eine sich verändernde Altersstruktur und perspektivisch sinkende Einwohnerzahlen anzupassen. Für die Bewältigung dieser Herausforderungen ist eine systematische Analyse von Einnahmen und Ausgaben im Zusammenhang mit Baugebietsausweisungen erforderlich. Städtebauliche Kalkulationen, fiskalische Wirkungsanalysen und Werkzeuge zur Kosten-Nutzen-Betrachtung können die Kommunen dabei unterstützen.

Folgekosten der Flächeninanspruchnahme

Wohn- und Gewerbegebiete verursachen Folgekosten in den fünf folgenden Bereichen: technische Infrastruktur der Erschließung, soziale Infrastruktur, Grünflächen, übergeordnete Verkehrsanbindungen (Straße, ÖPNV) sowie Lärmschutzanlagen.

Kenntnis aller Kosten und Nutzen als Voraussetzung für Planungsentscheidungen

Während Kosten der erstmaligen Herstellung von Infrastrukturen (Straßen, Kanäle, Kindertageseinrichtungen, Schulen, Grünanlagen etc.) häufig entweder im Rahmen städtebaulicher Verträge auf den Investor abgewälzt werden oder im Rahmen der Erschließungsbeiträge refinanziert werden, sind die mittel- und langfristigen Kosten für Betrieb, Unterhaltung, Instandsetzung und Erneuerung von technischen und sozialen Infrastrukturen eines Wohn- oder Gewerbegebietes hauptsächlich von den Kommunen (Gutsche 2009) bzw. von den Anliegern (Eigentümer, Mieter) zu tragen.

Die Kenntnis aller Kosten und Nutzen einer Maßnahme ist Voraussetzung für eine fundierte Planungsentscheidung. In Übersicht 1 sind die wesentlichen kommunalen Einnahmen und Ausgaben der Siedlungsflächenausweisung dargestellt.

Neben der Berücksichtigung der verschiedenen in Betracht kommenden Einnahmen- und Ausgabenpositionen spielt der zeitliche Ablauf von fiskalischen Effekten der Baulandausweisung eine bedeutende Rolle (vgl. Kap. **E 3.5**). Während Grunderwerbs-, Planungs- und Erschließungskosten in einer frühen Projektphase anfallen, fließen Einnahmen unter anderem aus der Grundsteuer, aus dem kommunalen Finanzausgleich bzw. anteilige Einkommensteuer erst einige Jahre nach Aufsiedlungsbeginn. Dabei hängt die Höhe dieser Einnahmen ab von Aufsiedlungsgeschwindigkeit und letztendlich der Baugebietsbelegung. Gewerbesteuereinnahmen wiederum sind sowohl von Art, Struktur und Branche der jeweiligen Unternehmen als auch von konjunkturellen Einflüssen abhängig. Sie können starken Schwanklungen unterliegen.

Übersicht 1:
Einnahmen- und Ausgabenpositionen der Gemeinde bei der Entwicklung von Wohn- und Gewerbeflächen

Einnahmen	Grundstückserlöse (W, G) Schlüsselzuweisungen aus dem kommunalen Finanzausgleich (W) Anteil Einkommensteuer (W) Fördermittel* (W, G) Zweckgebundene Finanzzuweisungen** (W, G) Gewerbesteuer (G) Anteil an der Umsatzsteuer (G) Grundsteuer A (W, G) Grundsteuer B (W, G) Weitere kommunale Einnahmen*** (W, G)
Ausgaben	Umlagen z.B. an Amt, Kreis, Bezirk (W) Kostenanteil der Gemeinde an Baulandbereitstellung**** (W, G) Planungskosten (W, G) Zusätzl. investive Kosten sozialer***** Infrastruktur (W) Zusätzl. investive Kosten der technischen****** Infrastruktur (W, G) Zusätzl. laufende Kosten sozialer Infrastruktur (W) Zusätzl. laufende Kosten der technischen Infrastruktur (W, G)

Quelle: Deutsches Institut für Urbanistik, 2009.

W = Wohnflächen, G = Gewerbeflächen

* z.B. lt. GVFG, ggf. für Bau, Ausbau Straßen, ÖPNV; Städtebaufördermittel
** z.B. lt. GFG, ggf. für Schule, Bildung, Städtebau, Straßen, Stadtentwässerung
*** ggf. Hunde- und Vergnügungssteuer, Zweitwohnungssteuer, Konzessionsabgaben
**** Kostenanteil am Baulandmodell (Umlegung, Angebotsplanung, Zwischenerwerb, Investorenvertrag), Grunderwerb, Finanzierungskosten
***** Einrichtungen zur Kinderbetreuung, Grundschulen
****** innere und äußere Verkehrserschließung, Frei- und Ausgleichsflächen, Straßenentwässerung, Straßenbeleuchtung, ggf. Lärmschutzanlagen

Kostenbeeinflussende Faktoren

Erschließungseffizienz von Infrastruktureinrichtungen

Vor dem Hintergrund des demografischen Wandels werden Fragen der Erschließungseffizienz (Verhältnis des Kosten- und Flächenaufwands für innere und äußere Erschließung zum Nettobauland) bei Neubau und Anpassung von Infrastruktureinrichtungen immer wichtiger (vgl. Kap. **E 3.3**). Drei siedlungsstrukturelle Eigenschaften sind im Hinblick auf die Infrastrukturkosten besonders relevant:

1. die bauliche Dichte (Geschossflächenzahl, Wohnungsdichte),
2. die Anordnung der bebauten Flächen innerhalb des Gemeindegebiets (z.B. räumlicher Abstand einer Siedlungserweiterung zur kommunalen Haupterschließung für Verkehr und Abwasser: äußere Erschließung),
3. das Maß der Konzentration von Siedlungsflächen in größeren Siedlungseinheiten in einem regionalen Maßstab (z.B. positive Skaleneffekte bei räumlicher Bündelung der Bautätigkeit) (BBSR/BMVBS 2006).

Darüber hinaus beeinflussen Topografie, Form der Erschließungsnetze und Grundstückseinteilung die Kosten der inneren Erschließung.
In welchem Umfang die Folgekosten von der Kommune getragen werden müssen, d.h. in welchem Umfang Kostenersparnisse attraktiv sind, hängt davon ab, inwieweit für die Kommune die Möglichkeit besteht, andere an den Kosten zu

beteiligen. So stellen sich die kommunalen Kosten für die erstmalige Herstellung von Erschließungsinfrastruktur sehr unterschiedlich dar: Die Versorgungsunternehmen tragen die Herstellungskosten für Strom-, Gas-, Wasser- und Fernwärmeleitungen. Die Unternehmen wiederum erheben bislang Gebühren und Beiträge bei allen Einwohnern eines Versorgungsgebietes unabhängig vom Erschließungs- und Unterhaltungsaufwand in den einzelnen Teilen eines Entsorgungsgebiets. Im Falle einer Unterauslastung technischer Infrastrukturen ist perspektivisch mit steigenden Pro-Kopf-Kosten zu rechnen, die sich auf die privaten Haushalte und Unternehmen eines Gebiets auswirken werden (vgl. Naumann 2009). Schrumpfungsbedingte Rückgänge der Einwohnerdichte führen zu Kostenremanenzen, da die Fixkosten der Infrastruktur auf immer weniger Nutzer verteilt werden.
Bei der erstmaligen Herstellung von Anlagen der inneren Erschließung (Straßen, Wege), öffentlichen Grünanlagen, Lärmschutzanlagen und Straßenbeleuchtung tragen die Kommunen in der Regel einen Anteil von 10 Prozent (Reidenbach u.a. 2007).
Während technische, insbesondere netzgebundene Infrastrukturen mit langfristigen Folgekosten nur mit großem Aufwand an demografische Entwicklungen angepasst werden können, sind Einrichtungen der sozialen Infrastruktur, sofern dies politisch umgesetzt werden kann, besser anpassungsfähig.

Folgen der bisherigen Kostenintransparenz

Ein Großteil der neu ausgewiesenen Siedlungsflächen ist noch immer gering in den Siedlungsbestand integriert. So grenzt nur ein Viertel neuer Siedlungsflächen direkt an den Siedlungsbestand. So sind neue Baugebietsausweisungen in der Regel auch mit der Neuschaffung bzw. Erweiterung von technischen und sozialen Infrastrukturen verbunden.
Das kommunale Einnahmensystem in Deutschland orientiert sich stark an den Bevölkerungszahlen der Gemeinden und entscheidet damit über deren finanzielle Handlungskraft (vgl. Konze 2006: S. 34 ff.). Daher konkurrieren die Kommunen untereinander um Einwohner, und hier insbesondere um junge Familien. Dieser Konkurrenzkampf resultiert aus der Erwartung, über hinzugewonnene Einwohner die Einnahmen der kommunalen Haushalte unter anderem durch erhöhte Zuweisungen aus dem kommunalen Finanzausgleich, durch erhöhte anteilige Einkommensteuer sowie durch die Grundsteuer zu steigern. Der demografische Wandel verschärft diesen Konkurrenzkampf um junge, gut verdienende Einwohner nochmals.
Mit der Ausweisung neuer Baugebiete werden auch neue technische (teils netzgebundene) und ggf. soziale Infrastrukturen geschaffen bzw. bestehende Infrastrukturen erweitert. Zum Teil reagieren Gemeinden auf die drohende oder bereits eingetretene Unterauslastung von Infrastrukturen wie z.B. Kindergärten oder Grundschulen mit der weiteren Ausweisung von Wohnbauflächen. Je nach Entwicklungsdynamik (wachsend oder schrumpfend) wollen sie damit der Abwanderung bzw. der Abschwächung von Wanderungsgewinnen sowie der Überalterung der Bevölkerung entgegenwirken. Die Annahmen bezüglich Zuwanderung von Neu-Einwohnern, daraus resultierenden Steuermehreinnahmen sowie einer raschen Aufsiedlung neuer Baugebiete sind dabei oft recht

optimistisch. Das langsame „Voll-Laufen" neuer Baugebiete belastet die Gemeindehaushalte zusätzlich, da Kosten der Baureifmachung und der Erschließung häufig vorfinanziert werden müssen.

Ruinöse Konkurrenz um Einwohner

In vielen Kommunen besteht das Problem, dass sich neue Baugebiete aufgrund der demografischen Entwicklung nicht wie in der Vergangenheit vollständig besiedeln lassen. Dies führt zu einer verschärften Konkurrenz um diese Zielgruppe, was sich nur zum Teil in einer hohen Qualität ausgewiesener Flächen niederschlägt (Qualitätswettbewerb), meist aber in der Ausweisung von noch mehr Neubaugebieten äußert (Mengenwettbewerb).

Werkzeuge zur Kosten-Nutzen-Betrachtung

PC-gestützte Werkzeuge zur Ermittlung von Kosten und Nutzen bzw. Einnahmen und Ausgaben bei der Ausweisung von Baugebieten ermöglichen den kommunalen Verwaltungen und sonstigen Anwendern die Berechnung der kurz-, mittel- und langfristigen Einnahmen- und Ausgabeneffekte verschiedener Bebauungsvarianten. Dabei können Einnahmen und Ausgaben in den einzelnen Phasen einer Baugebietsentwicklung – von der Planung über die Erschließung, den Bau, die Besiedlung bis hin zum komplett fertiggestellten Gebiet in seiner Nutzungsphase – abgebildet werden. In den REFINA-Vorhaben entwickelte Werkzeuge zur Kosten-Nutzen-Betrachtung integrieren Berechnungsmethoden aus der städtebaulichen Kalkulation und der fiskalischen Wirkungsanalyse (vgl. Preuß/Floeting 2009).
Für Werkzeuge zur Kosten-Nutzen-Betrachtung kommen verschiedene Anwendungsmöglichkeiten in Betracht:

- Alternativenprüfung: Vergleich unterschiedlicher Standorte oder verschiedener Bebauungsvarianten mit Blick auf Folgekosten,
- Szenarien: zum Beispiel Gegenüberstellung von „Nullausweisung", Wiedernutzungsstrategien oder alternativen Neuausweisungen mit Blick auf Folgekosten für soziale und technische Infrastrukturen,
- Erfassung der kurz-, mittel- und langfristigen Auslastungen von Infrastrukturen (Monitoring),
- Datenbündelung/-schnittstelle: zentrale Erfassung kommunaler Daten über ein Instrument,
- Ex-post-Betrachtung.

Sie gestatten sowohl eine Ex-ante- als auch eine Ex-post-Betrachtung von Baugebieten. Außerdem lassen sich verschiedene Strategietypen bzw. Szenarien einer Bauflächenentwicklung abbilden. Weiterhin können die Werkzeuge auch für Monitoring- bzw. Controlling-Zwecke eingesetzt werden.

Innovative Werkzeuge

Verschiedene REFINA-Projekte greifen diese Ansätze auf und entwickeln passende innovative Werkzeuge, die durch eine stärkere Berücksichtigung ökonomischer Langzeitwirkungen Chancen für einen Paradigmenwechsel hin zu mehr Kostenbewusstsein und Generationengerechtigkeit beim Umgang mit der Ressource Fläche eröffnen. Fokus ist jeweils das Aufzeigen perspektivischer Kosteneinsparpotenziale bei der Innenentwicklung. Gezielt an die Kommunen richtet sich dabei ein leicht zugängliches, selbsterklärendes und anpassbares Internettool für mehr Kostentransparenz bei der Flächenausweisung, das von dem Projekt „Kostentransparenz" entwickelt und erprobt wurde, um die Kostenwahrnehmung in den Kommunen zu schärfen (vgl. Kap. **E 3.1** und **E 3 B**). Mit dem Berechnungsinstrument LEANkom® (entwickelt vom gleichnamigen REFINA-Projekt), das die Kosten der Bauflächenausweisung erfasst, werden vergleichende Kostenfolgenbetrachtungen verschiedener potenzieller Baugebiete möglich, und es können räumliche und zeitliche Prioritäten der Flächenentwicklung in der Kommune strategisch festgelegt werden. Es wird möglich, unterschiedliche Strategien der Flächenentwicklung – Baulückenentwicklung, Brachenrevitalisierung, Siedlungsabrundung, Siedlungserweiterung – zu betrachten und gegebenenfalls gegenüberzustellen (vgl. Kap. **E 3.2**). Auf die Kosten der Infrastruktur konzentriert sich der vom REFINA-Projekt „Esys" entwickelte Nachhaltigkeitscheck für eine demografiefeste Infrastruktur (vgl. Kap. **E 3.3**). In Ergänzung zu bislang üblichen städtebaulichen Kalkulationen können mit Hilfe des vom REFINA-Projekt „FIN.30" erarbeiteten Kalkulationsmodells auch die über das eigentliche Bauvorhaben hinausgehenden langfristigen Folgekosten der Siedlungsentwicklung identifiziert und betrachtet werden (vgl. Kap. **E 3.4**). In der vom REFINA-Projekt „DoRiF" durchgeführten Fiskalischen Wirkungsanalyse werden alle relevanten Einnahmen und Ausgaben der Kommunen, die in einem direkten Zusammenhang mit neu ausgewiesenen Wohnbauflächen stehen, quantifiziert und abgebildet, um die unterschiedlichen Effekte des kommunalen Finanzausgleichssystems sichtbar zu machen (vgl. Kap. **E 3.5**).

An die Zielgruppe der privaten Haushalte richten sich ebenfalls mehrere REFINA-Projekte. Sie entwickelten konkrete Instrumente, die Wohnungssuchenden und Bauwilligen das gesamte Kostenspektrum ihrer Wohnstandortentscheidung aufzeigen. Neben dem „Wohn- und Kostenrechner" des Projekts „Kostentransparenz" (vgl. Kap. **E 3.1**) tragen auch die Rechner der Projekte „KomKoWo" (vgl. Kap. **E 3 A** und **D 1.3**) und „Integrierte Wohnstandortberatung (vgl. Kap. **D 1.4**) im Zuge einer verbesserten Kostenabschätzung eines neuen Wohnstandortes perspektivisch dazu bei, dass private Haushalte in mehrfacher Hinsicht ressourcensparende Entscheidungen treffen.

Einen weitergehenden Ansatz verfolgen Rechenmodelle für ein regionales Portfoliomanagement, mit deren Hilfe volkswirtschaftliche Effekte regionaler Siedlungsflächenentwicklung und ökologische Kosten abgebildet werden können (vgl. Kap. **E 6.4**).

Das primäre, hinter der Entwicklung von Werkzeugen zur Kosten-Nutzen-Betrachtung stehende fachliche Interesse der REFINA-Forschungsverbünde besteht darin, Transparenz über Zahlungsströme sowie deren kurz-, mittel- und langfristigen Verlauf zu schaffen.

Werkzeuge zur Ermittlung von Folgekosten der Siedlungsflächenentwicklung können dazu beitragen, flächenpolitische Entscheidungen in den Kommunen aus der Perspektive der dadurch induzierten Kosten fundierter vorzubereiten. Für die Entwicklung und weitere Qualifizierung von Modellen und Werkzeugen der Kosten-Nutzen-Betrachtung sind u.a. folgende Aspekte von zentraler Bedeutung:

- Modelle und Werkzeuge der Kosten-Nutzen-Betrachtung sollten einerseits, um ausreichende Aussagekraft zu besitzen, die bestehenden Zahlungsströme und die sie beeinflussenden Faktoren möglichst vollständig abbilden. Andererseits dürfen sie nicht derart komplex aufgebaut sein, dass sie die Anwender in kommunalen Verwaltungen überfordern.

- Je nach Zielgruppe sollten sich Modelle und Werkzeuge in ihrer Analysetiefe und Komplexität unterscheiden. Für eine fundierte Unterstützung von Verwaltung und Kommunalpolitik bei flächenpolitischen Entscheidungen ist die Verarbeitung möglichst detaillierter und gemeindebezogener Daten erforderlich. Einfache Modelle und Werkzeuge mit pauschalierten Datenannahmen eignen sich für die interessierte Öffentlichkeit, um einen unkomplizierten Einstieg in das Thema zu bieten und die Sensibilisierung für das Thema zu unterstützen.
- Es sollte die Möglichkeit zur Eingabe individueller Daten von Baugebieten und zum Infrastrukturbedarf vorgesehen werden, um durch die Integration kommunaler Datenbestände die realen Gegebenheiten möglichst genau abzubilden.
- Um möglichst realitätsnahe Informationen zum tatsächlichen Zugewinn an Einwohnern in Folge der Baugebietsausweisung (Zuzüge von außerhalb, Umzüge innerorts) zu erhalten, sollten in die Kosten-Nutzen-Betrachtungen sowohl baugebietsbezogene als auch gesamtgemeindebezogene Bevölkerungsdaten einfließen.

Literatur

Bundesamt für Bauwesen und Raumordnung/Bundesministerium für Verkehr, Bau und Stadtentwicklung (2006): Infrastrukturkostenrechnung in der Regionalplanung, bearb. von Stefan Siedentop, Jens-Martin Gutsche, Matthias Koziol, Georg Schiller und Jörg Walther, Bonn (Werkstatt: Praxis, Heft 43), S. 6 ff.

Gutsche, Jens-Martin (2009): Siedeln kostet Geld. Kostenstrukturen und Rahmenbedingungen der Baulandentwicklung, in: Thomas Preuß und Holger Floeting (Hrsg.): Folgekosten der Siedlungsentwicklung. Bewertungsansätze, Modelle und Werkzeuge der Kosten-Nutzen-Betrachtung, Beiträge aus der REFINA-Forschung, Reihe REFINA Band III, Berlin, S. 31 – 41.

Naumann, Matthias (2009): Neue Disparitäten durch Infrastruktur? Der Wandel der Wasserwirtschaft in ländlich-peripheren Räumen, München (Hochschulschriften zur Nachhaltigkeit, Bd. 47).

Preuß, Thomas (2009): Folgekosten: Herausforderung und Chancen einer zukunftsfähigen Siedlungsentwicklung, in: ders. und Holger Floeting (Hrsg.): Folgekosten der Siedlungsentwicklung. Bewertungsansätze, Modelle und Werkzeuge der Kosten-Nutzen-Betrachtung, Beiträge aus der REFINA-Forschung, Reihe REFINA Band III, Berlin, S. 11 – 29.

Preuß, Thomas, und Holger Floeting (2009): Werkzeuge und Modelle der Kosten-Nutzen-Betrachtung, in: dies. (Hrsg.): Folgekosten der Siedlungsentwicklung. Bewertungsansätze, Modelle und Werkzeuge der Kosten-Nutzen-Betrachtung, Beiträge aus der REFINA-Forschung, Reihe REFINA Band III, Berlin, S. 159 – 174.

Reidenbach, Michael, Dietrich Henkel, Ulrike Meyer, Thomas Preuß, Daniela Riedel (2007): Neue Baugebiete: Gewinn oder Verlust für die Gemeindekasse?, Berlin (Edition Difu – Stadt Forschung Praxis, Bd. 3).

E 3.1 Internettools für mehr Kostentransparenz bei Standortwahl und Flächenausweisung

Martin Albrecht, Jens-Martin Gutsche, Thomas Krüger

REFINA-Forschungsvorhaben: Wohn-, Mobilitäts- und Infrastrukturkosten – Transparenz der Folgen der Standortwahl und Flächeninanspruchnahme am Beispiel der Metropolregion Hamburg

Projektleitung:	HafenCity Universität Hamburg: Prof. Dr.-Ing. Thomas Krüger, Department Stadtplanung
Projektpartner:	Gertz Gutsche Rümenapp Stadtentwicklung und Mobilität GbR: Dr.-Ing. Jens-Martin Gutsche; Büro F+B Forschung und Beratung – Wohnen Immobilien und Umwelt GmbH: Dr. Bernd Leutner und Andreas Schmalfeld
Projektpartner Praxis:	LBS Bausparkasse Hamburg AG, Stadt Wedel, Gemeinde Henstedt-Ulzburg, Samtgemeinde Bardowick, Samtgemeinde Gellersen, Stadt Lauenburg, AG „Flächenverbrauch in der Metropolregion Hamburg", Umweltministerium Schleswig-Holstein
Modellraum/Modellstädte:	Hamburg, Metropolraum Hamburg
Projektwebseite:	www.womo-rechner.de, www.was-kostet-mein-baugebiet.de/

Die Experten mögen sich ja (mehr oder weniger) einig sein, dass es sinnvoll ist, die Flächenneuinanspruchnahme zu reduzieren. Die wesentlichen Akteure – nämlich die privaten Haushalte und die Kommunen – handeln kaum danach. Einer der Gründe liegt in einer verkürzten Kostenwahrnehmung: „Im Umland wohnt es sich billiger" und „Mein Baugebiet finanziert der Investor" – so (etwas überspitzt) die Wahrnehmung in aller Kürze.
Warum also Flächen sparend in der Stadt oder im Umlandzentrum wohnen („Kann ich mir gar nicht leisten")? Und warum mühsam meinen Bauausschuss von der Innenentwicklung überzeugen, wenn mein Gemeindehaushalt vermutlich doch mit der Neuausweisung auf der Grünen Wiese viel besser dasteht?
Warum? Weil die Kostenwelt eine andere wird, wenn man hinter die blinden Flecken dieser Einschätzung sieht. Die Kostenwahrnehmung ist in vielen Fällen falsch. Eine Reihe von Untersuchungen hat dies bereits bestätigt. Aber wie erklärt man das dem einzelnen Haushalt, der einen neuen Wohnstandort sucht? Oder der Gemeinde, die an ihrem Flächennutzungsplan arbeitet?

Zwei Internetwerkzeuge

Kostenrechner für private Haushalte und Kommunen

Genau um diese letzten beiden Fragen ging es im REFINA-Forschungsprojekt „Kostentransparenz: Transparenz der Folgen der Wohnstandortwahl und der Flächeninanspruchnahme am Beispiel der Metropolregion Hamburg". Ziel war es, für die beiden primären Zielgruppen des Flächenverbrauchs im Wohnungsbereich, die privaten Haushalte und die kommunalen Entscheidungsgremien, jeweils ein Werkzeug zu entwickeln, um den blinden Fleck genauer zu beleuchten. Diese beiden Werkzeuge sollten leicht zugänglich, selbsterklärend und individuell anpassbar sein.
Das Projektergebnis ist in beiden Fällen ein „Kostenrechner" im Internet. Bei der Nutzung werden wichtige Zusammenhänge schnell deutlich wie:

- „Die zusätzlichen Mobilitätskosten zehren die Wohnkostenvorteile in den nicht zentralen Orten auf" oder
- „Gemeinde und Allgemeinheit zahlen erheblich mit an den Folgekosten von Neuausweisungen mit geringer Bebauungsdichte".

Die meisten Kostenvergleiche ergeben ein auf die individuelle Situation des Nutzers angepasstes Ergebnis. Wird dieses auch nur ein Stück weit in die Entscheidung mit einbezogen, wird ein erheblicher Flächeneffekt erzeugt – ohne dass das oft so schwer zu kommunizierende Konstrukt „Flächenverbrauch" im Kalkül der Akteure verankert werden muss.

Zielgruppe private Haushalte: Der WoMo-Rechner zeigt die wahren Kostenvorteile von Wohnstandorten

Ein vermeintlich kostengünstiger Wohnstandort in wenig zentraler Lage bedeutet für viele Haushalte eine infrastrukturell schlechtere Ausstattung, weitere Wege sowie ggf. die Anschaffung eines (zusätzlichen) Pkw in Kauf nehmen zu müssen. Die Wohnkostenvorteile im Umland der Städte werden daher vielerorts durch Aufwendungen für die zusätzlich erforderliche Mobilität erheblich eingeschränkt oder sogar aufgezehrt. An Standorten mit niedrigen Immobilienkaufpreisen werden zudem in der Regel größere Wohnflächen realisiert, so dass die Summe aus Wohn- und Mobilitätskosten hier oftmals sogar noch über den Gesamtkosten in zentralen Lagen liegt.
Hier setzt der im Rahmen von REFINA entwickelte WoMo-Rechner an. Der „Wohn- und Mobilitätskostenrechner" ist ein interaktiv nutzbares Informationsangebot für private Haushalte im Großraum Hamburg. Für alle Haushalte ist er inzwischen kostenfrei über die folgenden Internetadressen nutzbar:

- die Originalversion unter www.womo-rechner.de,
- im Internetauftritt der Freien und Hansestadt Hamburg unter http://womo-rechner.hamburg.de,
- über eine Verlinkung der Verbraucherzentrale Hamburg (www.vzhh.de, Rubriken „Baufinanzierung" sowie „Energie und Klima").

Interessierte können sich so im Vorfeld einer Umzugsentscheidung nicht nur über die am neuen Wohnstandort zu erwartenden Wohn-, sondern auch die vermutlich anfallenden Mobilitätskosten informieren. Die aus der Wohnstandortentscheidung resultierenden Folgekosten können so bereits im Entscheidungsprozess über den neuen Wohnstandort berücksichtigt werden.

Abbildung 1:
Informationsplakat für die Zielgruppe private Haushalte

Quelle: REFINA-Projekt Wohn-, Mobilitäts- und Infrastrukturkosten – Transparenz der Folgen der Standortwahl und Flächeninanspruchnahme am Beispiel der Metropolregion Hamburg.

Bereits auf Grundlage einiger weniger Annahmen zur gewünschten Wohnform und zur Haushaltsstruktur präsentiert der WoMo-Rechner ein erstes Ergebnis zu den am gewählten Wohnstandort zu erwartenden Kosten. Mit dieser vergleichsweise schnellen Präsentation eines Ergebnisses sollen zwei Dinge erreicht werden:

- Fast niemand kann die Effekte einer Wohnstandortentscheidung auf sein zukünftiges Mobilitätsverhalten im Vorfeld zutreffend einschätzen. Daher werden den Nutzern zunächst die durchschnittlichen Kosten- und Mobilitätsstrukturen ähnlicher Haushalte in vergleichbaren Wohnlagen angezeigt. Es gibt somit (zunächst) keine eigene Eingabemöglichkeit. Damit wird verhindert, dass die eigene Situation verzerrt wahrgenommen und der bereits ins Auge gefasste Standort – ggf. auch unbewusst – von vornherein „schön gerechnet" wird („Wir haben doch jetzt auch nur ein Auto" oder „Es wird sich so viel schon nicht verändern").

- Der Nutzer soll ein Stück provoziert werden, sich an den Ergebnissen zu reiben („Das kann doch gar nicht sein!") und sich so weitergehend mit dem Thema „Wohn- und Mobilitätskosten" auseinander zu setzen.

Steigt der Nutzer tiefer in die Programmatik ein, hat er alle Möglichkeiten, die Verhaltens- und Kostenannahmen einzusehen und bei Bedarf sukzessive durch eigene Angaben (z.B. zu den Arbeitswegen oder dem konkreten Pkw- und Zeitkartenbesitz) zu ersetzen. Schritt für Schritt entsteht so ein verfeinertes Ergebnis, das auf Wunsch auch ausgedruckt oder mit anderen Szenarien („Was, wenn wir hierhin ziehen?") verglichen werden kann.
Der WoMo-Rechner wurde in die Serviceseiten der Stadt Hamburg und der Verbraucherzentrale integriert. Wie beabsichtigt, wird er hier als ein Service- und Beratungsangebot für private Haushalte wahrgenommen (und nicht als eine Belehrung über den Flächenverbrauch).

Zielgruppe Politik und Verwaltung: der FolgekostenSchätzer unter www.was-kostet-mein-baugebiet.de

In immer mehr kommunalpolitischen Diskussionen um die Ausweisung neuer Baugebiete taucht das Argument der „Folgekosten" auf. Viele Studien, Artikel und Veranstaltungen der letzten Jahre haben hier bereits Spuren hinterlassen. Aber kaum ausgesprochen bleibt das Argument ohne Folgen stehen, weil kaum jemand sagen kann, wie hoch sie sind.
Hier setzt das im Rahmen von REFINA initiierte Angebot www.was-kostet-mein-baugebiet.de an (vgl. Kap. **E 3 B**). Mit Hilfe eines FolgekostenSchätzers können Interessierte in relativ kurzer Zeit die Folgekosten im Bereich der technischen Infrastruktur schätzen. Diese Schätzung wird in vielen Fällen geeignet sein, Eingang in die nächste Bauausschusssitzung zu finden.
Der FolgekostenSchätzer ist eine Excel-Anwendung, die heruntergeladen und auf dem eigenen Rechner gestartet wird. Die Auswertungen zeigen, welche Folgekosten insgesamt durch eine Bautätigkeit entstehen und welchen Anteil davon die Kommune bzw. die Allgemeinheit aller Bürger zu tragen hat. Letztere finanzieren über ihre Wasser-, Abwasser-, Gas- und Stromrechnung immer erhebliche Anteile mit. Durch die Möglichkeit, alternative Szenarien zu entwickeln, lassen sich Kostentreiber (wie z.B. eine zu geringe Dichte) schnell ausfindig machen.
Der FolgekostenSchätzer konzentriert sich auf die technische Infrastruktur, da hier die Kostenvermeidungspotenziale mit Abstand höher sind als bei der sozialen Infrastruktur. Für Letztere ist zudem häufig eine gemeindeübergreifende Betrachtung notwendig, die ohne äußeren Anstoß nur selten in Gang kommt.
Bei einer in der Diskussion befindlichen Planung, die mit dem FolgekostenSchätzer untersucht werden soll, müssen noch nicht alle Planungsparameter bekannt sein. Und dies nicht ohne Grund: Sind schon fast alle Parameter einer Planung bekannt, so ist diese in aller Regel schon so weit fortgeschritten, dass die flächenrelevanten Grundsatzentscheidungen über Lage und Dichte schon längst getroffen sind. (Die Bereitschaft, sich mit den Folgekosten bereits getroffener Entscheidungen zu befassen, ist i.d.R. sehr gering.)

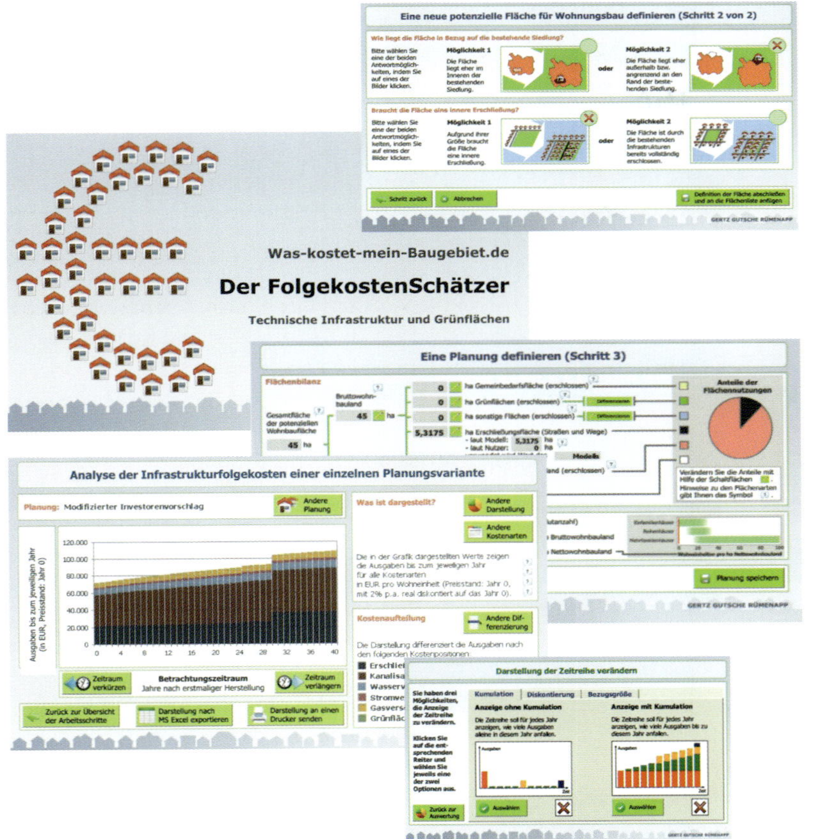

Abbildung 2:
Screenshots der Webseite www.was-kostet-mein-baugebiet.de

Bei der Entwicklung des FolgekostenSchätzers wurde bewusst auf eine gute Allgemeinverständlichkeit geachtet. Die Initiative zu seiner Nutzung soll nicht nur von den Fachleuten ausgehen müssen. Wie die Verwaltung haben auch interessierte Bürger die Möglichkeit, sich den FolgekostenSchätzer kostenfrei unter www.was-kostet-mein-baugebiet.de herunterzuladen und die Ergebnisse in die kommunalpolitische Diskussion einzubringen.
Die Landesregierung Schleswig-Holstein hat die Entwicklung des FolgekostenSchätzers von Beginn an unterstützt. Da die Kommunen im Entwurf des neuen Landesentwicklungsplans aufgefordert werden, sich intensiver um das Thema der Folgekosten zu kümmern, hat die Landesregierung hierzu eine Arbeitshilfe für Kommunen entwickelt. Für den Bereich der technischen Infrastruktur folgt die Arbeitshilfe der Struktur des FolgekostenSchätzers und nutzt ihn somit als frei zugängliche EDV-Unterstützung.

E 3.2 LEANkom®: ein Berechnungsinstrument für Kosten der Bauflächenausweisung

Frank Osterhage, Björn Schwarze, Achim Tack

REFINA-Forschungsvorhaben: LEAN² – Kommunale Finanzen und nachhaltiges Flächenmanagement

Projektleitung:	Institut für Landes- und Stadtentwicklungsforschung gGmbH (ILS): Prof. Dr. Rainer Danielzyk
Verbundkoordination:	Institut für Landes- und Stadtentwicklungsforschung gGmbH (ILS): Andrea Dittrich-Wesbuer
Projektpartner:	Planersocietät – Stadtplanung, Verkehrsplanung, Forschung: Dr. Michael Frehn; nts Ingenieurgesellschaft mbH: Rolf Suhre; RWTH Aachen, Fakultät Architektur, Lehrstuhl für Planungstheorie und Stadtentwicklung: Prof. Dr.-Ing. Klaus Selle und Dr. Marion Klemme; Technische Universität Dortmund, Fakultät Raumplanung, Fachgebiet Raumbezogene Informationsverarbeitung und Modellbildung: Björn Schwarze
Modellraum/Modellstädte:	Arnsberg, Bergkamen (NW), Fürstenwalde/Spree (BB), Halle (Saale) (ST), Hilden, Rhede, Rheine, Sankt Augustin (NW)
Projektwebseite:	www.lean2.de

Was leistet LEANkom®?

Fiskalische Wirkungen von Flächenausweisungen

Die Ausweisung und Realisierung von neuen Wohnbaugebieten ist mit erheblichen Kosten verbunden. Dies betrifft zunächst die innere und äußere Erschließung des Gebietes. Aber auch die notwendigen Wohnfolgeeinrichtungen – wie Kindergarten oder Grundschule – müssen vorgehalten werden. Gleichzeitig sind die Flächenausweisungen der Kommunen vielfach von der Hoffnung getragen, zusätzliche Einnahmen für den Gemeindehaushalt generieren zu können.

Vor diesem Hintergrund wurde im Rahmen des Projektes „LEAN² – Kommunale Finanzen und nachhaltiges Flächenmanagement" ein praxistaugliches Werkzeug entwickelt und erprobt, das Kommunen die Möglichkeit eröffnet, die fiskalischen Effekte ihrer Wohnbauflächenpolitik abzuschätzen. Mit der Entwicklung der Software LEANkom® waren insbesondere folgende Ziele verbunden:

- Um eine fundierte Ermittlung der fiskalischen Effekte vornehmen zu können, sollte eine integrierte Betrachtung der Siedlungs-, Bevölkerungs- und Infrastrukturentwicklungen über einen längeren Zeitraum vorgenommen werden.

- Die Kosten der Siedlungsentwicklung sollten nach Themenfeldern getrennt aufgezeigt und die an der kommunalen Flächenpolitik beteiligten Akteure dadurch sensibilisiert werden. Auf dieser Basis sollte die Chance geschaffen werden, die Kosteneffizienz der Siedlungsstruktur zu erhalten bzw. zu verbessern.
- Die Berechnungsergebnisse sollten weiterhin dazu dienen, die häufig in die Diskussion eingebrachten Argumente zu den Einnahmeeffekten kommunaler Flächenpolitik zu fundieren und allzu pauschale Annahmen kritisch zu hinterfragen.
- Schließlich sollte der Frage nachgegangen werden, inwieweit von den bestehenden fiskalischen Wirkungsmechanismen ein Anreiz für ein nachhaltiges Flächenmanagement (Stichwort „Innenentwicklung vor Außenentwicklung") ausgeht.

Insgesamt bestand die Zielsetzung, die bei der Entscheidung über Flächenausweisungen stattfindende Abwägung um den Aspekt der fiskalischen Wirkungen zu erweitern. Die Kommunen sollten in die Lage versetzt werden, einen wichtigen Belang bei ihren Überlegungen angemessen zu berücksichtigen, der in der Vergangenheit u.a. aufgrund fehlender Instrumente häufig nur überschlägig behandelt werden konnte oder sogar vollkommen vernachlässigt wurde.

Wie integriert LEANkom® bestehende Instrumente und Methoden?

Der innovative Charakter des Werkzeuges LEANkom® liegt darin, dass verschiedene bereits bestehende Instrumente und Methoden zusammengeführt und zielgerichtet weiterentwickelt wurden. Eine Vielzahl von inhaltlichen und methodischen Anregungen lieferten hierbei vorliegende Beiträge zur städtebaulichen Kalkulation, die seit den 1970er-Jahren entstanden sind und als Vorläufer der „neuen" – in den letzten Jahren entwickelten – Instrumente zur Kosten-Nutzen-Betrachtung im Bereich der Wohnbauflächenentwicklung bezeichnet werden können.

Werkzeuge wie LEANkom® haben die Idee der städtebaulichen Kalkulation aufgegriffen und hinsichtlich verschiedener Aspekte erweitert. Beispielhaft soll an dieser Stelle auf folgende Unterschiede hingewiesen werden:

- Der recht enge Bezug auf ein städtebauliches Projekt wird in räumlicher und zeitlicher Sicht aufgelöst. Es werden auch solche Folgeeffekte in die Betrachtung einbezogen, die erst in einem größeren Abstand zum betrachteten Vorhaben wirksam werden.
- Die Konzentration auf bestimmte – umlagefähige – Kostenarten wird aufgegeben. Stattdessen erfolgt eine vergleichsweise umfassende Betrachtung der fiskalischen Effekte auf der Ausgaben- und (teilweise) auch auf der Einnahmenseite.
- Eine Kosten-Nutzen-Betrachtung für ein einzelnes Baugebiet ist mit Hilfe des Werkzeuges möglich. Darüber hinaus steht aber vor allem das Zusammenwirken von mehreren Vorhaben im Rahmen von strategischen Überlegungen zur zukünftigen Siedlungsentwicklung im Mittelpunkt.
- Die räumliche Lage der einzelnen Baugebiete innerhalb der Gemeinde kann bei der Berechnung der Kosten- und Nutzen-Themen berücksichtigt werden.

Hierzu ist in das Werkzeug ein zweistufiges Bevölkerungsmodell integriert, mit dem sowohl die typischen Besiedlungszeiträume und Alterungsprozesse innerhalb eines Baugebietes als auch die Bevölkerungsentwicklung im übrigen Gemeindegebiet modelliert werden. Weiterhin verfügt das Werkzeug über eine GIS-Schnittstelle, die u.a. der Verortung von Infrastruktureinrichtungen, der Bestimmung von Einzugsbereichen und der Ausgabe von Daten dient.

- Schließlich wird den Entwicklungen im Bereich der Datenverarbeitung Rechnung getragen. Durch die Programmierung von leistungsfähigen Anwendungen bieten sich neue Möglichkeiten, komplexe Berechnungen durchzuführen und eine ansprechende Visualisierung umzusetzen. Die entwickelten Werkzeuge gehen hierbei vielfach über Berechnungen mit Hilfe von Tabellenkalkulationsprogrammen deutlich hinaus.

Abbildung 3:
Beispiel für die Darstellung von Ergebnissen mit LEANkom®: fiskalische Bewertung einzelner Baugebiete als „Ampelkarte" (Werte entsprechen nicht den realen Ergebnissen)

Quelle: Eigene Darstellung.

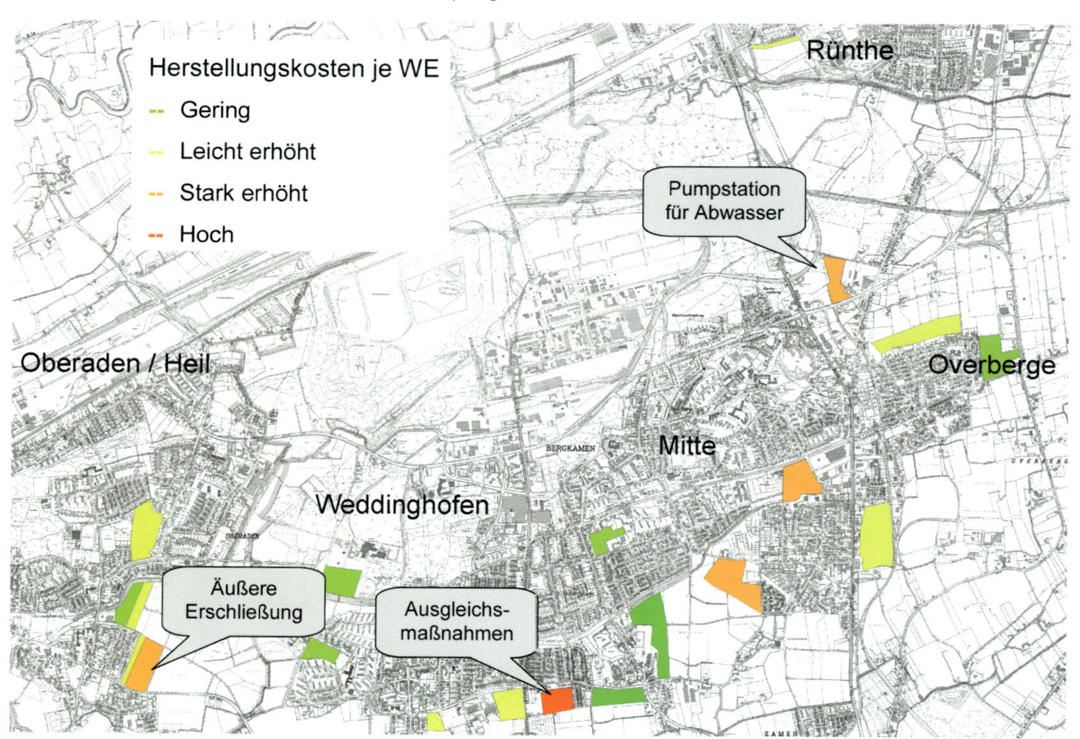

Für wen ist das Instrument geeignet?

Stadtentwicklungsplanung als Nutzer

LEANkom® bietet zwar verschiedene Anwendungsmöglichkeiten, die besonderen Stärken des Werkzeuges liegen aber in der Unterstützung von strategischen Entscheidungen über die zukünftige Flächenpolitik einer Kommune. Vom Benutzer können unterschiedliche Flächennutzungsstrategien als flexible Kombination von Baugebietsvarianten definiert werden. Der Vergleich der fiskalischen Effekte der unterschiedlichen Flächennutzungsstrategien bildet eine wesentliche Entscheidungsgrundlage für die kommunale Flächenpolitik. Die Federführung bei der Anwendung des Werkzeuges dürfte in der Regel im

Bereich der Stadtentwicklungsplanung liegen. Aufgrund der integrierten Betrachtung von Siedlungs-, Bevölkerungs- und Infrastrukturentwicklung kommt zudem der Abstimmung mit den zuständigen Fachstellen (z.B. der Schulentwicklungsplanung) eine große Bedeutung zu.
Um mit dem Werkzeug arbeiten zu können, ist die Setzung einer Reihe von Parametern notwendig (z.B. zur zukünftigen Bevölkerungsentwicklung). Es bietet sich hierbei an, die Berechnungen mit einem moderierten Prozess zu zentralen Fragen der Stadtentwicklung bzw. kommunalen Flächenpolitik zu verbinden. Durch die Abstimmung von Siedlungs-, Bevölkerungs- und Infrastrukturentwicklung lassen sich häufig sehr kostenintensive und kaum korrigierbare Fehlentwicklungen vermeiden und somit dauerhaft wirksame Einsparpotenziale in nennenswerter Größenordnung realisieren.

Welche Rahmenbedingungen müssen zum Einsatz des Instrumentes erfüllt werden (Datenlage, Datenpflege, Personalaufwand usw.)?

Eine große Herausforderung für Rechenmodelle im Bereich der Stadt- und Regionalentwicklung besteht darin, dass ein komplexes Gefüge der Wirklichkeit so abgebildet werden soll, dass eine für den Anwendungsfall hinreichende Genauigkeit mit einem möglichst geringen Erfassungsaufwand erreicht wird. Hierauf wurde bei der Entwicklung von LEANkom® u.a. mit einem Konzept reagiert, das drei Kategorien von Daten unterscheidet:

- Basisdaten: Die Basisdaten wurden bereits bei der Werkzeugentwicklung festgelegt. Hierbei handelt es sich zum einen um verbindlich vorgegebene Parameter für die Berechnungen (z.B. gesetzliche Regelungen). Zum anderen wurden aber auch zahlreiche Kostenkennwerte und Grundtypen eingepflegt, die als vordefinierte Vorschläge den mit der Nutzung des Werkzeuges verbundenen Aufwand minimieren sollen.
- Kommunale Grundeinstellungen: Die kommunalen Grundeinstellungen sind für die betrachtete Kommune einmalig vorzunehmen bzw. müssen nur bei grundlegenden Veränderungen angepasst werden. Anschließend kann bei jeder Anwendung auf diese Eingaben zurückgegriffen werden. Beispiele hierfür sind Angaben zu örtlich vorhandenen Infrastruktureinrichtungen oder auch die Definition von lokalspezifischen Grundtypen, die die Basisdaten ergänzen oder ersetzen.
- Einzelfallbezogene Angaben: Zu den einzelfallbezogenen Angaben gehören alle Informationen, die die besonderen Merkmale eines Baugebietes, einer Planungsvariante oder einer Flächennutzungsstrategie beschreiben. Sie sind einer Typenbildung nicht zugänglich und müssen abgestimmt auf den jeweiligen Anwendungsfall festgelegt werden.

Die Testanwendungen mit dem Werkzeug LEANkom® haben gezeigt, dass insbesondere die Eingabe der kommunalen Grundeinstellungen als kritischer Arbeitsschritt anzusehen ist. Die Festlegung von Annahmen für die kleinräumige Bevölkerungsvorausberechnung oder die Bestandsaufnahme in den betrachteten Infrastrukturbereichen sind jedoch von grundlegender Bedeutung für den Einsatz des Instrumentes und daher unverzichtbar. In diesem Zusammenhang sollte betont werden, dass es sich um Informationen handelt, die auch an anderer Stelle von großem Nutzen für eine Kommune sein dürften. So liegen die erforderlichen Daten häufig bereits vor oder sie können bei einer erstmaligen Erfassung für eine weitere Verwendung in anderen Arbeitszusammenhängen zur Verfügung gestellt werden.

Schlussbemerkungen

Das Projekt LEAN² hat gezeigt, wie ein praxistaugliches Werkzeug zur Abschätzung der fiskalischen Effekte kommunaler Wohnbauflächenpolitik aussehen kann. Gleichwohl bestehen noch Hürden, um solche Instrumente in der Planungspraxis erfolgreich zu etablieren. Die verschiedenen in den letzten Jahren entwickelten Werkzeuge müssen konsequent weiterentwickelt und – ebenso wichtig – geschickt vermarktet werden.
LEANkom® wird derzeit um wesentliche Funktionen ergänzt: Hierzu gehören u.a. eine verbesserte Ergebnisdarstellung mit Hilfe eines Geoinformationssystems oder auch umfangreichere Ausgabemöglichkeiten. Weiterhin kommt der Bearbeitung erster Anwendungsfälle aus der Planungspraxis und damit dem Einsatz jenseits des REFINA-Forschungshintergrundes eine große Bedeutung zu.

Literatur

Beilein, Andreas, Andrea Dittrich-Wesbuer, Michael Frehn, Marion Klemme, Katharina Krause-Junk, Frank Osterhage, Björn Schwarze, Rolf Suhre, Achim Tack (2009): LEANkom® – Ein Softwaretool zur Darstellung der fiskalischen Auswirkungen lokaler Wohnsiedlungsentwicklung, in: Thomas Preuß und Holger Floeting (Hrsg.): Folgekosten der Siedlungsentwicklung: Bewertungsansätze, Modelle und Werkzeuge der Kosten-Nutzen-Betrachtung, Beiträge aus der REFINA-Forschung, Reihe REFINA Band III, Berlin, S. 106–117.

Beilein, Andreas, Andrea Dittrich-Wesbuer, Michael Frehn, Marion Klemme, Katharina Krause-Junk, Frank Osterhage, Björn Schwarze, Kerstin Suhl, Rolf Suhre, Achim Tack (2009): LEAN² – Kommunale Finanzen und nachhaltiges Flächenmanagement. Bericht des LEAN²-Projektkonsortiums, Dortmund (Planersocietät).

Flächenpost Nr. 2 (2008): „Heiß ersehntes" EDV-Tool LEANkom®: Transparenz für Folgekosten der Siedlungsentwicklung, Download unter http://www.refina-info.de (Difu).

Osterhage, Frank (2009): Kosten und Nutzen kommunaler Siedlungsentwicklung, in: Heinrich Mäding (Hrsg.): Öffentliche Finanzströme und räumliche Entwicklung, Forschungs- und Sitzungsberichte der ARL, 232, Hannover, S. 173–198.

Preuß, Thomas, und *Holger Floeting* (Hrsg.): Folgekosten der Siedlungsentwicklung: Bewertungsansätze, Modelle und Werkzeuge der Kosten-Nutzen-Betrachtung, Beiträge aus der REFINA-Forschung, Reihe REFINA Band III, Berlin.

E 3.3 Nachhaltigkeitscheck für eine demografiefeste Infrastruktur

Michael Arndt

REFINA-Forschungsvorhaben: ESYS – Entscheidungssystem zur Abschätzung des langfristigen Infrastruktur- und Flächenbedarfs

Projektleitung:	Institut für Regionalentwicklung und Strukturplanung (IRS): Dr. Michael Arndt
Modellraum/Modellstädte:	Landkreis Barnim, Landkreis Uckermark; Kommunen Frankfurt (Oder), Neuruppin, Luckau, Luckenwalde, Wildau, Kooperationsraum Wittstock/Dosse (BB)
Projektwebseite:	www.irs-net.de/forschung/forschungsabteilung-1/esys/

Der Einfluss demografischer Trends auf die Infrastrukturnutzung

Sorgfältige Langfristplanung erforderlich

Die einseitige Ausrichtung auf wachstumsorientierte Förderpolitik ist nicht mehr angemessen, um auf sich schnell vollziehende demographische Veränderungen reagieren zu können. Eine effiziente technische Infrastruktur, leistungsfähige Verkehrssysteme und eine tragfähige Daseinsvorsorge lassen sich mit der bestehenden Fördersystematik nicht mehr langfristig sichern. Schon heute ist die Haushaltslage vieler Kommunen angespannt. Haushaltsprobleme könnten sich aufgrund demographischer Veränderungen insbesondere bei einer schrumpfenden Bevölkerung noch weiter verschärfen, da Bevölkerungsverluste sich negativ auf die Pro-Kopf-Kosten der kommunalen Daseinsvorsorge auswirken. Um einer derartigen Entwicklung vorzubeugen, wurde ein demographischer Faktor in die kommunale Finanzausgleichssystematik einiger Bundesländer integriert. Ein derartiges Vorgehen der Bundesländer hilft betroffenen Kommunen. Allerdings bewirkt ein demographieorientierter Finanzausgleich nur eine kurzfristige Entlastung. Langfristig können die Probleme schrumpfender Kommunen effektiver mit einer sorgfältigen Langfristplanung angegangen werden.

An diesen Aspekt knüpfen Nachhaltigkeitschecks an. Sie sollen den Entwicklungsprozess von Politiken, Rechtsakten und Programmen begleiten. Hierbei bietet es sich an zwischen den Phasen der Entscheidungsvorbereitung, des Entscheidungsprozesses (Bewertung von Alternativen) bis zur Wirkungsbewertung des Politikproduktes (Alternativen) selbst zu differenzieren. Eine nachhaltige und damit tragfähige Entwicklung setzt voraus, dass insbesondere der Flächenverbrauch einer Infrastruktur sowie deren Investitions- und Folgekosten in eine direkte Beziehung zur Bevölkerungsentwicklung gesetzt werden. Damit wird auch dem intra- und intergenerativen Gerechtigkeitsprinzip, als einem definitorischen Merkmal von Nachhaltigkeit, Rechnung getragen (vgl. Abbildung 4).

Abbildung 4:
Ziele des Nachhaltigkeitschecks

Demographiefeste Planung von Infrastruktur

Umsetzung der Ziele der Nationalen Nachhaltigkeitsstrategie

Nachhaltigkeitsziele für eine demographiefeste und flächensparende Infrastruktur und grundlage für die Auswahl von Indikatoren

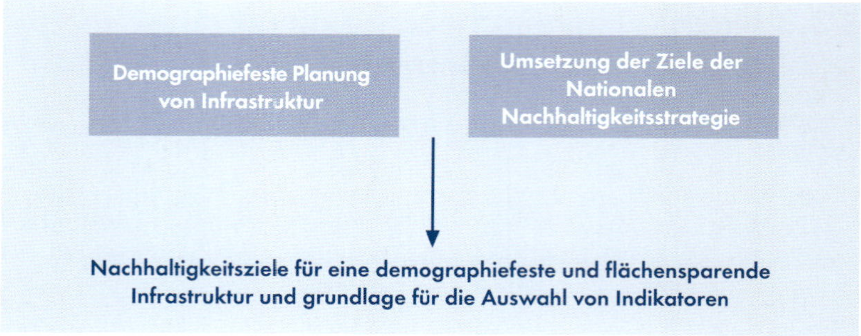

Quelle: Eigene Darstellung, 2008.

Methodische Grundlagen des Nachhaltigkeitschecks ESYS

Verbindliche Indikatorprüfung

Der vorliegende Prototyp des Nachhaltigkeitschecks ESYS („Entscheidungssystems für eine demographiefeste Infrastruktur") umfasst Zielkriterien mit einer Vielzahl quantitativer und qualitativer Indikatoren für die Infrastrukturarten
- Bildung (Schulen),
- technische Infrastruktur (Wasserversorgung) und
- Verkehr (Straßenbau).

ESYS ist als Prüfverfahren den verbindlichen Indikatorenprüfungen zuzurechnen und beinhaltet auch die Möglichkeit von Variantenvergleichen. Das zugrunde liegende Bewertungsverfahren ist projektorientiert und basiert auf dem Ansatz der Nutzwertanalyse. Die hohe Flexibilität wird dabei dadurch gewährleistet, dass die infrastrukturspezifischen Indikatoren unterschiedlich je nach Raumtypologie (Agglomeration, verstädterter Raum, peripherer Raum) gewichtet und an die vor Ort gegebenen politischen Präferenzen und Bedingungen angepasst werden können.
Die Bewertung der Planungsvarianten erfolgt mehrdimensional und umfasst alle Nachhaltigkeitsaspekte (ökonomische, ökologische, soziale und institutionelle Kriterien), wobei die einzelnen Kriterien bzw. Indikatoren je nach den politischen Zielen einer Gebietskörperschaft unterschiedlich stark gewichtet werden können (z.B. in Abhängigkeit vom kommunalen Leitbild zur Nachhaltigkeit). Ungeachtet der jeweiligen Gewichtung einer Kommune sind bestimmte Indikatoren als K.O.-Kriterien gesetzt, so dass die Einhaltung bestimmter Ober- oder Untergrenzen zwingend erforderlich ist. Zu diesen K.O.-Kriterien gehören der Flächenverbrauch der Gebietskörperschaft hinsichtlich des 30-ha-Zieles der Bundesregierung sowie die Herstellungs- und Folgekosten der Infrastrukturprojekte.

Kriterien und Indikatoren der Infrastrukturarten

Der erste Schritt bei der Kriterien- und Indikatorenbildung des Projektes ESYS war durch eine infrastrukturübergreifende Vorgehensweise gekennzeichnet. Dafür wurden querschnittsorientierte Nachhaltigkeitsziele für eine nachhaltige Infrastrukturplanung formuliert. Im zweiten Schritt wurden aus der übergreifenden Ziel-Struktur infrastrukturspezifisch Zielsysteme aus Ober- und Teilzielen der Nachhaltigkeit erarbeitet. In einem dritten und vierten Schritt erfolgte

Abbildung 5: Der Nachhaltigkeitscheck
Quelle: IRS, 2008.

ESYS Nachhaltigkeitscheck
Nachhaltigkeitscheck für EFRE-geförderte Maßnahmen des Landes Brandenburg

Start | Projekte | Gewichtungen | Strukturdaten | Hilfe | Über ESYS | Kontakt/Impressum | Logout

Projekt Übersicht | Neues Projekt anlegen | Projekt Importieren

« zurück zur Werte-Eingabe

Ergebnis in s/w als PDF exportieren » Ergebnis als PDF exportieren »

Nachhaltigkeitscheck - Landesstraßen

Standard Gewichtung

Strukturdaten

Indikator	**Wert**
Projektnummer	
Einwohner heute	2.535.737,00
Einwohnerprognose von heute bis in 15 Jahren (%)	-4,96
Prognostizierte Einwohnerzahl im Jahr 2025	2.410.000,00
Gebietsfläche (ha)	2.947.973,00
Bevölkerungsdichte EW/km²	86,02

Indikator	**Gewichtung**	**Priorität**	**Wert**
Verkehrsbedeutung	**16,67%**		
Verkehrsstärke (KFZ/24h)	16,67%	K.O.	3
Entwicklung der Verkehrsstärke (%)	33,33%	K.O.	3
Raumordnerische Verbindungsfunktion	50,00%	K.O.	2
Kosten	**5,56%**		
Tragfähigkeit der Maßnahme in Prozent	50,00%	K.O.	5
Entwicklung Folgekosten absolut (in Euro)	50,00%	K.O.	4
Flächeninanspruchnahme	**6,67%**		
Neue SuV (m²) pro EW	33,33%	K.O.	5
Entwicklung der SuV, statisch (%)	33,33%	K.O.	1
Flächenzerschneidung	33,33%	K.O.	5
Klimawirkung	**8,89%**		
Entwicklung CO2-Ausstoß (%)	100,00%	Soll	4
Lärm- und Schadstoffbelastung	**10,00%**		
Feinstaubbelastung	33,33%	Soll	5
Lärmbelastung von Anwohnern mit mehr als 65db tagsüber	33,33%	Soll	5
Lärmbelastung von Anwohnern mit mehr als 55db nachts	33,33%	Soll	5
Verkehrssicherheit	**15,56%**		
Unfälle mit Personenverletzungen	50,00%	Soll	3
Unfälle mit tödlich Verletzten	50,00%	K.O.	5
Funktionalität und Qualität des Straßennetzes	**10,00%**		
Straßenquerschnitt	50,00%	Soll	3
Lastklasse	50,00%	Soll	3
Mobilitätssicherung	**14,44%**		
Anteil ÖPNV am Modal Split	25,00%	Soll	4
Anteil Fahrradverkehr am Modal Split	25,00%	Soll	3
Anteil Fußverkehr am Modal Split	25,00%	Soll	5
Gender-Mainstreaming	25,00%	Soll	4
Stärkung von Zentren	**10,00%**		
Aufenthaltsqualität	33,33%	Soll	4
Barrierewirkung	33,33%	Soll	4
Stadtökologische Effekte	33,33%	Soll	3
Steuerung und Akzeptanz	**2,22%**		
Steuerung	33,33%	Wichtig	4
Fachpolitische Ziele des Vorhabens	33,33%	Wichtig	4
Beteiligung gesellschaftl. Akteure	33,33%	Wichtig	3

Endergebnis

74,30 / 100 — 4

Mögliche Werte: 1 2 3 4 5

Skala: 5 - sehr nachhaltig bis 1 - nicht nachhaltig

Unvollständige Werte: 0

Erfüllter KO-Indikator: ✓

Nicht erfüllter KO-Indikator: !

1. Variante

Schriftgröße: A • A • A

die Ableitung dazugehöriger Kriterienfamilien (Themenfelder) und Indikatorenkataloge (inkl. Messung und Bewertung) für die ausgewählten Infrastrukturarten. Erst die Ausdifferenzierung der Ziele in ein Zielsystem ermöglicht eine umfassende Indikatorenerfassung und -begründung. Um der Zielstellung einer nachhaltigen Entwicklung gerecht zu werden, wurden in ein Entscheidungsverfahren mehrere Ziele bzw. Entscheidungskriterien integriert und zu einem multikriteriellen Bewertungsraster weiter entwickelt (Arndt/Glöckner/Hölzl 2008, vgl. Abb. 6).

Abbildung 6:
Schritte zur Kriterien- und zur Indikatorenauswahl

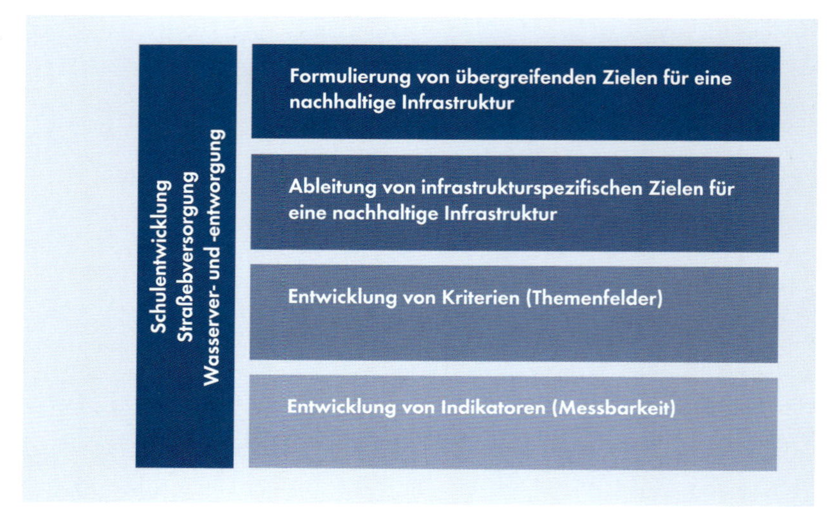

Quelle: Eigene Darstellung, 2007.

Folgende acht übergreifenden Kriterien des Nachhaltigkeitschecks wurden für jede Infrastrukturart ermittelt und festgelegt:

1. Finanzielle Tragfähigkeit
2. Reduzierung Flächeninanspruchnahme
3. Klimawirkung und Ressourcenschutz
4. Funktionalität/Multifunktionalität
5. Qualität der Versorgung
6. Stärkung Standortattraktivität
7. Stärkung der Zentren
8. Steuerung und Partizipation

Zu den aufgeführten querschnittsübergreifenden können weitere spezifische Kriterien einer Infrastrukturart definiert werden.
In der Abbildung 5 auf Seite 331 wird die Struktur des Nachhaltigkeitscheck ESYS anhand der Ergebnisseite dargestellt.

Erfahrungen in der Praxis und Übertragbarkeit

Nachhaltigkeitschecks als neues Planungsinstrument

Mit Blick auf die EU-Förderprogrammvorgaben ist zu erwarten, dass Nachhaltigkeitschecks als ein neues Planungsinstrument für öffentlich geförderte Infrastrukturmaßnahmen die Wissenschaft und Praxis zu kritischer Diskussion und Reflexion herausfordern werden. Diesbezüglich wächst das Interesse an dem Nachhaltigkeitscheck ESYS stetig und eine weitere Optimierung des Nach-

haltigkeitschecks ist geboten. So werden im Rahmen eines Fortsetzungsprojektes in sieben Brandenburger Gebietskörperschaften Praxistests zur Optimierung von ESYS durchgeführt.
Parallel hierzu wurde seit Sommer 2008 die Übertragbarkeit des kommunalen Nachhaltigkeitschecks auf die Ebene des Bundeslandes Brandenburg untersucht. Im Rahmen einer Expertise wurde ein Nachhaltigkeitscheck „Landestraßeninvestitionen" mit entwickelt. Hierzu wurden die Zielsetzungen der Brandenburger Verkehrsplanung einer bedarfsgerechten Mobilitätssicherung und verbesserter Erreichbarkeiten unter der Berücksichtigung der Nutzung vorhandener Kapazitäten und der Gewährleistung einer langfristigen Tragfähigkeit der Infrastruktur integriert. Ein anschließendes Mapping bzw. eine Bewertung des Programmvollzugs hinsichtlich Prüfungstiefen sowie beabsichtigter und nicht beabsichtigter Wirkungen zeigte die hohe Praktikabilität und Nachvollziehbarkeit sowie eine angemessene Gerichtsfestigkeit auf. Hierbei wurden ca. 140 Praxistests durchgeführt. Gegenwärtig wird eine Lizenzvereinbarung mit dem Ministerium für Infrastruktur und Landwirtschaft des Landes Brandenburg zur Übernahme des Nachhaltigkeitschecks „Landesstraßeninvestitionen" geschlossen.
In einem weiteren Vorhaben (Auftraggeber: Bundesministerium für Finanzen) wurde untersucht, inwieweit nachhaltige Prüfverfahren grundsätzlich geeignet sind, einen Beitrag zur Projektauswahl im Rahmen von Förderprogrammen des Bundes zu leisten. Folgende Prüfverfahren wurden als besonders geeignet identifiziert:

1. *Programm- bzw. verfahrensbezogene Prüfverfahren (Ex-ante-Prüfungen)*

- Bedarfsanalysen
- Verbindliche Fragebögen an die Kommunen
- Checklisten mit verbindlichen Fördervoraussetzungen
- Checklisten mit Tragfähigkeitsuntersuchungen
- Vorgaben regionaler Koordinierung
- Einbindung des Vorhabens in eine Programmevaluation:
- Selbstevaluation
- Folgeabschätzung durch Indikatorenmessung

2. *Maßnahmenbezogene (projektorientierte) Prüfverfahren (Proaktive Prüfungen)*

- Kosten-Nutzen-Analyse
- Überprüfung der finanziellen Tragfähigkeit
- Verbindliche Indikatorenprüfungen zur Qualitätsverbesserung
- Verbindliche Indikatorenprüfungen zum Variantenvergleich

Bei der Entscheidung für eine Prüfungsform bei Förderprogrammen bietet sich ein flexibles Vorgehen an. So hängt die Wahl zwischen einer verfahrens- und/oder maßnahmenbezogenen Prüfung von der Komplexität des Infrastrukturvorhabens und deren potenziellen langfristigen Auswirkungen (Folgekosten, Klimawandel, Ressourcenverbrauch) ab. Mittels bestimmter Kriterien – Investitionsvolumen der Infrastrukturart, demografiebedingte Tragfähigkeitsprobleme, institutionelle (flexible) Anpassungspotenziale, räumliche Lage (Agglomeration, verstädterter und peripherer Raum) der Infrastruktur einer

Gebietskörperschaft – wurde in dieser Untersuchung eine schematische Zuordnung von Infrastrukturarten und Prüfsystemen vorgenommen.

Literatur

IRS Leibniz-Institut für Regionalentwicklung und Strukturplanung (2008): Endbericht Anwendung des Nachhaltigkeitscheck für Förderprogramme des Bundes, www.irs-net.de/forschung/forschungsabteilung-1/esys/Refina_Endbericht_Foerderprogramme.pdf.

E 3.4 Das Kalkulationsmodell FIN.30 zur Ermittlung ökonomischer Folgen der Siedlungsentwicklung

Theo Kötter, Benedikt Frielinghaus, Dietmar Weigt

REFINA-Forschungsvorhaben: FIN.30 – Flächen Intelligent Nutzen

Projektleitung:	Universität Bonn, Professur für Städtebau und Bodenordnung (psb): Prof. Dr.-Ing. Theo Kötter
Projektpartner Praxis:	Amt für Stadterneuerung und Bodenmanagement der Stadt Essen; Fachbereich Stadtentwicklung und Bauordnung der Stadt Euskirchen; Eigenbetrieb Immobilienwirtschaft der Stadt Erftstadt
Modellraum/Modellstädte:	Essen, Euskirchen, Erftstadt (NW)
Projektwebsite:	www.fin30.uni-bonn.de/

Ökonomische Eigenschaften potenzieller Wohnbauflächen

Die Erfassung positiver und negativer ökonomischer Eigenschaften potenzieller Wohnbauflächen stellt einen wesentlichen Beitrag zur Steigerung von Kostentransparenz und Kostenwahrheit dar. Das Kalkulationsmodell soll als objektive Entscheidungsgrundlage wirtschaftlich nicht optimale, d.h. kostenintensive Flächenentwicklungen im Vorfeld identifizieren. Somit können die identifizierten negativen Flächenentwicklungen reduziert, modifiziert bzw. vermieden werden.
Das im Rahmen des Forschungsprojektes FIN.30 entwickelte Kalkulationsmodell dient der Vorbereitung und Entscheidungsunterstützung bei der Realisierung einer ökonomisch optimalen Siedlungsentwicklung und leistet einen Beitrag zur Kostentransparenz (vgl. auch Kap. **E 2.4**). Durch die Anwendung des Kalkulationsmodells auf der Ebene des Flächennutzungsplanes lassen sich langfristig erhöhte Infrastrukturkosten bei extensiven Außenentwicklungen und Ausbreitung der Siedlungsfläche mit erweiterten Infrastrukturnetzen, die den kommunalen Haushalt belasten, schon frühzeitig im Planungsprozess identifizieren.
Die wesentlichen Vorteile des Kalkulationsmodells liegen vor allem in

- der objektiven Darstellung entscheidungsrelevanter Kosten und Einnahmen,
- einer schnellen Anwendbarkeit in der kommunalen Planungspraxis (auf neue Wohnbaulandpotenziale und in weiteren Kommunen) durch die Verwendung vorhandener Daten,
- dem Vergleich verschiedener Siedlungsentwicklungsstrategien,
- der Vergleichbarkeit alternativer Realisierungszeitpunkte und
- einer anwenderfreundlichen Programmstruktur.

Methodischer Ansatz

Die Entscheidungsrelevanz ist das zentrale Kriterium für die Auswahl der betrachteten Kosten und Einnahmen. Es werden daher diejenigen Kosten und

Einnahmen erfasst, die für eine Entscheidung zwischen den verschiedenen potenziellen Wohnbauflächen bedeutsam, d.h. nicht invariant sind. Entscheidungsrelevante Kosten und Einnahmen werden durch die mit dem individuellen Standort verbundenen Eigenschaften, wie z.B. Altablagerungen, Lärmbelastung, Hanglagen, Bodenart (vgl. Gassner 1992, S. 47 ff.) etc., beeinflusst. Demnach handelt es sich um Parameter, die sowohl Kosten und Einnahmen und als auch die Entscheidungen für oder gegen einen speziellen Siedlungsstandort bedingen. Die potenziellen Wohnbauflächen werden auf der Ebene des Flächennutzungsplanes mit Hilfe des Kalkulationsmodells analysiert, so dass im Anschluss eine Empfehlung in Form einer Rangliste gegeben werden kann, welche Flächen prioritär entwickelt werden sollten.

Entscheidungsrelevanz als zentrales Kriterium

Das Kalkulationsmodell FIN.30 ist ein indikatorgestützter Bewertungsrahmen. Als Grundlage für das Kalkulationsmodell dienen ortsspezifische Kostenstandards, die für die Anlagen der technischen (z.B. Straßen und Kanalisation) und sozialen Infrastruktur (z.B. Kindergärten und Grundschulen) ermittelt worden sind (z.B. Frielinghaus 2006, Nelius 2006, Langendonk 2007). Sie umfassen sowohl die erstmalige Herstellung als auch die Unterhaltung. Durch die Verwendung ortspezifischer Kostenstandards lässt sich das Kalkulationsmodell auf die Besonderheiten und Eigenschaften der betrachteten Kommune anpassen. Darüber hinaus wird der Einfluss der Bebauungsstrukturen in die Ableitung der Kostenstandards integriert (z.B. Euro/m² Straße in Abhängigkeit von der Wohndichte). Zu diesem Zweck sind realisierte Bebauungspläne nach Dichte analysiert und typisiert sowie die angefallenen Herstellungskosten in Abhängigkeit von der Bruttowohndichte (Anzahl der Wohneinheiten pro ha Bruttobauland) ermittelt worden. Neben Standards für die Herstellungskosten sind weitere Kenngrößen für die Unterhaltung und den Betrieb der vorhandenen Einrichtungen erhoben worden. In Orientierung an den Planungshorizont eines Flächennutzungsplans sind diese über eine Laufzeit von 15 Jahren unter Verwendung des Kommunalkreditzinssatzes zu kapitalisieren und auf einen Stichtag zu diskontieren.

Die Auswahl der betrachteten Infrastrukturanlagen und -einrichtungen orientiert sich an der Trägerschaft der Kosten und den auftretenden Kostenarten. Da eine disperse Siedlungsstruktur in erster Linie den kommunalen Haushalt belastet, werden kommunale Einrichtungen hinsichtlich ihrer Kostenrelevanz untersucht und voraussichtlich zu erwartende Kosten ermittelt. Im Rahmen des Kalkulationsmodells wird zwischen technischer und sozialer Infrastruktur unterschieden:

- Zur technischen Infrastruktur zählen z.B. Straßen und Kanalisation,
- zur sozialen Infrastruktur zählen z.B. Kindergärten, Kindertagesstätten und Grundschulen.

Eine Ausweitung des Katalogs auf z.B. Alters-, Pflege- oder Jugendheime erscheint darüber hinaus nicht sinnvoll, da sie oftmals nicht in der Trägerschaft der Kommune liegen und demnach nicht den kommunalen Haushalt belasten.

Kalkulation der Kosten- und Einnahmearten

Der Katalog der betrachteten Kosten umfasst acht Positionen, während die Einnahmen zwei Positionen umfassen. Die methodische Vorgehensweise bei den einzelnen Modulen wird im Folgenden kurz erläutert.

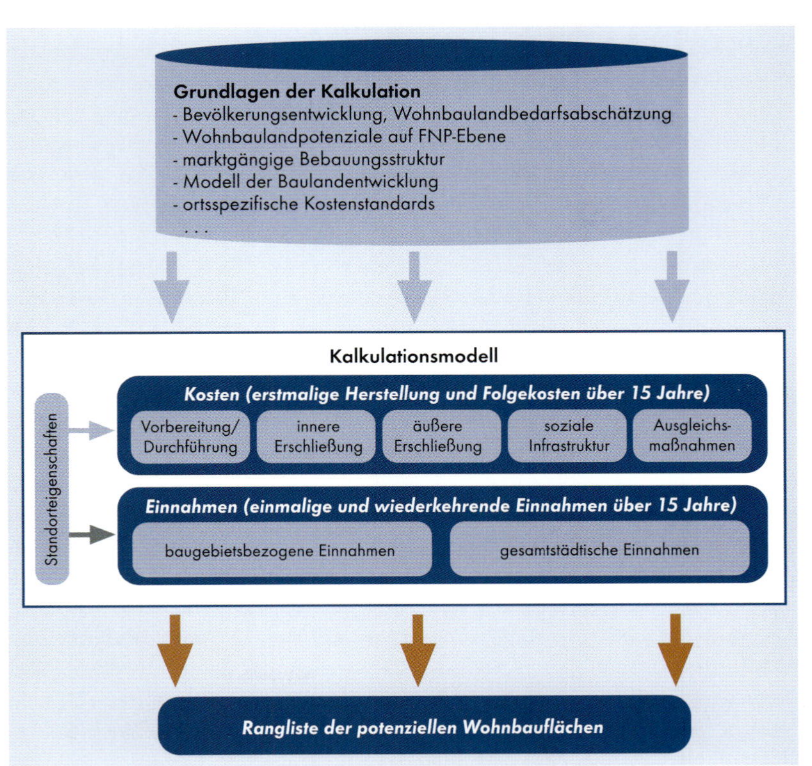

Abbildung 7:
Das Kalkulationsmodell FIN.30 und seine Module

Quelle: Eigene Darstellung.

Die *Kosten für den Grunderwerb und Grunderwerbsnebenkosten* werden in Abhängigkeit eines zu wählenden Baulandmodells kalkuliert. Die Relevanz dieser Kosten und die Vorgehensweise der Kalkulation und demnach auch die Größenordnung dieser Kostenpositionen sind von dieser Wahl abhängig (vgl. Stelling 2005, S. 63 ff.), so dass innerhalb des Kalkulationsmodells eine Differenzierung zwischen einem Angebotsmodell und einem kommunalen Zwischenerwerb erfolgt.
Die *Kosten für Planung, Gutachten und die spätere Vermarktung* werden pauschal an den Grunderwerbskosten in Abhängigkeit des Schwierigkeitsgrades einer Baufläche angebracht. Hohe Wohndichten, Altablagerungen, Lärmschutz oder ungünstige Bodenarten erhöhen den Schwierigkeitsgrad einer Baufläche.
Die *Beseitigung von Altablagerungen* erfolgt auf Grundlage von konkreten Kostensätzen. Die Vielfalt der potenziellen Belastungsarten sowie die Abhängigkeit von der Art der möglichen Nachnutzung erfordern die Betrachtung des Einzelfalls.
Die *Gesamtkosten der Flächenentwicklung* müssen in der Regel durch einen Kredit finanziert werden. Kreditzinsen oder Kosten für sonstige Darlehen werden im Bereich der Finanzierungskosten durch einen wählbaren Kommunalkreditzinssatz ermittelt.
Die Höhe der *Kosten der inneren Erschließung* wird wesentlich von der Wahl der marktgängigen Bruttowohndichte beeinflusst. Diese orientiert sich an Marktuntersuchungen und normativen Vorgaben der Gemeinden, die eine voraussichtlich marktgängige Dichte empfehlen. In diesem Zusammenhang werden die zu erwartenden Flächengrößen für die Erschließung und die Bebauung

unter Verwendung der ortsspezifischen Kenndaten abgeschätzt und Kosten ermittelt. Weitere Kosten beeinflussende Faktoren wie z.B. Bodenart, Hangneigung etc. werden mit Hilfe pauschaler Prozentsätze berücksichtigt.
Über die Höhe der *Herstellungs- und Folgekosten der äußeren Erschließung* entscheidet erstens die Lage im Siedlungsgefüge und zweitens die Kapazität der vorhandenen Anlagen. Die Abschätzung der erforderlichen äußeren Erschließung ist für den Einzelfall durchzuführen, da die freien Kapazitäten und die Erreichbarkeit von Straßen und Kanalisation variieren. Die vorhandenen Datengrundlagen (Kanalbestandsplan, Verkehrskonzept etc.) liefern zwar einen Hinweis auf die Notwendigkeit neuer Infrastruktur, jedoch bleiben Aspekte der Art (Straßen, Kanal, Brücken etc.), des Umfangs (z.B. Straßenbreite, Kanaldurchmesser) und sonstiger Gegebenheiten (z.B. Verkehrssicherheit) unklar. Eine plausible Abbildung des Entscheidungsprozesses in einem Algorithmus scheint aufgrund dieser Unwägbarkeiten indessen nicht zielführend.
Die Errichtung neuer Kindergärten und Grundschulen kann bei großen Baugebieten erforderlich werden, um Nachfragespitzen abzudecken. Jedoch erscheint gerade vor dem Hintergrund des demographischen Wandels die Herstellung neuer sozialer Infrastruktur langfristig problematisch, da sie wirtschaftlich nicht tragfähig ist (vgl. BBR 2007, S. 78). Dies erfordert eine präzise Prognose der zukünftigen Bevölkerungszahl und -struktur. Der Bedarf an sozialer Infrastruktur ist jedoch nicht ausschließlich von der Bevölkerungszahl und deren Struktur abhängig, sondern wird durch eine Vielzahl weiterer Faktoren bedingt (Bevölkerungswanderungen innerhalb der Gemeinde, Nutzungsverhalten, finanzielle Lage der Kommune, Image, Konfession etc.).
Die Kalkulation der *Kosten für die soziale Infrastruktur* basiert, wie die der technischen Infrastruktur, auf ortsspezifischen Kostenstandards und erfolgt in einem ersten Schritt auf gesamtstädtischer Ebene, während in einem zweiten Schritt die Gesamtkosten anteilig auf die Wohnbaulandpotenziale aufgeteilt werden. Da sich die Kosten aufgrund des uneingeschränkten Nutzerkreises der Einrichtungen in der Regel nicht eindeutig einer Wohnbaufläche zuordnen lassen, werden die Kosten basierend auf einer gesamtstädtischen Kapazitätsanalyse auf die Wohnbauflächen aufgeteilt, die die Herstellung neuer Infrastruktureinrichtung erfordern.
Um die *Kosten für notwendige naturschutzrechtliche Ausgleichsmaßnahmen* kalkulieren zu können, ist eine Abschätzung der voraussichtlichen Flächengrößen (versiegelte und unversiegelte Fläche) in Abhängigkeit von der Bruttowohndichte notwendig. Je nach gewählter Dichte werden unterschiedliche Größen von Erschließungsflächen und Bebauungsflächen (GRZ in Abhängigkeit von der Wohndichte, vgl. Singer 1995, S. 32) in Anspruch genommen. Diese überschlägige Abschätzung kann darüber hinaus einen Hinweis auf die Umweltauswirkungen eines späteren Bebauungsplanes geben, wie sie nach § 13a Abs. 1 BauGB für einen Bebauungsplan der Innenentwicklung mit einer Größe zwischen 20.000 und 70.000 m² Grundfläche gefordert wird (vgl. u.a. Söfker 2007, S. 49 f.).

Katalog der Einnahmen

Das Kriterium der *baugebietsbezogenen Refinanzierung* hängt, wie die Grunderwerbs- und deren Nebenkosten, von dem verwendeten Baulandmodell ab.

Die Vermarktungserlöse bei der Verwendung eines kommunalen Zwischenerwerbsmodells übersteigen die Einnahmen des Angebotsmodells, da die Höhe der Erschließungsbeiträge (gemäß § 127 BauGB) und weiteren Kostenerstattungen (gemäß § 135a BauGB) nur einen Teil der gesamten Kosten abdecken (Stelling 2005, S. 117). Die Höhe der Nettobodenwertsteigerung (Differenz zwischen dem voraussichtlichen Bodenwert und kalkulierten Kosten) ist somit ein wichtiges Kriterium bei der Wahl der Baulandstrategie.
Neben den baugebietsbezogenen Einnahmen werden zudem *gesamtstädtische Einnahmen,* z.B. aus Fördermitteln, integriert, die ggf. bei der Revitalisierung von Altablagerungen akquiriert werden können und somit auch zur Entscheidungsfindung beitragen.

Beispielrechnungen und Anwendungsmöglichkeiten

Die Umsetzung des Kalkulationsmodells erfolgt in einer EXCEL-basierten Programmstruktur. Diese Vorgehensweise reduziert die Hemmnisse bei der Anwendung des Programms, da sie auf einer den meisten Anwendern bekannten Programmstruktur aufbaut und somit einen Beitrag zur Steigerung der Kommunizierbarkeit und Anwendbarkeit des Modells leistet.
Im Bereich der Kostenkalkulation erfolgt zunächst die manuelle Übertragung der Standorteigenschaften in das Programm. In einem weiteren Schritt können die Projektdaten (Grunderwerb; Planung, Gutachter und Management; Beseitigung von Altablagerungen; Finanzierung; innere Erschließung; äußere Erschließung; soziale Infrastruktur und Ausgleichsmaßnahmen) mit Hilfe einer programmierten Oberfläche in das Kalkulationsmodell eingegeben werden. Anhand der angegebenen Standorteigenschaften werden die voraussichtlichen Kosten ermittelt und dem zu erwartenden Bodenwert gegenübergestellt.

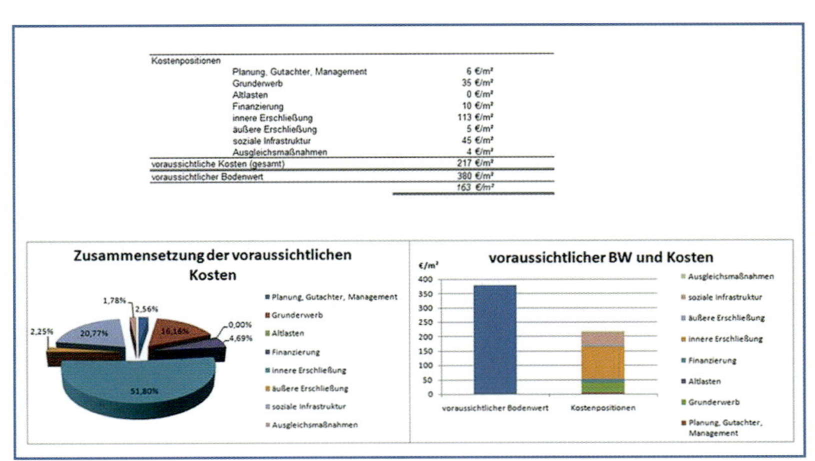

Kostenpositionen		
	Planung, Gutachter, Management	6 €/m²
	Grunderwerb	35 €/m²
	Altlasten	0 €/m²
	Finanzierung	10 €/m²
	innere Erschließung	113 €/m²
	äußere Erschließung	5 €/m²
	soziale Infrastruktur	45 €/m²
	Ausgleichsmaßnahmen	4 €/m²
voraussichtliche Kosten (gesamt)		217 €/m²
voraussichtlicher Bodenwert		380 €/m²
		163 €/m²

Abbildung 8:
Beispiel für die Bewertung einer potenziellen Wohnbaufläche in der Stadt Essen

Quelle: Eigene Darstellung.

Um die potenziellen Wohnbauflächen vergleichbar zu machen, erfolgt die Berechnung der Rentabilität jeder Fläche (Kötter u.a. 2009, S. 142). Sie ergibt sich aus der Gegenüberstellung des voraussichtlichen Bodenwertes und der kalkulierten diskontierten Kosten. Basierend auf der Rentabilität erfolgt die Erstellung einer Rangliste.

Abbildung 9:
Rentabilität potenzieller Wohnbauflächen am Beispiel der Stadt Essen

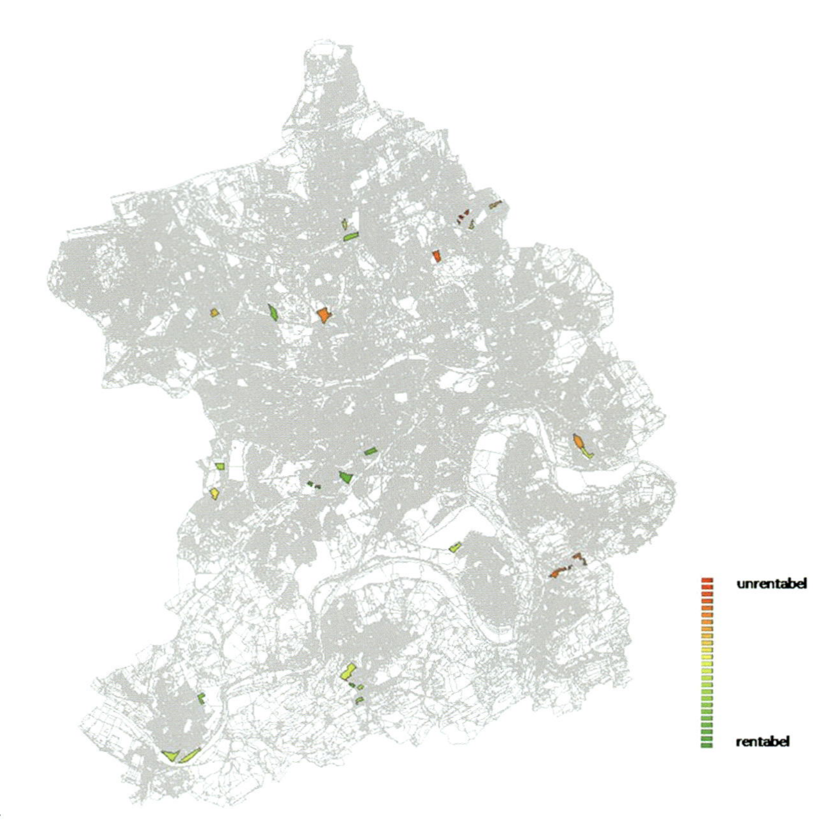

Quelle: Eigene Darstellung.

Ergebnisse

Genauigkeit der Ergebnisse und Fehlerbetrachtung

Standorteigenschaften und übergeordnete Faktoren gleichermaßen wichtig

Die standortbezogene Kalkulation der entscheidungsrelevanten Kosten und Einnahmen erfordert eine differenzierte Betrachtung der Ergebnisse. Die Kostenermittlung beruht auf einer Auswahl der als entscheidungsrelevant erachteten Kosten, und es ist eine Vielzahl von Annahmen und Klassifizierungen zu treffen bzw. vorzunehmen, die sich auf die Genauigkeit der Kalkulation auswirken. Deshalb ist eine Betrachtung der Zuverlässigkeit und Genauigkeit des Verfahrens erforderlich. Die Abweichung der kalkulierten von den wahren Kosten kann durch drei Komponenten erklärt werden:

1. Genauigkeit pauschaler Kostenschätzungen (z.B. Schätzgenauigkeit für die Kosten der Beseitigung von Altablagerungen)
2. Genauigkeit der Kostenstandards (z.B. Abweichungen resultierend aus besonderen Standorteigenschaften, die nicht durch Kostenstandards erfasst werden können)
3. Fehlerfortpflanzung im mathematischen Modell (z.B. Systemgenauigkeit)

Die Größenordnung der Gesamtabweichung ergibt sich aus einer Kombination der Schätzgenauigkeit, Datengenauigkeit und der Systemgenauigkeit.

Gesamtstädtische Aussagen

Durch die Zusammenfassung der einzelnen Kalkulationsergebnisse für jede potenzielle Wohnbaufläche können die Auswirkungen einer beabsichtigten Siedlungsstrukturentwicklung im Vorfeld ermittelt werden. Die Zuordnung der Wohnbaulandpotenziale zu den Kategorien „Innenentwicklung" und „Außenentwicklung" ermöglicht die Darstellung der grundsätzlichen ökonomischen Zusammenhänge.

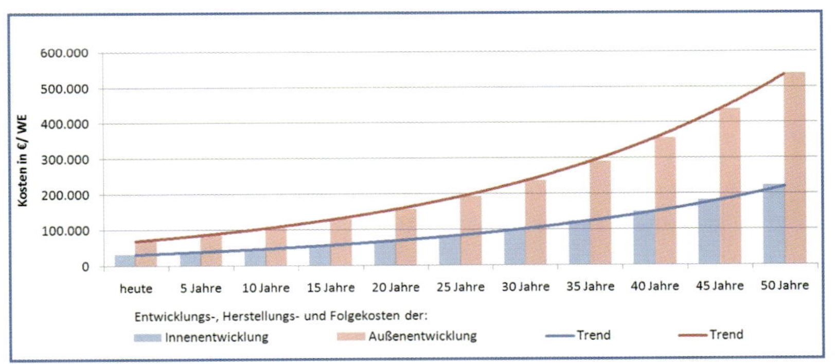

Abbildung 10:
Vergleich der durchschnittlichen Kosten (Entwicklungs-, Herstellungs- und Folgekosten) pro Wohneinheit von Innen- und Außenentwicklung am Beispiel der Stadt Essen

Quelle: Eigene Darstellung.

Die Kosten für Außenentwicklungen übersteigen bereits ohne die Berücksichtigung von langfristigen Folgekosten die Kosten für Innenentwicklungen. Dies liegt vor allem an den überdurchschnittlichen Flächengrößen, die oftmals die Herstellung neuer sozialer Infrastruktur (z.B. neue Kindergärten) erforderlich machen. Darüber hinaus wird deutlich, dass die langfristigen Kosten für Außenentwicklungen deutlich über denen der Innenentwicklung liegen.
Resultierend aus der geringen Bodenwertsteigerung bleibt die Bilanz von Innenentwicklungen bei kurzen Betrachtungszeiträumen hinter der Bilanz von Außenentwicklungen zurück. Allerdings zeigt das Beispiel aus der Stadt Essen, dass die ökonomischen Vorteile bei einer langfristigen Betrachtung der Kosten (> 15 Jahre) und Einnahmen für die Innenentwicklung sprechen.

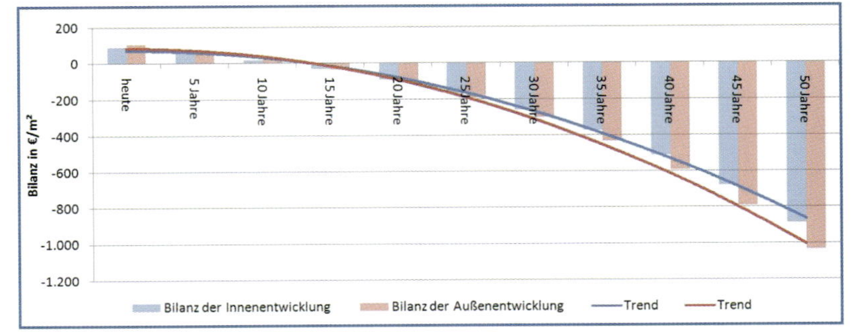

Abbildung 11:
Langfristiger Vergleich der ökonomischen Bilanz (Bodenwert abzgl. diskontierter Entwicklungs-, Herstellungs- und Folgekosten) von Innen- und Außenentwicklung in der Stadt Essen

Quelle: Eigene Darstellung.

Die Ergebnisse der Kalkulation zeigen, dass die Höhe der einzelnen Kosten- und Einnahmepositionen nicht nur von den jeweiligen Standorteigenschaften abhängt, sondern darüber hinaus wesentlich von übergeordneten Faktoren, wie z.B. dem verwendeten Modell der Baulandentwicklung oder dem Realisierungszeitpunkt, bedingt wird. Durch die Zusammenführung der einzelnen

Kalkulationsergebnisse lassen sich die langfristigen ökonomischen Konsequenzen einer Siedlungsentwicklung frühzeitig abschätzen, so dass die Strategie angepasst oder Gegenmaßnahmen ergriffen werden können.

Literatur

BBR (2007): Die demographische Entwicklung in Ostdeutschland und ihre Auswirkungen auf die öffentlichen Finanzen, Forschungen Heft 128, Bonn, S. 78

Frielinghaus, Benedikt (2006): Flächennutzungsplanung und kommunale Infrastruktur – eine Wirtschaftlichkeitsuntersuchung am Beispiel des Flächennutzungsplanes der Stadt Erftstadt, Diplomarbeit, Uni Bonn, unveröffentlicht.

Gassner, Edmund, und *Heinrich Thünker* (1992): Die technische Infrastruktur in der Bauleitplanung, Institut für Städtebau, Berlin, S. 47 ff.

Kötter, Theo, u.a. (2009): Intelligente Flächennutzung – Erfassung und Bewertung von Wohnbaulandpotenziale in der Flächennutzungsplanung, in Flächenmanagement und Bodenordnung, H. 1/2009.

Kötter, Theo, u.a. (2009): Kostenoptimierung in der Flächennutzungsplanung, in: Thomas Preuß und Holger Floeting (Hrsg.): Folgekosten der Siedlungsentwicklung. Bewertungsansätze, Modelle und Werkzeuge der Kosten-Nutzen-Betrachtung (Beiträge aus der REFINA-Forschung, Reihe REFINA Band III), Berlin, S. 142.

Langendonk, Eva (2007): Flächennutzungsplanung und kommunale Infrastruktur – eine Wirtschaftlichkeitsuntersuchung am Beispiel des Flächennutzungsplanes der Stadt Essen, Diplomarbeit, Uni Bonn, unveröffentlicht.

Nelius, Tobias (2006): Flächennutzungsplanung und kommunale Infrastruktur – eine Wirtschaftlichkeitsuntersuchung am Beispiel des Flächennutzungsplanes der Stadt Euskirchen, Diplomarbeit, Uni Bonn, unveröffentlicht.

Singer, Chistian (1995): Stadtökologisch wertvolle Freiflächen in Nordrhein-Westfalen, Institut für Landes- und Siedlungsentwicklungsforschung des Landes Nordrhein-Westfalen, Dortmund, S. 32.

Söfker, Ernst (2007): Das Gesetz zur Erleichterung von Planungsvorhaben für die Innenentwicklung der Städte, in Flächenmanagement und Bodenordnung, H. 2, S. 49 f.

Stelling, Sonja (2005): Wirtschaftlichkeit kommunaler Baulandstrategien – städtebauliche Kalkulation und Finanzierung kommunaler Infrastruktur im Prozess der Baulandbereitstellung, Bonn (Schriftenreihe des Instituts für Städtebau und Bodenordnung der Uni Bonn).

E 3.5 Fiskalische Wirkungsanalyse neu ausgewiesener Wohngebiete

Kilian Bizer, Ralph Henger, Mareike Köller

REFINA-Forschungsvorhaben: DoRiF – Designoptionen und Implementation von Raumordnungsinstrumenten zur Flächenverbrauchsreduktion

Projektleitung:	Georg-August-Universität Göttingen: Prof. Dr. Kilian Bizer
Projektpartner:	Universität Stuttgart, Institut für Raumordnung und Entwicklungsplanung: Prof. Stefan Siedentop; Leibniz-Institut für ökologische Raumentwicklung (IÖR); Bundesamt für Bauwesen und Raumordnung (BBR): Klaus Einig; UFZ Umweltforschungszentrum Leipzig-Halle GmbH: Prof. Dr. jur. Wolfgang Köck; Sonderforschungsgruppe Institutionenanalyse e.V. (sofia): Dr.-Ing. Georg Cichorowski; GWS Gesellschaft für Wirtschaftliche Strukturforschung mbH Osnabrück: Prof. Dr. Bernd Meyer; team ewen: Dr.-Ing. Christoph Ewen
Modellraum/Modellstädte:	Region Düsseldorf (NW), Region Hannover (NI), Region Mittelhessen, Region Südwestthüringen
Projektwebsite:	www.refina-dorif.de

Das Verbundprojekt „Designoptionen und Implementation von Raumordnungsinstrumenten zur Flächenverbrauchsreduktion (DoRiF)" entwickelt in vier Fallstudienregionen (Regierungsbezirk Düsseldorf, Region Hannover, Region Mittelhessen, Region Südwestthüringen) regional angepasste Reformkonzepte zur Umsetzung einer nachhaltigen Flächenentwicklung (vgl. auch Kap. **E 4.1**). Die vorliegende Studie fragt nach den fiskalischen Anreizen, denen die Gemeinden als Anbieter von Bauland unterliegen, um auf Basis einer bekannten Anreizstruktur die Wirkungen bestimmter Reformoptionen besser abschätzen zu können. Ziel ist es, alle relevanten Einnahmen und Ausgaben der Kommunen, die im direkten Zusammenhang mit neu ausgewiesenen Wohnbauflächen stehen, zu quantifizieren und abzubilden. Dabei werden die finanziellen Rahmenbedingungen des kommunalen Finanzsystems im Hinblick auf ihre Anreize zur Ausweisung neuer Flächen untersucht und den Anforderungen raumplanerischer Zielsetzungen gegenübergestellt.

Inter- und intraregionale Unterschiede auf der Einnahmen- und Nutzenseite

Die Studie untersucht Baulandbereitstellung für allgemeine Wohnbaugebiete, die mit der klassischen Angebotsplanung entwickelt werden. Das Hauptaugenmerk liegt auf der Identifizierung der inter- und intraregionalen Unterschiede, die sich auf der Einnahmen- bzw. Nutzenseite ergeben. Wie beeinflusst ein Baugebiet mit identischen Charakteristika die Haushalte in verschiedenen Kommunen? Wie groß sind die Wirkungsunterschiede und wodurch lassen sich diese erklären? Welche Rolle spielt der Kommunale Finanzausgleich? Die Studie zeigt, dass nur ein Teil der Unterschiede aus dem kommunalen Hebesatzrecht resultiert, welches den Kommunen durch die verfassungsrechtliche Finanzautonomie garantiert ist. Weitaus bedeutender sind die Effekte des kommunalen Finanzausgleichssystems: Da neue Wohngebiete und neue Einwohner sowohl die Finanzkraft als auch den Finanzbedarf der Kommunen direkt beeinflussen, sind auch die Ausgleichszahlungen durch den Kommunalen Finanzausgleich (KFA) unmittelbar betroffen. Abhängig vom Status (kreisangehörige Gemeinde, kreisfreie Stadt etc.) und von der Stellung der Kommunen innerhalb des KFA (abundante, normale oder Sockelgarantiegemeinde) führen zusätzliche Steuereinnahmen einer Gemeinde zu nivellierenden oder zu verstärkenden Finanzausgleichseffekten. Das Finanzausgleichssystem relativiert die Bedeutung des kommunalen Steueraufkommens somit erheblich.

Tabelle 1:
Berücksichtigte Einnahme- und Ausgabepositionen

Einnahmepositionen	Kostenpositionen
Grundsteuer	Erschließungskosten
Einkommensteuer	■ Verkehrsanlagen, Entwässerung
Kommunaler Finanzausgleich	■ Öffentliche Grünflächen
Steuerbedarf (Δ Einwohner)	Infrastrukturfolgekosten
Steuerkraft (Δ Grund-, Eink.-Steuer)	■ Kosten für Betrieb und Unterhalt
Kreisumlage	Ausgaben für soziale Infrastruktur

Quelle: Eigene Darstellung, 2009.

Neben den Wirkungsunterschieden auf der Einnahmenseite wird auch auf der Ausgabenseite nach relevanten Unterschieden in der Kostenstruktur gesucht. Hierfür werden verschiedene Baugebietstypen betrachtet, die sich in ihrer Wohnungsdichte, ihrer äußeren Erschließungsnotwendigkeit und ihren Investitionen in soziale Infrastruktureinrichtungen unterscheiden. Bei den Ausgaben zeigt sich erwartungsgemäß, dass ein neues Baugebiet aus Sicht einer Kommune rentabler ist, wenn es eine höhere Wohnungsdichte aufweist, da dann die zusätzlichen Einwohner mit weniger Infrastruktur auskommen. Außerdem ist ein Baugebiet umso vorteilhafter, je besser die Flächen in den bestehenden Siedlungskörper integriert sind und je weniger soziale Infrastruktureinrichtungen neu geschaffen werden müssen.

Beispiel Region Hannover

Am Beispiel der Region Hannover (siehe Abbildung 12) sind sowohl die intraregionalen Unterschiede als auch die Auswirkungen der verschiedenen Baugebietstypen zu erkennen. Im Falle der hohen Einwohnerdichte im Mehrfamilienhaus am Ortsrand (arrondierte Lage) entstehen hauptsächlich Kosten der inneren Erschließung, die erstens zum großen Teil von den Einwohnern (EW) getragen werden und zweitens durch die hohe Einwohnerdichte relativ gering (pro EW) sind. Im Falle des Einfamilienhauses auf der Grünen Wiese entstehen zusätzlich Kosten der äußeren Erschließung (von den Gemeinden zu tragen), die auf weniger EW pro ha verteilt werden müssen. Diese sehr viel höheren Kosten führen bei fast ähnlichen Einnahmen (Ausnahme: Grundsteuer) zu sehr viel geringeren „Fiskalwerten" (= Nettoeinnahmen eines zusätzlichen Einwohners durch das Neubaugebiet für die Kommune pro Jahr). Die intraregionalen Unterschiede sind dabei hauptsächlich durch die Stellung der Gemeinden im KFA zu begründen: Reiche Kommunen (= abundante Gemeinden) erzielen keine zusätzlichen Schlüsselzuweisungen durch die zusätzlichen Einwohner, so dass die Einnahmen (trotz höherer Steuereinnahmen) und damit die Fiskalwerte sehr viel geringer sind.

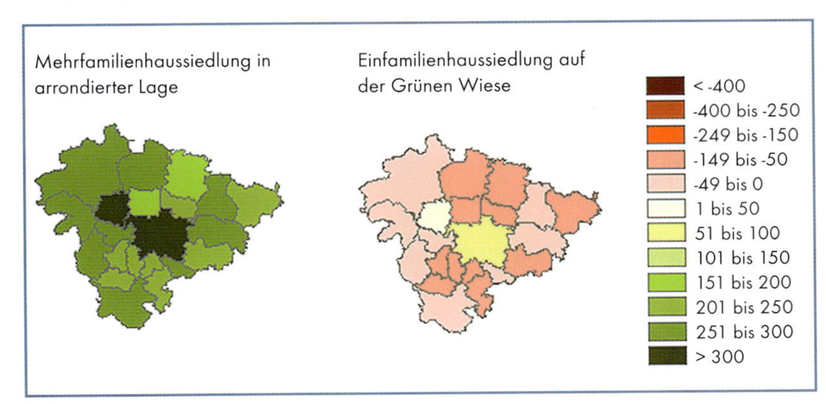

Abbildung 12: Fiskalwert (in Euro) eines (zusätzlichen) Einwohners pro Jahr (ohne soziale Infrastruktur) in der Region Hannover

Quelle: Eigene Darstellung, 2009.

Bei der Saldierung der Ergebnisse lassen sich aber auch zwischen den Regionen Unterschiede hinsichtlich der Rentabilität neuer Baugebiete ausmachen. Die interregionalen Anreizunterschiede basieren zum großen Teil auf Unterschieden in der kommunalen Finanzkraft und der damit einhergehenden Stellung innerhalb des kommunalen Finanzausgleichssystems bzw. der unterschiedlichen Ausgestaltung des KFA in den vier Bundesländern. Gleichzeitig lohnt sich die Baulandsausweisung in den beiden städtischen Regionen (Düsseldorf und Hannover) im Durchschnitt etwas mehr (siehe Tabelle 2). Klassische Baulandentwicklungen im Außenbereich für Einfamilienhäuser lohnen sich für die Kommunen in allen Fallstudienregionen in der Regel nicht, insbesondere dann nicht, wenn Kosten der äußeren Erschließung (= Baugebiet auf der Grünen Wiese) und für soziale Infrastruktur entstehen.

Tabelle 2: Fiskalwerte (in Euro, ohne soziale Infrastruktur) – Übersicht aller Fallstudienregionen

Fallstudienregionen	MIN	MAX	Mittelwert	Standardabw.	Varianzkoeffizient
Region Düsseldorf					
Typ MFH, arrondierte Lage	93,5	493,5	305,4	81,0	0,27
Typ EFH, Grüne Wiese	-208,4	195,8	0,9	78,6	0,48
Region Hannover					
Typ MFH, arrondierte Lage	171,9	373,5	249,4	44,9	0,18
Typ EFH, Grüne Wiese	-127,8	74,0	-51,5	44,4	0,86
Region Mittelhessen					
Typ MFH, arrondierte Lage	82,8	447,4	203,3	43,7	0,21
Typ EFH, Grüne Wiese	-216,5	148,1	-101,9	44,1	0,43
Region Südwestthüringen					
Typ MFH, arrondierte Lage	-24,9	441,5	232,6	49,1	0,21
Typ EFH, Grüne Wiese	-341,3	124,6	-81,2	49,8	0,61

Quelle: Eigene Darstellung, 2009.

Fazit

1) Die Studie zeigt, dass Neubaugebiete mit identischen Charakteristika stark unterschiedliche Wirkungen auf die kommunalen Haushalte der ausweisenden Städte und Gemeinden entfalten. Die Einnahmen aus Steuern und dem KFA eines Einwohners für eine Gemeinde schwanken zwischen 25 und 543 Euro (Typ A) bzw. 18 und 555 Euro (Typ B), die Fiskalwerte (ohne soziale Infrastruktur) zwischen -25 und +593 Euro (Typ A) bzw. -341 und +196 Euro (Typ B). Die Ergebnisse wurden in vier Fallstudienregionen mit unterschiedlichem Verdichtungsgrad und verschiedenen demografisch-ökonomischen Entwicklungen ermittelt. Ungeachtet der eingeschränkten Repräsentativität der insgesamt 375 untersuchten Gemeinden, lassen sich die Kernaussagen der durchgeführten fiskalischen Wirkungsanalysen auf Kommunen in anderen Regionen und Bundesländern übertragen.
2) Neben dem zu erwartenden Steueraufkommen üben die Finanzzuweisungen der kommunalen Ausgleichssysteme einen großen Einfluss auf die Rentabilität neuer Baugebiete aus. Der Wirkungsmechanismus der kommunalen Finanzausgleichssysteme führt in seiner jetzige Ausgestaltung zu dem Paradoxon, das sich gerade für besonders finanzstarke Kommunen die Ansiedlung neuer Einwohner weniger lohnt. Trotz zum Teil erheblicher Unterschiede in den kommunalen Finanzausgleichsystemen können die Ergebnisse auf alle Flächenländer übertragen werden.
3) Kommunen haben bei Neuausweisungen diverse Erschließungs- und Infrastrukturfolgekosten zu tragen, die den fiskalischen Anreiz einer Neuausweisung meistens bis zur Unvorteilhaftigkeit verringern. Die Einfamilienhaussiedlung auf der Grünen Wiese mit Kosten für äußere Erschließung und soziale Infrastruktur ist für alle untersuchten 375 Gemeinden ein Verlustgeschäft.
4) Die Ergebnisse der fiskalischen Wirkungsanalyse deuten darauf hin, dass die Anreize zur Flächenausweisung für Wohnbauland zahlreiche raumplanerische Zielvorgaben nicht unterstützen (z.B. Zentrale-Orte-Konzept).
5) Die Ausweisung neuer Baugebiete stellt für viele Kommunen noch immer eine scheinbar sinnvolle Strategie zur Verbesserung ihrer finanziellen Lage dar. In den meisten Fällen führen derartige Strategien aber langfristig zu einer weiteren Schwächung der Kommunen. Eine verbesserte Kostenwahrheit in der kommunalen Planung ist demnach dringend geboten. Dies gilt insbesondere für Kommunen in Regionen die mit starker Abwanderung zu kämpfen haben, da diese zusätzlich Gefahr laufen, dass ihr Baulandangebot nicht auf die erhoffte Nachfrage trifft.
6) Der hier aufgezeigte finanzielle Vergleich von Baulandsausweisungen in den einzelnen Kommunen zeigt auf, dass die kommunale Planung – insbesondere in Regionen mit Bevölkerungsrückgang – durch überörtliche, regionale Planung der Baulandausweisung unterstützt werden sollte. Vergleichende Betrachtungen innerhalb einer Region ermöglichen dabei auch eine bessere Argumentationsgrundlage für die Überzeugungsarbeit vor Ort.

Literatur

Bizer, K., K. Einig, W. Köck, S. Siedentop (2010): Raumordnungsinstrumente zur Flächenverbrauchsreduktion, DoRiF-Abschlussband.

Köller, M., und *R. Henger* (2010): Die fiskalischen Wirkungen neuer Wohnbaugebiete – Modellberechnungen für vier Fallstudienregionen (Land Use Economics and Planning, Discussion Paper No. 10-01).

E 3 A: Entscheidungshilfe zur Wohnstandortwahl

REFINA-Forschungsvorhaben: Kommunikation zur Kostenwahrheit bei der Wohnstandortwahl. Innovative Kommunikationsstrategie zur Kosten-Nutzen-Transparenz für nachhaltige Wohnstandortentscheidungen in Mittelthüringen

Projektleitung: Prof. Dr.-Ing. Heidi Sinning, Fachhochschule Erfurt, Institut für Stadtforschung, Planung und Kommunikation (ISP), FG Planung und Kommunikation
Projektpartner: Prof. Dr. Ulf Hahne, Universität Kassel, FB Architektur, Stadt- und Landschaftsplanung, FG Ökonomie der Stadt- und Regionalentwicklung
Verbundpartner: Ulrich Reichardt, Landeshauptstadt Erfurt, Amt für Stadtentwicklung und Stadtplanung; Roland Adlich, Stadt Gotha, Stadtplanungsamt; Clemens Ortmann, Regionale Planungsgemeinschaft Mittelthüringen, Regionale Planungsstelle Mittelthüringen beim Thüringer Landesverwaltungsamt; Olaf Langlotz, Thüringer Ministerium für Bau und Verkehr, Abteilung Städte- und Wohnungsbau, Raumordnung und Landesplanung; Detlev Geissler, Thüringer Ministerium für Landwirtschaft, Naturschutz und Umwelt, Referat Flächenhaushaltspolitik, Raumordnungsbelange, Agrarstruktur
Modellraum: Thüringen, Mittelthüringen, Modellstädte: Landeshauptstadt Erfurt, Stadt Gotha
Projektwebsite: www.fh-erfurt.de/fhe/isp/forschung/abgeschlossene-forschungsprojekte/komkowo/

Abbildung 13:
Titelblatt der Broschüre „Gotha – Wo wollen Sie wohnen?"

Quelle: ISP – Institut für Stadtforschung, Planung und Kommunikation, Hochschule Erfurt, 2008.

Entscheidungshilfen zur Wohnstandortwahl von Bau- und Umzugswilligen müssen als Kommunikationsinstrumente ansprechend, leicht zugänglich, informativ und intuitiv nachvollziehbar sein (vgl. Kap. **D 1.3**). Zugleich müssen sie in ihrer rationalen Argumentation zentrale Faktoren der aktuellen und künftigen Haushaltssituation berücksichtigen, relevante Verhaltensparameter enthalten (Wohn- und Mobilitätskosten, Wegezeitaufwand) und klare Ergebnisse zur Kosten-Nutzen-Abwägung bei alternativen Wohnstandorten produzieren.
Entscheidungshilfen zur Wohnstandortwahl sollten verschiedene Vermittlungswege beschreiten, um unterschiedlichen Nutzern, unterschiedlichen Informationsbedürfnissen und unterschiedlichen Entscheidungsstadien zu dienen. Wege und Möglichkeiten der Vermittlung sind:

- Schriftliche Information: Die zwölfseitige Broschüre „Gotha – Wo wollen Sie wohnen?" z.B. informiert am Beispiel der fiktiven Familie Hesse über die notwendigen Überlegungen bei der Wohnstandortwahl; Download unter: www.fh-erfurt.de/isp (Forschung/KomKoWo)
- Online-Information und interaktive Online-Entscheidungshilfe: Eine interaktive Online-Entscheidungshilfe

z.B. basiert auf unterschiedlichen Haushalts- und Wegesituationen und kann acht verschiedene Wohnstandorte in der Stadt Gotha miteinander vergleichen, siehe www.gotha.de (Bürgerservice/Stadtplanung) und www.fh-erfurt.de/vt/komkowo/entscheidungshilfe.

- Direkte mündliche Kommunikation: Das zentral gelegene Informationsbüro Gothaer Innenstadtinitiative (Schwabhäuser Straße 21/Ecke Stiftsgasse, 99867 Gotha) z.B. informiert Bau- und Umzugswillige auch direkt. Auch dort wird die digitale Entscheidungshilfe eingesetzt.

Ulf Hahne

E 3 B: Der FolgekostenRechner – online unter www.was-kostet-mein-baugebiet.de

REFINA-Forschungsvorhaben: Wohn-, Mobilitäts- und Infrastrukturkosten – Transparenz der Folgen der Standortwahl und Flächeninanspruchnahme am Beispiel der Metropolregion Hamburg

Projektleitung:	HafenCity Universität Hamburg: Prof. Dr.-Ing. Thomas Krüger, Department Stadtplanung
Verbundkoordination:	Gertz Gutsche Rümenapp Stadtentwicklung und Mobilität GbR: Dr.-Ing. Jens-Martin Gutsche; Büro F+B Forschung und Beratung – Wohnen Immobilien und Umwelt GmbH: Dr. Bernd Leutner und Andreas Schmalfeld
Projektpartner Praxis:	LBS Bausparkasse Hamburg AG, Stadt Wedel, Gemeinde Henstedt-Ulzburg, Samtgemeinde Bardowick, Samtgemeinde Gellersen, Stadt Lauenburg, AG „Flächenverbrauch in der Metropolregion Hamburg", Umweltministerium Schleswig-Holstein
Modellraum/Modellstädte:	Hamburg, Metropolraum Hamburg
Projektwebseite:	www.womo-rechner.de, www.was-kostet-mein-baugebiet.de/

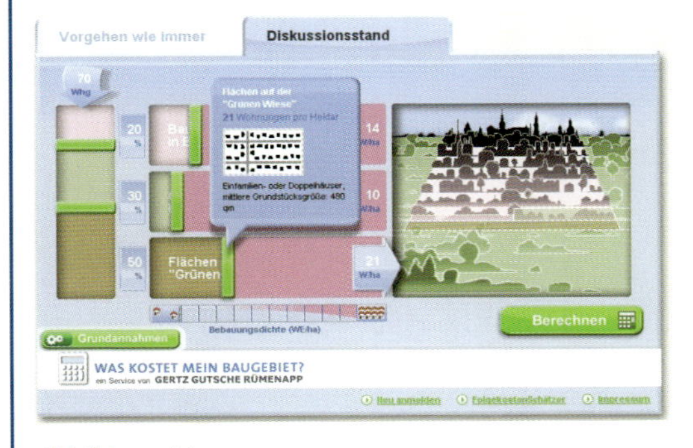

Abbildung 14:
Screenshot www.was-kostet-mein-baugebiet.de

Spielerisch verstehen, dass Grüne-Wiese-Standorte und Planungen mit geringer Bebauungsdichte hohe Folgekosten produzieren, ist das Ziel des Folgekostenrechners. Über Schieberegler bestimmt der Nutzer, wo in der Gemeinde er welchen Anteil des Neubaubedarfs der Kommune realisieren will – und bekommt eine Folgekostenrechnung. Szenarien machen verschiedene Anläufe vergleichbar. Wer tiefer einsteigen will, lädt sich das Excel-Programm FolgenkostenSchätzer herunter, das die Möglichkeit eröffnet, die Folgekosten eines neuen Wohngebietes im Bereich der technischen Infrastruktur zu ermitteln (vgl. Kap. **E 3.1**).

Jens-Martin Gutsche

E 4

Neue Finanzierungsformen und ökonomische Steuerungsanreize

Neue Finanzierungsformen und ökonomische Steuerungsanreize zur Flächensteuerung

Holger Floeting, Thomas Preuß

In den vergangenen Jahren wurden verschiedene Instrumente entwickelt, um ökonomische Anreize für einen sparsameren Umgang mit der knappen Ressource Fläche zu fördern. Reformvorschläge zielen auf ein breites Spektrum von veränderter Besteuerung bis hin zu Instrumenten der ökonomischen Mengensteuerung mittels handelbarer Zuweisungsrechte. Hinzu kommen neue Finanzierungsformen für die Wiedernutzung brachgefallener Flächen und zur Unterstützung der Innenentwicklung.

Neben planerischen und ordnungsrechtlichen Steuerungsinstrumenten werden seit langem ökonomische Anreize und fiskalische Instrumente zur Reduzierung des Flächenverbrauchs und zur Wiedernutzung von Flächen diskutiert (vgl. Apel u.a. 1995). Die Instrumente lassen sich grob unterscheiden nach Anreizen für den sparsamen Umgang mit Flächen und die Wiedernutzung der Flächen sowie nach neuen Finanzierungsformen für die Wiedernutzung brach gefallener Flächen und zur Unterstützung der Innenentwicklung.

Ökonomische Instrumente zur Reduzierung des Flächenverbrauchs

Im Verbund mit bestehenden Instrumenten werden die im Folgenden beschriebenen neuen oder wesentlich reformierten Instrumente für ökonomische Anreize diskutiert. Diese verfolgen im Wesentlichen drei Ansätze:

- die Beeinflussung der Grundstückspreise (z.B. durch eine umfassende Grundsteuerreform oder eine reformierte Grunderwerbsteuer), um für private und öffentliche Bauwillige die Anreize, auf neu ausgewiesene Flächen zurückzugreifen, zu senken;
- die Einführung von Preismechanismen für die Neuausweisung von Flächen (z.B. durch handelbare Flächenausweisungsrechte oder eine Baulandausweisungsumlage – jeweils in Verknüpfung mit Kosten-Nutzen-Betrachtungen), um den Kommunen zusätzliche Motivation für die Innenentwicklung zu bieten;
- die Einführung von Finanzierungsmöglichkeiten und die flächenkreislaufgerechte Modifizierung von Fördermaßnahmen (z.B. durch Reform des Kommunalen Finanzausgleichs, zinsgünstige Kredite, Grundstücksfonds, Rückbauhaftpflicht, Subvention von Renaturierungen) für eine massive Stärkung der Innenentwicklung (BMVBS/BBR 2007, S. 2 ff.).

Veränderungen der Rahmenbedingungen für Flächensparsamkeit

Lange standen fiskalische Instrumente (vgl. Friauf/Risse/Winters 1978; Sprenger/Wackerbauer 1994) wie die Reform der Grundsteuer in Richtung auf eine größere Rolle der Wert- und der Flächenverbrauchskomponente mit dem Ziel der Verteuerung des Flächenverbrauchs, die Entfernungspauschale oder die mittlerweile auslaufende Eigenheimförderung als Regelungen, die den Flächenverbrauch und die Suburbanisierung unterstützen, im Mittelpunkt der kritischen Auseinandersetzung. Daneben wurden neue fiskalische Instrumente wie die

Rahmenbedingungen für Flächensparsamkeit verbessern	Wiedernutzung von Brachflächen und Innenentwicklung erleichtern
Fiskalische und haushalterische Instrumente	
Reform der Grundsteuer	Befreiung des kommunalen Zwischenerwerbs brach gefallener Grundstücke von der Grunderwerbsteuer
Abschaffung der Entfernungspauschale	
Abschaffung der Eigenheimzulage (auslaufend)	
Einführung einer Bodenwertsteuer	
Bodenversiegelungsabgabe	
Internalisierung der Kosten von Flächenrecycling durch die Ausweisung von Entwicklungs- und Nebenkosten als Investitionskosten im Rahmen der Einführung der Doppik	
Förderprogramme	
Sanierungs- und Entwicklungsmaßnahmen (Bund)	EFRE (EU)
Stadtumbau Ost und West (Bund)	INTERREG (EU)
Soziale Stadt (Bund)	LIFE III/LIFE+ (EU)
Städtebaulicher Denkmalschutz (Bund)	Gemeinschaftsaufgabe „Verbesserung der regionalen Wirtschaftsstruktur" (Bund)
Aktive Stadt- und Ortsteilzentren (Bund)	Gemeinschaftsaufgabe „Verbesserung der Agrarstruktur und des Küstenschutzes" (Bund)
	ERP-Umwelt- und Energieeffizienzprogramm
	Altlastenbeseitigungsprogramme (Bundesländer)
	Bergbaufolgelandschaften (Wismut-Region, Braunkohlesanierung in Brandenburg, IBA)
	Programme zur Reaktivierung städtebaulich relevanter Brachflächen (Brandenburg), zur städtischen Entwicklung und Revitalisierung von Brachflächen (Sachsen), zur Strukturentwicklung und Umstrukturierung von Industriestandorten (Thüringen) (Bundesländer)
	Programme zum Umgang mit Bergbaufolgelandschaften (z.B. Wismut-Region, Braunkohlesanierung in Brandenburg, IBA) (Bundesländer)
Modellvorhaben der Raumordnung	
Experimenteller Wohnungs- und Städtebau	
Andere Finanzierungsinstrumente und marktorientierte Verfahren	
	PPP-Gesellschaftsmodelle (Treuhändermodell, Developermodell, Geschäftsbesorgermodell)
	Öffentliche Grundstücksfonds
	Private Fondsmodelle
Handelbare Flächenausweisungsrechte	
Gesamtstädtische Umlageverfahren	
Verknüpfung planerischer Ansätze zur Reduzierung der Flächeninanspruchnahme und zum Flächenrecycling mit Finanzierungsanreizen	
Minimierung der Infrastrukturkosten durch intelligentes Management von Wohnnutzungszyklen	

Übersicht 1:
Mögliche Anreizinstrumente für den sparsamen Umgang mit Flächen und die Wiedernutzung von Brachflächen sowie Finanzierungsinstrumente für die Wiedernutzung von Brachflächen

Anmerkung: Zuständigkeiten sind nur bei bestehenden bzw. ausgelaufenen Förderprogrammen genannt. An den Programmen sind häufig Bund, Länder und Gemeinden beteiligt, genannt wird jeweils nur die oberste Ebene. Die in diesem Kapitel ausführlicher beschriebenen Ansätze sind kursiv dargestellt.

Quelle: Eigene Zusammenstellung.

Bodenwertsteuer (vgl. Dieterich/Dieterich-Buchwald 1983), Umweltabgaben (vgl. Jüttner 1992) und steuerliche Entlastungen wie die Befreiung des kommunalen Zwischenerwerbs brach gefallener Grundstücke von der Grunderwerbsteuer (vgl. Böhme/Henckel/Besecke 2006) diskutiert.
Auf Expertenebene werden seit geraumer Zeit verschiedene Modelle einer grundlegenden Reform der Grundsteuer erörtert. Zu den hierbei diskutierten bzw. untersuchten Ansätzen zählen eine Bodenwertsteuer (orientiert sich am Lagewert/Bodenrichtwert des Grundstücks), eine Flächensteuer (orientiert sich an der Flächengröße), eine Flächennutzungssteuer (orientiert sich an Art der Flächennutzung und ist differenziert nach versiegelten und unversiegelten Grundstücksanteilen) und eine kombinierte Bodenwert- und Flächensteuer (orientiert sich am Lagewert/Bodenrichtwert und an der Grundstücksgröße). Allen Ansätzen ist gemeinsam, dass sie im Unterscheid zur heutigen Grundsteuerberechnung stärker auf Lagekriterien bzw. auf den Grad der Flächeninanspruchnahme orientieren. Tendenziell würden unbebaute Grundstücke stärker belastet, es wären Anreize zum sparsamen Umgang mit Fläche bzw. zu stärker verdichtetem Bauen zu erwarten (Lehmbrock/Coulmas 2001). Umweltabgaben wie eine Bodenversiegelungsabgabe, Baulandausweisungsabgaben und -umlagen oder das Modell einer Baulandausweisungsumlage (BLAU) sollten zum sparsameren Umgang mit Flächen beitragen und neu entstehende Überbauungen und Umnutzungen naturnaher Flächen für den Siedlungs- und Verkehrswegebau finanziell stärker belasten (vgl. Jüttner 1992, Krumm 2002, Krumm 2003).
Neuere fiskalische Instrumente und haushalterische Ansätze wollen die in den Bundesländern bevorstehende verbindliche Einführung der doppelten Buchführung bzw. erweiterten Kameralistik im kommunalen Haushalts- und Rechnungswesen zur Stärkung der Kostentransparenz nutzen. In diesem Zusammenhang müssen die Kommunen Eröffnungsbilanzen erstellen, die eine Bewertung von Liegenschaften notwendig machen und die Quantifizierung kommunaler Produkte und Leistungen und damit eine stärkere Ausgestaltung kommunalen Handelns nach Wirtschaftlichkeitsgesichtspunkten ermöglichen. Bezogen auf die nachhaltige Flächeninanspruchnahme könnte dies eine Internalisierung der (externen) Kosten von Flächenrecycling bzw. von Flächenentwicklungen durch die Ausweisung von Entwicklungs- und Nebenkosten als Investitionskosten bedeuten. Wie das REFINA-Forschungsvorhaben „Neues Kommunales Finanzmanagement (NKF)" gezeigt hat, könnte so in der kommunalen Bilanzierung mehr Kostentransparenz entstehen (vgl. Kap. **E 4 A**).

Förderprogramme zur Wiedernutzung von Brachflächen und zur Verbesserung der Innenentwicklung

Umfassendes Instrumentarium ist vorhanden

Seit den 1980er-Jahren wurde ein umfassendes Instrumentarium von Förderprogrammen zur Wiedernutzung brach gefallener Flächen auf europäischer Ebene wie auf Bundes- und Landesebene entwickelt. An den Programmen sind häufig mehrere Ebenen beteiligt. Das sogenannte ABC-Modell (vgl. Ferber 1997; S. 39) klassifiziert Brachflächen nach „Projekttypen" im Sinne einer Kosten-Erlös-Relation. Danach gibt es Projektentwicklungen, die selbst tragend finanziert werden können, z.B. optimiert durch die Integration von Nutzungs- und Sanierungsplanung und durch Planungsgewinne (Projekttyp A: „Selbst-

läufer"). Andere Projekte kommen erst durch öffentliche Anschubfinanzierungen und/oder eine Risikoteilung zwischen privatem Investor/Entwickler und öffentlicher Hand, z.B. in Form von Public Private Partnerships, in Gang. Im Grenzbereich zwischen Gewinn und Verlust müssen größere Risiken in Kauf genommen werden (Projekttyp B: „Entwicklungsflächen"). Schließlich gibt es Flächen, bei denen eine eigendynamische Wiedernutzung kurz- und mittelfristig nicht zu erwarten ist. Niedrige Bodenwerte, hohe Aufbereitungskosten und oft eine starke räumliche Konzentration von Brachflächen sind die wesentlichen Faktoren, die diesen Brachentyp defizitär machen (Projekttyp C: „Reserveflächen").
Förderprogramme spielen für letztgenannte Flächen eine entscheidende Rolle. Als europäisches Förderinstrument zur Wiedernutzung von Brachflächen ist beispielsweise der Europäische Fonds für Regionale Entwicklung (EFRE) zu nennen, aus dem kommunale Maßnahmen des Flächenrecycling gefördert werden können. Diese Lösung findet z.B. in Bayern, Niedersachsen und Sachsen Anwendung. Weitere europäische Mittel für die Wiedernutzung brach gefallener Flächen entstammten in der Vergangenheit beispielsweise den Programmen URBAN als Teil des EFRE in städtischen Krisengebieten, INTERREG z.B. für Flächenrecycling in suburbanen Räumen und LIFE III/LIFE+ z.B. für innovative Vorhaben und Demonstrationsvorhaben mit Bezug zu den Umweltzielen der EU.

Programm auf Bundes- und Länderebene

Auf Bundesebene findet eine Förderung der Wiedernutzbarmachung von Industrie- und Gewerbegeländen einschließlich der Altlastensanierung beispielsweise im Rahmen der Gemeinschaftsaufgabe „Verbesserung der regionalen Wirtschaftsstruktur" statt, über die neben Investitionen der gewerblichen Wirtschaft auch Infrastrukturmaßnahmen der Kommunen gefördert werden können. In den ländlichen Räumen kann die Flächeninanspruchnahme durch den Rückbau landwirtschaftlicher Wege, Dorferneuerungsmaßnahmen und die Neuordnung des ländlichen Grundbesitzes vermindert werden. Inzwischen gibt es auch eine Reihe neuer Ansätze in diesem Bereich, z,B. den Vitalitätscheck in Bayern (vgl. Bayerisches Staatsministerium für Landwirtschaft und Forsten 2006). Die Innenentwicklung kann durch Dorferneuerungsmaßnahmen verbessert werden. Diese Maßnahmen können im Rahmen der Gemeinschaftsaufgabe „Verbesserung der Agrarstruktur und des Küstenschutzes" gefördert werden. Neben den genannten Programmen, die im engeren Sinne die Wiedernutzung von Brachflächen und die Altlastensanierung fördern, unterstützen weitere Programme die Innenentwicklung. Dazu zählen beispielsweise die Programme der Städtebauförderung (Sanierungs- und Entwicklungsmaßnahmen, Stadtumbau Ost und West, Soziale Stadt, Städtebaulicher Denkmalschutz, Aktive Stadt- und Ortsteilzentren). Daneben werden im Rahmen von Modellvorhaben der Raumordnung nachhaltige Siedlungsentwicklungskonzepte erarbeitet, die den weiteren Zuwachs der Flächeninanspruchnahme für Siedlungszwecke begrenzen sollen. Ebenso wurden im Rahmen des Experimentellen Wohnungs- und Städtebaus Forschungsvorhaben zum Flächenmanagement und zur Reduzierung der Flächeninanspruchnahme gefördert. Auch Programme, die von der KfW-Mittelstandsbank betreut werden, wie das ERP-Umwelt- und Energieeffizienzprogramm, können zur Unterstützung der Altlasten- und Flächensanierung genutzt werden. Auf der Ebene der Bundesländer sind besonders die Altlastensanierungsprogramme und Spezialprogramme z.B. zur Sanierung von Bergbaufolgelandschaften oder zur Reaktivierung von Industriestandorten als Förderprogramme zu nennen.

Neue Finanzierungsinstrumente und marktorientierte Verfahren

Das Nutzungsinteresse an der Fläche bestimmt das Nachnutzungspotenzial brachgefallener Flächen und hat Einfluss auf die Kosten der Sanierung. Die Sanierungskosten müssen (allerdings in begrenztem Umfang, der sich am Verkehrswert des sanierten Grundstücks orientiert) vom Alteigentümer getragen werden. Im Zuge der Gefahrenabwehr müssen auch die Kommunen tätig werden. Für private Investoren ist die Altlastensanierung Teil eines auf Rendite ausgerichteten Gesamtvorhabens zur Grundstücksverwertung, deren Kosten in die Entwicklungskosten eingehen. Der Risikoeinschätzung und -abfederung kommt daher eine entscheidende Rolle zu, wenn es um die Mobilisierung privater Mittel für die Wiedernutzung von Brachflächen geht, die nicht zuletzt vor dem Hintergrund der angespannten Situation der öffentlichen Haushalte in jüngerer Zeit stärker in den Vordergrund der Diskussion tritt. Dazu wurden unterschiedliche Modelle der öffentlich-privaten Kooperation (Treuhändermodell, Developermodell, Geschäftsbesorgermodell) entwickelt. Neben öffentlichen Grundstückfonds, die beispielsweise durch Landesentwicklungsgesellschaften unterhalten werden, wird mit privaten Fondskonstruktionen ein neues Finanzierungsinstrument diskutiert. Dabei wird thematisiert, wie privates Kapital mobilisiert und wirtschaftliche Anreize für ein Flächenrecycling gegeben werden können. Ein derartiges Fondsmodell wurde im REFINA-Forschungsvorhaben „Nachhaltiges Flächenmanegement Hannover" entwickelt und geprüft. Der Finanzierungsansatz für das Flächenrecycling überträgt und kombiniert vorhandene Erkenntnisse, insbesondere aus PPP-Modellen, aus steuerlichen Fondskonstruktionen und aus Projektfinanzierungen (vgl. Kap. **E 4.3**).
Neuere Instrumente zur Verbesserung der Rahmenbedingungen für eine flächensparsame Siedlungs- und Verkehrsflächenentwicklung, die Wiedernutzung brach gefallener Flächen und zur Förderung der Innenentwicklung setzen darauf, durch handelbare Flächenausweisungsrechte, Umlageverfahren oder die Verknüpfung von planerischen Ansätzen mit Finanzierungsanreizen die Position von Brachflächen am Markt zu verbessern oder durch das Management von Nutzungszyklen den Markt gar nicht erst mit Brachflächen „volllaufen" zu lassen. Sie gehen davon aus, dass bestehende Instrumente bisher nicht zur gewünschten Verringerung der Freiraumumwidmungsrate geführt haben und setzen auf marktwirtschaftlich ausgerichtete Ansätze mit ökonomischen Anreizen für einen wirksameren Beitrag zum Flächensparen und für einen schonenden Umgang mit der Ressource „Boden". Die Einführung handelbarer Flächenausweisungsrechte soll dazu beitragen, einen Markt für Flächenreserven zu entwickeln und damit die Relevanz ökonomischer Kriterien im Umgang mit der Ressource „Boden" zu stärken. Durch die Kontingentierung der Gesamtmenge neu auszuweisender Siedlungs- und Verkehrsflächen (in einem bestimmten Raum) und die Möglichkeit, mit Flächenausweisungsrechten zwischen Gemeinden zu handeln, setzen diese u.a. im REFINA-Forschungsvorhaben „Designoptionen und Implementation von Raumordnungsinstrumenten zur Flächenverbrauchsreduktion (DoRiF)" entwickelten Modelle auf Lösungen, die auf der Basis der bestehenden raumordnungspolitischen Zielsetzungen der Länder und Regionen eine Umsetzung der flächenpolitischen Mengenziele ermöglichen und damit auch zu einer effizienteren Allokation der Nutzungen beitra-

gen sollen (vgl. Kap. **E 4.1**). Dabei geht es, wie das REFINA-Forschungsvorhaben „Flächenkonstanz Saar" eindrücklich demonstriert, gerade auch um die Überwindung der Konkurrenz zwischen den Kommunen um Flächen und Ansiedlungen, die zu einem Flächenüberangebot (Brachflächen auf der einen und leer stehende Neuerschließungen auf der anderen Seite) mit in der Regel hohen Anteilen öffentlicher Förderung führt (vgl. Kap. **E 4.2**).
Ein zentrales Problem des bisherigen Umgangs mit der Ressource „Boden" besteht darin, dass die wahren Kosten der Siedlungsflächen- und Stadtentwicklung bisher nur unzureichend erfasst werden und daher auch eine verursachergerechte Zuordnung kaum möglich ist (vgl. Kap. **E 3**). Dies wirkt sich auf wiedernutzbar zu machende Brachflächen in marktlichen Prozessen besonders negativ aus. Die Weiterentwicklung der städtebaulichen Kalkulation in Kombination mit gesamtstädtischen Umlageverfahren wie im REFINA-Forschungsvorhaben „FIN.30 – Flächen Intelligent Nutzen" bietet die Möglichkeit, einen wirtschaftlichen Ausgleich von (zunächst unrentierlicher) Innen- und (vermeintlich rentierlicher) Außenentwicklung zu erreichen. Standortbedingte wirtschaftliche Entwicklungshemmnisse könnten so gemildert oder aufgehoben werden und private Standortentscheidungen könnten qualitative Gesichtspunkte stärker berücksichtigen (vgl. Kap. **E 4.4**).
Schließlich geht es bei den neuen Instrumenten und marktorientierten Verfahren auch darum, durch Nutzungsmanagement im Bestand zusätzlichen Flächenverbrauch und neue Infrastrukturkosten infolge von Leerständen zu vermeiden. Dies gilt besonders im Bereich des Wohnungsbaus. Ein im REFINA-Forschungsvorhaben „Nachfrageorientiertes Nutzungszyklusmanagement" entwickeltes innovatives Managementinstrumentarium zur kommunalen Wohnentwicklung soll Kommunen in die Lage versetzen, innerstädtische Wohnquartiere mit Modernisierungsbedarf zu qualifizieren bzw. einen Stadtumbau als mögliche Option (im Vergleich zur Ausweisung von Neubauflächen) abzuwägen. Stadtentwickler sollen mit Hilfe des Instruments erkennen können, welche Quartiere in kritische Phasen des Nutzungszyklus geraten, wo investiert werden sollte und ob eine Baulückenschließung im Vergleich zur Baulandneuausweisung angestrebt werden sollte. Das Instrument bietet damit Ansätze für die zielgerichtete Investitionsmittelallokation (vgl. Kap. **C 1.3.3**).
Insgesamt werden zunehmend an marktförmigen Verfahren ausgerichtete und stärker auf die Integration planerischer und fiskalischer Instrumente sowie ökonomischer Anreize orientierte Instrumentarien sichtbar.

Literatur

Apel, Dieter, Arno Bunzel, Holger Floeting, Michael J. Henkel, Gerd Kühn, Michael Lehmbrock, Robert Sander (1995): Flächen sparen, Verkehr reduzieren. Möglichkeiten zur Steuerung der Siedlungs- und Verkehrsentwicklung, Berlin (Difu-Beiträge zur Stadtentwicklung, Bd. 16).

Bayerisches Staatsministerium für Landwirtschaft und Forsten, Abteilung Ländlicher Raum und Landentwicklung (Hrsg.) (2006): Aktionsprogramm Dorf vital. Innenentwicklung in der Dorferneuerung, München.

Böhme, Christa, Dietrich Henckel, Anja Besecke (2006): Brachflächen in der Flächenkreislaufwirtschaft. Eine Expertise des ExWoSt-Forschungsfeldes

Kreislaufwirtschaft in der städtischen/stadtregionalen Flächennutzung – Flächen im Kreis, Berlin.

Bundesministerium für Verkehr, Bau und Stadtentwicklung (BMVBS) und *Bundesamt für Bauwesen und Raumordnung (BBR)* (Hrsg.) (2007): Kreislaufwirtschaft in der städtischen/stadtregionalen Flächennutzung. Das ExWoSt-Forschungsfeld „Fläche im Kreis", Bearb.: Fabian Dosch und Thomas Preuß, Bonn (Werkstatt: Praxis 51).

Dieterich, Hartmut, und *Beate Dieterich-Buchwald* (1983): Lösung der Bodenwerte durch eine Bodenwertsteuer?, in: Zeitschrift für deutsches und internationales Baurecht, H. 6, S. 113 ff.

Ferber, Uwe (1997): Brachflächen-Revitalisierung. Internationale Erfahrungen und mögliche Lösungskonzeptionen, hrsg. vom Sächsischen Staatsministerium für Umwelt und Landesentwicklung, Dresden.

Friauf, Karl Heinrich, Winfried Kasper Risse, Karl Peter Winters (1978): Der Beitrag steuerlicher Maßnahmen zur Lösung der Bodenfrage, Bonn.

Jüttner, Heiner (1992): Umweltpolitik mit Umweltabgaben, Aachen.

Krumm, Raimund (2002): Die Baulandausweisungsumlage als ökonomisches Steuerungsinstrument einer nachhaltigkeitsorientierten Flächenpolitik, Tübingen.

Krumm, Raimund (2003): Das fiskalische BLAU-Konzept zur Begrenzung des Siedlungsflächenwachstums, Tübingen.

Lehmbrock, Michael, und *Diana Coulmas* (2001): Grundsteuerreform im Praxistest. Verwaltungsvereinfachung, Belastungsänderung, Baulandmobilisierung, Berlin (Difu-Beiträge zur Stadtforschung, Bd. 33).

Sprenger, Rolf-Ulrich, und *Johann Wackerbauer* (1994): Das deutsche Steuer- und Abgabesystem aus umweltpolitischer Sicht, München (Ifo-Studien zur Umweltökonomie).

E 4.1 Handelbare Flächenausweisungsrechte – Zielsetzung und Ausgestaltung des Flächenhandels

Kilian Bizer, Jana Bovet, Ralph Henger, Wolfgang Köck, Christoph Schröter-Schlaack

REFINA-Forschungsvorhaben: Designoptionen und Implementation von Raumordnungsinstrumenten zur Flächenverbrauchsreduktion DoRiF

Verbundkoordination: Prof. Dr. Kilian Bizer, Georg-August-Universität Göttingen

Projektpartner: Prof. Dr.-Ing. Stefan Siedentop, Universität Stuttgart, Institut für Raumordnung und Entwicklungsplanung; Klaus Einig, Bundesamt für Bauwesen und Raumordnung (BBR); Prof. Dr. jur. Wolfgang Köck, Helmholtz-Zentrum für Umweltforschung; Dr.-Ing. Georg Cichorowski, Sonderforschungsgruppe Institutionenanalyse e.V. (sofia); Prof. Dr. Bernd Meyer, GWS Gesellschaft für Wirtschaftliche Strukturforschung mbH Osnabrück; Dr.-Ing. Christoph Ewen, team ewen

Projektwebsite: www.refina-dorif.de

Das REFINA-Verbundprojekt „Designoptionen und Implementation von Raumordnungsinstrumenten zur Flächenverbrauchsreduktion (DoRiF)" hat in vier Fallstudienregionen (Regierungsbezirk Düsseldorf, Region Hannover, Region Mittelhessen, Region Südwestthüringen) regional angepasste Reformkonzepte zur Umsetzung einer nachhaltigen Flächenentwicklung entwickelt (vgl. auch Kap. **E 3.6**). Ein Reformansatz sind die handelbaren Flächenausweisungsrechte, deren Funktionsweise, Chancen und Risiken sowie potenzielle Ausgestaltungsmöglichkeiten in diesem Kapitel vorgestellt werden.

Woher kommt die Idee?

In den 1970er-Jahren führte die Suche nach innovativen Instrumenten zur Reduzierung von Luftschadstoffemissionen in den USA zur Entwicklung von Handelssystemen, die eine Zielerreichung zu minimalen Kosten für die betroffenen Emittenten ermöglichen. Prominentestes Beispiel für dieses „Emission Trading" ist heutzutage der EU-Emissionshandel für Kohlendioxid. Angesichts des Vorteils dieses Ansatzes, größtmögliche Flexibilität für die Betroffenen mit einer sicheren umweltpolitischen Zielerreichung zu verknüpfen, verwundert es nicht, dass für viele umweltpolitische Bereiche heute über die Anwendbarkeit und Ausgestaltung handelbarer Nutzungsrechte diskutiert wird. Im Ausland werden Handelslösungen bereits auch zur Erreichung einer Flächenhaushaltspolitik in der Raumordnung genutzt, so z.B. in den USA oder Neuseeland. Obwohl die bis-

her eingesetzten Raumplanungsinstrumente den anhaltenden Zuwachs an Siedlungs- und Verkehrsflächen bis heute nicht stoppen können, setzt Deutschland zwar weiterhin auf planerische und ordnungsrechtliche Steuerung, stößt aber im Koalitionsvertrag an, handelbare Ausweisungsrechte in Pilotvorhaben zu testen (vgl. Koalitionsvertrag 2009, S. 32).
Je mehr Kommunen in das Handelssystem einbezogen werden, desto kostengünstiger lässt sich das Flächensparziel erreichen. Daher liegt die Schlussfolgerung nahe, das Instrument und den Handel bundesweit zu implementieren. Die Möglichkeiten einer bundesrechtlichen Einführung eines Handelssystems auf Grundlage der konkurrierenden Bundeskompetenz zur Raumordnung sind allerdings begrenzt, da den Ländern ein umfassendes Abweichungsrecht zusteht. Es bedarf folglich einer Vereinbarung zwischen den Bundesländern bzw. Regionen, Flächenausweisungsrechte aus anderen Regionen anzuerkennen und damit einen gemeinsamen Markt zu schaffen. Wahrscheinlicher sind daher zunächst regionale Handelssysteme.

Wie funktioniert der Handel?

Das Handelssystem

Bei einem Handelssystem mit Flächenausweisungsrechten soll eine konkrete Obergrenze der Flächeninanspruchnahme für Siedlungs- und Verkehrszwecke – z.B. das 30-ha-Ziel der Nachhaltigkeitsstrategie – zu den volkswirtschaftlich geringsten Kosten erreicht werden. Die Einführung eines Systems handelbarer Flächenausweisungsrechte setzt demgemäß voraus, dass Mengen rechtsverbindlich festgelegt werden und dass ein Mechanismus der Verteilung der Gesamtmenge auf die planenden Kommunen eingerichtet wird. Die Erstverteilung wird aus Gründen der Akzeptanz zunächst kostenlos zu erfolgen haben. Kommunen, die nur eine geringe Nachfrage nach neuen Bauflächen haben und ihre zugeteilten Rechte nicht in vollem Umfang nutzen wollen, werden an jene Kommunen verkaufen, die über das ihnen zugeteilte Kontingent hinaus Flächen ausweisen wollen. Der entstehende Marktpreis für ein Ausweisungsrecht verändert das Kostenverhältnis zugunsten der Innenentwicklung und „flächenschonenderer" Alternativen der Baulandbereitstellung wie Brachflächenrevitalisierung oder Innenverdichtung. Flächensparen wird belohnt, während expansive Siedlungsentwicklung verteuert wird.
Die Verteilung des Gesamtkontingents auf die Gemeinden kann sich neben sozioökonomischen Indikatoren, wie Bevölkerung, Katasterfläche oder erwirtschaftetes Bruttoinlandsprodukt, auch an lokalen Flächenbedarfen, raumplanerischen Zielsetzungen (z.B. dem Zentrale-Orte-Konzept) oder dem Anteil ökologischer Schutzflächen am Gemeindegebiet orientieren. Der im Projekt DoRiF entwickelte Ansatz orientiert sich an einem Mischindikator, der „Bevölkerung" und „Katasterfläche" im Verhältnis 1:1 miteinander verknüpft. Dadurch werden Räume mit besonders geringer Bevölkerungsdichte nicht zu knapp, hoch verdichtete Räume nicht übermäßig mit Ausweisungsrechten ausgestattet.
Flächenausweisungsrechte müssen von den Gemeinden vorgelegt werden, wenn sie einen Bebauungsplan oder einen Vorhaben- und Erschließungsplan aufstellen. Entsprechend müsste eine gesetzliche Pflicht zur Vorlage der Zertifikate geschaffen werden. Für Plansurrogate (§§ 34, 35 BauGB) sind keine Ausweisungsrechte notwendig. Baurechte, die außerhalb der Bauleitplanung

geschaffen werden, können aber im Rahmen der Erstverteilung über eine entsprechend reduzierte Flächenverbrauchs-Obergrenze Berücksichtigung erfahren. Dessen ungeachtet muss über eine Einschränkung dieser Baurechte außerhalb der Bauleitplanung nachgedacht werden (vgl. unten).
Da eine begrenzte Gültigkeit der Ausweisungsrechte die Kommunen dazu veranlassen könnte, kurz vor Ablauf der Frist Flächenausweisungen vorzunehmen, nur um ihre Kontingente nicht verfallen zu lassen, sind die Ausweisungsrechte unbegrenzt gültig und können angespart werden (sog. Banking). Eine vorzeitige Nutzung erst später zugeteilter Ausweisungsrechte (sog. Borrowing) ist dagegen nicht vorgesehen.
Um für die Kommunen einen direkten Anreiz zu schaffen, beplante, aber ungenutzte Baulandbestände zu aktivieren, können sog. Weiße Zertifikate eingeführt werden. Durch Rücknahme von Bebauungsplänen und gleichzeitigen Rückbau werden Zertifikate generiert, die die Kommunen selbst nutzen oder verkaufen können, wodurch wiederum eine Finanzierungsquelle für ökologische Maßnahmen der Revitalisierung und des Rückbaus entsteht. Die Nutzung dieser Weißen Zertifikate ist gerade in Regionen mit rückläufigen Bevölkerungszahlen von großer Bedeutung, da dort die optimale Nutzung und Auslastung bzw. die Aufwertung des Siedlungsbestands im Vordergrund steht.
Kosten, die durch den Zukauf von Ausweisungsrechten bei den Kommunen entstehen, sollten analog der Erschließungskosten behandelt und einer entsprechenden rechtlichen Regelung zugeführt werden. Der Erlös aus dem Verkauf von Ausweisungsrechten soll demgegenüber den Gemeinden zustehen. Finanziell profitieren werden Kommunen, die durch langfristige Stadtentwicklungsstrategien ihren eigenen zukünftigen Bedarf abschätzen und ihre zugeteilten Kontingente optimal einsetzen.
Der gesamte planerische Rahmen bleibt zunächst unverändert, um weiterhin die Beplanung und Bebauung bestimmter Gebiete auszuschließen, eine Koordination der Raumnutzungsansprüche zu gewährleisten und gesamtplanerische wie fachrechtliche Anforderungen an die Siedlungstätigkeit zu stellen.

Was sind die Vorteile und Risiken?

Der Handel mit Flächenausweisungsrechten ist mit deutlichen Vorteilen verbunden. Durch die Kontingentierung der Gesamtmenge neu auszuweisender Siedlungs- und Verkehrsfläche kann ein Flächensparziel sicher erreicht werden (treffsichere Zielerreichung). Der Handelsmechanismus schafft einen Markt für Ausweisungsrechte und führt dazu, dass Flächenausweisungen dort vorgenommen werden, wo die höchste Rentabilität neuer Bauflächen erwartet wird (kostenminimale Zielerreichung). Der Handel ermöglicht den Gemeinden, flexibel ihre gewünschten Entwicklungsmöglichkeiten im Rahmen der planerischen Vorgaben umzusetzen, da sie sich über das ihnen zugeteilte Basiskontingent hinaus Ausweisungsrechte zukaufen können (kommunale Flexibilität). Schließlich schaffen die veränderten ökonomischen Rahmenbedingungen einen permanenten Anreiz für eine flächenschonende Baulandentwicklung, weil Flächenausweisungen einen „Preis" bekommen (Förderung der Flächenhaushaltspolitik).
Der Handel mit Flächenausweisungsrechten bringt aber auch Risiken mit sich. So können die zusätzlichen Kostenbelastungen für einen Zertifikatekauf für ein-

zelne Kommunen wachstumshemmende Einflüsse nach sich ziehen. Die durch das Handelssystem veränderten Anreize kommunaler Ansiedlungspolitik orientieren sich zwar am Leitbild des Flächensparens, lenken aber die Siedlungstätigkeit nicht zwingend an die raumplanerisch vorgesehenen Standorte, so dass weiterhin eine flankierende planerische Steuerung erforderlich ist. Wird der Flächenhandel nicht bundesweit, sondern nur auf Regional- oder Länderebene umgesetzt, sind Wettbewerbsverzerrungen zu befürchten. Letztlich tragen die Kommunen Transaktionskosten für die Beobachtung des Preises von handelbaren Ausweisungsrechten und den Abschluss von Transaktionen.

Literatur

Bizer, K., K. Einig, B. Hansjürgens, W. Köck, S. Siedentop (2008): Handelbare Flächenausweisungsrechte – Anforderungsprofil aus ökonomischer, planerischer und juristischer Sicht, Baden-Baden (Schriftenreihe Recht, Ökonomie und Umwelt 17).

Bizer, K., K. Einig, W. Köck, S. Siedentop (2010): Raumordnungsinstrumente zur Flächenverbrauchsreduktion, Baden-Baden (im Erscheinen).

Bovet, J. (2006): Handelbare Flächenausweisungsrechte als Steuerungsinstrument zur Reduzierung der Flächeninanspruchnahme, in: Natur und Recht, H. 8, S. 473-479.

Henger, R., und *C. Schröter-Schlaack* (2008): Designoptionen für den Handel mit Flächenausweisungsrechten in Deutschland. Land Use Economics and Planning – Discussion Paper No. 08-02, Georg-August-Universität Göttingen.

Wachstum. Bildung. Zusammenhalt. Der Koalitionsvertrag zwischen CDU, CSU und FDP. 17. Legislaturperiode, o.O., 26.10.2009, http://www.cdu.de/doc/pdfc/091026-koalitionsvertrag-cducsu-fdp.pdf

E 4.2 Verknüpfung planerischer Ansätze zur Reduzierung der Flächeninanspruchnahme mit Finanzierungsanreizen und ein Vorschlag für eine entsprechende Förderkulisse

Heinz-Peter Klein

REFINA-Forschungsvorhaben: Flächenkonstanz Saar – Wege für das Land, Modellierung einer Neuflächeninanspruchnahme von „Null"

Verbundkoordination: Heinz-Peter Klein, LEG Saar mbH
Projektpartner: Prof. Dr. Peter Doetsch, RWTH Aachen, Fakultät für Bauingenieurwesen, Lehr- und Forschungsgebiet Abfallwirtschaft; Prof. Christian Uwer, Fachhochschule Aachen, Fachbereich Architektur, Lehrgebiet Städtebau; Kai Steffens, PROBIOTEC GmbH; Michael Altenbockum, Altenbockum & Partner; Dr. Thomas Gerhold, Avocado Rechtsanwälte
Modellraum: Saarland
Projektwebsite: www.strukturholding-leg.de/zukunftsaufgabe-flaechenmanagement

Null Flächeninanspruchnahme als Vision

Im Rahmen des REFINA-Projekts Flächenkonstanz Saar wurde ein innovativer Ansatz zur Reduktion der Flächeninanspruchnahme im Saarland auf null Hektar pro Tag bis zum Jahr 2020 entwickelt. Nach einer darauf folgenden Machbarkeitsstudie ist die Einrichtung eines Gemeindeentwicklungsfonds geplant.

Zielsetzung

Die Zielsetzung lag darin, in Form einer Doppelstrategie einerseits die Innenentwicklung sowie die Renaturierung brachliegender versiegelter Flächen durch eine fondsgestützte Vorfinanzierung zu intensivieren (stadtstrukturelle und ökologische Stärkung) und andererseits zu einer Verringerung der Flächeninanspruchnahme dadurch beizutragen, dass in Äquivalenz zu den benötigten Mitteln sowohl auf Neuausweisungen (Kontingente gemäß LEP-Umwelt und LEP-Siedlung; Verzichtsflächen) als auch auf die Realisierung bestehender Bebauungsmöglichkeiten (Kompensationsflächen), z.B. im Rahmen bestandskräftiger Bebauungspläne und Reserveflächen der Flächennutzungspläne sowie auf die Potenziale gemäß § 34 BauGB, stadtentwicklungsverträglich verzichtet wird.

Konzept

Das Konzept basiert darauf, die Kommunen zur freiwilligen Beteiligung im Rahmen ihrer Planungshoheit einzuladen. Teilnehmende Kommunen erhalten zur

Vorfinanzierung ihrer Eigenanteile (ca. 30 Prozent) für Maßnahmen der städtebaulichen Reaktivierung (Innenentwicklung) sowie der ökologischen Renaturierung die erforderlichen Mittel aus dem einzurichtenden Fonds „Flächenkonstanz Saar", um die bei der Städtebauförderung erforderliche Eigenbeteiligung temporär zu substituieren.

Im Gegenzug zur Vorfinanzierung verzichten die Kommunen grundsätzlich auf einen in Abhängigkeit der Innenentwicklungsreserven definierten Teil der ihnen landesplanerisch eröffneten Ausweisungspotenziale und geben darüber hinausgehend die Bebaubarkeit und/oder die Beplanbarkeit weiterer Flächen definitiv auf. Der Umfang dieser Rückgabeflächen ist an die Höhe der in Anspruch genommenen Vorfinanzierung gekoppelt und wird über ein mehrstufiges Bewertungsmodell ermittelt.

Das Konzept „Flächenkonstanz Saar" enthält mehrere Bewertungsschritte, um abhängig vom erforderlichen kommunalen Vorfinanzierungsbedarf den Umfang der notwendigen Rückgabeflächen zu quantifizieren.

Grundvoraussetzung für alle Bewertungsansätze ist, dass die notwendigen Einordnungen von den Antragstellern ohne großen und eventuell zusätzlichen methodischen Aufwand durchgeführt werden können. Die Bewertungen müssen, im Sinne hinreichender Akzeptanz, aus vorliegenden Informationen, beispielsweise Vorgaben der Landesplanung und Gemeindeentwicklungskonzepten, ableitbar sein, plausibel die zu bewertenden Sachverhalte beschreiben und eine ausreichende Trennschärfe aufweisen.

Zentrale Voraussetzung für die Umsetzung des Konzeptes „Flächenkonstanz Saar" war die Einrichtung und Ausstattung eines entsprechenden Fonds mit den erforderlichen Mitteln. Neben Zweckzuweisungen aus dem Kommunalen Finanzausgleich, Landeszuschüssen, Beiträgen der Banken vor dem Hintergrund eines zu unterstellenden Eigeninteresses an der Verminderung von Wertverlusten durch städtebauliche Reaktivierung sowie Rückzahlungen vorfinanzierter Mittel bei Mobilisierung geförderter Immobilien ist insbesondere die vorgeschlagene, zweckgebundene Neuflächeninanspruchnahmeumlage das wichtigste Instrument zur Sicherung der Fondsmittel.

Einrichtung eines Gemeindeentwicklungsfonds

Flächenkreislaufwirtschaft als Modell

Der Gemeindeentwicklungsfonds soll einerseits das aus der REFINA-Studie „Flächenkonstanz Saar" entwickelte Flächenkreislaufwirtschaftsmodell als Grundstücksfonds unterstützen. Andererseits sollen sich seine Förderaktivitäten auf die in integrierten Gemeindeentwicklungskonzepten (GEKO) identifizierten Handlungsfelder (Städtebau und Wohnen, soziale und bildungsbezogene Infrastruktur, lokale Wirtschaft und Nahversorgung und technische Infrastruktur, Verkehr und Umwelt) richten.

Das Saarland hat in seinem operationellen Programm EFRE für die Förderperiode 2007–2013 in der Prioritätsachse 3 einen Schwerpunkt „Nachhaltige Stadtentwicklung" festgelegt. Hier stehen EFRE-Mittel in Höhe von rund 68 Mio. Euro bereit, die auch in einen Gemeindeentwicklungsfonds (GEF) einfließen können. Das operationelle Programm im Saarland (OP) verweist ausdrücklich auf eine optionale Nutzung von JESSICA (Join European Support for Sustainable Investments in City Areas) als ein revolvierendes Finanzierungselement in der Stadtentwicklung. Mit der JESSICA-Initiative können erstmals EU-Fördermittel in Form von Garantien, Krediten und/oder Eigenkapitalbeteiligungen mittels eines Fonds ergänzend zu Zuschüssen an Stadtentwicklungsprojekte ausgegeben werden. Gebühren, Tilgungen, Zinsen, Gewinnausschüttungen und Verkaufserlöse sorgen für das erwünschte finanzielle Rückflussprinzip der Mittel, wobei es keine Vorgaben hinsichtlich der „Rentierlichkeit" gibt, so dass die Fördermittel erneut und auch weit über die jetzige Förderperiode hinaus verausgabt werden können. Die notwendige Ko-Finanzierung erfolgt über öffentliche und/oder private Mittel auf Fonds- und/oder auf Projektebene bzw. auch durch Einlage öffentlicher (und privater) Grundstücke sowie durch Darlehen der Landesförderinstitute und weiterer.

Für die zu fördernden Projekte im Einsatzbereich des Fonds gibt es drei grundsätzliche Vorgaben: Sie können aufgrund von Marktversagen nicht aus sich selbst heraus entwickelt werden. Sie müssen Rückflüsse erwirtschaften, um die eingesetzten Fördermittel (anteilig) an den Fonds zurückzahlen zu können, und sie müssen Teil eines integrierten Stadtentwicklungsplans sein, d.h. positive stadtentwicklungspolitische Wirkungen entfalten und bestehenden Planungen nicht widersprechen.

Die Ko-Finanzierung der EFRE-Mittel ist durch eine Kombination aus Darlehen der Saarländischen Investitionskreditbank AG, BMVBS-Zuschuss und Einlage von Städtebauförderungsmitteln geplant.

Durch den Fonds werden typischerweise Projekte gefördert, die von großer stadtentwicklungspolitischer Bedeutung sind, aber einerseits aufgrund des entsprechenden Kapitalaufwands von den Kommunen nicht alleine realisiert werden können und/oder andererseits nicht genug Rendite für eine rein private Entwicklung erwirtschaften.

Die Architektur und die finanzielle Ausstattung des Fonds sowie sein Geschäftsplan werden maßgeblich durch die differenzierte Typik von Projekten, das verfügbare Finanzvolumen, die zu erwartenden Rückflüsse aus den Einzelprojekten je Zeiteinheit und insgesamt über die Laufzeit sowie die Aspekte der Risikoadjustierung sowie durch die vom Fonds eingesetzten finanzwirtschaftlichen Instrumente geprägt.

Der Gemeinde Entwicklungsfonds Saarland (GEF) soll zukünftig eine weitere wesentliche Finanzierungsgrundlage für integrierte Stadtentwicklungs- und touristische Großprojekte im Saarland darstellen.

Literatur

Landesentwicklungsgesellschaft Saarland mbH (o.J.): Flächenkonstanz Saar – Wege für das Land – Konzept für eine Neuflächeninanspruchnahme von „Null", http://edoc.difu.de/edoc.php?id=71CU4R0S.

Doetsch, Peter, und *Kai Steffens* (2009): Flächenkonstanz-Saar – Wege für das Land – Konzept für eine Neuflächeninanspruchnahme von „Null", in: Altlasten-Spektrum, Nr. 3, S. 117–126.

E 4.3 Privatwirtschaftliches Fondsmodell

Dieter Behrendt, Sabine Clausen, Heinrich Degenhart, Lars Holstenkamp

REFINA-Forschungsvorhaben: Nachhaltiges Flächenmanagement Hannover – Entwicklung eines fondsbasierten Finanzierungskonzepts zur Schaffung wirtschaftlicher Anreize für die Mobilisierung von Brach- und Reserveflächen und Überprüfung der Realisierungschancen am Beispiel der Stadt Hannover

Verbundkoordination: Dr. Silke Kleinhückelkotten, ECOLOG-Institut für sozial-ökologische Forschung und Bildung gGmbH
Projektpartner: Prof. Dr. Heinrich Degenhart, Leuphana Universität Lüneburg, Institut für Wirtschaftsrecht; Marlies Kloten, Landeshauptstadt Hannover, Fachbereich Planen und Stadtentwicklung; Dr. Ernst Brahms, entera Ingenieurgesellschaft
Modellraum: Hannover (NI)
Projektwebsite: www.flaechenfonds.de

Im Rahmen des REFINA-Projekts „Nachhaltiges Flächenmanagement Hannover" wurden ein überwiegend privatwirtschaftliches Fondsmodell zur Mobilisierung von Brachflächen entwickelt und die Machbarkeit am Beispiel der Stadt Hannover überprüft.

Zielsetzung und Kontext

Mobilisierung privaten Kapitals

Mit Hilfe eines privatwirtschaftlich organisierten geschlossenen Fonds soll es möglich werden, privates Kapital zu mobilisieren, das (überwiegend) als Eigenkapital zur Verfügung gestellt wird und für den Erwerb brach liegender Grundstücke sowie deren Sanierung und Aufbereitung eingesetzt wird. Mit der gleichzeitigen Durchführung mehrerer Projekte kann Zeit gespart werden, und durch Portfoliodiversifikation unter sonst gleichen Umständen können Risiken verringert werden. Der Fonds dient dazu, Kapital aus unterschiedlichen Quellen zu bündeln sowie unterschiedliche, für die Durchführung der Projekte notwendige Kompetenzen zusammenzubringen.
Es wird von einer Public Private Partnership (PPP)-Konstruktion auf Fondsebene ausgegangen (vgl. Kap. **C 2.1 A**). Jedoch soll die Beteiligung der öffentlichen Hand dabei so gering wie möglich gehalten werden (vgl. Clausen/Degenhart/Holstenkamp 2008a, b).
Angeknüpft werden kann an Erfahrungen mit geschlossenen Fonds in Deutschland sowie mit privaten Brachflächenfonds in den USA, Kanada und Belgien. Die aktuellen Überlegungen zur Gründung von Stadtentwicklungsfonds im Rahmen der JESSICA-Initiative gehen in eine ähnliche Richtung (vgl. auch Kap. **E 4.2**).

Ablauf und beteiligte Akteure

Die *Idee zum und die Initialisierung* des Flächenfonds gehen im Regelfall von der *Kommune* aus, die sich kompetente Partner im Finanzsektor, evtl. auch im Immobilien- oder Bodensanierungsbereich, sucht. Im ersten Schritt muss der öffentliche Partner mit einem *Emissionshaus* zusammenkommen, das die Ausarbeitung des rechtlichen und ökonomischen Konzeptes übernimmt und den geschlossenen Fonds auflegt. Dieses Emissionshaus sollte in der Vergangenheit erfolgreich Fondsvorhaben in ähnlichen Segmenten durchgeführt haben. Zu klären sind mit Blick auf die öffentlich-private Zusammenarbeit auch beihilferechtliche Fragen (Notifizierung).

Geschlossene Fonds sind in Deutschland im Regelfall in der Form einer GmbH & Co. KG organisiert. Das Emissionshaus richtet neben der Fondsgesellschaft auch die Komplementär-GmbH ein und stellt das *Fondsmanagement*. Das Fondsmanagement ist für die Verwaltung und Anlegerbetreuung, die Vorbereitung der Investitionsentscheidungen und das Projektmanagement verantwortlich.

Die privaten Investoren geben in der *Platzierungsphase* als Kommanditisten Eigen-, ggf. auch Mezzaninekapital (Zwischenformen zwischen Eigen- und Fremdkapital). Das Kapital wird für eine vertraglich festgelegte Laufzeit in den Fonds investiert und nach Abschluss der einzelnen Projekte zurückgezahlt. Es handelt sich damit um einen ausschüttenden, keinen thesaurierenden bzw. revolvierenden Fonds.

Die Rendite muss stimmen

Um privates Kapital für einen solchen Fonds zu gewinnen, muss ein angemessenes Risiko-Rendite-Profil der Anlage geboten werden. Da die Sanierung von Brachflächen mit zahlreichen Risiken verbunden ist, erwartet der Markt für Eigenkapitalüberlassung Renditen zwischen acht und 15 Prozent nach Steuern. Um eine solche (Eigenkapital-)Rendite zu erzielen, kann allenfalls ein moderater Fremdkapitalhebel genutzt werden: Anders als bei Projektentwicklungen ohne Brachflächenproblematik, bei denen unter günstigen Umständen bis zu 90 Prozent des benötigten Kapitals durch Bankdarlehen finanziert werden kann, hat sich gezeigt, dass bei einem Brachflächenfonds im günstigen Fall eine Fremdkapitalquote von 20–40 Prozent denkbar ist.

Mindestens bei der erstmaligen Auflegung von Flächenfonds erscheint eine Aufteilung in zwei Platzierungs- und Investitionsphasen sinnvoll, um Eigenkapital zu gewinnen: eine erste Pilotphase mit risikobereiten Investoren und ein oder zwei ersten Grundstücken, daran anschließend die Hauptphase mit etwas weniger risikobereiten Anlegern, für die der Fonds geöffnet und dann wieder geschlossen wird.

Bei der Durchführung der Projekte sind zunächst geeignete Grundstücke zu akquirieren. Für jedes Grundstück wird aus Gründen des Risikomanagements eine eigene Gesellschaft, im Regelfall eine GmbH, gegründet *(Objektgesellschaft)*. Das Fondsmanagement sichert für diese zunächst ein Optionsrecht auf den Kauf der Grundstücke. Während der Optionsphase werden die notwendigen Untersuchungen durchgeführt, ein Nutzungskonzept erarbeitet und dieses Konzept mit der Kommune hinsichtlich der planungsrechtlichen Möglichkeiten sowie mit der *zuständigen Bodenschutzbehörde* hinsichtlich der Sanierungserfordernisse abgestimmt. Nach Möglichkeit werden *potenzielle Nachnutzer* bereits in diesem Stadium eingebunden. Erst danach erfolgt der eigentliche

A
B
C
C 1
C 2
D
D 1
D 2
E
E 1
E 2
E 3
E 4
E 5
E 6

Erwerb in Form eines Kaufs oder durch eine Sacheinlage, über die sich der *(Alt-) Eigentümer* am Fondsvorhaben beteiligt. Beim Kauf sind als Varianten neben einer Bezahlung zu marktüblichen Bedingungen auch eine Stundung des Kaufpreises oder ein geringerer Kaufpreis in Verbindung mit dem Recht auf Teilhabe an der zukünftigen Wertsteigerung des Grundstücks möglich.
Während der Sanierung und weiteren Aufbereitung des Grundstücks sind ggf. in Abstimmung mit den zuständigen Behörden Anpassungen beim Nutzungs- und Sanierungskonzept vorzunehmen. Es handelt sich damit um einen iterativen Prozess. Parallel zur Sanierung, die von geeigneten *Sanierungsunternehmen* durchgeführt wird, findet die Baurechtsschaffung statt. Die Projekte enden mit dem Verkauf der Grundstücke oder der Objektgesellschaften. Sind alle Projekte abgeschlossen, wird die Fondsgesellschaft *liquidiert* und das übrig gebliebene Vermögen an die Beteiligten ausgezahlt.

Public Private Partnership

Bei vielen kontaminierten Flächen handelt es sich weniger um leicht zu vermarktende Flächen (A-Flächen lt. CABERNET-Klassifikation), sondern um schwierig zu vermarktende Grundstücke, (B- oder C-Flächen lt. CABERNET-Klassifikation) Um eine ausreichende Wertsteigerung der Grundstücke zu erreichen und auch B-Flächen rentabel zu entwickeln, sind private Investoren auf die Unterstützung durch die öffentliche Hand angewiesen. Demgegenüber fehlt vielen Kommunen, die ein Interesse an der Entwicklung brach liegender Flächen und damit an einer Aufwertung des jeweiligen Stadtbereichs haben, das Kapital, um diese Vorhaben in Eigenregie durchzuführen. Vor diesem Hintergrund liegt es nahe, Projekte in öffentlich-privater Partnerschaft zu entwickeln und projektspezifische Risiken möglichst gut zwischen privaten und öffentlichen Beteiligten zu verteilen.
Grundsätzlich sind zwei unterschiedliche Formen einer PPP denkbar: eine gesellschaftsrechtliche Einbindung der öffentlichen Hand (Organisations-PPP) oder eine Kooperation auf ausschließlich vertraglicher Basis (Vertrags-PPP), wobei Mischformen möglich sind und hier auch empfohlen werden.

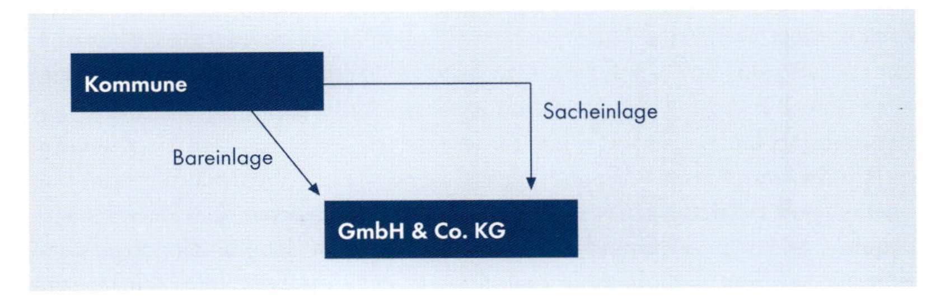

Abbildung 1:
Gesellschaftsrechtliche Einbindung der öffentlichen Hand (Organisations-PPP)

Quelle: Eigene Darstellung.

Die Kommune beteiligt sich zum einen mit einer qualifizierten Minderheit von etwas über 25 Prozent an der Komplementär-GmbH, um Einfluss auf die Geschäftsführung nehmen und die Verfolgung öffentlicher Zwecke sicherstellen zu können. Daneben kann die Kommune durch das Einbringen von Grundstücken in Form einer Sacheinlage als Kommanditistin Anteile an der Fondsgesellschaft erwerben (vgl. Abb. 1).

Abbildung 2:
Kooperation auf vertraglicher Basis (Vertrags-PPP)

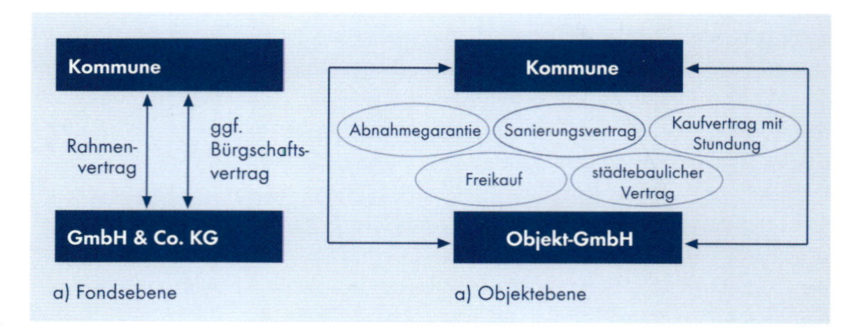

Quelle: Eigene Darstellung.

Die Zusammenarbeit auf Fondsebene wird darüber hinaus über einen Rahmenvertrag geregelt. Bei Einbindung von Fremdkapital in das Finanzierungskonzept kann es erforderlich sein, Bürgschaften der Kommune als Sicherheiten einzubringen. Hierzu wird, ebenfalls auf der Fondsebene, ein Bürgschaftsvertrag geschlossen. Auf Projektebene ist eine Reihe von Verträgen möglich, zu denen – je nach Art der Projekte – Abnahmegarantien, Stundungsvereinbarungen, städtebauliche Verträge oder ein Freikauf zählen. Liegt eine sanierungsbedürftige Kontamination i.S.d. Bundesbodenschutzgesetzes vor, ist in jedem Fall der Abschluss eines Sanierungsvertrags mit Freistellungsklausel zu empfehlen, um die nötige Sicherheit hinsichtlich der mit der Sanierung verbundenen Verfahrensfragen zu erlangen. Hierzu ist die zuständige Bodenschutzbehörde vertraglich einzubinden.

Realisierungsbedingungen

Hinreichendes Angebot an „fondsfähigen" Flächen

Um einen solchen Brachflächenfonds umzusetzen, müssen mehrere Bedingungen erfüllt sein. Es muss ein ausreichendes Flächenangebot vorhanden sein (Kloten 2009; Kloten/Behrendt/Kleinhückelkotten/Neitzke 2009) (vgl. Kap. **E 1.1**). Die Grundstücke müssen verfügbar und nicht zu teuer sein (Handlungsdruck bei den Eigentümern) und sollten ein Entwicklungspotenzial aufweisen, das über die Flächenaufbereitung (Umnutzung, Änderungen bei Zuschnitt oder Geschossflächenzahl, Beseitigung von Lasten) realisiert wird. Es muss eine Nachfrage nach den Fondsflächen in der anvisierten Zielnutzung vorhanden sein: Soll der Fonds eine positive Rendite erwirtschaften, können nur solche Flächen mit diesem Instrument entwickelt werden, für die eine Nachfrage besteht und für die ein entsprechendes Nutzungskonzept entwickelt wird. Es müssen kompetente Partner mit hinreichender Bonität vorhanden sein, ausgewählt und eingebunden werden (Sanierungsunternehmen, Emissionshäuser). Das auszuwählende Emissionshaus sollte über gute Netzwerke zu potenziellen Anlegern verfügen. Es müssen ausreichend Anleger gefunden werden, die Kapital für das Fondsvorhaben bereitstellen. Die Kommune bzw. die beteiligten Kommunen muss/müssen dem Vorhaben positiv gegenüberstehen und bereit sein, ihre Handlungsmöglichkeiten im Sinne des Fonds zu nutzen.
Für die Stadt Hannover hat sich im Rahmen des REFINA-Projekts gezeigt, dass insbesondere der erstgenannte Punkt – das hinreichende Angebot „fondsfähiger" Flächen – nicht erfüllt ist. In diesem Fall kann über eine geographische Ausweitung oder einen höheren öffentlichen Anteil an den Sanierungsauf-

wendungen nachgedacht werden. Das Fondskonzept kann auch dahingehend weiterentwickelt werden, dass zusätzliche Phasen des Immobilienlebenszyklus, wie z.B. die Bebauung/Grundstücksverwendung integriert und innerhalb früher Phasen stärker öffentliche, in späteren Phasen vermehrt private Kapitalgeber involviert werden.
Im Ergebnis ist festzuhalten, dass das am Beispiel von Hannover entwickelte Fondsfinanzierungskonzept mit Public Private Partnership-Komponente im Grundsatz umsetzbar ist und zur Reduktion der Flächenneuinanspruchnahme beitragen kann, unter den aktuellen Marktbedingungen (Finanzmarktkrise) und mit einer Begrenzung auf die Stadt Hannover aber schwer zu realisieren ist.

Literatur

Behrendt, Dieter, Silke Kleinhückelkotten, Marlies Kloten, H.-Peter Neitzke (2009): Kriterien für die Nachhaltigkeit der Nutzung und die Vermarktbarkeit städtischer Brachflächen, in: Stefan Frerichs, Manfred Lieber, Thomas Preuß (Hrsg.): Flächen- und Standortbewertung für ein nachhaltiges Flächenmanagement . Methoden und Konzepte, Beiträge aus der REFINA-Forschung, Reihe REFINA Bd. V, Berlin, S. 110–120.

Clausen, Sabine, Heinrich Degenhart, Lars Holstenkamp (2008a): Konzeption eines privaten Brachflächenfonds. Dokumentation der Ergebnisse des Workshops am 14.12.2007 in Lüneburg, Lüneburg (Arbeitspapierreihe Wirtschaft & Recht, Nr. 1).

Clausen, Sabine, Heinrich Degenhart, Lars Holstenkamp (2008b): Rechtliche und ökonomische Aspekte der öffentlich-privaten Kooperation im Rahmen eines privaten Brachflächenfonds. Unter besonderer Berücksichtigung des Kommunal-, Bau-, Bodenschutz-, Vergabe- und EU-Beihilferechts, Lüneburg (Arbeitspapierreihe Wirtschaft & Recht, Nr. 2).

E 4.4 Das Umlageverfahren FIN.30 – kostenorientierte Förderung der Innenentwicklung durch marktwirtschaftliche Anreize

Theo Kötter, Benedikt Frielinghaus

REFINA-Forschungsvorhaben: FIN.30 – Flächen Intelligent Nutzen

Verbundkoordination: Prof. Dr.-Ing. Theo Kötter, Universität Bonn, Professur für Städtebau und Bodenordnung (psb)
Projektpartner: Hans Uehlecke, Stadt Essen, Amt für Stadterneuerung und Bodenmanagement; Bertold Rothe, Stadt Euskirchen, Fachbereich Stadtentwicklung und Bauordnung; Dr.-Ing. Ludger Risthaus, Stadt Erftstadt, Eigenbetrieb Immobilienwirtschaft der Stadt Erftstadt
Modellraum: Essen, Euskirchen, Erftstadt (NW)
Projektwebsite: http://www.fin30.uni-bonn.de/nav_fin30.html

Das vorhandene planungs- und bodenrechtliche Instrumentarium hat bislang keine Trendwende bei der Flächeninanspruchnahme herbeiführen können. Zur Förderung einer nachhaltigen Siedlungsflächenentwicklung sind neben der Beseitigung der ökonomischen Hemmnisse marktwirtschaftliche Anreize für eine forcierte Innenentwicklung zu schaffen. Deshalb soll im Folgenden ein ökonomisches Umlageverfahren zur Förderung einer langfristig wirtschaftlich tragfähigen Siedlungsflächen- und Infrastrukturentwicklung dargestellt werden, das im Rahmen des REFINA-Projekts FIN.30 entwickelt wurde (vgl. auch Kap. **E 2.4** und **E 3.4**). Das vorgestellte Umlageverfahren bedarf indessen noch einer rechtlichen Prüfung.

Grundlagen des Umlageverfahrens

Innenentwicklungsfonds speisen

Ein wesentliches Motiv für die Außenentwicklung besteht in den vergleichsweise geringeren projektbezogenen Entwicklungskosten und den kalkulierbaren ökonomischen Risiken, die im Fall von Innenentwicklung und Brachflächen indessen durch die höhere Komplexität der Planungsprozesse, längere Verfahrensdauern, Altablagerungen und Imageprobleme ungünstig beeinflusst werden. Unrentable Flächen der Innenentwicklung entwickeln sich unter den bestehenden Marktverhältnissen zu Dauerbrachen.
Das grundlegende Prinzip des Verfahrens sieht vor, dass ein Teil der beim Eigentümer verbleibenden planungsbedingten Bodenwertsteigerung rentabler Außenentwicklungen in Form einer Innenentwicklungsumlage in einen Innenentwicklungsfonds abgeführt wird. Diese Mittel werden anschließend zur Beseitigung der ökonomischen Entwicklungshemmnisse unrentabler Innenentwicklungen verwendet. Die durch den Fonds geförderte Innenentwicklung führt zu einer optimierten Auslastung der vorhandenen technischen und sozialen Infrastruktur, so

A
B
C
C 1
C 2
D
D 1
D 2
E
E 1
E 2
E 3
E 4
E 5
E 6

dass langfristig steigende Kosten durch Zersiedlung (vgl. ECOPLAN 2000; Siedentop 2006; Gutsche 2002) vermieden werden können. Langfristig können durch eine kompakte Siedlungsstruktur die Kosten und somit auch die Beiträge für die Unterhaltung und Instandsetzung von Infrastruktureinrichtungen konstant gehalten oder reduziert werden. Demnach besteht ein direkter Zusammenhang zwischen der Außenentwicklung und steigenden Infrastrukturkosten. Da diese Kosten zumeist von der Kommune getragen werden, diese jedoch zu einem großen Teil über Beiträge, Gebühren oder sonstige Abgaben letztendlich von der Allgemeinheit zu finanzieren sind, besteht an deren Reduzierung ein öffentliches Interesse. Dabei muss das Gebot der Angemessenheit gewahrt bleiben (vgl. Krautzberger 2008, Rn. 167 ff.; Löhr 2007, Rn. 21, S. 279), das heißt, die ausgetauschten Leistungen der Vertragspartner müssen in einem angemessenen Verhältnis zueinander stehen. Weiterhin muss ein sachlicher Zusammenhang zwischen den Vertragsleistungen gegeben sein (Gebot der Kausalität) (vgl. § 56 Abs. 1 VwVfG, Krautzberger 2008, Rn. 164–164 d). Die unrentablen Kosten sollen durch die Innenentwicklungsumlage gedeckt werden. Gegenüber dem kommunalen Haushalt soll sich die Innenentwicklungsumlage neutral verhalten.

Bestandteile und Wirkungsmechanismus des Umlageverfahrens

Das Umlageverfahren setzt sich aus fünf Bausteinen zusammen (vgl. Abb. 3). Zentraler Baustein des Umlageverfahrens ist ein Fonds, mit dem die strukturellen ökonomischen Entwicklungshemmnisse brachliegender Innenbereiche aufgefangen werden sollen.

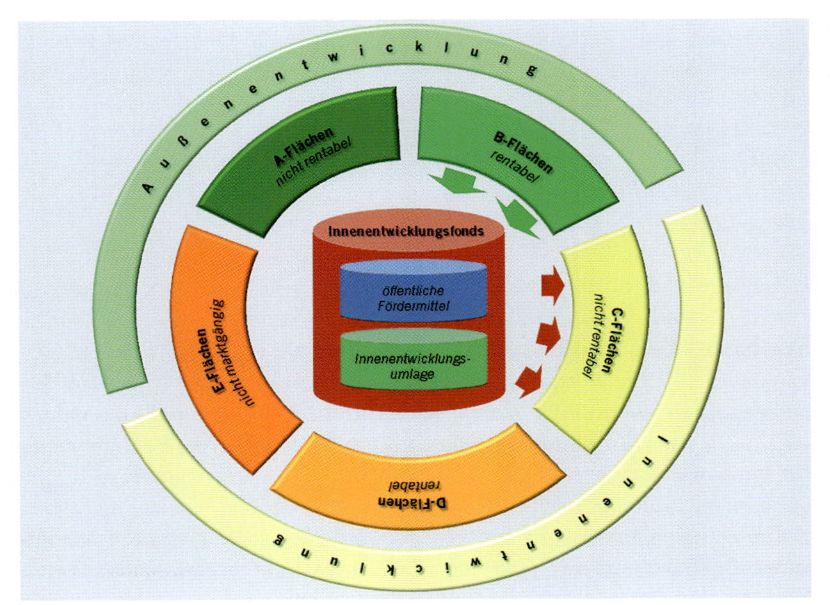

Abbildung 3: Bausteine des Umlageverfahrens

Quelle: Eigene Darstellung.

Die potenziellen Standorte für die Wohnbauflächenentwicklung lassen sich je nach Marktgängigkeit und Rentabilität in fünf Typen unterteilen. Da an der Entwicklung nicht marktgängiger Flächen (EA/I-Flächen) kein Interesse besteht, gilt die Marktgängigkeit als grundlegende Voraussetzung für die Integration und Aufnahme in das Umlageverfahren der potenziellen Wohnbauflächen.

Differenzierung nach A-/B- und C-/D-Flächen

Die Betrachtung der Rentabilität der Flächenentwicklung dient der weiteren Differenzierung in A-/B- und C-/D-Flächen. Diese wird durch eine integrierte städtebauliche Kalkulation (vgl. Kötter u.a. 2009) ermittelt. Die Kategorie B umfasst ausschließlich Außenentwicklungen, die sich überwiegend marktgängig und rentabel entwickeln lassen, da ein niedriger Anfangswert und vergleichsweise geringe Entwicklungskosten typisch sind. Die Nettobodenwertsteigerung von Innenentwicklungen bleibt oftmals dahinter zurück, da zum einen bereits Baurecht besteht und zum anderen die Entwicklungskosten durch zusätzliche Maßnahmen (z.B. Beseitigungskosten für Altablagerungen, Freilegungskosten, längere Verfahren etc.) erhöht werden. Übersteigen die Entwicklungskosten zuzüglich des Anfangswertes den voraussichtlichen Bodenwert, so wird diese Fläche als unrentabel eingestuft (vgl. Abb. 4). Die meisten Flächen dieser Kategorie lassen sich der Innenentwicklung zuordnen und werden unter rein marktwirtschaftlichen Gesichtspunkten keiner städtebaulichen Entwicklung zugeführt.

Abbildung 4:
Bodenwert und Entwicklungskosten, Innenentwicklung

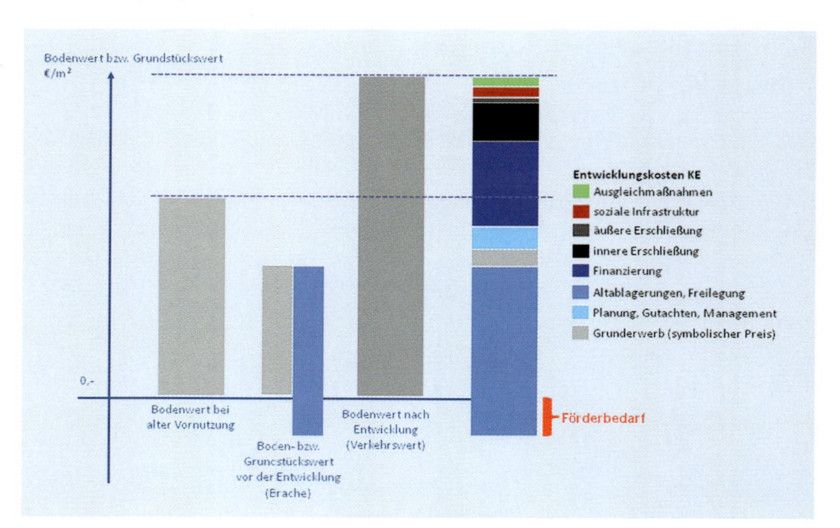

Quelle: Eigene Darstellung.

Speisung des Innenentwicklungsfonds

Ziel des Umlageverfahrens ist eine solidarische Übernahme der Baulandentwicklungskosten. Zu diesem Zweck werden alle neuen Wohnbauflächen im Flächennutzungsplan zu einer Solidargemeinschaft zusammengefasst (Umlagebereich). Innerhalb der Solidargemeinschaft erfolgt ein direkter Ausgleich der unrentablen Kosten für Innenentwicklungen durch den Innenentwicklungsfonds. Die Speisung des zentralen Fonds erfolgt durch eine Innenentwicklungsumlage, die von den Eigentümern, deren Flächen im ehemaligen Außenbereich rentabel entwickelt werden können, einmalig erhoben wird.

Der Umlagebereich wird durch die im Flächennutzungsplan dargestellten potenziellen Wohnbauflächen festgelegt. Anschließend erfolgt eine Zuteilung

der Potenziale zu den Kategorien Innen- oder Außenentwicklung. Zur Innenentwicklung zählen Flächen, die in einem Zusammenhang bebauter Ortsteile liegen. Hierunter werden vor allem die Schließung von Baulücken, die Nachverdichtung und das Flächenrecycling verstanden (vgl. Siedentop 2001, S. 39). Darüber hinaus zählen auch solche Flächen zur Innenentwicklung, die aufgrund der Flächengröße als „Außenbereich im Innenbereich" zu qualifizieren sind. Der Außenentwicklung werden alle Flächen zugeordnet, die nicht von der Innenentwicklung zugeordnet werden. Hierzu zählen daher vor allem Gebiete, die nicht durch § 34 BauGB erfasst werden.
Die weitere Kategorisierung basiert auf der Rentabilität jeder Fläche, die mit Hilfe der integrierten städtebaulichen Kalkulation ermittelt wird. Zur Identifizierung der rentablen und unrentablen Flächen werden für alle jeweiligen Flächen zunächst die Entwicklungs- und Folgekosten kalkuliert. So kann die Flächenrentabilität nach folgender Maßgabe ermittelt werden:

$$R_{ij} = BW_{ij} - (KE + KF + KR)$$

mit:			
	Rij	=	Rentabilität der Fläche i
	BWij	=	Bodenwert der Fläche i nach der Entwicklung
	KEij	=	Barwert der Flächenentwicklungskosten
	KFij	=	Barwert der Folgekosten innerhalb von 15 Jahren
	KR	=	Risikozuschlag (z.B. 10 % von KE + KF)
	i	=	i-te Fläche
	j	=	Zeitpunkt j

Das Umlageverfahren lässt sich an einem Beispiel erläutern: Die potenziellen Wohnbauflächen 1 bis 3 können als typische Außenentwicklungen bezeichnet werden (vgl. Abb. 5). Durch ihre beträchtlichen Größen (max. 81.000 m²) kann von eigenständigen Charakteren der Bauflächen ausgegangen werden. Das jeweilig recht hohe Bodenwertniveau gewährleistet die Rentabilität der Entwicklungen.

Abbildung 5:
Beispielflächen 1 – 3
(Außenentwicklung)

Quelle: Eigene Darstellung.

Die Fläche 4 lässt sich als Nachverdichtung charakterisieren und somit eindeutig der Innenentwicklung zuordnen. Die Gesamtfläche umfasst ca. 18.500 m² und wird vor allem durch die hohen Kosten für die innere Erschließung durch Lärmschutzeinrichtungen in Verbindung mit einem geringen Bodenwertniveau unrentabel.
Die Fläche 5 ist eine typische Brachfläche und kann demnach als Flächenrecycling durch Revitalisierung und Wiedernutzung der Kategorie Innenentwicklung zugeordnet werden (vgl. Abb. 6). Die defizitären Kosten werden vor allem durch die innere Erschließung (Lärmschutz) und die Freilegung der Grundstücke und Beseitigung von Altablagerungen hervorgerufen. Die Ermittlung der Innenentwicklungsumlage erfolgt auf Grundlage der defizitären Kosten der C-Flächen.
In dem Anwendungsbeispiel umfasst die Summe der defizitären Entwicklungskosten aller C-Flächen der Stadt Essen ca. 2.343.000 Euro. Diese Kosten werden auf die rentablen Außenentwicklungen umgelegt. In ihrer Gesamtheit umfassen die B-Flächen eine Größe von ca. 68.390 m², sodass sich eine Innenentwicklungsumlage von 34,27 Euro/m² ergibt. Durch die vorgesehene Kappungsgrenze von 70 Prozent der Bodenwertsteigerung handelt es sich vorerst um eine vorläufige Innenentwicklungsumlage. Zur Ermittlung der endgültigen Umlage ist die Erfassung der jeweiligen Bodenwertsteigerung einer potenziellen Fläche notwendig sowie eine einzelfallbezogene Kappungsgrenze.

Beispiel:

Bodenwertsteigerung:	207,82 Euro/m²
Kappungsgrenze:	145,47 Euro/m²
Entwicklungskosten:	131,72 Euro/m²
Maximale IU (Innenentwicklungsumlage):	3,75 Euro/m²

Durch die Kappungsgrenze ergibt sich ein Fehlbetrag für den Innenentwicklungsfonds, der von leistungsfähigeren B-Flächen aufzufangen ist (im Beispiel max. IU 13,75 Euro/m² und vorläufige IU 34,27 Euro/m²). Die Berücksichtigung der Kappungsgrenze und die anschließende Verteilung des Defizits führen zu einer maximalen Innenentwicklungsumlage von 83,08 Euro/m². Dies entspricht in dem Anwendungsbeispiel der maximalen Innenentwicklungsumlage für eine potenzielle Wohnbaufläche.

Förderbedarf und Förderwege

Zur Bemessung des Förderbedarfs bei C-Flächen muss zunächst die Entwicklung des Bodenwertes und des Grundstückswertes betrachtet werden. Es wird davon ausgegangen, dass die C-Flächen städtebaulich vorgenutzt waren und die Aufgabe der alten Nutzung zu einer Brachenbildung geführt hat. Geringe Nachfrage und ungewisse Nachnutzungsmöglichkeiten lassen den Bodenwert (= Bodenanteil am Grundstück) absinken. Aufgrund von erheblichen Freilegungs- und Altablagerungsbeseitigungskosten ergibt sich ein negativer Grundstückswert. Die Entwicklung kann dann nicht rentabel erfolgen, wenn die Summe aller Entwicklungskosten einschließlich der Freilegungskosten und Altablagerungsbeseitigungskosten den Bodenwert nach Entwicklung überschreitet.

Ohne eine externe Finanzierung der unrentablen Kosten würde keine Entwicklung erfolgen, und derartige C-Flächen könnten sich zu E-Flächen entwickeln. Der Förderbedarf kann daher in Höhe dieser unrentablen Kosten angesetzt werden. Dabei soll die Förderung durch Zuschüsse oder Darlehen erfolgen.

Abbildung 6: Beispielflächen 4 (Nachverdichtung) und 5 (Flächenrecycling)

Quelle: Eigene Darstellung.

Fazit und Zusammenfassung

Der wesentliche Unterschied und wohl auch der Vorteil ökonomischer gegenüber planerischen und anderen hoheitlichen Instrumenten besteht darin, dass die grundsätzliche Entscheidungsfreiheit der Eigentümer einer Fläche gewahrt bleibt. So entfaltet das Umlageverfahren marktwirtschaftliche Anreize zugunsten einer nachhaltigen Siedlungsentwicklung und trägt zu einer gerechteren Kostenverteilung im Rahmen der Wohnbaulandentwicklung bei. Ökonomische Anreize reichen indessen für eine planmäßige Steuerung oder Flächennutzung im Innenbereich nicht aus, sondern können planerische und rechtliche Instrumente (wie z.B. die absolute Begrenzung der Flächeninanspruchnahme) lediglich flankieren. Auch können sie Außenentwicklungen nicht vollständig unterbinden. Die durch die dispersen Siedlungsstrukturen verursachten höheren Kosten sollen auf die Verursacher bzw. die Außenentwicklungen umgelegt und somit die Kosten für die Allgemeinheit reduziert und ein erheblicher Beitrag zu einer gerechten Kostenverteilung geleistet werden. Der wesentliche Effekt der Umlage hinsichtlich einer nachhaltigen, intelligenten Flächennutzung dürfte in der Mobilisierung der C-Flächen liegen. Wenn die unrentablen Kosten der Flächenentwicklung nicht (mehr) vom Grundstückseigentümer zu tragen sind, ist zu erwarten, dass die Bereitschaft zur Wiedernutzung und Revitalisierung von Brachflächen zunimmt. Der erkennbare Trend zur Revitalisierung würde durch die ökonomischen Anreize des Umlageverfahrens wesentlich unterstützt und verstärkt.

Literatur

Ecoplan (2000): Siedlungsentwicklung und Infrastrukturkosten, im Auftrag des Bundesamtes für Raumentwicklung der Schweiz (ARE), Bern.

Gutsche, J.-M. (2002): Kommunale Investitionskosten für soziale Infrastruktur und neue äußere Erschließung bei neuen Wohngebieten, ECTL Working Paper, TU Hamburg-Harburg.

Kötter, Th., u.a. (2009): Kostenoptimierung in der Flächennutzungsplanung – Ein Kalkulationsmodell für die Bewertung potenzieller Wohnbauflächen, in: Thomas Preuß und Holger Floeting (Hrsg.): Folgekosten der Siedlungsentwicklung. Bewertungsansätze, Modelle und Werkzeuge der Kosten-Nutzen-Betrachtung, Beiträge aus der REFINA-Forschung, Reihe REFINA Bd. III, Berlin, S. 133–145.

Krautzberger, in: Ernst/Zinkhahn/Bielenberg/Krautzberger (2008): BauGB – Kommentar, 88. Ergänzungslieferung, § 11 Abs. 2 (1) BauGB.

Löhr, in: Battis/Krautzberger/Löhr (2007): BauGB – Kommentar, 10. Auflage, § 11 Abs. 4 (2) BauGB.

Siedentop, St. (2001): Innenentwicklung als Leitbild einer nachhaltigen Siedlungsentwicklung, in: „Flächen intelligent nutzen – Strategien für eine nachhaltige Siedlungsentwicklung", Dokumentation der NABU-Fachtagung 8./9.11.2001 in Erfurt, Bonn.

Siedentop, St., u.a. (2006): Infrastrukturkostenrechnung in der Regionalplanung – Leitfaden zur Abschätzung der Folgekosten alternativer Bevölkerungs- und Siedlungsszenarien für soziale und technische Infrastruktur, BBR H. 43, Werkstatt: Praxis, Bonn.

E 4 A: Neues kommunales Finanzmanagement – Chance und Risiko für Flächenrecycling in Kommunen

REFINA-Forschungsvorhaben: Neues Kommunales Finanzmanagement (NKF) – Chance und Risiko für Flächenrecycling in Kommunen

Verbundkoordination: Kai Steffens, Susanne Schmitz-Winterfeld, PROBIOTEC GmbH
Projektpartner: Prof. Dr. Sabine Baumgart, Technische Universität Dortmund, Fakultät Raumplanung, Fachgebiet Stadt- und Regionalplanung; Dr. Daria Stottrop, Dr. Dirk Drenk, Technische Universität Dortmund, Fakultät Raumplanung, Fachgebiet Gewerbeplanung; Prof. Dr. Peter Doetsch, RWTH Aachen, Fakultät für Bauingenieurwesen, Lehr- und Forschungsgebiet Abfallwirtschaft; Ralf Offergeld, BDO Deutsche Warentreuhand AG, Wirtschaftsprüfungsgesellschaft; Dr. Thomas Gerhold, Avocado Rechtsanwälte
Modellraum: Modellkommunen Bedburg, Düren, Duisburg, Siegburg (NW)
Projektwebsite: www.probiotec.de

Die Zwischenergebnisse des Verbundvorhabens zeigen, dass sich Perspektiven kurz- und langfristiger Kosten und Erlöse durch Flächenentwicklungen zunehmend auf die Entscheidungen über kommunale Stadtentwicklungsstrategien auswirken.
Die Vertreter der Modellkommunen sehen den Forschungsansatz als wichtiges fehlendes Element an, um kommunalfiskalische Effekte wie Kosten und Erlöse, die aus einer Flächenentwicklung resultieren, im NKF-Haushalt einer Kommune nachvollziehbar darzustellen. Dies wird als bedeutende Entscheidungshilfe für oder gegen einzelne Flächenentwicklungen interpretiert.
Im Vorhaben wird anhand von Modellflächen die Verschneidung einer vereinfachten Projektrechnungsstruktur mit den jeweiligen Haushaltsstrukturen der Modellkommunen durchgeführt. Für den Aufwand und zu erwartende Erträge werden die entsprechenden Kostenstellen identifiziert und in erste Ansätze einer kommunalen Kosten-Leistungsrechnung eingepasst.
Im Rahmen der Zusammenarbeit mit den Modellkommunen werden die Anforderungen der Kommunalvertreter an das zu entwickelnde Produkt berücksichtigt:

- einfache und übersichtliche Struktur – benutzerfreundlich,
- praktikable Handhabung ohne signifikanten Mehraufwand,
- Haushaltssicherungsproblematik.

Auf kommunaler Seite besteht die Hoffnung, dass durch die Verschneidung von Haushalts- und Projektkalkulationsstruktur die Kommunikation zwischen Kämmerern und Stadtplanern vereinfacht und versachlicht wird. Ferner können Anstöße für die Struktur einer zukünftigen produktbezogenen Kosten-Leistungsrechnung in Kommunen gegeben werden.

Kai Steffens

E 5

Regionalplanerische Ansätze

Regionalplanerische Ansätze

Stephanie Bock

Mit den in Regionalplänen möglichen Festlegungen der zukünftigen regionalen Siedlungs-, Freiraum- und Infrastruktur kann die Regionalplanung wesentlich zu einer nachhaltigen Siedlungsentwicklung und zur Erreichung der Ziele der Nachhaltigkeitsstrategie beitragen. Besonders bedeutsam sind die quantitative räumliche und qualitative Steuerung der Siedlungsflächenentwicklung, die Festlegung der Eigenentwicklung sowie die Begrenzung der Außenentwicklung durch den Freiraumschutz.

Aktuelle Diskussionen um eine Erfolg versprechende Steuerung der Siedlungsentwicklung betonen mehr oder weniger übereinstimmend die Bedeutung der Region als räumlicher und organisatorischer Rahmen eines nachhaltigen Flächenmanagements. Begründet wird dies mit dem gegenwärtigen Umgang in der Praxis mit Siedlungsflächen sowie mit den weiterhin hohen Flächenneuausweisungsraten, die auf eine in vielen Kommunen noch gering ausgeprägte Einsicht bezüglich des Flächensparens hinweisen. Solange sich Kommunen in erster Linie einem (kurzfristigen) Wohl ihrer Gemeinde verpflichtet sehen, wird diese räumlich und zeitlich begrenzte Sichtweise eine angemessene Berücksichtigung des Flächenschutzes erschweren. Kommunen sehen sich gezwungen, untereinander um neue Einwohner/innen und hier insbesondere um junge Familien zu konkurrieren, da die Mehrzahl von ihnen davon ausgeht, dass nur durch die Bereitstellung von Bauland neue Einwohner/innen und Betriebe gewonnen werden können, die die steuerlichen Einnahmen der Städte und Gemeinden erhöhen (vgl. Kap. **A**). Je nach Entwicklungsdynamik (wachsend oder schrumpfend) hoffen viele Kommunen, mit der Ausweisung neuer Bauflächen der Abwanderung bzw. der Abschwächung von Wanderungsgewinnen sowie der Überalterung der Bevölkerung entgegenwirken zu können. Dies führt meist zu einer Ausweisung von mehr Flächen als notwendig. Um den daraus folgenden Standortwettbewerb zu vermeiden, mit dem die erhofften Finanzgewinne ebenso wenig zu erreichen sein werden wie die als notwendig erachteten Bevölkerungszuwächse, müssen auf der regionalen Ebene vorhandene Formen der Koordination und Kooperation stärker umgesetzt und neue Ansätze zur Steuerung der räumlichen Entwicklung entwickelt werden. Immer wichtiger wird dabei die Abstimmung kommunaler Ziele sowohl untereinander als auch mit den regionalen bzw. fachlichen Belangen, um gemeinsame Wege der Regionalentwicklung zu beschreiten.

Steuerung der regionalen Flächenentwicklung durch die Regionalplanung

Die Bedeutung der Region in der Planung

Regionale und interkommunale Willensbildungsprozesse (z.B. Regionalkonferenzen, Städtenetze) sind eine Voraussetzung für erfolgreiche Steuerung der regionalen Flächenentwicklung. So bedeutsam interkommunale Kooperationen mit Blick auf Flächensparen sind bzw. sein könnten (vgl. Kap. **E 6**), so zeigt

der Stand ihrer bisherigen Umsetzung, dass sie erst langsam dazu beitragen werden, die Ziele der Nachhaltigkeit zu erreichen. Interkommunale Kooperationen und regionale Institutionen sollten sich deshalb umso mehr hinsichtlich der Vorbereitung, Umsetzung und Steuerung einer regional und interkommunal abgestimmten Siedlungsflächenentwicklung ergänzen. Auch wenn der Stellenwert, die mögliche Durchsetzungsfähigkeit und die konkrete Ausformulierung regionaler Steuerung, die damit verbundenen Organisationsformen und vor allem deren Verhältnis zur kommunalen Selbstverwaltung intensiv diskutiert werden, besteht Einigkeit über die Notwendigkeit eines Zusammenwirkens von regionaler und kommunaler Ebene vor allem mit Blick auf eine zukünftige nachhaltige Siedlungsflächenentwicklung.
Eine Schlüsselfunktion bei der Koordination der übergemeindlichen Prozesse der Stadtentwicklung wird der Regionalplanung zugesprochen. „Ihre Aufgabe ist die vorausschauende, zusammenfassende, überörtliche und überfachliche Planung für die raum- und siedlungsstrukturelle Entwicklung eines Planungsraumes auf mittlere und längere Sicht." (Schmitz 2005, S. 965) Als übergeordnete und zusammenfassende Gesamtplanung koordiniert sie die raumbedeutsamen Fachplanungen, formuliert Leitvorstellungen nachhaltiger Raumentwicklung und steuert die regionale Siedlungsentwicklung. Regionalplanung kann somit maßgeblich zur Reduzierung der Flächeninanspruchnahme und zur Förderung der Innenentwicklung beitragen; viel mehr noch: Beides sind zentrale Aufgabenstellungen und Kernaufgaben regionaler Planung (vgl. Kap. B).
Der Auftrag der Regionalplanung ist im Raumordnungsgesetz (ROG) des Bundes verankert. Die Zuständigkeiten werden im Einzelnen in den Landesplanungsgesetzen der Länder geregelt. Dies führt zu verschiedenen Ausprägungen und unterschiedlichen Trägerschaften in den einzelnen Ländern. Deutlichstes Unterscheidungsmerkmal ist dabei das Maß des kommunalen oder des staatlichen Einflusses auf die regionalplanerischen Zuständigkeiten. So sind zwar in den meisten Ländern regionale Planungsinstitutionen die Träger der Regionalplanung, vorhanden sind aber auch Formen der kommunalen bzw. rein staatlichen Trägerschaft.

Instrument Regionalplan

Mittler zwischen Raumordnung und Bauleitplanung

Mit dem Regionalplan liegt ein Instrument vor, das die teilräumliche Konkretisierung der raumordnerischen Konzeption für ein Land durch verbindliche Festlegungen für die Region regelt (§ 8 ROG). Der Regionalplan nimmt somit eine notwendige Mittlerrolle zwischen übergeordnetem landesweitem Raumordnungsplan und kommunaler Bauleitplanung ein. Zu seinen Inhalten gehören raumbezogene Aussagen und Festlegungen zur anzustrebenden Siedlungs-, Freiraum- und Infrastruktur. Mit Blick auf die Wirkungen wird im Regionalplan zwischen abwägungsrelevanten Grundsätzen und verbindlichen Zielen unterschieden. Verbindliche Festlegungen erfolgen unter anderem zur Erhaltung des Freiraums, zur räumlichen Entwicklung zentraler und nicht zentraler Orte und in einigen Fällen auch zu Umfang und Lage kommunaler Baulandausweisungen. Vor allem die Möglichkeit, durch regionalplanerische Zielsetzung Regelungen zu treffen, die sich mit Bindungswirkung für die nachfolgenden Planungen, insbesondere für die kommunale Flächennutzungsplanung, auf den

Umfang der Siedlungsflächeninanspruchnahme unmittelbar begrenzend auswirken, begründet die Bedeutung der Regionalplanung im Kontext nachhaltiger Siedlungsentwicklung (vgl. Kap. **E 5.1**).

Quantitative und qualitative Steuerung der Siedlungsflächenentwicklung

Die Regionalplanung verfügt zur Ordnung und Entwicklung der Siedlungsentwicklung über ein umfassendes Instrumentarium. Auf der Grundlage des punktaxialen Systems der Raumordnung, das sich aus zentralen Orten und den sie verbindenden Entwicklungsachsen zusammensetzt, werden Siedlungsbereiche bzw. -schwerpunkte festgelegt, die sich auf einzelne Gemeindeteile beziehen oder den „zentralen" Ort der Entwicklung im Umland großer Städte kennzeichnen. Damit verfolgt die Raumordnung das Ziel, die Siedlungstätigkeit auf zentrale Orte und die dortigen Siedlungskerne zu konzentrieren. Neben diesem Ansatz, der die Standorte der zukünftigen Siedlungsentwicklung festlegt, werden in einigen Ländern darüber hinaus Vorranggebiete der zukünftigen Siedlungsentwicklung definiert. Eine quantitative Steuerung der Siedlungsentwicklung gibt es jedoch bisher nur in wenigen Regionalplänen, die meisten enthalten eher unbestimmte Zielformulierungen. Mengensteuernde Ansätze sind bis heute die Ausnahme. So werden bspw. in Hessen verbindliche quantifizierte Flächenwerte für den zukünftig realisierbaren Siedlungsflächenzuwachs festgelegt. Diese Baulandkontingente definieren eine Obergrenze zulässiger Baulandausweisungen im Außenbereich für den Geltungszeitraum des Regionalplans. Die Bedeutung der zentralörtlichen Gliederung als Grundgerüst der Raumstruktur sowie als planerisches Konzept für die Siedlungsentwicklung und die Reduzierung des Flächenverbrauchs ist außerordentlich hoch einzuschätzen.

Festlegung der Eigenentwicklung

Den örtlichen Bedarf festlegen

Ein weiteres Instrument der Regionalplanung, mit dem die Entwicklung der Siedlungsflächen gesteuert und Zersiedlung verhindert werden soll, ist die Festlegung der Eigenentwicklung jeder Kommune. Eigenentwicklung bedeutet im Kontext der Regionalplanung, dass „eine Gemeinde die Ausweisung und Realisierung neuer Baugebiete nur im eingeschränkten Maße vornehmen kann" (Domhardt 2005). Das Maß der Eigenentwicklung leitet sich aus dem örtlichen Bedarf, d.h. den Ansprüchen der örtlichen Bevölkerung und des örtlichen Gewerbes, ab. Differenziert wird in den Regionalplänen zwischen Gemeinden, die auf Eigenentwicklung beschränkt sind, und Gemeinden mit verstärkter Siedlungstätigkeit (vgl. Kap. **E 5.2**). Dabei unterscheiden sich die Aussagen zur Eigenentwicklung der betroffenen Gemeinden zwischen den Ländern teilweise erheblich; ein einheitliches Verständnis oder gar einen bundesweiter Standard gibt es bisher nicht.
Die Festlegung der Eigenentwicklung wird als schwaches Steuerungsinstrument mit nur geringen Wirkungen eingeschätzt, zumal sehr unterschiedliche Verfahren zur Ermittlung des Eigenbedarfs angewendet werden. In vielen Fällen wird die festgelegte Eigenentwicklung nicht als Obergrenze, sondern als aus-

zuschöpfendes Potenzial interpretiert, d.h. Eigenentwicklung führt nicht zur Festlegung bindender Mengenbegrenzungen, sondern dient als unverbindlicher Orientierungswert. Zudem verfügt die Regionalplanung zumeist nicht über Kenntnisse der Innenentwicklungspotenziale, die bei der Eigenentwicklung berücksichtigt werden könnten.

Begrenzung der Außenentwicklung durch Freiraumschutz

Neben den bereits aufgeführten regionalplanerischen Zielen und Grundsätzen, die auf direktem Wege die Baulandausweisungen der Kommunen lenken und begrenzen, wird die Siedlungsentwicklung auch durch regionalplanerische Festlegungen gesteuert, die sich vor allem auf den Schutzstatus ausgewiesener Gebiete beziehen. Hierzu zählen vor allem die Ausweisung von Vorrang- und Vorhaltegebieten mit freiraumschützender Funktion, die als Umwidmungssperren wirken (vgl. Kap. **E 5.3**). Die Kombination aus freiraumschützenden Restriktionen und auf kommunaler Ebene zu konkretisierenden Vorgaben zur Siedlungsentwicklung haben sich, so die verbreitete Einschätzung, bewährt, auch wenn die vorhandenen Planelemente bisher erst im Ansatz greifen. Für die Steuerung der Siedlungsentwicklung und die Begrenzung der Flächeninanspruchnahme sind freiraumsichernde Instrumente von hoher Bedeutung, die reglementierende Wirkung regionaler Grünzüge und Grünzäsuren wird durch die Planelemente zur Siedlungsentwicklung wirkungsvoll ergänzt.

Regionalplanung: ein „schwaches" Instrument?

Über Wirksamkeit, Unwirksamkeit und Steuerungsfähigkeit der Regionalplanung wurde und wird viel und intensiv debattiert. Neben der in den Ländern äußerst unterschiedlichen methodischen und instrumentellen Ausgestaltung der Regionalplanung werden dabei die Durchsetzungskraft und somit der politische Willen in den Blick genommen. An dieser Stelle sollen diese Diskussionen nur insoweit aufgegriffen werden, wie sie zur Einschätzung der regionalen Steuerung der Siedlungsentwicklung beitragen. So entzündet sich ein Strang der Kritik an der oftmals unzureichenden Verbindlichkeit regionalplanerischer Festlegungen und an vorhandenen Vollzugsdefiziten. Viel zu oft werden bedeutsame Ziele nur als Grundsätze formuliert und somit zum Gegenstand der Abwägung. Insgesamt zeigt die Praxis, „dass die Planungsträger von den rechtlich gegebenen Möglichkeiten bisher relativ wenig Gebrauch gemacht haben. Die Aufstellung von Raumordnungs- und Regionalplänen hat sich daher nicht als besonders wirksames Instrument zur Begrenzung der Flächeninanspruchnahme erwiesen." (Jörissen/Coenen 2007, S. 95).
Eine konsequente Anwendung des vorhandenen Instrumentariums könnte – erweitert um einen stärkeren Fokus der Regionalplanung auf den Siedlungsflächenbestand sowie interkommunale Kooperationen – die Rolle der Regionalplanung im Kontext eines nachhaltigen Flächenmanagements stärken.

A
B
C
C 1
C 2
D
D 1
D 2
E
E 1
E 2
E 3
E 4
E 5
E 6

Mit dem Regionalplan zum Ziel 30 ha

Die Regionalplanung verfügt über Instrumente, die zu einer Begrenzung des Siedlungsflächenwachstums beitragen können und somit auch zur Erreichung der Ziele der Nachhaltigkeitsstrategie. Der Rat für Nachhaltige Entwicklung führte 2004 im Rahmen seiner Empfehlungen zum Ziel 30 ha aus, dass Regionalplanung ihre Aufgabe, mit der baurechtlichen Anpassungsverpflichtung dem sparsamen und schonenden Umgang mit Boden Geltung zu verschaffen, bisher zu wenig wahrnehme. So könne beispielsweise der überwiegend praktizierte Umgang mit der Eigenentwicklung kaum zur Reduzierung der Flächeninanspruchnahme beitragen. Verwiesen wird deshalb auf die Notwendigkeit klarer und quantifizierbarer Flächenziele der Raumordnung, die auch als Grundlage kooperativer interkommunaler Planungen dienen könnten. Auch die beteiligten Experten und Expertinnen bewerteten eine Stärkung der regionalen Ebene als unumgänglich. Im Spannungsverhältnis zwischen Einschränkung des kommunalen Handlungsspielraums durch regionale Vorgaben und rein kommunaler Selbstverpflichtung wurde eine verbindlichere Richtlinienkompetenz der regionalen Planungsebene in Bezug auf die Eindämmung konkurrierender Flächenausweisungen gefordert, aber auch auf ein erweitertes Aufgabenfeld hingewiesen. Über eine daran geknüpfte Änderung der gesetzlichen Regularien bestand jedoch keine Einigkeit.

Siedlungsflächenentwicklung regionalplanerisch begrenzen

Nicht nur die Ergebnisse aus REFINA legen hinsichtlich einer Stärkung der regionalplanerischen Begrenzung der Siedlungsflächenentwicklung im Außenbereich und einer Stärkung der Innenentwicklung den Schwerpunkt auf folgende Ansätze:

- *Quantitative Begrenzung der zulässigen Siedlungsflächenerweiterung im Außenbereich*
  Eine treffsichere Mengenbegrenzung kommunaler Baulandbereitstellung könnte ein wichtiges Aufgabenfeld der Regionalplanung sein, auch wenn quantifizierte Mengenregulierungen der kommunalen Siedlungsflächenausweisung bisher erst im Landesplanungsrecht weniger Länder verankert sind. Von Bedeutung in diesem Kontext ist eine intensivere Förderung der Innenentwicklung auch und vor allem durch die Regionalplanung sowie die Unterstützung des Flächensparens durch eine Weiterentwicklung des regionalplanerischen Instrumentariums. Dieser Ansatz wurde vom REFINA-Projekt „FLAIR" weiterentwickelt (vgl. Kap. **E 5.1**).
- *Beschränkung auf die Eigenentwicklung in nicht zentralen Orten*
  Das Instrumentarium der Eigenentwicklung sollte geschärft und hinsichtlich möglicher Standards diskutiert werden. Dies geht einher mit der Diskussion über Reformbedarfe in Zusammenhang mit der Einführung einer Pflicht zum Nachweis von fehlenden innerörtlichen Flächenreserven bei der geplanten Ausweisung von Flächen im Außenbereich, wie es die Ergebnisse des REFINA-Projekts KoReMi nahelegen (vgl. Kap. **E 5.2**).
- *Standortbezogene Aussagen: Vorrangflächen für die Siedlungsentwicklung*
  Das in einigen wenigen Ländern bereits etablierte Instrument der Festlegung von Vorrangflächen für Siedlungsentwicklung könnte im Zusammenspiel mit den bereits vorhandenen Steuerungsmöglichkeiten die Umsetzungsdefizite verringern (vgl. Kap. **E. 5.1**).

- *Verbesserte Kenntnisse der baulichen Entwicklungspotenziale*
  Im Zusammenhang mit verbesserten Kenntnissen der Innenentwicklungspotenziale rücken auch die Kenntnisse über Chancen der Beschränkungen der Außenentwicklung durch Belange des Freiraumschutzes stärker in den Fokus (vgl. Kap. **E 5.1**). Im Rahmen des REFINA-Projekts DoRiF wurden die Wirksamkeit dieser Ausweisung untersucht und die Baulandpotenziale im Außenbereich erfasst (vgl. Kap. **E 5.3**).
- *Evaluation von Regionalplänen*
  Um Aussagen zur Wirksamkeit der Regionalplanung und zur Steuerung der regionalen Siedlungsflächenentwicklung treffen zu können, sollten Regionalpläne evaluiert werden. Dies ist zwar mit zahlreichen methodischen Schwierigkeiten verbunden. Es liegen jedoch aus dem REFINA-Projekt DoRiF erste Vorschläge für ein erprobtes methodisches Verfahren vor, bei dem die Planevaluation aus einer Kombination qualitativer und quantitativer Methoden besteht (vgl. Kap. **E 5.4**).
- *Verbesserte Abstimmungsprozesse zwischen Region und Kommunen*
  Hierunter werden neben der grundsätzlichen Forderung nach einer stärkeren kommunikativen Ausrichtung der Regionalplanung auch Aspekte wie die Analyse und verbesserte Abstimmung unterschiedlicher Ziele gefasst. Hierzu entwickelte das REFINA-Projekt KoReMi einen Ansatz (vgl. Kap. **E 5.5**).

Vor dem Hintergrund der Potenziale der Regionalplanung ist festzuhalten, dass angesichts der aktuellen verhältnismäßig geringen Steuerungswirksamkeit nicht die Forderung nach Verschlankung und weniger Bürokratie und Verwaltung erhoben werden kann. Diese oft geforderten „radikalen Vereinfachungen" können keine Lösung sein. Vielmehr sollte sich Regionalplanung – und auch dies ist keine neue Forderung – nicht auf das Festlegen von Flächennutzungen beschränken, sondern raum- und flächenwirksame Aktivitäten steuern und managen. Der formellen Steuerung der Regionalplanung könnte dann eine Schlüsselrolle für eine flächensparende Siedlungsentwicklung zukommen.

Literatur

Domhardt, Hans-Jörg (2005): Eigenentwicklung, in: Akademie für Raumforschung und Landesplanung (Hrsg.): Handwörterbuch der Raumordnung, Hannover, S. 192–197.

Rat für nachhaltige Entwicklung (2004): Mehr Wert für die Fläche: Das „Ziel-30-ha" für die Nachhaltigkeit in Stadt und Land, Berlin.

Schmitz, Gottfried (2005): Regionalplanung, in: Akademie für Raumforschung und Landesplanung (Hrsg.): Handwörterbuch der Raumordnung, Hannover, S. 963–972.

E 5.1 Flächenmanagement durch innovative Regionalplanung (FLAIR): regionale Strategien für die Innenentwicklung

Dieter Karlin, Fabian Torns

REFINA-Forschungsvorhaben: Flächenmanagement durch innovative Regionalplanung (FLAIR)

Verbundkoordination:	Dr. Dirk Engelke, pakora.net – Netzwerk für Stadt und Raum
Projektpartner:	Dr. Dieter Karlin, Fabian Torns, Regionalverband Südlicher Oberrhein; Prof. Dr. Walter Schönwandt, Dr. Wolfgang Jung, Johannes Bader, Juri Jacobi, Institut für Grundlagen der Planung, Universität Stuttgart; Dr. Dirk Engelke, Torsten Beck, pakora.net – Netzwerk für Stadt und Raum, Karlsruhe
Projektwebsites:	www.region-suedlicher-oberrhein.de, www.flair.pakora.net

Einführung

Flächen zu sparen, die Innenentwicklung zu fördern und ein Flächenmanagement aufzubauen, impliziert, dass die verschiedenen Planungsebenen eng zusammenarbeiten und – über die Fortschreibung von Regional- und Bauleitplänen hinaus – zu einer besseren Koordination der räumlichen Entwicklung beitragen. Mit dem Forschungsprojekt FLAIR („Flächenmanagement durch innovative Regionalplanung") sollten somit aus Sicht des Regionalverbands Südlicher Oberrhein auch folgende Fragen beantwortet werden: Wie kann Innenentwicklung durch die Regionalplanung gefordert und aktiv gefördert werden? Über welche ungenutzten Handlungsspielräume verfügt die Regionalplanung? Welche Rolle spielt die überörtliche Zusammenarbeit?

Formelle Regionalplanung

Schlüsselfunktion der Regionalplanung

Wie die im Rahmen des Projekts FLAIR vorgenommene Untersuchung bestätigt hat, kommt den formellen Steuerungsmöglichkeiten der Regionalplanung weiterhin eine Schlüsselfunktion für eine flächensparende Siedlungsentwicklung zu. Die Kombination aus freiraumschützenden Restriktionen und den auf kommunaler Ebene auszuformenden Vorgaben zur Siedlungsentwicklung hat sich bewährt. In der Rückschau auf die eingesetzten Planelemente wurde dennoch deutlich, dass die reale Entwicklung vielfach nicht den regionalplanerischen Steuerungserfordernissen entsprochen hat. So ließ sich z.B. anhand der Bevölkerungsentwicklung kein Unterschied zwischen den Gemeinden „mit keiner über die Eigenentwicklung hinausgehenden Siedlungstätigkeit" und den regionalplanerisch bevorzugten

Standorten (Siedlungsbereiche) feststellen. Bezogen auf den Anspruch, die weitere Flächeninanspruchnahme insgesamt zu mindern und auf die „richtigen" Standorte zu verteilen, ließen auch andere Planelemente (z.B. Schwerpunkte für Industrie und Dienstleistungen u.a.) keine ausreichende Lenkungswirkung erkennen.

Abbildung 1:
Regionalplan 1995 – Strukturkarte

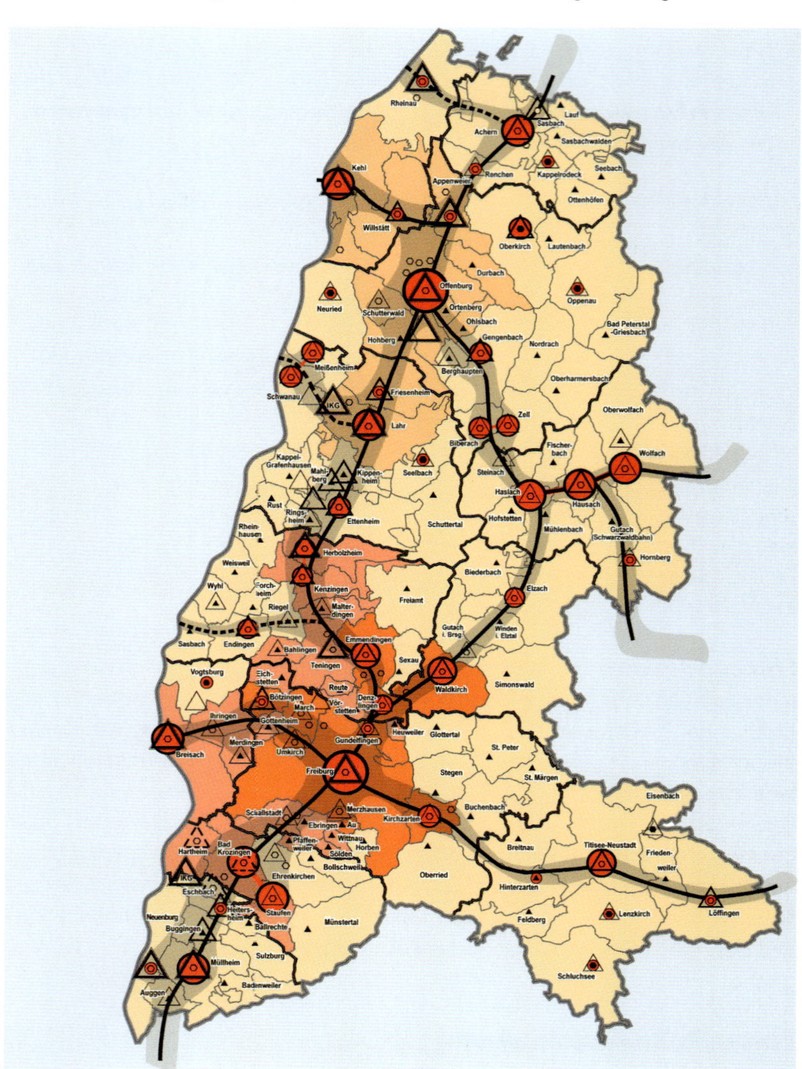

Quelle: Regionalverband Südlicher Oberrhein.

Steuerungsmöglichkeiten

Die angestrebte Koordinationsleistung des Regionalplans wurde somit nicht bzw. nicht vollständig erreicht. Es gilt daher – auch unter dem Blickwinkel, Flächenmanagement zu betreiben – zuvorderst, dass das vorhandene Planungsinstrumentarium konsequent angewendet wird und bestehende Vollzugsdefizite behoben werden. Zugleich muss sich die Raumplanung jedoch zweier grundlegender Parameter bewusst sein:

- Eine Vielzahl raumrelevanter Entwicklungen, auch maßgebliche Triebfedern der Flächeninanspruchnahme, entziehen sich dem o.g. „klassischen" regionalplanerischen Instrumentarium. Gemäß dem Planungsansatz „problems first" (vgl. Kap. **C 1.1.1**) wurde daher im Rahmen des Projekts FLAIR versucht, zuerst die bedeutsamen Entwicklungen, Missstände und Konflikte zu identifizieren.
- Dementsprechend verlangt auch die Formulierung von Handlungsempfehlungen, über das gängige raumplanerische Instrumentarium hinaus zu denken und sich aller Steuerungsarten für eine nachhaltige Raumentwicklung zu bedienen (vgl. Übersicht 1).

Ausweisen und Entwidmen von Flächen und Standorten (z.B. in einem Flächennutzungsplan)	Errichten, Instandhalten und Rückbau von Anlagen, Gebäuden und Infrastrukturen	Organisatorische Maßnahmen (z.B. Ausübung des Vorkaufsrechts durch die Gemeinde)	Beeinflussung von Verhaltensweisen (informatorisch, bewusstseinsbildend oder fiskalisch)

Übersicht 1:
Steuerungsmöglichkeiten der räumlichen Planung

Quelle: Schönwandt u.a. 2009.

A
B
C
C 1
C 2
D
D 1
D 2
E
E 1
E 2
E 3
E 4
E 5
E 6

Strategien für die Innenentwicklung

Erfahrungen aus der Testplanung

Die im Rahmen von zwei Testplanungen entwickelten (im Folgenden nur ausschnittsweise wiedergegebenen) „Aktivierungsstrategien" zeigen das instrumentelle Spektrum abseits formeller Pläne für die Innenentwicklung – sowohl für die Kommunen als auch die Regionalplanung.

Strategische Entwicklung fördern und fordern

Die Herausforderungen einer flächensparenden Entwicklung lassen sich mit Einzelmaßnahmen nicht bewältigen. Der von vielen Kommunen bewusst groß gehaltene Spielraum der zukünftigen Flächenentwicklung steht der Aktivierung innerörtlicher Potenziale entgegen. Vor der Umsetzung einzelner Vorhaben ist im Rahmen eines strategischen Gesamtkonzepts auf Gemeindeebene zu fragen, welche Projekte für die langfristige Entwicklung der Kommune günstig und wichtig sind. Das eigene Profil, spezifische Begabungen, überörtliche Verflechtungen und die eigenen Entwicklungsabsichten sollen herausgestellt werden. Die strategische Gemeindeentwicklung kann auch seitens des Regionalplanungsträgers gefördert werden, indem kommunale Entwicklungsvorstellungen eingefordert und (nicht allein einzelne Bauflächen) diskutiert werden.

Individuelle Standortqualitäten und funktionale Differenzierungen ausbauen

Aus Gründen eines effizienteren Ressourceneinsatzes ist eine Ausdifferenzierung der regionalen Städte- bzw. Siedlungssysteme notwendig. Dies kann zur Entflechtung unverträglicher Funktionen und Nutzungen und zu einer erhöhten Standortqualität sowohl des einzelnen Ortsteils als auch der Region insgesamt beitragen. Ausgangspunkt dieser Strategie ist es, spezifische lokale Begabungen und Funktionen jeder Gemeinde bzw. jedes Ortsteils zu bestimmen und planerische Entwicklungsziele daran auszurichten. Angesprochen ist dabei auch die Frage, welche Möglichkeiten bestehen, den in ihrer Siedlungsentwicklung eingeschränkten Teilorten bzw. Kommunen einen angemessenen Ausgleich zukommen zu lassen. Auch hierbei gilt es, von der Diskussion um Erweiterungsflächen zu einer Förderung individueller Standortqualitäten zu kommen.

Fokus auf den Siedlungsbestand legen

Eine qualifizierte Übersicht über alle Flächen, die brachliegen, wenig oder falsch genutzt sind oder für die dies in absehbarer Zeit zutreffen wird, ist als Grundlage für den Aufbau eines Flächenmanagements unverzichtbar. Erst eine solche Flächenübersicht ermöglicht ein aktives Handeln im Sinne der Innenentwicklung. Die Übersicht dient der Schaffung eines Problembewusstseins und bildet die Grundlage für eine Lagebeurteilung sowie für die Zusammenarbeit mit Eigentümern und Bauwilligen (vgl. Kap. **E 1.3**). Der Siedlungsbestand muss jedoch auch in der Regionalplanung stärker in den Vordergrund rücken, z.B. durch Bilanzierung der vorhandenen Flächenpotenziale bei Prüfung vorbereitender Bauleitpläne. Gangbare Wege innerhalb dieses Spannungsfelds zwischen Regionalplanung, kommunaler Planungshoheit und privaten Eigentumsrechten zeigen aktuelle Beispiele aus dem Landesentwicklungsplan des Saarlands, dem Regionalplan Stuttgart und dem Kantonalen Richtplan Basel-Landschaft.

Landschaft schützen, Landschaft entwickeln

Die Begrenzung der Siedlungsflächen durch freiraumbezogene Maßnahmen ist ein vergleichsweise leistungsstarker Teil des planerischen Instrumentariums. Regionale Grünzüge, Schutzgebiete u.a. können jedoch nicht beliebig ausgedehnt werden, um noch umfassender zur Reduzierung der weiteren Flächeninanspruchnahme beizutragen. Da die Wertschätzung verbliebener Landschaftsteile und unbebauter Flächen oftmals mit deren Nutzbarkeit und Erlebbarkeit steigt, bietet es sich an, Freiflächen nicht allein durch restriktive Maßnahmen, sondern auch durch deren gezielte Entwicklung und aktive Nutzung zu schützen. Dazu zählen die extensive Landwirtschaft ebenso wie die Kulturlandschaftspflege und die stärker anthropozentrische Idee der Landschafts- oder Regionalparks. Ein solcher „Schutz durch Nutzung" ist bislang vor allem in Ballungsräumen erprobt, sollte jedoch auch in ländlichen Räumen verstärkt zur Anwendung kommen.

Zusammenarbeit ausbauen

Innenentwicklung und eine Reduzierung der Flächeninanspruchnahme erfordern die enge Zusammenarbeit der unterschiedlichen Planungsträger und weiterer Akteure, die mit ihren Entscheidungen Einfluss auf die räumliche Entwicklung haben. Dies umfasst

- die Zusammenarbeit der Städte und Gemeinden untereinander. Erhalt und Anpassung der Infrastruktur, Flächenentwicklung, Landschaftspflege u.a. sind nur Gemeindegrenzen übergreifend sinnvoll zu lösen;

- die Kooperation zwischen kommunaler und regionaler Ebene. Dabei gilt es, dass sich a) die Regionalplanung der differenzierten Problemlagen vor Ort und b) die Gemeinden der überörtlichen Zusammenhänge ihres Schaffens bewusst sind;
- die fachübergreifende Zusammenarbeit zwischen der Regionalplanung und den Fachbehörden, Fördermittelgebern, Wirtschaftsförderungseinrichtungen, Betreibern von Verkehrs- und Versorgungsinfrastrukturen.

Regionalplanung neu denken

Zahlreiche geänderte Rahmenbedingungen erfordern es, von einem „weiter wie bisher" in der Planung abzurücken. Dies bedeutet auch, etablierte Vorgehensweisen und die instrumentelle Ausgestaltung neu zu überdenken. Angesichts zunehmender Entwicklungsunterschiede – oftmals erkennbar in einem kleinräumigen Nebeneinander von Wachsen und Schrumpfen – gehört dazu unabdingbar, verstärkt auch überörtliche Lösungswege zu suchen. Die Regionalplanungsträger stehen hierbei in der Verantwortung, als Förderer und Koordinator der überörtlichen Zusammenarbeit tätig zu werden. Im Sinne des Planungsansatzes „problems first" kommt der Regionalplanung darüber hinaus die Aufgabe zu, regionale Problemlagen und Entwicklungstrends zu identifizieren und überörtliche Interessen zu wahren. Angesichts der Tatsache, dass die gegenwärtig eingesetzten Planelemente nicht ausreichend gegriffen haben, gilt es, stärker auf die Verwirklichung der Regionalpläne hinzuwirken. Der Plan ist in diesem Sinn nicht als Mittel zum Zweck, sondern als Produkt eines Prozesses – der Koordination raumwirksamer Aktivitäten – zu verstehen.

Literatur

Regionalverband Südlicher Oberrhein (Hrsg.) (2008): Flächenmanagement durch innovative Regionalplanung. Erkenntnisse aus dem Forschungsprojekt FLAIR, Freiburg im Breisgau (Download- und Bestellmöglichkeit unter www.region-suedlicher-oberrhein.de).

Schönwandt, W., W. Jung,, J. Jacobi, J. Bader (2009): Flächenmanagement durch innovative Regionalplanung. Ergebnisbericht des REFINA-Forschungsprojekts FLAIR, Dortmund.

E 5.2 Nachhaltiges regionales Flächenmanagement durch Begrenzung der Eigenentwicklung?

Thomas Gawron, Anja Kübler, Barbara Warner

REFINA-Forschungsvorhaben: Ziele und übertragbare Handlungsstrategien für ein kooperatives regionales Flächenmanagement unter Schrumpfungstendenzen in der Kernregion Mitteldeutschland KoReMi

Verbundkoordination: Prof. Johannes Ringel, Anja Kübler, Universität Leipzig, Wirtschaftswissenschaftliche Fakultät, Institut für Stadtentwicklung und Bauwirtschaft
Projektpartner: Prof. Dr. Thomas Lenk, Universität Leipzig, Wirtschaftswissenschaftliche Fakultät, Institut für Finanzen; Prof. Dr. Klaus Friedrich, Martin-Luther-Universität Halle-Wittenberg, FB Geowissenschaften, Professur für Sozialgeographie; Prof. Dr.-Ing. Robert Holländer, Universität Leipzig, Wirtschaftswissenschaftliche Fakultät, Institut für Infrastruktur und Ressourcenmanagement, Professur für Umwelttechnik in der Wasserwirtschaft und Umweltmanagement; Prof. Dr.-Ing. Wolfgang Kühn, Universität Leipzig, Wirtschaftswissenschaftliche Fakultät, Institut für Infrastruktur und Ressourcenmanagement, Lehrstuhl für Verkehrsbau und Verkehrssystemtechnik; Thomas Gawron, Senior Fellow, Helmholtz-Zentrum für Umweltforschung (UFZ), Leipzig, und Dozent für Recht an der Hochschule für Wirtschaft und Recht Berlin (HWR)
Modellraum: Kernregion Mitteldeutschland (Sachsen, Sachsen-Anhalt)
Projektwebsite: www.koremi.de

Das Verbundprojekt KoReMi zeigt Ansätze und Handlungsziele auf, mit denen in einer von demographischer Schrumpfung geprägten Region Flächenneuausweisung vermieden werden kann, ohne die gesamtregionale wirtschaftliche Prosperität hierdurch in Frage zu stellen. Vor diesem Hintergrund sind die drei Oberziele eines regionalen Flächenmanagements, die Reduzierung der Flächenneuinanspruchnahme, die Stabilisierung der wirtschaftlichen Leistungsfähigkeit und der Erhalt der Lebensqualität, zu sehen, an denen sich quantitative und qualitative Handlungsziele mit konkreten flächenrelevanten Maßnahmen orientieren (vgl. hierzu Kap. **E 5.5**).
Die Landes- und Regionalplanung im Untersuchungsgebiet (Abb. 2) des REFINA-Projektes unterstützt grundsätzlich das Ziel, mit Fläche sparsam umzugehen – auch mit der Begründung des realen Flächenüberhangs und stagnierender bzw. rückläufiger Nachfrage aufgrund gesamtregionaler Schrumpfungstendenzen.

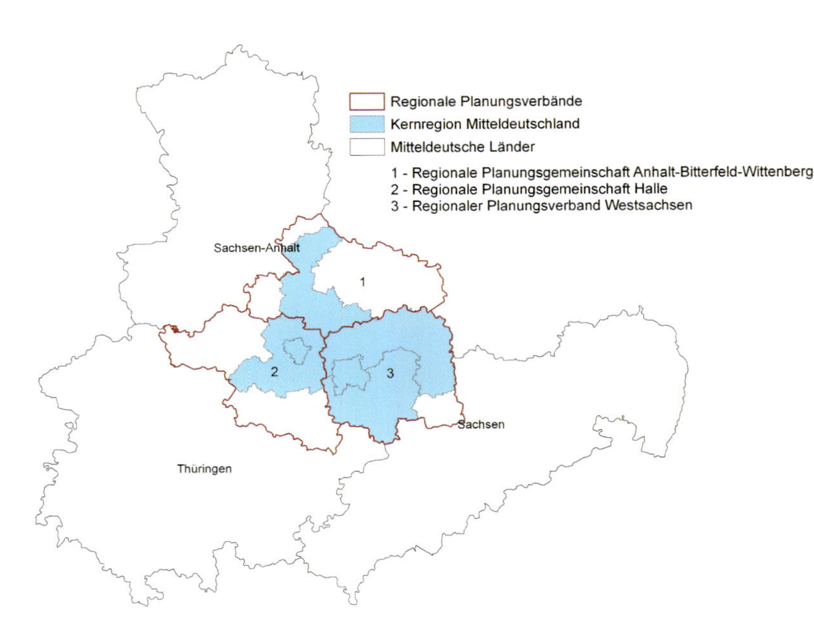

Abbildung 2:
Regionale Planungsverbände in der Kernregion Mitteldeutschland
Datengrundlage: ATKIS Basis-DLM und NUTS-Einteilung von Eurostat.

Quelle: Darstellung Anja Kübler, Leipzig, 2010.

Bedeutung der Eigenentwicklung für die Gemeinden

Prognoseunsicherheiten erschweren quantitative Festlegungen

Grundsätzlich ist die Entwicklungsoption der Kommune auf ihre Eigenentwicklung beschränkbar (die zu erbringenden Nachweise können als nicht ausreichend bewertet werden). Wird eine Gemeinde in den Raumordnungsplänen als Gemeinde mit Beschränkung auf Eigenentwicklung eingestuft und erhält sie keine besonderen Funktionen für Wohnen oder Gewerbe zugewiesen, wird ihr bereits heute schon die Ausweisung und Entwicklung von Bauflächen für zusätzliche Nachfrage durch Zuwanderung oder Ansiedlung größerer Gewerbebetriebe untersagt (Domhardt 2005, S. 193). Die Quantifizierung des Eigenbedarfs erfolgt in der Regel durch die Größen „natürliche Bevölkerungsentwicklung" (Geburtenüberschuss, längere Lebenserwartung und Altersstruktur) und „innerer Bedarf" (Verbesserung der Wohnverhältnisse, Ersatzbedarf und zusätzlicher Bedarf für Fremdenverkehr sowie Aufwertungsmaßnahmen der örtlichen Wirtschaft und Landwirtschaft) (ebenda, S. 195). Die Bezugsgröße „Bevölkerungsentwicklung" ist allerdings aufgrund von Prognoseunsicherheiten nicht besonders gut geeignet, präzise quantitative Festlegungen hinsichtlich des tatsächlichen Eigenbedarfs zu machen. Es wäre demnach zu überlegen, sich zur quantitativen Bestimmung der Eigenentwicklung eher auf eindeutig berechenbare Flächenwerte zu beziehen (vgl. bspw. Kommunalverband Großraum Hannover [KGH] 2001, S. 32 ff., auch Priebs/Wegner 2008).
Einerseits geht es bei regionalen Lösungen zur Begrenzung des Flächenverbrauchs um die Eigenentwicklung der Gemeinden, andererseits um deren Einordnung in Strategien, die zu einem zwischengemeindlichen Flächenmanagement beitragen, dass auch (gesamtregionale) Entwicklungsoptionen einschließt. Dazu zählen: Neuausweisung, Innenverdichtung, Umnutzung, Rücknahme sowie der Verzicht auf Neuausweisung trotz bestehender Nachfrage (vgl. Geyler u.a. 2010).
Nach wie vor wird von den Gemeinden in erster Linie die Strategie der Neuausweisung verfolgt, auch als vorsorgende Ausweisung für potenzielle Nutzer.

Viele Gemeinden wollen trotz sinkenden Bedarfes (aufgrund von Bevölkerungsverlust und stagnierender Nachfrage) neue Flächen ausweisen (Abb. 3) (Kübler 2010).

Abbildung 3:
Gemeindliche Aussagen zur Flächenausweisung

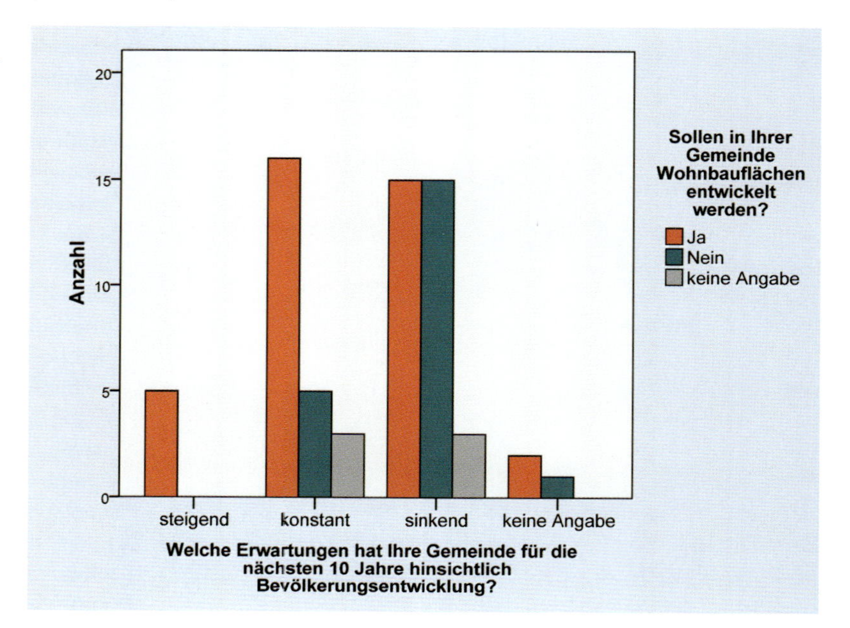

Quelle: Datenerhebung 2008 und Darstellung Anja Kübler, Leipzig, 2009.

Diese Praxis muss als kontraproduktiv im Sinne eines nachhaltigen Flächenmanagements angesehen werden, das grundsätzlich auf Innenentwicklung basiert. Daher wird nur den raumordnerisch festgelegten Zentralen Orten die Strategie der Neuausweisung „erlaubt". Im Rahmen ihrer Eigenentwicklung können nichtzentrale Orte grundsätzlich alle anderen genannten Strategien anwenden.

Begrenzung der Eigenentwicklung als Ziel eines nachhaltigen Flächenmanagements in schrumpfenden Regionen

Eigenentwicklung soll sich, wenn in allen übrigen Orten Neuausweisung kategorisch ausgeschlossen wird, auf grundsätzlich flächensparende Strategien beschränken. Ziel ist, Eigenentwicklung auch innerhalb der Gemeinden zu lenken bzw. nach bestimmten Kriterien zu begrenzen.
Hierzu wurde vorgeschlagen, welche Flächenstrategie in welchen funktionalen Ortsteilen (zentrale Ortsteile bei Zentralen Orten, Siedlungs- und Versorgungsschwerpunkte bei nicht-zentralen Orten) angewendet werden „darf", um ein nachhaltiges regionales Flächenmanagement zu betreiben (vgl. hierzu Kap. **E 5.5**).
So soll Eigenentwicklung in nicht-zentralen Ortsteilen im „städtischen Raum" beispielsweise auf die Strategie der Umnutzung beschränkt werden. In ländlichen Gemeinden können die Rücknahme und der Verzicht auf Neuausweisung als flächenrelevante Strategien umgesetzt werden.
Ohne eine *zwischengemeindliche Absprache* über Flächenentscheidungen können unter den gegebenen Umständen die genannten flächenpolitischen Ziele jedoch nicht umgesetzt werden.

Fazit

Eigenentwicklung kann durchaus beschränkt werden, indem die planerisch festgelegten Kategorien der Zentralen Orte, die im Projekt definierten Siedlungs- und Versorgungsschwerpunkte sowie „ländlicher" bzw. „städtischer Raum" unterschieden werden und so eine „Hierarchisierung" von Gemeindetypen ermöglicht wird. Gesamtregional bedeutet der Erhalt der wirtschaftlichen Leistungsfähigkeit, dass in bestimmten Ortsteilen nach wie vor Neuausweisung zulässig ist, andere im Sinne einer Saldobegrenzung andere Flächenstrategien nutzen müssen. Dies lässt sich nur mit abgestimmtem Handeln realisieren. Denn die (auch zukünftige) finanzielle Situation vieler Gemeinden erlaubt weder weitere intensive Flächen- und Infrastrukturvorratshaltung noch ein Engagement, dass allein die eigene Gemeindefläche im Blick hat.

Literatur

Domhardt, Hans-Jörg (2005): Eigenentwicklung, in: Akademie für Raumforschung und Landesplanung (ARL) (Hrsg.): Handwörterbuch der Raumordnung, 4. Auflage, Hannover, S. 192–197.

Gawron, Thomas (2007): Recht der Raumordnung, in: Wolfgang Köck, Jana Bovet, Thomas Gawron, Ekkehard Hofman, Stefan Möckel, Mitarbeit Katja Rath (2007): Effektivierung des raumbezogenen Planungsrechts zur Reduzierung der Flächeninanspruchnahme, Bericht 1/07 des Umweltbundesamtes, Berlin, S. 75–150.

Geyler, Stefan, André Grüttner, Anja Kübler, Emanuel Selz, Martina Kuntze, Christian Strauß, Barbara Warner (2010): Flächenpolitische Ziele unter Schrumpfungsbedingungen in der Kernregion Mitteldeutschland. Normative überörtliche Aussagen im Spiegel der Fachdiskussion, Bd. 05 der Schriftenreihe des Forschungsverbundes KoReMi, Leipzig.

Geyler, Stefan, Barbara Warner, Anja Brandl, Martina Kuntze (2008): Clusteranalyse der Gemeinden in der Kernregion Mitteldeutschland, Bd. 02 der Schriftenreihe des Forschungsverbundes KoReMi, Leipzig.

Kommunalverband Großraum Hannover (KGH) (2001): Eigenentwicklung in ländlichen Räumen als Ziel der Raumordnung. Beiträge zur Regionalen Entwicklung, H. 87, Hannover.

Kübler, Anja (2010): Flächenpolitische Ziele der Gemeinden in der Kernregion Mitteldeutschland – Strategien und Herausforderungen, Bd. 06 der Schriftenreihe des Forschungsverbundes KoReMi, Leipzig.

Ministerium für Bau und Verkehr des Landes Sachsen-Anhalt (Hrsg.) (1999): Landesentwicklungsplan für das Land Sachsen-Anhalt, zuletzt geändert 2005, Lesefassung, Magdeburg.

Priebs, Axel, und *Christiane Wegner* (2008): „Eigenentwicklung" als Baustein nachhaltiger Flächenhaushaltspolitik, RaumPlanung 141, S. 257–262.

Sächsisches Staatsministerium des Innern (SMI) (Hrsg.) (2003): Landesentwicklungsplan Sachsen, Dresden.

E 5.3 Analyse der Wirksamkeit freiraumschutzorientierter Instrumente im Außenbereich

Stefan Fina, Stefan Siedentop

REFINA-Forschungsvorhaben: Designoptionen und Implementation von Raumordnungsinstrumenten zur Flächenverbrauchsreduktion (DoRiF)

Projektleitung:	Prof. Dr. Kilian Bizer, Universität Göttingen
Verbundkoordination:	Universität Göttingen
Projektpartner:	Universität Göttingen, Bundesamt für Bauwesen und Raumordnung, UFZ Halle-Leipzig, Leibniz-Institut für ökologische Raumordnung
Modellraum/Modellstädte:	Regierungsbezirk Düsseldorf (NW), Region Mittelhessen, Region Südwest-Thüringen, Region Hannover (NI)
Projektwebsite:	www.refina-dorif.de

Baulandpotenziale im Außenbereich

Flächenpotenzial nimmt tendenziell ab

Die Planung der städtebaulichen Entwicklung einer Gemeinde bedarf einer ausreichenden Kenntnis der baulichen Entwicklungspotenziale im Innen- wie im Außenbereich. Größere Städte unterhalten bereits vielfach Brachflächen- und Baulandkataster, mit denen Informationen zu Baulücken- und Brachflächenbeständen verwaltet werden. Darüber hinaus ist aber auch die Kenntnis der unter Beachtung der Belange des Freiraumschutzes mobilisierten Siedlungspotenziale im Außenbereich von erheblicher Bedeutung für eine langfristig orientierte Flächennutzungspolitik einer Gemeinde. Während sich in den vergangenen Jahren die Baulandpotenziale im Innenbereich als Folge des wirtschaftlichen Strukturwandels vielerorts eher vergrößert haben dürften, kann für den Außenbereich genau das Gegenteil angenommen werden. Durch den verstärkten Einsatz negativplanerischer Instrumente des raumordnerischen Freiraum- und Ressourcenschutzes sowie durch fachplanerisch begründete Entwicklungsrestriktionen hat das für Siedlungszwecke verfügbare Flächenpotenzial tendenziell abgenommen. Verwiesen sei auf die Verschärfung des Hochwasserschutzes, die Einführung eines europaweiten Schutzgebietssystems (FFH-, Vogelschutzgebiete) oder die Restriktionen für „heranrückende Wohnbebauung" durch linien- und punkthafte Infrastrukturen (z.B. Windenergiestandorte).
Zum Umfang solcher Restriktionen für die Außenentwicklung liegen bislang kaum gesicherte Erkenntnisse vor. Nur wenige Regionen und Kommunen führen im Rahmen ihrer Regional- und Flächennutzungsplanung systematische Baulandpotenzialanalysen durch. Dadurch ist auch die Bewertung der Wirksamkeit freiraumschutzorientierter Instrumente der Raumordnung und des Fachplanungsrechts eingeschränkt.

Im Kontext des REFINA-Vorhabens „Designoptionen und Implementation von Raumordnungsinstrumenten zur Flächenverbrauchsreduktion" (DoRiF) kommt der Frage der räumlichen Wirksamkeit negativplanerischer Instrumente eine weitere Bedeutung zu (vgl. Kap. **E 4.1**). So entstand die Frage, ob und in welchem Maße die Einführung handelbarer Flächenausweisungsrechte in Konflikt mit raumordnerischen Zielsetzungen des Freiraumschutzes treten könnte.

Vorgehensweise

Vor diesem Hintergrund wurde in den vier Modellregionen des Projekts DoRiF (Düsseldorf, Hannover, Mittelhessen und Südwestthüringen) eine detaillierte GIS-gestützte Erhebung der Baulandpotenziale durchgeführt. Das für die Planungsregionen und ihre regionsangehörigen Gemeinden ermittelte „Baulandpotenzial" repräsentiert dabei einen Flächenbestand im planerischen Außenbereich, welcher nicht von fachplanerischen Festlegungen oder Raumordnungsgebieten mit Einschränkungen der baulichen Nutzbarkeit betroffen ist. Das Baulandpotenzial kann als absolute Flächengröße wie auch als prozentualer Anteil an der Gesamt- oder Freiraumfläche der Planungsregion und ihrer Gebietskörperschaften angegeben werden und ist ausdrücklich nicht mit den innerörtlichen Bauland- bzw. Entwicklungspotenzialen zu verwechseln.
Die hier erfolgte Baulandpotenzialanalyse unterscheidet zwei Flächenkategorien im Außenbereich:

- Gebiete, in denen eine Ausweisung von neuem Bauland keinesfalls möglich ist („Tabuflächen"), und
- Gebiete, in denen eine Ausweisung von neuem Bauland Konflikte mit konkurrierenden Raumnutzungen bzw. -funktionen aufwirft, die aber in der finalen Abwägung der Träger der Bauleitplanung überwindbar sind („Konfliktflächen").

Wie erwähnt betrachtet die Baulandpotenzialanalyse ausschließlich Freiflächen im Außenbereich. Deshalb werden alle bereits besiedelten Flächen als „absolute" Restriktionen (Tabuflächen) angesehen. Darüber hinaus werden vor allem Raumordnungsgebiete, die als Ziel der Raumordnung Ergebnis einer abschließenden raumordnerischen Abwägung sind, den Tabuflächen zugeordnet. Dies betrifft alle Gebietsfestlegungen im Status eines Vorranggebietes. Einbezogen werden darüber hinaus die nach Fachplanungsrecht strikt geschützten Gebiete im Außenbereich (z.B. Naturschutz- und Landschaftsschutzgebiete oder Schon- und Bannwälder).
Als Konfliktflächen werden Vorbehaltsgebiete (als Grundsatz der Raumordnung), aber auch Waldflächen und sonstige raumordnerische Schutzkategorien des Freiraumschutzes adressiert. Zusätzlich wird davon ausgegangen, dass Flächen mit mehr als 15 Prozent Hangneigung nicht als Standort für Siedlungserweiterungen in Frage kommen.

Flächenabzugsverfahren als Grundlage der Potenzialberechnung

Die Berechnung des Baulandpotenzials vollzieht sich methodisch als einfaches Flächenabzugsverfahren (vgl. Tab. 1). Von der Gesamtfläche der betrachteten Gebietskörperschaft werden zunächst die bestehenden Siedlungsflächen abgezogen. Es folgen die als Tabu- und Konfliktflächen kategorisierten Flächen. Die verbleibenden Freiraumflächen werden allerdings nicht pauschal als „Baulandpotenzial" angesehen, weil hierunter auch Flächen zu finden sind, die sich

in weitem Abstand zu den bestehenden Siedlungsflächen befinden. Diese Flächen werden deshalb nicht als Baulandpotenzial angesehen, weil der Aufwand zu ihrer Erschließung unrealistisches Ausmaß annehmen würde. Insbesondere bei Wohnnutzungen kann stets von einem räumlichen Anschluss an den Siedlungsbestand ausgegangen werden. Aus diesem Grund werden die bestehenden Siedlungsflächen mit einem 500 Meter breiten Puffer versehen, allerdings unter Ausschluss von Kleinst- und Splittersiedlungen mit einer Flächengröße von weniger als fünf Hektar. Es wird davon ausgegangen, dass nur bei größerem Siedlungsbestand erweiterungsfähige Infrastrukturen vorhanden sind, die für effiziente Siedlungserweiterungen genutzt werden können.
Dem auf diese Weise ermittelten Baulandpotenzial kann die in der jüngeren Vergangenheit realisierte und in die Zukunft fortgeschriebene Flächeninanspruchnahme für Siedlungszwecke gegenübergestellt werden. Dies erlaubt eine Einschätzung, in welchem Zeitraum eine Gebietskörperschaft an die „Grenzen des Wachstums" stößt. Als Wachstumsgrenze wird dabei ein Zustand angesehen, bei dem Siedlungserweiterungen nicht mehr auf konfliktfreien oder konfliktarmen Freiraumflächen möglich sind.

Räumliche Steuerungswirksamkeit der Regionalplanung

Negativplanung ist steuerungswirksam

Die Ergebnisse zeigen insgesamt, dass der Negativplanung durch die Regionalplanung und durch den fachplanerischen Gebietsschutz erhebliche Steuerungswirksamkeit für die Siedlungsentwicklung zukommt. Dies betrifft allerdings weniger die Mengensteuerung („Wieviel?") als vielmehr die Standortlenkung („Wo?") kommunaler Siedlungsflächenplanung. Aufgezeigt wurde, dass das Baulandpotenzial im Sinne dieses Beitrags in allen Regionen Flächenausweisungen für Siedlungs- und Verkehrszwecke im durchschnittlichen jährlichen Umfang der jüngeren Vergangenheit über einen Zeitraum von mindestens 20 Jahren zulassen würde. Eine mengenmäßige Einengung kommunaler Flächenausweisungsspielräume durch die Raumordnung und die Fachplanungen kann damit nicht festgestellt werden. Die Steuerungswirksamkeit der Negativplanung ergibt sich eher aus der Einschränkung der Standortwahl neuer Siedlungserweiterungen. In den hier untersuchten Modellregionen sind zwischen 61 und 74 Prozent des gesamten Freiraumbestandes als „Tabufläche" für die Siedlungsplanung anzusehen (vgl. Abb. 4). Werden weitere Konfliktkategorien einbezogen, verringert sich der Planungsspielraum in standörtlicher Hinsicht weiter.
Zugleich wurde deutlich, dass innerhalb der Modellregionen erhebliche Abweichungen in der Wirksamkeit negativ-planerischer Kategorien festzustellen sind. Die Betroffenheit der Gemeinden durch Negativplanung weist erwartungsgemäß erhebliche Unterschiede aus. Allerdings sind mit Ausnahme der Region Südwestthüringen keine Gemeinden vollständig von restringierenden Flächendarstellungen der Regionalplanung oder von Schutzgebieten umschlossen. Dennoch zeigen die Potenzialanalysen für zahlreiche Gemeinden die Grenzen eines landschaftsverträglichen Siedlungsflächenwachstums deutlich auf.
Bislang werden Baulandpotenzialanalysen seitens der Regionalplanung vor allem zur Allokation landschaftsverträglicher Siedlungserweiterungen eingesetzt (z.B. im Rahmen der Darstellung von Vorranggebieten für Industrie und Gewerbe). Wie oben dargestellt, können mit diesem Instrument aber auch stra-

tegische Optionen für die zukünftige Baulandpolitik auf regionaler und kommunaler Ebene verdeutlicht werden. Die Gegenüberstellung des Baulandpotenzials im Innen- und Außenbereich kann Bewusstseinsbildungsprozesse unterstützen, indem regionalen und kommunalen Entscheidungsträgern die Grenzen der Siedlungsexpansion kenntlich gemacht werden. Eine städtebauliche Entwicklung „nach innen" trägt nach diesem Verständnis dazu bei, die mit dem knappen Gut „Freiraum" verbundenen Entwicklungsoptionen für zukünftige Generationen offen zu halten.

Tabelle 1: Vergleich der Ergebnisse für alle vier Untersuchungsregionen (alle Angaben in %)

Flächenkategorie	Düsseldorf	Hannover	Mittelhessen	SW-Thüringen
Regionale Gesamtfläche	100	100	100	100
Freiraumfläche (Gesamtfläche ohne Siedlungsfläche)	83,5	70,5	91,9	93,4
Tabufreie Freiraumfläche (Gesamtfläche ohne Siedlungs- und Tabufläche)	22,7	21,3	34,2	36,3
Tabu- und konfliktfreie Freiraumfläche (Gesamtfläche ohne Siedlungs-, Tabu- und Konfliktfläche)	17,9	14,8	5,5	6,1
Siedlungsnahe tabu- und konfliktfreie Freiraumfläche (= siedlungsnahes Baulandpotenzial)	9,8	9,8	3,3	3,0

Quelle: Institut für Raumordnung und Entwicklungsplanung (IREUS).

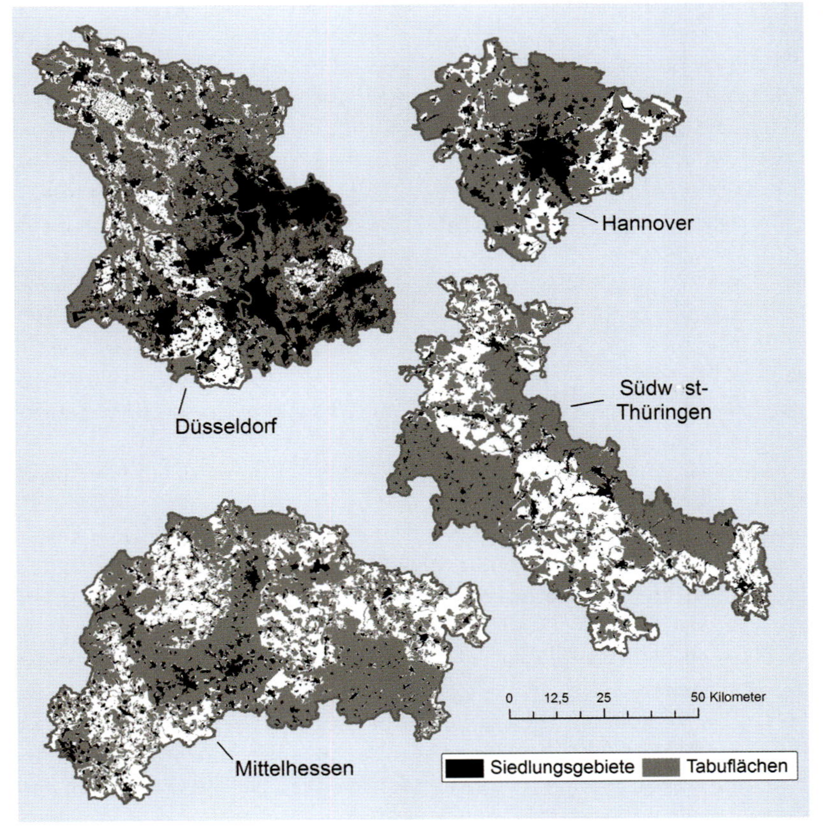

Abbildung 4: „Tabuflächen" in den untersuchten Regionen

Quelle: Eigene Darstellung.

E 5.4 Evaluation von Regionalplänen

Klaus Einig, Andrea Jonas, Brigitte Zaspel

REFINA-Forschungsvorhaben: Designoptionen und Implementation von Raumordnungsinstrumenten zur Flächenverbrauchsreduktion

Projektleitung: Georg-August-Universität Göttingen, Wirtschaftswissenschaftliche Fakultät, Professur für Wirtschaftspolitik und Mittelstandsforschung
Projektpartner: Bundesamt für Bauwesen und Raumordnung (BBR); UFZ Umweltforschungszentrum Leipzig-Halle GmbH; Universität Stuttgart, Institut für Raumordnung und Entwicklungsplanung; Sonderforschungsgruppe Institutionenanalyse e.V. (sofia); GWS Gesellschaft für Wirtschaftliche Strukturforschung mbH Osnabrück; team ewen
Modellräume: Regierungsbezirk Düsseldorf (NW), Region Hannover (NI), Mittelhessen, Südwest-Thüringen
Projektwebsite: www.refina-dorif.de

REFINA-Forschungsvorhaben: Entwicklung und Evaluierung eines Flächenbarometers als Grundlage für ein nachhaltiges Flächenmanagement

Projektleitung: Universität Würzburg, Geographisches Institut
Projektpartner: Bundesamt für Bauwesen und Raumordnung (BBR); Planungsverband Äußerer Wirtschaftsraum München (PV)
Kooperationspartner: Deutsches Zentrum für Luft- und Raumfahrt e.V. (DLR); Geoforschungszentrum Potsdam (GFZ); Wegner Stadtplanung; Umweltbundesamt (UBA); Verbund Region Rhein-Neckar; Stadt Dresden; Stadt Leipzig
Modellräume: Region München (BY), Westsachsen

Herausforderung Planevaluation

Abschätzung von Wirksamkeit und Erfolg

Als Planevaluation wird eine auf empirische Methoden gestützte Abschätzung der Wirksamkeit und des Erfolgs einzelner regionalplanerischer Instrumente wie ganzer Regionalpläne bezeichnet. Soll nur der Zielerreichungsgrad eines Regionalplans bzw. eines Instrumentes ermittelt werden, spricht man von einer Erfolgskontrolle. Wird die Evaluation durchgeführt, um die intendierten und nicht intendierten Wirkungen zu erfassen, handelt es sich um eine Wirkungs-

analyse. Je nach zeitlicher Perspektive können zwei Grundrichtungen der Planevaluation unterschieden werden. Bei einer Ex-post-Evaluation sind die schon eingetretenen Wirkungen und Effekte von rechtsgültigen Regionalplänen oder bereits seit längerem im Einsatz befindlicher Instrumente Gegenstand empirischer Untersuchung. Demgegenüber schätzt eine Ex-ante-Evaluation die zukünftigen Wirkungen eines Regionalplanentwurf oder instrumenteller Alternativen ab. Methoden der Folgen- und Wirkungsprognose stehen hier im Vordergrund.
In der Planungsforschung basieren Urteile über den Erfolg bzw. Misserfolg von Plänen häufig immer noch auf Vermutungen und nur selten auf systematischen Evaluationen. Die meisten Regionalpläne werden in Deutschland keiner Wirkungsanalyse oder Erfolgskontrolle unterzogen. Drei Hemmnisse können dies erklären:

- die geringe Motivation der Regionalplanung zur Wirkungs- und Erfolgskontrolle ihrer Pläne,
- der Mangel an geeigneten Datengrundlagen,
- die erheblichen Schwierigkeiten praktischer Planevaluation, da Regionalpläne nicht direkt die Flächennutzung steuern, sondern über den Umweg anderer Planungen und Zulassungsentscheidungen wirken.

Direkte Effekte der Flächennutzung bewirken Regionalpläne erst, nachdem sie in Bauleit- und Fachplänen weiter konkretisiert wurden und in Entscheidungen von Genehmigungsbehörden über die Zulässigkeit raumbedeutsamer Planungen und Maßnahmen eingeflossen sind. Dieses Mehrebenenproblem zwingt zur Messung sowohl direkter Wirkungen auf Seiten der Planadressaten als auch zur Abschätzung der indirekten Wirkungen auf die Flächennutzung und die sonstige materielle Umwelt. In beiden Fällen müssen die Wirkungen kausal auf einen Regionalplan oder einzelne seiner Instrumente als Ursache zurückgeführt werden. Im empirischen Beweis der Evidenz solcher Ursache-Wirkungs-Beziehungen besteht die wissenschaftliche Herausforderung von Planevaluationen. Sie ist nur auf der Basis geeigneter Daten, dem kontrollierten Einsatz leistungsfähiger Evaluationsmethoden und einem qualifizierten Personal zufriedenstellend zu bewältigen. Ein standardisiertes Design für die Evaluation von Regionalplänen ist allerdings noch nicht entwickelt. In Frage kommende Methoden und Möglichkeiten ihrer Kombination sind erst in Ansätzen diskutiert.

Evaluationsdesign für Regionalpläne

Methodenmix getestet

In den REFINA-Vorhaben wurde ein komplexer Methodenmix für die Evaluation von Regionalplänen entwickelt und getestet. Die Kapazität und Wirksamkeit regionalplanerischer Instrumentenverbünde im Bereich der Siedlungsentwicklung konnten mit diesem Ansatz für insgesamt sechs Planungsregionen der Regionalplanung untersucht werden (Düsseldorf, Hannover, Mittelhessen, München, Südwest-Thüringen und Westsachsen). Die Evaluation bezog Regionalpläne ein, die bereits länger in Kraft sind.
Um Planwirkungen messen und den Steuerungseffekt von Instrumenten abschätzen zu können, ist ein datengestützter unmittelbarer Bezug zwischen Evaluationsobjekt und kausalen Effekten herzustellen. Hierzu dienen Indikatoren. Sie repräsentieren Messgrößen, die zur Bestimmung eines nicht unmittelbar erfassbaren Sachverhaltes genutzt werden, vor allem wo Primärdaten nicht verfüg-

bar sind. Vielfach sind Ursache-Wirkungs-Zusammenhänge bei einer Planevaluation nicht direkt beobachtbar. Aufgrund des Mangels an geeigneten Datengrundlagen können die Wirkungen der untersuchten Instrumentenverbünde nur selten durch geeignete Indikatoren direkt gemessen werden. Die Evaluation von Regionalplänen kann deshalb nicht nur auf Daten der amtlichen Statistik basieren. Die Evaluationsforschung empfiehlt in solchen Fällen die Einbeziehung von Hilfsgrößen. Ergänzend sind eine Thematisierung der Wirkungswahrnehmungen und Erfolgsbewertungen zentraler Akteursgruppen notwendig. Es mussten deshalb zusätzlich eigene Primärdaten durch Befragungen, Interviews und Aktenanalysen erhoben werden. In der Evaluationsforschung sehen alle Ansätze der Programmtheorie eine intensive Einbeziehung relevanter Stakeholder vor. Um den Verhaltenseffekt von Instrumenten und Plänen beurteilen zu können, sind die dominanten Theorien von Akteuren über die Wirkungsweise und den Erfolg von Plänen und Instrumenten zu rekonstruieren. Diese subjektiven Einschätzungen repräsentieren allerdings nur Annäherungen an die Wirklichkeit. Erforderlich ist daher ihre kombinierte Auswertung mit den Ergebnissen geo-statistischer Analysen auf der Basis von amtlichen Statistikdaten, Geodaten der Flächennutzung und der räumlichen Planung sowie Aktenanalysen.

Auswertung amtlicher Statistiken und Geodaten der Flächennutzung

Grundlage einer Ex-post-Planevaluation ist die geo-statistische Auswertung kleinräumiger Daten amtlicher Statistiken, regionaler Daten der räumlichen Planung und der Flächennutzung. Erst durch die Erschließung unterschiedlicher Datenquellen können in Ansätzen kausale Beziehungen zwischen dem Einsatz einzelner Instrumente der Regionalplanung, Anpassungsreaktionen der adressierten öffentlichen Planungsträger und Effekten für die Flächennutzung hergeleitet werden.
In die Geodatenanalyse sind räumlich konkretisierte Festlegungen des Regionalplans, die Flächenausweisungen kommunaler Bauleitpläne und Daten der tatsächlichen Flächennutzung (ATKIS, Corine Land Cover) einzubeziehen. Mit dem Software-Tool „SEMENTA" können aus topographischen Karten (Maßstab 1:25.000) gebäudescharfe Daten extrahiert werden. Erst Zeitreihendaten für Gebäude oder Baublöcke erlauben eine sichere Überprüfung, ob die bauliche Entwicklung in einer Region entsprechend den Vorgaben der Regionalplanung verlaufen ist.

Interviews mit Planungsexperten

Die Steuerungswirksamkeit von Regionalplaninstrumenten kann auch über eine Befragung der Personen abgeschätzt werden, die bereits langjährige Erfahrungen entweder als Anwender oder als Adressaten von Festlegungen der Regionalplanung sammeln konnten. Zur Erschließung dieses Expertenwissens sind für eine Regionalplanevaluation Expertengespräche mit unterschiedlichen Planungsakteuren auf Landes-, Regional-, Kreis- und Gemeindeebene durchzuführen. Das gewonnene Insiderwissen unterstützt die Bildung von Hypothesen über die Wirksamkeit der Instrumente eines Regionalplans. Auf dieser Erkenntnisbasis können die Fragebögen für die schriftliche Befragung der regionalen Akteure entwickelt werden.

Standardisierte, schriftliche Akteursbefragung

Eine schriftliche Befragung der leitenden Kommunalplaner oder Bürgermeister und eine Befragung der Mitglieder der regionalen Planungsversammlung dienen der repräsentativen Beurteilung der Instrumentenverbünde eines Regionalplans. Die Befragung sollte instrumentenscharf aufgebaut sein. Nur so erhält man ein differenziertes Bild von Wirksamkeit, Steuerungserfolg, Restriktivität, Akzeptanz und Reformbedarf vom Instrumentenverbund Regionalplan. Sollen die Instrumentenverbünde unterschiedlicher Planungsregionen verglichen werden, sind die Fragen und Antwortkategorien der regionsspezifischen Fragebögen möglichst weitgehend anzugleichen.

Inhaltsanalyse von Stellungnahmen der Regionalplanung

Ergebnisse der Evaluation

Die Steuerungswirksamkeit von Regionalplänen zeigt sich insbesondere in ihrer Vollzugsphase. Aus Kapazitätsgründen wird der gesamte Prozess der Planimplementation allerdings nur in Ausnahmen untersucht werden können. Aber bereits durch eine Inhaltsanalyse der Stellungnahmen der Regionalplanung zu kommunalen Bauleitplanungen lassen sich wichtige Erkenntnisse über die Wirksamkeit ihrer Instrumente ableiten. Die Regionalplanung gibt als Träger öffentlicher Belange zu kommunalen Bauleitplanungen Stellungnahmen ab, in denen sie die Anpassung kommunaler Planungsvorhaben an die verbindlichen Vorgaben der Regional- und Landespläne beurteilt. Ausgewertet werden kann, wie häufig kommunale Bauleitpläne von landes- und regionalplanerischen Festlegungen abweichen und welche Instrumente des Regionalplans von Abweichungen besonders betroffen sind. Wird die Auswertung über eine Datenbank organisiert, können quantitative Verfahren der Datenanalyse, wie die Berechnung von Häufigkeiten und Mittelwerten, genutzt werden.

Planevaluation durch Kombination qualitativer und quantitativer Methoden

Die Bewertung der Steuerungseffektivität erfolgt durch eine Kombination qualitativer und quantitativer Methoden der Sozialforschung und Raumwissenschaften. Wird das Gesamtergebnis einer instrumentenbezogenen Evaluation aus komplexen Teilanalysen abgeleitet, ist dem gesamten Bewertungsvorgang ein besonderes Augenmerk zu widmen. In den REFINA-Vorhaben wurde eine qualitative Bewertung vorgenommen (vgl. Abb. 5). Eine quantitative Verrechnung der einzelnen Untersuchungsergebnisse – beispielsweise nach einem Punktesystem – hat sich nicht bewährt, da sich einzelne Teilergebnisse einer einheitlichen Bewertung verschließen. Die Interpretation der Ergebnisse musste

Abbildung 5:
Evaluation des Instruments
Regionale Grünzüge

Quelle: Eigene Darstellung.

Evaluation Regionale Grünzüge

Definition

Regionale Grünzüge sind ein multifunktionales Planelement des Freiraumschutzes. Sie dienen der Sicherung und Entwicklung des Freiraums in Siedlungsnähe und entlang von Verkehrsachsen und sollen den Freiraum vor einer baulichen Inanspruchnahme für Siedlungszwecke besonders schützen.

Analysen

Gebäudebestand und -entwicklung in Regionalen Grünzügen (Region Düsseldorf)

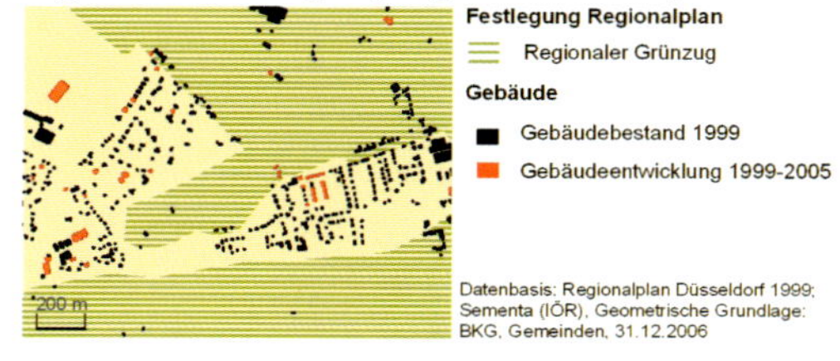

Festlegungen von Regionalplan und Flächennutzungsplan (Region Düsseldorf)

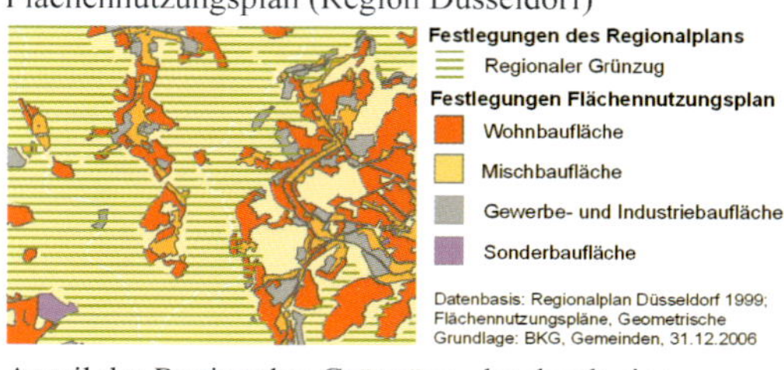

Anteil der Gebäudefläche neuer Gebäude in Regionalen Grünzügen (Region Düsseldorf)

1984 bis 1988	4,8%
1988 bis 1994	4,4%
1994 bis 1999	5,4%
1999 bis 2005	5,0%

Anteil der Regionalen Grünzüge, der durch eine Festlegung des FNP´s bedeckt wird

Wohnbaufläche	1,5%
Mischbaufläche	0,3%
Gewerbe- und Industriebaufläche	0,6%
Sonderbaufläche	0,4%
Baufläche insg.	2,7%

Wie kommunale Akteure die Zielerreichung des Instruments Regionale Grünzüge beurteilen

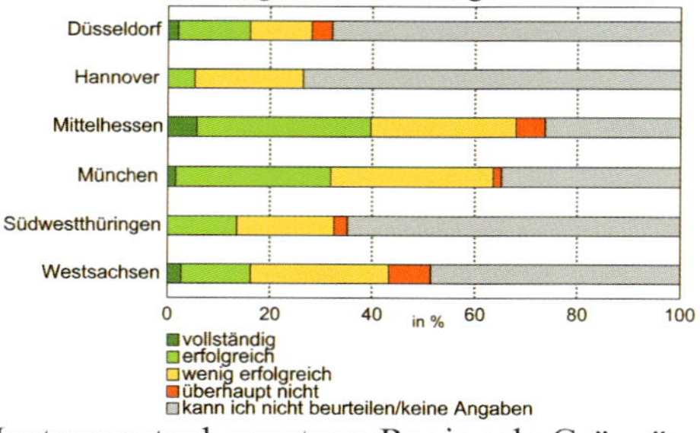

Konfliktfälle in FNP-Verfahren mit Festlegungen zu Regionalen Grünzügen

Region	Anzahl der Konflikte	Anzahl der Verfahren	Untersuchungs-zeitraum
Düsseldorf	12	1370	2000-2007
Hannover	1	254	2000-2007
Mittelhessen	3	198	2004-2007
München	4	396	2005-2007
Südwestthüringen	0	54	2000-2008
Westsachsen	0	41	2003-2004

Instrumentenbewertung Regionale Grünzüge

Regionalplan	**Steuerungseffektivität**
Südwestthüringen (1999)	**gering:** Grundsatz, Freiraumschutz wird nur mit Vorbehaltscharakter festgelegt, ein Wegwägen wird ermöglicht
München (1987/2002)	**mittel:** Soll-Ziel, Freiraumschutz ist verhältnismäßig schwach als Vorrang gesichert, Einzelfallregelung schränkt nicht restriktiv den Kreis zulässiger Bauten ein
Westsachsen (2001)	**mittel:** Ziel, strikter Vorrang des Freiraumschutzes, Ausnahmen auf Investitionen mit Landesbedeutung beschränkt
Hannover (2006)	**mittel:** Ziel, strikter Vorrang des Freiraumschutz, Ausnahmen auf bestimmte bauliche Nutzungen beschränkt
Düsseldorf (1999)	**hoch:** Ziel, strikter Vorrang des Freiraumschutz, Ausnahmen auf verträgliche Nutzungen beschränkt
Mittelhessen (2001)	**sehr hoch:** Ziel, strikter Vorrang des Freiraumschutzes, keine Ausnahmeregelung

deshalb sehr kontextsensibel vorgenommen werden. Alle Untersuchungsschritte zusammenfassend, wurde für jedes einzelne Instrument sowie für den gesamten Instrumentenverbund eines Regionalplans die Steuerungseffektivität beurteilt (vgl. Abb. 6).

	Düsseldorf	Hannover	Mittelhessen	München	SW-Thüringen	W-Sachsen
Steuerung der Siedlungsentwicklung						
Ausrichtung auf Zentrale Orte		◍/●	◍/●	○	○/◍	○/◍
Vorranggebiete Siedlung- und Gewerbeflächenentwicklung	◍/●	○/◍	◍			
Vorbehaltsgebiete Siedlungsentwicklung				○		T: ○
Eigenentwicklung	◍	○	T: ◍	○/◍	◍	T: ○
Gemeindefunktionen		◍	◍			
Konzentration der Siedlungsentwicklung auf Standorte mit ÖPNV-Anschluss	◍	◍/●		◍		
Maximaler Wohnflächenbedarf (ha-Wert)			◍			
Schutz des Freiraums						
Regionale Grünzüge, Vorranggebiete für Freiraumfunktionen	◍/●	◍/●	◍/●	◍	◍	◍/●
Grünzäsuren/Trenngrün				T: ◍	T: ○/◍	T: ◍/●
Sonstiger Freiraumschutz	●	◍/●	◍/●	◍/●	●	◍/●

T: Tendenz ● hoch ◍ mittel ○ gering

Abbildung 6:
Steuerungseffektivität der regionalplanerischen Instrumente

Quelle: Eigene Darstellung.

Literatur

Einig, Klaus, Andrea Jonas, Brigitte Zaspel (2010): Evaluation von Regionalplänen – ein theoriebasierter Ansatz zur Analyse von Instrumenten zur Steuerung der Siedlungsentwicklung, in: Manfred Schrenk, Vasily V. Popovich, Peter Zeile (Hrsg.): REAL CORP, Cities for everyone, Tagungsband, S. 265–276.

Einig, Klaus, Andrea Jonas, Brigitte Zaspel (2010): Evaluierung von Regionalplänen, in: W. Köck, K. Bizer, K. Einig, S. Siedentop (Hrsg.): Designoptionen und Implementation von Raumordnungsinstrumenten zur Flächenverbrauchsreduktion, Baden-Baden.

E 5.5 Zieldifferenzen zwischen Gemeinden und Regionen analysieren und verstehen

Stefan Geyler, André Grüttner, Martina Kuntze, Christian Strauß

REFINA-Forschungsvorhaben: Ziele und übertragbare Handlungsstrategien für ein kooperatives regionales Flächenmanagement unter Schrumpfungstendenzen in der Kernregion Mitteldeutschland KoReMi

Projektleitung:	Prof. Johannes Ringel, Universität Leipzig, Wirtschaftswissenschaftliche Fakultät, Institut für Stadtentwicklung und Bauwirtschaft
Verbundkoordination:	Martina Kuntze, Universität Leipzig, Wirtschaftswissenschaftliche Fakultät, Institut für Öffentliche Finanzen und Public Management
Projektpartner:	Prof. Dr. Thomas Lenk, Universität Leipzig, Wirtschaftswissenschaftliche Fakultät, Institut für Öffentliche Finanzen und Public Management; Prof. Dr. Klaus Friedrich, Martin-Luther-Universität Halle-Wittenberg, FB Geowissenschaften, Professur für Sozialgeographie; Prof. Dr.-Ing. Robert Holländer, Universität Leipzig, Wirtschaftswissenschaftliche Fakultät, Institut für Infrastruktur und Ressourcenmanagement, Professur für Umwelttechnik in der Wasserwirtschaft und Umweltmanagement; Prof. Dr.-Ing. Wolfgang Kühn, Universität Leipzig, Wirtschaftswissenschaftliche Fakultät, Institut für Infrastruktur und Ressourcenmanagement, Lehrstuhl für Verkehrsbau und Verkehrssystemtechnik; Thomas Gawron, Senior Fellow, UFZ
Modellraum:	Kernregion Mitteldeutschland (Sachsen, Sachsen-Anhalt)
Projektwebsite::	www.koremi.de

Nachhaltiges Flächenmanagement bedarf einer regionalen Abstimmung, da lokales flächenpolitisches Handeln regionale Wirkungen induziert. Hierfür müssen die Handlungsmuster der Planungsträger unterschiedlicher Ebenen (Gemeinde, Land) integriert werden. Im besten Falle sind diese gleichgerichtet. Oft zeigt sich jedoch, dass die Planungsträger unterschiedliche Intentionen haben.

Zielkonflikte verstehen

Sollen auf regionaler Ebene Ziele für ein nachhaltiges Flächenmanagement abgestimmt werden, müssen die Zielkonflikte verstanden werden. Zum einen bestehen diese zwischen den Gemeinden (horizontale Abstimmung), zum anderen stehen auch die Zieldifferenzen zwischen Gemeinden und der übergeordneten Ebene (vertikale Abstimmung) zur Diskussion. Ursachen für Ziel-

konflikte sind u.a. unterschiedliche Rahmenbedingungen der Gemeinden (Lagegunst, zentralörtlicher Status) sowie unterschiedliche räumliche Perspektiven von Gemeinden und Ländern.
Zur Analyse einer solch komplexen Situation bedarf es eines Bezugspunktes, mit dessen Hilfe sowohl die gemeindlichen als auch die überörtlichen Ziele beurteilt werden können. Zugleich besteht die Herausforderung darin, die Multidimensionalität von Flächenmanagement einzubeziehen. So beeinflussen Flächenentscheidungen die Boden- und Freiraumnutzung und dienen wirtschaftlichen Zwecken sowie sozialen Zielen.
Für diese Konfliktanalyse wird im Folgenden ein pragmatischer Ansatz vorgeschlagen, der speziell für Regionen mit Flächenüberhängen und soziodemographischem Wandel konzipiert wurde: Ausgangspunkt bildet ein theoretischer Zielkatalog für ein nachhaltiges Flächenmanagement. Dieser wird um eine grundlegende Analyse ergänzt, wie die Handlungsziele in Bezug zu relevanten gesellschaftlichen Oberzielen stehen, d.h. welche Konflikte und Synergien zwischen den Oberzielen durch die Umsetzung einzelner Ziele entstehen.
Dieses Verfahren wurde beispielhaft für die Kernregion Mitteldeutschland entwickelt (vgl. Geyler u.a. 2009), ein Raum, der sich über die Landesgrenze zwischen Sachsen und Sachsen-Anhalt hinaus erstreckt (vgl. Kap. **E 5.2**, Abb. 2). Der Ansatz ist auf vergleichbare Räume übertragbar.

Theoretischer Zielkatalog

Gemeinsamen Bezugspunkt herstellen

Für die nachhaltige Raumentwicklung wurden zunächst drei gesellschaftlich relevante Oberziele identifiziert, die sich gegenseitig beeinflussen: „Reduzierung der Flächenneuinanspruchnahme", „Stabilisierung der wirtschaftlichen Leistungsfähigkeit" und „Erhalt der Lebensqualität". Werden diese Oberziele durch flächenbezogene Handlungsziele und Maßnahmen operationalisiert, entsteht ein aufeinander abgestimmter, regionalbezogener Zielkatalog für ein nachhaltiges Flächenmanagement. Die Handlungsziele basieren auf wenigen Grundprinzipien:

- Verknüpfung von Neuausweisung, Innenentwicklung und Rücknahme auf regionaler Ebene mit Hilfe eines Bilanzziels im Sinne des 30-ha-Ziels und hierbei insbesondere die Ausnutzung bestehender und schon erschlossener Flächen (Handlungsziele I und II – vgl. Abb. 7);
- Fokussierung auf regionale, aber auch auf innerörtliche Entwicklungsschwerpunkte (Handlungsziel III – vgl. Abb. 7). Zur regionalen Schwerpunktsetzung wird auf dem Zentrale-Orte-Konzept sowie einer Gemeindekategorisierung (städtischer Raum/ländlicher Raum) aufgebaut. Innerörtlich werden zentrale Ortsteile (Siedlungs- und Versorgungsschwerpunkte) von nicht-zentralen unterschieden.

Alle Maßnahmen lassen sich durch die üblichen flächenpolitischen Strategien der Gemeinden im Rahmen einer Flächenkreislaufwirtschaft umsetzen: Neuausweisung, Innenverdichtung, Umnutzung, Rücknahme sowie Verzicht auf Neuausweisung trotz bestehender Nachfrage.
Der Zielkatalog suggeriert einen stringenten Aufbau aufeinander abgestimmter Ziele. Allerdings stellt er eine Kompromissformel dar, hinter der Kongruenzen, aber auch Konflikte liegen. Diese Wechselwirkungen können hier anhand

eines Beispiels skizziert werden (vgl. hierzu Geyler u.a. 2009): Die Lenkung von gewerblicher Flächennachfrage auf erschlossene Flächen anstelle von Neuausweisung spart bspw. Erschließungskosten und verringert die Flächeninanspruchnahme. Zugleich ergeben sich fiskalische Verteilungskonflikte, möglicherweise werden aber auch Lagevorteile neuer Standorte nicht ausgenutzt.

Abbildung 7:
Theoretischer Zielkatalog – Oberziele, Handlungsziele und Maßnahmen

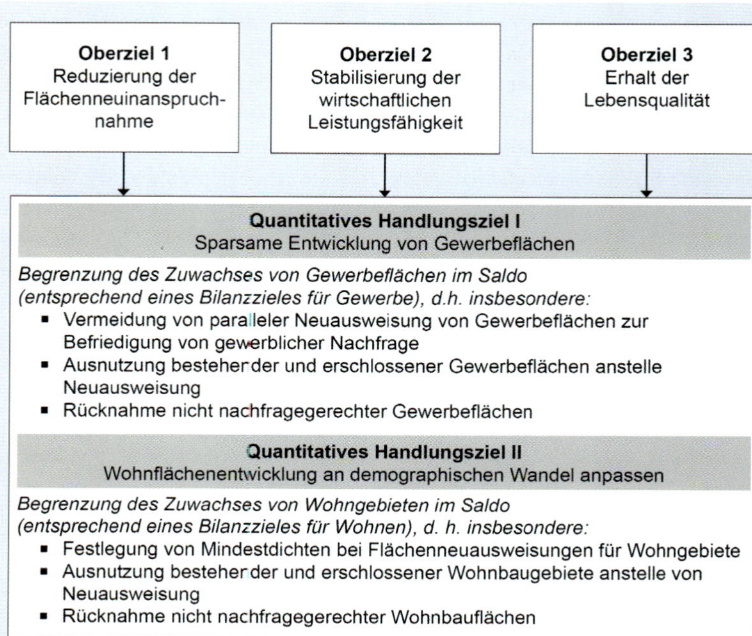

Quelle: Eigene Darstellung.

Anwendungsbeispiel Kernregion Mitteldeutschland

Der Zielkatalog wurde beispielhaft zur Bewertung der gemeindlichen und landesplanerischen flächenpolitischen Ziele in der Kernregion Mitteldeutschland genutzt.

Zur Erfassung der kommunalen Entwicklungsstrategien wurden eine schriftliche Befragung (vgl. Kübler 2009), Akteursworkshops und Vor-Ort-Gespräche durchgeführt. Sofern es um eine allgemeine, ortsunspezifische Beurteilung des Ziels einer nachhaltigen Flächenpolitik geht, stimmen gemeindliche Akteure überwiegend zu. Auch nutzen die Gemeinden ein breites Spektrum an flä-

chenpolitischen Strategien, z.B. betreiben 80 Prozent der befragten Gemeinden Innenentwicklung.
Hinsichtlich ihrer konkreteren Planungsabsichten stehen die Gemeinden oft im Widerspruch zum theoretischen Zielkatalog. So wird Flächenausweisung nicht nur bei positiven, sondern auch bei eher schlechten Entwicklungsperspektiven vorgesehen. Zudem sind Neuausweisungen nicht allein auf Gemeinden mit zentralörtlicher Funktion beschränkt. Eher selten wird eine Rücknahme von FNP-Flächen (nur 1/3 der Gemeinden) und noch seltener von Bebauungsplanflächen (nur 15 bis 22 Prozent der Gemeinden) erwogen.
Die zwei Landes- und drei Regionalpläne des Untersuchungsraumes nehmen auf die drei Oberziele des theoretischen Zielkataloges mehr oder weniger explizit Bezug. Unterschiede zwischen den beiden Ländern werden v.a. in der Verbindlichkeit der Aussagen deutlich (vgl. Geyler u.a. 2009).
Hinsichtlich des Handlungsziels I begrenzt die überörtliche Planungspraxis die gewerbliche Flächenentwicklung allenfalls indirekt. Konkrete quantitative Begrenzungen fehlen, allenfalls werden nicht genauer konkretisierte Richtgrößen (z.B. „voraussehbarer Bedarf" oder „Eigenentwicklung") genannt. Die Wohnflächenentwicklung unterliegt teilweise einer noch geringeren regionalplanerischen Reglementierung. Insgesamt erfolgt keine bilanzielle Verknüpfung der Flächenstrategien. Handlungsziel III wird überörtlich in erster Linie durch die Konzentration der Flächenneuentwicklung auf Zentrale Orte verfolgt, dies jedoch mit unterschiedlicher Konsequenz. Innerörtliche Differenzierungen werden zugleich in immer stärkerem Maße eingefordert.
Somit ergeben sich durchaus Kongruenzen zwischen überörtlichen Zielstellungen und dem theoretischen Zielkatalog. Die überörtlichen Zielstellungen reichen jedoch nicht aus, um auf regionaler Ebene sowohl die Flächenneuinanspruchnahme bilanziell zu regulieren als auch die räumliche Schwerpunktsetzung bei der Entwicklung weiter zu fördern. Die Ursachen liegen zum Teil in der eingeschränkten flächenstrategischen Kompetenz der übergeordneten Ebenen aufgrund der kommunalen Selbstverwaltung.

Nutzen für die Praxis

Es zeigen sich deutliche Differenzen zwischen den Handlungsintentionen der Akteure und dem theoretischen Zielkatalog für ein nachhaltiges Flächenmanagement.
Wie hilft das Wissen um Zieldefizite und Zielkonflikte weiter, auch wenn gegenwärtig keiner der beteiligten Akteursebenen den Zielkatalog in diesem Umfang umsetzt? Zum einen können die Planungsträger der Ebenen anhand des entwickelten Kriterienkatalogs ihre eigenen Ziele hinterfragen und weiterentwickeln. Somit eröffnet dieses Vorgehen neue Denkanstöße.
Zum anderen hilft der Zielkatalog, die bestehenden Zielkonflikte zwischen den Akteuren offenzulegen, ohne sich auf eine der Akteurspositionen beziehen zu müssen. Die Zustimmung zu den oder die Ablehnung der einzelnen Maßnahmen wird i.d.R. geteilt ausfallen. So werden Gemeinden mit und ohne Flächenreserven eine „Ausnutzung bestehender Flächen gegenüber Neuausweisung" unterschiedlich beurteilen. Mit ihrer Zustimmung und Ablehnung legen sie zugleich auch ihre Präferenzen und Oberziele offen: Überwiegen aus ihrer

Sicht die wirtschaftlichen Vorteile einer besseren Ausnutzung bestehender Flächen gegenüber einer Neuausweisung? Wer verspricht sich eher Vorteile von dieser Regel und wer eher Nachteile? Gerade diese Darlegung der Präferenzen, spezifischen Bewertungen und deren Diskussionen bilden die Ausgangsbasis, um z.B. mit Hilfe von kooperativen Ansätzen einzelne Ziele auf regionaler Ebene umzusetzen.

Literatur

Geyler, Stefan, André Grüttner, Anja Kübler, Emanuel Selz, Martina Kuntze, Christian Strauß, Barbara Warner (2009): Flächenpolitische Ziele unter Schrumpfungsbedingungen in der Kernregion Mitteldeutschland. Normative überörtliche Aussagen im Spiegel der Fachdiskussion, Bd. 05 der Schriftenreihe des Forschungsprojektes KoReMi, Leipzig.

Kübler, Anja (2010): Flächenpolitische Ziele der Gemeinden in der Kernregion Mitteldeutschland: Strategien und Herausforderungen, Bd. 06 der Schriftenreihe des Forschungsprojektes KoReMi, Leipzig.

E 6

Instrumente interkommunaler Kooperation

Instrumente interkommunaler Kooperation

Holger Floeting

Die Zusammenarbeit von Kommunen ist ein seit langem praktiziertes Vorgehen. Im Vordergrund stehen dabei zunächst die gegenseitige Stärkung durch Erfahrungs- und Informationsaustausch und durch gemeinsames Handeln sowie eine gemeinsame Interessenvertretung. In jüngerer Zeit führen jedoch Überlegungen zur verbesserten Wirtschaftlichkeit, zur notwendigen Aufgabenteilung und zur Verbesserung der Wettbewerbsfähigkeit verstärkt zur Zusammenarbeit über die Gemeindegrenzen hinweg. Aus den Erfahrungen mit unterschiedlichen Organisationsformen lassen sich Hindernisse und Erfolgsfaktoren interkommunaler Kooperation ableiten.

Wie sinnvoll interkommunale Kooperation für die Erledigung unterschiedlicher kommunaler Aufgaben sein kann, ist ein Thema, das in den Städten und Gemeinden seit Jahren in unterschiedlichen Zusammenhängen diskutiert wird. Artikel 28 (2) des Grundgesetzes gibt Kommunen grundsätzlich das Recht zur zwischengemeindlichen Zusammenarbeit unter der Voraussetzung, dass es sich dabei um Gegenstände des eigenen (örtlichen oder den Gemeinden zugewiesenen) Wirkungskreises oder des sogenannten übertragenen Wirkungskreises (staatliche Aufgaben) einer Kommune handelt. Integrierte interkommunale Handlungssysteme werden im Vergleich zu fragmentierten Strukturen als leistungsfähiger angesehen. Interkommunale Kooperation kann den kommunalen Handlungsspielraum erweitern und Handlungsressourcen erschließen, die allein aus eigener Kraft nicht zu mobilisieren wären (vgl. Temmen 1990, Klemme 2002).

Entwicklung interkommunaler Kooperationen

Vielfalt von Kooperationsformen

In den 1980er- und 1990er-Jahren war die Entwicklung der Formen interkommunaler Kooperation geprägt von der Diskrepanz zwischen der wachsenden Komplexität kommunaler Aufgaben bei gleichzeitig abnehmenden nationalstaatlichen Steuerungsmöglichkeiten und der sich verschlechternden Finanzausstattung der Gemeinden. Wichtige Bestimmungsfaktoren der interkommunalen Kooperation waren und sind auch die fortschreitenden funktionalräumlichen Verflechtungen zwischen Nachbargemeinden und besonders zwischen Kernstädten und Gemeinden in deren Umland und die Regionalisierung von Förderprogrammen der EU, des Bundes und der Länder.
Heute werden unterschiedlichste Formen der Kooperation zwischen Kommunen, zwischen öffentlichen sowie zwischen öffentlichen und privaten Akteuren diskutiert. Die Ausgestaltung der rechtlichen und verfahrenstechnischen Grundlagen eines Kooperationsmodells sind dabei höchst unterschiedlich und können durchaus sehr komplex sein. Aktuelle Ansätze interkommunaler Kooperation lassen sich grob drei Richtungen zuordnen: die Etablierung der Region als eigenständige Handlungs- und Entscheidungsebene, der Überbau bestehender Kooperationen mit einer Dachinstitution sowie bi- und multilaterale Koope-

rationsansätze unterhalb der stadtregionalen Ebene (vgl. Hollbach-Grömig u.a. 2005).
Die Vorteile interkommunaler Kooperation sind bekannt, doch obwohl Einvernehmen über Sinn und Nutzen von Kooperationen zu bestehen scheint, treffen sie im Alltag immer wieder auf Egoismen von Akteuren, unzureichende politische Rahmenbedingungen oder unlösbar scheinende Aushandlungsprozesse (vgl. Adamaschek/Pröhl 2003, Hollbach-Grömig/Floeting 2005). Während die klassischen Aufgaben der regionalen Versorgung und Infrastrukturausstattung von der Wasserversorgung über die Abwasserbehandlung bis zum öffentlichen Personennahverkehr mittlerweile längst arbeitsteilig in institutionalisierten Kooperationen erledigt werden (vgl. DST 2001), gibt es weiterhin Aufgabenfelder, in denen sich Kooperationen nur schwer etablieren lassen: Die Steuerung des Flächenverbrauchs gehört dazu.
Somit betritt das REFINA-Projekt „Regionaler Gewerbeflächenpool" mit dem Ansatz einer gemeinsamen Gewerbebaulandpolitik Neuland (vgl. Kap. **E 6.1**). Aber auch das REFINA-Projekt „Integriertes Stadt-Umland-Modellkonzept" zeigt Stärken und Schwächen, Erfolge und Hindernisse auf dem Weg zu einer gemeinsamen Flächenpolitik im Stadt-Umland-Bereich auf (vgl. Kap. **E 6.2**). Die Möglichkeiten, die in einem gemeinsamen Siedlungsflächenmanagement liegen, reflektierte das REFINA-Projekt „Nachhaltiges Siedlungsflächenmanagement in der Stadtregion Gießen-Wetzlar" (vgl. Kap. **E 6.3**).
Auch ergeben sich in Bereichen, in denen die interkommunale Kooperation grundsätzlich längst eingespielt ist – wie etwa im Bereich der Infrastrukturausstattung – durch neue veränderte Rahmenbedingungen neue Herausforderungen für die Zusammenarbeit: So stehen die zentralen technischen Infrastruktursektoren infolge der rückläufigen Bevölkerungs- und Siedlungsentwicklung (besonders in Ostdeutschland) in einem dynamischen Transformationsprozess. Die räumlichen Verflechtungen der Infrastrukturbereitstellung und -nutzung geben einem regionalen Flächenmanagement zunehmend Bedeutung, das in der Realität aber immer wieder auf Umsetzungsprobleme stößt. Gerade der sinnvolle Umgang mit der Ressource „Boden" macht interkommunale Kooperation notwendig, um kontraproduktiven Wettbewerb zwischen den Kommunen bei der Bereitstellung von Siedlungs- und Verkehrsflächen und – damit einhergehend – einen dem 30-ha-Ziel zuwiderlaufenden unnötig hohen Flächenverbrauch zu vermeiden und um Entwicklungspotenziale auf bestehenden Flächen durch Innenentwicklung (zur Fokussierung auf die Innenentwicklung und die Potenziale der Regionalplanung vgl. auch Kapitel **E 5**), Nachverdichtung und Wiedernutzung brach gefallener Flächen und Freiflächenmanagement (vgl. **E 6 B**) zu erschließen. Gerade in Bezug auf Flächenausweisungen, seien es Gewerbeflächen, Wohnsiedlungsflächen, Einzelhandels- oder Verkehrsflächen, kommt es aber auch immer wieder zu Konflikten zwischen den Kommunen.

Anlässe und Voraussetzungen für die interkommunale Kooperation

Eine Vielzahl unterschiedlicher Anlässe kann dazu beitragen, die Kooperation mit anderen Akteuren zu suchen. Im Vordergrund vieler Kooperationen steht die Verbesserung der Wettbewerbsfähigkeit der Kommune, der ruinöse interkom-

A
B
C
C 1
C 2
D
D 1
D 2
E
E 1
E 2
E 3
E 4
E 5
E 6

munale Wettbewerb soll von einer gemeinsamen Baulandpolitik abgelöst werden (vgl. Kap. **E 6.1**). In einigen Kommunen können bestimmte Aufgaben nicht mehr alleine wahrgenommen und bestimmte Leistungen können allein nicht mehr angeboten werden (vgl. Kap. **E 5.2**). Neben Wirtschaftlichkeitsüberlegungen können auch rechtliche Vorgaben oder Förderbestimmungen ein Anlass für interkommunale Kooperation sein (vgl. Hollbach-Grömig/Floeting 2005). Im Kontext der Flächenausweisungen kooperieren Kommunen am ehesten, wenn sie unter Flächenengpässen leiden.

Auch wenn es nach einem Gemeinplatz klingt, ist zu betonen, dass die wesentliche Voraussetzung für interkommunale Kooperation gemeinsame Interessen sind. Darüber hinaus sind interkommunale Kooperationen aber auch von Persönlichkeiten abhängig, die die Kooperation fördern (Promotoren). Das intensive Engagement der Akteure beeinflusst den Fortschritt der Kooperation. Nur ein langfristig ausgewogenes Kosten-Nutzen-Verhältnis kann die Nachhaltigkeit der Kooperation sichern. Vertrauen ist dabei eine wesentliche Kooperationsgrundlage. Funktionierende Kommunikationsprozesse zwischen den Akteuren sind dafür eine wesentliche Voraussetzung. Die Partner in einer Kooperation müssen sich darauf verlassen können, dass Vorteile, die sie anderen gewähren, an anderer Stelle oder zu einem anderen Zeitpunkt ausgeglichen werden, sodass alle Partner einen Ertrag aus der Kooperation haben (vgl. Kap. **E 6.1**). Der möglichst konkrete Mehrwert, der aus der Zusammenarbeit entsteht, und erkennbare Erfolge sind wesentliche Voraussetzungen für die erfolgreiche Kooperation. Gerade für Kooperationen über die Grenzen einer Kommune hinaus, seien es öffentlich-öffentliche Kooperationen oder öffentlich-private Kooperationen, spielen günstige politische Rahmenbedingungen auch eine wichtige Rolle, besonders während der Initiierung der Zusammenarbeit. Klare Regeln, Verbindlichkeit in der Zusammenarbeit, gleichzeitig aber auch Spielräume machen eine erfolgreiche Zusammenarbeit aus (vgl. Hollbach-Grömig/Floeting 2005).

Für die Zusammenarbeit der Akteure besteht aber auch immer wieder eine Reihe von Hindernissen. Bei der interkommunalen Kooperation sind ungünstige politische Rahmenbedingungen das größte Hindernis. Andere Hindernisse betreffen die Zusammenarbeit zwischen Kommunen und zwischen Kommunen und anderen Akteuren gleichermaßen. Dazu zählen beispielsweise begrenzte personelle, finanzielle wie zeitliche Ressourcen, schwer erkennbare Nutzen der Zusammenarbeit, Misstrauen den Partnern gegenüber, Intransparenz und fehlende Verbindlichkeit (vgl. Kap. **E 6.2** und Hollbach-Grömig/Floeting 2005). Auch fehlt es zum Teil an entscheidungsvorbereitenden Informationen im passenden räumlichen Kontext für eine interkommunale Kooperation (vgl. Kap. **E 6.2** und **E 6.3**). An Nachhaltigkeitszielen orientierte Szenarien der Siedlungsentwicklung können in diesem Zusammenhang hilfreiche Entscheidungsgrundlagen sein.

Organisationsformen und Ziele der Zusammenarbeit

Mittlerweile hat sich eine Vielfalt von Organisationsformen für die Zusammenarbeit zwischen Kommunen und zwischen Kommunen und anderen Partnern entwickelt. Grob zu unterscheiden sind dabei „harte“, formelle Kooperationen und

„weiche", nicht formalisierte Ansätze, wobei die Übergänge fließend sind. Die formellen Kooperationen wiederum lassen sich grob nach privatrechtlichen und öffentlich-rechtlichen Organisationsstrukturen unterscheiden (vgl. Übersicht 1). Quer zu diesen Organisationsformen werden Kooperationen zudem nach ihren Zielen unterschieden: Diskursprojekte zielen vor allem darauf, kollektive Problemlösungsprozesse zu initiieren und damit eher allgemeine, problem- bzw. entwicklungsbezogene Fragestellungen frühzeitig im Rahmen eines organisierten Diskurses zu thematisieren. In sogenannten Konfliktlösungsprojekten geht es darum, bereits seit längerem bestehende Konflikte oder „verhärtete Fronten" zu entemotionalisieren und neue Perspektiven für Win-win-Lösungen zu entwickeln. Konzeptprojekte wiederum sind darauf gerichtet, die Akzeptanz für ein konkretes Vorhaben dadurch zu erhöhen, dass die relevanten Akteure integriert werden. Umsetzungsprojekte sollen schließlich dazu beitragen, ein Projekt, über dessen Inhalte und Zuschnitt entschieden ist, mit Hilfe von Ressourceninput tatsächlich zu realisieren (vgl. BBR 2002).

Übersicht 1:
Organisationsformen von Kooperationen

Quelle: Marion Klemme (2002), S. 49, verändert und erweitert (*kursiv* = REFINA-Projekte und -Beteiligte).

Privatrechtlich	Öffentlich-rechtlich		Neue Formen der Zusammenarbeit
	Aufgabenspezifisch	Territorial	
GmbH z.B.: Emscher-Lippe-Agentur (ELA); Wirtschaftsförderungsgesellschaft Landkreis Stade GmbH	**Zweckverband** z.B.: Zweckverband „Abfallwirtschaft Region Hannover"; Gewerbe- und Industriegebiet Heiligengrabe-Liebenthal	**Nachbarschaftsverbände** z.B.: Nachbarschaftsverband Heidelberg Mannheim; Nachbarschaftsverband Karlsruhe	**Netzwerke, Foren, Regionalkonferenzen, Runder Tisch** z.B.: Wirtschaftsförderungsagenturen; REK U.T.E.; Gewerbeflächenpool Neckar-Alb; *Regionaler Arbeitskreis Entwicklung, Planung und Verkehr Bonn/Rhein-Sieg/Ahrweiler*
AG Im Rahmen zahlreicher Kooperationsprozesse	**(Zweck-)Vereinbarung** z.B.: Industriepark Halle-Queis; Regionales Entwicklungskonzept „Städtedreieck am Saalebogen"	**Regionalverbände, Planungsverbände** z.B.: Planungsverband Ballungsraum Frankfurt/Rhein-Main (PVFRM); Stadtverband Saarbrücken; *Regionalverband Südlicher Oberrhein, Stadtkreis Aachen*	**Städtenetze, Städteverbünde** z.B.: Netzstadt Bitterfeld-Wolfen; Städtenetz EXPO-Region; *Stadt-Umland-Modellkonzepte für die Regionen Pinneberg und Elmshorn; Steuerungsmodell für die Stadtregion Gießen-Wetzlar*
e.V. z.B.: Kommunalverbund Niedersachsen/Bremen e.V.; Flensburg Regional Marketing	**Kommunale Zweck-/Arbeitsgemeinschaft** z.B.: Städteverbund Bautzen–Görlitz–Hoyerswerda; Kommunale Arbeitsgemeinschaft REIN	**Mehrzweck-Pflichtverbände, Umlandverbände** z.B.: Regionalverband Mittlerer Neckar (1994 in die Region Stuttgart überführt)	**PPP** z.B. bei Infrastrukturprojekten (Public Private Partnership-Initiative NRW); Entsorgungsbereich, Schulwesen, Gesundheitswesen
GbR z.B.: TechnologieRegion Karlsruhe (TRK)		**Einrichtung von Gebietskörperschaften** z.B.: Stadtverband Saarbrücken; Region Hannover; Verband Region Stuttgart	**Informatorische Instrumente** z.B.: *Managementrahmen für raumrelevante Prozesse in der Kernregion Mitteldeutschland; modellgestützte Szenarien zur Wohnraumentwicklung in Freiburg im Breisgau und den Landkreisen Emmendingen und Breisgau-Hochschwarzwald*

Erfolgsfaktoren der Zusammenarbeit

Die erfolgreiche Kooperation gründet sich auf vier zentrale Bausteine: Grundlagen der Kooperation, Akteure, Prozesse und Finanzen. Eingebettet ist die Entwicklung in grundsätzliche Rahmenbedingungen für die Zusammenarbeit (Floeting 2010).

Zu den Grundlagen erfolgreicher Zusammenarbeit (aber keineswegs zu den Selbstverständlichkeiten) gehört, dass Ziele und Inhalte von interkommunalen Kooperationen klar definiert werden. Zielkorridore erleichtern dabei die Kooperation, besonders bei heterogenen Kooperationsstrukturen. Die positiven Effekte der Zusammenarbeit sollten dabei besonders herausgestellt werden. In Bezug auf das 30-ha-Ziel (vgl. Kap. A) sollten daher nicht nur der gesamtgesellschaftliche Nutzen, sondern die konkreten Vorteile für alle beteiligten Gemeinden thematisiert werden.

Bezogen auf die Akteure in Kooperationen (besonders auf der operativen Ebene) ist aber vor allem zu beachten, dass personelle Kontinuität ein wichtiger Erfolgsfaktor von Kooperationen ist. Dies gilt besonders für umfassende Kooperationsgegenstände und langfristige Kooperationsprojekte wie sie mit der Umsetzung einer flächensparenden Siedlungspolitik und der Wiedernutzung brach gefallener Flächen verbunden sind. Leitfiguren können die interkommunale Kooperationen fördern. Die Kontinuität kann durch die Vernetzung von Akteuren unterstützt werden. Gerade bei kritischen Kooperationsgegenständen, geringer Erfahrung mit Kooperationen oder neuen Kooperationsformen wird die Unterstützung durch die politische Spitze zu einem entscheidenden Erfolgskriterium. Bei der Umsetzung der Zusammenarbeit ist es wichtig, nicht nur die „Eliten", sondern nach Möglichkeit alle betroffenen Mitarbeiter frühzeitig in den Prozess der Zusammenarbeit einzubinden. Externe Berater können einen Kooperationsprozess durch neutrale Begleitung unterstützen (vgl. Kap. **E 6.2**). Sie haben aber nicht das Patentrezept, und der Zeitpunkt, zu dem externe Beratung sinnvoll genutzt werden kann, sollte genau überlegt sein.

Was zu beachten ist

Es hat sich als sinnvoll erwiesen (besonders wenn bisher kaum Kooperationserfahrungen vorliegen), zunächst „einfache" Kooperationsgegenstände zu wählen. So lassen sich sichtbare Erfolge, auf denen man aufbauen kann, vergleichsweise schnell erzielen. Diese Ergebnisse können als Motivation für komplexe Kooperationsvorhaben genutzt werden. Kooperationen sollten so angelegt sein, dass sie es erlauben, auf Veränderungen flexibel reagieren zu können. Erleichtert wird die Zusammenarbeit in neuen Feldern, wenn sie an bestehende Kooperationen und Netzwerke anknüpfen kann. „Leuchtturmprojekte", also Projekte, die besondere Aufmerksamkeit auf sich ziehen können, können die interkommunale Kooperation anstoßen. Bei diesen Projekten ist es aber besonders wichtig, die Nachhaltigkeit zu sichern und schon bei der Konzeption die intendierten Initialwirkungen auf andere Bereiche mit zu berücksichtigen.

Interkommunale Kooperation stützt sich auf zahlreiche weiche Faktoren. Harte Faktoren wie die Finanzierung der Zusammenarbeit verlieren damit aber nicht an Bedeutung für den Erfolg von Kooperationen. Zu Beginn der Zusammenarbeit sollte daher bereits die Finanzierung der interkommunalen Kooperation geklärt sein. Verfahren für den Vorteils-/Nachteilsausgleich zwischen den Kooperationspartnern sollten frühzeitig vereinbart werden. Festgelegte Bewertungsverfahren und Ausgleichsmechanismen zum Vorteils-/Nachteilsausgleich können die Kooperation erleichtern. Dies zeigt sich beispielsweise bei interkommunalen Flächenpools. Auf der Grundlage von monetären Bewertungen der Flächen können ökonomische, ökologische und städtebauliche Gesichtspunkte bei der Bewertung von Flächen integriert werden (vgl. Kap. **E 6.1**). Die gesamtwirtschaftliche bzw. gesellschaftliche Rendite unterschiedlicher Flächennutzungsoptionen und Flächenarten (z.B. Brachflächen unterschiedlicher Art, neue Siedlungsflächen in der Kernstadt, neue Siedlungsflächen im suburbanen Raum) lassen sich beispielsweise auch im Rahmen eines komplexen Portfoliomanagements systematisch miteinander vergleichen und als eine Entscheidungsgrundlage für Planungen nutzen. Das REFINA-Projekt „Regionales Portfoliomanagement" erarbeitete ein Rechenmodell, mit dem die volkswirtschaftlichen Effekte regionaler Siedlungsflächenentwicklung frühzeitig abgeschätzt werden können (vgl. Kap. **E 6.4**). Bei allen Aktivitäten sollte der Kooperationsaufwand bekannt sein und klar begrenzt werden. Prozessmonitoring und Erfolgskontrollen sollten grundlegende Bestandteile der Zusammenarbeit sein.

Schließlich sollten einige grundsätzliche Rahmenbedingungen erfüllt sein, wenn die Zusammenarbeit zwischen Kommunen oder zwischen Kommunen und anderen Akteuren erfolgreich sein soll: Gegenseitiges Vertrauen ist eine unabdingbare Voraussetzung für die interkommunale Kooperation. Die Vereinbarung von Grundsätzen kann zur Vertrauensbildung beitragen. „Junge" Kooperationen setzen meist auf Konsensentscheidungen, „eingespielte" Kooperationen akzeptieren auch Mehrheitsentscheidungen im Wissen um den mittel- und langfristig zu erwartenden Vorteils-/Nachteilsausgleich und basierend auf dem durch Erfahrung entstandenen Vertrauen zwischen den Akteuren. Daraus ergibt sich, dass die Entwicklung einer Kooperationskultur ein Prozess ist, der Zeit benötigt und tief greifend Einfluss auf die Verwaltungskultur insgesamt nimmt.

Kooperation ist kein Selbstzweck

Interkommunale Kooperation ist kein Selbstzweck. Kooperationen brauchen einen Auslöser: ein Missstand, dem durch Kooperation abzuhelfen ist, oder ein offensichtlicher Vorteil, der mit der Zusammenarbeit verbunden ist. Interkommunale Kooperation ist als Begriff für viele Beteiligte nur schwer fassbar. Manche Akteure sehen darin eine Worthülse ohne konkrete Bedeutung für ihr alltägliches Handeln in Politik, Verwaltung und Wirtschaft. Die Definition eindeutiger Kooperationsgegenstände verdeutlicht die pragmatischen Potenziale der Zusammenarbeit und bezieht sie auf den konkreten Handlungs- und Entscheidungsraum der Akteure. Gerade im Umgang mit der Ressource „Boden" hat interkommunale Kooperation eine besondere Bedeutung.

Literatur

Adamaschek, Bernd, Marga Pröhl (Hrsg.) (2003): Regionen erfolgreich steuern. Regional Governance – von der kommunalen zur regionalen Strategie, Gütersloh.

Bundesamt für Bauwesen und Raumordnung (Hrsg.) (2005): Neue Kooperationsformen in der Stadtentwicklung, Bonn.

Deutscher Städtetag, Fachkommission Stadtentwicklungsplanung (2001): Positionspapier „Zukunftsinitiative Stadtregion", in: Deutsche Zeitschrift für Kommunalwissenschaften (DfK), H. II/2001, S. 99–104.

Floeting, Holger (2010): Kooperationen in Kommunen, in: Cornelia Rösler (Hrsg.): Kooperation und kommunales Energiemanagement. Dokumentation des 13. Deutschen Fachkongresses der kommunalen Energiebeauftragten am 27./28. April 2009 in Münster, Berlin (Difu-Impulse 1/2010), S. 11 - 15.

Heinz, Werner (2000): Stadt & Region - Kooperation oder Koordination? Ein internationaler Vergleich, Stuttgart, Berlin, Köln (Schriften des Deutschen Instituts für Urbanistik, Bd. 93).

Hollbach-Grömig, Beate, Holger Floeting, Paul von Kodolitsch, Robert Sander, Manuela Siener (2005): Interkommunale Kooperation in der Wirtschafts- und Infrastrukturpolitik, Berlin (Difu-Materialien 3/2005).

Hollbach-Grömig, Beate, und *Holger Floeting* (2005): Interkommunale Kooperation in der Wirtschafts- und Infrastrukturpolitik. Ansätze - Konzepte - Erfolgsfaktoren, Berlin (Deutsches Institut für Urbanistik, Aktuelle Information).

Klemme, Marion (2002): Interkommunale Kooperation und nachhaltige Entwicklung, Dortmund.

Temmen, Bodo (1990): Interkommunale Zusammenarbeit und großflächiger Einzelhandel, Dortmund.

E 6.1 Regionaler Gewerbeflächenpool – das Beispiel Neckar-Alb

Alfred Ruther-Mehlis, Heidrun Fischer, Michael Weber

REFINA-Forschungsvorhaben: REGENA Regionaler Gewerbeflächenpool Neckar-Alb

Verbundkoordination: Prof. Dr. Alfred Ruther-Mehlis, Institut für Angewandte Forschung (IAF), Hochschule für Wirtschaft und Umwelt Nürtingen-Geislingen
Projektpartner: Prof. Dr. Ortwin Renn, DIALOGIK gemeinnützige Gesellschaft für Kommunikations- und Kooperationsforschung mbH; Prof. Dr. Hans Büchner, Anwaltskanzlei Eisenmann, Wahle und Birk; Verbandsdirektor Prof. Dr. Dieter Gust, Regionalverband Neckar-Alb
Modellraum: Region Neckar-Alb (BW)
Projektwebsite: www.hfwu.de/regena

Einführung

Jahrzehntelang stellte die Ausweisung von Gewerbebauland eine sichere und unbestrittene Möglichkeit für Städte und Gemeinden dar, an der wirtschaftlichen Entwicklung teilzuhaben. Dies entspricht bis heute den staatlich verordneten Anreizstrukturen (bspw. durch die Gemeindeanteile an der Gewerbe- und Einkommensteuer sowie die Grundsteuer). Aufgrund vielerorts nachlassender und nicht kontinuierlicher Nachfrage nach Gewerbebauland ist dessen Vorhaltung für die Gemeinden zu einer nur schwer bzgl. ihrer Folgen kalkulierbaren Investition geworden. Gewerbesteuereinnahmen sind teils extremen Schwankungen unterworfen, und Neuansiedlungen von Betrieben erweisen sich aufgrund des hohen Anteils innerregionaler Verlagerungen als raumwirtschaftliches Nullsummenspiel mit hohem kommunalen Finanzeinsatz.

Gefahr eines Nullsummenspiels

Diese Rahmenbedingungen führten dazu, dass in Deutschland in vielen Regionen ein deutliches quantitatives Überangebot an Industrie- und Gewerbeflächen vorzufinden ist. Viele Gemeinden versuchen, für sehr unterschiedliche potenzielle Ansiedlungs- und Verlagerungsfälle geeignetes Bauland vorzuhalten, um kurzfristig auf eine entsprechende Nachfrage reagieren zu können. Dies führt zu einer extensiveren Flächenausweisung mit Erschließung sowie einer größeren Inanspruchnahme von Flächen für gewerbliche Zwecke, als für ein nachfragegerechtes Angebot erforderlich ist. Durch die damit verbundenen Eingriffe in Natur und Landschaft ist dies sowohl ökologisch als auch städtebaulich problematisch. Weiterhin sind damit aufgrund der hohen Entwicklungs- und Vorhaltekosten (Grunderwerb, Planung, Erschließung, Finanzierung) auch ökonomisch nachteilige Wirkungen verbunden. Gleichzeitig beklagen viele Unternehmen, die neue Standorte suchen, einen Mangel an tatsächlich geeigneten Standorten und machen hierfür eine kleinräumlich orientierte Gemeindepolitik („Kirchturmspolitik") verantwortlich.

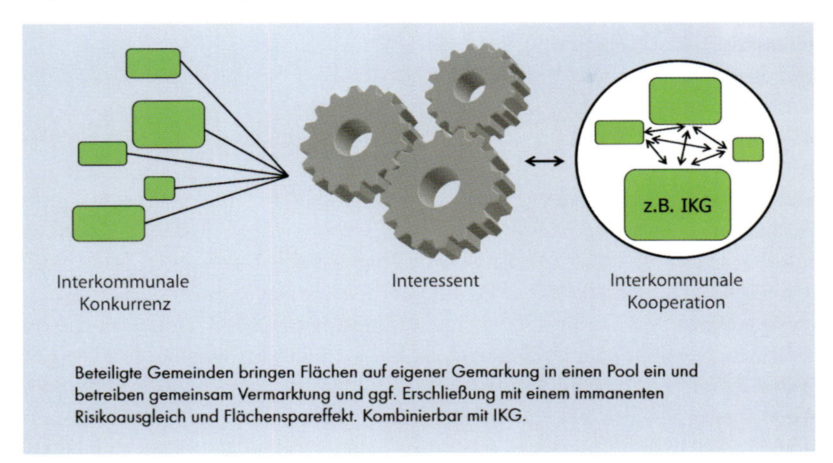

Abbildung 1:
Modell Gewerbeflächenpool

Quelle: Institut für Stadt- und Regionalentwicklung.

Funktionsweise eines Gewerbeflächenpools

Ein kooperatives Modell

Hier setzt die Idee des Gewerbeflächenpools, die in der Region Neckar-Alb in Baden-Württemberg entwickelt worden ist, an. An die Stelle einer extrem kleinräumlich agierenden und für die Gemeinden teilweise ruinösen Flächenpolitik soll eine interkommunale Abstimmung des Flächenangebotes treten. So funktioniert der Gewerbeflächenpool: Die teilnehmenden Gemeinden bringen Gewerbeflächen in einen gemeinsamen Pool ein. Daraufhin erfolgt eine monetäre Bewertung dieser Poolflächen entweder aufgrund von Bodenrichtwerten oder unter ergänzender Berücksichtigung städtebaulicher, wirtschaftlicher und ökologischer Kriterien. Hieraus wird der Anteil jeder einzelnen Gemeinde am Pool berechnet. Die entstehenden Erlöse und Kosten der Poolbewirtschaftung werden entsprechend des ermittelten Poolanteiles an die beteiligten Gemeinden verteilt. Gemeinden ohne eigene Flächenpotenziale haben die Möglichkeit, Anteile am Pool zu kaufen. Auch bestehende interkommunale Gewerbegebiete können in den Pool eingebracht werden. In einem späteren Schritt soll der Pool auch um Gewerbebrachen, Ausgleichsflächen und Flächen privater Anbieter erweitert werden. Da der Gewerbeflächenpool selbst entscheidet, welche Flächen und zu welchen Konditionen diese in den Pool aufgenommen werden, besteht ein wirksamer Schutz gegen das Einbringen von „Ladenhütern".

Vorteile

Mit diesem kooperativen Modell erschließen sich die teilnehmenden Gemeinden die Möglichkeit, gemeinsam eine nachhaltige und überlokal ausgerichtete Gewerbebaulandpolitik zu betreiben. An die Stelle einer kleinräumigen Konkurrenz, die weder für Gemeinden noch für Unternehmen zu den gewünschten Ergebnissen führt, tritt ein abgestimmtes Standortangebot für die regionale Wirtschaft und die Möglichkeit, gemeinsam in dem überregionalen

Wettbewerb auftreten zu können. Die Nutzung der jeweiligen kommunalen Standorteigenschaften in einem abgestimmten System eines interkommunalen Flächenmanagements entwickelt die lokale Gewerbeflächenausweisung zu einer regionalen Standortpolitik.
Durch den Gewerbeflächenpool entsteht für die beteiligten Gemeinden ein systemimmanenter Risikoausgleich. Je nachdem, welche Einnahmearten (Gewerbesteuer, Einnahmen aus Grundstücksverkäufen, Grundsteuer) in das Ausgleichssystem des Pool einbezogen werden, verringert sich die Abhängigkeit einer einzelnen Gemeinden von den eigenen jährlichen Einnahmeergebnissen, da sie entsprechend ihres Poolanteils an den Ergebnissen der Gemeinschaft partizipiert. Das Poolmodell kann unterschiedlich konzipiert und an die jeweiligen Interessenlagen der beteiligten Gemeinden angepasst werden.
Neben dem Risikoausgleich bestehen weitere Anreize für Gemeinden, sich an einem Gewerbeflächenpool zu beteiligen. Da nunmehr nicht mehr jede einzelne Gemeinde dem Druck unterliegt, für alle sie möglicherweise betreffenden Ansiedlungsfälle Flächen vorzuhalten, entsteht ein immanenter Flächenspareffekt. Die Vorhaltekosten können auf das regional für erforderlich gehaltene Maß reduziert werden. Die sich hieraus ergebenden finanziellen Spielräume können bspw. für gemeinsame Marketingmaßnahmen eingesetzt werden. Gemeinden, die über keine geeigneten Flächen zur Komplettierung des regionalen Gewerbeflächenportfolios verfügen, haben die Möglichkeit, dem Pool durch das Einbringen von Ausgleichsflächen beizutreten, oder sie können durch eine finanzielle Einlage Poolanteile erwerben.

Abbildung 2:
Risikoausgleich

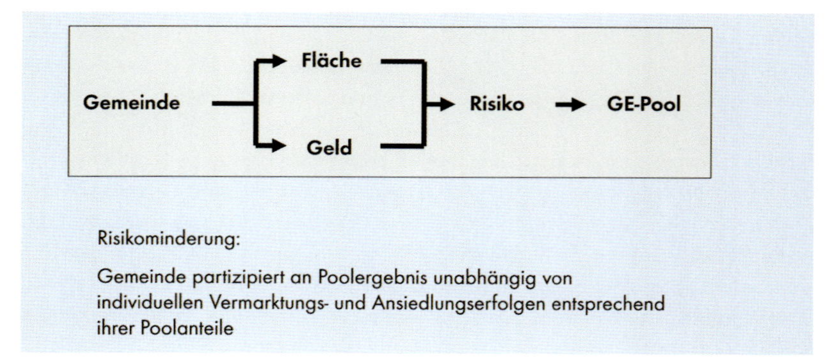

Quelle: Institut für Angewandte Forschung Nürtingen-Geislingen.

Aufgaben und Kompetenzen

Die Poolmodelle

Die Aufgaben des Gewerbeflächenpools setzen sich je nach den individuellen Vereinbarungen aus den Komponenten Standortmarketing, Grundstücksvermarktung, Entwicklung neuer Gewerbeflächen oder Bewertung der von Gemeinden eingebrachten Flächen sowie aus der Verteilung der Einnahmen und Ausgaben entsprechend der Poolanteile zusammen. Den Kompetenzen, die der Pool auf sich vereint, stehen erweiterte Handlungsmöglichkeiten der beteiligten Gemeinden durch verringerte Ausgaben und eine Verstetigung der Einnahmen sowie mehr finanzielle Planungssicherheit gegenüber.
Einen wesentlichen Aspekt in der Diskussion um Gewerbeflächenpools stellt der Umgang mit bereits in Poolgemeinden existierenden Betrieben dar. Wenn

ein solcher Betrieb sich auf einer Poolfläche in der bisherigen Belegenheitsgemeinde ansiedelt, sehen manche Poolvereinbarungen ein Einheimischenmodell der besonderen Art vor. Der jeweiligen Gemeinde wird gestattet, dieses Grundstück aus den Poolflächen herauszulösen. Damit ist gewährleistet, dass Gemeinden keine vorhandenen Betriebe und die damit verbundenen Einnahmen an den Pool „verlieren". Verbunden mit diesem Prozess ist eine entsprechende Rückabwicklung damit verbundener Finanzflüsse in der Vergangenheit. Manche Poolmodelle verneinen eine solche Herauslösung, federn die Folgen für die betroffene Gemeinde jedoch dadurch ab, dass die Einnahmen aus Grundstückserlösen nicht dem Pool, sondern generell der jeweiligen Gemeinde zufließen. Im gegenteiligen Fall der Ansiedlung eines Betriebes in einer Gemeinde, in der dieser bisher nicht ansässig war, sieht das Poolmodell grundsätzlich einer Überführung der betroffenen Fläche in den Flächenpool vor, wenn diese Fläche bisher nicht in den Pool eingebracht war.
Die mögliche Rechtsform eines Gewerbeflächenpools richtet sich nach den jeweils regional vereinbarten Aufgaben, die der Pool übernehmen soll. Im Wesentlichen werden hier Zweckverbände oder öffentlich-rechtliche Vereinbarungen zum Tragen kommen.

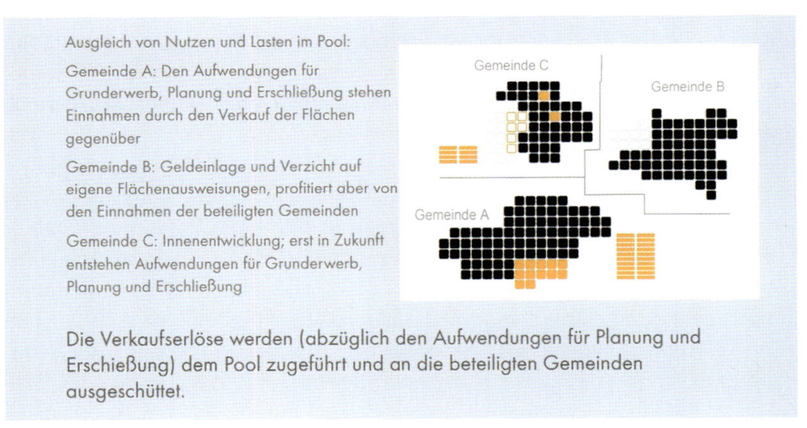

Abbildung 3:
Gewerbeflächenpool: Arbeitskonzept

Quelle: Institut für Stadt- und Regionalentwicklung.

Gründungsprozess

Gemeinsames regionalwirtschaftliches Interesse

Die Etablierung eines Gewerbeflächenpools ist kein Bestandteil des Alltagsgeschäftes einer Gemeinde. Interkommunale Zusammenarbeit ist zwar derzeit ein zentrales Thema in kommunalpolitischen Diskussionen – gerade auch angesichts der derzeit schwierigen finanziellen Rahmenbedingungen. Im Mittelpunkt stehen dabei vor allem Bereiche wie gemeinsame Beschaffung, Energieversorgung, Klärwerke, Rechnungsprüfungsämter, Flächennutzungspläne, aber auch interkommunale Gewerbegebiete. Die Gründung eines Gewerbeflächenpools bedarf, neben einem entsprechenden politischen Willen, einer soliden Vertrauensbasis und zutreffenden regionalwirtschaftlichen Ausgangsbedingungen sowie schließlich einer sorgfältigen fachlichen und kommunikativen Prozessbegleitung. Bei dem in Vorbereitung befindlichen Regionalen Gewerbeflächenpool Neckar-Alb hat sich herausgestellt, dass eine intensive Begleitforschung vielfältige Erkenntnisse erbringt, von denen andere Gemeindeverbünde profitieren können. So gibt es inzwischen auch in anderen Regionen in Baden-Württemberg, Bayern, Hessen, Niedersachsen und Nordrhein-Westfalen ähnliche und teilweise weit fortgeschrittene Überlegungen, die u.a. durch den Informations- und Erfahrungsaustausch im Rahmen von REFINA über das genannte Projekt motiviert wurden. Diese Ansätze variieren das Poolmodell in jeweils regional angepasster Form und verfolgen unter Beibehaltung der Grundidee verschieden intensive und umfassende Kooperationsformen.

Fazit

Das Thema Gewerbeförderung ist ein sehr emotional diskutiertes Thema. Es besteht eine hohe Neigung, in diesem Bereich kommunalpolitischen Einfluss zu nehmen. Trotz der Ausgleichsmechanismen des Gewerbeflächenpools werden bei einem Wegzug eines Unternehmens negative Sekundärwirkungen befürchtet (Kaufkraftabfluss, Abwanderung von Bewohnern). Bislang galt der Wegzug eines Unternehmens in eine Nachbargemeinde als Imageverlust für die eigene Gemeinde, auch wenn kein „Verschulden" der Bestandsgemeinde vorlag. Ein Gewerbeflächenpool kann diese Problematik erheblich entschärfen und die Standortregion mit den Verflechtungen von Wohn- und Arbeitsstätten in das politische Interesse rücken.
Das Modellvorhaben Neckar-Alb zeigt auch, dass die Kooperation der beteiligten Gemeinden von den äußeren Rahmenbedingungen abhängig ist. Konflikte zwischen Gemeinden in anderen kommunalpolitischen Handlungsfeldern, wie z.B. der Ansiedlung von Einzelhandel, oder ein starker Verwertungsdruck auf vorhandene Gewerbeflächen aufgrund umfassender Vorleistungen einer Gemeinde können eine stabile Zusammenarbeit gefährden. Die Bildung eines Gewerbeflächenpools stellt einen teilweise informellen interkommunalen Abstimmungs- und Aushandlungsprozesses mit einer vielschichtigen begleitenden Diskussion des jeweiligen regionalen politisch-administrativen Systems dar. Eine quasi öffentliche Beobachtung eines derartigen Prozesses durch ein Forschungsprojekt kann diesen Prozess maßgeblich belasten. Folgeprojekte in anderen Raumschaften, bei denen eine prozessbegleitende Beratung in methodischer, planerischer, rechtlicher und kommunikativer Hinsicht stattfand, haben sich als wesentlich leichter und stärker zielgerichtet steuerbar erwiesen als das Modellprojekt Neckar-Alb.

E 6.2 Erfahrungen mit dem Aufbau, den Rahmenbedingungen und der Arbeit in einer Stadt-Umland-Kooperation

Michael Melzer

REFINA-Forschungsvorhaben: Integriertes Stadt-Umland-Modellkonzept zur Reduzierung der Flächeninanspruchnahme

Verbundkoordination: Hartmut Teichmann, Kreis Pinneberg
Projektpartner: Dr. Michael Melzer, Raum & Energie Institut für Planung, Kommunikation und Prozessmanagement GmbH
Modellraum: Region Pinneberg, Region Elmshorn (SH)
Projektwebsite: www.raum-energie.de/index.php?id=66

Die Ausgangslage

Kooperation ist in den letzten Jahren zu einem Schlüsselbegriff räumlicher Planung und regionaler Entwicklungssteuerung geworden. Drei Gründe sind dafür maßgeblich:

- In der nationalen und globalen Standortkonkurrenz sind kleinere Einheiten – zumal bei knapperen Ressourcen – immer weniger in der Lage, allein konkurrenzfähig zu sein.
- Innerregionale Konkurrenz schwächt die ohnehin begrenzte Ressourceneffizienz zusätzlich.
- Klassische „Top-down"-Steuerungsinstrumente stoßen wegen der Dynamik der Entwicklungen, der Akzeptanzfähigkeit ihrer Ergebnisse und auch der Integration unterschiedlicher (sektoraler) Anforderungen an ihre Grenze.

Stadt-Umland-Bereiche scheinen durch ihre engen Verflechtungen und die wechselseitige Abhängigkeit von Kernstadt und Umlandgemeinden ganz besonders prädestiniert für die interkommunale Kooperation: Sie bilden eine räumliche Schicksalsgemeinschaft.

Dabei kommt scheinbar offenkundig einer gemeinsamen Flächenpolitik zur Reduzierung der Neuflächeninanspruchnahme im Hinblick auf die zunehmende Zersiedelung einerseits und die demografische Entwicklung andererseits eine herausragende Bedeutung bei.

Die Theorie zur Praxis werden lassen

In der Theorie erscheint dies plausibel, die Praxis allerdings zeigt ein ganz anderes Bild. Interkommunale Kooperation ist alles andere als ein Selbstläufer. Den guten Gründen für mehr Kooperation stehen starke Hemmfaktoren gegenüber.

Kommunalpolitiker sind gewählt, um für *ihre* Gemeinde die bestmögliche Entwicklung zu sichern. Für die regionale Ebene wären im Prinzip andere Instanzen zuständig (die nicht ausreichend funktionieren wollen oder können).

Es gibt deshalb keine anerkannten und etablierten Zuständigkeiten und Strukturen sowie keine personellen und finanziellen Ressourcen für die Kooperation

(daher scheitern vielfach zunächst positive Kooperationsansätze bei der Umsetzung an mangelnder Verbindlichkeit).
Es bestehen vielfach nicht nur rationale Konkurrenzen, sondern auch über lange Jahre verfestigte emotionale Gegensätze. In Stadt-Umland-Bereichen ist diese Problematik sogar besonders ausgeprägt zu konstatieren. Der klassische Stadt-Land-Konflikt mag schon lange nicht mehr sachgerecht sein, er wird aber oft noch als solcher intensiv empfunden.
Flächenpolitik ist genau das Thema, an dem sich dieser Konflikt gerade in Stadt-Umland-Bereichen immer wieder entzündet hat. Zudem ist Flächenpolitik, die Planungshoheit, das Herzstück kommunaler Selbstverwaltung und in langjährig verfestigter Erfahrung die kommunale Stellschraube, um Wachstum und Einkünfte zu generieren (der Fakt, dass diese einfache Ableitung so nicht mehr gültig ist, muss hier nicht weiter vertieft werden).
Kooperation bedeutet zusätzlichen Aufwand. Es ist deshalb folgerichtig, dass die Akteure fragen, welchen Nutzen sie aus der Kooperation ziehen. Und es ist durchaus legitim, dass Kommunalpolitik sich nicht mit einem abstrakten Gemeinwohlnutzen bescheidet, sondern konkreten Nutzen für die jeweilige Gemeinde erwartet.

Die Konsequenzen für die Kooperation

Im Prinzip müssen deshalb für eine Erfolg versprechende Kooperation in Stadt-Umland-Bereichen sechs Folgerungen gezogen werden:

- Es bleibt in der Regel eine Illusion, dass sich Kooperationen allein aus gemeinsamer Überzeugung bottom-up entwickeln. In aller Regel bedarf es eines *externen Anstoßes,* Fördermaßnahmen oder Regulierungen, die Kooperationen mehr Spielräume bieten. Allerdings muss dies die Interessenlage der Akteure aufnehmen. So könnte man allein mit dem Ziel „Flächensparen" selbst mit hohen Fördermitteln keine belastbare Kooperation entwickeln.

Abbildung 4:
Kooperationsstrukturen einer Stadt-Umland-Kooperation am Beispiel Elmshorn

RAUM & ENERGIE

Stadt-Umland-Kooperation Elmshorn

Regionalkonferenz	Bürgermeister-ausschuss	Arbeitsausschuss
Vertreter der Selbstverwaltungsgremien aller beteiligten Kommunen	Bürgermeister aller beteiligten Kommunen	Leitende / fachlich zuständige Verwaltungsmitarbeiter; je einen Bürgermeister aus den Ämtern Horst-Herzhorn und Elmshorn-Land
Strategie, Programmatik und Außenvertretung	Leitung & Koordination; Verbindung zu den politischen Gremien der Kommunen	Fachliche Bearbeitung und organisatorische Koordination

Quelle: Institut Raum & Energie GmbH.

- Es müssen *belastbare Organisationsstrukturen* entwickelt werden (vgl. Abbildung 4). Die Verwechslung von informell und unverbindlich ist ein Hauptgrund für den Misserfolg von Kooperationen. Unverzichtbar sind eine feste Gremienstruktur, eine Geschäftsführung und klare, flexible, aber verbindliche Verfahrensregeln. Bewährt hat sich eine Struktur mit drei Ebenen: Vertretung der Kommunalpolitik, BürgermeisterInnen und Verwaltung sowie ein rotierender Vorsitz.
- Vertrauensbildung muss die Basis jeglicher inhaltlichen Kooperation bilden. Vertrauen braucht Zeit, beruht auf Freiwilligkeit und resultiert aus einem gemeinsamen, idealtypisch moderierten Lernprozess. Dabei helfen zwei zentrale Regeln: Entscheidend ist „gleiche Augenhöhe" = jeder Partner hat unabhängig von seiner Größe eine Stimme. Zumindest in der Startphase gilt das Konsensprinzip (vgl. Kap. **C 2.2.3**).
- Alle Entscheidungen müssen sich auf belastbare und für alle Partner transparente Grundlagen stützen. Für die Flächenpolitik bedeutet dies z.B. detaillierte Bedarfsprognosen, Erhebungen und Bewertungen der Potenziale einschließlich der Folgekosten. Zugleich müssen die Interessenlagen der Partner mit dem Ziel eines Interessenausgleiches offen diskutiert werden (zum Ablauf vgl. Abbildung 5).

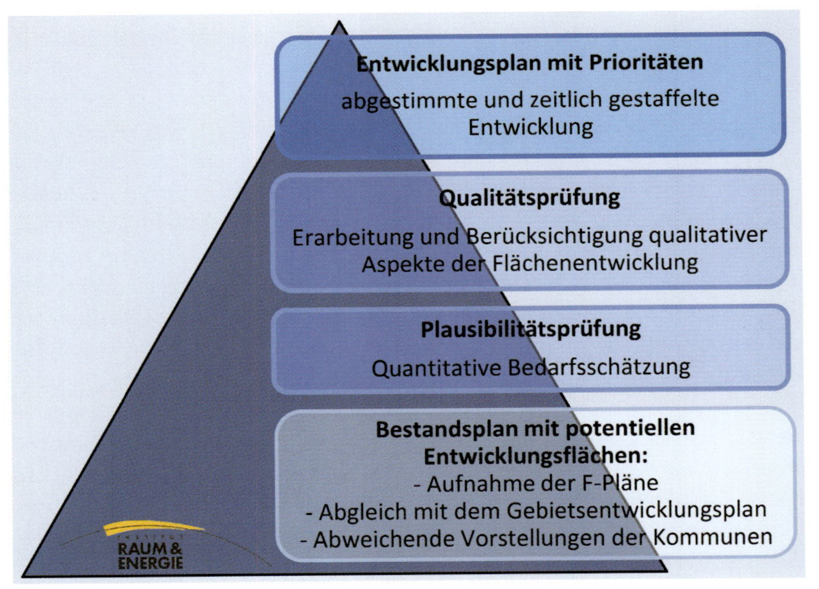

Abbildung 5: Ablaufdiagramm vom Bestandsplan bis zum Entwicklungsplan

Quelle: Institut Raum & Energie GmbH.

- Zumindest in der Startphase sollte eine *externe Beratung/Moderation* gesucht werden. Es ist selbstverständlich, dass für fachliche Entscheidungen entsprechende Experten herangezogen werden. Hier ist aber etwas anderes gemeint. Eine allen Partnern gleichermaßen verpflichtete externe Moderation (oder besser Mediation) kann in erheblichem Maße dazu beitragen, dass kein Partner dominiert und alle Interessen berücksichtigt werden. Ein solcher Moderator sollte von der Richtigkeit der Kooperation und ihren Leitzielen (also z.B. dem Ziel „Flächensparen") überzeugt sein und auch über die Kompetenz verfügen, immer wieder für die Erreichung dieser Ziele zu argumentieren. Aber er darf nie versuchen, seine persönliche (wissenschaftliche) Über-

zeugung „gegen" die Akteure durchsetzen zu wollen. Als Ergebnis der Kooperation zählt nicht die Erkenntnis eines Gutachters, sondern nur die Überzeugung der Partner. Und diese ist davon abhängig, ob sie Nutzen für ihre Kommune erkennen.
- Die Kooperation muss auf die Schaffung konkreten Nutzens für alle Partner ausgerichtet sein.

Der Weg zum kooperativen Nutzen, der Interessenausgleich

Mehr als die Einigung auf den kleinsten gemeinsamen Nenner

Die Generierung von Win-win-Situationen ist ein geflügeltes Schlagwort in der Diskussion um Kooperationen. Im Bereich „Flächenpolitik" zeigt sich schnell, dass dies oft wenig Substanz hat. Sollen beispielsweise Standorte mit guter Infrastruktur gestärkt werden, müssen andere verzichten. Will man also mehr erreichen als eine Einigung auf kleinstem gemeinsamen Nenner (meist identisch mit der Bewahrung des Besitzstandes = der Flächeninanspruchnahme wie gehabt) und will man vor allem neben quantitativen auch qualitative Aspekte berücksichtigen, gibt es zwingend Gewinner und Verlierer. Und kein Kommunalpolitiker kann mit der Aussage bestehen: „Wir verlieren, aber das ist zum Wohl des Ganzen!". Deshalb bedarf es zusätzlicher Anstrengungen und Instrumente zum Interessenausgleich. Bewährt haben sich folgende zwei Ansätze.
Die *Verbreiterung des Themenspektrums:* Hier geht es darum, Themenfelder zu finden und kooperativ aufzuarbeiten, in denen Konkurrenzen weniger ausgeprägt sind. Wenn es gelingt, den in diesen Bereichen beteiligten Gemeinden Vorteile zu verschaffen, vergrößert dies unmittelbar den Einigungsspielraum in den konkurrenzbelasteten Bereichen und stärkt ganz erheblich das Vertrauensklima. Verkürzt bedeutet das folgende „Umwegkommunikation" zu einer abgestimmten Flächenplanung: Wir einigen uns zuerst über Hochwasserschutz und Tourismusmarketing und erst dann über die Flächenkontingente.
Die *geldwerte Belohnung* (der Strukturfonds): Es verbleiben Situationen, bei denen der Verzicht einer Gemeinde weder argumentativ vermittelbar noch durch Entgegenkommen bei anderen Themen kompensierbar ist. Hier muss die Bereitschaft zur Einigung (die zu geldwerten Nachteilen führt) auch geldwert vergolten werden. Nun ist es einerseits kommunalrechtlich fragwürdig und andererseits politisch sehr schwer vermittelbar, Transferleistungen zwischen Gemeinden dafür vorzusehen, dass eine Gemeinde die Ausübung ihrer Planungshoheit einschränkt. Deshalb ist ein anderes, bereits in größerem Maßstab (z.B. Förderfonds der Metropolregion Hamburg) bewährtes Instrument zu empfehlen, nämlich die Einrichtung eines Stadt-Umland-Strukturfonds. In einen solchen Fonds zahlen die Partnergemeinden nach Einwohnerschlüssel ein. Aus dem Fonds werden Projekte der Partnergemeinden finanziert oder kofinanziert. Dies ermöglicht nicht nur die Realisierung von Projekten, die die Leistungskraft einer einzelnen Gemeinde übersteigen (und stärkt so sowohl die Leistungsfähigkeit der Region als auch die Erkenntnis vom Nutzen der Kooperation in der breiten Öffentlichkeit), sondern es bietet auch die Möglichkeit zu einem gezielten Interessenausgleich zwischen den Partnern der Stadt-Umland-Kooperation.

Literatur

SUK Elmhorn, SUK Pinneberg, Raum & Energie Institut für Planung, Kommunikation und Prozessmanagement GmbH (Hrsg.) (2009): Stadt-Umland-Kooperation: Stellschrauben zur Stärkung der regionalen Zukunftsgestaltung. Ein Leitfaden für die kommunale Praxis nach den Erfahrungen im REFINA-Verbundvorhaben „Integriertes Stadt-Umland-Modellkonzept Elmshorn/Pinneberg zur Reduzierung der Flächeninanspruchnahme", Wedel.

E 6.3 Stadt-regionale Kooperation

Uwe Ferber, Miriam Müller

REFINA-Forschungsvorhaben: Nachhaltiges Siedlungsflächenmanagement in der Stadtregion Gießen-Wetzlar

Verbundkoordination: Technische Universität Kaiserslautern, Lehrstuhl für Öffentliches Recht
Projektpartner: Universität Gießen, Lehrstuhl für Projekt- und Regionalplanung; Brandenburgische Technische Universität Cottbus, Lehrstuhl für Stadttechnik; Institut für Angewandte Wirtschaftsforschung (IAW); IfR Institut für Regionalmanagement GbR; Projektgruppe Stadt + Entwicklung, Ferber, Graumann und Partner; Städte Gießen und Wetzlar; 14 Umlandgemeinden; Regierungspräsidium Gießen – Regionalplanung; Land Hessen, Ministerium für Wirtschaft, Verkehr und Landesentwicklung, Abt. Landesplanung, Regionalentwicklung und Bodenmanagement
Modellraum: Stadtregion Gießen-Wetzlar (HE)
Projektwebsite: http://refina-region-wetzlar.giessen.de

Anlass

In der Stadtregion Gießen-Wetzlar arbeitete ein interdisziplinärer Forschungsverbund im Rahmen von REFINA praxisnah an Lösungsvorschlägen zur Reduzierung der Flächeninanspruchnahme. In aufeinander aufbauenden Schritten wurden Flächenbilanzen und Szenarien zur Siedlungsentwicklung erstellt, Folgekosten ermittelt und ein stadtregionales Siedlungsflächenkonzept (vgl. Kap. **C 1.2 A**) vorgelegt. Die Umsetzung soll im Rahmen eines raumordnerischen Vertrages erfolgen.

Raumordnerischer Vertrag

Erste Schritte des Forschungsprojektes zielten auf die Aufbereitung von Argumenten, die die Notwendigkeit eines Steuerungsmodells für die Siedlungsflächenentwicklung begründen. Die Wahl der Mittel fiel zunächst auf die Bevölkerungsprognosen, die bei stagnierender Gesamttendenz in Teilräumen teilweise schon einen zweistelligen Bevölkerungsrückgang ausweisen. Neben den Suburbanisierungstendenzen, deren Ursachen nicht zuletzt in den überproportionalen Kernstadt-Umland-Disparitäten zu suchen sind, wurden Brach- und Konversionsflächen sowie Baulücken erfasst und kartographisch dargestellt. Von spezifischem Forschungsinteresse war die Frage, ob und wie es gelingen kann, Interessenkonflikte und starre flächenpolitische Verhandlungspositionen zugunsten nachhaltiger Ansätze der Siedlungsflächenentwicklung auf interkommunaler Ebene aufzulösen.

Die im Rahmen von REFINA erreichten Ergebnisse umfassen im Kern eine aus planerischen und ökonomischen Kriterien abgeleitete stadtregionale Siedlungsflächenkonzeption sowie ein prozessbezogenes Umsetzungskonzept, in dessen Mittelpunkt der raumordnerische Vertrag steht. Dieses Herangehen kann vom Grundsatz her auf andere Verdichtungsräume übertragen werden, stellt aber nur einen ersten Schritt einer länger angelegten Strategie zur nachhaltigen Siedlungsflächenentwicklung dar.

Steuerungsmodell

Der Regionalplan allein ist oftmals nicht flexibel genug, um verfügbare Innenentwicklungspotenziale und Brachflächen zu mobilisieren. Basierend auf den Erkenntnissen einer Bestandsaufnahme wurde ein weitergehendes Steuerungsmodell für eine stadtregionale Siedlungsentwicklung erarbeitet.
Ziele dieses Modells sind die stadtregionale Profilierung durch ein gemeinsames Siedlungsflächenmanagement mit differenzierten Entwicklungsschwerpunkten in einzelnen Städten und Gemeinden, die Entschärfung interkommunaler Konkurrenzsituationen durch die freiwillige Kooperationsbasis, das Vermeiden von „Wettrüsten" und verschwenderischen Flächenausweisungen der Stadtregion sowie eine interkommunale Kooperation, damit Kommunen nicht zum Spielball der Investoren werden.

Siedlungsflächenkonzept

Aus einer Synthese der Szenarienbetrachtung wurde ein Siedlungsflächenkonzept entwickelt. Im Sinne eines raumplanerischen Entwurfes umfasst es Leitbilder für die unterschiedlichen Profile der Siedlungsentwicklung im Bereich Wohnen und Gewerbe. Die Darstellung der Siedlungsflächenkonzeption setzt im Kontrast zum Regionalplan bewusst auf „phantasievolle" Leitbegriffe („Wohnen auf den Grünberger Terrassen", „Technologie am Ring") und argumentiert im Textteil im Sinne einer positiven Strukturentwicklung.
Mit der Steuerung der Entwicklungen soll es möglich werden, den Blick auf die Qualitäten statt die Quantitäten der Siedlungsflächen zu lenken. Der textliche Teil der Siedlungsflächenkonzeption beinhaltet neben Szenarien Leitbilder/Ziele, Maßnahmen und Analysen der Teilräume sowie Kommunalprofile aller beteiligten Gemeinden. Für die Szenarien wurden Folgekostenabschätzungen erstellt. Bei der Siedlungsflächenentwicklung ist durch eine restriktive Siedlungspolitik im untersuchten Beispiel eine Einsparung von rund 25 Prozent möglich. Die Einsparungen bilden sich nicht nur in den (einmaligen) Investitionskosten ab, sondern wirken auch langfristig in Bezug auf die Jahreskosten kostenmindernd. Bei den Gewerbeflächen ist diese Entwicklung jedoch nur im Ansatz zu sehen (vgl. hierzu auch Koziol/Walther 2009, S. 73 ff.).

Den Blick auf die Qualitäten anstatt Quantitäten lenken

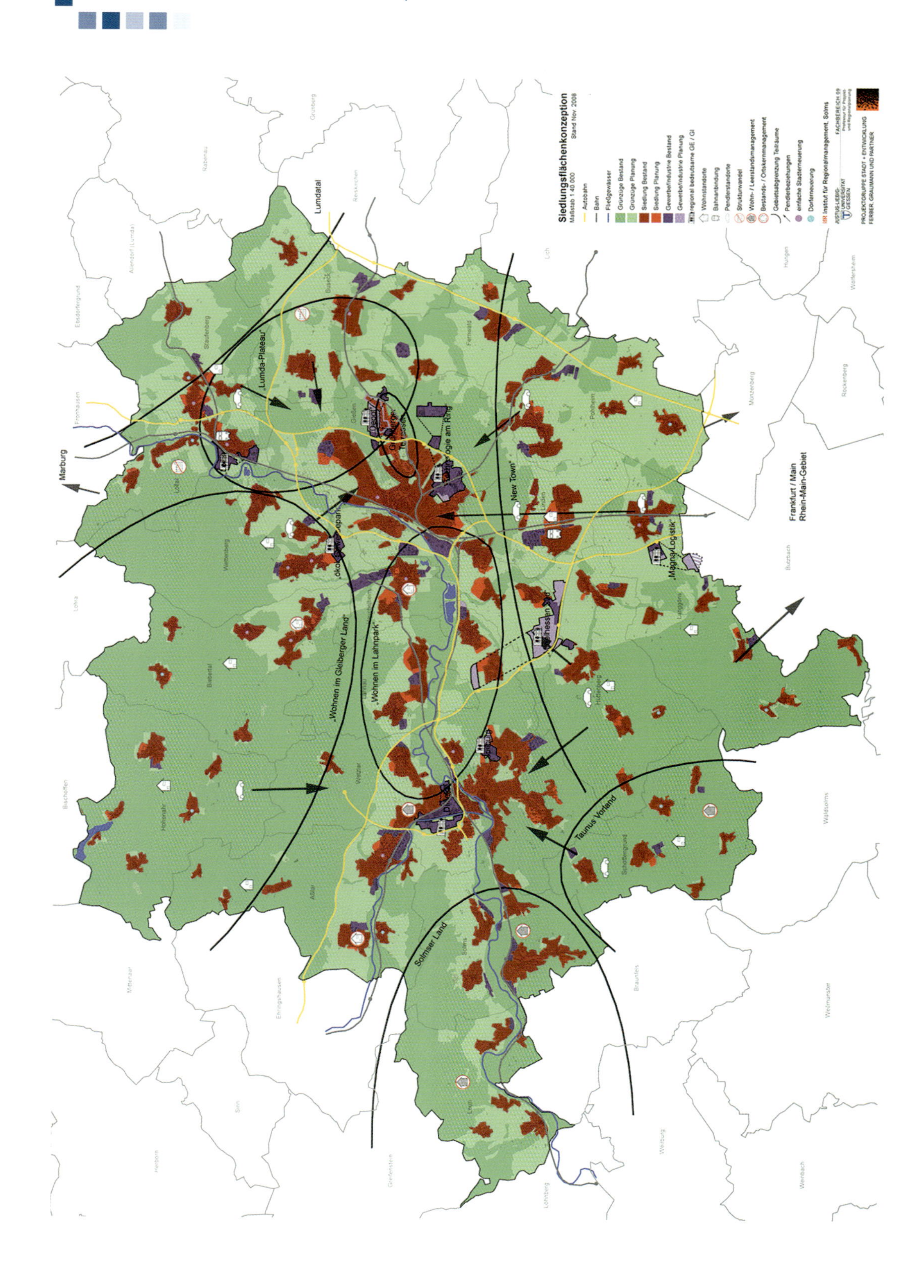
Siedlungsflächenkonzeption
Maßstab 1:40 000
Stand Nov. 2008
Autobahn
Bahn
Fließgewässer
Grünzüge Bestand
Grünzüge Planung
Siedlung Bestand
Siedlung Planung
Gewerbe/Industrie Bestand
Gewerbe/Industrie Planung
regional bedeutsame GE / GI
Wohnstandorte
Bahnanbindung
Pendlerstandorte
Strukturwandel
Wohn- / Leerstandsmanagement
Bestands- / Ortskernmanagement
Gebietsabgrenzung Teilräume
Pendlerbeziehungen
einfache Stadterneuerung
Dorferneuerung
IfR Institut für Regionalmanagement, Solms
PROJEKTGRUPPE STADT + ENTWICKLUNG FERBER, GRAUMANN UND PARTNER
Lumdatal
„Lumda-Plateau"
Marburg
„New Town"
Frankfurt / Main Rhein-Main-Gebiet
„Magna-Logistik"
„Wohnen im Gleiberger Land"
„Wohnen im Lahnpark"
Taunus Vorland
Solmser Land

Raumordnerischer Vertrag

Abbildung 6: (linke Seite) Siedlungsflächenkonzeption

Quelle: Eigene Darstellung (stadt+ 2008), Kartengrundlage: Katasterpläne und Regionalplanentwurf.

Als Impuls zum Aufbau eines flexiblen und nachhaltigen regionalen Siedlungsflächenmanagements wird als Lösungsansatz der Abschluss eines raumordnerischen Vertrags auf freiwilliger Basis, im untersuchten Beispiel vorerst als 5-jährige Pilotphase, empfohlen. Vertragspartner sollen die Träger der Landes- und Regionalplanung sowie kooperationswillige Kommunen der Stadtregion sein. Mit Hilfe dieser interessengeleiteten vertraglichen Vereinbarung soll ein nachhaltiges Siedlungsflächenmanagement über eine gemeinsame, mit quantitativen Zielen unterlegte Strategie umgesetzt werden. Der raumordnerischer Vertrag stellt die Klammer zwischen der regionalen Siedlungsflächenkonzeption (Erfassung und Bewertung der Flächenpotenziale/Strategien der Siedlungsflächenentwicklung), Finanzierungsmöglichkeiten (Regionalbudget, Innenentwicklungsfonds, Anreizsystem des Landes) und einer Koordinierungsstelle dar. Das Vertragswerk ist flexibel gestaltbar, inhaltliche Detaillierungen und Grenzen der Kooperation können nach den Vorstellungen der Vertragspartner vereinbart werden.
Mit dieser vertraglichen Lösung sollen eine flexiblere Umsetzung des Regionalplans erreicht und damit die klassische Raumordnung ergänzt werden.

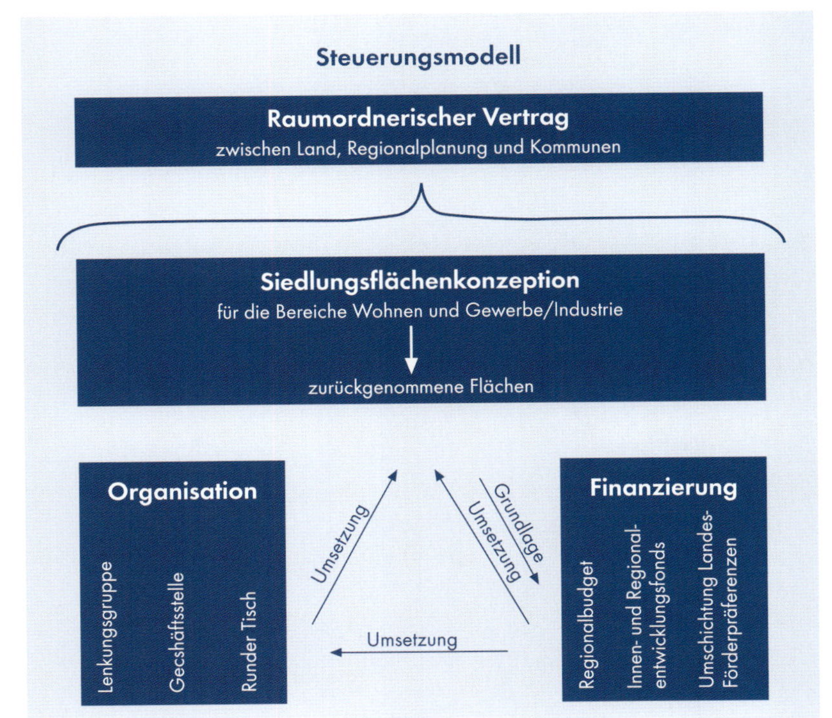

Abbildung 7: Steuerungsmodell

Quelle: Eigene Darstellung (stadt+ 2008).

Finanzierung

Für die Finanzierung von kommunalen Innenentwicklungs- und regional bedeutsamen Entwicklungsvorhaben soll ein *„Innen- und Regionalentwicklungsfonds"* als Teil eines zu generierenden Regionalbudgets aufgelegt werden. Als Finan-

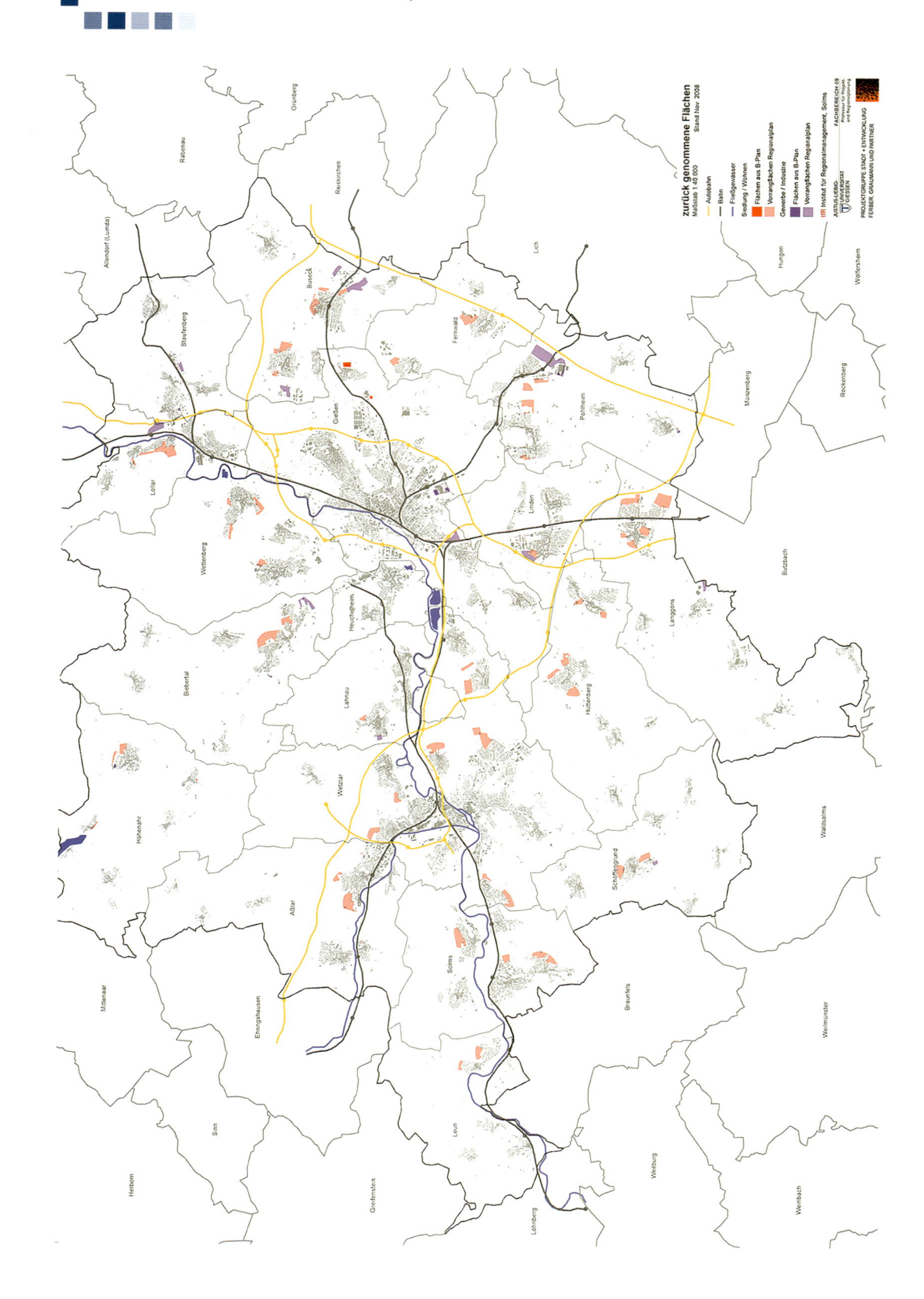

zurück genommene Flächen
Maßstab 1:40.000
Stand Nov. 2008
Autobahn
Bahn
Fließgewässer
Siedlung / Wohnen
Flächen aus B-Plan
Vorrangflächen Regionalplan
Gewerbe / Industrie
Flächen aus B-Plan
Vorrangflächen Regionalplan
IfR Institut für Regionalmanagement, Solms
JUSTUS-LIEBIG-UNIVERSITÄT GIESSEN
FACHBEREICH 09
PROJEKTGRUPPE STADT + ENTWICKLUNG
FERBER, GRAUMANN UND PARTNER
Grünberg
Rabenau
Reiskirchen
Allendorf (Lumda)
Lich
Buseck
Hungen
Wölfersheim
Staufenberg
Fernwald
Münzenberg
Rockenberg
Gießen
Pohlheim
Lollar
Linden
Butzbach
Wettenberg
Heuchelheim
Langgöns
Biebertal
Lahnau
Hüttenberg
Hohenahr
Wetzlar
Waldsolms
Schöffengrund
Aßlar
Mittenaar
Solms
Braunfels
Ehringshausen
Weilmünster
Sinn
Leun
Weilburg
Herborn
Greifenstein
Löhnberg
Weinbach

zierungsgrundlage eines solchen Fonds sind drei Optionen, auch in Kombination, denkbar:

- Baulandausweisungsumlage für Flächenneuinanspruchnahme
- Kofinanzierungsprogramm für Innenentwicklungsprojekte bei Rückgabe von/Verzicht auf kommunale/n Baurechtsflächen
- Kommunale Abgabe

Das dann verfügbare *„Regionalbudget"* ist ein Förderansatz, bei dem die Entscheidung über die Mittelvergabe weitgehend auf lokale Akteure übertragen wird. Es schlägt vor, Fördermittel von Land, Bund und EU sowie kommunale Eigenmittel zusammenzuführen und hiermit Schlüsselprojekte der stadtregionalen Entwicklung auf Basis der regionalen Siedlungsflächenkonzeption umzusetzen.
Der Mittelgeber beschreibt den Rahmen für die Mittelverwendung (Förderziele) und definiert Verhandlungsspielräume. Er stellt Grundregeln für die organisatorische Umsetzung auf, informiert und berät lokale Akteure, weist der Region ein Budget zu, verwaltet dieses und führt das obligatorische Monitoring durch. Die lokale Akteursebene regionalisiert die Programmziele, definiert ein Auswahlverfahren für Projekte und bearbeitet die Antragstellung. Sie entscheidet über den Einsatz der Mittel und erhält somit neue und weit reichende Gestaltungs- und Handlungskompetenz.
Die Umsetzung der Vorschläge zum *Anreizsystem* liegt wesentlich in der Hand des Landes. Denkbar ist beispielsweise die Umschichtung von Förderpräferenzen in bestehenden Förderprogrammen. Kommunen, die sich im Rahmen eines raumordnerischen Vertrags zusammengeschlossen haben, könnten demnach von einer privilegierten Fördermittelzuteilung profitieren.

Abbildung 8: (linke Seite) Zurückgenommene Flächen aus den Bebauungsplänen und dem Regionalplan (Vorrangflächen)

Quelle: Eigene Darstellung (stadt+ 2008), Kartengrundlage: Katasterpläne, Bebauungspläne und Regionalplanentwurf.

Koordinierungsstelle

Zur Umsetzung des vorgeschlagenen Steuerungsmodells soll eine Koordinierungsstelle eingerichtet werden. Sie ist mit Lenkungs-, Steuerungs- und Entwicklungsaufgaben befasst, hier können flexibel regionalplanerische Vorgaben in der Stadtregion umgesetzt werden. Die Koordinierungsstelle soll aus einer Geschäftsstelle und einer Lenkungsgruppe bestehen. Erstere ist für die Abwicklung des Tagesgeschäftes zuständig. Die interdisziplinär (Planung, Wirtschaft und Politik) besetzte Lenkungsgruppe macht strategische Vorgaben. Eine räumlich unabhängige Anordnung der Koordinierungsstelle erscheint sinnvoll, obliegt jedoch der Entscheidung der beteiligten regionalen Akteure. Die wesentlichen Aufgabenbereiche und Tätigkeitsfelder der Koordinierungsstelle umfassen:

- Erarbeitung eines Bewertungssystems für eine nachhaltige Flächeninanspruchnahme inkl. Folgekostenberechnung
- Koordination des stadtregionalen Abstimmungsprozesses bezüglich Strategien der zukünftigen Siedlungsflächenentwicklung
- Koordinierung und Steuerung der Flächeninanspruchnahme und aller raumbedeutsamen Entwicklungsansätze
- Aufbau und Führung eines GIS-basierten Standortinformationssystems
- Mobilisierung von Gewerbeflächen über Clustermanagement in enger Kooperation mit der Wirtschaftsförderung und Evaluierung der Flächeninanspruchnahme
- Generierung von Finanzierungsmöglichkeiten

Der Finanzbedarf der Koordinierungsstelle ist abhängig vom genauen Aufgabenzuschnitt. Die notwendigen finanziellen Mittel sollen möglichst in einem Regionalbudget gebündelt werden.

Literatur

Ferber, Uwe, und *Miriam Müller* (2009): Stadtregion Gießen-Wetzlar – Kommunikation nach der Konfrontation?, in: Stephanie Bock, Ajo Hinzen, Jens Libbe (Hrsg.): Nachhaltiges Flächenmanagement – in der Praxis erfolgreich kommunizieren. Ansätze und Beispiele aus dem Förderschwerpunkt REFINA, Beiträge aus der REFINA-Forschung, Reihe REFINA Bd. IV, Berlin.

Koziol, Matthias, und *Jörg Walther* (2009): Abschätzung der Infrastrukturfolgekosten. Das Beispiel der Region Gießen-Wetzlar, in: Thomas Preuß und Holger Floeting (Hrsg.): Folgekosten der Siedlungsentwicklung. Bewertungsansätze, Modelle und Werkzeuge der Kosten-Nutzen-Betrachtung, Beiträge aus der REFINA-Forschung, Reihe REFINA Bd. III, Berlin.

Krumm, Raimund (2007): Neue Ansätze zur flächenschutzpolitischen Reform des Kommunalen Finanzausgleichs, Tübingen (Institut für Angewandte Wirtschaftsforschung – IAW).

REFINA-Forschungsverbund Gießen-Wetzlar: Nachhaltiges Siedlungsflächenmanagement. Endbericht, Gießen 2009.

Projektsekretariat REFINA, Universitätsstadt Gießen, Der Magistrat (Hrsg.) (2009): Umsetzung eines nachhaltigen regionalen Siedlungsflächenmanagements. Handlungsempfehlungen für Kommunen und das Land, Gießen.

Spannowsky, Willy (2008): Der Vertrag im Raumordnungsrecht, in: Battis/Söfker/Stüer (Hrsg.): Nachhaltige Stadt- und Raumentwicklung. Festschrift für Michael Krautzberger, München, S. 217 ff.

E 6.4 Regionaler Portfoliomanager

Claudia Gilles, Dirk Vallée

REFINA-Forschungsvorhaben: Regionales Portfoliomanagement

Verbundkoordination: Prof. Dr.-Ing. Dirk Vallée, Institut für Stadtbauwesen und Stadtverkehr (RWTH Aachen)
Projektpartner: Dr. Gottfried Lennartz, gaiac, Forschungsinstitut für Ökosystemanalyse und -bewertung e.V. (Aninstitut der RWTH Aachen); Timo Heyn, empirica Qualitative Marktforschung, Stadt- und Strukturforschung GmbH; Jürgen Reinders, Regionaler Arbeitskreis Entwicklung, Planung und Verkehr der Region Bonn/Rhein-Sieg/Ahrweiler *(:rak)*, Geschäftsstelle des *:rak*
Modellraum: Region Bonn/Rhein-Sieg/Ahrweiler (NW)
Projektwebsite: www.rpm.rwth-aachen.de

Einführung

Das Forschungsprojekt „Regionales Portfoliomanagement" wurde in Zusammenarbeit mit dem Regionalen Arbeitskreis Entwicklung, Planung und Verkehr Bonn/Rhein-Sieg/Ahrweiler *(:rak)* durchgeführt. Der *:rak* stellt eine freiwillige Kooperationsform dar, die 1991 im Zuge der Verlagerung der Bundesregierung von Bonn nach Berlin entstand. Die verantwortlichen Akteure nutzten damals die neue Situation als Chance zu einem regionalen Diskussions-, Partizipations- und Gestaltungsprozess.
Im *:rak* sind alle 28 Städte, Gemeinden und Verbandsgemeinden der Region in Aufgabenfeldern der räumlichen Planung aktiv. Er stellt ein Bindeglied zwischen der örtlichen Planungshoheit und der Regional- bzw. Landesplanung dar, indem er durch Informationsaustausch dazu beiträgt, gemeinsam abgestimmte Projektentwicklungen auf die kommunale Ebene zu befördern (*:rak* 2008: 9).
Nach Abschluss des Forschungsprojektes wurde der Regionale Portfoliomanager an den *:rak* übergeben. Das Onlinetool wurde in der Weise konzipiert, dass es in den nächsten Jahren vom *:rak* fortgeschrieben werden kann und somit auch langfristig der Region und seinen Kommunen bei Fragen der Siedlungsentwicklung als Unterstützung dient. Hierfür wurde initiiert durch das Forschungsprojekt die „Kompetenzstelle Regionaler Portfoliomanager" eingerichtet. Eine zentrale Aufgabe des Regionalen Portfoliomanagers (als Person) ist es, die Eingaben im Regionalen Portfoliomanager auf regionaler Ebene auszuwerten und so Wirkungen darzustellen, die erst aus dem Zusammenspiel mehrerer Flächenentwicklungen in der Region entstehen. Um seine Unabhängigkeit von einzelnen kommunalen Interessen zu gewährleisten, wird die Stelle des Regionalen Portfoliomanagers beim *:rak* bzw. in der Geschäftsstelle des *:rak* angesiedelt.

Grundlagen (Methoden, Daten)

Ein regionales Rechenmodell

Im Gegensatz zu den bislang bekannten Folgekostenrechnern, die überwiegend die kommunale Ebene betrachten, wurde mit dem Regionalen Portfoliomanager ein Rechenmodell entwickelt, mit dem die volkswirtschaftlichen Effekte regionaler Siedlungsflächenentwicklungen in einem frühen Planungsstadium einfach und nachvollziehbar abgeschätzt werden können. Das Tool bietet Regionen und Kommunen somit eine wesentliche Hilfestellung bei der strategischen Ausrichtung ihrer mittel- bis langfristigen Siedlungsentwicklungspolitik, indem bspw. verschiedene Baulandstrategien wie Innen- vs. Außenaußenentwicklung oder auch einzelne Flächen einschließlich ihrer Umlandeffekte auf regionaler Ebene miteinander verglichen werden können. Die Auseinandersetzung mit den Einflussfaktoren der Flächenentwicklung soll zu einer zukunftsfähigen, transparenten und alle Kosten berücksichtigenden Siedlungspolitik sowie einem bewussten Umgang mit der Inanspruchnahme von Flächen beitragen. Wesentliche neue Elemente sind die Berücksichtigung von Impulseffekten im Umland, von Kosten für die äußere Infrastruktur sowie von überörtlichen Verkehrskosten. Auch wurde eine neue Methode zur Abbildung der ökologischen Kosten entwickelt.

Die Anwendung richtet sich vorrangig an Vertreter des Fachbereiches Planung auf regionaler Ebene, aber auch an kommunale Vertreter dieses Fachbereiches im Bereich der Entscheidungsvorbereitung. Je nach Organisation einer regionalen bzw. kommunalen Verwaltung kann das Tool auch in anderen Fachbereichen wie bspw. der Wirtschaftsförderung angewendet werden.

Der Regionale Portfoliomanager liefert volkswirtschaftliche Bewertungen zu Kosten und Nutzen einer „potenziellen" Flächenplanung für folgende Teilaspekte:

- Privatwirtschaft
  Lagewert für baureifes Land
  Impulseffekte im Umfeld (private Folgeinvestitionen)
- Infrastruktur
  Innere Erschließung und Grundstücksaufbereitung
  Äußere Erschließung (MIV, ÖPNV)
  Soziale Infrastruktur (Kindergarten, Grundschule, Weiterführende Schulen)
- Ökologie
  Auswirkungen direkter Flächeninanspruchnahme
  Auswirkungen des Motorisierten Individualverkehrs

Bei der Erstellung des Tools wurde darauf geachtet, eine hohe Übertragbarkeit der gewonnen Erkenntnisse, Methoden und technischen Schritte auf andere Regionen und Kommunen zu gewährleisten. In einigen Bereichen sind jedoch Anpassungen an die speziellen Gegebenheiten in der Region bzw. Kommune notwendig.

Neben einer bestehenden Serverarchitektur und einem Online-GIS-System ist es von Vorteil, wenn die Grundlagen zur Integration eines WCMS (Web Content Management Systems) für die Flächeneingabe bestehen. Die Datenbanksysteme sollten SQL- bzw. PostgreSQL-kompatibel sein, damit keine aufwändige Übersetzung der bestehenden Berechnungsgrundlagen erforderlich ist. Die erforderlichen Komponenten können an die Verhältnisse der jeweiligen Region angepasst werden. Zwingend erforderlich ist der Aufbau oder das Bestehen eines Online-GIS sowie eines Datenbanksystems. Der Aufbau eines

A B C C 1 C 2 D D 1 D 2 E E 1 E 2 E 3 E 4 E 5 E 6

Online-GIS ist dabei mit einem nicht unerheblichen Aufwand verbunden. Die übrigen Bausteine des Regionalen Portfoliomanagers können mit weniger Aufwand und relativ flexibel entwickelt oder an die Strukturen in anderen Regionen angepasst werden.

Nutzung des EDV-Tools zum Portfoliomanagement in Abstimmungen innerhalb der Region

Mit Hilfe des Kalkulationstools wird es den Nutzern ermöglicht, Kosten und Nutzen in folgenden Bereichen zu ermitteln: Grundstücksaufbereitung, Innere Erschließung, Äußere Erschließung, Kosten der sozialen Infrastruktur und Ökologische Kosten. Abschließend wird der Planungs- und Realisierungsstand der einzelnen Baulandfläche abgefragt. Zudem gibt das Tool die Planungsrendite, Umfeldeffekte als auch die Gesamtbilanz des Grundstücks aus.

Abbildung 9: Arbeitsumgebung des Regionalen Portfoliomanagers – Online-GIS der Wohnregion Bonn

Quelle: www.wohnregion-bonn.de, 2010.

Der Regionale Portfoliomanager beinhaltet zum einen ein Kartenanzeige- bzw. Bearbeitungstool und zum anderen eine Daten-Eingabemaske (Abbildung 9). Beide Elemente des Tools sind miteinander verknüpft. Hierdurch kann der Nutzer seine potenziellen Baulandflächen digital hinterlegen und die entsprechenden Kenndaten der digitalisierten Fläche der Eingabemaske folgend eingeben. Die Infrastrukturkomponenten ordnen den digitalisierten Baulandflächen automatisch eine Flächennummer zu und berechnen sowohl Flächengröße als auch Bodenwert. Vom Nutzer ist dann die vorgesehene Planung anzugeben. Gewerbliche Nutzung kann weiter differenziert werden, indem die Gewerbeanteile von Industrie, Dienstleistungen oder Einzelhandel in die Datenmaske eingegeben werden. Neben den vom Tool berechneten Werten bietet der Regionale Portfoliomanager bei einigen Eingabefeldern die Möglichkeit, diese nach eigenem Wissen zu konkretisieren. So kann bspw. der konkrete flächenbezogene Bodenwert (Euro/m^2) einer potenziellen Baulandfläche bei vorhandener Kenntnis des Nutzers eingegeben werden. In diesem Fall werden neben den automatisiert berechneten Gesamtkosten auch Gesamtkosten ausgegeben, die die konkreteren Kosten berücksichtigen (vgl. auch Kap. **E 3**).

Mit dem Regionalen Portfoliomanager sind unterschiedliche Kostenberechnungen und -vergleiche möglich:

- Analyse einzelner Kosten-/Nutzenkomponenten (z.B. Innere Erschließung, Grundstücksaufbereitung, Ökologische Kriterien) oder der Gesamtbilanz einer Fläche sowie die Priorisierung alternativer Entwicklungsszenarien,
- kumulative Effekte durch das Zusammenwirken aller Flächenentwicklungen in einer Region (z.B. ÖPNV, soziale Infrastruktur),
- Vergleich verschiedener Siedlungsszenarien auf kommunaler und/oder regionaler Ebene (z.B. Innen- vs. Außenentwicklung),
- Vergleiche verschiedener Dichteszenarien für ein ausgewähltes Flächenportfolio.

Die Auswertung erfolgt durch eine Einzelaufstellung der Investitions- und Folgekosten für die einzelnen Teilaspekte, wobei die Folgekosten auf einen Zeitraum von zehn Jahren berechnet werden. In Teilbereichen können die Effekte der Siedlungsentwicklung nicht monetarisiert werden. In diesen Fällen werden dem Bearbeiter Informationen zur Verfügung gestellt, die einer gesonderten Beurteilung durch einen fachkundlichen Bearbeiter bedürfen.

Literatur

Anke Ruckes, Timo Heyn, Gottfried Lennartz, Philipp Schwede, Andreas Toschki (2009): Regionales Siedlungsmanagement auf Basis monetarisierter Bewertung ökologischer, infrastruktureller und privatwirtschaftlicher Dimensionen potenzieller Entwicklungsflächen, in: Thomas Preuß und Holger Floeting (Hrsg.): Folgekosten der Siedlungsentwicklung. Bewertungsansätze, Modelle und Werkzeuge der Kosten-Nutzen-Betrachtung, Beiträge aus der REFINA-Forschung, Reihe REFINA Bd. III, Berlin.

E 6 A: Kooperationsbedarfe in der Region „Mitteldeutschland"

REFINA-Forschungsvorhaben: KoReMi – Ziele und übertragbare Handlungsstrategien für ein kooperatives regionales Flächenmanagement unter Schrumpfungstendenzen in der Kernregion Mitteldeutschland

Verbundkoordination: Prof. Johannes Ringel, Anja Kübler, Universität Leipzig, Wirtschaftswissenschaftliche Fakultät, Institut für Stadtentwicklung und Bauwirtschaft

Projektpartner: Prof. Dr. Thomas Lenk, Universität Leipzig, Wirtschaftswissenschaftliche Fakultät, Institut für Finanzen; Dr. phil. Klaus Friedrich, Martin-Luther-Universität Halle-Wittenberg, FB Geowissenschaften, Professur für Sozialgeographie; Prof. Dr.-Ing. Robert Holländer, Universität Leipzig, Wirtschaftswissenschaftliche Fakultät, Institut für Infrastruktur und Ressourcenmanagement, Professur für Umwelttechnik in der Wasserwirtschaft und Umweltmanagement; Prof. Dr.-Ing. Wolfgang Kühn, Universität Leipzig, Wirtschaftswissenschaftliche Fakultät, Institut für Infrastruktur und Ressourcenmanagement, Lehrstuhl für Verkehrsbau und Verkehrssystemtechnik; Thomas Gawron, Senior Fellow am UFZ

Modellraum: Kernregion Mitteldeutschland (Sachsen, Sachsen-Anhalt)

Projektwebsite: www.koremi.de

Kooperation wird vonseiten der Landesplanung im Untersuchungsgebiet als wichtig erachtet. So empfiehlt bspw. die Sächsische Staatskanzlei: „Vor [dem Hintergrund des Bevölkerungsrückgangs] sollte der Freistaat Sachsen im Dialog mit den Kommunen und Regionen eine Selbstverpflichtung eingehen, die Neuinanspruchnahme von Siedlungs- und Verkehrsflächen kontinuierlich zu reduzieren bzw. in der Bilanz landesweit gänzlich zurückzufahren." (Sächsische Staatskanzlei 2006, S. 40) Im Untersuchungsraum ist die Kommunale Kooperationsgemeinschaft Schkeuditzer Kreuz ein Beispiel für den Versuch einer selbst initiierten, länderübergreifenden „Planungsgemeinschaft". Regionale und gemeindliche Entwicklung sollen enger verbunden sowie eine Verbesserung der Wirtschafts- und Siedlungsstruktur kooperativ herbeigeführt werden. Neben diesem positiven Beispiel ist der flächenpolitische Kooperationsbedarf bei den Gemeinden in der Region wenig erkannt – trotz Forderungen, mit Fläche nachhaltig umzugehen, der finanziellen Rahmenbedingungen sowie des großen Leerstandes von Flächen zehrenden Wohn- und Gewerbegebieten. Einer der Gründe bei Wohnflächen ist die Unkenntnis der jeweiligen Flächensituation der Nachbargemeinde. Es wird daher ein gemeinsamer Datenpool für eine einheitliche Informationsbereitstellung empfohlen, auf dessen Basis verbindliche Konzepte wie bspw. Flächennutzungspläne aufbauen können. Bei Gewerbeflächen stehen neben vielen anderen Faktoren unzureichende Nutzenabschätzungen zwischengemeindlichen Kooperationen entgegen, so dass ein transparentes Projektmanagement zu empfehlen ist.

Literatur

Sächsische Staatskanzlei (2006): Empfehlungen zur Bewältigung des demographischen Wandels im Freistaat Sachsen, Dresden.

Anja Kübler, Martina Kuntze, Barbara Warner

E 6 B: Arbeitsschritte zur Steuerung der Grünflächenpflege über das Regionale Parkpflegewerk Emscher Landschaftspark

REFINA-Forschungsvorhaben: Regionales Parkpflegewerk Emscher Landschaftspark

Verbundkoordination: Prof. Dr. Jörg Dettmar, Technische Universität Darmstadt, Fachbereich Architektur; FG Entwerfen und Freiraumplanung

Projektpartner: Helmut Grothe, Regionalverband Ruhrgebiet (RVR); Mechthild Semrau, Emschergenossenschaft und Lippeverband (EG/LV); Frau Stockem, Bundeswasserstraßenverwaltung Wasser- und Schifffahrtsamt (WSA); Petra Rahmann, Bundesfernstraßenverwaltung Straßen NRW; Dr. Rolf Heyer, Landesentwicklungsgesellschaft (LEG) Arbeitsmarkt- und Strukturentwicklung GmbH; Michael Börth, Wald und Holz NRW, Forstamt Recklinghausen (Industriewald Ruhrgebiet); Gernot Pahlen, Montan-Grundstücksgesellschaft mbH (RAG Immobilien MGG); Johannes Oppenberg, Stadt Essen, Grün und Gruga Essen; Detlev Müller, Stadt Gelsenkirchen, Untere Landschaftsbehörde; Solveig Holste, Stadt Bochum, Grünflächenamt; Thorsten Kastrup, Stadt Bottrop, Stadtplanungsamt; Jürgen Graf, Stadt Gladbeck, Ingenieuramt; Brigitte Suttmann, Stadt Herten, Stadtplanungsamt; Marianne Härtl-Hürtgen, Stadt Recklinghausen, Umweltamt

Modellraum: Teilraum des Emscher Landschaftsparks (regionale Grünzüge C und D) (NW)

Projektwebsite: www.parkpflegewerk-elp2010.de

Die Steuerung der Grünflächenpflege über ein Regionales Parkpflegewerk könnte beispielsweise folgenden Arbeitsschritten folgen:

- Einordnung des Parks in eine Produktklasse und einen entsprechenden Flächentyp mit daraus folgenden primären Funktionen und allgemeinen Anforderungen an die Fläche
- Bestandsaufnahme in der Örtlichkeit (Benennung der Defizite und Potenziale)
- Definition von wesentlichen Elementen und Funktionen aus der Perspektive des Regionalparks, den sogenannten „Essentials"
- Abstimmung der Essentials mit allen an der Pflege beteiligten Akteuren als Basis für die gemeinsame Festlegung von flächenbezogenen Pflegezielen und Entwicklungsmaßnahmen
- Optimierung der Pflegezuständigkeiten und -maßnahmen (z.B. über Flächentausch, gemeinsame Nutzung von Maschinen etc.)
- Umsetzung durch die jeweils für die Pflege verantwortlichen Akteure
- Benennung eines Moderators, der zukünftig die notwendige Kommunikation im Rahmen der gemeinsamen Parkpflege steuert (z.B. gemeinsame jährliche Begehungen, ggf. Überarbeitung der Pflegeziele)
- Informelle auf das Parkprodukt bezogene Pflegevereinbarung zwischen den beteiligten Partnern

Literatur

Rohler, Hans-Peter (2008): Regional abgestimmte Pflege. Regionales Parkpflegewerk Emscher Landschaftspark, in: Stadt + Grün, Nr. 8, S. 46–50.

Fritz, Harald (2007): Management Entwicklung Vegetation. Masterplan Emscher Landschaftspark 2010 – Grundlage für ein regionales Parkpflegewerk, in: Stadt + Grün, Nr. 8, S. 19–22.

Hans-Peter Rohler

Wegweiser

Die Projekte des Förderschwerpunkts REFINA

Projekt: **Bewertung von Schadstoffen im Flächenrecycling und nachhaltigen Flächenmanagement auf der Basis der Verfügbarkeit/Bioverfügbarkeit – BioRefine**
Projektleitung: Freie Universität Berlin, Fachbereich Geowissenschaften, Institut für Geographische Wissenschaften, AG Organische Umweltgeochemie (FU-OrgU): Prof. Dr. mult. Dr. h. c. Konstantin Terytze
Laufzeit: 01.12.2006–28.02.2010
Projektwebsite: www.geo.fu-berlin.de/geog/fachrichtungen/physgeog/umwelt/forschung/biorefine
Kapitel: **E 2.2**

Projekt: **Designoptionen und Implementation von Raumordnungsinstrumenten zur Flächenverbrauchsreduktion – DoRiF**
Projektleitung: Georg-August-Universität Göttingen: Prof. Dr. Kilian Bizer
Laufzeit: 01.09.2006–31.03.2010
Projektwebsite: www.refina-dorif.de
Kapitel: **E 1 A**, **E 3.5**, **E 4.1**, **E 5.3**, **E 5.4**

Projekt: **Entwicklung von Analyse und Methodenrepertoires zur Reintegration von altindustriellen Standorten in urbane Funktionsräume an Fallbeispielen in Deutschland und den USA**
Projektleitung: Technische Universität München, Fakultät für Architektur, Lehrstuhl für Landschaftsarchitektur und Planung: Prof. Peter Latz
Laufzeit: 01.05.2007–31.07.2009
Projektwebsite: www.wzw.tum.de/fai und www.wzw.tum.de/lap-forschungsgruppe/
Kapitel: **C 1.1.3**, **C 2.2.2**

Projekt: **Entwicklung und Erprobung semiautomatischer und automatisierter Verfahren zur Erfassung und Bewertung von Siedlungs- und Verkehrsflächen durch Fernerkundung und Technologietransfer – Automatisierte Fernerkundungsverfahren**
Projektleitung: EFTAS Fernerkundung Technologietransfer GmbH, Münster: Andreas Völker, Dr. Andreas Müterthies, Claudia Hagedorn
Laufzeit: 01.04.2006–31.03.2009
Projektwebsite: www.refina-info.de/projekte/anzeige.phtml?id=3100
Kapitel: **E 1 D**

Projekt: **Entwicklung und Evaluierung eines fernerkundungsgestützten Flächenbarometers als Grundlage für ein nachhaltiges Flächenmanagement**
Projektleitung: Universität Würzburg, Geographisches Institut: Prof. Stefan Dech

Laufzeit: 01.06.2006–30.09.2009
Projektwebsite: www.geographie.uni-wuerzburg.de/arbeitsbereiche/fernerkundung/forschungsprojekte/refina
Kapitel: **E 1.4**, **E 1 E**, **E 5.4**

Projekt: **Esys – Entscheidungssystem zur Abschätzung des langfristigen Infrastruktur-und Flächenbedarfs**
Projektleitung: Institut für Regionalentwicklung und Strukturplanung (IRS): Dr. Michael Arndt
Laufzeit: 01.05.2007–15.11.2010
Projektwebsite: www.esys-nachhaltigkeitscheck.de
Kapitel: **E 3.3**

Projekt: **FIN.30 – Flächen Intelligent Nutzen**
Projektleitung: Universität Bonn, Professur für Städtebau und Bodenordnung (psb): Prof. Dr.-Ing. Theo Kötter
Laufzeit: 01.09.2006–31.08.2009
Projektwebsite: www.fin30.uni-bonn.de/
Kapitel: **E 2.4**, **E 3.4**, **E 4.4**

Projekt: **Flächenakteure zum Umsteuern bewegen (Phase I) NABU-Partnerschaften (Phase II)**
Projektleitung: Dr. Ulrich Kriese (Phase I), Manuel Dillinger und Nikola Krettek (Phase II)
Laufzeit: 01.02.2007–30.09.2012
Projektwebsite: www.nabu.de
Kapitel: **D 1.1**

Projekt: **Flächeninformationssysteme auf Basis virtueller 3D-Stadtmodelle**
Projektleitung: Hasso-Plattner-Institut an der Universität Potsdam: Prof. Dr. Jürgen Döllner
Laufzeit: 01.06.2007–30.06.2009
Projektwebsite: www.refina3d.de
Kapitel: **D 1 A**

Projekt: **Flächenkonstanz Saar – Wege für das Land Modellierung einer Neuflächeninanspruchnahme von „Null"**
Projektleitung: LEG Saar mbH: Heinz-Peter Klein
Laufzeit: 15.07.2006–14.10.2008
Projektwebsite: www.strukturholding-leg.de/zukunftsaufgabe-flaechenmanagement/
Kapitel: **E 4.2**

Projekt: **Flächenmanagement durch innovative Regionalplanung (FLAIR)**
Projektleitung: pakora.net – Netzwerk für Stadt und Raum: Dr. Dirk Engelke
Laufzeit: 01.08.2006–31.12.2008
Projektwebsite: http://flair.pakora.net/
Kapitel: **C 1.1.1**, **E 1.3**, **E 5.1**

Projekt: **Flächen ins Netz – Aktivierung von Gewerbeflächenpotenzialen durch E-Government (FLITZ)**
Projektleitung: Deutsches Institut für Urbanistik gGmbH: Dr. Busso Grabow
Laufzeit: 01.09.2007–31.03.2010
Projektwebsite: www.refina-info.de/projekte/anzeige.phtml?id=3141
Kapitel: **C 2.1.3**, **E 1.5**

Projekt: **Freifläche – Flächenbewusstsein – Neue jugendgemäße Kommunikationsstrategien für eine nachhaltige Nutzung von Flächen**
Projektleitung: ELSA e.V.: Uta Mählmann
Laufzeit: 01.03.2007–30.06.2009
Projektwebsite: www.freiflaeche.org
Kapitel: **D 2.2**

Projekt: **Funktionsbewertung urbaner Böden und planerische Umsetzung im Rahmen kommunaler Flächenschutzkonzeptionen**
Projektleitung: Fachhochschule Osnabrück, Fakultät Agrarwissenschaften und Landschaftsarchitektur: Prof. Dr. Friedrich Rück
Laufzeit: 01.04.2006–15.05.2009
Projektwebsite: www.stadtboden-planung.de
Kapitel: **E 2.1**

Projekt: **GEMRIK – Nachhaltiges Management von Gewerbeflächen im Rahmen interkommunaler Kooperation am Beispiel des Städtenetzes Balve-Hemer-Iserlohn-Menden**
Projektleitung: Stadt Iserlohn, Büro für Stadtentwicklungsplanung: Olaf Pestl
Laufzeit: 01.02.2007–31.01.2009
Projektwebsite: www.refina-info.de/projekte/anzeige.phtml?id=3110, www.plan-risk-consult.de
Kapitel: **C 2.1 B**, **E 2 B**

Projekt: **Gläserne Konversion – Entwicklung eines partizipativen Bewertungs- und Entscheidungsverfahrens für ein nachhaltiges Flächenmanagement im ländlichen Raum am Beispiel von Konversionsflächen in ausgewählten Kommunen**
Projektleitung: Samtgemeinde Barnstorf: Bürgermeister Jürgen Lübbers
Laufzeit: 01.04.2006–30.06.2009
Projektwebsite: www.glaesernekonversion.de
Kapitel: **C 1.1.2**, **C 2.2.1**

Projekt: **Handlungshilfen für eine aktive Innenentwicklung (HAI) – Bausteine für eine erfolgreiche Strategie zur Aktivierung von innerörtlichen Baulandpotenzialen in mittleren und kleinen Kommunen**
Projektleitung: Baader Konzept GmbH: Dr. Frank Molder, Dr. Sabine Müller-Herbers
Laufzeit: 01.03.2006 – 31.07.2008
Projektwebsite: www.hai-info.net
Kapitel: **C 1.3 E**, **C 2.1.1**

Projekt: **Integrale Sanierungspläne im Flächenrecycling – Erarbeitung einer Handlungshilfe für Behörden zum Umgang mit einfachen und integralen Sanierungsplänen als Instrument zur Förderung und Erleichterung des Flächenrecyclings auf kontaminierten Standorten (Integrale Sanierungspläne)**
Projektleitung: HPC Kirchzarten, HPC HARRESS PICKEL Consult AG: Michael König
Laufzeit: 01.01.2006 – 31.03.2008
Projektwebsite: www.refina-info.de/projekte/anzeige.phtml?id=3132
Kapitel: **C 1.3 B**

Projekt: **Integrierte Wohnstandortberatung als Beitrag zur Reduzierung der Flächeninanspruchnahme**
Projektleitung: Technische Universität Dortmund, Fakultät Raumplanung, Fachgebiet Verkehrswesen und Verkehrsplanung: Prof. Dr.-Ing. Christian Holz-Rau
Laufzeit: 01.10.2006 – 31.03.2010
Projektwebsite: www.wohnstandortberatung.de
Kapitel: **C 2.1.4**, **D 1.4**

Projekt: **Integriertes Stadt-Umland-Modellkonzept für eine nachhaltige Reduzierung der Flächeninanspruchnahme**
Projektleitung: Kreis Pinneberg: Hartmut Teichmann
Laufzeit: 01.05.2007 – 31.10.2009
Projektwebsite: www.raum-energie.de/index.php?id=66, www.suk-elmshorn.de, www.kreis-pinneberg.de
Kapitel: **C 2.2.3**, **E 1 C**, **E 6.2**

Projekt: **Kleine und mittlere Unternehmen entwickeln kleine und mittlere Flächen (KMU entwickeln KMF)**
Projektleitung: Universität Stuttgart, VEGAS – Institut für Wasserbau: Dr. Jürgen Braun, Dr.-Ing. Volker Schrenk
Laufzeit: 01.09.2006 – 31.08.2009
Projektwebsite: www.kmu-kmf.de
Kapitel: **C 1.3.2**

Projekt: **Kommunikation zur Kostenwahrheit bei der Wohnstandortwahl. Innovative Kommunikationsstrategie zur Kosten-Nutzen-Transparenz für nachhaltige Wohnstandortentscheidungen in Mittelthüringen**
Projektleitung: Fachhochschule Erfurt, Institut für Stadtforschung, Planung und Kommunikation (ISP), FG Planung und Kommunikation: Prof. Dr.-Ing. Heidi Sinning
Laufzeit: 01.11.2006-31.10.2008
Projektwebsite: www.fh-erfurt.de/fhe/isp/forschung/abgeschlossene-forschungsprojekte/komkowo/
Kapitel: **D 1.3**, **E 3 A**

Projekt: **komreg – Kommunales Flächenmanagement in der Region**
Projektleitung: Öko-Institut e.V. Institut für angewandte Ökologie: Dr. Matthias Buchert
Laufzeit: 01.03.2006-31.07.2008
Projektwebsite: www.komreg.info
Kapitel: **C 1.2.1**, **E 1.2**

Projekt: **Konversionsflächenmanagement zur nachhaltigen Wiedernutzung freigegebener militärischer Liegenschaften (REFINA-KoM)**
Projektleitung: Universität der Bundeswehr München, Institut für Verkehrswesen und Raumplanung: Prof. Dr.-Ing. Christian Jacoby
Laufzeit: 01.01.2007-31.12.2011
Projektwebsite: www.unibw.de/ivr/raumplanung/forschung/refina-kom
Kapitel: **C 1.3 A**

Projekt: **KoReMi – Ziele und übertragbare Handlungsstrategien für ein kooperatives regionales Flächenmanagement unter Schrumpfungstendenzen in der Kernregion Mitteldeutschland**
Projektleitung: Universität Leipzig, Wirtschaftswissenschaftliche Fakultät, Institut für Stadtentwicklung und Bauwirtschaft: Prof. Johannes Ringel, Anja Kübler
Laufzeit: 01.07.2006-31.03.2010
Projektwebsite: www.koremi.de
Kapitel: **E 5.2**, **E 5.5**, **E 6 A**

Projekt: **Kostenoptimierte Sanierung und Bewirtschaftung von Reserveflächen (KOSAR)**
Projektleitung: Projektgruppe Stadt + Entwicklung, Ferber, Graumann & Partner: Dr. Uwe Ferber
Laufzeit: 01.01.2007-31.12.2009
Projektwebsite: www.refina-kosar.de
Kapitel: **C 1.3.1**

Projekt:	**LEAN2 – Kommunale Finanzen und nachhaltiges Flächenmanagement**
Projektleitung:	Institut für Landes- und Stadtentwicklungsforschung gGmbH (ILS): Prof. Dr. Rainer Danielzyk
Laufzeit:	01.05.2006–31.01.2009
Projektwebsite:	www.lean2.de
Kapitel:	**E 3.2**

Projekt:	**Nachfrageorientiertes Nutzungszyklusmanagement – ein neues Instrument für die flächensparende und kosteneffiziente Entwicklung von Wohnquartieren (Nutzenzyklusmanagement)**
Projektleitung:	HafenCity Universität Hamburg, Fachgebiet Stadtplanung und Regionalentwicklung: Prof. Dr. Jörg Knieling
Laufzeit:	01.04.2006–30.06.2009
Projektwebsite:	www.nutzungszyklusmanagement.hcuhamburg.de
Kapitel:	**C 1.2.2**, **C 1.3.3**, **C 2.1.2**

Projekt:	**Nachhaltiges Flächenmanagement Hannover – Entwicklung eines fondsbasierten Finanzierungskonzepts zur Schaffung wirtschaftlicher Anreize für die Mobilisierung von Brach- und Reserveflächen und Überprüfung der Realisierungschancen am Beispiel der Stadt Hannover (NFM-H)**
Projektleitung:	ECOLOG-Institut für sozial-ökologische Forschung und Bildung gGmbH, Hannover: Dr. Silke Kleinhückelkotten
Laufzeit:	01.01.2006–30.06.2009
Projektwebsite:	www.flaechenfonds.de
Kapitel:	**C 2.1 A**, **E 1.1**, **E 2.5**, **E 4.3**

Projekt:	**Nachhaltiges Siedlungsflächenmanagement in der Stadtregion Gießen-Wetzlar**
Projektleitung:	Technische Universität Kaiserslautern, Lehrstuhl für Öffentliches Recht: Prof. Dr. iur. Willy Spannowsky
Laufzeit:	01.02.2007–31.01.2010
Projektwebsite:	refina-region-wetzlar.giessen.de
Kapitel:	**E 6.3**

Projekt:	**Nachnutzung von Altablagerungen an der Peripherie eines städtischen Raumes (NAPS) am Beispiel der Fulgurit-Asbestschlammhalde in Wunstorf, Region Hannover**
Projektleitung:	Prof. Burmeier Ingenieurgesellschaft mbH (BIG): Dipl.-Ing. Christian Poggendorf
Laufzeit:	01.08.2007–30.11.2009
Projektwebsite:	www.leitfaden-lena.de
Kapitel:	**C 1.3 C**

Projekt: **Neues Kommunales Finanzmanagement (NKF) – Chance und Risiko für Flächenrecycling in Kommunen**
Projektleitung: PROBIOTEC GmbH: Kai Steffens
Laufzeit: 01.06.2007 – 31.10.2010
Projektwebsite: www.probiotec.de
Kapitel: **E 4 A**

Projekt: **optirisk – Die städtebauliche Optimierung von Standortentwicklungskonzepten belasteter Grundstücke auf der Grundlage der Identifizierung und Monetarisierung behebungspflichtiger und investitionshemmender Risiken**
Projektleitung: JENA-GEOS-Ingenieurbüro GmbH: Dr. Kersten Roselt
Laufzeit: 01.04.2006 – 30.09.2009
Projektwebsite: www.uni-weimar.de/architektur/raum/refina
Kapitel: **E 2 A**

Projekt: **Public Private Partnership im Flächenmanagement auf regionaler Ebene**
Projektleitung: PROBIOTEC GmbH: Kai Steffens, Georg Trocha
Laufzeit: 01.07.2007 – 30.09.2010
Projektwebsite: www.ppp-im-flaechenmanagement.de
Kapitel: **C 1.3 D**

Projekt: **REGENA – Regionaler Gewerbeflächenpool Neckar Alb**
Projektleitung: Institut für Angewandte Forschung (IAF) der Hochschule für Wirtschaft und Umwelt Nürtingen-Geislingen: Prof. Dr. Alfred Ruther-Mehlis
Laufzeit: 01.03.2006 – 31.08.2010
Projektwebsite: www.hfwu.de/regena
Kapitel: **E 6.1**

Projekt: **Regionales Parkpflegewerk Emscher Landschaftspark**
Projektleitung: Technische Universität Darmstadt, Fachbereich Architektur, FG Entwerfen und Freiraumplanung: Prof. Dr. Jörg Dettmar
Laufzeit: 01.05.2006 – 30.09.2009
Projektwebsite: www.parkpflegewerk-elp2010.de
Kapitel: **E 1 B**, **E 6 B**

Projekt: **Regionales Portfoliomanagement**
Projektleitung: Institut für Stadtbauwesen und Stadtverkehr (RWTH Aachen): Prof. Dr.-Ing. Dirk Vallée
Laufzeit: 01.09.2007 – 28.02.2010
Projektwebsite: www.rpm.rwth-aachen.de
Kapitel: **E 6.4**

Projekt: **SINBRA – Strategien zur nachhaltigen Inwertsetzung nicht-wettbewerbsfähiger Flächen am Beispiel einer ehemaligen Militär-Liegenschaft in Potsdam-Krampnitz**
Projektleitung: Brandenburgische Boden Gesellschaft für Grundstücksverwaltung und -verwertung mbH, Zossen-Wünsdorf: Martina Freygang
Laufzeit: 01.05.2006 – 31.03.2009
Projektwebsite: www.sinbra.de
Kapitel: **E 2.3**

Projekt: **Spiel-Fläche**
Projektleitung: Wissenschaftsladen Bonn e.V.: Theo Bühler
Laufzeit: 01.12.2006 – 31.08.2009
Projektwebsite: www.spiel-flaeche.de
Kapitel: **D 2.3**

Projekt: **WissTrans – Wissenstransfer durch innovative Fortbildungskonzepte beim Flächenrecycling und Flächenmanagement**
Projektleitung: Teil A: Universität Stuttgart, VEGAS – Institut für Wasserbau: Dr. Jürgen Braun PhD, Teil B: Geographisches Institut der Ruhr-Universität Bochum: Prof. Dr. Bernhard Butzin
Laufzeit: 01.07.2007 – 31.07.2009
Projektwebsite: www.flaechen-bilden.de, www.elnab.de
Kapitel: **D 2.1**, **D 2 A**

Projekt: **Wohn-, Mobilitäts- und Infrastrukturkosten – Transparenz der Folgen der Standortwahl und Flächeninanspruchnahme am Beispiel der Metropolregion Hamburg**
Projektleitung: HafenCity Universität Hamburg, Department Stadtplanung: Prof. Dr.-Ing. Thomas Krüger
Laufzeit: 01.06.2006 – 31.08.2009
Projektwebsite: www.womo-rechner.de, www.was-kostet-mein-baugebiet.de
Kapitel: **E 3.1**, **E 3 B**

Projekt: **Zukunft Fläche – Bewusstseinswandel zur Reduzierung der Flächeninanspruchnahme in der Metropolregion Hamburg**
Projektleitung: Kreis Segeberg i.V. für die Leitprojekt-AG „Bewusstseinswandel im Flächenverbrauch" der Metropolregion Hamburg: Hartwig Knoche
Laufzeit: 01.09.2007 – 31.10.2009
Projektwebsite: www.mittendrin-ist-in.de
Kapitel: **D 1.2**

A
B
C
C 1
C 2
D
D 1
D 2
E
E 1
E 2
E 3
E 4
E 5
E 6

Die Publikationen des Förderschwerpunkts REFINA

Reihe REFINA

(alle Bände stehen unter www.refina-info.de zum kostenlosen Download bereit)

Bundesamt für Bauwesen und Raumordnung (Hrsg.) in Kooperation mit dem Umweltbundesamt und dem Projektträger Jülich: Mehrwert für Mensch und Stadt. Flächenrecycling in Stadtumbauregionen. Strategien, innovative Instrumente und Perspektiven für das Flächenrecycling und die städtebauliche Erneuerung, Freiberg 2006, 298 S., ISBN 3-934409-29-6 (Reihe REFINA Band I).

Federal Environment Agency Germany, Dessau, (ed.) in cooperation with *Project Management Jülich,* Berlin: 2nd International Conference on Managing Urban Land. Towards more effective and sustainable brownfield revitalisation policies. Proceedings, 25 to 27 April 2007, Theaterhaus Stuttgart, Germany, Freiberg 2007, 698 S., ISBN 978-3-934409-33-4 (Reihe REFINA Band II).

Preuß, Thomas, und *Holger Floeting* (Hrsg.): Folgekosten der Siedlungsentwicklung. Bewertungsansätze, Modelle und Werkzeuge der Kosten-Nutzen-Betrachtung. Berlin 2009, 192 S., ISBN 978-3-88118-443-4 (Beiträge aus der REFINA-Forschung, Reihe REFINA Band III).

Bock, Stephanie, Ajo Hinzen und *Jens Libbe* (Hrsg.): Nachhaltiges Flächenmanagement – in der Praxis erfolgreich kommunizieren. Ansätze und Beispiele aus dem Förderschwerpunkt REFINA, Berlin 2009, 218 S., ISBN 978-3-88118-445-8 (Beiträge aus der REFINA-Forschung, Reihe REFINA Band IV).

Frerichs, Stefan, Manfred Lieber und *Thomas Preuß* (Hrsg.): Flächen- und Standortbewertung für ein nachhaltiges Flächenmanagement. Methoden und Konzepte, Berlin 2010, 258 S., ISBN 978-3-88118-444-1 (Beiträge aus der REFINA-Forschung, Reihe REFINA Band V).

Forschungsschwerpunkt REFINA

(beide Bände stehen unter www.refina-info.de zum kostenlosen Download bereit)

Projektübergreifende Begleitung REFINA (Hrsg.): Wege zum nachhaltigen Flächenmanagement – Themen und Projekte des Förderschwerpunkts REFINA. Forschung für die Reduzierung der Flächeninanspruchnahme und ein nachhaltiges Flächenmanagement, Berlin 2008, 66 S.

English version: Paths to Sustainable Land Management – Topics and Projects in the REFINA Research Programme, Berlin 2008, 26 S.

Project Management Jülich, Berlin, (ed.) in cooperation with USEPA, Office of Research and Development, Cincinnati/Ohio: Regional Approaches and Tools for Sustainable Revitalization. Documentation of a Workshop of the U.S.-German Bilateral Working Group, May 8 and 9, 2008 – New York, New York 2008, 48 S.

Flächenpost

(alle Ausgaben stehen unter www.refina-info.de zum kostenlosen Download bereit)

Die „Flächenpost" war ein bis Ende 2010 monatlich erscheinender, achtseitiger Newsletter und stellte ausgewählte REFINA-Projekte vor.

Nr. 1: REFINA-Projekt komreg, September 2008
Ausblick 2030: überraschende Möglichkeiten – Innenentwicklung deck Wohnbaulandbedarf mehr als erwartet ab
Nr. 2: REFINA-Projekt LEAN2, Oktober 2008
„Heiß ersehntes" EDV-Tool LEAN kom: Transparenz für Folgekosten der Siedlungsentwicklung
Nr. 3: REFINA-Projekte „Integrierte Wohnstandortberatung" und „KomKoWo", November 2008
Gesucht – gefunden: Wohnstandortberatung hilft Flächen und Kosten sparer
Nr. 4: REFINA-Projekt HAI – Handlungshilfen für aktive Innenentwicklung, Dezember 2008
Vom „Enkele-Stückle" zur Innenentwicklung: Eigentümeransprache lohnt sich
Nr. 5: REFINA-Projekt FLAIR – Flächenmanagement durch innovative Regionalplanung, Januar 2009
27 Aktivierungsstrategien für die Innenentwicklung
Nr. 6: REFINA-Projekt „Gläserne Konversion", Februar 2009
Wie Flächensparen den Stammtisch erobert
Nr. 7: REFINA-Projekt Flächenbarometer, März 2009
Auf dem Weg zu einem GoogleEarth fürs Flächensparen
Nr. 8: REFINA-Projekt Nachfrageorientiertes Nutzungszyklusmanagement, April 2009
Wenn Wohnquartiere in die Jahre kommen: Nutzungszyklus-Management für Kommunen
Nr. 9: REFINA-Projekt Kostentransparenz, Mai 2009
Suche nach Wohnstandorten leichter gemacht: zwei neue Kostenrechner im Internet
Nr. 10: REFINA-Projekt Altindustriestandorte, Juni 2009
Im „Karren" in die Zukunft: Nutzungsalternativen für Altindustriestandorte
Nr. 11: REFINA-Projekt REFINA 3D, Juli 2009
Mehr als ein Hype: besseres Flächenmanagement mit 3D-Stadtmodellen
Nr. 12: REFINA-Projekt Freifläche, September 2009
Wohnträume auf den Prüfstand gestellt – Jugendliche für Flächensparen sensibilisiert
Nr. 13: REFINA-Projekt KMU entwickeln KMF, Oktober 2009
Der „Kommunale Kümmerer" – Erfolgsfaktor für die Innenentwicklung
Nr. 14: REFINA-Projekt Zukunft Fläche, November 2009
Die Botschaft muss ankommen! Neue Ansätze in der Flächen-Kommunikation
Nr. 15: REFINA-Projekt SINBRA, Dezember 2009
EUGEN: Entscheidungshilfe für belastete Brachflächen
Nr. 16: REFINA-Projekt FIN.30, Januar 2010
Damit können Kommunen rechnen: neue Instrumente zur Bewertung von nachhaltigen Flächenpotenzialen

Nr. 17: REFINA-Projekt KOSAR, Februar 2010
Aus der Reserve locken: neue Strategien zur Mobilisierung von Brachflächen
Nr. 18: REFINA-Projekt Stadt-Umland-Modell, März 2010
Über den Kirchturm schauen: Stadt-Umland-Kooperationen ermöglichen neue Flächenkonzepte
Nr. 19: REFINA-Projekt Portfoliomanagement, April 2010
Regionales Portfoliomanagement: Kostentransparenz für eine abgestimmte Flächenplanung
Nr. 20: REFINA-Projekt OPTIRISK, Mai 2010
Integrierte Standortentwicklung für ökologisch belastete Grundstücke
Nr. 21: REFINA-Projekt REGENA, Juni 2010
Regionaler Gewerbeflächenpool fördert kommunales Flächensparen
Nr. 22: REFINA-Projekt ESYS, Juli 2010
Online-Check ESYS fördert effiziente Infrastrukturplanung
Nr. 23: REFINA-Projekt Integrale Sanierungspläne, September 2010
Der „perfekte Plan": Integrale Sanierungspläne unterstützen das Flächenrecycling
Nr. 24: REFINA-Projekt Flächenakteure/NABU-Partnerschaften, Oktober 2010
Ortsgespräch: lokale Kommunikationsstrategien für eine nachhaltige Flächenpolitik

Darüber hinaus stehen Vorträge (teils auch auf Englisch) und Fotos von REFINA-Tagungen, -Workshops, -Konferenzen und -Seminaren unter www.refina-info.de zum kostenlosen Download bereit.

Internetadressen zu Flächeninanspruchnahme und Flächenmanagement (Auswahl)

Bundesministerium für Verkehr, Bau und Stadtentwicklung (BMVBS)
Verminderung der Flächeninanspruchnahme

www.bmvbs.de/Klima_-Umwelt-Energie/Nachhaltigkeit-Klima-,3003/Flaechenverbrauch.htm

Bundesinstitut für Bau-, Stadt- und Raumforschung (BBSR)
Flächenmanagement

http://www.bbsr.bund.de/cln_016/nn_21978/BBSR/DE/Fachpolitiken/FlaecheLandschaft/Flaechenmanagement/flaechenmanagement__node.html?__nnn=true

Umweltbundesamt (UBA)

Raumbezogene Umweltplanung, Reduzierung der Flächeninanspruchnahme
www.umweltbundesamt.de/rup/flaechen/index.htm

Forschung für die Reduzierung der Flächeninanspruchnahme und ein nachhaltiges Flächenmanagement (REFINA)

www.refina-info.de

Bayerisches Staatsministerium für Umwelt und Gesundheit
Bündnis zum Flächensparen in Bayern

www.flaechensparen.bayern.de

Bayerisches Landesamt für Umwelt
Fachinformationen zum Flächenmanagement

www.lfu.bayern.de/themenuebergreifend/fachinformationen/flaechenmanagement/index.htm

Ministerium für Umwelt, Naturschutz und Verkehr des Landes Baden-Württemberg
Aktionsbündnis „Flächen gewinnen in Baden-Württemberg"

www.um.baden-wuerttemberg.de/servlet/is/35423

Ministerium für Umwelt, Naturschutz und Verkehr des Landes Baden-Württemberg
Flächenmanagement-Plattform

www.flaechenmanagement.baden-wuerttemberg.de

Ministerium für Umwelt und Naturschutz, Landwirtschaft und Verbraucherschutz des Landes Nordrhein-Westfalen
Allianz für die Fläche in Nordrhein-Westfalen

www.allianz-fuer-die-flaeche.de

Niedersächsisches Ministerium für Umwelt und Klimaschutz
Internetportal „Zukunft Fläche"

www.umwelt.niedersachsen.de/live/live.php?navigation_id=2160&article_id=92196&_psmand=10

Abkürzungsverzeichnis Bundesländer

BW	Baden-Württemberg
BY	Bayern
BE	Berlin
BB	Brandenburg
HB	Bremen
HH	Hamburg
HE	Hessen
MV	Mecklenburg-Vorpommern
NI	Niedersachsen
NW	Nordrhein-Westfalen
RP	Rheinland-Pfalz
SL	Saarland
SN	Sachsen
ST	Sachsen-Anhalt
SH	Schleswig-Holstein
TH	Thüringen

Verzeichnis der Autorinnen und Autoren

Martin Albrecht, Dipl.-Ing., geb. 1975, Studium der Stadtplanung in Hamburg, wissenschaftlicher Mitarbeiter der HafenCity Universität Hamburg sowie im Planungsbüro Gertz Gutsche Rümenapp – Stadtentwicklung und Mobilität, Hamburg;
E-Mail: martin.albrecht@hcu-hamburg.de

Michael Arndt, Dr. rer. pol., geb. 1951, Volkswirt, 1983–1987 wissenschaftlicher Mitarbeiter an der FU Berlin und der TU Berlin, 1988–1991 wissenschaftlicher Mitarbeiter im Institut für Zukunftsstudien und Technologiebewertung, 1991–1992 Referent beim Senator für Wirtschaft und Technologie, seit 1993 wissenschaftlicher Mitarbeiter am Institut für Regionalentwicklung und Strukturplanung – Forschungsabteilung „Dynamik von Wirtschaftsräumen"; Arbeitsschwerpunkte: Regionale Strukturpolitik, Infrastrukturpolitik, Regionale Finanzwissenschaft, Transnationale und -regionale Raumentwicklung und -planung;
E-Mail: arndtm@irs-net.de

Aline Baader, Dipl.-Ing. Landschaftsarchitektur (FH Weihenstephan), geb. 1979, seit 2007 wissenschaftliche Mitarbeiterin bei der Baader Konzept GmbH in Gunzenhausen in den Themenfeldern Flächenmanagement und aktive Innenentwicklung, seit 2008 berufsbegleitendes Studium an der Universität Leipzig im Studiengang „Master of Science in Urban Management";
E-Mail: a.baader@baaderkonzept.de

Stephan Bartke, Dipl.-Volksw., Dipl.-Bw. (BA), nach dualem BWL-Studium als Trainee der Deutschen Bank AG, Studium der VWL in Frankfurt/O., 2007/2008 wissenschaftlicher Mitarbeiter am Zentrum für Angewandte Geowissenschaften Tübingen, seit 2008 am Helmholtz-Zentrum für Umweltforschung – UFZ, Leipzig, Arbeitsschwerpunkt: Ökonomische Analyse von Flächennutzungs-, Nachhaltigkeits- und Risikoeinstellungsfragen;
E-Mail: stephan.bartke@ufz.de

Uta Bauer, Dipl.-Geografin, geb. 1957, Studium der Geografie in Marburg, seit 2004 Inhaberin des Büros für integrierte Planung (BiP) Berlin (www.bipberlin.de); davor wissenschaftliche Mitarbeiterin an der FU Berlin und Referentin für Stadt- und Verkehrsplanung, Wohnen im Frauenreferat der Stadt Frankfurt/M.; Themenschwerpunkte: Stadtumbau, demografischer Wandel, Wohnstandortwahl, Verkehr und Siedlungsentwicklung, gender- und zielgruppenorientierte Planung;
E-Mail: info@bipberlin.de

Torsten Beck, Dipl.-Ing., geb. 1967, Studium Bauingenieurwesen an der Universität Karlsruhe (TH), Vertiefungsrichtung Verkehr und Raumplanung, 1994–1995 Tätigkeit bei IVT Ingenieurbüro für Verkehrstechnik GmbH, Karlsruhe, seit 1996 freiberufliche Tätigkeit als Ingenieur, 1996–1997 Wiss. Assistent (C1) bei Prof. Werner Köhl, Institut für Städtebau und Landesplanung, Universität Karlsruhe (TH), 1997–2002 Wiss. Assistent (C1) bei Prof. Bernd Scholl, Institut für Städtebau und Landesplanung, Universität Karlsruhe (TH), seit 2002 Büroinhaber von Beck-Consult, seit 2005 Partner in pakora.net – Netzwerk für Stadt und Raum;
E-Mail: torsten.beck@pakora.net

Dieter Behrendt, Dipl.-Geogr., geb. 1964, Studium der Geographie, Stadt-/Landesplanung und Volkswirtschaft an der Universität Hannover, nach Tätigkeit im Progress-Institut für Wirtschaftsforschung, Bremen, und in der Gesellschaft für arbeitsorientierte, innovative Strukturentwicklung Sachsen-Anhalt, Magdeburg, seit 1998 wissenschaftlicher Mitarbeiter im ECOLOG-Institut gGmbH in Hannover;
E-Mail: dieter.behrendt@ecolog-institut.de

Klaus Beutler, Dipl.-Ing. Architekt, seit 2007 wissenschaftlicher Mitarbeiter am Institut für Verkehrswesen und Raumplanung an der Universität der Bundeswehr München; Forschungsschwerpunkte in den Themenfeldern Konversionsflächenmanagement sowie räumliche Anpassung an den Klimawandel auf städtischer und regionaler Ebene, daneben tätig als freiberuflicher Architekt und Stadtplaner;
E-Mail: klaus.beutler@unibw.de

Lutke Blecken, Diplom-Geograph, seit 2006 wissenschaftlicher Mitarbeiter bei Raum & Energie, Institut für Planung, Kommunikation und Prozessmanagement GmbH; Arbeitsschwerpunkte im Bereich Stadt- und Regionalentwicklung, interkommunale/regionale Kooperation, Anpassung an den Klimawandel und Integriertes Küstenzonenmanagement;
E-Mail: blecken@raum-energie.de

Kilian Bizer, Prof. Dr., Studium der Volkswirtschaftslehre an den Universitäten Göttingen, Wisconsin und Köln, seit 2004 Professur für Wirtschaftspolitik und Mittelstandsforschung, zugleich Direktor des Volkswirtschaftlichen Instituts für Mittelstand und Handwerk an der Universität Göttingen;
E-Mail: bizer@wiwi.uni-goettingen.de

Stefan Blümling, Dr. rer. pol, Dipl.-Volkswirt, seit 1999 wissenschaftlicher Mitarbeiter der GEFAK Gesellschaft für angewandte Kommunalforschung mbH, Arbeitsschwerpunkte: Projekte zur kommunalen Wirtschafts- und Beschäftigungsförderung, nachhaltiges Flächenmanagement, Informationsmanagement in Kommunen und Regionen;
E-Mail: bluemling@gefak.de

Stephanie Bock, Dr., Diplom-Geografin und Planungswissenschaftlerin, seit 2001 Projektleiterin und wissenschaftliche Mitarbeiterin am Deutschen Institut für Urbanistik (Difu); zuvor unter anderem Regionalplanerin beim Regierungspräsidium Darmstadt und wissenschaftliche Mitarbeiterin am Fachbereich Stadt- und Landschaftsplanung der Universität Kassel; Arbeitsschwerpunkte im Bereich Stadt- und Regionalentwicklung, Gender Mainstreaming sowie Begleitforschung und Evaluation; seit 2006 Projektleiterin der „Projektübergreifenden Begleitung REFINA";
E-Mail: bock@difu.de

Birgit Böhm, Dipl.-Geogr., „mensch und region" Birgit Böhm, Wolfgang Kleine-Limberg GbR; Arbeitsschwerpunkte: nachhaltige Prozess-, Stadt-, Regionalentwicklung, Beteiligung und Changemanagement;
E-Mail: boehm@mensch-und-region.de

Stefanie Bogner, Dipl.-Ing., geb. 1979, Studium der Architektur und Stadtplanung an der Universität Stuttgart, Abschluss Diplom, Mitglied in der Architektenkammer, Tätigkeit als Architektin von 2003 bis 2009, seit 2009 wissenschaftliche Assistentin am Institut für Grundlagen der Planung (IGP) der Fakultät für Architektur und Stadtplanung der Universität Stuttgart;
E-Mail: bogner@igp.uni-stuttgart.de

Foto: André Künzelmann

Jana Bovet, Dr. jur., seit 2002 Wissenschaftliche Mitarbeiterin des Departments Umwelt- und Planungsrecht am Helmholtz-Zentrum für Umweltforschung – UFZ; zuvor Promotion am Leibniz-Institut für ökologische Raumentwicklung; Forschungsschwerpunkte: Raumplanungsrecht, Erneuerbare Energien, Klimawandelrecht;
E-Mail: jana.bovet@ufz.de

Matthias Buchert, Dr.-Ing., seit 1992 wissenschaftlicher Mitarbeiter im Öko-Institut e.V., Büro Darmstadt, seit 1998 Leiter des Bereichs Infrastruktur & Unternehmen, langjährige nationale und internationale Forschungsprojekt- sowie Dialog- und Prozesserfahrungen u.a. in den Bereichen Flächenmanagement, Materialeffizienz, Ressourcenschonung, Bauen, Wohnen und Infrastruktur;
E-Mail: m.buchert@oeko.de

Jürgen Bunde, Dr. rer. pol., Dipl.-Volkswirt, 1982–1990 Mitarbeiter beim Rat von Sachverständigen für Umweltfragen, seit 1990 Geschäftsführer der GEFAK Gesellschaft für angewandte Kommunalforschung mbH, Arbeitsschwerpunkte: Projekte zur kommunalen Wirtschafts- und Beschäftigungsförderung, nachhaltiges Flächenmanagement, Strategieberatung und Informationsmanagement in Kommunen und Regionen;
E-Mail: bunde@gefak.de

Sabine Clausen, LL.M., Ass. iur., Referentin im Referat 703 (Zugang zur Schieneninfrastruktur und Dienstleistungen) bei der Bundesnetzagentur, zuvor wissenschaftliche Mitarbeiterin an der Professur für Finanzierung und Finanzwirtschaft der Leuphana Universität Lüneburg mit den Arbeitsschwerpunkten: Umweltrecht sowie Fragestellungen im Zusammenhang mit einer Public Private Partnership;
E-Mail: Sabine.Clausen@BNetzA.de

Claudia Dappen, Dipl.-Ing., Bauassessorin, geb. 1969, Studium der Geographie in Bonn und Paris sowie Städtebau/Stadtplanung an der TU Hamburg-Harburg, Städtebaureferendariat bei der Senatsverwaltung für Stadtentwicklung, Berlin; nach selbständiger Tätigkeit in Bremen seit 2006 wissenschaftliche Mitarbeiterin am Department Stadtplanung der HafenCity Universität Hamburg;
E-Mail: claudia.dappen@hcu-hamburg.de

Susanne David, Dipl.-Geographin, geb. 1976, Studium der Geografie, wissenschaftliche Mitarbeiterin im Rahmen von TUSEC IP an der Universität Hohenheim, 2007 bis 2008 am Landesamt für Bergbau, Energie und Geologie, Referat Landwirtschaft und Bodenschutz, Landesplanung, Arbeitsschwerpunkte: Stadtböden, Methodenentwicklung, seit 11/2008 beim Ingenieurbüro Mull & Partner, Hannover;
E-Mail: David@mullundpartner.de

Heinrich Degenhart, Prof. Dr. rer. pol., Inhaber der Professur für Finanzierung und Finanzwirtschaft der Leuphana Universität Lüneburg, Schwerpunkte in Forschung und Lehre: Corporate Finance, insbesondere Projekt- und Fondsfinanzierungen, umfangreiche praktische Erfahrungen im Bankgeschäft, insbesondere im Kreditgeschäft, und der Unternehmensfinanzierung;
E-Mail: degenhart@uni.leuphana.de

Alexandra Denner, Dipl.-Geogr., geb. 1977, Studium der Geographie, Bodenkunde und Landschaftsökologie an der Universität Stuttgart; 2005 Volontariat für Presse- und Öffentlichkeitsarbeit; 2006–2007 Fachtechnische Mitarbeiterin Bodenschutz und Altlasten, Landratsamt Göppingen; seit 2007 wissenschaftliche Mitarbeiterin bei VEGAS, Institut für Wasserbau an der Universität Stuttgart; Arbeits- und Forschungsschwerpunkte: Flächenmanagement und Flächenrecycling, Wissenstransfer; seit 2008 Geschäftsführerin des fortbildungsverbundes boden und altlasten Baden-Württemberg, seit 2010 des altlastenforum Baden-Württemberg e.V.
E-Mail: alexandra.denner@iws.uni-stuttgart.de

Kerstin Derz, Dr. rer. nat., Fraunhofer Institut für Molekularbiologie und Angewandte Oekologie (Fh-IME), Studium der Biologie, 2005 Promotion über den mikrobiellen Abbau von PAK, seit 2004 im Bereich Ökologische Chemie des Fh-IME in Schmallenberg, Schwerpunkte: Erfassung des Verbleibs von Schadstoffen in der Umwelt, Risikobewertung;
E-Mail: kerstin.derz@ime.fraunhofer.de

Martin Distelkamp, Dipl.-Volksw., geb. 1968, Studium an der Universität Essen, seit 2000 wissenschaftlicher Mitarbeiter der Gesellschaft für Wirtschaftliche Strukturforschung mbH (GWS mbH), Osnabrück, Arbeits- und Forschungsschwerpunkte: Analyse und Prognose von regionalökonomischen Zusammenhängen, Fragestellungen im Kontext der gesamtgesellschaftlichen Ziele einer Reduktion der Flächeninanspruchnahme und des Materialeinsatzes in der Wirtschaft;
E-Mail: distelkamp@gws-os.de

Jürgen Döllner, Prof. Dr., Studium der Mathematik mit Nebenfach Informatik an der Universität Siegen, Promotion und Habilitation im Fach Informatik an der Universität Münster, seit 2001 Professor (C4) für Computergrafische Systeme am Hasso-Plattner-Institut an der Universität Potsdam, Leiter des gleichnamigen Fachgebiets (www.hpi3d.de), Forschungsschwerpunkte: 3D-Computergrafik, 3D-Geovisualisierung, virtuelle Städte und Landschaften, Web-basierte und Service-orientierte Geoinformationssysteme und Geovisualisierungssysteme;
E-Mail: döllner@hpi.uni-potsdam.de

Hubertus von Dressler, Prof., geb. 1958, Studium der Landespflege an der Universität Hannover, Projektleiter in Planungsbüros, seit 2002 Prof. für Landschaftsplanung/Landschaftspflege an der FH Osnabrück, Arbeitsschwerpunkte: überörtliche und örtliche Landschaftsplanung, Integration von Naturschutzzielen in eine nachhaltige Stadt- und Regionalentwicklung/landwirtschaftliche Bodennutzung, Perspektiven der Kulturlandschaft, Umweltfolgenabschätzung (Strategische Umweltprüfung SUP, Projekt-UVP) und Eingriffsregelung;
E-Mail: H.von-dressler@fh-osnabrueck.de

Klaus Einig, Dipl.-Ing., seit 2002 Projektleiter beim Bundesinstitut für Bau-, Stadt- und Raumforschung im Bundesamt für Bauwesen und Raumordnung, seit 2004 stellvertretender Leiter des Referates Raumentwicklung, Studium der Stadtplanung, von 1995 bis 2002 Wissenschaftlicher Mitarbeiter beim Leibniz-Institut für ökologische Raumentwicklung, Dresden, Forschungsaufenthalte an der TU Hamburg-Harburg und im Max-Planck-Institut für demografische Forschung, Rostock;
E-Mail: Klaus.Einig@bbr.bund.de

Rebecca Eizenhöfer, Dipl.-Ing., Institut für Stadtforschung, Planung und Kommunikation der FH Erfurt, Arbeitsschwerpunkte: Wohnungsmärkte, Nachhaltige Stadt- und Regionalentwicklung, Demografische Entwicklung;
E-Mail: eizenhoefer@fh-erfurt.de

Dirk Engelke, Dr., geb. 1968, Studium Bauingenieurwesen für Verkehr und Raumplanung sowie Angewandte Kulturwissenschaft an der Universität Karlsruhe, danach Wissenschaftlicher Mitarbeiter am Institut für Städtebau und Landesplanung und Promotion, 2002 Gründung des Planungsbüros Dr. Engelke | Büro für Räumliche Planung, seit 2005 Gesellschafter der Partnergesellschaft pakora.net – Netzwerk für Stadt und Raum; Tätigkeitsschwerpunkte: neben klassischen Ingenieurtätigkeiten wie Standortanalyse und -suche auch Stadt- und Regionalentwicklung, Verkehrsplanung, Fördermanagement sowie der Einsatz der Neuen Medien für die räumliche Planung, nationale und internationale Planungs- und Forschungsprojekte;
E-Mail: engelke@pakora.net

Thomas Esch, Dr., Dipl.-Geogr., geb. 1975, Studium der Physischen Geographie in Trier, 2006–2008 Wissenschaftlicher Mitarbeiter am Lehrstuhl für Fernerkundung des Geographischen Instituts der Julius-Maximilians-Universität Würzburg; seit 2008 Mitarbeiter am Deutschen Fernerkundungsdatenzentrum (DFD) des Deutschen Zentrums für Luft- und Raumfahrt (DLR) und hier seit 2009 Leitung des Forschungsteams „Siedlungsraum und Landmanagement";
E-Mail: thomas.esch@dlr.de

Barbara Espenlaub, M.A., Studium der Geographie und Soziologie an der Universität Freiburg, danach Tätigkeit im Bereich Markt-, Standortgutachten und Nutzungskonzepte; seit 1994 im Ingenieurunternehmen für Flächenrecycling, Infrastrukturplanung und Umweltberatung HPC HARRESS PICKEL CONSULT AG in Freiburg als Projektleiterin tätig; Arbeitsschwerpunkte u.a.: Flächenmanagement, Flächenrecycling, Altlastenverdachtsflächen;
E-Mail: bespenlaub@hpc-ag.de

Christoph Ewen, Dr.-Ing., geb. 1960, Studium Bauingenieurwesen an der TU Darmstadt, Mitarbeiter im Öko-Institut von 1985–1999, zuletzt als Wissenschaftlicher Koordinator und Stellvertretender Geschäftsführer; Mitarbeiter bei IFOK GmbH von 2000–2003 als Leiter der Abteilung für Umwelt, Planung und Technik; seit 2003 Inhaber von team ewen, einem Büro für Konflikt- und Prozessmanagement in Darmstadt; dort tätig als Moderator, Mediator und Berater vornehmlich zu den Themen Umwelt, Technik, Gesundheit, Nachhaltigkeit, Planung und Natur;
E-Mail: ce@team-ewen.de

Katrin Fahrenkrug, M.A., Studium Geographie und Politikwissenschaften, Masterstudium Mediation, seit 1984 im Bereich Stadt- und Regionalentwicklung tätig, 1987 Mitgesellschafterin G.I.S. GmbH, 1989 Gründung Institut Raum & Energie, Institut für Planung, Kommunikation und Prozessmanagement GmbH, seither geschäftsführende Gesellschafterin;
E-Mail: institut@raum-energie.de

A
B
C
C 1
C 2
D
D 1
D 2
E
E 1
E 2
E 3
E 4
E 5
E 6

Uwe Ferber, Dr.-Ing., geb. 1963, Studium Umwelt- und Raumplanung, TU Darmstadt, seit 1997 Inhaber der Projektgruppe Stadt + Entwicklung, Leipzig;
E-Mail: uwe_ferber@projektstadt.de

Gesa Fiedrich, Dipl. Oec., geb. 1972, Studium der Wirtschaftswissenschaften an der Carl von Ossietzky Universität Oldenburg (Schwerpunkte Umweltökonomie, Marketing, Entwicklungstheorie), seit 2004 wissenschaftliche Mitarbeiterin im ECOLOG-Institut gGmbH, Hannover; Arbeitsschwerpunkt: Marktanalyse;
E-Mail: gesa.fiedrich@ecolog-institut.de

Stefan Fina, Diplom-Geogr., geb. 1974, Studium der Geographie an der Universität Eichstätt-Ingolstadt, seit 2007 wissenschaftlicher Mitarbeiter am Institut für Raumordnung und Entwicklungsplanung der Universität Stuttgart; Arbeitsschwerpunkte: Entwicklung von Geoinformationsmethoden in der Raum- und Umweltplanung, Geodateninfrastrukturen, Erfassung und Bewertung der Siedlungsflächenentwicklung;
E-Mail: stefan.fina@ireus.uni-stuttgart.de

Heidrun Fischer, Dipl.-Ing. (FH), geb. 1973, Studium der Stadtplanung an der Hochschule für Wirtschaft und Umwelt Nürtingen-Geislingen (HfWU), wissenschaftliche Mitarbeiterin an der HfWU;
E-Mail: heidrun.fischer@hfwu.de

Holger Floeting, Dr., Dipl.-Geograph, Studium der Geographie an der Freien Universität Berlin, der Stadt- und Regionalplanung sowie der Verkehrswissenschaften an der Technischen Universität Berlin, Promotion an der Universität Basel, seit 1991 wissenschaftlicher Mitarbeiter beim Deutschen Institut für Urbanistik (Difu), Berlin; Arbeitsschwerpunkte: lokale und regionale Technologie- und Innovationspolitik, ökonomischer Strukturwandel, kommunale Wirtschaftsförderung;
E-Mail: floeting@difu.de

Stefan Frerichs, Dipl.-Ing., Stadtplaner AK NRW; Studium der Stadt- und Stadtentwicklungsplanung an der GH Kassel; seit 1993 Mitarbeiter bei AHU AG Aachen, seit 1996 bei BKR Aachen, Stadt- und Umweltplanung, Arbeitsschwerpunkte: Stadtentwicklungsplanung, Regionalplanung, Umweltvorsorge; Mitarbeit an verschiedenen Forschungsvorhaben im Bereich Altlasten- und Konversionsmanagement, Berücksichtigung von Umweltbelangen in der Planung, nachhaltiger (Stadt- und Regional-)Entwicklung, Hochwasservorsorge, Klimaschutz und Anpassungsmaßnahmen an den Klimawandel in der Planung;
E-Mail: frerichs@bkr-ac.de

Benedikt Frielinghaus, Dipl.-Ing., Studium der Geodäsie an der Universität Bonn mit Schwerpunkt Städtebau und Bodenordnung, seit 2006 wissenschaftlicher Mitarbeiter an der Professur für Städtebau und Bodenordnung der Universität Bonn mit Forschungsschwerpunkt „Kostengünstige Siedlungsflächenentwicklung";
E-Mail: frielinghaus@uni-bonn.de

Thomas Gawron, Jurist und Soziologe, Dozent für Recht an der Hochschule für Wirtschaft und Recht Berlin (HWR); Arbeitsschwerpunkte: Staats- und Verfassungsrecht, Kommunalrecht, Verwaltungswissenschaften, Policy-Analyse, Governance-Theorie;
E-Mail: thgawron@hwr-berlin.de

Rebekka Gessler, mehrjährige Tätigkeit als Landschaftsarchitektin im Büro Latz+ Partner, danach Fachdozentin für Darstellungsmethodik am Lehrstuhl für Landschaftsarchitektur und Planung der Technischen Universität München, von 2006 bis 2010 leitende Wissenschaftlerin im Forschungsprojekt „Entwicklung von Analyse- und Methodenrepertoires zur Reintegration von altindustriellen Standorten in urbane Funktionsräume";
E-Mail: gessler@wzw.tum.de

Stefan Geyler, Dr., Wissenschaftlicher Mitarbeiter am Institut für Infrastruktur und Ressourcenmanagement der Universität Leipzig; 1990–1995 Biologie-Studium an der Martin-Luther-Universität Halle-Wittenberg (Diplom), anschließend Umweltökonomie und Umweltmanagement an der Universität York in Großbritannien; 2007 Promotion an der Wirtschaftswissenschaftlichen Fakultät der Universität Leipzig zum Thema „Ökonomisch-ökologische Bewertung von regionalen Trinkwasserschutzszenarien"; gegenwärtige Forschungsschwerpunkte: Infrastrukturentwicklung zur Ver- und Entsorgung und ihre Kopplung an die Sieldungsentwicklung unter unsicheren Rahmenbedingungen sowie ökonomische und institutionelle Fragen zentraler und dezentraler Strukturen;
E-Mail: geyler@wifa.uni-leipzig.de

Claudia Gilles, M. A., Institut für Stadtbauwesen und Stadtverkehr der RWTH Aachen, Forschungsaufgaben im Bereich der Stadt- und Regionalplanung sowie der Verkehrsplanung, Lehrtätigkeit;
E-Mail: gilles@isb.rwth-aachen.de

Busso Grabow, Dr. rer. pol., Diplom-Ökonom, geb. 1954, Forschungstätigkeit an der Universität Augsburg zu Themen der Gemeindesoziologie von 1979–1984, seit 1984 wissenschaftlicher Mitarbeiter und Projektleiter beim Deutschen Institut für Urbanistik, Berlin, 1985 Promotion im Bereich Operations Research, 1996 August-Lösch-Preis für Regionalwissenschaften, seit 2002 Koordinator bzw. seit 2009 Leitung des Arbeitsbereichs Wirtschaft und Finanzen, 2009 Prokura, Leitung einer Vielzahl von Projekten in den Feldern kommunale Wirtschafts- und Standortpolitik, Innovations- und Technologiepolitik, Stadtmarketing, Public Private Partnerships, Informations- und Kommunikationstechnologien, E-Government und kommunale Finanzen, Mitglied in verschiedenen Beiräten, Förderausschüssen und Jurys;
E-Mail: Grabow@difu.de

Stefan Greiving, Prof. Dr.-Ing., geb. 1968, Studium der Raumplanung an der TU Dortmund, Leiter des Bereichs Forschung am Institut für Raumplanung, TU Dortmund, sowie Inhaber des Planungsbüros plan + risk consult, Dortmund;
E-Mail: greiving@plan-risk-consult.de

André Grüttner, Dipl.-Geogr./Dipl.-Ing. Umweltschutz und Raumordnung, seit 2007 wissenschaftlicher Mitarbeiter am Institut für Öffentliche Finanzen und Public Management (vormals Institut für Finanzen/Finanzwissenschaft) der Universität Leipzig; Geographie-Studium an der Technischen Universität Dresden mit den Schwerpunkten Wirtschaftsgeographie, Betriebswirtschaftslehre und Stadt-, Regional- und Landesplanung sowie Umweltschutz und Raumordnung; gegenwärtige Forschungsschwerpunkte: Regionalentwicklung und Regionalplanung mit der Konzentration auf flächenpolitische Fragestellungen;
E-Mail: gruettner@wifa.uni-leipzig.de

Jens-Martin Gutsche, Dr.-Ing., geb. 1971, Studium der Verkehrs- und Stadtplanung in Berlin, Lyon und Dresden, 1998–2005 wissenschaftlicher Mitarbeiter an der TU Hamburg-Harburg, seit 2003 Gesellschafter des Planungsbüros Gertz Gutsche Rümenapp – Stadtentwicklung und Mobilität, Hamburg;
E-Mail: gutsche@ggr-planung.de

Claudia Hagedorn (geb. Lücke), Dipl.-Geogr., geb. 1975, Studium der Geographie, GIS, Abfallwirtschaft, Geologie und Botanik in Stuttgart, Studium der Landschafts- und Pflanzenökologie in Hohenheim, nach Tätigkeit bei der Bezirksstelle für Naturschutz und Landschaftspflege Stuttgart und der Abfall- und Verwertungsgesellschaft des Landkreises Ludwigsburg seit 2001 Projektleiterin bei der EFTAS Fernerkundung Technologietransfer GmbH in Münster;
E-Mail: claudia.hagedorn@eftas.com

Ulf Hahne, Dipl.-Volkswirt, Dr. sc. pol., Universitätsprofessor für „Ökonomie der Stadt- und Regionalentwicklung", Fachbereich Architektur/Stadtplanung/Landschaftsplanung, Universität Kassel, Direktor des Instituts für urbane Entwicklungen der Universität Kassel; E-Mail: hahne@uni-kassel.de

Robert Hecht, Dipl.-Ing., seit 2006 wissenschaftlicher Mitarbeiter am Leibniz-Institut für ökologische Raumentwicklung (IÖR), Dresden, im Rahmen von REFINA-DoRiF seit 2008 Verfahrensentwicklung zur Erhebung, Analyse und Visualisierung von Gebäudebestands- und Siedlungsentwicklungen;
E-Mail: r.hecht@ioer.de

Ralph Henger, Dr., Studium der Volkswirtschaftslehre an den Universitäten Erlangen-Nürnberg, München und Göttingen, seit 2010 Referent in der Forschungsstelle Immobilienökonomik am Institut der deutschen Wirtschaft Köln;
E-Mail: henger@iwkoeln.de

Hendrik Herold, Diplom-Geograph, seit 2006 wissenschaftlicher Mitarbeiter am Leibniz-Institut für ökologische Raumentwicklung (IÖR), Dresden, im Rahmen von REFINA-DoRiF seit 2008 Verfahrensentwicklung zur Erhebung, Analyse und Visualisierung von Gebäudebestands- und Siedlungsentwicklungen;
E-Mail: h.herold@ioer.de

Ajo Hinzen, Diplom-Ingenieur, Stadtplaner und Umweltplaner, geb. 1949, Studium der Architektur und Stadtplanung an der RWTH Aachen; freier Mitarbeiter am Deutschen Institut für Urbanistik GmbH (Difu), Berlin; Vertretungsprofessur und Lehraufträge an der RWTH Aachen, FH Aachen und Universität Kaiserslautern im Lehrgebiet Ökologische Planung/Umweltverträglichkeitsprüfung; seit 1978 Gründer, Mitinhaber und Geschäftsführer des Büros BKR Aachen, Arbeitsschwerpunkte: Nachhaltige Stadt- und Regionalentwicklung;
E-Mail: hinzen@bkr-ac.de

Silke Höke, Dr., geb. 1966, Studium der Geografie an den Universitäten Göttingen und Köln, Promotion und wissenschaftliche Assistentin in der Angewandten Bodenkunde am Institut für Ökologie der Universität Essen, 2006–2009 an der Fachhochschule Osnabrück, Fakultät Agrarwissenschaften und Landschaftsarchitektur, Arbeitsschwerpunkte: Stadt- und Industrieböden, bodennahe Stofftransportprozesse, Bodenschutz; seit 2010 ahu AG Wasser Boden Geomatik, Aachen;
E-Mail: S.Hoeke@fh-osnabrueck.de

Frank Hohmann, Dipl.-Kfm., geb. 1966, Studium der Betriebswirtschaft mit den Schwerpunkten Wirtschaftsinformatik und Produktion an der Universität Osnabrück, anschließend wissenschaftlicher Mitarbeiter am Lehrstuhl Wirtschaftsinformatik I der Universität Osnabrück, seit 1999 bei der GWS mbH und dort für die Bereiche Softwareentwicklung und Technik verantwortlich;
E-Mail: hohmann@gws-os.de

Lars Holstenkamp, Dipl.-Volkswirt, Studium der Volkswirtschaftslehre in Hamburg und Trier, seit 2006 wissenschaftlicher Mitarbeiter an der Professur für Finanzierung und Finanzwirtschaft der Leuphana Universität Lüneburg, aktuelle Arbeitsschwerpunkte: Finanzierung erneuerbarer Energien, Investitionsplanung bei Unsicherheit, Spieltheorie und Entwicklungsökonomik;
E-Mail: holstenkamp@uni.leuphana.de

Birgit Holzförster, Dipl.-Geogr., „mensch und region" Birgit Böhm, Wolfgang Kleine-Limberg GbR; Arbeitsschwerpunkte: Projektmanagement, Öffentlichkeitsarbeit, Veranstaltungsorganisation, Moderation;
E-Mail: holzfoerster@mensch-und-region.de

Christian Holz-Rau, Prof. Dr., Studium Verkehrswesen an der Technischen Universität Berlin, dort Promotion und Habilitation; seit 1998 Professor für Verkehrswesen und Verkehrsplanung an der Fakultät Raumplanung der Technischen Universität Dortmund; wissenschaftliche Schwerpunkte in der „Verkehrs- und Mobilitätsforschung" sowie im Forschungs- und Praxisfeld einer integrierten Verkehrsplanung, mehrere Projekte zu Fragen des ÖPNV;
E-Mail: christian.holz-rau@tu-dortmund.de

Kerstin Hund-Rinke, Dr. rer. nat., Fraunhofer Institut für Molekularbiologie und Angewandte Oekologie (Fh-IME), Studium der Biologie, 1988 Promotion, seit 1988 im Bereich Ökotoxikologie des Fh-IME in Schmallenberg, Schwerpunkte: ökotoxikologische Bewertung der Bodenqualität, Risikobewertung von Chemikalien;
E-Mail: hund-rinke@ime.fraunhofer.de

Patricia Jacob, Dipl.-Ing. Raumplanung, wissenschaftliche Mitarbeiterin am Fachgebiet Ökonomie des Planens und Bauens, Bergische Universität Wuppertal, Arbeitsschwerpunkte: Stadtentwicklung, Wohnungsmarkt, GIS, europäische Raumentwicklungspolitik;
E-Mail: pjacob@uni-wuppertal.de

Barbara Jahnz, Dipl.-Geogr., geb. 1973, Studium der Physischen Geographie in Mainz, von 2001 bis 2009 Planerin beim Planungsverband Äußerer Wirtschaftsraum München und seit 2009 beim Verband Region Stuttgart;
E-Mail: jahnz@region-stuttgart.org

Gregor Jekel, Dipl.-Geogr., Studium der Geografie und Stadt- und Regionalplanung in Berlin und New York, seit 2001 wissenschaftlicher Mitarbeiter am Deutschen Institut für Urbanistik (Difu) im Arbeitsbereich Stadtentwicklung, Recht und Soziales; Forschungsschwerpunkte: Stadtentwicklung und Wohnungspolitik, zuletzt Aspekte der Wiederentdeckung innerstädtischen Wohnens, der Rolle genossenschaftlichen Wohnens und neuer Wohnformen in der kommunalen Wohnungspolitik sowie Perspektiven der sozialen Wohnraumversorgung;
E-Mail: jekel@difu.de

Andrea Jonas, Dipl.-Geogr., seit 2007 wissenschaftliche Mitarbeiterin beim Bundesinstitut für Bau-, Stadt- und Raumforschung im Bundesamt für Bauwesen und Raumordnung, Referat Raumentwicklung, Studium der Geographie, 2006 bis 2007 wissenschaftliche Mitarbeiterin im Statistischen Bundesamt;
E-Mail: Andrea.Jonas@bbr.bund.de

Dieter Karlin, Dr. jur., seit 2002 Direktor des Regionalverbands Südlicher Oberrhein;
E-Mail: rvso@region-suedlicher-oberrhein.de

Christine Kauertz, Dipl.-Ing., geb. 1979, Studium der Raum- und Umweltplanung an der TU Kaiserslautern, seit 2006 wissenschaftliche Mitarbeiterin bei der Baader Konzept GmbH in Mannheim in den Themenfeldern Flächenmanagement und aktive Innenentwicklung;
E-Mail: c.kauertz@baaderkonzept.de

Dagmar Kilian, Dipl.-Ing., geb. 1979, Studium Stadtplanung an der TU Hamburg-Harburg und der HafenCity Universität Hamburg, seit 2007 Mitarbeiterin im Institut Raum & Energie, Institut für Planung, Kommunikation und Prozessmanagement GmbH;
E-Mail: institut@raum-energie.de

Doris Klein, Dr., Dipl.-Geogr., geb. 1972, Studium der Informatik in Erlangen und der Geographie in Bonn, seit 2008 Wissenschaftliche Mitarbeiterin am Lehrstuhl für Fernerkundung im Geographischen Institut der Julius-Maximilians-Universität Würzburg;
E-Mail: doris.klein@uni-wuerzburg.de

Heinz-Peter Klein, Dipl.-Geogr., Studium der Geographie, Psychologie und Jura an der Universität des Saarlandes, Freien Universität Berlin und Universidad de los Andes, Bogotá, Kolumbien; seit 1994 in der Wirtschaftsförderung und Revitalisierung aktiv, seit 2002 Prokurist der Landesentwicklungsgesellschaft Saar mbH, seit 2005 Geschäftsführer mehrerer Projektgesellschaften zur Entwicklung touristischer Großprojekte im Saarland;
E-Mail: h.klein@leg-saar.de

Silke Kleinhückelkotten, Dr. phil., geb. 1973, Studium der Angewandten Kulturwissenschaften an der Universität Lüneburg (Schwerpunkte: Geographie, Umweltwissenschaften, Medien- und Öffentlichkeitsarbeit), seit 1998 wissenschaftliche Mitarbeiterin, seit 2005 Projektleiterin im ECOLOG-Institut gGmbH in Hannover;
E-Mail: silke.kleinhueckelkotten@ecolog-institut.de

Adrian Klink, Dipl.-Ing. (FH), geb. 1976, Ausbildung zum Kommunikationselektroniker bei Bosch Telenorma, Studium der Informationstechnik (Informationsverarbeitung) an der FH Bielefeld, nach Tätigkeit bei der Medion AG seit 2006 Studium der Technischen Betriebswirtschaft an der FH Bielefeld, seit 2007 Anwendungsentwickler bei der EFTAS Fernerkundung Technologietransfer GmbH;
E-Mail: adrian.klink@eftas.com

Marlies Kloten, Dipl.-Ing., geb. 1972, Studium der Landschafts- und Freiraumplanung an der Universität Hannover und der ETSA de Barcelona, nach Tätigkeiten in Planungsbüro und öffentlicher Verwaltung seit 2006 bei der Landeshauptstadt Hannover, Sachgebiet Flächennutzungsplanung, Arbeitsschwerpunkt: Nachhaltiges Flächenmanagement;
E-Mail: Marlies.Kloten@Hannover-Stadt.de

Jörg Knieling, Prof. Dr.-Ing., M.A. (pol./soz.), Leiter des Fachgebiets Stadtplanung und Regionalentwicklung, Vizepräsident für Forschung der HafenCity Universität Hamburg, Gesellschafter des Büros KoRiS, Hannover; Arbeitsschwerpunkte: Nachhaltige Metropolenentwicklung, Governance und kommunikative Planungsmethodik, Raumentwicklung und Klimawandel;
E-Mail: joerg.knieling@hcu-hamburg.de

Wolfgang Köck, Prof. Dr. iur., seit 2004 Leiter des Departments Umwelt- und Planungsrecht am Helmholtz-Zentrum für Umweltforschung – UFZ; Direktor des Instituts für Umwelt- und Planungsrecht der Juristenfakultät der Universität Leipzig; Forschungsschwerpunkte: Umwelt- und Planungsrecht;
E-Mail: wolfgang.koeck@ufz.de

Foto: André Künzelmann

Mareike Köller, Dr., Studium der Volkswirtschaftslehre an den Universitäten Münster und Göttingen, seit 2009 Leiterin des Referats „Wirtschaft, Technik, Infrastruktur" in der Akademie für Raumforschung und Landesplanung (ARL), Hannover;
E-Mail: Koeller@arl-net.de

Michael König, Dipl.-Geologe, Studium in Freiburg, seit 1986 Gutachter zu den Themen Altlastensanierung und Flächenrecycling, 1988–1999 Leitung und Aufbau der Ingenieurgesellschaft für Umwelttechnik (IUT) als geschäftsführender Gesellschafter, 2000–2008 Prokurist und Geschäftsführer der Dr. Eisele Planungsgesellschaft mbH, seit 2008 Geschäftsleiter Brachflächen-Management bei der HPC AG, Gründungsmitglied des Altlastenforums Baden-Württemberg und dort derzeit im Vorstand als Schatzmeister aktiv; aktuelle fachliche Schwerpunkte: konzeptionelle Projekte und Forschungsprojekte rund um die Themen Flächenrecycling und Flächenmanagement;
E-Mail: mkoenig@hpc-ag.de

Theo Kötter, Prof. Dr.-Ing., Geodät und Stadtplaner BDA, u.a. Bereichsleiter Städtebau beim Sanierungs- und Entwicklungsträger BauGrund AG, Bonn, seit 2003 Professur für Städtebau und Bodenordnung, zugleich geschäftsführender Direktor des Instituts für Geodäsie und Geoinformation der Universität Bonn, Gastprofessur an der Technischen Universität von Xuzhou, China, Fachbereich für Architektur und Stadtplanung;
E-Mail: tkoetter@uni-bonn.de

Ulrich Kriese, Dr., Dipl.-Ing. Landschafts- und Freiraumplanung (Universität Hannover) und Mag. rer. publ. (Deutsche Hochschule für Verwaltungswissenschaften Speyer), Studium der Ökonomie; Siedlungspolitischer Sprecher des Naturschutzbundes Deutschland e.V. (NABU) und Leiter des NABU-Forschungsvorhabens „Flächenakteure zum Umsteuern bewegen!" zur Kommunikation und Bewusstseinsbildung für eine nachhaltige Siedlungsentwicklung; Arbeitsschwerpunkte: nachhaltige Raum-, Stadt- und Siedlungsentwicklung, nachhaltiges Immobilieninvestment, Stadtwohnen, Stadt- und Kommunalmarketing;
E-Mail: ulrich.kriese@nabu.de

Thomas Krüger, Dr.-Ing., Bauassessor, geb. 1959, Studium in Dortmund und Hamburg, Leiter Konzeptentwicklung LEG Schleswig-Holstein GmbH, seit 2000 Professur Projektentwicklung in der Stadtplanung an der HafenCity Universität Hamburg (bis 2005 TUHH);
E-Mail: thomas.krueger@hcu-hamburg.de

Anja Kübler (geb. Brandl), Dipl.-Ing., Technische Universität Braunschweig; Arbeitsschwerpunkte: Regionalplanung und -management, Flächenmanagement, Brachflächenrecycling, Geographische Informationssysteme, Hochschulmanagement;
E-Mail: a.kuebler@tu-braunschweig.de

Martina Kuntze, Dipl.-Volksw., Wissenschaftliche Mitarbeiterin am Institut für Öffentliche Finanzen und Public Management der Universität Leipzig; 2001 bis 2006 Studium der Volkswirtschaftslehre (Diplom) an der Universität Leipzig mit den Schwerpunkten Makroökonomik, Geld und Währung sowie Finanzwissenschaft; seit 2004 am Institut für Öffentliche Finanzen und Public Management (vormals Institut für Finanzen/Finanzwissenschaft) der Universität Leipzig; Forschungsschwerpunkt: die föderalen Finanzbeziehungen in der Bundesrepublik Deutschland, gegenwärtig: die Verschuldung öffentlicher Haushalte;
E-Mail: kuntze@wifa.uni-leipzig.de

Kerstin Langer, Dipl.-Ing., Inhaberin von KOMMA.PLAN, Büro für Kommunikationsmanagement in der raumbezogenen Planung; Arbeitsschwerpunkte: Projektmanagement (Fachmoderation, Mediation, Bürgerbeteiligung), Praxisforschung, Training und Beratung u.a. in den Themenfeldern kommunales und interkommunales Flächenmanagement, Verkehrsplanung und Mobilitätsmanagement, Stadt- und Ortsentwicklung, Standort- und Investitionsentscheidungen;
E-Mail: langer@komma-plan.de

Jürgen Mark Lembcke, Dipl.-Ing, Studium der Stadt- und Regionalplanung an der TU Berlin und der Heriot Watt-Universität, Edinburgh; freier Berater für Stadtentwicklung und Wirtschaft; davor Seminar- und Projektleiter im Deutschen Seminar für Städtebau und Wirtschaft (DSSW), wissenschaftlicher Mitarbeiter am Institut für Stadtforschung und Strukturpolitik (IfS GmbH), freier Mitarbeiter am Deutschen Institut für Urbanistik; Arbeitsschwerpunkte: Innenstadt-, Verkehrs-, Wirtschafts- und Handelsentwicklung;
E-Mail: juergen.lembcke@o2online.de

Jens Libbe, Diplom-Volkswirt und Diplom-Sozial-Ökonom, seit 1991 wissenschaftlicher Mitarbeiter am Deutschen Institut für Urbanistik (Difu); Arbeitsschwerpunkte: urbane Infrastruktursysteme, Governance öffentlicher Unternehmen, Dienstleistungen von allgemeinem (wirtschaftlichem) Interesse sowie Begleitforschung und Evaluation; langjährige Erfahrungen in der Begleitung, Durchführung und Evaluation transdisziplinärer Forschungsprojekte in Kooperation mit nationalen und internationalen Partnern; Lehrbeauftragter für „Management und Governance Öffentlicher Unternehmen" an der Hochschule für Wirtschaft und Recht (HWR), Berlin, sowie Lehrbeauftragter zum Thema „Nachhaltige Entwicklung von Infrastruktursystemen" im Modul „Wissenschaft trägt Verantwortung" der Leuphana Universität Lüneburg;
E-Mail: libbe@difu.de

Manfred Lieber, Dipl.-Ing., Studium der Raumplanung an der Technischen Universität Dortmund; seit 1997 Zusammenarbeit mit dem BKR Aachen bei Umweltverträglichkeitsuntersuchungen sowie bei projektübergreifenden Tätigkeiten der Planung, Steuerung und Auswertung im Rahmen der Euregionale 2008 und bei REFINA; Beratung, Projektservice und Mitwirkung bei der zusammenfassenden Präsentation von Forschungsvorhaben zur Altlastensanierung (MOSAL) und zur Klimawandel-Anpassung (KlimZug/DynAKlim);
E-Mail: lieber@bkr-ac.de

Susann Liepe, Dipl.-Ing., PR-Beraterin (DAPR), Studium der Stadt- und Regionalplanung an der TU Berlin, Abendstudium zur PR-Beraterin am PR-Kolleg Berlin; Geschäftsinhaberin des Büros für Standortentwicklung und -vermarktung LOKATION:S, davor Projektleiterin beim Deutschen Seminar für Städtebau und Wirtschaft (DSSW), Vizepräsidentin beim City-Management-Verband Ost (CMVO); Arbeitsschwerpunkte: Integrierte Stadt- und Standortentwicklung, Standortvermarktung;
E-Mail: liepe@lokation-s.de

Volker Lindner, als Erster Beigeordneter und Stadtbaurat der Stadt Herten verantwortlich für die Geschäftsbereiche Allgemeine Stadtentwicklung, Bauwesen, Wirtschaftsförderung und Sonderprojekte, zudem Vorsitzender des h2-netzwerk-ruhr e.V., der sich zum Ziel gesetzt hat, die Wasser- und Brennstoffzellentechnologie in der Metropole Ruhr nachhaltig zu fördern;
E-Mail: v.lindner@herten.de

Jürgen Lübbers, Diplom-Verwaltungswirt, 1995 Kommunaldiplom; arbeitete zwölf Jahre in der Samtgemeinde Barnstorf, erst als Verwaltungsangestellter, später als Beamter; 1991 Wechsel als Beamter in die Gemeinde Sandersdorf in Sachsen-Anhalt, dort auch stellvertretender Bürgermeister; seit 1998 als hauptamtlicher Bürgermeister wieder in der Samtgemeinde Barnstorf; Projektleitung im Forschungsvorhaben Gläserne Konversion, verantwortlich für alle lokalen Schritte, Datenbereitstellung und Teilbewertungen der Daten und Erkenntnisse, Kontaktstelle zwischen Forschungsverbund und Samtgemeinde;
E-Mail: juergen.luebbers@barnstorf.de

A
B
C
C 1
C 2
D
D 1
D 2
E
E 1
E 2
E 3
E 4
E 5
E 6

Christian Lutz, Dr., Dipl.-Volksw., geb. 1967, Studium der VWL mit quantitativem Schwerpunkt an der Universität Tübingen, Promotion über ein umweltökonomisches Thema in Osnabrück, seit 2000 Geschäftsführer der GWS mbH, Leiter des Bereichs Energie und Umwelt, umfangreiche Erfahrungen in der Entwicklung und Anwendung makroökonometrischer Modelle für öffentliche und private Arbeitgeber, Arbeits- und Forschungsschwerpunkte: nachhaltige Entwicklung, energiewirtschaftliche Fragen und internationaler Handel;
E-Mail: lutz@gws-os.de

Rainer Macholz, Prof. Dr., Studium der Lebensmittelchemie, Promotion, 1985–1990 Professor an der Akademie der Wissenschaften, seit 1990 selbständige gutachterliche Tätigkeit, seit 1996 Geschäftsführender Gesellschafter der Prof. Dr. Macholz Umweltprojekte GmbH;
E-Mail: rainer.macholz@umweltprojekte.de

Uta Mählmann, Dipl.-Geographin, geb. 1972, Studium der Geographie, Soziologie und Ökologie an der Universität Osnabrück, seit 1998 Mitarbeiterin Stadt Osnabrück, Schwerpunkt Europaarbeit, seit 2002 Geschäftsführerin des Boden-Bündnisses europäischer Städte, Kreise und Gemeinden (ELSA e.V.);
E-Mail: bodenbuendnis@osnabrueck.de

Gotthard Meinel, Dr.-Ing., Geoinformatiker, seit 1992 Projektleiter und seit 2009 Forschungsbereichsleiter im Leibniz-Institut für ökologische Raumentwicklung (IÖR), Dresden, im Rahmen von REFINA-DoRiF seit 2008 Verfahrensentwicklung zur Erhebung, Analyse und Visualisierung von Gebäudebestands- und Siedlungsentwicklungen;
E-Mail: g.meinel@ioer.de

Michael Melzer, Dr. jur., Volljurist, bis 1991 in der Bundesverwaltung als Ministerialrat (Bundesfinanzministerium, Bundeskanzleramt, zuletzt Referatsleiter für Raumordnungsrecht und Grundsatzfragen der Raumordnung im Bundesraumordnungsministerium); seit 1991 Mitgesellschafter bei der Institut Raum & Energie GmbH in Wedel; Spezialisierung auf die Entwicklung und Erprobung neuer raumordnerischer Instrumente, insbesondere der interkommunalen Kooperation; Projektleiter u.a. für das ExWoSt-Forschungsfeld „Städtenetze", das wissenschaftliche Teilprojekt im REFINA-Verbundvorhaben „Stadt-Umland-Modellkonzept Elmshorn/Pinneberg" und das bundesweite Projektmanagement beim Modellvorhaben der Raumordnung „Überregionale Partnerschaften";
E-Mail: institut@raum-energie.de

Frank Molder, Dr., Dipl.-Ing. Umweltsicherung (Gießen), geb. 1963, 1990–1995 wissenschaftlicher Mitarbeiter am Institut für Bodenkunde und Bodenerhaltung an der Universität Gießen, ab 1995 Umweltgutachter in Planungsbüros, seit 2001 Projektleiter bei der Baader Konzept GmbH in Gunzenhausen mit mehreren Forschungs- und Modellprojekten im Bereich Bauland-/Innenentwicklungskataster und Flächenmanagement-Datenbanken; Raumverträglichkeitsuntersuchungen, Landschaftsplanung, Standortkunde, Bodenschutz;
E-Mail: f.molder@baaderkonzept.de

Miriam Müller, Dipl.-Ing., geb. 1978, Studium Stadt- und Regionalplanung an der BTU Cottbus, seit 2007 wissenschaftliche Mitarbeiterin bei Projektgruppe Stadt + Entwicklung, Leipzig;
E-Mail: miriam_mueller@projektstadt.de

Sabine Müller-Herbers, Dr. (Universität Nijmegen), Dipl.-Ing. Raumplanung (Dortmund), geb. 1963, 1990–1995 Umweltgutachterin für Infrastrukturgroßprojekte in Consultingbüros, ab 1996 wissenschaftliche Mitarbeiterin an der Fakultät Architektur und Stadtplanung der Universität Stuttgart sowie freiberuflich für Kommunen und Planungsbüros im Bereich der grenzüberschreitenden Umweltplanung (Niederlande, Deutschland, Slowenien) tätig, Lehrbeauftragte an der Hochschule Nürtingen-Geislingen im Studiengang Stadtplanung (Planungstheorie und -methoden), seit 2000 Entwicklung des Aufgabenfeldes Flächenmanagement und aktive Innenentwicklung als Projektleiterin bei der Baader Konzept GmbH in Mannheim und Gunzenhausen;
E-Mail: s.mueller-herbers@baaderkonzept.de

Andreas Müterthies, Dr. rer. nat., Dipl.-Geogr., geb. 1970, Studium der Geographie, Geologie und Botanik sowie Promotion in Landschaftsökologie, Botanik und Geographie an der Universität Münster, nach Mitarbeit in der Eidgenössischen Forschungsanstalt für Wald, Schnee und Landschaft in Birmensdorf (CH), seit 1998 Lehrbeauftragter im Fachbereich Geowissenschaften der Universität Münster, seit 2000 wissenschaftlicher Mitarbeiter bei der EFTAS Fernerkundung Technologietransfer GmbH, Beauftragter für Forschung und Entwicklung;
E-Mail: andreas.mueterthies@eftas.com

H.-Peter Neitzke, Dr. rer. nat., geb. 1950, Studium der Physik an der Universität Hannover, nach Tätigkeiten an den Universitäten Hannover und Aarhus, Dänemark, seit 1991 Geschäftsführer und Projektleiter im ECOLOG-Institut gGmbH in Hannover;
E-Mail: Peter.Neitzke@Ecolog-Institut.de

Frank Osterhage, Dipl.-Ing. Raumplanung, geb. 1975, Studium an der Technischen Universität Dortmund, seit 2002 wissenschaftlicher Mitarbeiter am Institut für Landes- und Stadtentwicklungsforschung gGmbH (ILS); Forschungsschwerpunkte: Kosten und Nutzen der Siedlungsentwicklung, räumliche Lenkung der Einzelhandelsentwicklung, demografischer Wandel und räumliche Mobilität;
E-Mail: frank.osterhage@ils-forschung.de

Olaf Pestl, Dipl.-Ing. Raumplanung, Studium der Raumplanung an der Universität Dortmund, seit 2000 bei der Stadt Iserlohn in unterschiedlichen Funktionen, heute: Baudezernent der Stadt Iserlohn (Ressortleiter Planen, Bauen, Umwelt- und Klimaschutz);
E-Mail: stadt@iserlohn.de

Christian Poggendorf, Dipl.-Ing., Studium zum Dipl.-Ing. Bauwesen an den Universitäten Karlsruhe und Hannover, 1986–1988 freiberufliche Tätigkeiten und Honorardozent für Abfallwirtschaft/Deponietechnik, seit 1988 Mitarbeiter und seit 1997 Leiter der IMS Ingenieurgesellschaft mbH, Niederlassung Hannover, seit 2000 Büroleiter der Prof. Burmeier Ingenieurgesellschaft mbH, Büro Hannover;
E-Mail: c.poggendorf@burmeier-ingenieure.de

Thomas Preuß, Diplom-Agraringenieur, Studium der Agrarwissenschaften an der Universität Halle-Wittenberg, seit 1993 wissenschaftlicher Mitarbeiter beim Deutschen Institut für Urbanistik (Difu), Berlin; Arbeitsschwerpunkte: Flächenkreislaufwirtschaft, Flächenmanagement und Flächenrecycling, Bodenschutz und kommunaler Umweltschutz;
E-Mail: preuss@difu.de

Gisela Prey, Dipl.-Geogr., geb. 1970, Studium der Geographie, Soziologie, Geschichte und Botanik an der Ruhr-Universität Bochum; seit 2009 Koordinatorin des Verbundprojektes „Multimedial und aktiv – E-Learning in der Hochschullehre" sowie Dozentin in der Weiterbildung von Hochschullehrenden im Kompetenzzentrum Hochschuldidaktik für Niedersachsen an der TU Braunschweig sowie seit 2008 Lehrbeauftragte an der Universität Duisburg-Essen; zuvor wissenschaftliche Mitarbeiterin in Forschung und Lehre am Geographischen Institut der Ruhr-Universität Bochum sowie wissenschaftliche Projektmitarbeiterin am Zentrum für interdisziplinäre Regionalforschung (ZEFIR); Arbeits- und Forschungsschwerpunkte: E-Learning/Neue Medien und Weiterbildung sowie Brachflächenentwicklung, BID/ISG, Handelsforschung, Stadt- und Stadtteilentwicklung;
E-Mail: gisela.prey@tu-braunschweig.de

Hans-Peter Rohler, Dr.-Ing., Landschaftsarchitekt; 1987–1995 Studium der Landschafts- und Freiraumplanung an der Universität Kassel, Fachbereich Stadt- und Landschaftsplanung, zwischen 1995 und 1997 Mitarbeit in verschiedenen Landschaftsarchitekturbüros in Kassel und Oberhausen, 1997–2002 Wissenschaftlicher Mitarbeiter an der Universität Kassel, Fachbereich Stadt- und Landschaftsplanung, Fachgebiet Freiraumplanung, danach selbständiger Landschaftsarchitekt mit foundation 5+ landschaftsarchitekten sowie verschiedene Lehr- und Forschungstätigkeiten an der Universität Kassel und der TU Darmstadt; Arbeitsschwerpunkte: Freiraumplanung in urbanisierten Regionen sowie Grünflächenpflege;
E-Mail: rohler@foundation-kassel.de

Markus Rolf, Dipl.-Ing. (FH), geb. 1977, Lehre als Gärtner, Fachrichtung Baumschule, Studium der Landschaftsentwicklung an der FH Osnabrück, 2006–2009 wissenschaftlicher Mitarbeiter an der Fakultät Agrarwissenschaften und Landschaftsarchitektur der Fachhochschule Osnabrück im REFINA-Forschungsvorhaben, seit 2010 Landkreis Osnabrück;
E-Mail: M.Rolf@lkos.de

Kersten Roselt, Dr. rer. nat., Projektleiter optirisk, Dipl.-Geologe und Geschäftsführer der JENA-GEOS®-Ingenieurbüro GmbH, befasst sich seit 20 Jahren u.a. mit umweltrelevanten Sachverhalten bei der Liegenschaftsbewertung, Promotion zu Fragen der räumlichen und zeitlichen Variabilität von Bodenkontaminationen und deren Auswirkungen auf die Lösung von Nutzungskonflikten;
E-Mail: roselt@jena-geos.de

Lutz Ross, Dipl.-Ing., Studium der Landschaftsplanung an der Technischen Universität Berlin, Schwerpunkte: Geografische Informationssysteme und Landschaftsökologie, seit Anfang 2007 wissenschaftlicher Mitarbeiter am Institut für Landschaftsarchitektur und Umweltplanung der TU Berlin, verantwortlich für das Vorhaben REFINA3D;
E-Mail: lutz.ross@tu-berlin.de

Wolfgang Rotard, Prof. Dr., Technische Universität Berlin, Studium des Chemieingenieurwesens und der Chemie, Promotion 1981, Wissenschaftlicher Assistent bis 1983, 1983–1998 Wissenschaftler und Fachgebietsleiter am Institut für Wasser-, Boden-, Lufthygiene des BGA bzw. UBA, seit 1998 Universitätsprofessor, Fachgebiet Umweltchemie der TU Berlin;
E-Mail: wolfgang.rotard@tu-berlin.de

Wolfgang Roth, Dr. rer. nat., Dipl.-Geol., geb. 1948, Studium der Geologie sowie Promotion an der Bergakademie Freiberg; 1975–1989 Wissenschaftlicher Mitarbeiter am Zentralen Geologischen Institut Berlin, Tätigkeit in Auslandsgeologie und geologischer Kartierung; 1990–2001 Projektleiter bei Umweltfirmen wie UWG GmbH, UVE mbH, Deutsche PhoneSat AG mit Tätigkeitsschwerpunkten Umweltgutachten sowie Fernerkundung und GIS; seit 2002 Gesellschaft für Ecomanagement und Regionalentwicklung mbH Berlin, Projekt- und Fachbereichsleiter; Arbeitsschwerpunkte: Anwendung von Informations- und Kommunikationstechnologien und Neuen Medien in schulischer Bildung, Umweltbildung/Bildung für nachhaltige Entwicklung und Tourismus, Strategien zur Integration von Kinder und Jugendlichen in regionale Entwicklungsprozesse;
E-Mail: roth@ecoreg.de

Friedrich Rück, Prof. Dr., geb. 1959, Studium der Agrarbiologie, Promotion und Post-Doc am Institut für Bodenkunde der Universität Stuttgart-Hohenheim, wissenschaftlicher Mitarbeiter am Umweltbundesamt, Berlin, Abteilung Boden (Bodenschutz und Altlasten) sowie im Fachgebiet „Umweltexposition durch Stoffe" (1996–1999), Leitung des Fachgebietes Übergreifende Angelegenheiten, Bodenökologie, Bodenqualität im Umweltbundesamt sowie Geschäftsführer des Wissenschaftlichen Beirats Bodenschutz (2001–2003), seit 1999 Prof. für Bodenkunde mit speziellem Bezug zur Landschaftsarchitektur an der FH Osnabrück, Arbeitsschwerpunkte: Bodenkunde in der Landschaftsarchitektur, Bodenbewertung, Bodenschutz;
E-Mail: F.Rueck@fh-osnabrueck.de

Alfred Ruther-Mehlis, Prof. Dr.-Ing., Stadtplaner SRL, geb. 1961, Studium Stadt- und Regionalplanung TU Berlin, Prodekan Stadtplanung der Hochschule für Wirtschaft und Umwelt Nürtingen-Geislingen, Mitinhaber des Instituts für Stadt- und Regionalentwicklung, Mitglied der Deutschen Akademie für Städtebau und Landesplanung;
E-Mail: alfred.ruther-mehlis@hfwu.de

René Schatten, Dipl.-Geogr., Freie Universität Berlin, Studium der Physischen Geographie, Diplomarbeit über das Freisetzungsverhalten von PAKs in Böden, seit 2009 Wissenschaftlicher Mitarbeiter an der FU Berlin, Schwerpunkte: Freisetzungsverhalten und Verfügbarkeit von Schadstoffen;
E-Mail: rene.schatten@fu-berlin.de

Joachim Scheiner, PD Dr., Dipl.-Geogr., geb. 1964, seit 2000 wissenschaftlicher Mitarbeiter an der Fakultät Raumplanung der Technischen Universität Dortmund; Forschungsschwerpunkte: Verkehrsentwicklung, Raumentwicklung, sozialer Wandel, Wohnstandortwahl;
E-Mail: joachim.scheiner@tu-dortmund.de

Jürgen Schneider, Dr., geb. 1959, Studium der Geografie, promoviert in Angewandter Bodenkunde, seit 1989 im Landesamt für Bergbau, Energie und Geologie, Referat Landwirtschaft und Bodenschutz, Landesplanung, Arbeitsschwerpunkte: Bodenbelastung, Stadtböden;
E-Mail: Juergen.Schneider@lbeg.niedersachsen.de

Walter Schönwandt, Prof. Dr.-Ing., Jahrgang 1950, Studium der Architektur und Stadtplanung an den Universitäten Stuttgart und Heidelberg, Abschluss jeweils Diplom; 1979 bis 1984 wissenschaftlicher Assistent am Institut für Regionalwissenschaft der Universität Karlsruhe, Dissertation mit dem Thema „Denkfallen beim Planen"; anschließend neun Jahre in leitender Funktion in der Planungsabteilung beim Umlandverband Frankfurt/Main; seit 1993 Direktor des Instituts für Grundlagen der Planung (IGP) der Fakultät für Architektur und Stadtplanung der Universität Stuttgart; Gastprofessuren in Oxford, Wien und Zürich; Mitglied der Architektenkammer Baden-Württemberg, der Akademie für Raumforschung und Landesplanung (ARL), der Vereinigung für Stadt-, Regional- und Landesplanung (SRL), der Association of European Schools of Planning (AESOP), der International Association for People Environment Studies (IAPS), der International Society of City and Regional Planners (ISOCARP) und der Association of Collegiate Schools of Planning (ACSP) sowie Gutachter, Berater und Autor;
Email: igp@igp.uni-stuttgart.de

Volker Schrenk, Dr.-Ing., geb. 1970, Studium der Geoökologie (Schwerpunkte: Bodenkunde, Hydrogeologie, Geochemie) und Begleitstudium der Angewandten Kulturwissenschaft an der Universität Karlsruhe; 1998–2010 wissenschaftlicher Angestellter an der Versuchseinrichtung zur Grundwasser- und Altlastensanierung, Universität Stuttgart – Leiter der Arbeitsgruppe Flächenmanagement/Flächenrecycling; 1999–2010 Geschäftsführer altlastenforum Baden-Württemberg e.V.; 2004–2009 Mitbegründer und Projektleiter des Ingenieurbüros reconsite – TTI GmbH Fellbach; 2004 Promotion mit dem Thema „Ökobilanzen zur Bewertung von Altlastensanierungsmaßnahmen" an der Fakultät für Bau- und Umweltingenieurwissenschaften der Universität Stuttgart; seit 2010 tätig als Senior Consultant im Geschäftsbereich Umwelt und Energie (Arbeitsschwerpunkt Flächenrecycling/Flächenmanagement) bei der CDM Consult GmbH, Niederlassung Rhein-Main, Alsbach;
E-Mail: volker.schrenk@cdm-ag.de

Foto: André Künzelmann

Christoph Schröter-Schlaack, seit 2007 wissenschaftlicher Mitarbeiter des Departments Ökonomie am Helmholtz-Zentrum für Umweltforschung – UFZ, zuvor Stipendiat der Deutschen Bundesstiftung Umwelt (DBU); Forschungsschwerpunkte: Instrumente der Umweltpolitik, Institutionenökonomik, ökonomische Bewertung der Biodiversität;
E-Mail: christoph.schroeter-schlaack@ufz.de

Patricia Schulte, M.A. Publizistik- und Kommunikationswissenschaften (Freie Universität Berlin), wissenschaftliche Mitarbeiterin der Vorstudie „Flächenakteure zum Umsteuern bewegen!" (03/2007 bis 03/2008), ab September 2008 Beraterin bei der Agentur Pro Bono Fundraising, seit September 2009 freie Fundraisingberaterin in Berlin, Arbeitsschwerpunkte: Konzeption und Erstellung von Fundraising-Videos;
E-Mail: info@kommunikation-z.de

Björn Schwarze, Dipl.-Ing., geb. 1975, Studium der Raumplanung an den Technischen Universitäten Dortmund und Wien, seit 2002 wissenschaftlicher Mitarbeiter an der Fakultät Raumplanung der Technischen Universität Dortmund mit den Forschungsschwerpunkten Wechselwirkungen zwischen Verkehr, Siedlungsentwicklung und Umwelt, raumbezogene Informationsverarbeitung und Entscheidungsunterstützungssysteme;
E-Mail: bjoern.schwarze@tu-dortmund.de

Reimund Schwarze, Prof. Dr., Professor am Institut für Finanzwissenschaft der Universität Innsbruck, arbeitet seit Oktober 2007 im Department Ökonomie des Helmholtz-Zentrums für Umweltforschung – UFZ, Leipzig, dort verantwortlich für den Forschungsbereich der Ökonomie der Boden- und Grundwassersanierung;
E-Mail: reimund.schwarze@ufz.de

Stefan Siedentop, Studium der Raumplanung an der TU Dortmund, nach langjähriger Forschungstätigkeit als wissenschaftlicher Mitarbeiter und Projektleiter am Leibniz-Institut für ökologische Raumentwicklung e.V., Dresden, seit Anfang 2007 Professor für Raumentwicklungs- und Umweltplanung an der Universität Stuttgart, verbunden mit der Leitung des Instituts für Raumordnung und Entwicklungsplanung (IREUS); Arbeitsschwerpunkte: Grundfragen räumlicher Entwicklung, Strategien und Instrumente nachhaltiger Siedlungsentwicklung, Methoden und Techniken GIS-gestützter Modellierung räumlicher Wirkungsbeziehungen;
E-Mail: stefan.siedentop@ireus.uni-stuttgart.de

Heidi Sinning, Prof. Dr.-Ing., Leiterin des Instituts für Stadtforschung, Planung und Kommunikation der FH Erfurt, Arbeitsschwerpunkte: Wohnungswesen, Nachhaltige Stadt- und Siedlungsentwicklung, Kommunikative Planung und Governance-Forschung;
E-Mail: sinning@fh-erfurt.de

Volker Stahl, Dr.-Ing., geb. 1970, Studium Städtebau an der KTH Stockholm, Studium Raumplanung und Promotion an der Bauhaus-Universität Weimar, von 2000–2008 u.a. Mitarbeiter Institut IREGIA e.V., Chemnitz, seit 2009 Mitwirkung bei der Projektgruppe Stadt + Entwicklung, Leipzig;
E-Mail: volker_stahl@projektstadt.de

Kai Steffens, Diplom-Geologe, Studium der Geologie an der Universität Kiel und der RWTH Aachen; seit 1990 bei der PROBIOTEC GmbH (Prokurist) und seit 1996 Geschäftsführer der BDO Technik- und Umweltconsulting GmbH (Joint-Venture der PROBIOTEC GmbH mit der international tätigen Wirtschaftsprüfungsgesellschaft BDO); Arbeitsschwerpunkte u.a.: Flächenmanagement, Altlastenbearbeitung, Kosten-Nutzen-Analysen, Moderationen;
E-Mail: k.steffens@weyer-gruppe.com

Christian Strauß, Dipl.-Ing. Stadt- und Regionalplanung, seit 2004 wissenschaftlicher Mitarbeiter am Institut für Stadtentwicklung und Bauwirtschaft der Universität Leipzig, seit 2008 außerdem am Fraunhofer-Zentrum für Mittel- und Osteuropa; Studium an der Universität Kaiserslautern und an der TU Berlin; Forschungsschwerpunkt: Schnittstelle zwischen Raum und Planung, Dissertation über flächenplanerische Ziele in schrumpfenden Städten, weitere aktuelle Forschungsthemen: „Umweltressourcen als Steuerungsobjekt" sowie „Raum als Basis für politische Steuerung", dabei insbesondere Möglichkeiten und Grenzen von Integration und Kooperation;
E-Mail: cstrauss@wifa.uni-leipzig.de

Achim Tack, Dipl.-Ing. (FH), geb. 1981, Studium der Stadtplanung mit Schwerpunkt Projektmanagement an der Hochschule für Wirtschaft und Umwelt Nürtingen-Geislingen, 2007–2010 wissenschaftlicher Mitarbeiter im Büro Planersocietät – Stadtplanung, Verkehrsplanung, Kommunikation in Dortmund;
E-Mail: info@planersocietaet.de

Konstantin Terytze, Prof. Dr. mult. Dr. h.c., Freie Universität Berlin, Studium der Biologie und Chemie, Promotion und Habilitation, seit 1991 im UBA, Stellvertreter des Fachgebietsleiters II 2.6 „Maßnahmen des Bodenschutzes", seit 1996 Honorarprofessor für Geoökologie an der FU Berlin, Schwerpunkte: Bodenökologie, Ökotoxikologie und Umweltchemie, Entwicklung von Extraktions- und Analysenverfahren für Böden und von Bewertungsstrategien durch die Kombination chemischer und ökotoxikologischer Verfahren zum Schutz von Böden;
E-Mail: terytze@zedat.fu-berlin.de

Klaus Thierer, Dipl.-Ing., geb. 1960, bis 1990 Studium der Landespflege an der FH Osnabrück, 1990–1995 Mitarbeit im Büro Schupp & Thiel in Münster, bis 2001 Studium Stadt- und Regionalplanung an der Universität Oldenburg, seit Oktober 1996 als wissenschaftlicher Mitarbeiter im Studiengang Freiraumplanung an der FH Osnabrück, 2006–2009 Mitarbeit im REFINA-Forschungsvorhaben;
E-Mail: K.Thierer@fh-osnabrueck.de

Fabian Torns, Dipl.-Ing. Raumplanung, seit 2006 beim Regionalverband Südlicher Oberrhein; Arbeitsschwerpunkte: Siedlungsplanung, regionale Entwicklungskonzepte, grenzüberschreitende Zusammenarbeit;
E-Mail: torns@region-suedlicher-oberrhein.de

Georg Trocha, Diplom-Geograph – Raumentwicklung und Landesplanung, seit 2006 Mitarbeiter der weyer gruppe im Geschäftsbereich Flächenmanagement (PROBIOTEC GmbH); Arbeitsschwerpunkte: Forschungsvorhaben in den Bereichen Flächenmanagement und -recycling sowie Energieeffizienz; Projekte zu der Thematik: Kommunalnutzen von Flächenentwicklungsprojekten und von Maßnahmen zur Energieeffizienz, regionalwirtschaftliche Expertisen zu Großprojekten;
E-Mail: g.trocha@weyer-gruppe.com

Philip Ulrich, Dipl.-Geogr., geb. 1978, Studium der Geographie an der Universität Würzburg und an der Universität Umeå (Bachelor of Science) mit den Studienschwerpunkten Geographische Handelsforschung und Wirtschaftsgeographie, seit Juli 2006 bei der GWS mbH, Arbeitsschwerpunkt: regionale Modellierungen;
E-Mail: ulrich@gws-os.de

Angela Uttke, Dr.-Ing., Stadtplanerin AKNW, seit 2009 wissenschaftliche Mitarbeiterin und Projektleiterin am Deutschen Institut für Urbanistik (Difu); zuvor wissenschaftliche Mitarbeiterin am Fachgebiet Städtebau, Stadtgestaltung und Bauleitplanung der Fakultät Raumplanung, TU Dortmund; Gründungs- und Vorstandsmitglied von JAS Jugend-Architektur-Stadt e.V.; Arbeitsschwerpunkte am Difu im Bereich Städtebau, Denkmalpflege und Baukultur;
E-Mail: uttke@difu.de

Anke Valentin, Dipl.-Geographin, seit 2001 wissenschaftliche Mitarbeiterin und Projektleiterin beim Wissenschaftsladen Bonn/Zentrum für bürgernahen Wissenschaftstransfer, Fachbereich Bürgergesellschaft & Nachhaltigkeit, zuvor wissenschaftliche Mitarbeiterin beim Wuppertal Institut; aktuelle Arbeitsschwerpunkte liegen im Bereich des nachhaltigen Flächenmanagements und der Bürgerbeteiligung; im REFINA-Projekt „Spiel-Fläche" zuständig für die Kommunikation und beteiligt an der Entwicklung konkreter Planungsaufgaben;
E-Mail: Anke.Valentin@wilabonn.de

Dirk Vallée, Univ.-Prof. Dr.-Ing., Institut für Stadtbauwesen und Stadtverkehr der RWTH Aachen, Flächenmanagement, planerische Strategien zur Bewältigung des Klimawandels, Verkehrsplanung und Verkehrsmodellierung, Elektromobilität;
E-Mail: vallee@isb.rwth-aachen.de

Andreas Völker, Dipl.-Landsch.-Ökol., geb. 1978, Studium der Landschaftsökologie und Angewandten Geoinformatik an der Universität Münster, seit 2005 wissenschaftlicher Mitarbeiter bei der EFTAS Fernerkundung Technologietransfer GmbH, seit 2005 Doktorand am Institut für Landschaftsökologie (Universität Münster) mit Arbeiten zur automatisierten Erfassung von Landschaftselementen für das Kulturlandschaftsmonitoring;
E-Mail: andreas.voelker@eftas.com

Ines Vogel, Dr. agr., Freie Universität Berlin, Studium der Agrarwissenschaften, 1994 Promotion, seit 2009 Freie Mitarbeiterin an der FU Berlin, Schwerpunkte: Bodenchemie, ökotoxikologische Bewertung der Bodenqualität, Agrarökologie;
E-Mail: vogeline@zedat.fu-berlin.de

Robert Wagner, Dipl.-Geogr., Freie Universität Berlin, Studium der Physischen Geographie, Diplomarbeit über Auswirkungen von Baumaterialien auf Bodenmikroorganismen, seit 2007 Wissenschaftlicher Mitarbeiter an der FU Berlin, Schwerpunkte: Bodenökologie und Ökotoxikologie, Bewertung von stofflichen Belastungen auf die Bodenqualität;
E-Mail: rowagner@zedat.fu-berlin.de

Barbara Warner (geb. Mohr), Dr. phil., Institut für Geowissenschaften der Martin-Luther-Universität Halle-Wittenberg, Arbeitsgruppe Sozialgeographie; Studium der Geographie und Politikwissenschaften in Oldenburg, Promotion 2003 am Geographischen Institut der Universität Leipzig; Arbeitsschwerpunkte: Naturschutzstrategien, demographischer Wandel, Regionalentwicklung, Naturerleben/Umweltbildung;
E-Mail: barbara.warner@geo.uni-halle.de

Michael Weber, Dipl.-Betriebswirt (FH), geb. 1970, Studium der Betriebswirtschaftslehre mit Schwerpunkt Immobilienwirtschaft an der Hochschule für Wirtschaft und Umwelt Nürtingen-Geislingen (HfWU), Mitinhaber des Instituts für Stadt- und Regionalentwicklung an der HfWU Nürtingen-Geislingen, Stadtrat in Nürtingen;
E-Mail: ifsr@hfwu.de

Dietmar Weigt, Verm.-Ass. Dipl.-Ing., Studium der Geodäsie an der Universität Bonn mit Schwerpunkten Städtebau und Bodenordnung/Bodenwirtschaft, seit 2004 wissenschaftlicher Mitarbeiter an der Professur für Städtebau und Bodenordnung der Universität Bonn;
E-Mail: dweigt@uni-bonn.de

Heike Wohltmann, Dipl.-Ing., geb. 1960, Studium der Raumplanung an der Universität Dortmund, seit 1989 Mitinhaberin von plan-werkstadt, büro für stadtplanung & beratung (bis Anfang 2005 Teil der planungsgruppe Vor Ort) mit Sitz in Bremen; Arbeitsschwerpunkte: räumliche Veränderungserfordernisse durch den demografischen Wandel, Stadtumbauaufgaben, Wohnungsmarktanalysen und -konzepte, zielgruppenspezifische und Gender-Planungen sowie verfahrensbezogene Aufgaben (u.a. Entwicklung, Umsetzung und Auswertung von Partizipationsprozessen)
E-Mail: wohltmann@plan-werkstadt.de

Marc Ingo Wolter, Dr., Dipl.-Volksw., geb. 1969, Studium an der Universität Osnabrück, bis 2002 Mitarbeiter an der Universität Osnabrück, Promotion über die Auswirkungen des demographischen Wandels auf die sozialen Sicherungssysteme, seit 1998 bei der GWS mbH, Arbeits- und Forschungsschwerpunkte: detaillierte Analyse branchenspezifischer Entwicklungen, sozioökonomische Modellierung;
E-Mail: wolter@gws-os.de

Brigitte Zaspel, Dipl.-Geogr., Studium der Geographie an der Rheinischen Friedrich-Wilhelms-Universität Bonn, seit 2006 wissenschaftliche Mitarbeiterin beim Bundesinstitut für Bau-, Stadt- und Raumforschung im Bundesamt für Bauwesen und Raumordnung, Bonn, Referat Raumentwicklung;
E-Mail: Brigitte.Zaspel@bbr.bund.de

Thomas Zimmermann, Dipl.-Ing., Wissenschaftlicher Mitarbeiter am Fachgebiet Stadtplanung und Regionalentwicklung der HafenCity Universität Hamburg, Arbeitsschwerpunkte: Strategien und Instrumente nachhaltiger Siedlungsentwicklung, Regionalplanung, Klimawandel und Raumentwicklung;
E-Mail: thomas.zimmermann@hcu-hamburg.de

Regine Zinz, Dipl.-Ing. (FH) Architektur, gebietsbezogene Projektmanagerin REFINA-Projekt KMUeKMF & EU-Projekt COBRAMAN, Landeshauptstadt Stuttgart, Amt für Liegenschaften und Wohnen; Arbeitsschwerpunkte u.a.: strategische Weiterentwicklung gebietsbezogenes Projektmanagement, kommunale Standortkoordination, Konzeption des Berufsbildes „Brownfield Manager" auf europäischer Ebene;
E-Mail: regine.zinz@stuttgart.de

Daniel Zwicker-Schwarm, Dipl.-Verw.Wiss., M.Sc. (Urban Planning), geb. 1973, Studium der Verwaltungswissenschaften (Universität Konstanz) und Urban Planning (Rutgers University/USA), 2000–2004 Projektleiter bei der Wirtschaftsförderung Region Stuttgart GmbH, seit 2004 wissenschaftlicher Mitarbeiter am Deutschen Institut für Urbanistik (Difu); Arbeitschwerpunkte: kommunale und regionale Wirtschaftsförderung, Innovations- und Technologiepolitik, regionale Kooperation;
E-Mail: zwicker-schwarm@difu.de

Stichwortregister